MITTEILUNGEN

der

Geographischen Gesellschaft in Hamburg

Bd. XLVIII.

Im Auftrage des Vorstandes herausgegeben

von

Prof. Dr. Rudolf Lütgens
Mitglied des Vorstandes

Mit 14 Textfiguren und 10 Tafeln.

Festband

zum

*70 jährigen Bestehen
der Geographischen Gesellschaft
in Hamburg*

HAMBURG
1944
Kommissions-Verlag:
Friederichsen, de Gruyter & Co. m. b. H.

Für den Inhalt der Aufsätze tragen die Verfasser die Verantwortung

Druck von Hammerich & Lesser, Hamburg-Altona.

Vorwort.

Der vorliegende Band 48 der Mitteilungen der Geographischen Gesellschaft wird gleichzeitig als Festband anläßlich des siebzigjährigen Bestehens der Gesellschaft den Mitgliedern und Freunden überreicht. Seine Herausgabe war wiederum nur durch die Spenden zahlreicher Förderer der Gesellschaft und die Beihilfe des Hamburgischen Hochschulwesens möglich Der herzliche Dank sei hierfür ausgesprochen Die starke Verzögerung des Erscheinens des Bandes wurde durch kriegsbedingte Schwierigkeiten, deren Überwindung zeitweise kaum möglich schien, verursacht.

Die Beiträge selbst geben durch Art und räumliche Verteilung ein Bild der Übersee-Interessen Hamburgs und der wissenschaftlichen Bestrebungen der Gesellschaft, wenngleich z. Zt. durch den uns aufgezwungenen Krieg manche Fäden zerrissen sind.

Die Arbeit von Herrn Dr. Schubert, auf langjährigem Aufenthalt und Studien in Japan beruhend, ist gewissermaßen eine Fortsetzung bzw. Ergänzung der früher von der Geographischen Gesellschaft veröffentlichten großen Arbeit unseres geschäftsführenden Vorsitzenden, Herrn Prof. Dr. Mecking, über „Japans Häfen". Anschließend an den ostasiatischen Raum behandeln die Herren Gesandter Dr. Dr. Asmis und Prof. Dr. ing. Heske zwei im Brennpunkt des Weltinteresses stehende Gebiete: den südwestlichen Pazifik und Vorderindien. Afrika findet Berücksichtigung durch die Studie von Frl. Dozentin Dr. E. Meyer über Probleme afrikanischer Verkehrssprachen und durch den Beitrag von Herrn Prof. Dr. Vageler über Grundlagen und Möglichkeiten künstlicher Bewässerung, besonders im Niger- und Tschadgebiet. Endlich haben Herr und Frau Prof. Dr. Gicklhorn in Fortsetzung ihrer im vorigen Band von uns veröffentlichten Arbeit über Th. Haenke neue ergebnisreiche Forschungen über deutsche Erschließertätigkeit in den Minengebieten Süd-Amerikas vor Alexander v. Humboldt zur Verfügung gestellt.

Als Anhang werden in diesem Band die Geschäftsberichte der Gesellschaft für die Jahre 1940 bis 1942 gegeben. Zugleich wird der frühere Brauch, Referate der gehaltenen Vorträge zu bringen, für das verflossene Jahr 1942/43 wieder aufgenommen. Die Selbstreferate der Vortragenden zeigen ein anschauliches Bild von der Vielseitigkeit der Gegenwartsprobleme behandelnden Veranstaltungen der Gesellschaft.

Hamburg, Oktober 1943 R. Lütgens.

Inhalt.

Seite

Schubert, Kurt, Dr., Hamburg: Die Großstädte Japans (mit 12 Karten im Text) 7

Aamis, Rudolf, Dr. Dr., Gesandter, 2. Vorsitzender der Deutschen Geogr. Ges., Berlin: Bindungen und Spannungen im Südseeraum (mit 1 Karte im Text) 99

Gicklhorn, Josef, Dr., Professor an der Deutschen Karls-Universität Prag, und Renée Gicklhorn: Deutsche Arbeit bei der bergmännischen Erschließung der Vicekönigreiche Peru und La Plata vor Alexander v. Humboldt (mit 6 Textfiguren) 115

Meyer, Emmi, Dr., Dozentin an der Hansischen Universität: Das Problem der Verkehrssprachen von Tropisch-Afrika, insbesondere von Kamerun (mit 1 Textfigur) 253

Vageler, Paul, Dr., Prof., Leiter des Instituts für Koloniale Bodenkunde und Kulturtechnik, Hamburg-Ahrensburg: Niger- und Tschadseegebiete als Bewässerungsländer der afrikanischen Zukunft (mit 4 Abb. auf 2 Tafeln) 289

Heske, Franz, Dr. ing., Prof., Direktor des Reichsinstituts für koloniale Forstwirtschaft, Hamburg-Reinbek: Die Wälder Vorderindiens und ihre wirtschaftliche Nutzung (mit 16 Abbildungen auf 8 Tafeln) 313

Anhang.

Geographische Gesellschaft Hamburg, Allgemeine Jahresberichte 1940—42 . 401

Kassenberichte 1940—1942 410

Selbstreferate der Vorträge 1942/43 416

Die Großstädte Japans.

Von

Kurt Schubert.

Mit 12 Abbildungen im Text.

Inhalt.

Seite

Einleitung Problemstellung 9

A. Die Großstadtentwicklung in Japan 10

B. Die Verteilung der Großstädte in Japan 13

I. Abstände und Dichte 14

II. Verteilung nach Großräumen 19

a) Die Vorderseite Chubus 20

b) Der Inlandseeraum 24

c) Kyushu 28

d) Die Rückseite Honshus 31

e) Die Vorderseite Ous 33

f) Hokkaido 34

III. Zusammenfassuung der Ergebnisse dieses Kapitels 36

C. Die Lage der Großstädte in Japan 36

I. Überblick über die Landschaftselemente 37

a) Ebenen 37

b) Küsten 39

c) Flüsse 41

d) Gebirgsränder 43

II. Die Großstädte in ihrer Beziehung zu einzelnen Landschaftselementen 46

a) Lage an der Seefront von Großkammern 46

b) Lage im Zentrum von Großkammern 50

c) Lage am Binnenrand von Großkammern 52

d) Lage in Küstenebenensäumen 55

e) Lage an Flußmündungen 59

f) Lage an Kernlandküsten 62

g) Lage auf Landvorsprüngen 64

h) Lage in Binnenebenen 66

III. Zusammenfassung der über die Lage der Großstädte gewonnenen Ergebnisse 68

D Die Lebensfunktionen der Großstädte 68

I. Überblick über die in Frage kommenden Lebensfunktionen 68

Handel 69

Verkehr 70

Industrie 72

Bergbau 73

Verwaltung 74

Militär 75

Wissenschaft und Kultur 77

Kult 78

II Die Typen nach der vorwiegenden Lebensfunktion 79

a) Hafenstädte 80

b) Industriestädte 83

c) Verwaltungshauptstädte 85

d) Militärstädte 88

e) Kultstädte 90

III Zusammenfassende Überschau über die Ergebnisse dieses Kapitels . 92

Rückblick 93

Einleitung: Problemstellung.

Die moderne wirtschaftliche Entwicklung bedingt notwendigerweise konzentrierte Zusammenballungen von Menschen auf engstem Raum. Damit tritt uns die Siedlungsform der Großstadt als typisches Erscheinungsbild der Neuzeit entgegen. Die großen Bevölkerungsdichten gewisser Länder Europas und bestimmter Gebiete Nordamerikas sind allein auf den hohen Grad der Verstädterung und im besonderen der Vergroßstädterung zurückzuführen.

Ganz im Gegensatz dazu beruhen die Dichtegebiete Asiens überwiegend auf dörflicher Grundlage, auf einer intensiven Landwirtschaft. Nur Japan macht hierin eine Ausnahme. Wohl zeigt es ebenfalls eine sorgfältigste Bewirtschaftung des Bodens auf der Basis des ostasiatischen Gartenbaus mit künstlicher Düngung, so daß die Naßkulturen für den größten Teil des Landes sogar eine doppelte Ernte abwerfen[1]), aber daneben steht doch eine starke städtische Wirtschaft, insbesondere großstädtische; denn 29,1 % der japanischen Bevölkerung wohnt in Großstädten[2]).

Insofern stellt Japan ein interessantes Problem zur Großstadtbildung dar, und es ergeben sich eine Reihe wichtiger Fragen: Weshalb ist es in Asien gerade in Japan zu einer so intensiven Großstadtbildung gekommen? Wann hat sie eingesetzt? Wie ist ihre Entwicklung verlaufen und auf welchen Voraussetzungen und Grundlagen? Vor allem aber stehen die rein geographischen Fragen: Wie verteilen sich die Großstädte über das Land, und welche Faktoren sind dabei maßgebend? Welche Lage haben sie, und welche Landschaftselemente sind dabei wirksam? Schließlich welche Lebensfunktionen liegen ihnen zugrunde, und was für Großstadttypen sind ausgebildet worden?

Die Erörterung dieser Probleme soll die Aufgabe dieser Arbeit sein, die sich außer auf die Literaturstudien auch auf einen Aufenthalt von 5 Jahren in Japan stützt.

---

[1]) F W P. Lehmann, Japan, Breslau 1925, S 46

[2]) Nach der Volkszählung vom Jahre 1940.

A. Die Großstadtentwicklung in Japan.

Bei 21291486 großstädtischer Bevölkerung aus einer Gesamtzahl von 73114308[3]) wohnen 29,1 % aller Japaner in Großstädten. Mit anderen Worten, von zehn Japanern sind drei Großstädter.

Diese gesteigerte Vergroßstädterung hat erst in allerjüngster Zeit eingesetzt. Wie stark sie vor sich gegangen ist, ergibt sich aus der Tatsache, daß seit dem Jahre 1920 der großstädtische Bevölkerungsanteil an der Gesamtbevölkerung von 12,7 %[4]) auf 29,1 % hinaufgeschnellt ist.

Dabei war das Land vor 70 Jahren noch fast frei von Großstädten. Das Japan der Tokugawazeit zählte nur 3 Großstädte: Edo (Tokyo) als das militärische und Verwaltungszentrum, Kyoto als die Kaiserstadt und Osaka als die erste Handelsstadt des Reiches[5]). Nach der wirtschaftlichen und sozialen Struktur dieses Zeitalters waren für eine weitere Großstadtentwicklung gar keine Voraussetzungen gegeben. Der die Wirtschaft tragende Stand war das Bauerntum, Wertmaßstab war der Reis; es bestand weitgehend eine Naturalwirtschaft. Der Industrie, dem Handel und Verkehr, die in erster Linie Voraussetzung für eine Großstadtbildung sind, waren engste Schranken gesetzt; einmal durch die hermetische Abschließung des Landes nach außen, zum anderen im Inneren durch die Aufteilung in einzelne, in sich geschlossene Bezirke, zwischen denen wenig Warenaustausch bestand, da das Wirtschaftsgefälle zwischen den einzelnen Landesteilen gering war. Die Städte waren in ihrer überwiegenden Zahl Festungs- und Verwaltungsplätze der Daimyos mit wenig Handel und Gewerbe und fast keiner Industrie; sie stellten in erster Linie Verbrauchszentren, aber nur in geringem Umfange Stätten der Erzeugung dar[6]). Oft war ihre Lage durch den Machtspruch des Daimyos nach strategischen und nicht nach Verkehrs- und Wirtschaftsgesichtspunkten gewählt worden, was ihrer

---

[3]) Der Arbeit liegt die Volkszählung vom Jahre 1940 zugrunde, auf die auch alle Zahlenangaben über die Einwohnerzahl der Städte bezogen sind, wenn nicht ausdrücklich anders vermerkt ist.

[4]) R. Ishii, Population Pressure and Economic Life in Japan, London 1937, S. 71 (Tabelle).

[5]) Y. Takekoshi, The Economic Aspects of the Civilisation of Japan, London 1930.

[6]) E. Schultze, Japan als Weltindustriemacht, Stuttgart 1935, 1 Bd., S. 389.

Entwicklung hinderlich sein mußte[7]). In diesem feudalen System zählte nur der Bauer, der seine täglichen Bedarfsartikel zum großen Teil selbst erzeugte, und der Adlige, der unmittelbar mit dem Bauern in Verbindung stand. Die Stagnation der Bevölkerungszahl während der ganzen Tokugawazeit tat ein übriges, um diesen Zustand zu festigen und zu erhalten.

Mit dem Zusammenbruch der alten Sozial- und Wirtschaftsstruktur durch die Eröffnung des Landes im Jahre 1854, auf die die großen Momente der Weltentwicklung hinzielten, stürzte zugleich die Siedlungsstruktur zusammen. Die Auflösung der bisherigen Ordnung wirkte sich zunächst sogar in einer starken Bevölkerungsabnahme der drei genannten Großstädte aus[8]), die weitgehend ihrer alten Aufgaben entkleidet waren und sich auf die Anforderungen der neuen Zeit erst umstellen mußten.

Es dauerte ungefähr 40 Jahre, bis sich die grundstürzende Umwälzung Japans in Form einer großstädtischen Entwicklung auswirkte. Noch im Jahre 1893 machte der Anteil der großstädtischen an der Gesamtbevölkerung nur 6,0 % bei 6 Großstädten aus[9]). Es fehlte an Kapital, an Privatinitiative, die während des Feudalzeitalters fast vollkommen verkümmert war, und an geschulten Kräften für die Angleichung an den Westen[10]). Eine lange Anlaufzeit war dazu nötig.

So blieb Japan zunächst ein landwirtschaftliches Land, obwohl die Bevölkerung, die sich in der Zeit von 1721 bis 1854 konstant auf 26—27 Millionen Menschen gehalten hatte, bis zum Jahre 1890 auf 40,5 Millionen gestiegen war[11]). In den ersten Jahrzehnten nach der Eröffnung wirkten der von der Abschließung von der Welt und den Binnenschranken befreite Handel und Verkehr bestimmend auf die Großstadtentwicklung, während der Einfluß der Industrie noch weit zurücktrat. Erst in neuerer Zeit gewann diese einen maßgeblichen Einfluß; dazu schalteten sich die Verwaltungs- und militärischen Bedürfnisse des wachsenden Reiches als Faktoren für eine Großstadtbildung ein, für einige Städte sogar in weitaus erster Linie.

Der chinesich-japanische Krieg in den Jahren 1894/95 und der russisch-japanische in den Jahren 1904/05 gaben einen starken Anstoß zur Ver-

---

[7]) E. Schultze, a. a. O., 1. Bd., S. 389.

[8]) An Official Guide to Japan, Tokyo 1914, Vol. II, S 145 u. Tokyo 1933, S. 25 u. 322.

[9]) R. Ishii, a. a. O., S. 71 (Tabelle).

[10]) L. Mecking, Japans Häfen, ihre Beziehungen zur Landesnatur und Wirtschaft, Hamburg 1931, S. 68—69.

[11]) R. Ishii, a. a. O., S. 53 (Tabelle).

großstädterung, indem sie Japan noch deutlicher als vorher die klare Erkenntnis brachten, daß seine Stellung in der Welt weitgehend von der Annahme der westlichen Zivilisation abhängig sei. Diese beiden Kriege ließen aber auch mit dem gesteigerten Vertrauen der Welt in Japan das zum wirtschaftlichen Aufbau notwendige ausländische Kapital ins Land strömen. Diese Fortschritte finden einen entsprechenden Ausdruck in der Zunahme der Großstädte von 6 im Jahre 1893 auf 11 im Jahre 1913 oder in Prozenten der großstädtischen Bevölkerung an der gesamten von 6,0 % auf 10,8 %[12]).

Die volle Möglichkeit zur Entfaltung wurde der japanischen Wirtschaft erst im Weltkrieg geboten durch den weitgehenden Ausfall der Hauptwirtschaftsmächte auf dem Weltmarkte. Das wirkte sich abermals in einer Zunahme an Großstädten aus; ihre Zahl stieg von 11 (1913) auf 16 (1920)[13]).

Der Rückschlag nach dem Weltkrieg, durch den wieder verstärkt einsetzenden Wettbewerb der großen Industriestaaten auf dem Weltmarkte bedingt, wurde bald ausgeglichen und darüber hinaus durch eine Wirtschaftsexpansion größten Maßes, gefördert durch die Abwertung des Yen, abgelöst. Sie zog die Zunahme der Zahl der Großstädte von 16 (1920) auf 34 (1935), die einer Verdoppelung der großstädtischen Bevölkerung gleichkam (von 12,7 % auf 25,3 %), nach sich.

Der neuerliche Chinakrieg seit dem Jahre 1937 mit seinen gewaltigen Anforderungen an die japanische Wirtschaft brachte eine nochmalige gesteigerte Vergroßstädterung, und zwar trotz eines Absinkens des gewaltigen Bevölkerungszuwachses der früheren Jahre. Die Zahl der Großstädte stieg auf 45, wobei, wie schon gesagt, der Anteil der großstädtischen an der Gesamtbevölkerung jetzt 29,1 % ausmacht. Dabei ist festzustellen, daß die japanischen Großstädte aus sich heraus nur ein geringes natürliches Wachstum haben, dafür aber eine starke Anziehungskraft auf die dörfliche Bevölkerung ausüben, so daß bei den sechs Millionenstädten die umliegenden Provinzen seit der letzten Volkszählung vom Jahre 1935 zum Teil sogar eine rückläufige Bevölkerungsbewegung aufweisen[14]). Aus diesen sechs Städten heben sich die beiden Riesenstädte Tokyo und Osaka mit

---

[12]) R. Ishii, a. a. O., S. 71 (Tabelle).

[13]) R. Ishii, a. a. O., S. 71 (Tabelle).

[14]) M. Schwind, Der japanische Bevölkerungszuwachs im Rückgang. In: Ostasiatische Rundschau, 22. Jahrgang, Nr. 10, Hamburg Oktober 1941, S. 219—220.

6,8 bzw. 3,3 Millionen Einwohnern heraus[15]). Nagoya mit 1,3 Millionen Einwohnern stellt die Verbindung zu den übrigen drei Städten dieser Großstadtgruppe her, deren Bevölkerungszahl etwa um eine Million liegt. Die übrigen 39 Großstädte Japans folgen in weitem Abstand und bilden eine geschlossene Gruppe.

Wie in einer großen Völkerwanderung strömt die japanische Landbevölkerung in die Großstadt. Die wirtschaftlichen und sozialen Verhältnisse auf dem Dorfe begünstigen diese Entwicklung in höchstem Maße[16]). Die durchschnittlich etwa einen Hektar großen Bauerngüter[17]) vertragen keine weitere Aufteilung und keine Landarbeiterschaft; Neulandgewinnung ist nur in geringstem Umfange möglich. Damit werden die zweiten und folgenden Söhne der Bauern in die Stadt getrieben. Ebenso findet ein großer Teil der weiblichen heranwachsenden Jugend keine Beschäftigung auf dem Lande. Zudem lockt die Großstadt mit ihrem Glanz, ihren Abwechslungen und ihrer leichteren Arbeit. Denn, obwohl die Löhne in der Großstadt niedrig, die Arbeitszeiten lang sind, ist die Tätigkeit in der Fabrik immer noch nicht so beschwerlich wie die Bewirtschaftung des Landes, vielfach im drückenden Pachtsystem. Auch ist die Entlohnung doch noch höher als auf dem Dorfe. Da kaum Beschränkungen in der Abwanderung aus den Dörfern bestehen[18]), nimmt der Vorgang seinen Lauf, obwohl verschiedentlich in Zeitung und Buch auf die Gefahren der Vergroßstädterung hingewiesen wird.

B. Die Verteilung der Großstädte in Japan.

Ergab sich in dem vorausgegangenen Kapitel, daß die Großstadtentwicklung Japans ganz neuen Datums ist, daß sie im wesentlichen durch die wachsenden Bedürfnisse des Weltreiches und durch die Übervölkerung des Landes bedingt ist, so erhebt sich nun die Frage, wie sich die Großstädte über das Inselreich verteilen.

---

[15]) Vergleiche für diese und die folgenden Angaben die Tabelle der Großstädte Japans nach der Volkszählung vom Jahre 1940 auf S. 94.

[16]) F. W. P. Lehmann, a. a. O , S. 46.

[17]) R. Ishii führt in seinem Buche „Population Pressure and Economic Life in Japan" auf S. 142 eine Statistik der japanischen Landwirtschaftskammer an, die für das Jahr 1930 eine Durchschnittsgröße der Bauerngüter in Japan von 1,056 Cho (1 Cho ungefähr gleich 1 Hektar) berechnet.

[18]) E. Schultze, a. a. O., 1. Bd., S. 343.

Die Gliederung und der Aufbau des Landes, die Ausstattung mit Rohstoffen, das Klima und die Lage zur Welt sind dafür die bestimmenden Faktoren. Je nachdem, in welchem Maße ein Raum die Gunst einer oder mehrerer dieser geographischen Momente besitzt, wird die Möglichkeit einer Großstadtbildung gegeben sein. Zeigt sich hierin eine gleichmäßige Vergebung für die einzelnen Großräume, so werden sich auch die Großstädte gleichmäßig über das Land verteilen, ergeben sich aber weitgehende Bevorzugungen bzw. Benachteiligungen, so wird sich das in einer unterschiedlichen Verteilung der Großstädte über das Land auswirken; mit anderen Worten, Abstände und Dichte der Großstädte werden davon bestimmt.

I. Abstände und Dichte.

Schon bei dem ersten Blick auf die Karte [19]) fällt ins Auge, daß die Kerne der Inseln bis auf eine Ausnahme frei von Großstädten sind, daß ihr Vorkommen auf die Ränder beschränkt ist. Dafür sind verschiedene Momente verantwortlich zu machen.

In erster Linie ist es die besondere orographische Gestaltung des japanischen Inselbogens. Das bergige und gebirgige Innere der Inseln birgt kaum Bodenschätze und ist wegen der Steilheit der Hänge und der Isoliertheit und Unzugänglichkeit der Höhen, zumal sich eine auffallende Unvertrautheit der Japaner mit der Viehzucht zeigt, für eine Landwirtschaft kaum genutzt, so daß es bis auf die wenigen eingeschalteten und räumlich sehr begrenzten Binnenebenen, die kleinere Siedlungsverdichtungen darstellen, nur schwache Besiedlung aufweist, ja, in den höheren Regionen fast menschenleer ist. Damit drängt sich die Bevölkerung in den äußerst fruchtbaren Randniederungen zusammen, die dem Japaner sein Hauptnahrungsmittel, den Reis, liefern, während das benachbarte Meer die Fische, das zweitwichtigste Nahrungsmittel, gibt[20]). Nur Kofu, die bereits erwähnte Ausnahme, in der in das Gebirge eingeschalteten kleinen Binnenebene gleichen Namens als Teilgebiet des großen Fossamagna-Bruches hat sich zur Großstadt entwickelt. Wir werden bei späterer Gelegenheit noch auf die Gründe, die dafür maßgebend waren, eingehen. Die übrigen wenigen Großstädte in Binnenlage, wie Kyoto, Gifu, Sapporo, sind keine Gebirgs- sondern Niederungsstädte, die im Inneren großer Küstenkammern liegend, weitgehend an das Meer angeschlossen sind.

Als ein weiteres Moment für das Hinausdrücken der Großstädte an die

---

[19]) Siehe Abb. 1 auf Seite 16a.

[20]) L. Mecking, Japans Häfen, S. 87—89.

Ränder der vier japanischen Hauptinseln tritt die moderne Wirtschaftsstruktur des Landes hinzu. Durch seine Übervölkerung und seine Rohstoffknappheit ist es stark auf den wirtschaftlichen Austausch mit überseeischen Ländern angewiesen[21]). So rücken die Industrie- und Handelszentren ganz natürlich ans Meer, in die großen Küstenniederungen, da ein zusätzlicher Landtransport die Waren nur unnötig verteuern würde.

Einen dritten Faktor für die fast ausschließliche Verlagerung der Großstädte in die Randregionen des Inselzuges bildet die Verkehrsfeindlichkeit des gebirgigen Inneren, die auch von den modernen Verkehrsmitteln nur schwer und unvollkommen überwunden werden kann, während sich das Meer als ein ideales Verkehrsfeld darbietet.

Und schließlich ist dafür die wohl auf seinen malaiischen Blutsanteil zurückzuführende Vorliebe des Japaners für die Niederung und für das Meer verantwortlich zu machen, die ihn das Gebirgsland meiden läßt[22]).

Als ein weiteres entscheidendes Merkmal in der Verteilung der Großstädte Japans stellt sich die einseitige Bevorzugung der Vorderseite Südwest- und Mitteljapans dar, und zwar ist dies die gleiche Zone, die Mecking als die Hochstraße des Außenhandels bezeichnet, mit der er eine Reihe von Erscheinungen zur Deckung bringt[23]). Aus einer Gesamtzahl von 45 Großstädten drängen sich hier 37 zusammen[24]). Es ist die Folge einer äußersten geographischen Begünstigung vor den übrigen Teilen des Landes.

Zunächst ist die reiche Ausstattung mit Niederungsräumen die Ursache. Als gegensätzliches Extrem ist die nur Ebenenfetzen aufweisende Saninküste (die Rückseite Chugokus) vollkommen frei von Großstädten, und es beherbergt die ebenenarme Fensterseite Ous[25]) nur eine Großstadt, nämlich Sendai.

Das Vorhandensein zahlreicher und ausgedehnter Ebenenräume kann jedoch nicht die einzige Erklärung für das gewaltige Übergewicht der pazifischen Seite Südwest- und Mitteljapans an Großstädten sein; denn die Rückseite Ous und Hokkaido sind ebenfalls reich mit Ebenen versehen und weisen doch nur eine bzw. vier Großstädte auf.

---

[21]) H. Moulton, Japan. An Economic and Financial Appraisal. Washington 1931, S. 258.

[22]) K. Haushofer, Japan und die Japaner, Leipzig und Berlin 1933, S. 62—63.

[23]) L. Mecking, Japans Häfen, Karten auf S. 102, 103, 162, 164, Taf. 24.

[24]) Vergleiche weiterhin Abb. 1 auf Seite 16a.

[25]) Unter Ou ist Nordosthonshu zu verstehen.

Als weiteres, eine Großstadtbildung begünstigendes Moment tritt für die Fensterseite Südwest- und Mitteljapans die reiche Gliederung der Küsten hinzu. Neben dem Einbruchsbecken der Inlandsee finden sich eine Reihe großer Buchten, in deren Hintergrund die erwähnten ausgedehnten Niederungskammern liegen. Dieses Zusammentreffen von tief ins Land eingreifenden Buchten, welche die Möglichkeit zur Anlage guter und geschützter Häfen bieten, mit großen Ebenenräumen, ist nur der Vorderseite Südwest- und Mitteljapans und nicht den übrigen Gebieten eigen.

Denn, wohl hat die Rückseite Chubus[26]) und Ous und Hokkaidos eine reiche Ausstattung mit Ebenen, aber entweder liegen sie überhaupt nicht im Hintergrund von Buchten, wie z. B. die Kanazawa-, die Niigata- oder die Nemuro-Kushiro-Ebene, oder die Buchten öffnen sich weit zum Meere, wie die Toyama-, die Otaru- oder die Abashiribucht, und bieten keinen oder nur ungenügenden natürlichen Schutz vor Stürmen.

Die Rückseite Chugokus wieder besitzt zwar zwei tief ins Land eingreifende Buchten, die Sakai- und die Wakasabucht; es fehlen aber, wie schon gesagt, die großen Niederungskammern, während die Vorderseite Ous sowohl mangelhaft mit Ebenen wie mit tiefen Buchten ausgestattet ist. Damit erscheint für beide Räume die Möglichkeit einer Großstadtbildung besonders stark herabgemindert.

Eine weitere Bevorzugung der Fensterseite Südwest- und Mitteljapans vor allen übrigen Gebieten des Inselzuges besteht in seinem günstigeren Klima. Die Winter sind mild und nur kurz. Je weiter wir aber auf Omote-Nihon[27]) nach Norden vorschreiten, um so länger und strenger werden sie, so daß die Bevölkerungsdichte selbst in den Niederungen stark fällt, womit automatisch die Möglichkeit einer Großstadtbildung herabsinkt; denn reiche Bodenschätze, die einen Ausgleich bieten könnten, sind nicht vorhanden.

Für die Rückseite Honshus trifft dieser einer Großstadtbildung ungünstige Faktor in noch stärkerem Maße zu. Der Wintermonsum bringt starke Stürme und reichen Schneefall und einen verhältnismäßig langen und strengen Winter.

Bei Hokkaido wirkt sich das im Vergleich zur Fensterseite Südwest- und Mitteljapans viel härtere Klima derart nachteilig aus, daß die ganze Insel trotz der Übervölkerung Japans nur schwach besiedelt ist und damit

---

[26]) Unter Chubu ist Mittelhonshu zu verstehen.

[27]) „Omote-Nihon“ bedeutet die Vorderseite Japans, „Ura-Nihon“ im Gegensatz dazu die Rückseite Japans.

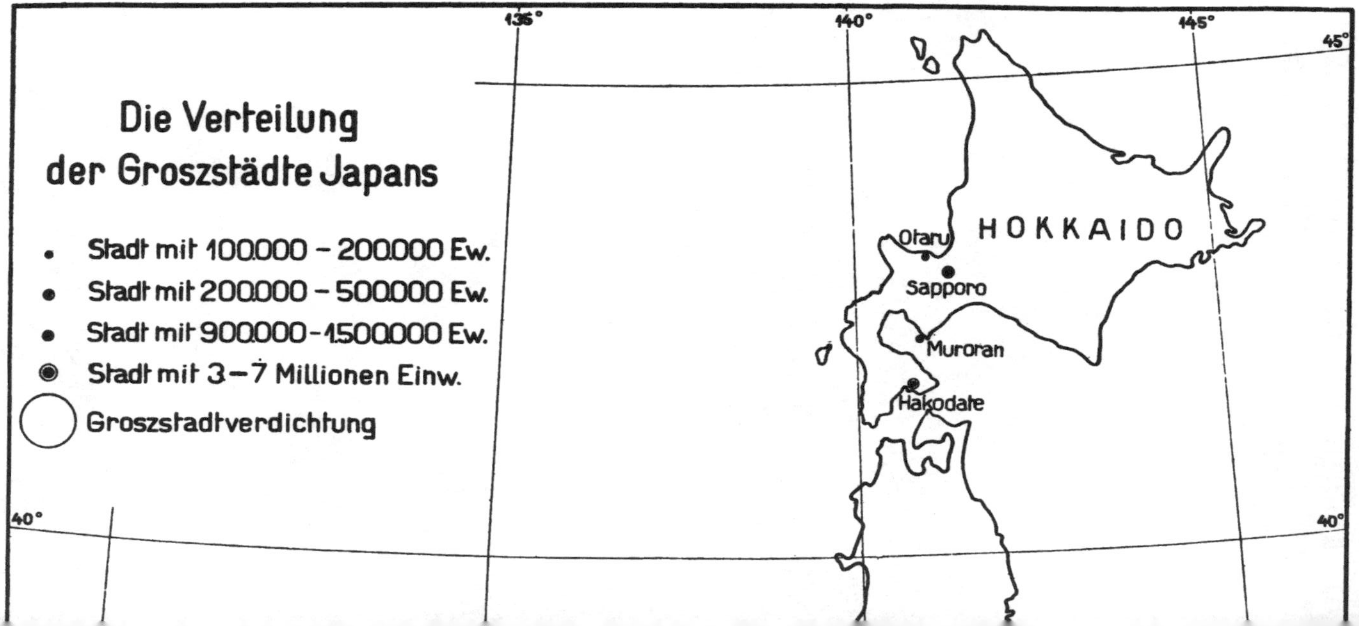
Die Verteilung
der Groszstädte Japans
Stadt mit 100.000 – 200.000 Ew.
Stadt mit 200.000 – 500.000 Ew.
Stadt mit 900.000 – 1.500.000 Ew.
Stadt mit 3 – 7 Millionen Einw.
Groszstadtverdichtung
136°
140°
145°
45°
40°
40°
HOKKAIDO
Otaru
Sapporo
Muroran
Hakodate

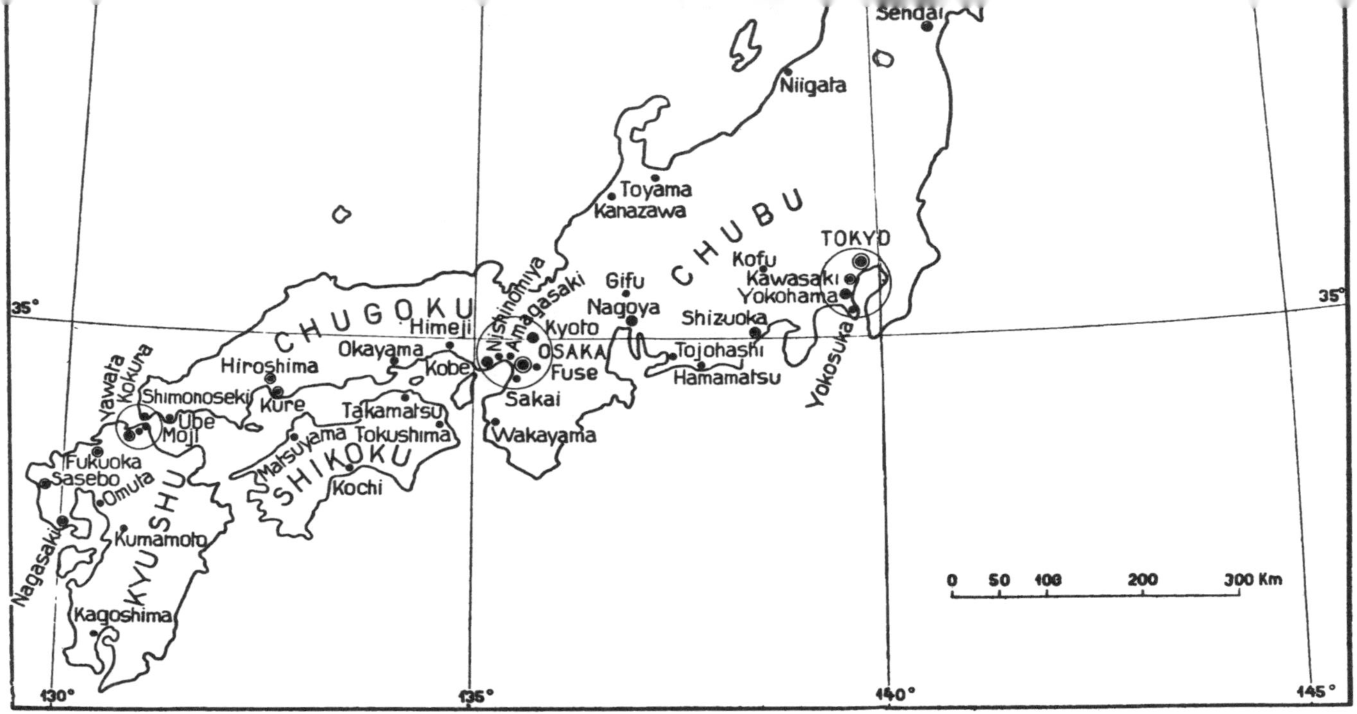

Sendai
Niigata
Toyama
Kanazawa
CHUBU
TOKYO
Kofu
Kawasaki
Yokohama
Yokosuka
Gifu
Nagoya
Shizuoka
Tojohashi
Hamamatsu
Kyoto
OSAKA
Fuse
Sakai
Wakayama
Nishinomiya
Amagasaki
Kobe
Himeji
CHUGOKU
Okayama
Hiroshima
Kure
Shimonoseki
Ube
Moji
Kokura
Yawata
Takamatsu
Tokushima
Matsuyama
SHIKOKU
Kochi
Fukuoka
Sasebo
Omuta
Nagasaki
KYUSHU
Kumamoto
Kagoshima
0
50
100
200
300 Km
35°
130°
135°
140°
145°

Abb. 1.

der Großstadtbildung schon aus diesem Grunde engste Schranken gesetzt sind.

Die Bevorzugung der Vorderseite Südwest- und Mitteljapans vor den übrigen Gebieten des Inselbogens wird in der Gegenwart vervollständigt durch ihre ausgezeichnete Meereslage zu den Hauptwirtschaftsräumen des Pazifischen Ozeans. Sowohl dem amerikanischen Kontinent wie Australien und Südostasien ist es zugewendet.

Wohl liegt die Fensterseite Ous gleich günstig zur Westfeste, dagegen nicht zu den übrigen genannten Räumen; in seiner sonstigen geographischen Ausstattung ist es zu sehr benachteiligt, als daß die gute Verkehrslage für eine Großstadtbildung von Bedeutung werden könnte.

Hokkaido rückt zwar Nordamerika von allen Teilräumen des japanischen Inselbogens am nächsten, doch wiegt dies nicht die für die Japaner entscheidende klimatische Ungunst auf, um eine dichtere Besiedlung hervorzurufen.

Ura-Nihon hat als Gegengestade die verkehrsfeindlichen, wenig besiedelten und erschlossenen Küsten Ost- und Nordkoreas und der russischen Meerprovinz. Diese Ungunst der Meereslage bedeutet eine Verstärkung der bereits genannten einer Großstadtbildung feindlichen Faktoren.

So wird aus Vorausgegangenem das gewaltige Übergewicht der Vorderseite Südwest- und Mitteljapans an Großstädten verständlich. Für die anderen Gebiete des Inselbogens bleiben nur acht übrig, davon drei, Kanazawa, Toyama und Niigata, an der Rückseite Honshus, eine, nämlich Sendai, an der Vorderseite Ous und vier, Hakodate, Muroran, Otaru und Sapporo, auf Hokkaido.

Innerhalb der Vorderseite Südwest- und Mitteljapans zeigt sich als eine dritte für die Verteilung der Großstädte Japans charakteristische Erscheinung die Ausbildung von Großstadtverdichtungen, d. h. eine gewisse Anzahl von Großstädten drängt sich auf engstem Raum zusammen und bildet sogar weitgehend ein zusammenhängendes Siedlungsgebiet, und zwar verteilen sich die drei vorhandenen Großstadtverdichtungen ziemlich gleichmäßig über das vorgenannte Gebiet (s. Abb. 1 auf S. 16a).

Die zahlenmäßig stärkste Großstadtverdichtung liegt am Westrand der Tokyobucht, in der Kwantoniederung, der ausgedehntesten Ebenenkammer Japans, mit den Städten Tokyo, Kawasaki, Yokohama und Yokosuka mit zusammen 8241030 Einwohnern, wobei die drei ersteren unmittelbar ineinander übergehen. An zweiter Stelle steht der Ebenenkomplex Kinkis mit den sieben Großstädten Kobe, Nishinomiya, Amagasaki, Osaka, Kyoto, Fuse und Sakai, die bei einer Gesamtbevölkerung von 5911813 Einwohnern gleichfalls schon weitgehend miteinander verwachsen sind. Die Reihe der Erscheinungsform der Großstadtverdichtungen schließt die aus sieben Städten bestehende geographische Siedlungseinheit an der Straße von Shimonoseki ab. Bei einer Gesamtzahl von etwa einer Million Einwohnern entfallen auf die vier Großstädte Yawata, Kokura, Moji und Shimonoseki dieser Städtegruppe 769 966 Menschen.

Diese drei genannten Gebiete der Großstadtverdichtungen sind die nämlichen Stellen, deren Seefahrts- und Hafenbedeutung Mecking in seinem Hafenwerk besonders herausgestellt hat[28]).

Somit vereinigen allein diese drei Großstadtverdichtungen aus einer Gesamtzahl von 21 291 486 großstädtischer Bevölkerung 14 922 609 Menschen oder 70,1 % in sich, so daß für die übrigen 30 Großstädte in Streulage nur 29,9 % bleiben.

Zunächst einmal ist diese Erscheinungsform der Großstadtgruppen an Großniederungsräume gebunden als die für ihre Ausbildung notwendigen Nahrungsmittelbasen, Absatzräume, Arbeiterreservoire und in gewissem Umfange auch Rohstoffbasen, wie sie die Kwantoebene, das Kinkigebiet und die Niederung Nordkyushus darstellen.

Weiter spielt für die Häufung von Großstädten auf engstem Raum die geographische Großlage eine entscheidende Rolle. So liegt die Kwantoebene in der Mitte des japanischen Inselbogens und springt weit gegen die Westküste vor. Für das Kinkigebiet ist die Gunst der Lage im inneren Pol der Inlandsee, der Hochstraße des japanischen Seeverkehrs, wirksam, während das Gebiet an der Straße von Shimonosehi als Westausgang dieses Nebenmeeres und als Brücke zwischen Honshu und Kyushu besonderes Gewicht erhält.

Als ein dritter, die Ausbildung einer Großstadtgruppe begünstigender Faktor tritt ein Moment hinzu, das nur für die geographische Siedlung an der Straße von Shimonoseki zutrifft, nämlich die Nähe reicher Bodenschätze, des Chikuhokohlenreviers.

Und schließlich üben diese Großstadtverdichtungen an sich eine starke Anziehungskraft auf die Menschen und die Wirtschaft aus, die sie immer mehr anschwellen läßt.

Fassen wir nunmehr die Ergebnisse dieses Abschnittes in einer Gesamtschau zusammen, so ergibt sich hinsichtlich der Abstände und Dichte der Großstädte Japans eine interessante Ausbildung in vier Stufen; sie beginnt bei der fast vollkommenen Großstadtleere der gebirgigen Kerne des Insel-

---

[28]) Vergleiche Mecking, Japans Häfen, S. 301—374 u. S. 461—500.

zuges und führt über die Großstadtvereinzelung der Ränder der Rückseite Honshus, der Vorderseite Ous und Hokkaidos hin zu der Großstadthäufung Südwest- und Mitteljapans, um mit den Großstadtverdichtungen dieses Raumes abzuschließen.

II. Verteilung nach Großräumen.

Nachdem wir im vorigen Abschnitt dargelegt haben, wie sich die Großstädte über das Land verteilen, daß einzelne Großräume darin einseitig durch ihre geographische Ausstattung begünstigt sind, während die natürlichen Gegebenheiten sich anderen weitgehend versagen, bleibt nun die Frage zu erörtern, wie sich die Großstädte innerhalb der verschiedenen Großräume verteilen und welche Faktoren dafür maßgebend sind.

Als Großräume bieten sich zunächst die beiden Inseln dar, die den Inselbogen nach Süden und nach Norden abschließen, nämlich Kyushu und Hokkaido, während Honshu noch weiter untergeteilt werden muß, und die vierte der Hauptinseln, Shikoku, keine selbständige Stellung als Großraum innehat; denn sie ist durch die Inlandsee in den Bereich der Hauptinsel einbezogen. So bildet für einen der Großräume ein Nebenmeer, die Inlandsee, den Kern, um den sich die Westhälfte der Kiihalbinsel, die Vorderseite Chugokus und Shikoku als die zugehörigen Landräume gruppieren. Der kleine angrenzende Teil der Osthälfte Kyushus, der sowieso keine Großstadt beherbergt, bleibt hier außer Betracht und findet Berücksichtigung bei der Behandlung Kyushus. Wir bezeichnen diesen Großraum nach seinem zentralen Gebiet als Inlandseeraum. Sich daran nach Ostnordost anschließend, bildet die Fensterseite Chubus einen Großraum und daran nach Nordnordost, die Fensterseite Ous. Die gesamte Rückseite Honshus haben wir als einen Großraum zusammengefaßt, da sie nur zwei Großstädte beherbergt und die Ungunst für eine Großstadtbildung durch die klimatische Benachteiligung und die Abgewendetheit von den Hauptwirtschaftsräumen des Pazifischen Ozeans gleichmäßig für alle ihre drei Teilräume, die Saninküste, die Rückseite Chubus und die Rückseite Ous, gilt.

Im Aufbau der Gliederung beginnen wir mit der Vorderseite Chubus, dem Großraum, der sich am weitesten in den Pazifischen Ozean vorschiebt, das erste Wirtschaftsgebiet des Reiches darstellt und sein politisches Zentrum birgt. Es folgt der Inlandseeraum, der nächstbedeutende Großraum des Landes, darauf Kyushu, der drittwichtigste, weiter, von Süden nach Norden vorschreitend, die Rückseite Honshus, wieder nach der pazifischen Seite überspringend, die Vorderseite Ous, um mit Hokkaido, dem am weitesten nach Norden vorstoßenden Großraum, abzuschließen.

a. Die Vorderseite Chubus.

Die Vorderseite Chubus umfaßt das Gebiet vom Westrand der Mino-Owari-Ebene bis zum Nordrand der Kwantoebene. Erstere findet nach Osten eine Fortsetzung in dem breiten Küstenniederungssaum der Sunenküste, der um die Surugabucht zum schmalen Streifen wird, um bei der Izuhalbinsel auszuklingen. Nordwestlich dieser Halbinsel, die nur Ebenenfetzen aufweist, beginnt die Kwantoebene.

Diese ist seit dem Jahre 1603, dem Beginn des Tokugawashogunats, der politische Kernraum des japanischen Reiches. Ihre zentrale Lage im Inselbogen und ihr Gewicht als die größte Ebenenkammer des Landes (etwa 13 000 qkm[29]) haben ihr diese Stellung gegeben, die durch die moderne politische und wirtschaftliche Entwicklung Japans noch eine Steigerung erfahren hat. Neben einer intensiven Landwirtschaft in Naß- und Trockenkultur entwickelte sich eine ausgedehnte Industrie. Durch die angrenzenden Gebirgsprovinzen mit ihrer Seidenkultur wird das Gewicht dieses Raumes noch verstärkt. Die wichtigsten Eisenbahnlinien, Überlandstraßen und Fluglinien nehmen von hier ihren Ausgang. In gegen den Pazifischen Ozean vorgeschobener Lage reckt sich die Kwantoebene Amerika entgegen und wird zum wirtschaftlichen Ausfallstor Japans zur neuen Welt. Zwölf „Shi"- und mehr als hundert „Machi"-Städte verteilen sich über die Niederung[30]).

Die vier Großstädte der Kwantoebene ballen sich sämtlich an ihrer Seefront, an der Westflanke der Tokyobucht, die sich weit nordwärts fast bis in den Mittelpunkt der Niederungskammer vorschiebt, zusammen. Im Hintergrund der Bucht liegt Tokyo, die Hauptstadt des Reiches. Nach Süden schließt sich unmittelbar die Industriestadt Kawasaki an, daran Yokohama, die zweite Hafenstadt des Landes, und am Ausgang der Tokyobucht, der Uragastraße, übernimmt der auf der Miurahalbinsel liegende Kriegshafen Yokosuka den Schutz des Gesamtreiches nach Osten im allgemeinen und im besonderen den des größten Lebensraumes des Landes mit der Hauptstadt.

---

[29]) Japan-Manchoukuo Year Book, 1939, S. 3.

[30]) R. B. Hall, The Cities of Japan Notes on Distribution and Inherited Forms. In Annals of the Association of American Geographers, Volume XXIV, 1934, S. 178.

Auffällig ist, daß es an anderen Stellen der Kwantoebene zu keiner Großstadtbildung gekommen ist. Der Hauptgrund ist wohl in dem gewaltigen Übergewicht Tokyos zu sehen, das bei dem weiten Vordringen der Tokyo-Wan[31]) ins Innere der Kwantoebene nahezu Ebenenmittenpunkts mit Lage an der Seefront vereint (s. Abb. 4 auf S. 47) und heute fast eine Siebenmillionenstadt ist. Damit steht es bevölkerungsmäßig auf einer Linie mit London und New York. Wie ein Magnet zieht es durch seine Größe, seine wirtschaftliche Stellung und seine Eigenschaft als Hauptstadt des Landes die Wirtschaft und die Menschen an sich und läßt neben den genannten Großstädten keine weitere Großstadtbildung in der Kwantoebene aufkommen.

Besonders herauszuheben sind unter den Mittelstädten dieses Raumes Maebashi im Nordwestwinkel der Großkammer und Utsunomiya an ihrem Nordrand, die in günstiger Binnenverkehrslage und durch ihre verhältnismäßige Ferne von den Ausstrahlungen der Hauptstadt nahe an die Großstadtgrenze herangerückt sind. Neben diesen beiden Städten stehen an den inneren Rändern der Kwantoebene noch einige weitere, die über 50 000 Einwohner zählen.

Im Gegensatz dazu hat die lange Außenküste der Kwantoebene keine städtische Siedlungslinie entwickeln können. Man kann diesen Küstenstrich von der Südspitze der Bosohalbinsel bis zu den südlichen Ausläufern des Abukumaberglandes als die Rückseite der Kwantoebene bezeichnen. Bis auf die Mündung des Tonegawa bietet die glatte und verkehrsfeindliche, mit voller Wucht von den Stürmen getroffene Küste keinen Ansatzpunkt für einen größeren Hafen. Aber selbst der an der Mündung des Tonegawa liegende Fischereihafen Choshi, der unter seinesgleichen in ganz Japan mit an der Spitze steht[32]), hat sich nur zur Mittelstadt entwickeln können; denn er leidet wie in der Regel die Flußmündungshäfen Japans unter ungünstigen Hafenbedingungen, unter Versandung und im Sommer unter Nebel, außerdem steht zu den Übergangsjahreszeiten gewöhnlich der Wind gerade auf der Flußmündung, so daß die Hafeneinfahrt äußerst gefährlich wird[33]). Schließlich liegt er zu sehr im Bereich des Riesenhafens Yokohama.

Mit der Verlegung der Hauptstadt des Reiches nach Edo (Tokyo) erlangte gleichzeitig das Gebiet der Sunenküste einen gesteigerten Wert; denn es

---

[31]) Wan-Bucht.

[32]) Vergleiche L. Mecking, Japans Häfen, S. 497—500 u. H. Schepers, Japans Seefischerei, Breslau 1935, S. 136.

[33]) L. Mecking, Japans Häfen, S. 499.

stellte durch die Tokaidostraße die Verbindung mit dem alten Reichskern, dem Kinkigebiet, her. Wegen seiner hohen strategischen Bedeutung behielten es die Tokugawas sich selbst und ihren zuverlässigsten Anhängern vor und begünstigten es in seiner Entwicklung in jeder Weise, so daß es schon zu einer zeitigen Blüte gelangte, die einen Ausdruck in einer frühen Städtebildung findet[34]).

Neben der hervorragenden Verkehrsbedeutung (die alte Tokaidoreichsstraße findet heute in der Tokaidobahn ihre Fortsetzung) ist das Gebiet der Sunenküste landwirtschaftlich äußerst wichtig. Der hohe Niederschlag und das milde Klima im Winter begünstigen es im höchsten Grade[35]) und machen es vor allem wegen einiger landwirtschaftlicher Spezialprodukte zu einem der wichtigsten Anbaugebiete Japans. Auf dem Küstenniederungsstreifen, der aus alluvialen und diluvialen Stufen besteht, sind Naß- und Trockenkulturen angelegt, während das dahinter ansteigende Hügelland das erste Tee- und Mandarinenanbaugebiet des Landes darstellt[36]).

Mit dem wirtschaftlichen Aufstieg Japans setzte darüber hinaus eine industrielle Entwicklung des Gebietes ein. Der Holz- und Wasserreichtum des gebirgigen Hinterlandes, dazu die ausgezeichnete Verkehrslage zu den beiden Großlebensräumen der Kwanto- und der Mino-Owari-Ebene sind dafür verantwortlich zu machen. Der Verkehr vollzieht sich hier überwiegend zu Land; denn die glatte und verkehrsfeindliche, auf weite Strecken mit Dünen besetzte Küste ist für eine Hafenbildung kaum geeignet[37]).

Von den drei Großstädten dieses Küstenniederungsstreifens, Shizuoka, Hamamatsu und Toyohashi, sind deshalb die beiden letzteren überhaupt keine Hafenstädte, während Shizuoka seine Meeresbezogenheit über den kleinen benachbarten Hafen Shimizu erhält[38]). Der günstigen Landverkehrslage an der Tokaidobahn, dem landwirtschaftlichen Umland und dem gebirgigen Hinterland als wichtige Grundlage ihrer Industrie verdanken die drei Städte ihre Entwicklung zur Großstadt. Sie verteilen sich in etwa gleichen Abständen über die Sunenküste. Shizuoka, die erste Stadt des

---

34) R. B. Hall, a. a. O., S. 178.

35) R. B. Hall, a. a. O., S. 178.

36) Gl. Th. Trewartha, A Reconnaissance Geography of Japan, Madison 1934, S. 172.

37) Gl. Th. Trewartha, A Reconnaissance Geography of Japan, S. 171.

38) Über dieses Verhältnis Shizuoka—Shimizu vgl. L. Mecking, Japans Häfen, S. 455—461.

japanischen Teehandels[39]), liegt an der Westflanke der Surugabucht, nach Westen folgen die Industriestädte Hamamatsu westlich der Mündung des Tenryugawa und Toyohashi an der Atsumibucht.

An die Sunenküste schließt sich die Mino-Owari-Ebene an, die zweitgrößte des Landes, die sich sichelförmig um die Isebucht lagert. Obwohl sie weitgehend aus fluviatilen Aufschüttungen besteht, tritt der Reisbau doch gegenüber den Trockenkulturen zurück, wobei die Seidenraupenzucht eine maßgebliche Rolle spielt[40]). Das angrenzende tertiäre Hügelland und das sich daran anschließende Gebirgsland mit seinem Wasser- und Waldreichtum ergänzen die wirtschaftliche Stellung dieses Raumes. Auf diesen natürlichen Gegebenheiten, die durch reiche Kaolinvorkommen noch erweitert werden, beruht zum Teil die ausgedehnte Industrie der Mino-Owari-Ebene. Die Bevölkerungsdichte ist selbst für japanische Verhältnisse äußerst hoch und übertrifft für weite Teile selbst die der Kwantoebene[41]).

Die Mittellage zwischen der Kwantoebene und dem Kinkigebiet verleiht der Mino-Owari-Ebene eine besondere Verkehrsbedeutung. Die beiden wichtigen Reichsstraßen der Tokugawazeit, die Tokaido- und die Nakasendostraße[42]), führten über dieses Gebiet und ließen es zur zweitstärksten Machtbasis des Tokugawaclans in Chubu werden. Heute finden die alten Reichsstraßen ihre Fortsetzung in Eisenbahnen, Überlandstraßen, Küstenschiffahrtslinien und Fluglinien, während auf dem Gebiete des Überseeverkehrs diesem Raum seine günstige Meereslage zugute kommt.

Die größeren Städte der Mino-Owari-Ebene lagern sich einmal als Siedlungskerne von Teilräumen dieses Großraumes um die Isebucht, zum anderen zeichnet sich eine Siedlungslinie in Gebirgsrandlage ab.

Bei der räumlichen Begrenztheit des Buchtumlandes hat sich aber nur Nagoya am Ausgang des im Hintergrund der Isebucht gelegenen Kerngebietes der Mino-Owari-Ebene zur Großstadt entwickelt. Wegen der Verkehrs- und Siedlungsfeindlichkeit des Mündungsdeltas des Kisogawasystems wurde es am Ostrand des alluvialen Teils der Niederung angelegt (siehe Abb. 5 auf S. 49).

---

39) Vgl Gl. Th. Trewartha, A geographic study in Shizuoka Prefekture. In: Ann Ass. Am. Geogr. XVIII (1928).

40) Gl. Th. Trewartha, A Reconnaissance Geography of Japan, S. 176—177

41) Ebenda, S. 176.

42) Die Nakasendostraße (Straße zwischen den Bergen) stellte im Inneren Honshus die Verbindung zwischen der Kwantoebene und dem Kinkigebiet her.

Mit 1 328 084 Einwohnern ist diese Hafenstadt, die auf Grund ihrer Lage zwischen Kyoto, der alten Hauptstadt des Reiches, und Tokyo, der neuen, auch den Namen Chukyo (Zwischenhauptstadt) führt[43]), die drittgrößte Stadt Japans. Neben seinem hohen Rang als Hafen ist Nagoya wichtiger Ausstrahlungspunkt des Landverkehrs und eine der bedeutendsten Industriestädte des Landes.

Entgegengesetzt zu Nagoya, am Nordrand der Mino-Owari-Ebene, durch die Ferne von der Millionenstadt in ihrer Entwicklung begünstigt, liegt Gifu, die zweite Großstadt dieses Raumes. Als Daimyostadt in günstiger Binnenverkehrslage an der Nakasendoreichsstraße angelegt[44]), ist es heute Knotenpunkt wichtiger Straßen- und Eisenbahnen und zentraler Handels- und Verwaltungsplatz für den Hintergrund der Mino-Owari-Ebene (siehe Abb. 6 auf Seite 53).

b. Der Inlandseeraum.

Die Siedlungszellen des Inlandseeraumes gehören zu den ältesten und heute mit am dichtesten besiedelten des japanischen Reiches. Zu der großen Fruchtbarkeit dieses Gebietes tritt das Meer mit seinem Fischreichtum als Nahrungsmittelgrundlage. Die Inlandsee ist ein ausgesprochenes Verkehrsfeld, sowohl im Klein- wie im Großverkehr. Neben den zahlreichen Querverbindungen steht der Längsverkehr, der zahlreiche große Überseelinien, die Japan berühren, einschließt. Diese ausgezeichnete Verkehrslage zusammen mit der dichten Besiedlung und der Kohlengrundlage des Ube- und des Chikuhoreviers geben die Grundlage zu einer mannigfaltigen Industrie ab. Die wirtschaftlichen Brennpunkte dieses Raumes liegen an den Endpunkten der Inlandsee, an der Osakabucht und an der Straße von Shimonoseki[45]). Hier haben sich bedeutende Siedlungsverdichtungen entwickelt.

In ausgezeichneter Verkehrslage im Hintergrund der Kilanstraße, des Osteinganges der Inlandsee (die Narutopassage, die gleichfalls hineinleitet, kommt wegen ihrer Gezeitenwirbel als Verkehrsstraße weniger in Frage)[46]), liegt das Kinkigebiet. Neben einer intensiven Landwirtschaft hat es eine ausgedehnte Industrie ausgebildet, so daß es einen der wirtschaftlichen Kernräume Japans ausmacht. Im Gegensatz zu der räumlich einheitlichen

---

43) An Official Guide to Japan, Tokyo 1933, S. 106.

44) An Official Guide to Japan, Tokyo 1933, S. 113.

45) L. Mecking, Japans Häfen, S. 301.

46) Ebenda, S. 301.

Kwantoebene besteht es aus einer Reihe von Teilebenen, die durch Hügelketten voneinander getrennt sind und wenigstens ein größeres städtisches Zentrum entwickelt haben. Sieben davon sind Großstädte: nämlich Kobe, Nishinomiya, Amagasaki, Osaka, Kyoto, Fuse und Sakai.

Die Hafenstadt Osaka, das wirtschaftliche Zentrum Südwestjapans, im Scheitel der Osakabucht, liegt recht im Eingangstor des Kinkigebietes. Um die Stadt lagern sich drei Trabantengroßstädte, die wirtschaftlich mit ihr aufs engste verbunden und auch weitgehend mit ihr schon verwachsen sind, dagegen ihre verwaltungsmäßige Selbständigkeit bewahrt haben. Nach Süden lagert sich Sakai, nach Osten Fuse und nach Nordwesten Amagasaki vor, das weiter in die Industriegroßstadt Nishinomiya übergehend, längs der Küste die Verbindung mit Kobe am Westrand der Osakabucht, dem ersten Hafenplatz des Reiches, herstellt.

An die Settsuebene, die sich halbmondförmig um Osaka legt, schließen sich die Yamashiroebene und die Yamatoebene mit den alten Hauptstädten des Landes Kyoto und Nara an.

Das tausendjährige Kyoto am Nordostrand der Yamashiroebene, das kulturelle Zentrum Südwestjapans und der erste Kunstgewerbeplatz des Landes, ist Millionenstadt, die viertgrößte des Reiches. Trotzdem ist es eine der bedeutendsten Kultstätten. 45 km landeinwärts in ausgezeichneter Binnenverkehrslage ist es durch Straße und Eisenbahn mit Osaka verbunden, wodurch es vorzüglichen Anteil an der ausgezeichneten Meereslage der übrigen Städte der Osakabucht hat.

Nara dagegen, das Zentrum der Yamatoebene, die erste feste Hauptstadt des Reiches (710—784)[47]), hat mit der modernen Entwicklung Japans nicht Schritt halten können und ist heute eine zurückgezogene Tempelstadt, die allerdings jährlich von etwa 2½ Millionen Pilgern besucht wird[48]).

Südwestlich des Kinkigebietes wird die Kiistraße, der wichtige Zugang der Inlandsee von Süden her, von je einer Großstadt flankiert. Es sind der erst in jüngster Zeit zur Großstadt erwachsene Hafen Tokushima auf Shikoku, an der größten Stromebene der Insel, der des Yoshinogawa, und der Hafen Wakayama auf der Kiihalbinsel, am Ausgang des Kinograbens (siehe Abb. 2 auf S. 26). Durch ihre ausgedehnte Textil- und Möbelindustrie ist letztere Hafenstadt wirtschaftlich aufs engste mit Osaka verbunden[49]).

---

[47]) An Official Guide to Japan, Tokyo 1933, S. CXV.

[48]) Ebenda, S. 367.

[49]) L. Mecking, Japans Häfen, S. 424—425.

Von ungleich größerer Wichtigkeit als das Großstädtepaar am Südeingang der Inlandsee ist die geographische Siedlungseinheit an ihrem Westeingang, der Straße von Shimonoseki, mit den vier Großstädten Yawata, Kokura, Moji und Shimonoseki. Das fruchtbare Ebenenhinterland Nordkyushus, die Kohlengrundlage des Chikuhoreviers im Tale des Ongagawa, der Fisch-

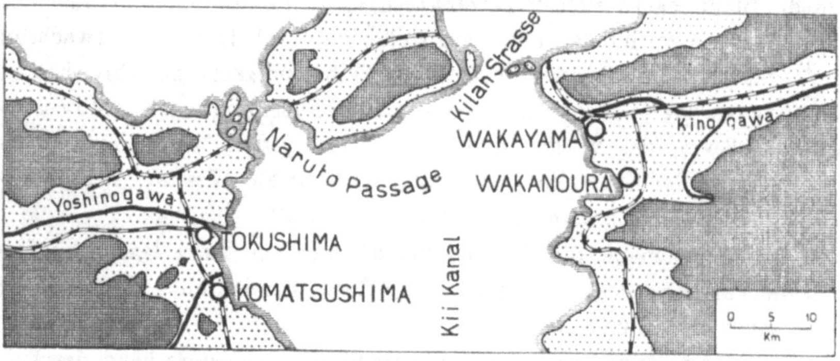

Abb. 2. Tokushima und Wakayama, die beiden Großstädte am Südeingang der Inlandsee.

reichtum des Meeres und die ausgezeichnete Verkehrslage der Straße von Shimonoseki als Westtor der Inlandsee und als Brücke zwischen Honshu und Kyushu ist dafür die Ursache. Da nur eine dieser Großstädte, Shimonoseki, auf Chugoku liegt, werden wir erst im nächsten Kapitel, das Kyushu behandelt, näher auf diese Großstadtgruppe eingehen.

Zwischen der Straße von Shimonoseki und dem Kinkigebiet, den beiden Brennpunkten der Inlandsee, läuft ein Längsverkehr, der seit alters die Südseite Chugokus bevorzugte[50]). Wenn die Fernwirkung der beiden Großstadtverdichtungen an den Polen der Inlandsee auch die Entwicklung eines Hafens größeren Stiles dazwischen verhindert, so haben sich doch trotzdem fünf Großstädte als Etappenpunkte des Längsverkehrs, und zwar nicht nur des See-, sondern ebenfalls des Landverkehrs, ausgebildet. Der Querverkehr hinüber nach Shikoku und die Kleingliederung dieses Gebietes kommen als weitere diese Großstadtbildungen begünstigende Momente hinzu.

Im östlichen Drittel der Inlandsee hat Ube erst kürzlich als Kohlenexportplatz des Reviers gleichen Namens und als Industriestadt die Großstadtgrenze überschritten. Im mittleren Teil der Südküste Chugokus zählen

[50]) Ph. von Siebold, Nippon, Würzburg und Leipzig 1897.

wir nicht zuletzt durch die Ferne von den Ausstrahlungen des nordkyushuer Städtegürtels und der Großstadtverdichtung Kinkis drei Großstädte: Die Verwaltungs- und Militärstadt Hiroshima, deren Hafenfunktion im wesentlichen durch die militärischen Bedürfnisse des Landes als Ausgangs- und Versorgungsbasis der Armee für ihre festländischen Unternehmungen bestimmt ist[51]), den Kriegshafen Kure, der dicht bei Hiroshima an der Ostflanke der Hiroshimabucht in ausgezeichneter Schutzlage hinter einer Trümmerzone von Granitinseln, die die Inlandsee weitgehend abriegeln, den Schutz der Hochstraße des japanischen Seeverkehrs übernimmt; und Okayama an der Mündung des Nishi-Okawa, das, obwohl Küstenstadt, als Hafen nur geringen Wert hat[52]), um so größeren als Verwaltungs- und Handelsplatz und als Eisenbahn- und Straßenknotenpunkt. Im Westteil der Inlandsee hat sich in neuester Zeit in Himeji eine weitere Großstadt gebildet. Gleichwie Okayama ist es wichtiger Knotenpunkt des Binnenverkehrs und bedeutender Handelsplatz, besitzt aber außerdem eine beachtliche Textilindustrie, die in Verbindung mit Osaka steht, und verdankt nicht zuletzt dieser Tatsache seinen Aufschwung.

In ihren Abständen voneinander zeigen die fünf genannten Großstädte große Unterschiede. Findet sich Ube einerseits nahe bei dem nordkyushuer Städtegürtel, so beträgt andererseits die Entfernung zu den beiden dicht benachbarten Städten Hiroshima und Kure etwa 120 km. Ungefähr in demselben Abstand weiter östlich liegt Okayama, während sich 75 km davon Himeji anschließt, dessen Entfernung von Kobe als der westlichsten Großstadt des Kinkigebietes 50 km beträgt.

Eine Parallele zu der Südküste Chugokus ergibt sich an der Nordküste Shikokus, wo sich in den Verwaltungs- und Handelsplätzen Matsuyama und Takamatsu als zentrale Städte von Küstenniederungen zwei Großstädte ausgebildet haben, die allerdings erst in jüngster Zeit die Hunderttausendergrenze überschritten haben. Bemerkenswert ist, daß sie Hiroshima-Kure einerseits und Okayama andererseits gegenüberliegen[53]). Der Querverkehr nach diesen Städten macht einen wesentlichen Teil ihrer Hafenfunktionen aus[54]). Für den Längsverkehr an der Nordküste Shikokus sind sie wichtige Etappenpunkte, sowohl zur See als auch zu Land.

Ein interessantes Problem zur Großstadtbildung bietet die Stellung Kochis an dem südlichen Küstenbogen Shikokus als Großstadt mit 106 644

---

[51]) L. Mecking, Japans Häfen, S 402.

[52]) Ebenda, S. 391

[53]) Siehe Abb. 1 auf Seite 16a.

[54]) L. Mecking, Japans Häfen, S 386 u. 413.

Bewohnern. Entrückt dem Verkehrsfeld der Inlandsee und in erheblichem Abstand zu irgendeiner ihrer Großstädte steht es in weitgehender Isolierung. Auch als Hafen hat es keinen hohen Rang, und Mecking z. B. hat es deshalb in seinem Hafenwerk über Japan unter den einzelnen Häfen gar nicht behandelt. Es bleibt wohl nur die Erklärung übrig, daß es gerade durch die Entrücktheit von den großen Verkehrsräumen zu einem gesteigerten Eigenleben als Handels- und Verwaltungsstadt für das südliche Shikoku gelangt ist.

c. Kyushu.

Obwohl Kyushu nur etwa ein Zehntel des japanischen Stammlandes umfaßt, beherbergt es 9 der 45 Großstädte des Inselreiches. Die Ausstattung mit einer Reihe größerer und voneinander getrennter Niederungsräume, die reiche Gliederung eines Teils seiner Küsten, der Fischreichtum seiner Gewässer, die günstigen klimatischen Verhältnisse, die ausgezeichnete Meereslage zu Australien, Südostasien, China und Korea und das Vorhandensein wertvoller Kohlenlager verleihen ihm dieses Gewicht.

Auffällig erscheint die vollkommen einseitige Verteilung der Großstädte über die Insel. Die Ostseite Kyushus ist ganz frei von ihnen. Nur einige Mittelstädte haben sich hier ausbilden können. Das findet in folgenden Momenten seine Erklärung: Die Küsten dieses Gebietes haben einen einförmigen, glatten Verlauf. Indem überwiegend das gebirgige Kernland, dem höchstens schmale Niederungsräume vorgelagert sind, an das Meer herantritt, ist es arm an größeren Ebenen[55]). Es ist ferner der dem ostasiatischen Festlande abgewendete Teil Kyushus, so daß alle großen Schiffahrtslinien, welche die Inlandsee durchlaufen, den Weg durch die Straße von Shimonoseki und nicht durch den Bungokanal nehmen. So wird diese Ostküste, obwohl sie einen Teil der Fensterseite Japans bildet, doch zur ausgesprochenen Rückseite, eben an der Insel Kyushu.

Die Westhälfte Kyushus dagegen, die alle neun Großstädte beherbergt, ist von der Natur reich begünstigt: Sie ist der China und Korea und dem südlichen Schiffahrtsweg nach Europa zugewendete Teil der Insel, ihre Bruchküste ist reich an tief ins Land eingreifenden Buchten, die gute Möglichkeit zur Anlage von Häfen bieten, für die eine Reihe größerer Niederungen, das kohlenreiche nordkyushuer Niederungsbecken, die Fukuoka-, die Kurume- und die Kumamotoebene das notwendige Hinterland

---

[55]) L. Mecking, Japans Häfen S 192

darstellen Schließlich tritt zu den Erzeugnissen des Landes noch der Fischreichtum des Meeres[56]).

An der Straße von Shimonoseki hat die moderne wirtschaftliche Entwicklung Japans eine große geographische Siedlungseinheit von etwa einer Million Einwohnern entstehen lassen (siehe Abb. 3 auf S. 29), die in einem schmalen, etwa 26 km langen Streifen vom inneren Ende der Kukino-Umi längs der Küste bis zum Nordostende Kyushus die Städte Kurosaki,

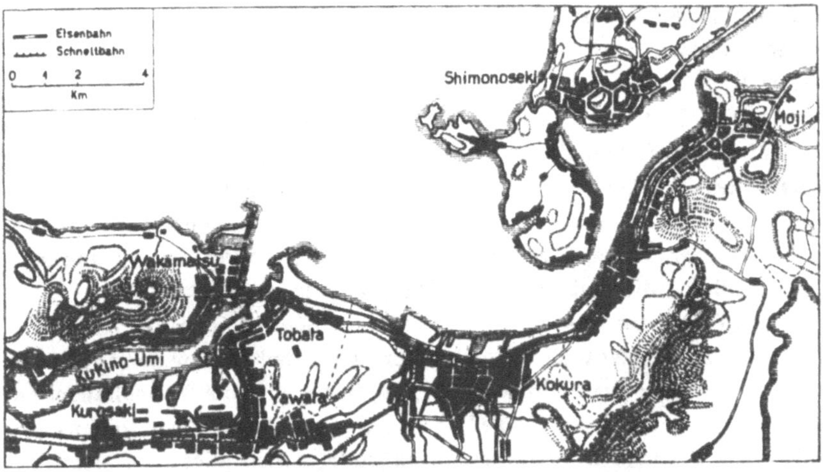

Abb. 3. **Die nordkyuscher geographische Siedlungseinheit.**
(Nach einem Stadtplan in „An Official Guide to Japan", Tokyo 1933, S. 424.

Yawata, Tobata, Wakamatsu, Kokura, Moji und, auf die Nordseite der Meerenge übergreifend, Shimonoseki umfaßt. Eisenbahn und Schnellbahn stellen die Verbindung zwischen diesen einzelnen Städten her. Wirtschaftlich bilden sie schon weitgehend eine Einheit, dagegen sind sie verwaltungsmäßig noch getrennt.

Voraussetzung für die Entstehung dieses großen Siedlungsstreifens war, wie schon gesagt, das fruchtbare Ebenenhinterland Nordkyushus, das Chikuhokohlenrevier im Tale des Ongagawa, der Fischreichtum des Meeres und die ausgezeichnete Verkehrslage der Straße von Shimonoseki als Westtor der Inlandsee und als Brücke zwischen Kyushu und Honshu.

Vier der Städte dieses Siedlungsgürtels sind Großstädte, nämlich Shimonoseki, Moji, Kokura und Yawata. Die beiden ersteren, an der engsten Stelle der Straße von Shimonoseki liegend, und Yawata an der Kukino-

[56]) H. Schepers, Japans Seefischerei, Breslau 1935, S. 132—135.

Umi verkörpern den Typ der Hafenstadt, während Kokura eine reine Industriestadt ist.

Ballen sich so die Großstädte Nordostkyushus dicht zusammen, so verteilen sich die Nordwestkyushus ziemlich gleichmäßig über das Land.

Etwa in der Mitte der Nordwestküste Kyushus im Scheitel der breiten, durch eine langgestreckte Halbinsel nur nach Nordwesten zum Meer offenen Hakatabucht liegt Fukuoka, die größte Stadt der Insel und die achtgrößte Japans. Obwohl Küstenstadt, hat es als Hafen geringeren Rang und ist als Präfekturhauptstadt in erster Linie in seinem Handel und seiner Industrie auf die Ebenen seines Kens (Ken = Präfektur) ausgerichtet[57]).

In gegen Westen vorgeschobener Lage des japanischen Inselbogens am Westrand der Hizenhalbinsel übernimmt der Kriegshafen Sasebo den Schutz des Reiches nach Südwesten und aus seiner Flankenstellung heraus die Sicherung der Straßen von Korea und Shimonoseki[58]). Ebenso wie die beiden anderen großen Kriegshäfen des Landes ist er eine sehr junge Siedlung, die erst im Jahre 1886 gegründet worden ist[59]).

Im Gegensatz zu Sasebo ist Nagasaki am Südwestende der Hizenhalbinsel eine alte Hafenstadt. Einzig unter allen Städten Japans stand es in der Zeit des Abschlusses (1638—1854) da, in welcher der Fremdhandel auf diesen Hafen beschränkt war[60]). Als aber weitere Häfen Japans der Außenwelt geöffnet wurden, mußte es zurückgehen; denn es fehlt ihm ein größeres Hinterland. Heute hat es besonders für den Passagierverkehr Bedeutung[61]).

Zurückgeschoben an der Ostflanke des Shimabaragolfes entwickelten sich Omuta und Kumamoto zu Großstädten; ersteres, das sich am Südende der Kurumeebene, der größten Kyushus, befindet, als Industriestadt auf der Grundlage des Miikekohlenreviers, das sich östlich und südlich der Stadt ausdehnt[62]), letzteres, im Mittelpunkt der Kumamotoebene, ist zentrale Verwaltungs-, Verkehrs- und Handelsstadt dieses Siedlungsraumes[63]).

Dagegen hat Kurume im Zentrum der Kurumeebene die Großstadtgrenze noch nicht ganz erreichen können.

---

[57]) Gl. Th. Trewartha, A Reconnaissance Geography of Japan, S 226.

[58]) L. Mecking, Japans Häfen, S 272

[59]) An Official Guide to Japan, Tokyo 1933, S 439

[60]) Y. Takekoshi, a. a. O., S 104—189

[61]) L. Mecking, Japans Häfen, S. 249

[62]) Gl. Th. Trewartha, A Reconnaissance Geography of Japan, S. 234—235.

[63]) Ebenda, S. 238.

In weitem Abstand nach Süden schließt die an dem Golf gleichen Namens liegende Hafenstadt Kagoshima die Reihe der Großstädte Kyushus ab. Wegen ihrer vorgeschobenen Lage am Südende des japanischen Inselzuges vermittelt sie besonders den Verkehr nach den Riu-Kiu-Inseln[64]).

d. Die Rückseite Honshus.

Wie wir schon gezeigt haben, ist Ura-Nihon in seiner geographischen Ausstattung gegenüber der Vorderseite Südwest- und Mitteljapans äußerst benachteiligt. Das findet seinen Ausdruck in einer viel schwächeren Besiedlung. Der geringen Gesamtdichte der Bevölkerung entspricht das Vorhandensein von nur drei Großstädten: Kanazawa, Toyama und Niigata.

An der ganzen Rückseite Chugokus, der Saninküste, von der Straße von Shimonoseki bis zum Ostrand der Wakasabucht finden wir überhaupt keine. Unter den Mittelstädten dieses Gebietes sind zunächst die beiden in der kleinen Küstenniederung im Hintergrund der Sakaibucht liegenden Städte Matsue und Yonago, die in Sakai ihren Hafen finden, herauszuheben. Erstere hat als Verwaltungs- und letztere als Industrieplatz Bedeutung. Einen gewissen Rang als Stadt hat ebenfalls die sich etwa 90 km östlich davon in einer weiteren der kleinen Niederungsräume Nordchugokus befindliche Präfekturhauptstadt Tottori. Weiter nehmen die Hafenstädte der Wakasabucht eine gewisse Stellung ein, besonders der dem Fremdverkehr geöffnete Hafen Tsuruga, der in enger Verbindung mit den beiden Lebensräumen des Kinkigebietes und der Mino-Owari-Ebene steht. Aber bei allem bleibt das Hinterland zu beschränkt, um eine Stadt zu einer größeren Bedeutung heranwachsen zu lassen. Letzten Endes ist wohl die Küstenbeschaffenheit dafür bestimmend[65]).

Im Gegensatz zur Saninküste ist die Rückseite Chubus, die sich von der Ostflanke der Wakasabucht bis zum Westrand der Takataebene erstreckt, weit besser mit Niederungen ausgestattet. Doch bietet diese Ausgleichsküste schlechte Hafenbedingungen.

Bezeichnenderweise ist keine der drei wichtigsten Siedlungen dieses Gebietes Hafenstadt, sondern sie sind sämtlich in einer seiner drei größeren Ebenen verankert: der Fukui- und der langgestreckten Kanazawaebene, die sich beide südlich des Horstes der Notohalbinsel befinden, und der

---

[64]) L. Mecking, Japans Häfen, S 235

[65]) Mecking analysiert sie eingehend in vier Abschnitten, hebt aber bei allen den mehr oder weniger hohen Grad der Abgeschlossenheit und Hinterlandsarmut hervor.

Toyamaebene, die nördlich davon liegt. Zwei von ihnen, Kanazawa und Toyama, letzteres erst seit neuester Zeit, sind Großstädte, während die dritte, Fukui, sich bereits stark der Großstadtgrenze nähert.

In ihrer wirtschaftlichen Betätigung läßt sich die Präfekturhauptstadt Kanazawa, die als ursprüngliche Tempelgründung und spätere Daimyostadt eine große historische Vergangenheit besitzt[66]), weitgehend mit Kyoto vergleichen. Sie ist wie dieses ein Mittelpunkt des Kunstgewerbes. Dessen Erzeugnisse können mit der Eisenbahn befördert werden. Daraus erklärt sich auch die Vernachlässigung des kleinen Hafens Kanaiwa, der etwa 6 km flußabwärts der Stadt, an der Mündung des Saikawa liegt[67]).

Toyama, das gleichfalls Verwaltungshauptstadt ist, bedient sich Fushikis als Hafen[68]). Durch seine zentrale Lage in der Ebene gleichen Namens hat es Bedeutung als Handelsplatz, daneben beherbergt es eine beachtliche Textilindustrie[69]).

Die Westseite Ous, von der Takataebene bis zum Nordende Honshus, zeigt in ihrem Aufbau einen noch größeren Anteil von Niederungen als die Rückseite Chubus. Jedoch erweist sich die Küste gleichfalls der Anlage von Häfen feindlich. Flußmündungshäfen, die großer künstlicher Verbesserungen bedürfen, sind hier der Typ[70]). Jede der fünf großen Lebensräume dieser Zone, die Takata-, die Niigata-, die Mogami-, die Noshiro-Omono- und die Tsurugaebene, hat einen eigenen Hafen entwickelt. Allerdings überragt Niigata, das am Ausgang der Niigataebene zur Großstadt herangewachsen ist, diese Häfen weit an Bedeutung. Das Flußsystem des Shinanogawa und eine Reihe von Eisenbahnen und Straßen schließen dieses landwirtschaftliche Gebiet, das durch Petroleumvorkommen, deren Hauptvorkommen bei der Stadt Nagaoka liegen, eine wesentliche Verstärkung seiner wirtschaftlichen Stellung erfährt, an den Hafen an. Dieser hat durch die Errichtung des selbständigen Staates Mandschukuo in den letzten Jahren einen gesteigerten Aufschwung genommen, führen doch von der Rückseite Japans über die beiden nordkoreanischen Häfen Seishin und Rashin die kürzesten Verbindungen zur großen mandschurischen Tiefebene.

---

[66]) An Official Guide to Japan, Tokyo 1933, S. 141.

[67]) L. Mecking, Japans Häfen, S. 527.

[68]) Ebenda, S. 530.

[69]) Gl. Th. Trewartha, A Reconnaissance Geography of Japan, S. 153.

[70]) L. Mecking, Japans Häfen, S. 557.

e. Die Vorderseite Ous.

Die pazifische Seite Ous umfaßt den Raum vom Nordrand der Kwantoebene bis zur Straße von Tsugaru. Am Aufbau dieses Gebietes sind Ebenen nur in geringem Umfange beteiligt. Nur in seinem mittleren Teil und an seinem Nordende finden sich zwei größere Niederungen, die Sendai- und die Mutsuebene, während sonst das gebirgige Kernland, das Abukuma- und das Kitakamibergland, dem nur schmale Niederungsräume vorgelagert bzw. nur geringe Ebenenfetzen eingeschaltet sind, an das Meer herantritt. Hinzu kommt, daß dieser Raum gegenüber der Vorderseite Südwest- und Mitteljapans schon klimatisch benachteiligt ist[71]). Die Bevölkerungsdichte sinkt damit stark herab, so daß automatisch die Möglichkeit einer Großstadtbildung gemindert wird.

Das Vorhandensein von Bodenschätzen, der Yobankohlenfelder im Südende des Abukumaberglandes, vermag gegen die genannten, einer stärkeren Bevölkerungsverdichtung ungünstigen Faktoren keinen Ausgleich zu bieten; denn die Ausstrahlungen der Großstädte der nahen Kwantoebene sind zu stark.

So weist das gesamte Gebiet nur eine Großstadt, Sendai, in der Ebene gleichen Namens auf. Seit alters ist diese Präfekturhauptstadt der kulturelle Mittelpunkt ganz Nordostjapans[72]). In ausgezeichneter Binnenverkehrslage wurde es zum Handelszentrum der Provinz Miyagi, deren Kernland die Sendaiebene darstellt. Dagegen hat es über den nahen kleinen Hafen Shiogama nur wenig Beziehungen zum Meer[73]).

Nach Norden findet die Sendaiebene eine Fortsetzung in der Talniederung des Kitakamigawa, die die Leitlinie des Verkehrs nach Hokkaido bildet. Hier ist ein zweites beachtliches Siedlungszentrum in der Stadt Morioka erwachsen, die durch eine Querbahn an die Küste, an die beiden kleinen Häfen Miyako und Yamada, angeknüpft ist.

Im Westteil der Mutsubucht ist Aomori beinahe an die Großstadtgrenze herangerückt. Hinterland dieses Hafens in der kleinen Ebene gleichen Namens sind die beiden größeren Niederungen des Nordendes Honshus, die Tsugaru- und die Mutsuebene, die beide keinen bedeutenden Hafen entwickelt haben und durch Eisenbahnen an Aomori angeknüpft sind. Als Endpunkt der Tohokubahn als „Brückenkopf“ Honshus und als Überfahrts-

---

[71]) R. B. Hall, a. a. O., S. 180.

[72]) An Official Guide to Japan, Tokyo 1933, S. 173.

[73]) Gl. Th. Trewartha, A Reconnaissance Geography of Japan, S. 120—121 und L. Mecking, Japans Häfen, S 507—510

hafen nach Hokkaido geht aber der Wirkungskreis Aomoris weit über diesen Hinterlandsbereich hinaus und umfaßt ganz Ou, ja, reicht sogar noch weiter bis nach Chubu hinein[74]). Es nimmt damit eine entsprechende Stellung ein wie Shimonoseki an der Südküste Honshus.

f. Hokkaido.

Obwohl Hokkaido etwa doppelt so groß ist wie Kyushu, zählt es aus Gründen, die wir schon aufgezeigt haben, nur vier Großstädte. Aber es enthält eben auch nur 3 272 718 Einwohner gegenüber den 10 511 269 Kyushus[75]).

Auffällig ist die einseitige Verteilung dieser vier Großstädte über die Insel. Sie befinden sich sämtlich im Südwesten auf dem sich gegen Honshu vorschiebenden Halbinselhokkaido bezw. am Rande desselben. Augenscheinlich ist die Nähe der Hauptinsel eine Ursache ihrer Begünstigung. Über Halbinselhokkaido wurde die heute noch nicht abgeschlossene und heute noch unvollkommene Besiedlung Hokkaidos vorgetragen und führt der Hauptverkehr in die Insel hinein. Außerdem schließt sich an diese fischschwanzartige Halbinsel unmittelbar die größte Ebene Hokkaidos an, die fruchtbare Ishikariniederung, deren wirtschaftlicher Wert durch reiche Kohlenfunde an ihrem Ostrand verstärkt wird. Weiter befinden sich in den Gewässern um Halbinselhokkaido die heutigen Hauptfischgründe der Insel[76]). Alle diese Momente verleihen dem Südwesten Hokkaidos ein starkes Übergewicht über die übrigen Gebiete der Insel und machen seine alleinige Ausstattung mit Großstädten verständlich.

Als Einfallstor Hokkaidos kann man Hakodate ansprechen. Auf dem südlichen Ende des sich nach Südwesten gegen die Hauptinsel vorschiebenden Halbinselhokkaido liegend (siehe Abb. 9 auf S. 66), nimmt es eine Brückenstellung zwischen Hokkaido und Honshu ein und vermittelt den Fährverkehr nach der Hauptinsel zu dem etwa 100 km entfernten Aomori mit einem regen Personen- und Frachtverkehr. Diese Mittlerlage hat ihm schon eine frühe, den anderen Städten der Insel vorauseilende Bedeutung gegeben. Über seine Stellung als Fährhafen wuchs es aber erst durch den Bau der Hokkaidobahn als Fortsetzung der Tohokubahn hinaus, die ganz Hokkaido in seinen Hinterlandsbereich einbezog. Heute ist es die größte Stadt der Insel.

---

[74]) L. Mecking, Japans Häfen, S. 551.

[75]) Bezogen auf die Volkszählung vom Jahre 1940.

[76]) H. Schepers, a. a. O., S. 129.

Ebenfalls in günstiger Lage zur Hauptinsel auf dem nach Süden ins Meer vorspringenden Ende der Nordostküste der Uchiurabucht befindet sich die junge Großstadt Muroran, die als Kohlenausfuhrhafen der nahen Kutchanminen und der Ishikarikohlenfelder und als Industrieplatz (Sitz eines der größten Stahlwerke Japans) emporgewachsen ist[77]).

Am entgegengesetzten Ende Halbinselhokkaidos, an seinem Nordrand, liegen die beiden übrigen Großstädte Hokkaidos, Otaru und Sapporo.

Otaru ist der spezielle Hafen der Ishikariniederung[78]), des größten Dichtegebietes der Insel. Da sich die glatte Schwemmlandküste der Ishikarigawamündung für die Anlage eines Hafens nicht eignet, rückt die Stadt an die Südflanke der Otarubucht, wo das vulkanische Hügelland schon nahe an das Meer herantritt[79]). Durch die Hokkaidobahn, die sich in Sapporo in eine Anzahl Äste aufspaltet, steht der Hafen mit seinem Hinterland in Verbindung.

Etwa 15 km landeinwärts am Südwestrand der Ishikariniederung befindet sich Sapporo, der Verwaltungsmittelpunkt Hokkaidos. Als Hauptstadt ist es zugleich das kulturelle Zentrum. Trotz seiner Randlage erwuchs es zu dem ersten Binnenverkehrsplatz. Von hier aus strahlen die Verkehrslinien in die Ishikariniederung hinein (siehe Abb. 7 auf Seite 54). In enger Verknüpfung mit der Verkehrsfunktion steht die Funktion der Stadt als bedeutender Handelsplatz Hokkaidos.

Eine weitere Stadt der Insel, Asahigawa, nähert sich bereits stark der Großstadtgrenze. Auf Grund ihrer zentralen Lage in Hokkaido, im Mittelpunkt der langgestreckten Binnenebene gleichen Namens, entwickelte sie sich zum wichtigen Verkehrknotenpunkt und zur Handelsstadt von Rang[80]).

In den übrigen großen Niederungsräumen Hokkaidos, der Tokachi-, der Nemuro-Kushiro-, der Abashiri- und der Teshioebene, sind keine größeren Städte erwachsen; trotz der Fruchtbarkeit dieser Räume, obwohl die Gewässer um Hokkaido zu den ertragreichsten Fischgründen des Inselreiches gehören[81]) und obwohl sich außer dem Ishikarikohlenrevier noch weitere Kohlenlager auf der Insel befinden. Die Bewohnerzahl ihrer städtischen Brennpunkte entspricht eben der geringen Gesamtdichte ihrer Bevölkerung.

---

77) L. Mecking, Japans Häfen, S. 569—575.

78) Gl. Th. Trewartha, a. a. O., S. 91.

79) L. Mecking, Japans Häfen, S. 576—577.

80) Gl. Th. Trewartha, a. a. O., S. 100.

81) H. Schepers, a. a. O., S. 128.

III. Zusammenfassung der Ergebnisse dieses Kapitels.

Überblicken wir die bisherigen Ergebnisse, so ergibt sich eine ausgesprochene Einseitigkeit in der Verteilung der Großstädte Japans, und zwar in dreifacher Ausprägung.

Zunächst zeigt sich eine fast ausschließliche Beschränkung auf die Randgebiete des Inselbogens, die durch die morphologische Struktur des Landes, seinen Wirtschaftsaufbau und den Volkscharakter seiner Bewohner bedingt ist. Diese Einseitigkeit wiederholt sich hinsichtlich der Verteilung nach Großräumen in der Ausstattung der Vorderseite Südwest- und Mitteljapans mit 37 Großstädten aus einer Gesamtzahl von 45, wobei die Gliederung des Landes, das Klima, die Meereslage und die Wirtschaftsausstattung als bestimmende Faktoren auftreten. Schließlich findet sich diese Einseitigkeit innerhalb der Großräume selbst, indem bis auf die erwähnten Ausnahmen nur die Niederungsräume Großstädte ausbilden konnten, wobei sich für die Vorderseite Südwest- und Mitteljapans die charakteristische Erscheinung der Großstadtverdichtungen in drei größeren Räumen ergibt. Auch hier tritt also neben zwei anderen Faktoren, der Meereslage und der Ausstattung mit Bodenschätzen, der maßgebliche Einfluß des Aufbaus des Landes auf die Verbreitung der Großstädte Japans zutage.

C. Die Lage der Großstädte in Japan.

Zeigte sich im vorigen Kapitel, welche entscheidende Rolle der Aufbau des Landes im großen für die Verteilung der Großstädte Japans innehat, so erhebt sich nunmehr die Frage, welche Landschaftselemente im einzelnen für die Lage der Großstädte bestimmend sind.

Ganz offensichtlich sind das zunächst die Ebenen als die erste Lebensgrundlage des japanischen Volkes. Als die zweite kann man das Meer bezeichnen, das für die Japaner Ernährungsbasis und Verkehrsfeld von beispiellosem Wert ist. So schälen sich die Küsten als weiteres maßgebliches Landschaftselement für die Lage der Großstädte heraus mit einer Reihe von Problemen: Welche der vorhandenen Küstentypen sich am besten für die Anlage von Häfen eignen, welche tatsächlich gewählt werden, aus welchen Gründen das geschieht, wie es zur Ausbildung von Großstädten an solchen Küsten kommt, die gar keine unmittelbare Beziehung zum Meere haben. Als ein häufiger Ansatzpunkt der Großstädte an den Küsten stellen sich dabei die Flußmündungen dar. Dagegen sind die Flüsse als solche fast ohne Einfluß auf die Großstadtbildung, womit sich eine weitere wichtige Fragestellung ergibt. Als viertes Landschaftselement kommen schließlich für die Lage der Großstädte die Gebirgsränder in Frage, so daß zu erörtern ist, worin die Gunst ihrer Lage besteht.

I. Überblick über die Landschaftselemente.

a. Ebenen.

Obwohl die Ebenen nur etwa 18 % der gesamten Landfläche Japans einnehmen[82]), sind sie von schlechthin entscheidender Bedeutung für das Leben des japanischen Volkes. Sie stellen neben dem Fischreichtum des Meeres seine Nahrungsmittelgrundlage dar. In der Regel bauen sie sich aus zwei Stufen auf, einer alluvialen und einer diluvialen, deren Höhe über der ersteren etwa zwischen 10 und 50 m schwankt, wobei der Anteil der beiden Flächen am Aufbau einer Ebene jeweils sehr verschieden sein kann[83]). In den alluvialen Flächen („Ta" genannt) findet sich vorzugsweise Reisbau, während die diluvialen („Hata") mit Trockenkulturen bestanden sind, was aber nicht auf einen Unterschied in der Fruchtbarkeit, sondern lediglich auf der Möglichkeit der Bewässerung beruht; denn die diluvialen wie die alluvialen Oberflächenböden bestehen ganz übereinstimmend hauptsächlich aus Lehm, tonigem Lehm oder Ton[84]).

Beschränkt sich der Anbau vornehmlich auf die Ebenen — ein Terrassenbau ist im allgemeinen wegen der Steilheit der Hänge nicht möglich, und die Grasflächen der Gebirge sind wegen der Isoliertheit und Unzugänglichkeit der Hochflächen und wegen der Unvertrautheit des japanischen Volkes mit der Viehzucht weitgehend ungenutzt —, so drängt sich ganz natürlich die Bevölkerung Japans in den Ebenen zusammen. Mecking gibt den durchschnittlichen Dichtewert dieser Siedlungsräume mit etwa 900 auf den Quadratkilometer[85]) und Trewartha den Dichtewert der Fläche unter Kultur mit 2913 Einwohnern auf die Quadratmeile (= 1138 Einwohner auf den Quadratkilometer) für das Jahr 1931 an[86]).

---

[82]) L. G. Scheidl, Der Boden Japans, Tokyo 1937, S. A19.

[83]) L. Mecking, Japans Häfen, S. 85—86.

[84]) L. G. Scheidl, a. a. O., S. A20—A23.

[85]) L. Mecking, Japans Siedlungsräume. In: Mitteilungen der Geogr. Gesellschaft in München 1931, S. 209.

[86]) Gl. Th. Trewartha, A Reconnaissance Geography of Japan, S. 28. (Trewartha legt seinen Berechnungen einen Zahlenwert der Flächen unter Kultur von 15% der Gesamtfläche des Stammlandes zugrunde.)

Der gewaltigen Gesamtdichte der Bevölkerung in den Lebensräumen des Landes entspricht mehr oder weniger die Bewohnerzahl ihrer städtischen Siedlungen; denn trotz der Fruchtbarkeit der Ebenenböden und des intensiven Anbaus vermag die Landwirtschaft — obwohl sie noch beinahe die Hälfte der im Arbeitsprozeß Stehenden beschäftigt[87]) — unmöglich der immer mehr wachsenden Bevölkerung Arbeit und Brot zu geben, so daß eine steigende Verstädterung bzw. Vergroßstädterung erfolgte.

Wenn sich die gewaltigen Wirtschaftszentren des Landes nun in den Ebenen ausgebildet haben, so liegt das zunächst daran, daß im ganzen gesehen Gebirgsland wie Ebene gleichmäßig arm an Rohstoffen sind, daß aber die Ebene das ideale Landschaftselement für die Anlage von Großsiedlungen ist, ein schier unerschöpfliches Reservoir für den ständig wachsenden Bedarf der Großstädte an Arbeitern darstellt[88]) und ihre Nahrungsmittelgrundlage abgibt, während das flache Land einen erheblichen Teil der Produkte der Großstädte abnimmt, so daß sich in mehr oder weniger starkem Umfange ein Wirtschaftskreislauf innerhalb der einzelnen Lebensräume ergibt.

40 % aller Großstädte Japans, darunter die sechs Millionenstädte, befinden sich in den großen Niederungskammern, die aus tief ins Land eingreifenden Buchten aufsteigen. Der zweite Typ der Randniederungen, die Küstenniederungsräume, die sich dem Gebirgsland vorlagern, treten wohl an Bedeutung hinter den Großkammern zurück, weil es ihnen an der inneren Geschlossenheit, der räumlichen Ausdehnung und vielfach aus Gründen, die wir noch behandeln werden, an der Meeresbezogenheit fehlt. Immerhin beherbergen sie etwa ein Drittel der Großstädte des Landes, während in einer dritten, sehr seltenen Art der Randniederungen, den sich keilförmig nach der Küste zu verbreiternden Flußniederungen, wie sie die des Yoshino- und des Kinogawa darstellen, nur zwei Großstädte liegen. Schließlich befindet sich noch eine einzige Großstadt in einer Binnenebene. Die restlichen sieben Großstädte, die drei Kriegshäfen und die vier Häfen auf Landvorsprüngen, haben wohl auch Küstenniederungslage, aber bei ihnen ist nicht, wie wir noch zeigen werden, die Ebene, sondern die Küste das ihre Entwicklung in erster Linie bestimmende Landschaftselement.

Auffällig erscheint, daß die andere Gattung der Ebenen Japans, die Binnenebenen, im Gegensatz zu den Küstenniederungen überhaupt nur

[87]) R. Kaji, Japan, Tokyo 1938, S. 97.

[88]) E. Schultze, Japan als Weltindustriemacht, Stuttgart 1935, 1. Bd., S. 344.

eine Großstadt ausbilden konnten; denn sie bieten den Japanern doch ebenfalls günstige Lebensbedingungen. Sie erlauben Naß- und Trockenfeldbau, sind vom Meere aus leicht und rasch zu erreichen, womit ihre gute Verkehrslage als Leitlinien und Schnittflächen des Verkehrs eng verkoppelt ist, und bieten sich für die Ausbildung von zentralen Handels- und Verwaltungsplätzen für das Gebirgsland dar.

Dem stehen aber gewichtige einer Großstadtbildung ungünstige Faktoren gegenüber. Zunächst ist meist ihre räumliche Ausdehnung sehr begrenzt, weiter fehlt die unmittelbare Nachbarschaft des Meeres als des ersten Verkehrsfeldes und der entscheidenden Nahrungsmittelgrundlage des Landes, und schließlich sind die Rohstoffe für die Ausbildung einer Industrie, die bei der Armut der Gebirge an Bodenschätzen hauptsächlich von Übersee bezogen werden müssen, nur über einen die Produkte verteuernden zusätzlichen Landweg zu beschaffen, der für die Küstenstädte der Randniederungen wegfällt.

So haben sich neben der Großstadt Kofu in Binnenebenen nur Mittelstädte entwickeln können, von denen allerdings einige nahe an die Großstadtgrenze herangekommen sind. Neben den bereits bei früherer Gelegenheit genannten sind noch Matsumoto und Nagano als zentrale Städte von Teilebenen des großen Fossa-magna-Grabenbruches, der in Kofu ja ebenfalls die einzige Großstadt in Binnenlage ausgebildet hat, herauszuheben.

b. Küsten.

Bei der Verkehrsfeindlichkeit der gebirgigen Teile Japans stellen die Küsten die natürlichen Ausgänge der randlichen Lebensräume des Landes dar. Daran hat sich trotz der Entwicklung des modernen Binnenverkehrs, besonders des Eisenbahnwesens, nichts geändert, ja, die gegenwärtige wirtschaftliche Entwicklung hat sogar die Betonung der Küsten noch verstärkt. Denn Japan ist heute bei seiner Rohstoffknappheit und seiner Übervölkerung stark auf den wirtschaftlichen Austausch mit überseeischen Ländern angewiesen; aber auch innerhalb der Landesteile selbst macht sich ein starker Austausch von wirtschaftlichen Produkten nötig, die, da es sich vorwiegend um Massenartikel, Nahrungsmittel, Industrierohstoffe und -produkte, handelt, viel besser und billiger auf dem See- als auf dem Landweg befördert werden[89]).

Das mußte notwendigerweise zu einer starken Entwicklung von Häfen führen, so daß diese heute einen erheblichen Teil der Großstädte des

[89]) L. Mecking, Japans Häfen, S. 168.

Landes ausmachen. In ihrer Mehrzahl sind die wichtigen Hafenstädte gleichzeitig Industriestädte[90]); jedoch haben sich auch bedeutende reine Industriestädte, wie z. B. die Großstädte Kawasaki und Sakai, an der Küste ausgebildet, die dann in enger Verknüpfung mit einer Hafenstadt bzw. Hafenstädten stehen.

Diese industrielle Betonung der Küsten hängt wieder aufs engste mit der weitgehenden Ausrichtung der japanischen Wirtschaft auf den Austausch mit der Ferne zusammen, so daß selbst eine Verlegung der Industrie in das Innere der Küstenebenen die Waren durch den zusätzlichen Landtransport verteuern würde, und wehrgeographische Gesichtspunkte haben für die Anlage der Industriezentren bisher keine Rolle gespielt, da die starke japanische Kriegsflotte überdies einen hinreichenden Schutz der Küsten verbürgt.

Und zwar rücken die Hafen- und Industriestädte an die Küsten der Niederungen, die ihnen Absatzraum, Nahrungsmittelgrundlage und Arbeiterreservoir darstellen und in gewissem Umfange auch Rohstoffe für Verarbeitung und Export liefern.

Dabei sind gerade diese Schwemmlandküsten für die Anlage von Häfen wenig geeignet. Es sind glatte Ausgleichsküsten, die auf weite Strecken von Dünenwällen, die die Ebenen gegen das Meer abschließen, begleitet sind, wie z. B. die Küsten der Ebenen der Nordwestküste Honshus oder die Außenküste der Kwantoebene nördlich des Tonegawa[91]). Außerdem weisen sie vielfach ungenügende Wassertiefen auf; denn der Boden der Ebenen setzt sich gleichsam unter Wasser fort. Am besten geeignet für die Anlage von Häfen sind noch die Schwemmlandküsten der großen Einbruchsbuchten, die wenigstens in gewissem Umfange Schutz vor den Stürmen bieten, während sich die geraden oder nur wenig geschwungenen Küsten der Küstenebenensäume, die sich dem gebirgigen Kernland vorlagern, oft vollkommen einer Hafenbildung versagen. Die einzigen Ansatzpunkte für eine Hafenbildung sind vielfach nur die Flußmündungen, so z. B. an der gesamten Küste der Rückseite Ous. Allerdings verlangen die Hafenwasserräume dieser Flußmündungshäfen wegen der starken Geröllführung der Flüsse große künstliche Verbesserungen und laufend hohe Ausgaben für die Erhaltung der Wassertiefe[92]).

So rücken die Häfen der Schwemmlandbuchten verschiedentlich an die Außenränder dieser Buchten, wo die Felsküste mit ihrer Kleinbuchtung

[90]) Ebenda, S. 123.

[91]) L. Mecking, Japans Häfen, S. 85.

[92]) L. Mecking, Japans Häfen, S. 207.

schon bis an das Meer herantritt, wie es Kobe und Yokohama, die ersten Häfen des Landes, zeigen.

Die reinen Felsküsten, die bei dem überaus gebirgigen Charakter der japanischen Inseln auf weite Strecken ausgebildet sind, sind allerdings für die Entwicklung von Handelshäfen trotz vielfach günstiger Ansatzpunkte für eine Hafenbildung kaum geeignet; denn es fehlt ihnen das notwendige dichtbesiedelte Ebenenhinterland; und reiche Bodenschätze, die einen Ausgleich dafür bieten würden, sind in den an das Meer herantretenden Gebirgen nicht vorhanden.

Hervorragende Bedingungen bieten sie dagegen der Anlage von Kriegshäfen. Diese sind nicht auf ein Hinterland angewiesen, für sie stellen die weit ins Land eindringenden, gut geschützten und ausgezeichnete Wassertiefen und Ankerverhältnisse aufweisenden Buchten der Kernlandküsten[93]) den gegebenen Küstentyp dar[94]).

c. Flüsse.

Die japanischen Flüsse spielen für die Wirtschaft und den Verkehr und damit für die Anlage und Entwicklung von Siedlungen eine verhältnismäßig geringe Rolle. Das findet seine Erklärung in der besonderen morphologischen Struktur des Landes.

Im allgemeinen nehmen die sich in den waldreichen gebirgigen Kernen bildenden Flüsse quer zur Längsachse der Inseln ihren Lauf. Bei deren Schmalheit entstehen so bis auf gewisse Ausnahmen nur kurze Flüsse und neben einigen etwas größeren eine Vielzahl von kleinen und kleinsten Flußsystemen, eine Parallele zu der Kleingliederung und Zellenstruktur des Landes darstellend. Das bedeutet, daß den Flüssen Japans von vornherein in ihrer Bedeutung als Wasserstraßen und damit für die Ausbildung von Siedlungslinien enge Schranken gesetzt sind. Hinzu kommt, daß sie für die Schiffahrt überhaupt nur in den verhältnismäßig kurzen Strecken in den Ebenen in Frage kommen, aber selbst hier zwei der längsten, der Ishikarigawa (365 km) und der Teshiogawa (306 km), dafür vollkommen ausfallen[95]).

---

[93]) Die Begriffe Kernland- und Saumlandküste sind dem Aufsatz O. Schlüters über die „Klassifikation der Küsten" in der Zeitschrift der Gesellschaft für Erdkunde, Berlin 1924, entnommen.

[94]) L. Mecking, Japans Häfen, S. 167—168.

[95]) Japan-Manchoukuo Year Book, 1939, Tabelle S. 2—3.

In ihrem gebirgigen Oberlauf sind die Flüsse reißend und mit Felstrümmern übersät, weisen Untiefen und Stromschnellen auf. Sie fließen in engen, tief eingeschnittenen Tälern, die kaum die Möglichkeit zur Ausübung von Landwirtschaft bieten und vielfach nicht einmal als Leitlinien für den Verkehr Eignung zeigen[96]). Damit ist es ganz verständlich, daß die Oberläufe der Flüsse für die Entwicklung selbst kleinerer städtischer Siedlungen fast nicht in Frage kommen.

Bedeutung gewinnen die Gebirgsflüsse allerdings für das Flößen von Holz, für die Erzeugung elektrischen Stromes, für die Bewässerung der Ebenen[97]) und für die Trinkwasserversorgung der in den Ebenen liegenden Städte. Doch ist diese Wirtschaftskraft in der Regel nicht im Gebirge, sondern erst am Gebirgsrand von Einfluß auf eine größere Siedlungsbildung, wie wir noch näher bei der Behandlung der Gebirgsränder zeigen werden.

Mit dem Austritt aus dem Gebirge beginnt bei gewissen Flüssen, wie z. B. dem Nagaragawa in der Mino-Owari-Ebene, eine bescheidene Möglichkeit eines Flußverkehrs mit Lastkähnen durch Treidelverkehr[98]). Früher hatte dieser Bootsverkehr eine größere Bedeutung, aber heute mit der Entwicklung des modernen Eisenbahn- und Straßenwesens spielt er im Verkehrswesen praktisch keine Rolle mehr. Wenn sich trotzdem zwei Großstädte, Kyoto und Gifu, an den Mittelläufen zweier schiffbarer Flüsse, des Yodogawa bzw. des Nagaragawa, befinden, so verdanken sie ihre Großstadtbildung ganz anderen Momenten, auf die wir später näher eingehen werden, und sind vorwiegend durch Eisenbahn und Straße und kaum durch ihre Wasserstraßen an das Meer angeknüpft.

Eine Ursache für die geringe Bedeutung der Niederungsflüsse als Wasserstraßen ist einmal die unregelmäßige Wasserführung der Flüsse. Während des überwiegenden Teils des Jahres liegen die breiten Flußbetten weitgehend trocken, darüber hinaus kann sich die Wasserader in mehrere Äste aufspalten, was natürlich die Schiffbarkeit noch mehr herabmindert. Nur zu den Regenzeiten schwellen die Flüsse in ungeahntem Maße an und lassen die Notwendigkeit der hohen Dämme, die die Flußläufe zu beiden Seiten einrahmen, und der langen Brücken, auf denen die Eisenbahnen und Straßen die Täler überqueren, erkennen. Die starke Abholzung der Wälder, gerade in den letzten Jahren, tut ein übriges, um die unregelmäßige Wasserführung der Flüsse zu vergrößern. Während der

[96]) L. Mecking, Japans Häfen, S. 92.

[97]) Gl. Th. Trewartha, A Reconnaissance Geography of Japan, S. 11.

[98]) An Official Guide to Japan, Tokyo 1933, S. XLIX.

Regenzeiten führen sie große Schuttmengen zu Tal, so daß die Flußläufe versanden und Untiefen und Sandbänke dauernd ihren Standort wechseln. Weiter wird die Schiffbarkeit der Flüsse beeinträchtigt durch ihre starke Abzapfung für die Bewässerung der Reisfelder, und zwar ist diese gerade am stärksten, wenn der Wasserstand am niedrigsten ist[99]). Alle diese Erscheinungen machen die geringe Bedeutung der japanischen Flüsse als Wasserstraßen und damit für die Ausbildung von Siedlungslinien verständlich.

Erst die Mündungen einer Reihe größerer Flüsse, wie des Yodogawa, des Tonegawa oder des Shinanogawa, haben stärkeren Einfluß auf eine Stadt- und im speziellen Großstadtbildung, und zwar handelt es sich um Seehäfen. Eine ganze Anzahl der bedeutenden Häfen Japans sind Flußmündungshäfen, obwohl die Flußmündungen wegen der schon oben beschriebenen starken Schuttführung der Flüsse und der geringen ausräumenden Kraft der Gezeiten für die Anlage und Erhaltung der Hafenwasserräume große Nachteile bieten [100]). Dem stehen aber ganz bestimmte, eine Hafenbildung unverkennbar fördernde Momente gegenüber. Einmal weisen die glatten Schwemmlandküsten der Randniederungen außer den Flußmündungen oft kaum Ansatzpunkte für eine Hafenbildung auf, zum anderen stellen die sich vielfach weit verzweigenden Arme der Flüsse ein ideales Verkehrsnetz in den Hafenstädten dar und werden die Häfen in mehr oder weniger starkem Umfange durch die Wasserstraßen mit einem Teil ihres Hinterlandes verbunden.

So beschränkt sich die Gunst der Flußlage einseitig auf die Mündungen, und eine ganze Reihe von Großstädten ist dort erwachsen.

d. Gebirgsränder.

Im ganzen gesehen stellen die Gebirgsränder die Grenzen dar zwischen den Siedlungs-, Wirtschafts- und Kulturzellen des Landes und der menschenarmen bzw. -leeren Naturlandschaft des Gebirgslandes, das überwiegend mit Wald, Gebüsch oder Bambusgras bestanden ist, wenn nicht, wie besonders in den höheren Regionen, der nackte Fels oder Boden zutage tritt.

Trotzdem hat das Gebirgsland eine beachtliche Wirtschaftskraft, und zwar durch seinen Wald- und Wasserreichtum, während allerdings Bodenschätze fast vollkommen fehlen. Etwa die Hälfte des Landes ist mit Wald

[99]) Gl. Th. Trewartha, A Reconnaissance Geography of Japan, S. 12

[100]) L. Mecking, Japans Häfen, S. 94.

bestanden. Im Jahre 1936 brachte er eine Ausbeute von 20,073 Millionen Kubikmeter Holz, das einen Wert von 136,932 Millionen Yen darstellte[101]), während die vorhandenen Wasserkräfte mit 8,6 Millionen PS angegeben werden, von denen im Jahre 1935 bereits 4,2 Millionen PS genutzt waren[102]).

Die Wirtschaftskraft des Holzes und des Wassers des Gebirges konzentriert sich bei dessen Siedlungsfeindlichkeit weitgehend auf seine Ränder, wo sie maßgeblich zum Wachstum von Städten durch die Entstehung einer Holz-, Papier- und chemischen Industrie beigetragen hat. Verschiedene dieser Industriestädte in Gebirgsrandlage haben sich sogar zu Großstädten entwickelt, wie es z. B. Hamamatsu und Toyohashi an der Sunenküste zeigen, wenn natürlich auch noch andere Momente für ihre Entwicklung bestimmend sind.

Gewöhnlich setzt das Gebirge nicht direkt an den diluvialen Flächen der Küstenniederungen an, sondern tertiäres Hügelland bildet eine gewisse Übergangszone[103]), in welcher die Hauptseidenraupenzucht-, Tee-, Obst- und Tabakanbaugebiete Japans konzentriert sind. Diese landwirtschaftlichen Spezialprodukte, die einen Hauptreichtum des Landes ausmachen, verlangen Aufbereitungs-, Verarbeitungs- und Versandplätze, die verschiedentlich eine beachtliche Größe erreicht haben, ja, zwei sind sogar zur Großstadt erwachsen, nämlich Shizuoka und Kyoto; allerdings sind gerade bei letzterer noch eine Anzahl weiterer Faktoren daran beteiligt. Bei diesen landwirtschaftlichen Spezialprodukten ist es jedoch nicht unbedingt erforderlich, daß sie zur Städtebildung am Orte führen. Wegen ihres geringen Gewichtes und ihrer leichten Versendbarkeit können sie gut verschickt werden und werden dann in fernerliegenden Plätzen aufbereitet, verarbeitet und exportiert, wie es besonders deutlich Yokohama als der Mittelpunkt des Seidenhandels für das gesamte Gebirgsvorland der Kwantoebene zeigt.

Ein weiteres wirtschaftliches Gewicht erhält das tertiäre Gebirgsvorland durch das Vorhandensein von Bodenschätzen, von Kohle und Petroleum, was zur Entstehung von Bergwerks- und Industriestädten geführt hat. Wenn die Bergwerksstädte, z. B. die Reihe am Ostrand der Ishikariniederung, in der Regel auch kleineren Umfanges bleiben, so sind doch Nogata, der Mittelpunkt des Chikuhokohlenreviers, und Nagaoka, als das

---

[101]) Japan-Manchoukuo Year Book, 1939, S. 351.

[102]) Hübners Weltstatistik, 1939, S. 206.

[103]) L. Mecking, Japans Häfen, S. 86.

Zentrum der Petroleumvorkommen im tertiären Randgebiet der Niigataebene, zu beachtlichen Mittelstädten erwachsen, während die Bergwerks- und Industriestädte Omuta und Ube, erstere als Zentrum des Miikikohlenreviers, letztere der Ubekohlenfelder, sogar die Großstadtgrenze überschritten haben.

Das wirtschaftliche Gewicht der Gebirgsländer findet eine Parallele in ihrer Bedeutung für den Verkehr.

Wie wir schon gesagt haben, ist mit dem Übertritt der Flüsse aus dem Gebirge in die Niederung in einigen Fällen ein beschränkter Flußverkehr möglich, der allerdings heute von nur geringem Einfluß auf die Städtebildung ist, so daß die Großstädte Kyoto und Gifu am Beginn der Schiffbarkeit zweier Flüsse ihre Großstadtstellung weitgehend anderen Momenten verdanken.

Ganz im Gegensatz dazu ist das Straßen- und Eisenbahnwesen von großer Wirkung auf die Ausbildung von städtischen Siedlungen in Gebirgsrandlage. Kleineren Umfanges bleiben diese noch an den Endpunkten von Überlandstraßen und Eisenbahnen und an Nebenlinien längs der Gebirge, wie es besonders schön die inneren Ränder der Kwantoebene zeigen. Größere Städte bis zur Überschreitung der Großstadtgrenze erwuchsen aber an den die einzelnen Lebensräume verbindenden großen Hauptbahnen bzw. -straßen, die auf weite Strecken an den Gebirgen entlangführen. Die Tokaido- und die Sanyobahn, die, wie Perlen auf eine Schnur, die Großstädte Shizuoka, Hamamatsu, Toyohashi bzw. Himeji, Okayama, Hiroshima, Ube aufreihen, geben dafür das beste Beispiel.

Gleichfalls von bedeutendem Einfluß auf die Städtebildung ist der Querverkehr. Bei den verkehsfeindlichen gebirgigen Kernen der Inseln ist er auf gewisse Leitlinien angewiesen. So entwickeln die Gebirgsränder Sammelpunkte des Verkehrs, wie z. B. die Großstädte Kyoto und Gifu, in denen zahlreiche Bahnen und Straßen der eine weiteste Verkehrsentfaltung gestattenden Niederungsräume zusammenlaufen, um von hier aus zu den jenseitigen Gebirgsrändern geführt zu werden.

In Wirklichkeit ist es nun nicht so, daß die günstige Verkehrslage allein die Entwicklung einer Stadt in Gebirgsrandlage verursacht, sondern in der Regel steht sie in enger Verknüpfung und Wechselbeziehung mit einem oder mehreren der oben beschriebenen Wirtschaftsmomente.

II. Die Großstädte in ihrer Beziehung zu einzelnen Landschaftselementen.

Unter den im vorigen Abschnitt behandelten Landschaftselementen haben sich die Ebenen als grundbestimmend für die Lage der Großstädte herausgehoben. Sie vermögen sogar eine Umkehr der natürlichen Küstenbedingungen herbeizuführen, so daß die für die Anlage von Häfen relativ ungünstigen Saumlandküsten die weitaus meisten Häfen des Landes ausgebildet haben, während die dazu viel geeigneteren Kernlandküsten bis auf die genannten Ausnahmen dafür ausfallen. Aber auch die beiden übrigen behandelten Landschaftselemente werden erst in Beziehung zur Ebene wirksam. Nicht die Flußmündung an sich, sondern als Ausgangspunkt des Ebenenraumes wird zum Anlaß einer Großstadtbildung, genau so wie in dieser Hinsicht die Gebirgsränder in erster Linie als Beginn bzw. Abschluß der Ebenen zu werten sind. Nur bei den Großstädten an Kernlandküsten und auf Landvorsprüngen ist hauptsächlich die Küste wirksam, ohne daß dagegen, wie wir noch zeigen werden, die Ebene vollkommen ihren Einfluß verliert.

Damit ist bereits die Gliederung dieses Abschnittes, in dem die Großstädte in ihrer Beziehung zu einzelnen Landschaftselementen untersucht, d. h. in gewisse Gruppen, die in den Bedingungen ihrer geographischen Lage weitgehende Übereinstimmung zeigen, zusammengefaßt und diese Bedingungen und ihre Wirkungen im einzelnen aufgezeigt werden sollen, vorgezeichnet.

Für die Großkammern des Landes ergibt sich eine dreifache Gruppierung, und zwar eine Großstadtgruppe in Seefront-, eine in Zentrums- und eine in Binnenrandlage. Dazu kommen die Großstadtgruppen in Küstenebenensäumen und an Flußmündungen und weiter die an Kernlandküsten und auf Landvorsprüngen. Die eine Großstadt in einer Binnenebene schließt die Typen dieser Betrachtung.

a. Lage an der Seefront von Großkammern.

Als Seefront der Großkammern stellen sich die Ränder der großen Einbruchsbuchten dar, aus denen diese Räume erwachsen. Innerhalb dieser Küstenzone bieten die Buchtenden ausgezeichnete Voraussetzungen für die Entstehung von Großsiedlungen; denn sie stoßen tief auf das Zentrum der Ebene vor und verbinden damit neben einer Meereslage eine weitgehende Ebenenmittelpunktslage mit etwa gleichen Abständen von den inneren

Rändern der Großkammern, wie es sich am deutlichsten bei der Kwantoebene zeigt (siehe Abb. 4 auf S. 47).

So strömt die Wirtschaftskraft dieser Räume, verstärkt durch die ihrer Ränder und des dahinterliegenden Gebirgslandes, die sich als Ernährungsbasis, Rohstoffbasis, Energiequelle, Arbeiterreservoir und Absatzraum äußert, weitgehend in den Scheiteln der Einbruchsbuchten zusammen und führt hier zur Ausbildung bedeutender städtischer Zentren, unter denen sich vier Großstädte befinden, darunter die drei volkreichsten des Landes,

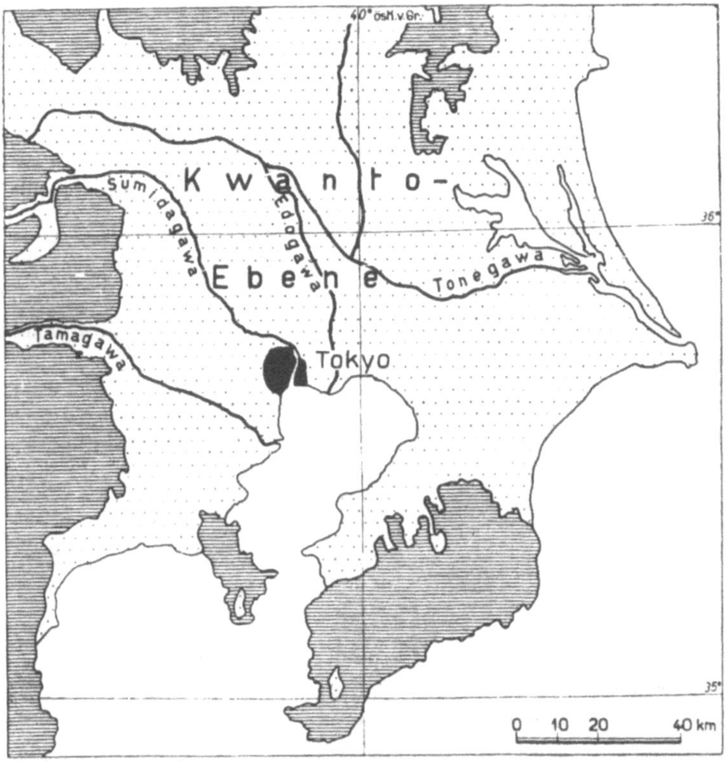

Abb. 4. Tokyo, eine Großstadt, die nahezu Ebenenmittelpunktlage mit Lage an der Seefront vereint.

Tokyo, im Hintergrund der Tokyobucht, Nagoya, im Scheitel der Isebucht, Osaka, im inneren Ende der Osakabucht, und Fukuoka, im Hintergrund der Hakatabucht.

Dagegen reicht die vereinigende Kraft der Seefronten der Großkammern mit einer Ausnahme nicht mehr aus, um diese ausgedehnten Lebensräume in einem Verwaltungsbezirk zu vereinen. So umfaßt die Präfektur Tokyo nur einen kleinen Teil der Kwantoebene, die Präfektur Aichi (Hauptstadt Nagoya) nur die Südosthälfte der Mino-Owari-Ebene, die Präfektur Osaka nur den dem Meere benachbarten Teil des Kinkigebietes, während die Präfektur Fukuoka als bereits erwähnte Ausnahme beträchtlich über die im Vergleich zu den drei anderen Ebenen allerdings nicht so ausgedehnte Fukuokaebene hinausgeht.

Aufs engste mit der Funktion der oben genannten Großstädte als wirtschaftlicher Zentren ihrer Großkammern ist ihre Ausbildung als Ausstrahlungspunkte des Verkehrsnetzes dieser Lebensräume verknüpft. Eisenbahnen und Straßen strahlen von ihnen in die Ebene hinein. Neben diesen Verkehrswegen stehen die Flüsse als Binnenwasserstraßen, die, im Hintergrund der großen Buchten mündend, einen mehr oder weniger großen Teil der Großkammer an die dort liegende Großstadt anknüpfen. Für Tokyo sind es der Arakawa nebst seinem Mündungsarm, dem Sumidagawa, und das Flußsystem des Tonegawa, mit dem es über den Edogawa, den in die Tokyo-Wan entwässernden Mündungsarm des Tonegawa, in Verbindung steht, für Nagoya der Horigawa, der Shonaigawa und das Flußsystem des Kisogawa, für Osaka das Flußsystem des Yodogawa und für Fukuoka der Nakagawa.

Von ungleich größerer Bedeutung denn als Wasserstraßen zum Ebenenhinterland sind aber die Flüsse in den vier genannten Großstädten selbst, wo sie, sich in zahlreiche Arme aufspaltend, ein vorzügliches Verkehrsnetz darstellen.

Das leitet schon zur Meereslage dieser Großstädte über; denn diese Wasseradern kann man bereits als Fortsetzung ihrer Hafenwasserräume ansehen. Der Scheitel der Buchten mit ihrem flachen Wasser, das durch die einmündenden, stark Geröll führenden Flüsse bedingt ist, wie die versandeten Flußmündungen eignen sich zwar nicht sonderlich für die Anlage von Hafenwasserräumen; da aber die Schwemmlandküste bis auf die Flußmündungen kaum Ansatzpunkte für die Ausbildung eines Hafens bietet, der Scheitel der Buchten weit in das Herz der Großkammern vorstößt, so bildeten sich doch die Großstädte im Hintergrund der Einbruchsbuchten zu bedeutenden Häfen aus. Haben Tokyo, Osaka und Fukuoka ihre Hafenräume unmittelbar vor den Flußmündungen, so rückt Nagoya mit seinem Hafenraum wenigstens von dem siedlungs- und verkehrsfeindlichen Mündungsdelta des Kisogawasystems in die Ostecke der Isebucht ab (siehe Abb. 5 auf S. 49).

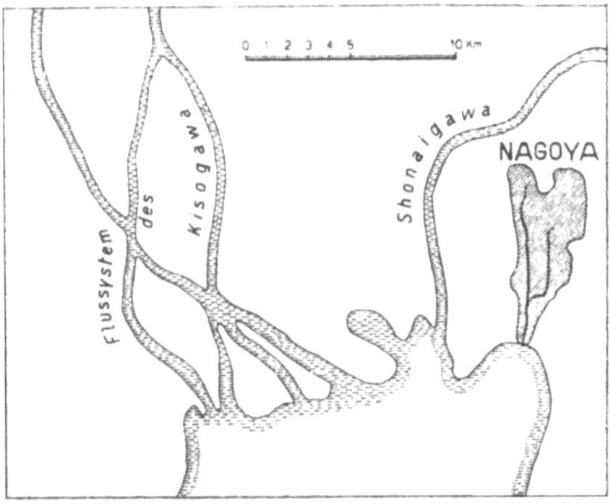

Abb. 5. Nagoya als Beispiel einer Großstadt abseits eines siedlungsfeindlichen Flußmündungsdeltas.

Bei der verhältnismäßigen Ungunst, die die Scheitel der Buchten einer Hafenbildung entgegenbringen, ist es verständlich, daß sich an ihren seitlichen Rändern, wo die Saumlandküste schon stellenweise durch die Kernlandküste abgelöst wird, die mit ihrer Kleinbuchtung weit bessere Möglichkeiten für die Anlage von Häfen bietet, bedeutende Hafenstädte entwickelt haben, darunter Kobe und Yokohama, die beiden ersten des Landes. Als weitere Großstadt dieses Hafentyps tritt noch Otaru hinzu. Während die beiden ersteren in Osaka bzw. Tokyo[104]) Konkurrenten finden, ist letzteres an der Südflanke der Otarubucht, des Ausganges der Ishikarigawaniederung, liegend, der einzige Hafen von Bedeutung in diesem Küstengebiet, da die glatte Schwemmlandküste der Ishikarigawaebene und die versandete Ishikarigawamündung überhaupt keine Eignung für eine Hafenbildung zeigen[105]).

Sämtliche drei Häfen finden in Kleinbuchten natürliche Hafenwasserräume mit guten Ankerverhältnissen und günstigen Wassertiefen, wenn diese auch trotzdem noch künstlicher Verbesserungen bedürfen[106]): Otaru

[104]) Zwischen Tokyo und Yokohama ist am 20. Mai 1941 eine Hafengemeinschaft gegründet worden, wobei der Tokyohafen den Handel mit China, Mandschukuo, dem Kwantung-Pachtgebiet und Korea übernimmt, während dem Yokohamahafen der fernere Überseehandel übertragen wird. (M. Schwind, Japanische Raumprobleme 1940—41. In: Zeitschrift für Erdkunde, Dezember 1941, Heft 23—24, S. 741.)

[105]) L. Mecking, Japans Häfen, S. 576—577.

[106]) Ebenda, S. 211.

in einer flachen, sichelförmigen, nach Ostnordost geöffneten Bucht, die nur noch von einem schmalen Ebenenstreifen umsäumt ist, hinter dem das vulkanische Hügelland unmittelbar ansteigt, so daß der Platz für die Anlage der Stadt äußerst begrenzt ist, Yokohama an der Westseite der Tokyobucht, in der nach Osten geöffneten Yokohamabucht, der ebenfalls nur ein schmaler Ebenensaum angelagert ist, so daß die Stadtlandschaft mit ihren Wohnvierteln auf das Hügelland übergreift, und Kobe, das diese Erscheinung noch ausgeprägter zeigt, an der nach Osten geöffneten Hyogo- und Kobebucht, die beide nur durch das Mündungsdelta des Minatogawa getrennt sind.

Liegen die drei Großstädte auch etwas abseits ihrer Großkammer, so werden doch die geringeren Entfernungen vollkommen durch die günstigen Hafenbedingungen ausgeglichen. Kobe und Yokohama übernehmen sogar in weitem Maße die Hafenfunktionen der im Scheitel der Großbuchten liegenden Riesenstädte Osaka und Tokyo, mit denen sie einen regen Schleppverkehr mit Lastkähnen unterhalten[107]). Hiermit gewinnen sie gleichzeitig Anschluß an die Binnenwasserstraßen ihrer Ebenenräume, wie sie ebenfalls in das Eisenbahn- und Straßennetz der Großkammern einbezogen sind. Für Otaru verschiebt sich die Situation insofern, als die Konkurrenz eines Hafens im Scheitel der Eingangsbucht zur Ebene, umgekehrt aber auch ein schiffbares Flußsystem wegfällt, so daß es für die Aufschließung des Hinterlandes allein auf Eisenbahn und Straße angewiesen ist.

Die fünf restlichen Großstädte an der Seefront von Großkammern, Kawasaki, das sich in der Form eines Dreiecks zwischen Tokyo und Yokohama einschiebt, Sakai, das sich südlich und Fuse, das sich östlich an Osaka anschließt, sowie Amagasaki und Nishinomiya, die die Verbindung mit Kobe herstellen, haben in ihrer Lage keine selbständige Stellung inne und sind als Industrievorstädte dieser Millionenstädte zu werten, so daß die Bedingungen ihrer geographischen Lage in denen Tokyos bzw. Osakas enthalten sind.

b. Lage im Zentrum von Großkammern.

Japan zählt nur eine Großstadt in reiner Großkammernmittelpunktslage, Kumamoto auf Kyushu, in der Ebene gleichen Namens. Diese Erscheinung ist in Anbetracht einer ganzen Reihe von Großkammern immerhin auf-

[107]) Gl. Th. Trewartha, A Reconnaissance Geography of Japan, S. 166 u. 195 u. L. Mecking, Japans Häfen, S. 372—374.

fällig; denn bei der landschaftlichen Geschlossenheit dieser Räume müßte ihr Zentrum ein besonderes wirtschaftliches, verkehrs- und verwaltungsmäßiges Gewicht haben und damit günstige Bedingungen für eine Großstadtbildung bieten.

Aber durch die Meeresbezogenheit dieser Gebiete und ihre verhältnismäßige räumliche Begrenztheit kann sich neben der Siedlungslinie der Seefronten schlecht eine weitere Bevölkerungsverdichtung bilden, da auch die geographisch ebenfalls sehr begünstigten inneren Ränder noch Städtereihen entwickeln. Das wird gerade bei den ersten Großkammern des Landes deutlich.

Im Falle der Kwantoebene schiebt sich die Tokyobucht, die Seefront der Großkammer, weit nach Norden, fast bis in die Mitte der Niederung vor (siehe Abb. 4 auf S. 47), so daß die in ihrem innersten Winkel liegende Hauptstadt nahezu Großkammernmittelpunktslage einnimmt, worin die besondere Gunst ihrer Lage begründet ist. Neben dem ungeheueren Gewicht der Hauptstadt und der übrigen Großstädte der Tokyobucht kann natürlich unmöglich nur wenige Kilometer davon eine weitere Großstadt im Ebenenmittelpunkt erwachsen. So bleiben die Städte im Zentrum der Kwantoebene unbedeutende Klein- bzw. Mittelstädte.

Ähnlich ist die Situation in der Mino-Owari-Ebene. Die Millionenstadt Nagoya im Scheitel der weit nach Norden vorstoßenden Isebucht verhindert eine Großstadtbildung im Ebenenmittelpunkt. Hinzu kommt noch der hindernde Einfluß Gifus im Nordende der Ebene, so daß Ichinomiya etwa in der Mitte zwischen den beiden Großstädten nur Mittelstadt geblieben ist.

In dem Ebenenkomplex Kinkis liegen die Verhältnisse insofern anders, als es sich nicht um eine einheitlich aufgebaute Niederung, sondern um eine Zusammenfügung von Teilniederungen handelt, die ihrerseits zentrale Städte entwickelt haben. Immerhin ist der Einfluß Osakas an der Seefront und Kyotos am inneren Ende des Ebenenkomplexes so groß, daß zwischen den beiden Millionenstädten keine Siedlung von Rang erwachsen konnte.

Ganz anders als in diesen drei Großräumen liegen die Verhältnisse bei den beiden Großkammern Kyushus im Hintergrund des Shimabaragolfes, der Kurume- und der Kumamotoebene. Bei beiden sind sowohl Seefront wie Ebenenende siedlungsmäßig bedeutungslos; denn einmal zeigt erstere kaum Eignung für eine Hafenbildung[108]), zum anderen ist letzteres verkehrsmäßig ganz abgelegen. Damit erhält der Ebenenmittelpunkt dieser

[108]) L. Mecking, Japans Häfen, S. 190.

Großkammern eine starke Betonung. Das findet seinen Ausdruck in dem Vorhandensein zweier wichtiger Städte, Kurumes, im Zentrum der Ebene gleichen Namens, das beinahe die Großstadtgrenze erreicht hat, und Kumamotos, das Großstadt von 194 139 Einwohnern ist.

Etwa 10 km oberhalb der Mündung des flachen Shiragawa, der damit für die Schiffahrt keine Rolle spielt, wird letzteres zum Handels-, Verkehrs- und Verwaltungsmittelpunkt der Kumamotoebene, des Kernraumes der Präfektur gleichen Namens, dessen wirtschaftliches Gewicht eine Verstärkung durch das Seidenproduktions- und Viehzuchtgebiet des angrenzenden Hügellandes erfährt[109]). Ist die Stadt auch vollkommen in ihrem Ebenenraum verankert, so erhält sie doch eine gewisse Meeresbezogenheit durch den etwa 50 km entfernten Hafen Misumi am Ende der Utohalbinsel[110]).

c. Lage am Binnenrand von Großkammern.

Spielen die Binnenränder der Großkammern siedlungsgeographisch auch nicht die Rolle wie die Seefronten, so heben sie sich doch ebenfalls innerhalb dieser Räume in der Ausbildung städtischer Siedlungslinien heraus.

Ein besonderes Gewicht hat das Ebenenende als Gegenpol zur Seefront. Zwei Großstädte, Gifu im Hintergrund der Mino-Owari-Ebene, und Kyoto am nordöstlichen Ende der Yamashiroebene, der am weitesten ins Land vorgeschobenen der Kinkigruppe, haben Ebenenendlage, während Maebashi in der Nordwestecke der Kwantoebene beinahe die Großstadtgrenze erreicht hat.

Schon die Entfernung von den Ausstrahlungen der Großstädte an der Seefront der Großkammern ist ihrer Entwicklung günstig. Sie haben sich sämtlich zu Verwaltungs- und Handelszentren von Binnenprovinzen, deren Kernräume die inneren Teile der Großkammern sind, entwickelt.

Die Wirkung der Gebirgsränder wird besonders auf dem Gebiete des Verkehrs deutlich. Alle drei Städte sind wichtige Knotenpunkte des Binnenverkehrs (siehe Abb. 6 auf S. 53), indem sie Eisenbahnen und Straßen ihrer Ebenenkammern zusammenfassen und als Querlinie an die Gegenküste hinüberleiten. Gegenüber den Landverkehrsverbindungen tritt der Flußverkehr sowohl für Kyoto wie für Gifu und Maebashi auf den schiffbaren Flüssen Yodo-, Nagara- und Tonegawa, die die Städte an das Meer anknüpfen, weit zurück.

---

[109]) Gl. Th. Trewartha, A Reconnaissance Geography of Japan, S. 238.

[110]) L. Mecking, Japans Häfen, S. 236—237.

Der Gebirgsrand selbst wird besonders für Kyoto und Maebashi, weniger für Gifu, als Seidenraupenzuchtgebiet wirksam, umgekehrt verhält es sich mit dem dahinter liegenden Gebirgsland, das für Gifu von dem wald- und wasserreichen Kiso- und Hidagebirge gebildet wird.

Zeigt sich hinsichtlich der Lagebedingungen bei den Großstädten am Binnenrand von Großkammern eine weitgehende Übereinstimmung, so bestehen zwischen Sendai und Sapporo einerseits und Omuta andererseits, den drei Großstädten an ihrem seitlichen Rand, starke Abweichungen.

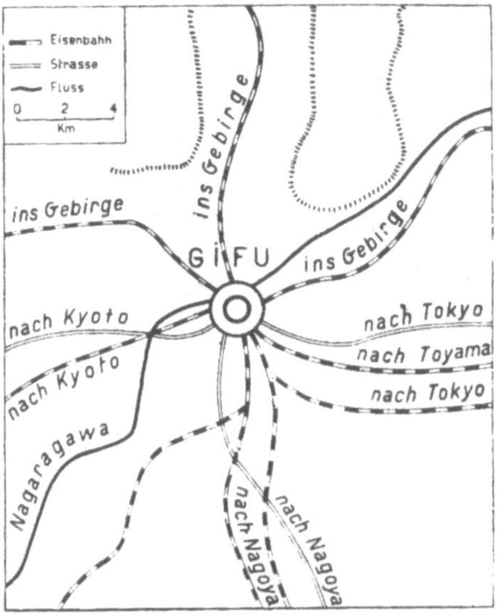

Abb. 6. Gifu als Beispiel einer Großstadt am Ebenen-Ende einer Großkammer.

Trotz der seitlichen Randlage zu ihren Ebenenräumen, Sendai am Südwestrand der Sendai- und Sapporo am Südwestrand der Ishikariniederung, sind beide Großstädte als Verwaltungs-, Kultur- und Handelszentren vollkommen in ihren Großkammern verankert. Das hängt eng mit ihrer Verkehrslage zusammen. Von Sendai aus verzweigt sich die längs der Küste von Süden kommende Haupteisenbahnlinie Ous, die Tohokubahn, in die Sendaiebene hinein, während der von der Hauptinsel über Halbinselhokkaido geleitete Verkehr von Sapporo aus in die Ishikariniederung und darüber hinaus nach ganz Hokkaido hineinstrahlt (siehe Abb. 7 auf S. 54).

Obwohl beide Großstädte durch ihre Lage am seitlichen Rand von Großkammern der Küste dicht benachbart sind, haben sie keine unmittelbare Verbindung mit dem Meere; denn die Flüsse, an denen sie liegen, der Hirosegawa bzw. der Toyohiragawa, ein Nebenfluß des Ishikarigawa, sind nicht einmal für die Flußschiffahrt brauchbar. Trotzdem verfügen beide über gute Tore zur See, Sendai über den etwa 15 km entfernten Hafen Shiogama und Sapporo über das ungefähr 30 km entfernte Otaru, mit denen sie durch Eisenbahn und Straße in Verbindung stehen.

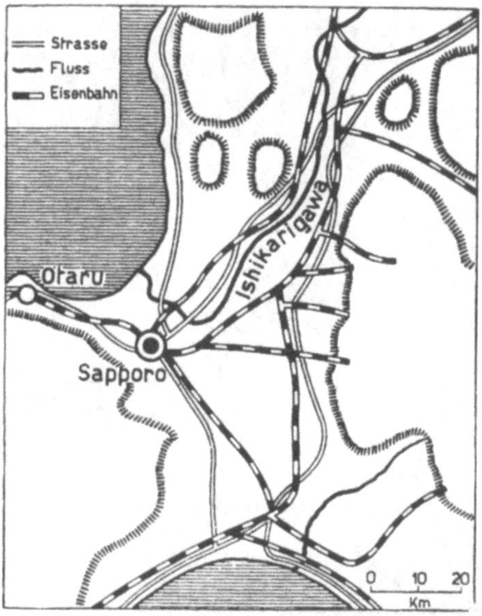

Abb. 7. Sapporo, der Ausstrahlungspunkt der Verkehrswege der Ishikariniederung.

Der Gebirgsrand und das dahinterliegende Gebirge ist für die Großstadt der Vorderseite Ous in begrenztem Maße als Seidenproduktionsgebiet und als Holzreservoir wirksam, während das im Rücken der Hauptstadt Hokkaidos sich erstreckende Gebirgsland schon wegen seiner geringen räumlichen Ausdehnung in seinem Einfluß auf eine Großstadtentwicklung beschränkt ist.

Im Gegensatz zu Sendai und Sapporo wird für Omuta, die dritte Großstadt am seitlichen Rand von Großkammern, gerade der Gebirgsrand bedeutsam. Östlich und südlich der sich am Südende der Kurumeniederung, der größten Kyushus, befindlichen Stadt dehnen sich die Felder des Miikikohlenreviers aus, das die Grundlage zu ihrem industriellen Aufschwung gegeben hat[111]).

Unmittelbar an Omuta grenzt die Hafenstadt Mikawa an, deren Hafen den Namen Miike führt [112]). Damit verfügt Omuta über eine ausgezeichnete Verbindung zum Meer. Zu Land ist es durch die große Küstenlängsbahn bzw. -straße am Westrand Kyushus in das Hauptverkehrsnetz der Insel einbezogen und an das landwirtschaftliche Produktionsgebiet der Kurumeebene angeschlossen.

d. Lage in Küstenebenensäumen.

Bei den Küstenebenensäumen rücken die äußeren und inneren Ränder, die sich, wie wir schon gezeigt haben, für die Ausbildung von Siedlungslinien als besonders günstig erweisen, nahe zusammen, so daß die Städte dieser Räume verschiedentlich die Vorteile beider Landschaftselemente genießen. Allerdings fehlt dafür diesen Niederungsstreifen die innere Geschlossenheit, vielfach das Gewicht der verhältnismäßigen Größe und bei glatten, verkehrsfeindlichen Küsten die Meeresbezogenheit.

So sind trotz der Nähe des Meeres fünf Großstädte in Küstenebenensaumlage reine Landstädte: Die Präfekturhauptstädte Kanazawa und Toyama, erstere in der Mitte der langgestreckten Küstenebene gleichen Namens, des Kernraumes des Ishikawa-Kens, letztere in der sich im Hintergrund der Toyamabucht befindlichen Ebene gleichen Namens, und zwar etwas oberhalb der Mündung des Jintsugawa, sowie die Industriestädte Hamamatsu, Toyohashi und Himeji als zentrale Städte kleiner von Flüssen aufgeschütteter Küstenniederungen.

Die Verkehrsfeindlichkeit der glatten, einförmigen, vielfach auf weite Strecken von Dünen begleiteten Küste können auch nicht die flachen, versandeten Flüsse überwinden, an deren Mündungen die oben genannten Großstädte liegen. Sie gewinnen allerdings für diese, besonders für die beiden der Sunenküste, Bedeutung durch das Flößen von Holz aus dem waldreichen Gebirgshinterland, das außerdem noch als Energiequelle für ihre Industrie in Frage kommt[113]).

[111]) Gl. Th. Trewartha, A Reconnaissance Geography of Japan, S. 234—235.

[112]) L. Mecking, Japans Häfen, S. 269—270.

[113]) Gl. Th. Trewartha, A Reconnaissance Geography of Japan, S. 173.

So sind diese Städte ganz auf den Landverkehr angewiesen: Kanazawa und Toyama auf die Hokurikubahn und deren Abzweigungen, die zu den Häfen Nanao und Fushiki hinleiten, welche in gewissem Sinne die Hafenfunktionen für die Städte übernehmen, Hamamatsu und Toyohashi auf die Tokaidolinie, die sie an die Kwanto- und die Mino-Owari-Ebene anknüpft, während Stichbahnen ins Gebirge das Hinterland aufschließen, und Himeji auf die Sanyobahn, die zu der Großstadtverdichtung des Kinkigebietes hinführt.

Die Gebirgsränder werden für diese fünf Großstädte als Seidenproduktions-, Tee-, Obst- bzw. Viehzuchtgebiet wirksam[114]).

Ähnlich wie bei diesen fünf Großstädten liegen die Verhältnisse bei vier weiteren in Küstenebenensaumlage, die wenigstens geringe Beziehung zum Meere haben, bei Shizuoka, Okayama, Matsuyama und Kochi. Keine von ihnen vermochte aber einen eigenen Hafen auszubilden; denn die versandeten Flußmündungen, an denen sie liegen, können die Anforderungen, die heute an einen Hafenwasserraum gestellt werden, durchaus nicht erfüllen.

So steht das in einer kleinen, von dem Abegawa aufgeschütteten Küstenniederung am Westrand der Surugabucht liegende Shizuoka über den etwa 10 km nordostwärts befindlichen Hafen Shimizu mit dem Meere in Verbindung, das im mittleren Teil der Inlandsee an der Südseite Chugokus in einer langgestreckten Küstenniederung liegende Okayama über den etwa 20 km entfernten, am Südostrand der Halbinsel Kojima befindlichen Hafen Uno, das in einer kleinen Küstenniederung an der Nordwestküste Shikokus liegende Matsuyama über den etwa 8 km nordostwärts in einer Felsbucht befindlichen Hafen Takahama, und das ungefähr in der Mitte der Kochiniederung an der Südküste Shikokus liegende Kochi über den kleinen benachbarten Hafen Urato.

Damit nimmt auch für diese Großstädte der Land- neben dem Seeverkehr eine beachtliche Stellung ein. Für Shizuoka ist es die Tokaidolängsbahn, Okayama ist wichtiger Etappen- und Ausstrahlungspunkt der Sanyobahn, Matsuyama liegt an der Bahn längs der Nordküste Shikokus, und Kochi steht durch eine Küstenlängsbahn mit seinem Ebenenraum und durch die Bahn nach Ikeda im Tale des Yoshinogawa mit der Nordhälfte der Insel und darüber hinaus der Hauptinsel in Verbindung.

Sämtliche vier Großstädte sind Verwaltungsmittelpunkte von Präfekturen, die ihre Kernräume im fruchtbaren Ebenenumland ihrer Hauptstädte finden.

---

[114]) Gl. Th. Trewartha, A Reconnaissance Geography of Japan, S. 153—154, 172 bis 173 u. 211.

Das Gewicht dieser Ebenen wird noch verstärkt durch die Gebirgsränder, die für Shizuoka als erstes Teeanbaugebiet des Landes, für Okayama als Viehzuchtgebiet, für Matsuyama als Seidenraupenzucht- und Tabakanbaugebiet und für Kochi durch das Vorhandensein zweier Sträucher, deren Fasern zur Herstellung des japanischen Papieres verwendet werden, Bedeutung haben[115]).

Hatten die vier zuletzt behandelten Großstädte schon eine gewisse Beziehung zum Meer, so verstärkt sich bei vier weiteren in Küstenebenensaumlage noch mehr die Ausrichtung auf die See. Es handelt sich um das auf Kyushu am Südwestrand der Hizenhalbinsel tief im Inneren der Nagasakibucht liegende Nagasaki, um das an der Westflanke des Kagoshimagolfes liegende Kagoshima, um das etwa 30 km östlich der Straße von Shimonoseki liegende Ube und um das an der engsten Stelle der Inlandsee auf Shikoku liegende Takamatsu.

Die beiden ersteren Städte haben in ihrer Lage viel Gemeinsames. Die Küstenebenensäume, in denen sie sich befinden, sind zu schmal, um eine wesentliche Grundlage ihrer Entwicklung zu bieten. Auch das angrenzende Hügelland, obwohl Tee-, Seide-, Tabak- und Zuckerrohranbaugebiet[115]), kann die Voraussetzungen dazu nicht abgeben, wenn eine gewisse Wirkung auf die beiden Städte als die zuständigen Verwaltungs- und Handelsmittelpunkte unverkennbar ist.

Den überwiegenden Einfluß auf ihre Ausbildung zur Großstadt hat aber nicht das Land, sondern die See. Die weit ins Land eingreifende Nagasakibucht weist bis an ihr Ende noch so große Wassertiefen auf, daß Schiffe bis zu 8000 Tonnen am Kai anlegen können, während die großen Ozeandampfer im mittleren Teil der Bucht ausgezeichneten Ankergrund finden[116]). Trotz seines beschränkten Hinterlandes wird Nagasaki noch von vielen Ozeandampfern, besonders im Schanghaiverkehr, angelaufen; einmal, um die billige japanische Kohle einzunehmen, die von den etwa 16 km entfernten Kohlenminen auf der Insel Takashima kommt[117]), zum anderen, um eiligen Passagieren die Möglichkeit zu geben, anstatt des langen, zeitraubenden Seeweges nach Kobe oder Yokohama die viel schnellere Eisenbahn zu benutzen.

Wohl zweigen von dieser Hauptlinie nach Moji auf der Hizenhalbinsel mehrere Nebenbahnen ab; aber bei der zerrissenen Form dieser Halbinsel

[115]) Gl. Th. Trewartha, A Reconnaissance Geography of Japan, S. 249.

[116]) L. Mecking, Japans Häfen, S. 255.

[117]) An Official Guide to Japan, Tokyo 1933, S. 441

ist Nagasaki von vielen Punkten aus viel leichter auf dem See- als auf dem Landweg zu erreichen, so daß sich der Hauptnahverkehr auf dem Meere abspielt.

Bei Kagoshima liegen die Verhältnisse ähnlich; denn das Südende Kyushus ist ebenfalls sehr zerlappt. Da diese am weitesten nach Süden vorstoßende Landspitze des japanischen Inselbogens häufig von Taifunen getroffen wird, zieht der am Durchlaß zum inneren Teil des Kagoshimagolfes geschützt gelegene Hafen Kagoshima den Nah- und Überseeverkehr an sich; letzterer erstreckt sich in erster Linie auf die Riu-Kiu-Inselgruppe, liegt doch Kagoshima diesen Inseln von allen Häfen Japans am nächsten[118]).

Ganz anders sind die Lagebedingungen Ubes und Takamatsus. Ersteres verdankt in erster Linie seinen Aufschwung der Nähe der gleichnamigen Kohlenfelder, so daß es zu einem maßgeblichen Kohlenversorgungsplatz für den Inlandseeraum geworden ist; und zwar vollzieht sich der Abtransport hauptsächlich zur See, auf Kohlenseglern[119]), wobei die Nähe der geographischen Siedlungseinheit an der Straße von Shimonoseki von besonderem Wert ist. So sind die Landverbindungen, die die Stadt an die Sanyobahn anschließen bzw. mit der Rückseite Chugokus verbinden, weniger wichtig. Ebenso hat der schmale Küstenebenensaum nur als Nahrungsmittelbasis Bedeutung.

Ein ganz anderes Bild ergibt sich wieder bei Takamatsu. Auf der Sanukihalbinsel Shikokus in einer ausgedehnteren Küstenniederung liegend, reckt es sich der Kojimahalbinsel auf Chugoku entgegen und wird so zum wichtigen Fährhafen hinüber zu seinem Gegenpol Uno. Diese Fährverbindung wird zu Lande durch die Küstenlängsbahn Nordshikokus, die Querverbindung über Ikeda hinüber zur Südküste der Insel und einige Nebenbahnen, die das anliegende Ebenenland aufschließen, fortgesetzt. Daneben spielt der Seeverkehr längs der Nordküste Shikokus eine große Rolle, so daß Takamatsu eine hohe Verkehrsbedeutung hat. Damit eng verknüpft ist seine Stellung als Handelszentrum, und zwar für die angrenzenden Küstenstriche, die für die Salzgewinnung von Wichtigkeit sind, für das umliegende Ebenenland als Reisproduktionsgebiet, ja sogar darüber hinaus für den oberen Teil des Yoshinograbens[120]). Eine Verstärkung erfährt das Handelsmoment noch durch die Verwaltungsfunktion der Stadt.

Eine letzte Gruppe von Großstädten in Küstenebenensaumlage umfaßt die beiden Großstädte Yawata und Kokura. Als Städte, die der geogra-

---

118) L. Mecking, Japans Häfen, S. 229—235.

119) Gl. Th. Trewartha, A Reconnaissance Geography of Japan, S. 212—213.

120) L. Mecking, Japans Häfen, S. 382—384.

phischen Siedlungseinheit an der Straße von Shimonoseki angehören, erstere an der Südostflanke der Kukino-Umi, letztere sich ostwärts an das sich zwischen beide Städte einschaltende Tobata anschließend, um dann in Moji überzugehen (siehe Abb. 3 auf S. 29), haben sie vollen Anteil an der Gunst der geographischen Großlage dieses Siedlungsstreifens, wie wir sie schon beschrieben haben (siehe S. 29).

Der schmale Niederungsstreifen, auf dem sie liegen, hat im wesentlichen nur als Siedlungsraum Bedeutung. Obwohl beide unmittelbar an der Küste liegen, haben sie doch keine bzw. nur wenig unmittelbare Verbindung mit dem Meer. Kokura an der Mündung des kleinen, versandeten Siwagawa, die schon zur Tokugawazeit nur den bescheidensten Ansprüchen genügte[121]), ist heute überhaupt nicht mehr Hafen, während Yawata dem Fremdverkehr verschlossen ist[122]). Beide Städte verfügen aber in den benachbarten, dem Außenverkehr geöffneten Häfen Wakamatsu und Moji[123]) über ausgezeichnete Tore zur Welt, über die sie die Rohstoffe für ihre Industrie beziehen.

Zu Land sind sie in das Verkehrsnetz einbezogen, das von der Nordspitze Kyushus in die Insel hineinstrahlt. Eine dieser Linien führt das Tal des Ongagawa aufwärts in das fruchtbare nordkyushuer Ebenenhinterland hinein und erschließt das Chikuhokohlenrevier, die wesentliche Grundlage ihrer Industrie[124]).

e. Lage an Flußmündungen.

Die meisten der Großstädte Japans haben Flußmündungslage; doch ist das bei einer ganzen Reihe von ihnen heute fast ohne Einfluß auf ihre Entwicklung. Früher ist das allerdings anders gewesen, als die Seeschiffahrt noch bescheidene Ansprüche an einen Hafen stellte, als es für die Flußschiffahrt den Wettbewerb der Eisenbahn noch nicht gab und die Schutzlage für eine Stadt noch eine gewisse Rolle spielte. So war z. B. die Flußmündungsstadt Sakai ein bedeutender Hafen[125]), während sie heute als Hafenstadt überhaupt keine Rolle mehr spielt.

Jedoch kann es gegenwärtig für eine Großstadt in Flußmündungslage schon von Wert sein, daß auf dem Fluß, an dem sie liegt, Holz aus einem

---

[121]) Ph. von Siebold, Nippon, Würzburg und Leipzig 1897, S. 106.

[122]) The Japan Year Book, 1937, S. 443.

[123]) Ebenda, S. 443.

[124]) Gl. Th. Trewartha, A Reconnaissance Geography of Japan, S. 228.

[125]) Y. Takekoshi, The Economic Aspects of the History of the Civilisation of Japan, London 1930, S. 356—367.

waldreichen Gebirgshinterland geflößt wird, wie es sich bei Shizuoka, Hamamatsu und Toyohashi, den drei Großstädten der Sunenküste, zeigt, denen zum Teil der Rohstoff für ihre Holz- und Papierindustrie auf den Flüssen Abe-, Tenryu- und Toyogawa aus den waldreichen zentraljapanischen Alpen zugeflößt wird.

Aber erst, wenn auf dem Unterlauf des betreffenden Flusses Schiffahrt möglich ist und die Flußmündung sich für die Anlage eines Hafens eignet, wird die Flußmündungslage von eigentlicher Bedeutung für eine Großstadt.

Das ist der Fall bei Tokyo, Osaka und Nagoya, drei Städten, die mit zu den ersten Häfen des Landes gehören. Wenn wir sie trotzdem nicht bei den Großstädten in Flußmündungslage behandelt haben, so deshalb, weil bei ihnen in erster Linie die Lage an der Seefront der Großkammer und erst in zweiter die Flußmündungslage wirksam ist, während letztere für vier weitere Großstädte von grundsätzlicher Bedeutung ist: für Niigata an der Mündung des schiffbaren Shinanogawa, der als einziger Längsfluß eines Küstenebenenstreifens, mit seinen Nebenflüssen eine schiffbare Länge von 703 km erreichend[126]), die Niigataebene aufschließt, für Wakayama am Ausgang des durch den Kinogawa gebildeten Kinogawagrabens, für Tokushima an dem Mündungsdelta des Yoshinogawa und für Hiroshima im Mündungsdelta des Otagawa.

Wie wir schon gesagt haben, ist allerdings gerade die Flußmündungslage für einen Hafen mit großen Nachteilen verbunden, was auch für diese Häfen gilt. Bei Niigata, das in der Flußmündung selbst seinen Hafenwasserraum findet, hat man versucht, die Schuttfrachten vom Hafen abzuleiten, indem man etwa 45 km oberhalb der Mündung des Shinanogawa einen künstlichen Abfluß zum Meere schuf, der leider die Erwartungen, die man sich von ihm versprach, nur unvollkommen erfüllt, so daß man den Bau eines zweiten leistungsfähigeren Kanals plant[127]).

Neben dem Flußsystem des Shinanogawa wird die Niigataebene, die neben ihrem Wert als erstes landwirtschaftliches Gebiet der Rückseite Ous reiche Petroleumfunde birgt[128]), durch Straße und Eisenbahn an die Hafenstadt angeschlossen, die, ungefähr in der Mitte der langgestreckten Küstenpräfektur gleichen Namens liegend, zugleich Zentrum der Verwaltung ist.

Eine weitgehende Übereinstimmung ihrer Lagebedingungen zeigen die beiden Präfekturhauptstädte Wakayama und Tokushima (siehe Abb. 2 auf

---

[126]) Japan-Manchoukuo Year Book, 1939, Tabelle auf S. 2—3.

[127]) An Official Guide to Japan, Tokyo 1933, S. 162.

[128]) K. Haushofer, Japan und die Japaner, Leipzig und Berlin 1933, S. 200.

S. 26). Es ergibt sich, wie Mecking[129]) ausführt, fast spiegelbildliche Gleichheit, die tief im geologischen Bau begründet ist. Sowohl Wakayama wie Tokushima liegen am Ausgang von keilförmigen Flußniederungen, ersteres an der Mündung des Kinogawa, der von Osten her in die Kiistraße entwässert, und letzteres am Mündungsdelta des Yoshinogawa, der von Westen her in diese Meeresstraße strömt. Beide Flüsse haben eine gewisse Bedeutung als Wasserstraßen, letzterer zwar nur für das Flößen von Holz aus dem waldreichen, gebirgigen Inneren der Kiihalbinsel. Trotzdem gibt gerade das die Grundlage zu der beachtlichen Kisten- und Möbelindustrie Wakayamas.

Von eigentlichem Wert für den Verkehr werden der Kino- und der Yoshinogawa aber erst in ihrer Mündung, indem sie für die beiden obengenannten Großstädte die Hafenwasserräume abgeben. Bei der starken Schuttführung der japanischen Flüsse sind diese Hafenwasserräume aber stark der Versandung ausgesetzt, so daß man für Wakayama in Wakanoura und für Tokushima in Komatsushima Vorhäfen schuf[130]).

Da der Kino- und der Yoshinogawa als Wasserstraßen nur in beschränktem Umfange verwendbar sind, werden die Niederungen der beiden Flüsse, die besonders durch die Seidenraupenzucht Bedeutung haben[131]), in erster Linie jeweils durch eine talaufwärts laufende Eisenbahn an die genannten Städte angeschlossen.

Die vierte der Großstädte in Flußmündungslage, Hiroshima, wächst mit dem Flußdelta des Otagava allmählich ins Meer hinaus[132]) (siehe Abb. 8 auf S. 62). Der Hafenwasserraum selbst, der hauptsächlich militärischen Zwecken dient, wurde vor dem Delta angelegt, doch ist die Stadt von zahlreichen Wasseradern für den Kleinverkehr durchzogen[133]). Darüber hinaus hat allerdings der Otagawa als Wasserstraße keine Bedeutung, so daß die kleine Küstenniederung, an deren Seefront Hiroshima liegt, durch Eisenbahn und Straße an die Stadt angeschlossen ist. Die Reichweite Hiroshimas als Handels- und Verwaltungsstadt geht aber darüber hinaus und umfaßt die gesamte Präfektur gleichen Namens, deren Kernraum, der schmale Küstenniederungsstreifen längs der Inlandsee, mit der Stadt durch die wichtige Sanyobahn in Verbindung steht.

---

129) L. Mecking, Japans Häfen, S. 423.

130) L. Mecking, Japans Häfen, S. 418—425.

131) Gl. Th. Trewartha, A Reconnaissance Geography of Japan, S. 202 u. 216.

132) L. Mecking, Japans Häfen, S. 400—401.

133) Gl. Th. Trewartha, A Reconnaissance Geography of Japan, S. 213.

f. Lage an Kernlandküsten.

In der Regel hat die Ausbildung einer Großstadt das Vorhandensein eines größeren Ebenenraumes zur Voraussetzung, der ihr Nahrungsmittelgrundlage, Absatzraum, Arbeiterreservoir und in gewissem Umfange Roh-

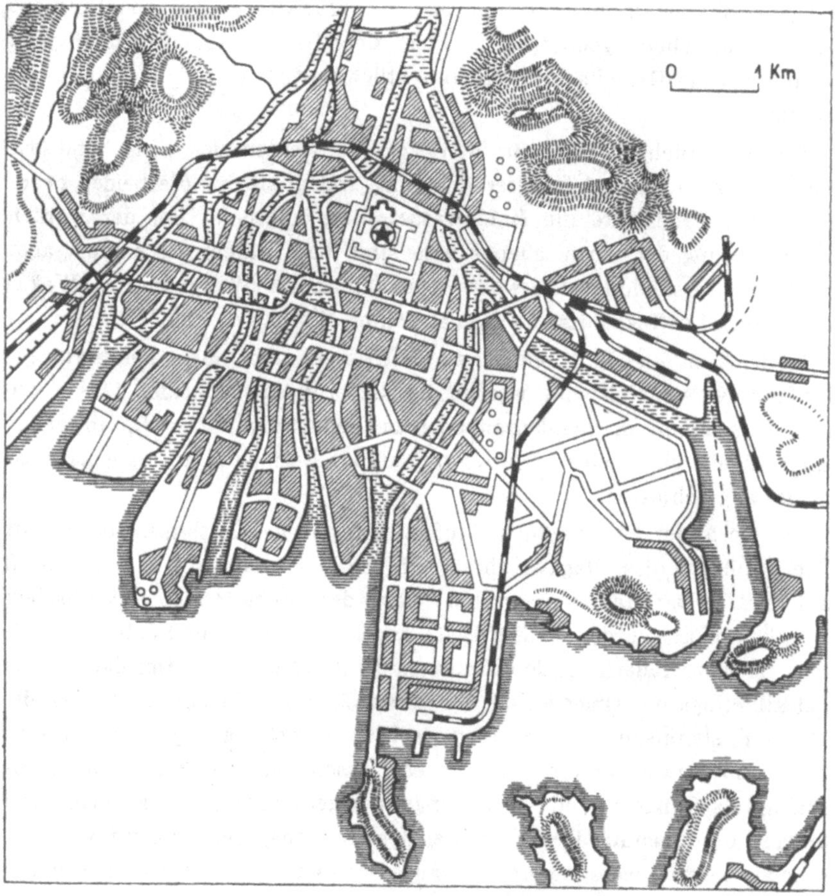

Abb. 8. Hiroshima als Beispiel einer Großstadt in Flußmündungslage (Deltalage).
(Nach einem Stadtplan in dem Atlas von Japan für die Volksschule, Tokyo 1933, Bl. 9.)

stoffbasis darstellt. Wir haben schon gezeigt, daß das Fehlen von Großstädten in verschiedenen Räumen Japans ihren ersten Grund in ihrer mangelhaften Ausstattung mit Küstenniederungen findet.

Wenn nun trotzdem drei Großstädte sogar in Kleinstebenenkammern erwachsen konnten, die gerade genügend Platz für die Anlage der Stadt bieten, so sind dabei besondere Umstände maßgebend. Die unmittelbare Wirksamkeit der Ebene auf die Stadtentwicklung tritt vollkommen zugunsten derjenigen der Küste zurück, wenn jene auch, wie wir noch sehen werden, mittelbar der beherrschende Faktor bleibt.

Es handelt sich dabei um die drei Hauptkriegshäfen des Landes, Yokosuka, Kure und Sasebo, die sämtlich zu Großstädten erwachsen sind. Im Gegensatz zu den Handelshäfen sind sie nicht auf das Vorhandensein eines Ebenenhinterlandes angewiesen. So rücken sie aus strategischen Gründen von den Schwemmlandküsten, die keinen militärischen Schutz bieten und für die Anlage und Erhaltung der Hafenwasserräume hohe Kosten verursachen, nach den Kernlandküsten ab.

Die Buchten dieses Küstentyps bieten für die Anlage von Kriegshäfen die besten Voraussetzungen. Sie dringen tief in das Land ein und verleihen einen natürlichen Buchtschutz mit günstigen Wassertiefen und ausgezeichneten Ankerverhältnissen[134]), während die Felsküsten hervorragende Eignung zum Einbau und zur Tarnung von Küstenbatterien zeigen.

Das Problem für die Kriegshäfen bedeutet nur die Beschaffung des Raumes für die Anlage der Stadt; denn die Küstenniederungen im Hintergrund dieser Buchten sind nur kleinsten Umfanges. So mußte sogar, da der vorhandene Ebenenraum nicht ausreichte, dem Meere durch Aufschüttungen neues Land abgerungen werden. In einem Falle, bei Yokosuka, rückt die Stadt von vornherein aus Raumgründen in die Ebene im Hintergrund einer Nachbarbucht ab[135]).

Ist für die Kriegshäfen die Küste auch unmittelbar das beherrschende Landschaftselement, so behalten doch die Ebenen mittelbar ihren bestimmenden Einfluß; allerdings nicht die Kleinstebenenkammern, in denen die Stadt der Kriegshäfen untergebracht ist, sondern die großen Küstenniederungen, als die Hauptlebensräume des Landes. Sie gilt es in erster Linie gegen einen Angriff zu See zu schützen. Jedem der drei Kriegshäfen ist die Verteidigung bestimmter Siedlungskammern des Landes zugewiesen. Nach diesen Gesichtspunkten ist weitgehend ihre Verteilung über das Land erfolgt. Die Kernlandküsten boten nur das für ihre Anlage gegebene Landschaftselement dar.

---

[134]) L. Mecking, Japans Häfen, S. 167—168.

[135]) Ebenda, S. 495.

So übernimmt das auf der Miurahalbinsel etwa 8 km hinter der schmalsten Stelle der Uragastraße, dem Eingang der Tokyobucht, im Hintergrund einer kleinen Bucht liegende Yokosuka den Schutz der größten Siedlungskammer mit der Hauptstadt und dem zweitgrößten Hafen des Landes, Kure an der Ostflanke der Hiroshimabucht, äußerst geschützt hinter einer Trümmerzone von Granitinseln, die die Inlandsee weitgehend abriegeln, den des Inlandseeraumes, und schließlich Sasebo auf nach Südwesten vorgeschobener Stellung des japanischen Inselbogens am Westrand der Hizenhalbinsel tief am Nordende einer verzweigten Ingressionsbucht, die durch die Nishisonogihalbinsel bis auf einen schmalen Kanal vom offenen Meer völlig abgeschlossen ist, den der Insel Kyushu mit der Straße von Shimonoseki.

g. Lage auf Landvorsprüngen.

Landvorsprünge sind in einer Vielzahl auf dem japanischen Inselbogen vorhanden, aber durchweg zeigen sie sich für eine Großstadtbildung ganz ungeeignet. Sie werden von gebirgigen Kernen eingenommen mit nur geringstem vorgelagerten bzw. eingeschalteten Ebenenraum, so daß kaum Platz für die Anlage einer Stadt, geschweige denn ein Hinterland gegeben ist. Zudem werden sie mit voller Wucht von den Stürmen getroffen, gegen die ihre kleinen Buchten nur ungenügenden Schutz bieten. Darüber hinaus geben letztere rein räumlich gesehen in der Regel gar keine Möglichkeit zur Entwicklung eines größeren Hafens.

Wenn wir trotzdem vier Großstädte auf Landvorsprüngen zählen, Hakodate auf dem südlichen Ende des zur Hauptinsel vorstoßenden Halbinselhokkaido, Muroran auf dem zur Spitze auslaufenden Südostende der Uchiurabucht, Shimonoseki auf dem Südwestende Honshus und Moji gegenüber auf dem zur Halbinsel auslaufenden Ende Nordkyushus, so treten bei diesen besondere geographische Momente in Erscheinung. Es handelt sich eben um diejenigen, die von einer Hauptinsel zur anderen hinüberleiten, sich gleichsam jener entgegenreckend, so daß diese Großstädte in Vorsprungslage zu Einfalls- bzw. Ausfallstoren der Insel werden, auf der sie liegen. Es steht also hier in allen Fällen eine Gunst der Großlage der Ungunst der engeren Ortslage gegenüber.

Bis auf Muroran nehmen sie nicht nur Vorsprung-, sondern zugleich Meerengenlage ein und vermitteln so nicht nur den Quer-, sondern ebenfalls den Längsverkehr, haben nicht nur Übergangs-, sondern auch Durchgangsfunktion. Weniger bei Hakodate an der Tsugarustraße ist letzteres der Fall als bei Shimonoseki und Moji, ist doch die Straße von Shimonoseki das Südwesttor der Inlandsee, der Hochstraße des japanischen Seeverkehrs und Außenhandels. Nach der vor einigen Monaten erfolgten Inbetriebnahme des Meerestunnels[136]) zwischen den beiden Städten Shimonoseki und Moji wird sich der Querverkehr nun wohl fast ausschließlich unter dem Meere abspielen.

Obwohl Muroran, wie bereits oben erwähnt, nur Vorsprungs-, aber keine Meerengenlage einnimmt, hat es sich doch zum bedeutenden Hafen entwickelt; denn die glatte Nordostküste der Uchiurabucht und die Südküste der Ishikariniederung weisen kaum Ansatzpunkte für eine Hafenbildung auf. Weiter kommt als ein die Entwicklung des Hafens begünstigendes Moment hinzu, daß er der Ishikariebene viel näher liegt als Hakodate, sich aber trotzdem der Hauptinsel entgegenreckt.

Ähnlich wie bei Muroran liegen die Hafenverhältnisse bei Hakodate. Der Hafenraum rückt hier in eine breit nach Norden zum Meer geöffnete Bucht, die allerdings nur ungenügenden Schutz vor den Stürmen bietet und deshalb weitgehender künstlicher Verbesserungen durch Molenbauten bedurfte (siehe Abb. 9 auf S. 66).

Der Gegenpol Hakodates ist nicht das etwa 30 km entfernte auf dem Omakap liegende Ooku, sondern Aomori, der nördliche Endpunkt der Landverkehrslinien Ous, das sich weit ins innere Ende der Mutsubucht zurückzieht, so daß die Fährdampfer zwischen Honshu und Hokkaido ungefähr 100 km zurückzulegen haben und deshalb schon stattliche Schiffe sind.

Im Falle Shimonoseki-Moji findet sich insofern eine ausgezeichnete Lösung für die Hafenanlage, als sich die in ihrer Breite zwischen 300 und 2000 m schwankende Meerenge selbst als Hafenwasserraum darbietet. In der Form eines Dreiecks mit nur schmalen Ausgängen zur Straße von Korea bzw. zur Inlandsee stellt sie eine natürliche geschützte Reede dar[137]).

Von der Regel, daß die Großstädte Japans eine Niederungslage einnehmen, macht, was bemerkenswert ist, auch der Typ der Großstädte auf Landvorsprüngen keine Ausnahme. Hakodate drängt sich in seiner Stadtanlage hauptsächlich auf einer Schwemmlandzunge zusammen, während Muroran bei einem nur schmalen Küstenniederungssaum in seiner Stadt-

[136]) Nach Pressemeldungen.

[137]) L. Mecking, Japans Häfen, S. 309.

anlage allerdings etwas die angrenzenden Hänge hinaufgeht. Für Shimonoseki und Moji sind ebenfalls nur schmalste Ebenensäume vorhanden, so daß weiterer Raum, besonders für die Hafenlandflächen, dem Meere durch Aufschüttungen abgewonnen werden mußte[138]).

h. Lage in Binnenebenen.

Aus Gründen, die wir schon bei früherer Gelegenheit aufgezeigt haben, beschränken sich die Großstädte Japans mit einer Ausnahme auf die Ränder der vier Hauptinseln. Damit erhebt sich die Frage, weshalb es zu

Abb. 9. Sapporo als Beispiel des Großstadttyps auf Landvorsprüngen.

(Nach einem Stadtplan in dem Atlas von Japan für die Volksschule, Tokyo 1933, Bl. 11.)

einer einzigen Ausnahme gekommen ist und aus welchen Lagebedingungen heraus gerade Kofu zur Großstadt erwachsen ist.

Bei der Bedeutung, die das Meer für das japanische Volk hat, muß zunächst einmal als ein die Entwicklung der Stadt äußerst begünstigendes Moment die verhältnismäßige Nähe zur Küste herausgestellt werden, so daß Kofu keine reine Binnenlage, sondern noch eine weitgehende Randlage

---

138) L. Mecking, Japans Häfen, S. 307.

einnimmt. Die Entfernung zur Surugabucht beträgt nur etwa 66 km und zur Sagamibucht 70 km. Die Verbindung mit der Küste wird durch zwei Eisenbahnen hergestellt, von denen diejenige nach der Surugabucht die Furche der Fossa-magna, eine der wichtigsten Leitlinien des Querverkehrs benutzt, während die andere über das Gebirge nach Yokohama hinleitet, womit Kofu über eine ausgezeichnete Hafenverbindung verfügt.

Damit haben wir schon den zweiten entscheidenden Faktor der Lage Kofus berührt. Das ist die Nähe der Kwantoebene, des ersten Lebensraumes und der größten Industrieverdichtung des Landes. Die Fernwirkung dieses Gebietes, das in den letzten Jahren einen enormen Aufschwung genommen hat, hat Kofu mit erfaßt. Nun haben ja andererseits, wie wir bereits gezeigt haben, gerade die Ausstrahlungen der Großstadtverdichtung an der Tokyobucht das Aufkommen einer weiteren Großstadt in der Kwantoebene selbst verhindert. Wenn Kofu trotzdem zur Großstadt erwachsen ist, so liegt das wohl daran, daß es durch eine Gebirgsschranke von der Kwantoebene getrennt ist und so ein weitgehendes Eigenleben führen kann. Es ist also gleichsam von dem Zentrum der Kwantoebene hinreichend abgerückt, um nicht von ihm erdrückt zu werden, und doch wieder nahe genug, um an seinen Anregungen Teil zu haben.

Jenes gewisse Eigenleben äußert sich schon darin, daß es Präfektur-Hauptstadt des Yamanashi-Ken ist. Die Wirtschaftskraft dieser nahezu kreisrunden Gebirgsprovinz, deren zentrales Kerngebiet die Kofuebene ist, strömt in der Hauptstadt zusammen, und zwar handelt es sich um Seide als Hauptwirtschaftsgut, gehört doch die Präfektur Yamanashi zu den ersten Seidenanbaugebieten des Landes, so daß sich Kofu zu einem wichtigen Mittelpunkt des Seidenhandels und der Seidenindustrie entwickelt hat[139]).

Neben den beiden Eisenbahnlinien nach der Küste der Vorderseite Honshus verfügt Kofu ebenfalls über gute Verbindung mit Ura-Nihon, einmal über Matsumoto, zum anderen über Nagano, womit seine Verkehrsbedeutung noch weiter unterstrichen wird.

Vereinigt Kofu, wie sich aus Vorausgegangenem ergeben hat, die Momente einer ausgezeichneten geographischen Lage in sich, so wird uns die Tatsache, daß es als einzige Stadt Japans einer Binnenebene zur Großstadt erwachsen ist, verständlich.

---

139) Gl. Th. Trewartha, A Reconnaissance Geography of Japan, S. 147.

III. Zusammenfassung der über die Lage der Großstädte gewonnenen Ergebnisse.

Fassen wir die in diesem Kapitel gewonnenen Ergebnisse zusammen, so ergibt sich das Bild, daß wohl von den vier der für die Lage in Frage kommenden Landschaftselemente die Ebene die überragende Stellung innehat, aber auch sie nicht allein die Bildung einer Großstadt bedingt, sondern erst in der Verknüpfung mit einer bzw. mehreren der anderen Landschaftselemente zur vollen Wirksamkeit gelangt.

Das zeigt sich deutlich in der mangelhaften Ausstattung der Zentren der Ebenenräume mit Großstädten; denn hier fehlt weitgehend der Einfluß eines zweiten Landschaftselementes, da die Flüsse diese Rolle nur in unvollkommener Weise übernehmen können; wie umgekehrt die große Zahl der Großstädte in Küstenebenen s ä u m e n den Beweis liefert, zu welcher gesteigerten Wirksamkeit die Landschaftselemente im engen Zusammentreffen gelangen können. Dasselbe gilt natürlich für die Großstädte an der Seefront bzw. dem Binnenrand von Großkammern, an Flußmündungen und in Binnenebenen, bei denen ebenfalls zwei bzw. drei Landschaftselemente zusammen wirksam sind. Aber auch die Großstädte an Kernlandküsten und auf Landvorsprüngen machen hierin keine Ausnahme. Wohl übernimmt die Küste den beherrschenden Einfluß auf sie, trotzdem bleiben sie Niederungsstädte, und mittelbar sind auch für ihre Bildung die Ebenen als die Lebensräume des Landes bestimmend.

D. Die Lebensfunktionen der Großstädte.

I. Überblick über die in Frage kommenden Lebensfunktionen.

Hat sich im vorigen Kapitel ergeben, daß die Lage der Großstädte an bestimmte Landschaftselemente gebunden ist, so hat sich bereits ebenfalls gezeigt, daß zwischen ihrer Lage und ihren Lebensfunktionen ein ursächlicher Zusammenhang besteht.

Daher gilt es nun zu untersuchen, welche Lebensfunktionen in Frage kommen und welche Aufgaben die einzelnen Großstädte in sich vereinen, so daß sich daraus bestimmte Typen ergeben.

Mit dem Hineinwachsen Japans in die Welt und seiner weitgehenden Angleichung an die westliche Zivilisation treten Handel, Verkehr, Industrie und Bergbau als Ausdruck der modernen Wirtschaft als Funktionen der

Großstädte des Inselreiches auf, wobei die Rohstoffknappheit und die starke Übervölkerung des Landes als bestimmende Faktoren für die besondere Ausprägung dieser Funktionen erscheinen.

Das moderne Weltreich verlangt aber auch eine durchgebildete Verwaltung, einen hinreichenden militärischen Schutz und die Pflege von Wissenschaft und Kultur, womit den Großstädten weitere Aufgaben zugewiesen sind.

Schließlich tritt noch eine Lebensfunktion hinzu, die ganz losgelöst von der Gegenwart dasteht, für Japan ihre besondere Ausprägung hat und eine der Wesensgrundlagen dieses Staatsgefüges darstellt: der Kult.

Handel.

Die wirtschaftliche Struktur Japans bedingt heute einen starken Austausch von Waren, und zwar kann die Stellung des Handels im Wirtschaftsprozeß nicht besser als durch den hohen Prozentsatz der im Handel Tätigen ausgedrückt werden, der beinahe dem der in der Industrie Beschäftigten gleichkommt (15,1 % zu 19,3 % im Jahre 1930[140]).

Es zeigt sich dabei eine Ausbildung des Handels in drei Ringen, einmal innerhalb der Niederungsräume, dann zwischen den einzelnen Landesteilen und schließlich mit der Ferne.

Die Niederungsräume, als die Lebenszellen des Landes, sind mehr oder weniger in sich geschlossene Wirtschaftseinheiten. Der Warenaustausch spielt sich hauptsächlich zwischen den Städten als Verbrauchs-, Aufbereitungs-, Verarbeitungs- und Versandzentren landwirtschaftlicher Produkte und dem flachen Land als Abnehmer von industriellen und gewerblichen Erzeugnissen ab. Je nach ihrer Wirtschaftskraft und der Gunst ihrer geographischen Lage innerhalb des betreffenden Ebenenraumes sind die einzelnen Städte in geringerem oder stärkerem Umfange an diesem Handel beteiligt, ja, es kann sogar vorkommen, daß ihn eine Stadt fast vollkommen an sich zieht und ihm umgekehrt in weitem Maße ihren Aufschwung und ihre Blüte verdankt und nicht zum geringsten dadurch sogar zur Großstadt erwächst. Dabei ist es nicht einmal nötig, daß diese zentralen Handelsmittelpunkte einer Ebene an der Küste liegen; ausschlaggebend ist für sie der Ebenenraum und die Gunst ihrer geographischen Lage zur Ebene, wie es z. B. Kumamoto oder Sendai zeigen.

Der Wirtschaftsaustausch innerhalb der einzelnen Lebenszellen genügt aber nicht und bedarf zunächst der Erweiterung und Ergänzung durch den

---

[140]) Hübners Weltstatistik, 1939, S. 141.

Handel zwischen den einzelnen Landesteilen; denn gewisse Räume des Landes sind für verschiedene Produkte, z. B. Reis, Fische, Kohle, Industriewaren, Überschußgebiete, während andere dafür zusätzlichen Bedarf haben. Da es sich hauptsächlich um Massengüter handelt, die auch einen längeren Transport vertragen können, und bei der Verkehrsfeindlichkeit des gebirgigen Kernlandes und den höheren Transportkosten des Landweges vollzieht sich dieser Handel in erster Linie auf dem Seeweg[141]). Damit rücken die Zentren für den innerjapanischen Warenaustausch, die verschiedentlich beachtliche Größe bis zur Überschreitung der Großstadtgrenze erreicht haben, wie z. B. Otaru oder Niigata, an die Küsten der Wirtschaftsräume. Die meisten der Häfen Japans beschränken sich sogar stark auf diesen innerjapanischen Handel.

Dem außerjapanischen dienen eigentlich nur drei Häfen, Kobe, Yokohama und Osaka, die im Jahre 1937 daran mit 82 % beteiligt waren[142]). Wie in gewaltigen Trichtern saugen sie zu Land wie zu Meer die für die Ausfuhr bestimmten Waren ein und verschicken sie in die Welt, während umgekehrt fast ausschließlich sie die Importgüter aus Übersee aufnehmen und sie über das Land verteilen. Bei der durch die Rohstoffknappheit und die Übervölkerung Japans bedingten gewaltigen Ausrichtung des japanischen Handels auf die Ferne — betrug doch der Wert des Außenhandels im Jahre 1937 6 900 780 000 Yen[143]) — und bei der gesteigerten Bedeutung, die diese drei Großstädte ebenfalls im innerjapanischen Handel haben, wird uns ihr enormes Gewicht im Gesamthandel des Landes verständlich. Es findet seinen Ausdruck in der Tatsache, daß die drei Städte zu den sechs größten des Landes gehören.

Verkehr.

Seiner ganzen Struktur nach spielt für Japan der Seeverkehr die beherrschende Rolle. Die Randlage der großen Lebensräume des Landes, die Verkehrsfeindlichkeit der gebirgigen Kerne der Inseln und das starke Angewiesensein auf den wirtschaftlichen Austausch mit überseeischen Räumen treibt den Verkehr einfach hinaus auf das Meer. Das verleiht den Küsten ein starkes Gewicht und führte zu der Ausbildung einer Vielzahl von Häfen, angefangen von den unbedeutendsten Auflauf- und Anker-

---

[141]) L. Mecking, Japans Häfen, S. 168.

[142]) Japan-Manchoukuo Year Book, 1939, S. 482.

[143]) Japan-Manchoukuo Year Book, 1939, S. 459.

häfen bis zu den größten Anlegehäfen des Landes, die heute Städte von mehreren hunderttausend Einwohnern sind.

Erstreckt sich dieser Seeverkehr auch über alle Küsten, so besteht hinsichtlich der Verkehrsdichte durchaus keine Gleichmäßigkeit. Wie auf allen Gebieten des wirtschaftlichen Lebens ergibt sich eine ausgesprochene Bevorzugung der Fensterseite Südwest- und Mitteljapans vor allen anderen Küstenstrichen des Landes und damit die weitaus größte Hafendichte und die Ausbildung der bedeutendsten Häfen. Das erklärt sich aus seiner reichen Ausstattung mit Niederungsräumen, der weitgehenden Aufgeschlossenheit der Küsten und der Gunst der Lage zu den Hauptverkehrsländern.

Eine Wiederholung dieses Bildes ergibt sich auf dem Gebiete des Landverkehrs, der sich bei der geringen Eignung der Flüsse zu Verkehrswegen und der Vernachlässigung des Straßenwesens stark auf die Eisenbahnen beschränkt. Eisenbahnen und Straßen überziehen das Land in großen Längslinien, die bei der Verkehrsfeindlichkeit der gebirgigen Kerne an die Ränder der Inseln gedrückt werden, und in bedeutenden Querlinien, die die Verbindung zwischen der Vorder- und Rückseite Japans herstellen; sie verdichten sich in den ausgedehnten Niederungskammern zu einem Netz. Es entwickelten sich wichtige Ausstrahlungs- und Knotenpunkte des Verkehrs, z. B. Tokyo als der Ausstrahlungspunkt für eine Reihe der bedeutendsten Landverbindungen Japans, Sapporo als der Ausstrahlungspunkt der Eisenbahnen der Ishikariniederung oder Kyoto als der Verkehrsknotenpunkt des Kinkigebietes. Dabei ist es bemerkenswert, daß gerade unter diesen Städten eine große Zahl über gar keine oder doch nur geringere unmittelbare Verbindung zum Meere verfügt.

Als jüngstes Verkehrsmittel ist zu dem See- und Landverkehr noch die Luftfahrt getreten. Japan verfügt über eine Anzahl von Fluglinien, die die wichtigsten Städte des Landes miteinander verbinden und zu den Nebenländern ausstrahlen. Ausgangspunkte fast aller Fluglinien sind Tokyo und Osaka, während sich Fukuoka zum Ausstrahlungsflughafen der überseeischen Fluglinien entwickelt hat[144]). Der Flugverkehr bedarf aber noch sehr des Ausbaus; allerdings bereiten die Luftverhältnisse der Luftfahrt auch große Schwierigkeiten (z. B. Taifune), lassen immer wieder Abstürze vorkommen und zwingen oft zu tagelangem Einstellen des Verkehrs.

---

[144]) Japan-Manchoukuo Year Book, 1939, S. 239, Tabelle der Fluglinien f. Nov. 1938.

Industrie.

Ursprünglich ein fast rein agrarisches Land mit nur geringem Gewerbe auf handwerklicher Grundlage[145]) hat Japan durch die starke Bevölkerungsvermehrung und durch die steigenden Bedürfnisse des zur Weltmacht heranwachsenden Reiches bedingt, besonders in den letzten Jahren eine gewaltige Hinwendung zur Industrie erlebt.

Wohl zeigt sich noch ein starker Anklang an die frühere handwerkliche Wirtschaftsform, worin sich Japan grundsätzlich von den anderen größeren Industrieländern unterscheidet, in dem Vorhandensein zahlreicher Klein- und Kleinstbetriebe bis herunter zur Hausindustrie[146]) unter weitgehender Heranziehung von Frauen- und Kinderarbeit[147]), so daß eine weite Verteilung der Industrie über das flache Land auf Dörfer, Klein- und Mittelstädte möglich und auch praktisch der Fall ist. Aber auch das hat die gewaltige Zusammenballung von Menschen in Großstädten als Korrelat einer gesteigerten industriellen Entwicklung nicht aufhalten können; denn einmal verlangen gewisse Industriezweige, wie z. B. die Eisenindustrie oder die chemische, die Errichtung großer Werke, zum anderen bieten nur ganz bestimmte, in ihrer Zahl begrenzte Stellen des Landes die nötigen Voraussetzungen für eine Großentwicklung der Industrie.

In ihrer Rohstoffbeschaffung und für den Absatz ihrer Produkte ist die japanische Industrie, wie wir schon gezeigt haben, stark auf überseeische Länder angewiesen, weshalb sich ihre Zentren auf die Küste konzentrieren; und zwar rücken sie an die Ränder der großen Lebensräume, die ihnen in gewissem Umfange Rohstoffgrundlage, vor allem aber Nahrungsmittelbasis, Absatzraum und Arbeiterreservoir darstellen. Da es bei der Errichtung der industriellen Werke in der Auswahl ihres Platzes keine Lenkung nach wehrgeographischen Gesichtspunkten gegeben hat, schwollen die industriellen Zentren durch die Gunst ihrer geographischen Lage, aber auch schon durch die Anziehungskraft an sich, die sie auf die Wirtschaft und auf die Menschen ausüben, zu immer größerem Umfange an.

Einmal haben die meisten der großen Hafenstädte stark industrielle Funktion[148]), zum anderen sind aber auch reine Industriegroßstädte ent-

---

[145]) Y. Takekoshi, The Economic Aspects of the History of the Civilisation of Japan, London 1930.

[146]) H. Moulton, Japan, An Economic and Financial Appraisal, Washington 1931, S. 132.

[147]) E. Schultze, Japan als Weltindustriemacht, Stuttgart 1935, 2. Bd, S. 306—314.

[148]) L. Mecking, Japans Häfen, S. 123.

standen, die sich aber in ihrer Mehrzahl eng an Häfen anlehnen, während die übrigen wenigstens über ausgezeichnete Landverbindungen zu ihnen verfügen.

Im ganzen gesehen konzentriert sich die Industrie hauptsächlich auf einen großen Gürtel: Er beginnt am Südwestende des Inselzuges auf der Hizenhalbinsel, zieht sich dann an dem Nordrand Kyushus hin, umfaßt die Ränder der Inlandsee, streicht hinüber zur Mino-Owari-Ebene und weiter längs der Sunenküste bis zur Kwantoebene[149]), wobei sich Nordkyushu, der Ebenenkomplex Kinkis, die Mino-Owari-Ebene und das Kwantobecken innerhalb dieses Streifens als nochmalige Industrieverdichtungen herausheben.

Bergbau.

Japan ist ein Land, das äußerst arm an Bodenschätzen ist. In etwas stärkerem Maße finden sich nur Kohle und Kupfer, daneben sind noch Petroleum und Schwefel zu erwähnen, während ein ausgesprochener Mangel an Eisen besteht[150]).

Damit sind dem Einfluß des Bergbaus auf eine Großstadtbildung von vornherein engste Schranken gesetzt.

Die Eisen-, Kupfer- und Schwefelvorkommen sind weit über das Land verstreut und werden in verhältnismäßig kleinen Minen abgebaut. Die städtischen Zentren dieser Bergbaugebiete sind deshalb durchweg von geringer Bevölkerungszahl, so z. B. Kamaishi am Küstenrand des Kitakamiberglandes, wo sich die größte Eisenmine des Landes befindet[151]), oder Beshi auf Shikoku, einer der Hauptplätze des Kupferbergbaus[152]), oder Numajiri in der Präfektur Fukushima (Ou), wo reiche Schwefellager abgebaut werden[153]).

Von größerer Wirkung auf das Wachstum von Städten sind schon die Petroleumvorkommen Japans. Nagaoka, das Zentrum der Petroleumfelder der Niigataebene, neben den Feldern in der Akitaebene die ergiebigsten des Landes[154]), ist immerhin schon zur beachtlichen Mittelstadt erwachsen.

---

[149]) Gl. Th. Trewartha, A Reconnaissance Geography of Japan, S. 68.

[150]) H. Moulton, Japan, An Economic and Financial Appraisal, Washington 1931, S. 55—60.

[151]) An Official Guide to Japan, Tokyo 1933, S. LXCIII.

[152]) Gl. Th. Trewartha, A Reconnaissance Geography of Japan, S. 252.

[153]) E. Schultze, Japan als Westindustriemacht, 1. Bd., Stuttgart 1935, S. 215.

[154]) H. Moulton, Japan. An Economic and Financial Appraisal, Washington 1931, S. 62.

Zu einem stärkeren Einfluß auf die Städtebildung kommt es aber erst durch den Kohlenbergbau, dessen bedeutendste Funde sich auf Kyushu und Hokkaido befinden[155]). Neben einer Vielzahl kleinerer Kohlenbergbaustädte, z. B. am Ostrand der Ishikariniederung, ist Nogata, der Mittelpunkt des Chikuhoreviers auf Kyushu, zur Mittelstadt erwachsen, während Omuta, das Zentrum der Miikefelder, und Ube, das Zentrum des Reviers gleichen Namens, sogar die Großstadtgrenze überschritten haben. Allerdings vertreten sie daneben noch eine starke industrielle bzw. Hafenfunktion, so daß man sie nicht als Bergbaustadt bezeichnen kann.

Damit ist aber der unmittelbare Einfluß des Bergbaus auf die Großstadtbildung erschöpft, wenn der mittelbare, wie er sich auf die industrielle Entwicklung weiterer Großstädte äußert, auch noch weiter reicht. Im ganzen gesehen ist also die Wirkung des Bergbaus auf die Großstadtbildung gering.

Verwaltung.

Die Einteilung des japanischen Reiches in Verwaltungsbezirke, Ken (Präfekturen), richtet sich weitgehend nach seinen natürlichen Räumen, so daß die Präfekturgrenzen in der Regel auf Wasserscheiden und unwohnlichen Gebirgen liegen[156]) und die Lebenszellen des Landes bis auf die größten Niederungskammern, die Kwantoebene, die Mino-Owari-Ebene und den Ebenenkomplex Kinkis, die nach Ausdehnung und Bevölkerungszahl eine Aufteilung notwendig machen, auch verwaltungsmäßig eine Einheit bilden.

Damit ist es ganz natürlich, daß sich die Präfekturhauptstädte des Landes in den Ebenen als den Kernräumen ihrer Ken befinden. Bei ihrer Auswahl konnte man stark auf die Verwaltungszentren aus der Feudalzeit mit ihrer großen Tradition zurückgreifen, da sich wohl Auseinanderlegungen übergroßer und Zusammenlegungen allzu kleiner Feudalbezirke, aber keine grundsätzlichen Änderungen notwendig machten [157]); denn die Gesetze, die die morphologische Struktur des Landes der Verwaltungseinteilung vorschreibt, waren schon von jeher wirksam.

Das gilt genau so für die Präfekturhauptstädte selbst. Gewiß hat bei der Festlegung der Verwaltungszentren der Feudalbezirke das Schutzmoment eine wichtige Rolle gespielt, trotzdem waren sie doch an geographisch besonders begünstigten Stellen angelegt worden, so daß die heutigen Kenhauptstädte aus der Gunst dieser Lage heraus, wenn natürlich auch schon

[155]) Japan-Manchoukuo Year Book, 1939, S. 378.

[156]) L. Mecking, Japans Häfen, S. 90.

[157]) K. Haushofer, Japan und die Japaner, Leipzig 1933, S. 125.

durch das Gewicht ihrer Eigenschaft als Sitz der Verwaltung, in der Regel noch andere wichtige Lebensfunktionen, kulturelle, militärische, Verkehrs-, Handelsfunktionen, in sich vereinen. So ist es gar nicht befremdlich, aber doch mit anderen Ländern verglichen typisch japanisch, daß 24 Präfekturhauptstädte aus einer Gesamtzahl von 43 zur Großstadt erwachsen sind.

Von der Präfekturhauptstadt aus leitet der vom Innenminister eingesetzte Präfekt mit seinen Ämtern zentralistisch die Verwaltung — eine Unterteilung der Ken in Gun ist seit dem Jahre 1926 weggefallen —, so daß für eine Selbstverwaltung der Gemeinden wenig Platz ist; nur den 129 Shi-Städten (Städte über 30 000 Einwohner) wurde eine beschränkte Selbstverwaltung zugestanden[158]).

Eine wesentliche Ausnahme bilden die drei Städte Tokyo, Osaka und Kyoto, die selbständige Verwaltungseinheiten darstellen[159]): Tokyo als die Hauptstadt des ostasiatischen Großraumes und die bevölkerungsreichste Stadt des Reiches, Osaka als die zweitgrößte Stadt und als das wirtschaftliche Zentrum Südwestjapans und — unter Überspringung Nagoyas, der drittgrößten Stadt des Landes, — Kyoto wohl in erster Linie durch sein großes historisches Gewicht als die tausendjährige Hauptstadt und heutige Krönungsstadt des Reiches. Osaka und Kyoto bilden die beiden „Fu“[160]), während Tokyo die sogenannte „Metropolis“ ist und unter Verwaltung eines vom Innenminister ernannten Gouverneurs steht.

Militär.

Mit dem Emporsteigen Japans zur Weltmacht wuchsen ganz natürlich seine militärischen Bedürfnisse. Das Reich mußte nach außen geschützt werden. Es entwickelten sich ein stehendes Heer und eine Kriegsmarine. Bei der Wahl der Garnisonen zog die Armee hauptsächlich die Daimyostädte mit ihrer großen militärischen Tradition heran, so daß sich häufig eine Aneinanderkoppelung der militärischen mit der Verwaltungsfunktion findet, da ja diese Städte ebenfalls als Verwaltungszentren bevorzugt wurden.

Es ergibt sich damit ohne weiteres für ihre Verteilung eine Bevorzugung der Ränder der Inseln; denn, wie wir schon in dem vorhergegangenen Abschnitt dargelegt haben, waren die Verwaltungssitze der Feudalbezirke in den Lebensräumen des Landes als der Grundlage ihrer Machtstellung

[158]) Japan-Manchoukuo Year Book, 1939, S. 69.

[159]) The Japan Year Book, 1937, S. 39.

[160]) Japan-Manchoukuo Year Book, 1939, S. 69.

konzentriert. Aber auch hier zeigt sich, wie schon so häufig, hinsichtlich der Verteilung der Garnisonen und der Stärke ihrer Belegung keine Gleichmäßigkeit über das Land, sondern eine auffallende Bevorzugung der Fensterseite Südwest- und Mitteljapans als des Kerngebietes des Reiches, das es damit auch am meisten zu schützen gilt.

So erhalten eine Reihe der an sich schon geographisch außerst begünstigten Großstädte dieses Raumes eine Verstärkung ihres Gewichts durch die Bevorzugung als Garnisonstädte[161]). Aber auch in den übrigen Teilen Japans sind die Garnisonstädte, indem sie daneben noch andere wichtige Funktionen vertreten, bedeutende städtische Zentren bis zur Überschreitung der Großstadtgrenze, wie z. B. Sendai oder Kanazawa.

Im Gegensatz zur Armee konnte die Flotte bei der Festsetzung ihrer Hauptkriegshäfen nicht auf bereits vorhandene Anlagen zurückgreifen, weil die Neuzeit völlig andere Anforderungen an einen solchen Hafen stellt, die die alten Plätze nicht erfüllen konnten. So wurden völlig nach strategischen Gesichtspunkten die großen Kriegshäfen Yokosuka, Kure und Sasebo angelegt, die sich gleichsam aus dem Nichts, aus armseligen Fischerdörfern[162]), zu Großstädten von etwa 200000 Einwohnern entwickelt haben. In ihrer Verteilung zeigt sich wie schon bei den Garnisonstädten eine auffallende Begünstigung der Vorderseite Südwest- und Mitteljapans, die alle drei großen Kriegshäfen des Landes beherbergt, während die übrigen Küstengebiete des Inselreiches nur mit Nebenkriegshäfen besetzt sind, deren bedeutendster,, Shin-Maizuru, an der Saninküste den Schutz der Rückseite Japans übernimmt[163]). Die Hauptgefahren eines Angriffs drohen aber von der pazifischen Seite des Inselbogens; dort liegen zudem die ersten Lebensräume des Reiches und öffnet sich das Land einem militärischen Vorgehen.

Der Bereich, der den drei Hauptkriegshäfen zugewiesen ist, reicht noch über das Stammland hinaus und schließt im Norden Karafuto, im Westen Korea und im Südwesten Formosa ein[164]), somit eindrucksvoll die Stellung dieser Plätze unterstreichend.

In mittelbarem Verhältnis zur Seewehr stehen noch die Städte, die neben den Kriegshäfen Werften für den Bau von Kriegsschiffen beherbergen, nämlich Tokyo, Kobe, Nagasaki und Maizuru[165]).

---

[161]) The Japan Year Book, 1937, S. 236—239 (Tabelle)

[162]) An Official Guide to Japan. Tokyo 1933, S. 69, 399 u. 439.

[163]) L. Mecking, Japans Häfen, S 167.

[164]) The Japan Year Book, 1937, S 243—244.

[165]) Japan-Manchoukuo Year Book, 1939, S 103.

Wissenschaft und Kultur.

Mit dem Hinwenden Japans zur Welt vollzog sich auch in wissenschaftlicher und kultureller Beziehung ein ungeheuerer Umbruch. Die bedingungslose Annahme der westlichen Wissenschaft und Kultur und die Verleugnung der altangestammten kann allerdings heute als überwunden angesehen werden, und eine Rückbesinnung auf das Arteigene greift in steigendem Maße um sich. Jedoch lassen sich die vergangenen Jahrzehnte nicht einfach wegstreichen, wie die Neuzeit eben notwendigerweise bestimmte Wissenschafts- und Kulturformen, die über die ganze Welt eine gewisse Uniformität zeigen, verlangt.

Dazu gehört in erster Linie das Schulwesen, das in seinem Aufbau in Volks-, Mittel- und Hochschulwesen[166]) durchaus weite Anklänge an westliche bzw. amerikanische Vorbilder zeigt. Da in Japan die allgemeine Schulpflicht besteht[167]), reicht das niedere Schulwesen natürlich bis in die Dörfer hinein. Das Mittelschulwesen, das unseren höheren Schulen entspricht, und das Hochschulwesen ist dagegen an städtische Siedlungen gebunden. Dabei boten sich die alten kulturellen Zentren des Landes als die geeigneten Ansatzpunkte dar.

So heben sich heute die Präfekturhauptstädte als Sitze von Koto-gakkos (Voruniversitäten) und Universitäten heraus. Unter den 45 Universitäten des Landes stehen die sechs kaiserlichen in Tokyo, Kyoto, Osaka, Sendai, Fukuoka und Sapporo am höchsten im Ansehen und sind im Gegensatz zu den meisten anderen voll ausgebaut, d. h. sie umfassen alle der sieben japanischen Fakultäten[168]). Die Anzahl der Studenten einer Universität geht verschiedentlich in die Tausende, z. B. wurden an der kaiserlichen Universität Tokyo im Jahre 1938 7447 Studenten gezählt[169]), so daß diese in ihrer einheitlichen Uniform im Straßenbild der Universitätsstädte ein auffallendes Moment darstellen, selbst in gewissen Stadtbezirken der Millionenstadt Tokyo.

Neben Mittel- und Hochschulen konzentriert sich in den Kulturzentren des Landes ein Fachschulwesen, wie z. B. Handels- und Industrieschulen, Musik- und Kunstakademien; andere Einrichtungen, wie Theater, Museen,

[166]) An Official Guide to Japan, Tokyo 1933, S. LXXXII.

[167]) I. Nitobe, Japan: Some Phases of her Problems and Development, London 1931, S. 233.

[168]) An Official Guide to Japan, Tokyo 1933, S. LXXXIV.

[169]) Japan-Manchoukuo Year Book, 1939, S. 127.

Radiosendestationen, wissenschaftliche Versuchsanstalten, treten hinzu und runden das wissenschaftliche und kulturelle Bild einer solchen Stadt ab.

Die vereinigende Kraft der Ebenen zeigt sich auch auf wissenschaftlichem und kulturellem Gebiet und führt in der Regel innerhalb dieser Räume zur Ausbildung eines kulturellen Zentrums, das, wie wir schon gesagt haben, meist mit der Präfekturhauptstadt zusammenfällt; doch sind die ersten Großkammern des Landes genau so wie auf verwaltungsmäßigem Gebiet räumlich zu ausgedehnt und bevölkerungsmäßig zu zahlreich, um mit einem Kulturmittelpunkt auszukommen. So stellt z. B. Osaka neben Kyoto ein beachtliches kulturelles Zentrum des Kinkiebenenkomplexes dar.

Kult.

Zwischen Kultstätte und Großstadt besteht eine große Disharmonie. Sowohl Shintoismus wie Buddhismus, die beiden alten Religionen der Japaner, zeichnen sich durch eine große Naturverbundenheit aus. Sie stellen ihre Heiligtümer hinein in die Landschaft, mit der sie harmonisch verwachsen[170]), wie es sich bei den großen Kultstätten des Landes besonders deutlich zeigt.

So ist der der Sonnengöttin Amaterasu-Omikami, der Ahnmutter des japanischen Kaiserhauses, geweihte, auf der Kiihalbinsel am Südwestrand der Isebucht liegende Iseschrein (Naiku), das höchste Shintoheiligtum Japans, ganz in eine große Parklandschaft eingebettet und von der an sich schon stillen Stadt Ujiyamada erst durch eine Straßenbahnfahrt von etwa 6½ km zu erreichen, oder die Tempel- und Schreinanlagen von Nikko mit dem Mausoleum Jeyasus, des Gründers des Tokugawashogunats, aus der Kulturlandschaft der Kwantoebene herausgelöst und in die Bergwelt nördlich davon hineingesetzt. Ujiyamada wie Nikko sind wohl durch den Strom der Besucher und Pilger wohlhabende Städte, sie sind aber stille, beschauliche Plätze geblieben, an denen die moderne Entwicklung Japans fast spurlos vorbeigegangen ist.

Das trifft in der Regel auch für die übrigen Kultstädte zu; denn die alten Kultstätten sind ganz unabhängig von der Gunst geographischer Lagebedingungen, ja dazu entgegengesetzt angelegt worden. Und das kultische Moment allein genügt nicht, um eine Stadt einem größeren Wachstum zuzuführen, wie sich umgekehrt mit dem größeren Wachstum einer Stadt durch andere Momente das kultische verliert; wenn nicht

[170]) L. Mecking, Kult und Landschaft in Japan. In: Geographischer Anzeiger 1929, S. 138.

besonders geartete und dann aber äußerst seltene Umstände sprechen, auf die wir bei späterer Gelegenheit noch näher eingehen werden.

Den Großstädten mit ihrer Nüchternheit, ihrem Hasten und ihrem Getriebe fehlt die stille, andachtvolle Weihe der Natur als notwendiges Korrelat der Kultstätten. Natürlich sind sie nicht ohne Tempel und Schreine; denn das Bedürfnis der Menschen zwingt einfach zu ihrer Errichtung, ebenso sind von früher her noch solche vorhanden, aber sie gehen doch mehr oder weniger im Getriebe der Großstadt unter, wenn sie nicht, wie z. B. bei Tokyo die Ikegamitempelanlage am Rande der Flußniederung des Tamagawa, einem berühmten Heiligtum der Nichirensekte, in den Außenbezirken der Großstadt liegen.

Ein Ersatz für den Rahmen der Natur wird wenigstens insofern gegeben, als die Tempel und Schreine in größere oder kleinere Parklandschaften eingebettet sind, so daß aus der Großstadt losgelöste Kultbezirke entstehen, die Stätten der Andacht und der inneren Sammlung darstellen und das Stadtbild auflockern[171]). Manchmal werden diese Kultbezirke noch herausgehoben, indem sie auf einer diluvialen Stufe angelegt sind, wo sie die übrige Stadtlandschaft mit ihren hohen Bäumen, zwischen denen die Tempel- bzw. Schreine hervorlugen, überragen[172]).

Aber all diese Maßnahmen vermögen doch nicht, die Disharmonie zwischen Großstadt und Kultstätte aufzuheben. So kommen wir bezüglich des Kults in seiner großstädtischen Kraft, was man zunächst nicht erwarten möchte, zu einem durchaus negativen Ergebnis.

II. Die Typen nach der vorwiegenden Lebensfunktion.

Im vorausgegangenen Abschnitt haben wir dargestellt, welche Lebensfunktionen für die Großstädte Japans in Frage kommen. Es ist nun keineswegs so, daß eine Großstadt nur eine dieser Lebensfunktionen vertritt, sondern es zeigen sich in der Regel einige aneinander gekoppelt. Trotzdem hebt sich in jedem Fall eine davon als besonders kennzeichnend heraus und läßt die betreffende Großstadt als Vertreterin eines bestimmten Typs mit gewissen charakteristischen Merkmalen erscheinen, und nur bei den wenigen ganz überragenden Städten kommen alle Funktionen zusammen in Frage.

---

[171]) L. Mecking, Japanische Stadtlandschaften. In: Stadtlandschaften der Erde, Hamburg 1930, S. 121.

[172]) Ebenda, S. 115.

Bei dem enormen Gewicht, das die Ränder der japanischen Inseln haben, ist es natürlich, daß die *Hafengroßstädte* als ein besonderer Typ auftreten, und zwar in doppelter Ausprägung, einmal im Dienste der Wirtschaft und dann im Dienste des Militärs, als *Militärstadt*. Wenn auch ohne eigene Hafenfunktion, steht ebenfalls in enger Bezogenheit auf das Meer aus Gründen, die wir schon aufgezeigt haben, der Typ der *Industriestadt*. Dagegen sind zwei weitere Großstadttypen vollkommen oder wenigstens weitgehend vom Meere losgelöst und in den Ebenenräumen verankert, die *Präfekturhauptstädte* und der Typ der *Kultstadt*, der allerdings nur in einer einzigen Ausbildung erscheint.

a. Hafenstädte.

Ein Drittel der Großstädte Japans gehört dem Typ der Hafenstädte an. Dieser hohe Prozentsatz ist bei dem Hinausdrängen der Siedlungsräume an die Ränder der Inseln, der Verkehrsfeindlichkeit ihrer gebirgigen Kerne, der damit mit bedingten großen Bedeutung des Küstenverkehrs und der starken Ausrichtung der Wirtschaft auf überseeische Länder nur zu verständlich. Gewiß sind auch unter den Städten, die wir den anderen Großstadttypen eingeordnet haben, Hafenstädte vorhanden, wie z. B. Tokyo, Hiroshima oder Fukuoka, aber die Hafenfunktion tritt doch bei ihnen hinter anderen zurück.

Zwölf der fünfzehn Hafengroßstädte sind dem Fremdverkehr geöffnet[173]). Von den restlichen drei, Wakayama, Ube und Yawata, bedient sich ersterer des Osakahafens für seinen Überseehandel, während die beiden letzteren die dem Fremdverkehr geöffneten Häfen an der Straße von Shimonoseki zur Verfügung haben, in ihrem Export aber sowieso fast ausschließlich auf Japan eingestellt sind.

Von den zwölf für den externen Seeverkehr zugelassenen Hafengroßstädten spielen Kobe, Yokohama und Osaka für den Außenhandel die überragende Rolle. Sie tätigten im Jahre 1937 82 % des außerjapanischen Handels[174]), während sich die übrigen in den Rest teilten. Diese drei Großhäfen stellen den Typ des Universalhafens dar; sie stehen mit allen Erdteilen in Verbindung, zeigen in ihrem Warenverkehr eine größte Vielseitigkeit und haben sowohl Industrie- wie Stapel- und Hinterlandfunktion[175]).

---

[173]) The Japan Year Book. 1937. S. 443.

[174]) Japan-Manchoukuo Year Book. 1939. S 163—164.

[175]) L. Mecking, Japans Häfen. S 128 (Tabelle).

Ihnen stehen die übrigen in ihren Aufgaben mehr oder weniger einseitigen Hafengroßstädte gegenüber. Reine Spezialhäfen sind bis auf Yawata unter ihnen nicht vorhanden, sondern jede von ihnen vereinigt wenigstens zwei wichtigere Funktionen in sich.

Otaru und Hakodate sind beide einmal Fischereihäfen, sind doch die Gewässer um Hokkaido die bedeutendsten Fanggebiete Japans[176]), zum anderen sind sie im wesentlichen Umfange an dem Export und Import der Insel beteiligt. Für letztere Großstadt tritt noch die Funktion als Fährhafen nach der Hauptinsel hinzu. Muroran ist zwar auch Fischereihafen, doch tritt diese Funktion weit hinter der als Kohlenexportplatz und Industriehafen zurück.

Niigata hat mit der Ebene gleichen Namens ein weites landwirtschaftliches Hinterland, das eine Verstärkung seiner Wirtschaftskraft durch Petroleumvorkommen findet, zu bedienen. Mit dem Aufblühen einer Industrie gewinnt es in neuester Zeit ebenfalls in steigendem Umfange als Industriehafen Bedeutung.

Den großen Universalhäfen am nächsten kommt noch Nagoya, doch ist es in den auftretenden Warengattungen zu einseitig[177]).

Der Wakayamahafen hat wie Niigata Hinterland- und Industriefunktion, erstere für den Westrand der Kiihalbinsel, letztere in erster Linie für seine Textilindustrie.

Ube hat in erster Linie als Kohlenexportplatz Bedeutung, daneben vertritt es noch eine gewisse Industriefunktion.

An der wichtigsten Meerenge Japans, der Straße von Shimonoseki, verkörpern Moji und Shimonoseki beide den Typ des Fähr- und Durchgangshafens. Doch dürfte mit der vor einiger Zeit erfolgten Inbetriebnahme des Meerestunnels[178]) zwischen den beiden Städten die Fährfunktion weitgehend weggefallen sein. Moji hat daneben eine große Bedeutung als Industriehafen, bedient es doch in starkem Umfange das nordkyushuer Industriegebiet[179]), Shimonoseki als Fischereihafen, liefern doch die Gewässer um die Straße von Shimonoseki reiche Erträge[180]).

Den einzigen Spezialhafen der Hafengroßstädte, der ganz im Dienste der Schwerindustrie steht, verkörpert Yawata.

[176]) H. Schepers, Japans Seefischerei. Breslau 1935, S. 128 (Tabelle).

[177]) L. Mecking, Japans Häfen, S. 444.

[178]) Nach Pressemeldungen.

[179]) Gl. Th. Trewartha, A Reconnaissance Geography of Japan, S. 230.

[180]) H. Schepers, Japans Seefischerei. Breslau 1935, S. 138—139.

Die beiden letzten Vertreter dieses Städtetyps, Nagasaki und Kagoshima, haben beide starke Durchgangsfunktion. Daneben hat ersteres als Fischereihafen Bedeutung, und zwar nicht nur für die Küsten-, sondern auch für die Hochseefischerei[181]), während an letzteres ganz Südkyushu als Hinterland angeschlossen ist.

Einige der unbedeutenderen Vertreter dieses Großstadttyps sind noch fast reine Ankerhäfen. Hinzu kommt, daß verschiedentlich die Wassertiefen für das Anlegen größerer Schiffe nicht ausreichen, wie z. B. bei Nagasaki. Aber auch die Großhäfen sind keineswegs ausschließlich Anlegehäfen. Da der Leichterverkehr billiger ist als das Laden und Entladen am Pier, kann sich ersterer durchaus behaupten.

In ihrer Stadtlandschaft bieten die Hafengroßstädte kein einheitliches Bild. Bei verschiedenen, die hauptsächlich auf der alluvialen Stufe liegen, tritt das vertikale Moment fast gar nicht in Erscheinung. Bewegter wird die Silhouette schon, wenn die diluviale Leiste stärker an der Hafensiedlung beteiligt ist. Es kann aber auch die alluviale Fläche nur einen schmalen Küstensaum bilden, so daß die Stadt aus Raummangel notwendigerweise amphitheatralisch in die Höhe gehen muß, wie es besonders schön Nagasaki oder Kobe zeigen[182]).

Um zusätzlichen Platz zu schaffen, wurde vielfach dem Meere durch Aufschüttungen Neuland abgewonnen[183]). In erster Linie dient es neben den alluvialen Flächen als Hafenlandraum und als Industriegebiet. Oft durchdringt sich beides. Wasseradern durchziehen diese Stadtbezirke und setzen gleichsam den Hafen in das Land hinein fort, so daß Leichter, ja sogar Dampfer, wie z. B. in Osaka oder Yokohama, unmittelbar an den Fabriken anlegen können[184]).

Ebenfalls auf diesen Niederungsflächen liegen gewöhnlich die Geschäftsviertel. Sie haben ein ungefähr europäisches Aussehen. Verschiedentlich finden sich sogar Hochhäuser. In den vielfach viel zu engen Straßen pulsiert, besonders in den Morgen- und Abendstunden, vor Arbeitsbeginn und nach Arbeitsschluß, ein ungeheueres Leben. Schnell- und Straßenbahn, Autobus und Fahrrad stehen dabei im Dienste des Massenverkehrs der Werktätigen.

Die Wohn- und Verwaltungsbezirke liegen dagegen in starkem Umfange auf den diluvialen Leisten bzw. dem tertiären Hügelland. Bei den Wohn-

[181]) Ebenda, S. 134.
[182]) L. Mecking, Japans Häfen, S. 215—217.
[183]) Ebenda, S. 213.
[184]) Nippon, ein Überblick, Tokyo 1936, S. 50—58.

häusern herrscht noch überwiegend der japanische Baustil vor. Die ausgezeichneten Verkehrsverbindungen geben sogar die Möglichkeit, gänzlich außerhalb der Stadt zu wohnen. Besonders in Osaka wird weitgehend davon Gebrauch gemacht.

b. Industriestädte.

Die Industrie mit ihrer gleichmachenden Tendenz gibt den Industriegroßstädten ein stark uniformes Aussehen, das von allen vorhandenen Großstadttypen wohl am wenigsten charakteristisch japanisch ist. Die großen Werke der Metall- und der chemischen Industrie z. B. unterscheiden sich kaum von anderen in der Welt, da sie sowieso in ihrer Mehrzahl nach europäischen bzw. amerikanischen Mustern eingerichtet worden sind. Über dem Ganzen liegt eine Atmosphäre der Nüchternheit, Sachlichkeit und Zweckmäßigkeit, aber auch des Fleißes und der Betriebsamkeit. Wie ein Moloch saugen am Morgen die Fabriken die Arbeitermassen ein und stoßen sie am Abend wieder aus. Zu diesen Zeiten herrscht auf den Straßen regstes Leben. Autobus, Straßen- und Schnellbahn sind überfüllt, dazu gesellt sich als für diese Städte ideales Fahrzeug das Fahrrad. Die Breite der Straßen steht in gar keinem Verhältnis zu den großen Anforderungen des Verkehrs, worunter natürlich die Schnelligkeit leidet. Verschiedentlich fehlt sogar ein Bürgersteig, so daß sich die Fußgänger an den Rändern der Straßen entlang fortbewegen müssen. Die Verkehrsunfälle sind deswegen zahlreich. Aber die Japaner nehmen alle diese Fährnisse mit einem freundlichen Gleichmut hin.

In den Geschäftsvierteln, die einen ungefähr europäischen Eindruck machen, werden die Straßen breiter und weisen dann auch vielfach Bürgersteige auf. Weitverbreitet ist dabei die Bauart, die einem im Inneren rein japanischen Haus eine europäische Fassade gibt, so daß ein oberflächlicher Beobachter auf falsche Schlüsse kommen kann.

Ein trostloses Bild bieten in der Regel die Arbeiterwohnviertel mit ihren schmucklosen, gleichförmigen Holzhäusern, zwischen denen sich nur selten Gärten einschalten. In der Regel liegen sie auf der alluvialen Stufe, so daß sie in den Regenzeiten oft überschwemmt werden. Die mangelhaften Wohnverhältnisse der Industriearbeiterschaft sind neben der durch schlechte Bezahlung verursachten Unterernährung hauptsächlich mit für die hohe Sterblichkeit der Kinder und Jugendlichen der städtischen niederen Schichten verantwortlich zu machen[185]).

[185]) E. Schultze, Japan als Weltindustriemacht. Stuttgart 1935, 1. Bd., S. 362—363 u. 2. Bd., S. 376—381.

Eine andere weitverbreitete Wohnweise der Arbeiterschaft in den Industriegroßstädten, die in erster Linie die Unverheirateten betrifft, kann man vielleicht am besten mit Ledigenheime bezeichnen. In langen, in der Regel zweistöckigen Holzhäusern, die ganz äußerlich einen Verputz tragen können, wohnen die Leute in Gemeinschafts- und Einzelzimmern[186]. Entweder kann diese Art der Wohnhäuser ganz unabhängig von der Fabrik oder aber auch von ihr eingerichtet und ihr angeschlossen sein. In letzterem Falle handelt es sich dann vielfach um Arbeiterinnen, die auf dem Lande angeworben sind. Diese Wohnverhältnisse sind ungesund und bewirken neben zu langer Arbeitszeit und Unterernährung das starke Umsichgreifen der Tuberkulose in diesen Kreisen[186].

Neben Großbetrieben, besonders für die Schwer- und chemische Industrie und für Spinnereien, die Tausende von Arbeitern bzw. Arbeiterinnen beschäftigen und mit modernsten Maschinen ausgerüstet sind, stehen in den Industriegroßstädten zahlreiche Mittel-, Klein- und Kleinstbetriebe, die vielfach mit einfachen und veralteten maschinellen Hilfsmitteln arbeiten. Auffallend ist die starke Verwendung des Holzes als Baustoff, selbst noch für Großwerke. Bei dem milden Klima werden sogar viele Arbeitsvorgänge in halboffenen oder nur überdachten Hallen verrichtet, sogar ganz ins Freie verlegt[187].

Für sieben der zehn Vertreter des Typs der Industriegroßstädte steht die Textilindustrie an der Spitze ihrer industriellen Betätigung, und zwar handelt es sich um Hamamatsu, Toyohashi, Sakai, Fuse, Amagasaki, Nishinomiya und Himeji.

Die beiden Industriegroßstädte der Sunenküste verfügen dabei als Energiequelle über den billigen elektrischen Strom der Wasserkraftwerke ihres gebirgigen Hinterlandes[188], das außerdem mit seinem Waldreichtum für beide Städte die Grundlage zu einer Holzindustrie gibt, die in Hamamatsu eine besondere Ausprägung als Musikinstrumentenbau für Klaviere und Harmoniums erhält[189].

Sakai, Fuse, Amagasaki, Nishinomiya und das etwa 80 km westlich Osaka liegende Himeji sind in ihrer Textilindustrie in den Bereich Osakas einbezogen.

Die übrigen drei Industriegroßstädte, Kawasaki, Kokura und Omuta, sind in erster Linie Plätze der Metall- und in neuester Zeit in steigendem Maße

---

186) E. Schultze, Japan als Weltindustriemacht, Stuttgart 1935, 2. Bd., S. 377.
187) K. Haushofer, Japan und die Japaner, Leipzig 1933, S. 186.
188) Gl. Th. Trewartha, A Reconnaissance Geography of Japan, S. 174.
189) An Official Guide to Japan, Tokyo 1933, S. 103.

der chemischen Industrie. Daneben sind für Kawasaki noch der Schiffsbau und die Elektroindustrie, für Kokura die keramische und für Omuta der Bergbau von Bedeutung[190]).

c. Verwaltungshauptstädte.

Für den Großstadttyp der Verwaltungshauptstädte ist es ein charakteristisches Merkmal, daß er, abgesehen von Tokyo, das als die Hauptstadt des Landes eine Sonderstellung einnimmt, in der Bevölkerungszahl nach

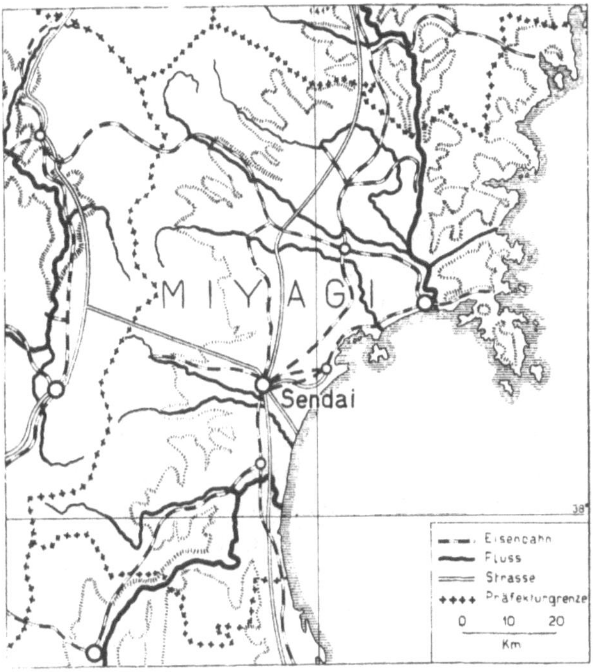

Abb. 10. Sendai als Beispiel einer Präfektur-Hauptstadt.

oben eine gewisse Grenze einhält; Hiroshima und Fukuosa, seine bevölkerungsreichsten Vertreter nach Tokyo zählen 343 968 bzw. 306 763 Einwohner. Diese Erscheinung ist hauptsächlich auf die weitgehende Losgelöstheit der Vertreter dieses Großstadttyps vom Meere zurückzuführen (siehe Abb. 10 auf S. 85), so daß für sie eine Industrie- oder Hafenfunktion, die für die Entwicklung der Riesenstädte Japans verantwortlich zu machen

[190]) Gl. Th. Trewartha, A Reconnaissance Geography of Japan, S. 213 u. 234—235.

sind, gar nicht oder doch nur in geringem Umfange in Frage kommen, und die übrigen Funktionen (militärische, kulturelle, Verkehrs-, Handels-), die, wie wir bereits dargestellt haben, eng mit der Verwaltungsaufgabe verknüpft sind, bieten zusammen mit dieser für ein Riesenwachstum von Städten keine Voraussetzungen.

Sieben Vertreter des Großstadttyps der Verwaltungsstädte, Sapporo, Kanazawa, Toyama, Kofu, Gifu, Himeji und Kumamoto, sind reine Landstädte, fünf weitere, nämlich Sendai, Shizuoka, Okayama, Matsuyama und Kochi, sind wenigstens durch Vorhäfen ans Meer geknüpft, während nur fünf, Tokyo, Tokushima, Takamatsu, Hiroshima und Fukuoka, selbst Hafenstädte sind, ohne daß bei ihnen jedoch der Hafenfunktion eine beherrschende Bedeutung zukäme.

Tokyo nimmt überhaupt unter den Verwaltungshauptstädten, wie wir bereits anfangs erwähnt haben, eine Sonderstellung ein. Mit einer Einwohnerzahl von fast 7 Millionen Menschen fällt es schon bevölkerungsmäßig vollkommen aus diesem Rahmen. Sein Riesenwachstum verdankt es wohl in erster Linie der Gunst seiner geographischen Lage, aber dann zieht die Hauptstadt an sich wie ein Magnet die Menschen und die Wirtschaft an. Besonders in den letzten Jahren hat sich die Zentralisation durch die straffe politische Wirtschafts- und Finanzlenkung der Regierung ungemein verstärkt. Alle politischen Fäden des ostasiatischen Großraumes laufen in der Hauptstadt zusammen, außerdem vereinigt sie die Verwaltung des gesamten Stammlandes und die der Präfektur Tokyo in sich. So ist für Tokyo das Verwaltungsmoment das Charakteristische und läßt es den Verwaltungshauptstädten beiordnen, trotz ihrer riesigen anderen Funktionen.

Bis auf Sapporo, das im kolonialen Neuland erst in jüngster Zeit, im Jahre 1871, angelegt worden ist[191]) (siehe Abb. 11 auf S. 87), reichen sämtliche Vertreter des Großstadttyps der Verwaltungshauptstädte weit in die Vergangenheit zurück. Schon im feudalen Japan gehörten sie als Sitze von Daimyos zu den Verwaltungsplätzen des Landes.

Heute sind neben Schulen weitgehend Armeestäbe in den Schloßbezirken untergebracht[192]). Leider wird durch die nüchternen militärischen Zweckgebäude (meist Ziegelbauten) der Stil der alten Anlagen zerstört. In der Regel sind in den Sitzen der Divisions- bzw. Brigadestäbe mehrere Regimenter stationiert[193]), so daß das militärische Moment im Stadt- und

---

[191]) An Official Guide to Japan, Tokyo 1933, S. 260.

[192]) Gl. Th. Trewartha, A Reconnaissance Geography of Japan, S. 40.

[193]) The Japan Year Book, 1937, S. 236—239.

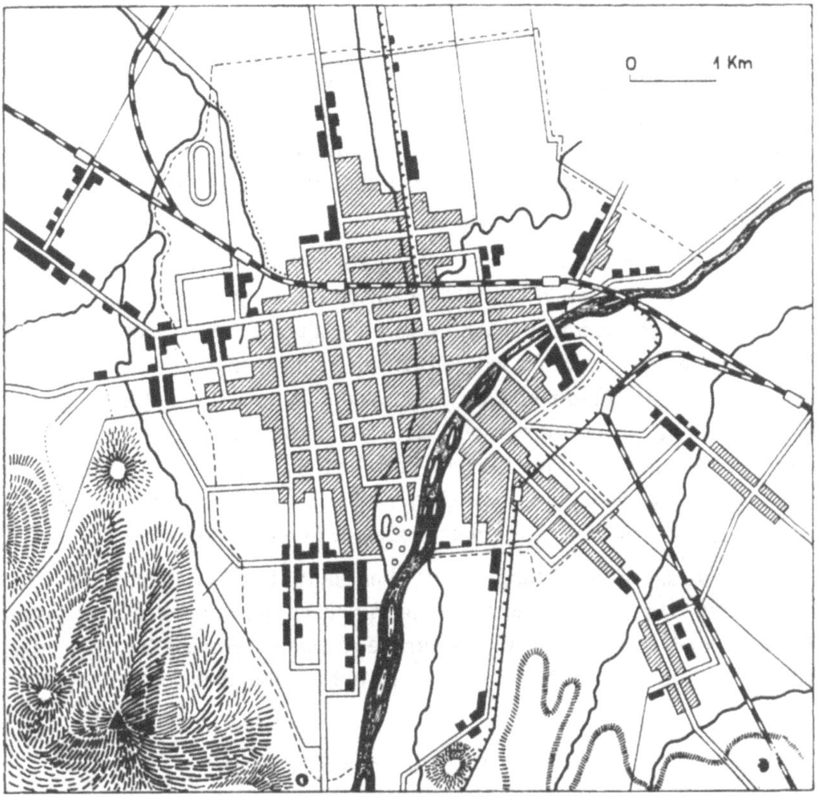

Abb. 11. Sapporo, eine koloniale Neugründung nach amerikanischem Vorbild.

(Nach einem Stadtplan in dem Atlas von Japan für die Volksschule, Tokyo 1933, Bl. 11.)

Straßenbild stärker hervortritt. Die weitläufig angelegten Kasernen liegen gewöhnlich in den Außenbezirken der Präfekturhauptstädte, wo der nötige Raum zur Verfügung steht. Meist bestehen sie aus zweistöckigen Holzgebäuden.

Ebenfalls an die Ränder dieses Großstadttyps rückt die Mehrzahl der Bildungsstätten[194]), die die Verwaltungshauptstädte als kulturelle Mittelpunkte ihrer Präfekturen in sich vereinen. Hier haben sie den Platz, um sich ausbreiten zu können. In der Mehrzahl sind sie in der landesüblichen Holzbauweise ausgeführt und in große Schulhöfe eingebettet. Im Straßen-

[194]) L. Mecking, Japanische Stadtlandschaften. In: S. Passarge, Stadtlandschaften der Erde, Hamburg 1930, S. 122.

bild stellen die Studenten und Schüler mit ihrer einheitlichen Kleidung ein auffallendes Moment dar.

Die Verwaltung des Kens und der Stadt mit ihren verschiedenen Ämtern konzentriert sich dagegen auf das Stadtzentrum. Neben diesen Gebäuden stehen die Häuser der Banken, Versicherungen und des Handels; ganz notwendigerweise übt der Präfekturmittelpunkt auf diese Wirtschaftszweige eine starke anziehende Kraft aus.

Während dieser Stadtkern einen ungefähr europäischen Eindruck macht, hat im ganzen gesehen dieser Großstadttyp im Gegensatz zu den vorherbehandelten doch noch weitgehend sein altes japanisches Aussehen bewahrt. Die Tradition und die Funktion spiegelt sich durchaus im Stadtbild wieder. Es strahlt Ruhe, Würde und Sauberkeit aus und deutet auf eine gewisse Wohlhabenheit seiner Bewohner hin. Die geschmackvollen Einfamilienhäuser sind von gepflegten Gärten umgeben. Sie liegen in der Regel an verhältnismäßig breiten und gepflegten Straßen, die wenig von dem Getriebe, wie man es sich von einer Großstadt vorstellt, aufweisen.

Eine gewisse Auflockerung erhält die Stadtlandschaft durch die Kultbezirke [195]). Die Tempel und Schreine mit ihren geschwungenen schweren Dächern sind gewöhnlich in parkartige Anlagen eingebettet und lugen malerisch hinter hohen Bäumen, meist Kiefern oder Zedern, hervor.

d. Militärstädte.

Der Großstadttyp der Militärstadt findet sich nur in der Ausprägung als Kriegshafen; denn in den Großstädten, die Garnisonen des Heeres sind, ist die militärische Funktion zwar als wichtiges, aber nicht ausschlaggebendes Moment vorhanden, wie wir es bei der Behandlung der Verwaltungshauptstädte im vorigen Abschnitt dargelegt haben. Am meisten hebt sie sich noch bei Hiroshima heraus, dem militärischen Ausfallstor der Armee für ihre festländischen Unternehmungen[196]), ohne daß man es jedoch als Militärstadt bezeichnen könnte.

Bei den Militärstädten der Marine, den Kriegshäfen, ergibt sich dagegen ein vollkommen anderes Bild. Sie sind Neugründungen, die ausschließlich in Hinsicht auf ihre militärische Aufgabe angelegt sind und ihr dienen;

---

[195]) L. Mecking, Japanische Stadtlandschaften. In: S. Passarge, Stadtlandschaften der Erde, Hamburg 1930, S. 121.

[196]) L. Mecking, Japans Häfen, S. 402.

alle übrigen Funktionen, die sie noch vertreten, sind dieser Mission unterstellt.

So haben sie wohl einen Handelshafen entwickelt, aber er dient nur der Versorgung des Konsumplatzes mit Lebensmitteln, der Rohstoffbeschaffung der im Dienste des Kriegshafens stehenden Industrie und der Löschung der nicht am Orte erzeugten Bedarfsgüter der Flotte. Andere Aufgaben sind nicht gegeben, da kein Hinterland vorhanden ist und die Stadt keine Ausfuhrprodukte erzeugt. Vollkommen getrennt vom Kriegshafen ist der Handelshafen bei Yokosuka und Kure in einer Nachbarbucht und bei Sasebo in einem besonderen Hafenbecken untergebracht[197]).

Dasselbe, was für den Handelshafen gilt, trifft für die industrielle Betätigung der großen Seefestungen des Landes zu; auch sie dient ausschließlich der militärischen Funktion. Obenan steht der Schiffsbau[198]). Stehen im Lande, wie bereits erwähnt, auch noch eine Reihe weiterer Werften für den Kriegsschiffbau zur Verfügung, so läuft doch ein wesentlicher Teil der Kriegsschiffe in Yokosuka, Kure und Sasebo selbst von Stapel, während große Trockendocks ihrer Reparatur dienen. Eng verknüpft mit den Werftanlagen sind die entsprechenden Zubringerindustrien, Eisen-, Stahl- und Elektrowerke usw.

So macht die Stadtlandschaft dieses Großstadttyps weitgehend den Eindruck der schon behandelten nüchternen und schmutzigen Industriegroßstadt. Eine gewisse Abhebung bringen allerdings die zahlreichen militärischen Gebäude: die Kasernen, die Magazine, die Wehrmachtsverwaltungsgebäude und die militärischen Schulen, wie im Straßenbild neben dem Industriearbeiter die Uniformen ein auffallendes Moment bilden. Nicht nur Seeoffiziere und Matrosen sind vertreten, sondern auch Angehörige der Armee; sind doch in zweien der drei großen Kriegshäfen, in Yokosuka und Sasebo, als wichtige Seefestungen starke Abteilungen des Heeres stationiert[199]).

Da die Städte der Kriegshäfen in Kleinstkammern angelegt sind, die einer Ausdehnung engste Schranken setzen, und bei dem starken industriellen Einschlag dieses Großstadttyps und der damit verbundenen Unsauberkeit und Nüchternheit wohnen die höheren Offiziere, die Wehrmachtsbeamten und die Angestellten der Werften und Fabriken in erheblichem Umfange außerhalb. Durch gute Eisenbahn-, Schnellbahn- und Autobusverbindungen ist die Möglichkeit dazu gegeben.

---

[197]) L. Mecking, Japans Häfen, S. 273, 406 u. 495

[198]) Ebenda, S. 167.

[199]) The Japan Year Book, 1937, S 239.

e. Kultstädte.

Aus Gründen, die wir schon aufgezeigt haben, geht das kultische Moment in der Regel weitgehend in einer Großstadt unter. Bei den Großstädten mit überwiegender Hafen- oder Industriefunktion verliert es sich fast vollkommen. In den Präfekturhauptstädten mit ihrer stillen Beschaulichkeit tritt es schon etwas mehr in Erscheinung; aber daß es sich gerade in zwei Millionenstädten, nämlich in Kyoto und Tokyo, stärker heraushebt, erscheint doch auf den ersten Blick befremdlich. Diese Tatsache wird aber sofort erklärlich, wenn man bedenkt, daß es sich bei diesen beiden Städten um Hauptstädte des Reiches handelt, um die uralte, die es bis zum Anbruch der Meijiära war, und um die gegenwärtige, und daß das japanische Herrscherhaus von jeher im Mittelpunkt des Kultischen stand.

Kann man Tokyo auch nicht als Kultstadt bezeichnen, — das ist bei dem beherrschenden Gewicht des Verwaltungsmomentes für die Hauptstadt des japanischen Weltreiches und weiteren wichtigen Funktionen nicht möglich, — so treten doch in gewissen Stadtbezirken die Kultbauten stark hervor, so im Zentrum der Stadt die riesige Anlage des Kaiserpalastes, das Ziel ehrfürchtiger Verehrung der Japaner, oder in Shibuya der Kultbezirk des Meijischreins, der dem Gründer des neuen Japan geweiht ist.

Als Kultstadt kann man aber Kyoto ansprechen. Schon das Fehlen einer Hafenfunktion ist der Bewahrung ihrer jahrhundertealten kultischen Aufgabe äußerst günstig, wenn sie als Millionenstadt natürlich auch noch eine Reihe weiterer wichtiger Funktionen (kulturelle, Verwaltungs-, Kunstgewerbe-, Handels- und Verkehrs-) vertritt. Jedoch vermögen diese nicht das altüberlieferte Gesicht der Stadt zu überdecken. In mehr oder weniger starkem Umfange sind sie sogar mit der kultischen Funktion eng verknüpft, verdanken ihr ihr Dasein und ihre Stellung und fügen sich in den kultischen Rahmen der Stadt harmonisch ein.

So wird ein erheblicher Anteil der kunstgewerblichen Erzeugnisse Kyotos an Ort und Stelle an den Strom der Besucher und Pilger verkauft. Ganze Straßenzüge, die abends malerisch beleuchtet sind, werden von Läden und Verkaufsständen eingenommen, und Scharen von fliegenden Händlern, die Andenken verkaufen, stationieren sich unmittelbar an den Eingängen zu den Tempeln und Schreinen. Daneben sind die zahlreichen Rast- und Teehäuser charakteristisch; denn dafür ist bei dem starken Fremdenverkehr — wallfahren doch jährlich Hunderttausende von Pilgern zu seinen geheiligten Plätzen — ein großer Bedarf. Vor allem in der Zeit der großen Kultfeste bilden die Pilger ein auffallendes Moment im Straßenbild.

Die Kultbauten verteilen sich über die ganze Stadt. Ein Großteil rückt aber hinaus an die Hänge des Hiyei-San, der sie im Norden begrenzt, und bildet dort eine besondere Kultlandschaft[200]).

Über dem Ganzen liegt ein Hauch des alten Japan, eine Atmosphäre der Ruhe, Würde und Kultur[201]). Diese starke Tradition hat das Gesicht Kyotos

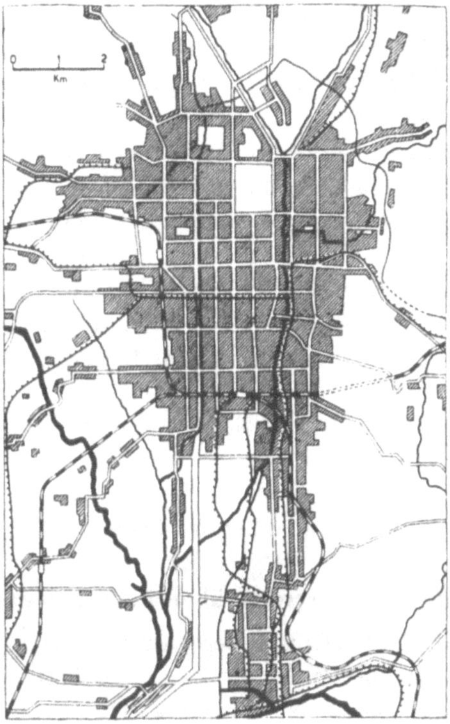

Abb. 12. Kyoto als Beispiel einer Stadtgründung nach chinesischem Muster.

(Nach einem Stadtplan in dem Atlas von Japan für die Volksschule, Tokyo 1933, Bl. 8.)

geprägt, und ängstlich ist der Japaner bedacht, daß die Stadt es behält. Bewußt wird jedes Hin zur Industrialisierung vermieden, um ihren Stil nicht zu zerstören.

200) L. Mecking, Kult und Landschaft in Japan. In: Geographischer Anzeiger 1929, S. 138—139.

201) Gl. Th. Trewartha, A Reconnaissance Geography of Japan, S. 189.

In einer Zeit stärksten chinesischen Einflusses in Religion, Kunst, Wissenschaft und Sprache entstanden[202]), trägt Kyoto unverkennbare Züge chinesischer Stadtplanung (siehe Abb. 12 auf S. 91). Es ist nach Nord-Süd orientiert. Rechtwinklig werden die Straßen in dieser Richtung von den von West nach Ost laufenden geschnitten, so daß der Eindruck eines Schachbrettmusters entsteht. Ursprünglich war die Stadt sogar mit Wall und Graben umgeben, 18 Tore führten hinein[203]), ein absolut chinesisches Merkmal, während ja sonst die japanischen Städte offen dalagen. An China erinnern ebenfalls die zahlreichen buddhistischen Tempel und Klöster. Bei der Förderung, die der Buddhismus unter der Heianperiode erfuhr, wurde Kyoto zu seinem Zentrum und zum Ausgangspunkt seiner Verbreitung über das Land. Noch heute gehört es zu den ersten buddhistischen Kultstätten.

Als politisches Zentrum für Jahrhunderte japanischer Geschichte beherbergt es eine Reihe hoher Shintoschreine. Der Kaiser Meiji, unter dem die Wendung Japans zur Welt erfolgte, ist in Kyoto beigesetzt[204]). Von dem Glanz der alten Kaiserherrlichkeit zeugen vor allem das kaiserliche und das Nijischloß und eine Anzahl wundervoller Gärten.

Wohl hat Kyoto durch die Verlegung des Kaisersitzes nach Edo (Tokyo) im Jahre 1869 eine starke Einbuße erlitten. Aber noch jetzt ist es Krönungsstadt[205]), und bei der Bedeutung, die das Kultische in Japan heute mehr denn je hat, und bei dem Festhalten und erneuten vertieften Hinwenden der Japaner zur Tradition, aus der sie suchend das neue Reich gestalten, nimmt es eine einzige Stellung unter den Städten des Landes ein.

III. Zusammenfassende Überschau über die Ergebnisse dieses Kapitels.

Überschauen wir die Ergebnisse dieses Kapitels, so ergibt sich, daß acht Lebensfunktionen für die Großstädte Japans in Frage kommen, daß sich meist eine davon als besonders charakteristisch für eine Großstadt heraushebt, die sie einem bestimmten Großstadttyp einordnen läßt. Mit dieser für eine Großstadt kennzeichnenden Funktion schließen sich aber gewisse andere, wenn auch von minderer Wirkung, zu bestimmten Gruppen zusammen, die charakteristisch für die einzelnen Typen sind, wenn auch noch Funktionen von nebensächlicher Bedeutung hinzutreten können.

---

202) Y. Takekoshi, The Economic Aspects of the History of the Civilisation of Japan, S. 92—111.

203) An Official Guide to Japan, Tokyo 1933, S. 321.

204) An Official Guide to Japan, Tokyo 1933, S. 352.

205) Nippon, ein Überblick, Tokyo 1936, S. 47.

Für die Hafenstädte bilden Verkehr, Handel und Industrie eine solche Gruppe. Die Industriestädte leben wohl unmittelbar nur von der Industrie, aber durch die enge Verbindung mit benachbarten oder doch näher gelegenen Hafenstädten gewinnen ebenfalls Handel und Verkehr einen gewissen Einfluß. Weiter vereinigen die Kriegshäfen neben ihrem militärischen ein ausgesprochenes industrielles Moment in sich. Die Verwaltungshauptstädte schließen in ihre Verwaltungsaufgabe noch eine starke Handels-, Verkehrs-, militärische und kulturelle Funktion ein. Schließlich vertritt Kyoto als die einzige Ausbildung des Großstadttyps der Kultstadt außerdem ein kulturelles, kunstgewerbliches, Verwaltungs- und Verkehrsmoment.

Rückblick.

Das Problem der Großstadtbildung Japans läßt in seiner Gesamtheit einen innigen Zusammenhang mit der Landesnatur erkennen und erhält damit seine Einmaligkeit.

Die Besonderheit des Aufbaus, des Klimas und der Meereslage des Inselbogens gibt der Verteilung der Großstädte eine ganz spezielle Note, läßt für ihre Lage den maßgeblichen Einfluß gewisser Landschaftselemente hervortreten und weist ihnen bestimmte Lebensfunktionen zu. Das verleiht den Großstädten Japans eine gewisse Individualität, indem Auftreten und Zusammenspiel der einzelnen Momente doch jeweils verschieden sind, und läßt jeweils eine Großstadt von einmaliger Ausprägung entstehen, andererseits aber auch Generalität und fügt sie als Ganzes ein in das Bild des modernen Japan.

Denn erst in der Gegenwart, mit dem Hineinwachsen des Inselreiches in die Welt sind die Großstädte Japans entstanden. Seine moderne Wirtschaftsstruktur, die durch die Übervölkerung, die Rohstoffknappheit und die steigenden Bedürfnisse des zur Weltmacht herangewachsenen Landes bedingt ist, bringt ihre Bildung als notwendiges Korrelat mit sich.

Das läßt das Problem der Großstadtbildung Japans bei aller Einmaligkeit einordnen in den Rahmen, der alle Großstädte der Welt umfaßt, als Ausdruck der wirtschaftlichen und politischen Entwicklung der Neuzeit.

Die Großstädte Japans.

(Nach der Volkszählung vom Jahre 1940).

	Einwohnerzahl		Einwohnerzahl
1. Tokyo	6 778 804	24. Sakai . .	182 147
2. Osaka	3 252 340	25. Amagasaki .	181 011
3. Nagoya .	1 328 084	26. Kokura	173 638
4. Kyoto	1 089 726	27. Gifu . .	172 340
5. Yokohama	968 091	28. Hamamatsu	166 346
6. Kobe .	967 234	29. Otaru	164 282
7. Hiroshima .	343 968	30. Okayama .	163 552
8. Fukuoka . .	306 763	31. Niigata . .	150 903
9. Kawasaki	300 777	32. Toyohashi	142 716
10. Yawata . .	261 309	33. Moji .	138 997
11. Nagasaki	252 630	34. Fuse .	134 724
12. Kure .	238 195	35. Toyama	127 859
13. Sendai	223 630	36 Omuta . .	124 266
14. Shizuoka	212 198	37. Toku-hima	119 581
15. Sapporo . .	206 103	38. Matsuyama	117 534
16. Sasebo .	205 989	39. Takamatsu	111 207
17. Hakodate .	203 862	40. Muroran .	107 628
18. Shimonoseki	196 022	41. Koji . .	106 644
19. Wakayama	195 203	42. Himeiji .	104 259
20. Kumamoto .	194 139	43. Nishinomiya	103 774
21. Yokosuka	193 358	44. Kofu .	102 419
22. Kagoshima . .	190 257	45. Ube	100 680
23. Kanazawa .	186 297		

Literatur:

Zur Methode

F. von Richthofen, Vorlesungen über allgemeine Siedlungs- und Verkehrsgeographie. Berlin 1908.

A. Hettner, Die Lage der menschlichen Ansiedlungen. In: Geographische Zeitschrift 1895.

— — Die wirtschaftlichen Typen der Ansiedlungen. In: Geographische Zeitschrift 1902.

O. Schlüter, Bemerkungen zur Siedlungsgeographie. In: Geographische Zeitschrift 1899.

— — Die Siedelungen im nordöstlichen Thüringen. Berlin 1903.

— — Klassifikation der Küsten. In: Zeitschrift der Gesellschaft für Erdkunde. Berlin 1924.

K. Hassert, Die Städte. Leipzig 1907.

H. Dörries, Die Städte im oberen Leinetal, Göttingen, Northeim und Einbeck. Göttingen 1925.

S. Passarge, Stadtlandschaften der Erde. Hamburg 1930.

F. Metz, Die Hauptstädte. In: Weltpolitische Bücherei, Bd. 18, Berlin 1930.

W. Gley, Die Großstädte Nordamerikas und die Ursachen ihrer Entwicklung. In: Frankfurter Geographische Hefte, Heft 2. Frankfurt am Main 1927.

Reiseführer und statistische Jahrbücher

An Official Guide to Japan. Tokyo 1914 u. 1933.

Kleiner Führer durch Japan. Tokyo 1936.

The Japan Year Book. Tokyo 1905, 1923, 1924—25, 1926, 1935 u. 1937.

The Japan Times Year Book. London 1933.

Nippon, ein Überblick. Tokyo 1936.

Japan-Manchoukuo Year Book. 1939.

Statistisches Handbuch der Weltwirtschaft. Berlin 1936.

The Statesman's Year Book. London 1936.

Hübners Weltstatistik: 73. Ausgabe. Wien 1939.

Das alte Japan

E. Kämpfer, Geschichte und Beschreibung von Japan. Lemgo 1777.

Ph. von Siebold, Nippon. Würzburg und Leipzig 1897.

J. J. Rein, Japan. Leipzig 1905.

O. Nachod, Geschichte von Japan. Gotha 1906.

H. Saito, Geschichte Japans. Berlin 1912.

K. Nakamura, History of Japan. Tokyo 1939.

R. H. Akagi, Japan's Foreign Relations. Tokyo 1936.

T. Fukuda, Die gesellschaftliche und wirtschaftliche Entwicklung in Japan. Stuttgart 1900.

Y. Takekoshi, The Economic Aspects of the History of the Civilisation of Japan. London 1930.

Landeskunde

F. W. P. Lehmann, Japan. Breslau 1925

K. Haushofer, Japan und die Japaner. Leipzig 1933.

N. Yamasaki, A Geographical Sketch of Japan. Tokyo 1926.

Gl. Th. Trewartha, A Reconnaissance Geography of Japan. Madison 1934.

H. Rosinski, Das Japanische Weltreich. In: Handbuch der geographischen Wissenschaft. Bd. Nordasien, Zentral- und Ostasien. Potsdam 1937.

Einzellandschaften

Yamasaki, Morphologische Betrachtungen des japanischen Binnenmeeres Setouchi. Petermanns Mitteilungen 1902.

Schmidthenner, Die Inlandsee. Hettner-Festschrift. Breslau 1921.

F. W. P. Lehmann, Morphologisches über die Inlandsee Japans. Petermanns Mitteilungen 1922.

R. B. Hall, The Yamato Basin Ann. Ass. Am. Geogr. XXII 1932.

K. Tanaka, The Kofu Basin. Geographical Review of Japan. I (1925) u. II (1926).

Gl. Th. Trewartha, The Suwa Basin. Geographical Review. XX (1930).

— — A geographical study in Shizuoka Prefekture. Ann. Ass. Am. Geogr. XVIII (1928).

— — The Iwaki Bassin. Ann. Ass Am. Geogr. XX (1930).

M. Müller, Beiträge zur Kenntnis der Insel Hokkaido oder Jesso. Zeitschrift der Gesellschaft für Erdkunde. Berlin 1915 u. 1916.

W. D. Jones, The Hokkaido. Geographical Review XI (1921).

A. Scheinpflug, Die Kolonisation des Hokkaido. Mitteilungen der geographischen Gesellschaft. Leipzig 1934.

D. H. Davis, Type Occupance Patterns in Hokkaido. Ann. Ass. Am. Geogr. XXIV.

Bevölkerung und Siedlung

M Jefferson, The distribution of People in Japan in 1913. Geographical Review II (1916). Nr. 2.

W. Coulter, A Dot Map of Distribution of Population in Japan. Geographical Review XVI. Nr. 2.

J. E. Orchard, The Pressure of Population in Japan. Geographical Review XVIII. Nr. 3.

W. R. Crocker, The Japanese Population Problem. London 1931.

R. Ishii, Population Pressure and Economic Life in Japan. London 1937.

L. Mecking, Japans Häfen, ihre Beziehungen zur Landesnatur und Wirtschaft. Mitteilungen der Geographischen Gesellschaft in Hamburg, Bd. XLII. Hamburg 1931.

— — Japans Siedlungsräume. Mitteilungen der Geographischen Gesellschaft in München 1931.

— — Japanische Stadtlandschaften. S. Passarge, Stadtlandschaften der Erde. Hamburg 1930.

R. B. Hall, The Cities of Japan: Notes on Distribution and Inherited Forms. Ann. Ass. Am. Geogr. XXIV (1934).

Gl. Th. Trewartha, Japans Cities, Distribution and Morphology. Geographical Review 1934.
M Schwind, Der japanische Bevölkerungszuwachs im Rückgang. Ostasiatische Rundschau, 22. Jahrgang, Nr. 10, Hamburg, Oktober 1941.
— — Japanische Raumprobleme 1940—41. Zeitschrift für Erdkunde. Dezember 1941, Heft 23—24.

Wirtschaft

J. F Orchard, Japans Economic Position. New York 1930.
H G. Moulton, Japan. An Economic and Financial Appraisal. Washington 1931.
I. Nitobe, Japan. Some Phases of her Problems and Development. London 1937.
E. Schultze, Japan als Weltindustriemacht. Stuttgart 1935.
T Yano und K. Shirasaki, Nippon. A Charted Survey of Japan. Tokyo 1936.
H. Schepers, Japans Seefischerei. Breslau 1935.

Wissenschaft, Kultur, Kult

F. de Garis, We Japanese. Yokohama 1935.
R. Kaji, Japan. Tokyo 1938.
L. Mecking, Kult und Landschaft in Japan. Geographischer Anzeiger 1929.
The National Committee of Japan on Intellectual Cooperation, Academic and Cultural Organisations in Japan. Tokyo 1939.

Bodenkunde

L. G. Scheidl, Der Boden Japans. Tokyo 1937.

Karten und Stadtpläne:

M. Schwind, Kleiner Atlas von Japan. Tokyo 1939.
— — Atlas von Japan für die Volksschule. Tokyo 1933.
The Foreign Affairs Association of Japan, Map of Japan. Tokyo 1935.
Japan Tourist Bureau, Tourist Map of Tokyo.
An Official Guide to Japan. Tokyo 1933, Karte von Japan.
— — Stadtpläne.

Anmerkung: Bei Abb. 1 auf S. 16a muß es heißen: Toyohashi statt Tojohashi.

Bindungen und Spannungen im Südseeraum.

Von

Rudolf Asmis.

Unter Südseeraum wird im nachstehenden jenes weite Gebiet verstanden, das die beiden britischen Dominien Australien und Neuseeland und alle ihnen östlich vorgelagerten Inseln südlich des Äquators bis zur fernen Pitcairn-Insel umfaßt. Fuhr man vor Ausbruch des jetzigen Krieges durch den Suezkanal über Colombo nach Australien, so dauerte die Fahrt von Colombo bis Freemantle, dem westlichsten Hafen Australiens, mit dem üblichen Passagierdampfer neun Tage. Fuhr man den andern Weg in das Südseegebiet von London durch den Panamakanal, so dauerte die Fahrt von Panama bis nach Wellington sogar zwölf Tage. Die transkontinentalen Flugdienste über die hinterindische Landbrücke und den Stillen Ozean rückten das Südseegebiet zwar Europa und Amerika wesentlich näher, aber die Benutzung der Flugdienste war doch noch auf Einzelfälle beschränkt, und für die große Masse der Bewohner der übrigen Erdteile blieb für Australien, Neuseeland und die Südseeinseln jene Weltenferne bestehen, die über allen diesen Gebieten in früheren Jahrhunderten lagerte und sie von der Entstehung der großen Kulturzentren in Europa, Asien, Amerika und Afrika und den diese Kontinente erschütternden politischen Ereignissen nicht berührt werden ließ. Für Europa und auch für Asien war die Südsee noch bis vor 150 Jahren ein unbekannter, rätselvoller Teil der Welt, aus dem nur selten Kunde drang. Ob eigene Reiche, eigene Kulturen in ihr versunken sind, wissen wir nicht. Jedenfalls haben wir keine zuverlässige Nachricht darüber. Was einzelne Chinesen oder auch schon römische Schriftsteller von dem Südland östlich des Indischen Ozeans berichten, sind unklare und unbestimmte Meldungen, die zwar mit Sicherheit auf den Besuch Einzelner in jenen Gebieten schließen lassen, bestimmte Angaben aber nicht enthalten. Irgendeine regelmäßige Verbindung zur Alten Welt bestand jedenfalls nicht.

Auch die Polynesier, die im 5. Jahrhundert unserer Zeitrechnung auf ihren wahrhaft imponierenden Eroberer- und Entdeckerfahrten den Stillen Ozean durchfuhren und sich auf den Inseln niederließen, stellten noch keine Dauerverbindung zu ihrem Aufbruchsland Asien, geschweige denn zu Europa her. Wohl aber schufen sie Bande zwischen den einzelnen Inseln und Inselgruppen von Hawai bis zur Stewart-Insel im Süden von Neuseeland und von der Samoa-Inselgruppe bis zur Oster-Insel, Bande des Blutes, der Sprache, der gemeinsamen Handfertigkeiten und der gemeinsamen Tradition. Tahiti und Samoa wurden zu Zentren ihres Einflusses und ihrer Kultur. Unter ihrem Einfluß bildeten sich die polynesischen, melanesischen und mikronesischen Inselbereiche als rassische Gemeinschaftsgruppen, mochten auch immer wieder Kämpfe der einzelnen Stämme und Stammesgruppen das Band des gemeinsamen Blutes und des gemeinsamen Ursprungs zu zerreißen drohen. Maoris und Hawaier verstehen sich noch heute, obwohl sie 8000 Kilometer von einander getrennt leben und für lange Jahrhunderte kaum nähere Beziehungen zueinander hatten. Das Festland Australien formte in jener Zeit sein eigenes Leben aus dem eigenen Volkstum heraus in der primitiven Art des Steinzeitmenschen und behielt diese Form bis in die neueste Zeit. Europa hatte von all diesen Vorgängen zur Zeit ihres Geschehens keine Kenntnis.

In den europäischen Interessenkreis trat der Südseeraum erst, als durch den Vertrag von Tordesillas von 1494 die Welt außerhalb Europas zwischen Spanien und Portugal aufgeteilt wurde. Allerdings wurde damals die Südsee als solche auch noch nicht ein bestimmtes und erstrebtes Reiseziel, mit dem man eine feste Verbindung herstellen wollte, sondern die Eingliederung des Südseeraumes in den europäischen Interessenkreis erfolgte mehr indirekt oder stillschweigend, weil die Aufteilung der gesamten Welt durch eine Nord-Südlinie auch diese Gebiete östlich oder westlich dieser Linie liegen ließ. Die Portugiesen segelten damals nach Osten, die Spanier nach Westen, um sich möglichst weite Gebiete zu eigen zu machen. Die Portugiesen drangen nicht bis in die eigentliche Südsee vor, wenn sie wahrscheinlich auch den Nord- und Westrand von Australien erreichten. Die Spanier fuhren auf einer ganzen Anzahl großzügiger und weitausstrahlender Entdeckungsfahrten von Mittelamerika aus oder um das Kap Horn herum in den Stillen Ozean. Magelan — ein in spanischem Dienst fahrender Portugiese —, Saavedra, Mendana, Sarmiento, Quiros und Torres waren die Namen der Führer jener spanischen Expeditionen, die die ersten Bande zwischen Europa und dem Südseeraum knüpften. Eroberung und Beherrschung zum Zwecke der Ausbeutung, besonders zum Erwerb von Gold und Gewürzen, und Ausbreitung des Christentums waren die Aufgaben und Ziele dieser Reisen, und Gewalt und christliche Religion waren die Mittel, mit denen Spanien jene Gebiete an sich zu fesseln suchte. Groß war die Zahl der Mitglieder der Schiffsbesatzungen, die auf diesen Fahrten ihr Leben ließen, und wenige waren es, die von ihnen in die Heimat zurückkehrten. Aber ihre Erzählungen weckten Habgier und Abenteuerlust auch in andern europäischen Nationen, und so fuhren alsbald auch englische Seeräuber und Piraten teils auf eigene Rechnung, teils auf Rechnung von englischen Gesellschaften und Gemeinschaften in jene Gegenden aus, um Anteil an den vermeintlich dort vorhandenen Reichtümern zu bekommen. Entdeckungen bisher unbekannter Inseln und Gebiete waren Zufallszugaben auf diesen Seeräuberfahrten. Vielfach riß die Verbindung zu einer neu entdeckten Insel sofort bei der Weiterfahrt des Schiffes wieder ab, und die Insel blieb für weitere hundert Jahre oder mehr wiederum für Europa unbekannt. Nur gewaltsamer Gewinn, Raub und Plünderung waren das Ziel der Fahrten dieser Seeräuber, unter denen die Namen eines Drake, Kavendish, Sharp, Dampier — um die bekanntesten unter ihnen hervorzuheben — genannt sein mögen.

Aus diesem Seeräubertum entwickelte sich aber allmählich um die Wende des 16. Jahrhunderts der von Schiffsgemeinschaften oder Gesellschaften betriebene legitime Handel zu jenen Gebieten. 1600 wurde die englisch-ostindische, 1602 die niederländisch-ostindische Kompagnie gegründet. Dem im Namen der Gesellschaften hervorgehobenen Tätigkeitsfeld Ostindien war nach Osten zu keine Grenze gezogen. Ihre Schiffe fuhren um Afrika herum und dann ostwärts. Auch sie raubten und plünderten noch, wo sie konnten. Aber in zunehmendem Maße trat doch neben dieses System des Augenblicksgewinns der planmäßige Ausbau von Handelsbeziehungen.

Auf ihren sogenannten Indienfahrten stellten die Holländer auch die ersten Beziehungen zu Westaustralien und Neuguinea her. In holländischem Auftrage machte Abel Tasman um 1642 seine berühmten Entdeckungsfahrten, bei denen er Tasmanien, Neuseeland, Fidji und Tonga fand. Aber auch die von ihm hergestellten Beziehungen waren nicht von Bestand.

Den Holländern folgten in den Südseebereich im 18. Jahrhundert Engländer und Franzosen, nunmehr alle mit dem Zweck zu beobachten, wie es in ihren Aufträgen heißt, „whatever might be beneficial for navigation, trade, or settlement“ und Grundlagen für Handelsbeziehungen herzustellen. Königliche Aufträge veranlaßten diese Reisen, und Ausdehnung der Seemacht, der Schiffahrt und des Handels waren ihr Ziel. An Stelle des Wunsches nach Plünderung und gewaltsamer Christianisierung bestimmte nunmehr das Bestreben, einen freundschaftlichen Warenaustausch herzustellen, die Anbahnung der Beziehungen zu den Eingeborenen. Ein Wettlauf in Entdeckerfahrten begann zwischen England und Frankreich. Bald überspannten die Routen der Entdeckungsfahrer das ganze Südseegebiet in buntem Durcheinander wie mit einem Spinngewebe (s. die anliegende Karte). De Bougainville, La Perouse, d'Entrecasteaux waren die bekanntesten französischen Entdeckungsfahrer. Des Engländers Cook Fahrten aber überstrahlten an Ergebnissen und erfolgreicher Auswirkung die aller andern.

Eigentlich erst durch seine Reisen, Entdeckungen und Berichte hörte die Südsee auf, für Europa das unbekannte Land auf der andern Seite der Erde zu sein. Aus dem geheimnisvollen Reich der Antipoden wurde jetzt in der Vorstellungswelt der Europäer das lockende, zauberhafte Südseeparadies. Länder und Inseln, Buchten und Berge, Flüsse und Riffe wurden in immer schnellerer Folge von den Schiffen aus geographisch festgelegt, und mit ihnen wurde auch die südliche Hälfte der Erdkugel in das den Erdball umspannende Seekartenbild als fester Bestandteil eingegliedert.

Gleichzeitig vollzog sich ein grundlegender Wandel in der Gesamtheit der Beziehungen der Südsee zu Europa. War bisher die Südsee ein einheitliches Jagdgebiet für gewinnsuchende Piraten, ein ungeheures, aber dank seiner Abgelegenheit doch immerhin einheitliches Ziel für Entdecker und Händler gewesen, so legte dieser Wettstreit zwischen England und Frankreich im letzten Viertel des 18. Jahrhunderts nunmehr die Grundlage für die Aufteilung der Landeshoheit über jene Gebiete unter die europäischen Mächte.

Aber noch einmal trat in dieser Entwicklung eine Unterbrechung oder doch eine Stagnation ein. Die Kriege in Europa um die Wende des 19. Jahrhunderts hatten die führenden europäischen Mächte erschöpft. Auf dem Gebiet der politischen Expansion trat eine Ruhepause ein. Großbritannien hatte 1788, nachdem seine nordamerikanischen Besitzungen von ihm abgefallen waren, in Australien seine Sträflingskolonie gegründet und damit seinen unmittelbaren Bedarf an neuem überseeischem Besitz zunächst befriedigt. Frankreich hielt sich unter der Auswirkung der napoleonischen Kriege in der politischen Betätigung außerhalb seines eigenen Landes zurück.

Dafür trat nun in der Herstellung der Beziehungen und der Zusammenfassung der Kräfte im Südseeraum ein neuer Faktor in die Erscheinung:

Wohl noch unter der frischen Erinnerung an jene großen Entdeckerfahrten und beeinflußt durch das Beispiel der Bekehrungsreisen der Spanier und Portugiesen versuchte um diese Zeit die christliche Kirche, die Südsee in ihren Einflußbereich zu ziehen und, zunächst unabhängig von der politischen Verbindung, mit Hilfe der Religion jene Gebiete an die Zentralen der Missionsgesellschaften in Europa zu fesseln. Es waren die englischen Missionsgesellschaften, die nun mit ihren Fahrten an die Stelle der Entdecker, Händler und Walfischfänger traten. 1795 war die London

Missionary Society in London gegründet worden. Sie sandte ihren ersten Missionartrupp nach Tahiti. Von hier fuhren einzelne Mitglieder der Missionsgesellschaft nach den Tonga- und den Marquesas-Inseln weiter. In den folgenden vierzig Jahren dehnte die Gesellschaft ihre Wirksamkeit auf die übrigen Inseln der Gesellschaftsgruppe, nach Samoa, den Cook-Inseln, den Marquesas und den Neuen Hebriden aus. Die 1799 gegründete Church Missionary Society schickte ihre Missionare zunächst nach Australien und später nach Neuseeland. Die 1813 gegründete Wesleyan Missionary Society nahm die Tonga- und Fidji-Inseln in Bearbeitung.

Aber jene Spaltungen und Gegensätze, die die christliche Kirche in Europa trennten, griffen auch auf die Südsee über. Die katholische Kirche nahm Mitte der zwanziger Jahre des 19. Jahrhunderts ihrerseits die Missionstätigkeit im Stillen Ozean auf. Sie gründete 1833 die beiden Vikariate von Ost- und Westozeanien, und in den Jahren von 1834 bis 1838 errichteten Missionare verschiedener katholischer Orden Stationen auf den Gesellschafts- und Marquesas-, den Tonga- und den Fidji-Inseln, auf der Insel Wallis und auf Neuseeland.

Die katholische Kirche begann ihr Missionswerk mit dem in ihren amtlichen Auslassungen ausgesprochenen Sonderzweck, dem „Fortschreiten der Irrlehre", das heißt nach Auffassung Roms des Protestantismus, auf jenen Inseln Einhalt zu tun; und so zerstörten die Missionen den Eingeborenen nicht nur die alten religiösen Bindungen, die früher für die Eingeborenen bestanden, sondern die zwischen ihnen bestehenden konfessionellen Gegensätze spalteten auch die Gemeinschaft der Stämme und leiteten schließlich zu der endgültigen Aufteilung der Souveränitätsrechte über den Südseeraum über.

Auf Betreiben der katholischen französischen Missionare übernahm die französische Regierung zu Anfang der vierziger Jahre das Protektorat über die Wallis-Inseln, über Neukaledonien und über die Gambier-Inseln. Sie führten auch den Erwerb der Gesellschafts-Inseln durch Frankreich herbei. Die Furcht vor den Folgen ihres Wirkens auf politischem Gebiet veranlaßte die englische Regierung im Jahre 1840, das bis dahin noch abseits liegen gelassene Neuseeland sich anzueignen.

In der zweiten Hälfte des 19. Jahrhunderts versuchten Deutschland und Amerika, Anteil an dem zu bekommen, was noch im Südseegebiet nicht unter fremde Herrschaft gekommen war. Einzelne Hamburger Handelsunternehmungen, so die Firmen Johann Cäsar Godeffroy & Söhne seit den fünfziger Jahren, Eduard Hernsheim seit 1875, Ohlendorff, Schlubach, Krogmann und andere mehr, nahmen den Handel in jene Gebiete auf und überzogen das ganze Südseegebiet mit einem Netz von Niederlassungen. Unterlage dieser Handelsbeziehungen war das für die Wirtschaft der Südsee so charakteristische Produkt der Kokospalme, die Kopra, und die deutsche Erfindung ihrer Verarbeitung zu Margarine. Deutschland wertete diese Handelsbeziehungen politisch aus und stellte in den Jahren 1884 bis 1886 die Jaluit- und die Salomon-Inseln, den Bismarck-Archipel und Nordost-Neuguinea unter seinen Schutz und schloß 1889 mit Amerika und England das Samoa-Abkommen, dem 1899 die endgültige Aufteilung der Samoa-Inselgruppe unter Deutschland und Amerika folgte. Wie sich schließlich die Verteilung der Souveränität zu Beginn des 20. Jahrhunderts gestaltet, zeigt die in der Anlage beigefügte Karte.

Damit war die politische Aufteilung der Südsee zunächst zum Abschluß gelangt. Erst das Diktat von Versailles von 1918 brachte eine Änderung. Australien übernahm als Mandat den westlichen Teil des deutschen Kolonialbesitzes südlich des Äquators, die deutschen Samoa-Inseln wurden neuseeländisches, Nauru gemeinsames Mandat von Australien, Neuseeland und Großbritannien. Seitdem sind nur noch geringfügige Änderungen am Besitzstand der Kolonialmächte in der Südsee eingetreten. 1931 trat Großbritannien die Ashmore- und Cartier-Inselgruppe, 450 englische Meilen westsüdwestlich von Port Darwin, an Australien ab. Die Inseln sind unbewohnt. 1926 übernahm Neuseeland die Inseln der Tokelan- und Union-Gruppe und gliederte sie an die Verwaltung seines Mandatsgebiets Samoa an. 1933 überließ Großbritannien Australien endgültig den Sektor der Antarktis südlich des 50. Grades südlicher Breite und zwischen dem 45. und 160. Grad östlicher Länge. 1939 errichteten Großbritannien und Amerika ein Kondominium über die Canton- und die Enderbury-Insel der Phönix-Gruppe.

Aus dem Souveränitätsverhältnis entwickelten sich in den Beziehungen zwischen über- und untergeordnetem Gebiet, zwischen Mutterland und Kolonie Druck und Gegendruck, Eingliederungs- und Loslösungsbestrebungen, und Gegensätze zwischen den Herrenländern übertrugen sich auch auf den Kolonialbesitz.

In Australien erwuchs, erst ganz schüchtern sich hervorwagend, dann nach dem gemeinsamen Einsatz aller australischen Staaten bei der Landung auf Galipoli am 25. April 1915 in immer betonterer Form, ein eigenes Nationalgefühl, das die Bindung zum Mutterland auflockerte. Es erwuchsen gemeinsame Vorstellungen von Lebensform und Lebensziel, die in der in allen Staaten und Klassen vertretenen White-Australia Policy und dem gemeinsamen Lebensideal des „High Standard of Living“ ihren deutlichen

Ausdruck fanden. Das Mutterland trug dem Streben nach Verselbständigung in seinen Dominien Australien und Neuseeland in der Verleihung des Westminster Statutes auch an diese Länder Rechnung. Nach ihm ist nur noch die Krone das einzige Band, das die Länder auch äußerlich an das Mutterland fesselt. Der König von Großbritannien ist auch König von Australien und Neuseeland. Britische Generalgouverneure an der Spitze der Dominien und britische Gouverneure in den einzelnen Staaten des Australischen Bundes als Vertreter des englischen Königs bringen die Gemeinsamkeit der obersten Spitze zum erkennbaren Ausdruck. Daneben bestehen noch zahlreiche andere soziale Bande, und vor allem die Bande des Blutes, die eine Fülle persönlicher Beziehungen herstellen. Nimmt doch Australien für sich in Anspruch, daß 98 Prozent seiner Bevölkerung britischer Abstammung seien. Für Neuseeland gilt das gleiche.

Das Mutterland pflegte diese inneren Bindungen mit Vorbedacht. Ehrungen seitens der Krone Englands, knighthoods und Orden, Besuche von Angehörigen des königlichen Hauses, bei denen die Formlosigkeit kolonialen Lebens mit dem Bemühen, einen angemessenen Pomp zur Schau zu tragen, um die Tiefe des Eindrucks bei dem königlichen Gast wetteifern, tragen dem Eitelkeitsbedürfnis der Dominien-Angehörigen Rechnung. Der Moment, in dem dem wirtschaftlich erfolgreichen Australier die knighthood vom englischen König verliehen wird, oder in dem seine Tochter auf einer der Garden-Parties im Buckingham-Palace in London dem britischen Königspaar vorgestellt wird, sind doch Höhepunkte im Leben eines Australiers oder Neuseeländers, trotz allen bewußten Stolzes auf das eigene Land. Großbritannien war noch für die große Mehrzahl der Australier und Neuseeländer vor Ausbruch des jetzigen Krieges trotz allen „Australia first"-Geschreies das „home country". Man fuhr „home", wenn man nach England fuhr. Reisen von Künstlern und Wissenschaftlern pflegten die geistige Verbindung. Führer der britischen Wirtschaft benutzten geschäftliche Besuche zur Vertiefung auch des nationalen Zusammengehörigkeitsgefühls durch großzügige Spenden und festliche Veranstaltungen.

Das engste Band dieser Art schufen entsprechend dem Kulturniveau der Kolonialländer die gemeinsamen sportlichen Veranstaltungen von Mutterland und Überseebesitz. Der alljährlich stattfindende britisch-australische Cricket-Wettkampf war ein nationales Ereignis für ganz Australien, das bei aller Erregung über Wechselfälle im Verlauf des Spiels die gefühlsmäßigen Bindungen zwischen den Ländern ganz stark hervortreten ließ. Kriegsschiffbesuche unterstrichen die Notwendigkeit des gemeinsamen

Schutzes und hielten gleichzeitig bei den Angehörigen der Dominien das beruhigende Gefühl wach, unter dem Schirm der allmächtigen britischen Flotte geborgen zu sein. Offiziersaustausch zwischen den Südseebesitzungen und den andern Teilen des britischen Empire stimmte die militärische Ausbildung miteinander ab und schuf kameradschaftliche Beziehungen auf Grund persönlicher Bekanntschaft. Alljährliche gemeinsame militärische Übungen der australischen und neuseeländischen Flotte vertieften das Gefühl des schicksalsmäßigen Verbundenseins. Die Wahlen zum Bundesparlament des Australischen Bundes wurden noch 1937 unter den Parolen ausgetragen, ob bei der Gestaltung des militärischen Schutzes für Australien und seiner Aufrüstung die Rücksicht auf die Interessen des Mutterlandes und die Gesamtheit des Britischen Empire oder das ureigenste Interesse eines selbständigen Australiens bestimmend sein sollten, und die erste Ansicht trug den Sieg davon.

Außerhalb der beiden Dominien faßte Großbritannien seinen Besitz in der Südsee unter der Leitung des High Commissioner for the Western Pacific zusammen. Sein Amtssitz ist Suwa, und das Kernstück seines Amtsbereichs bildet die finanziell und wirtschaftlich gleich gesunde und starke Kronkolonie Fidji. Wünsche Australiens, sich ihm vorgelagerte, zu dem Amtsbereich des High Commissioners gehörige Inseln anzugliedern, die noch 1937 auf der Empire-Konferenz von Australien mit Nachdruck vorgetragen wurden, lehnte Großbritannien ab.

Diese gefühlsmäßigen Bindungen und das Bewußtsein der Zusammengehörigkeit untereinander und mit dem übrigen Teil des Britischen Empire umfaßten die Dominien in ihrer Gesamtheit. Trotzdem zeigten sich in Australien selbst immer wieder Auflösungs- oder Aufteilungsbestrebungen, und Neuseeland lehnte, als 1901 der Australische Bund errichtet und damit das Streben nach politischem Zusammenschluß in den bisher getrennt bestehenden britischen Kolonien auf dem australischen Festland zu einem Abschluß gebracht wurde, die an sich natürliche Vereinigung mit Australien ab. Im Australischen Bunde selbst waren die wirtschaftlich schwächeren Staaten Tasmanien, Südaustralien und Westaustralien, die sich von den in der Industrialisierung fortgeschritteneren Staaten des Ostens und Südostens in ihren Beziehungen zum Bunde übervorteilt glaubten und immer wieder versuchten, sich aus dem Bunde auszulösen und unmittelbar an das Mutterland anzuschließen. Noch 1939 wurde in Westaustralien der Beschluß des Ausscheidens aus dem Australischen Bunde unter unmittelbarer Angliederung an Großbritannien in einer Volksabstimmung mit großer Mehrheit angenommen. Aber die Kompaktheit des australischen Kontinents und die in den 150 Jahren australischer Geschichte erwachsene Einheit auf Grund der geographischen Unterlagen erwiesen sich als zu stark, als daß diesem Referendum eine Folge hätte gegeben werden können. Ein gleiches Schicksal hatten Bestrebungen innerhalb des Staates Neusüdwales nach Aufteilung in mehrere Einzelstaaten, in denen dann die wirtschaftlichen Gegensätze zwischen Land und Stadt in besserer Form berücksichtigt werden könnten. Alle diese Bewegungen änderten nichts an der Einheit Australiens, ja dem Zusammengehörigkeitsgefühl aller der Länder im Südseeraum, in denen eine britische Bevölkerung die Herrschaft hat, und an ihrer Verbundenheit mit den andern Teilen des Britischen Empire.

Neben gemeinsamer Abstammung, Sprache und Tradition der weißen Bevölkerung waren hierfür zweifellos die wirtschaftlichen Bindungen entscheidend.

Einmal sind die Staaten selbst durch außerordentliche finanzielle Lasten an das Mutterland gebunden. Australien, Bund und Staaten zusammen, waren 1938 mit 534 Millionen Pfund an Großbritannien verschuldet. Neuseeland hatte 1938 bei einer Bevölkerung von rund 1,6 Millionen eine öffentliche Schuld von 289 833 488 Pfund, die ebenfalls zum weitaus größten Teil in England aufgenommen war. Bis zum Ausbruch des jetzigen Krieges hatte Australien jährlich über achtzehn Millionen Pfund Sterling an London an Zinsen und Amortisation der ihm gewährten Anleihen zu zahlen. Schien sich dieses finanzielle Band durch die von Australien mit Erfolg betriebene Konvertierung der Anleihen auf einen niedrigeren Zinsfuß zu lockern, so wurden seitens des Mutterlandes neue Kredite bereitwilligst gegeben, und die goldene Kette hielt das Land fest in der Hand Großbritanniens, mochten auch zuweilen Überlegungen, ja Befürchtungen, Zweifel in den Herzen weitblickender Australier wach werden lassen, ob diese Fesselung an das Mutterland noch zeitgemäß und für Australien glückbringend wäre.

Die Dominien lieferten für die Zahlungsverpflichtungen Rohstoffe nach dem Mutterland, und dieses verlangte als Gegengabe für seine Abnahmebereitschaft die Bevorzugung im australischen und neuseeländischen Markt für britische Fabrikate. Großbritannien wurde nach dem ersten Weltkriege in steigendem Maße Hauptabnehmer der australischen und neuseeländischen Rohstoffe und seinerseits Hauptlieferant für die Bedürfnisse der Dominien an europäischen Fabrikaten. Im Jahre 1937/38 betrug die britische Einfuhr nach Australien 46 226 985 Pfund Sterling oder 41,49 Prozent der gesamten australischen Einfuhr. Die australische Ausfuhr nach Großbritannien belief sich im gleichen Jahre sogar auf 72 940 991 Pfund Sterling oder 51,70 Prozent der gesamten australischen Ausfuhr. Die britische Einfuhr nach Neuseeland betrug 1937 28 184 891 Pfund Sterling bei einer Gesamteinfuhr von 56 161 000 Pfund. Die Ausfuhr Neuseelands nach Großbritannien betrug 50 705 591 Pfund bei einer Gesamtausfuhr Neuseelands von 66 713 379 Pfund Sterling.

Diese Entwicklung hatte ihre Krönung in dem Ottawa-Abkommen 1932 gefunden, in dem, kurz gesagt, die Dominien dem Mutterland gegenüber den andern Ländern Vorzugstarife einräumten und sich ihrerseits verpflichteten, eine Industrialisierung, die dem Absatz britischer Produkte in ihren Ländern abträglich werden könnte, nach Möglichkeit zu unterlassen. Großbritannien war sich der Stärke und des Wertes dieser Bindung durchaus bewußt. Durch Ernennung eines High Commissioners wachte es mit Entschiedenheit darüber, daß nicht etwa Aufträge für wirtschaftliche Lieferungen, die es selbst erfüllen könnte, an andere Länder vergeben wurden.

Die Unmöglichkeit, alle ihre Rohstoffe im Mutterland abzusetzen, zwingt aber die Dominien, sich auch nach anderen Absatzmärkten umzusehen und die Beziehungen zu diesen entsprechend zu pflegen, soweit dies die noch vom ersten Weltkriege herrührende politische Animosität und politische Rücksichten auf das Mutterland zuließen. So entstand für die australische und neuseeländische Wirtschaft der Begriff des „good customer country", der seinerseits wieder in Handelsverträgen mit vorzugsweiser Behandlung für die Abnahme gewisser Fabrikate dieser Länder seinen Niederschlag fand. So erhielten Belgien, die Tschechoslowakei und Frankreich ihren Handelsvertrag, und ein besonderes Abkommen versuchte, den engen wirtschaftlichen Beziehungen Australiens zu Neuseeland, gleichzeitig aber auch der aus der Ähnlichkeit der wirtschaftlichen Struktur beider Länder sich ergebenden Rivalität Rechnung zu tragen. Deutschland, dem Gegner aus dem ersten Weltkriege und dem Konkurrenten des Mutterlandes, wurde ein Handelsvertrag nicht konzediert.

Aber auch bei andern Ländern, die ebenfalls ausgesprochene good customer countries waren, entschloß sich Australien, wenn der Ausbau ihres Handels eine fühlbare Beeinträchtigung des Absatzes des Mutterlandes zur Folge hatte, auf Weisung aus London zu einer Änderung seiner im wesentlichen auf dem Prinzip der Meistbegünstigung beruhenden Handelspolitik, ja selbst zum Handelskrieg. So sprengte die 1936 plötzlich von Australien inaugurierte „Diversionspolitik" die bis dahin immerhin äußerlich freundschaftlichen politischen Beziehungen zu Japan und störte die

Annäherung Australiens an die Vereinigten Staaten auf wirtschaftlichem Gebiet, wenigstens vorübergehend, schwer.

Großbritannien bemühte sich seinerseits, diese starken wirtschaftlichen und gefühlsmäßigen Bindungen zu seinen beiden Dominien durch ihre Einbeziehung in seine großen seestrategischen Pläne für den gesamten Fernen Osten militärisch zu sichern. Das im Norden Australiens gelegene Port Darwin wurde mit seinem guten Hafen zur dritten Spitze des seestrategischen Dreiecks Hongkong—Singapur—Port Darwin, das Englands Machtstellung im Stillen Ozean und den Zusammenhalt auch seiner gesamten Besitzungen in der Südsee für ewige Zeiten gewährleisten sollte. Australien baute seinerseits in den dem jetzigen Kriege unmittelbar vorausgehenden Jahren seine Rüstungsindustrie aus und wurde damit zum Rüstungslieferanten für die gesamten britischen Besitzungen in der Südsee.

Auch sonst verstand es Australien, immer neue wirtschaftliche Bande zu den ihm im Osten vorgelagerten Inseln zu knüpfen. Als 1918 Deutschland als Kolonialmacht aus der Südsee verdrängt und selbst das Privateigentum den Deutschen durch die Feindmächte weggenommen wurde, wußten die beiden australischen Firmen Burns Filp & Co. und Carpenter & Co. sich einen großen Teil der deutschen Pflanzungsunternehmungen in der Südsee zu sichern und damit ihr Tätigkeitsfeld im Südseeraum außerordentlich auszudehnen. Eigene Dampferlinien, die durch Zubringerdienste ergänzt wurden, verbanden die Stützpunkte der Firmen auf den verschiedenen Inseln untereinander, und eigene Versicherungsunternehmungen brachten alle diese Stützpunkte in eine unmittelbare Abhängigkeit von den geschäftlichen Zentren der Firmen in Sydney. Die Bank of New South Wales in Sydney dehnte ihr Filialnetz auch auf die Inselwelt aus, und die australische Amalgamated Wireless Company richtete Zentralstationen für den drahtlosen Dienst in Suwa, Rabaul und Port Moresby ein. Die australische Sugar Refining Company wurde zur Beherrscherin der Zuckerindustrie in der englischen Kolonie Fidji, und australische Kapitalien wurden wesentlich beteiligt in dem Goldbergbau auf Neuguinea und auf den Fidji-Inseln.

So sind es starke wirtschaftliche Bande, die alle diese Teile unter sich und mit Australien verbunden hielten. Geschäftsreisen und alljährlich von den Hauptstädten Australiens ausgehende Vergnügungsreisen zu den einzelnen Inselgruppen schufen als Ergänzung hierzu auch die so wertvollen unmittelbaren persönlichen Beziehungen für einen relativ großen Personenkreis.

Frankreich faßte seine Südseebesitzungen in den beiden Kolonien Französisch Ozeanien und Neukaledonien zusammen und verband durch eine besondere Schiffahrtslinie diese Kolonien mit dem Mutterland. Die Vereinigten Staaten von Amerika pflegten die Verbindung zum Südseeraum durch eine eigene stark geförderte Schiffahrtslinie und durch den Ausbau der Fluglinien. Außerdem investierten die Vereinigten Staaten in steigendem Maße auch Kapital in Australien und Neuseeland. 1941 beliefen sich diese amerikanischen Investionen in Australien und Neuseeland auf die immerhin recht beachtliche Summe von 232 Millionen Dollar, und es sieht so aus, als ob sich in demselben Maße, in dem sich die Beziehungen Australiens zum Mutterland Großbritannien infolge Erstarken des eigenen Nationalgefühls lockerten, die Bindungen an den andern Anlieger des Stillen Ozeans, an die Vereinigten Staaten, verstärkten. Die Australier haben auch nach ihrer Einstellung zum Leben an sich manches mit den Amerikanern gemein. Das bringt der Charakter beider Länder als von einem ferngelegenen Mutterland aus erschlossenes und besiedeltes Neuland mit sich. Man sagte von den Australiern schon vor dem jetzigen Kriege, wenn man sie mit den Neuseeländern vergleichen wollte, daß sie schlechte, das heißt noch nicht vollwertige, aber immerhin doch Amerikaner seien, während die Neuseeländer 150prozentige Engländer wären. Hierin steckt viel Wahres. Es ist auf jeden Fall richtig, daß die Neuseeländer noch viel mehr im Kolonialstadium sind und als solche noch viel mehr dem Mutterland nacheifern und es bis in die Einzelheiten kopieren als die Australier.

Alle diese Beziehungen und Verbindungen von außen her zum Südseeraum und vom Südseeraum zu den einzelnen an ihm interessierten Kolonialmächten wurden überlagert und überschattet durch die große politische Spannung, die das Verhältnis zu Japan für alle Beteiligten mit sich brachte. Die Furcht vor Japan steckte in den Herzen aller der Weißen in der Südsee, die sich überhaupt über die politische Zukunft ihrer Länder Gedanken machten. In den Dominien empfand man immer deutlicher den Widerspruch, der in der White Australia Policy mit ihrer aggressiven Spitze gegenüber Japan und der eigenen militärischen Schwäche lag, und fühlte das Unnatürliche und Unhaltbare des eigenen dünn besiedelten Raumes gegenüber der Übervölkerung des Inselreiches am gleichen Ozean wie einen ständig wirkenden Alpdruck. Dieses Unsicherheitsgefühl lastete auf allen europäischen Bewohnern der britischen Länder im Südseeraum, seitdem Japan zur militärischen Großmacht erstarkt war, und trotz aller äußerlichen Freundschaftsbeweise und Freundschaftsbeteuerungen blieb die

Byron 1765
Wallis 1769
PHILIPPINEN
(Ver. St.)
Marianen In.
(Unt. jap. Verwalt.)
Guam I.
(Ver. St.)
Magelan 1521
Karolinen I.
(Unter japan. Verwaltung)
Carteret 1769
Quiros 1595
Borneo
Torres 1606
Molukken
Äquator
Celebes
NEU-GUINEA
DEUTSCH-N.G.
(Austral. Mandat)
Rabaul
(Deutsch.)
(Austr. Mandat)
Bougainville I.
D'Entrecasteaux I.
(Austral.)
Papua G.
Pt Moresby
Tasman 1643
Java
Flores
Torres Str.
Cook 1770
Ashmore I.
Cartier I.
(Austral.)
Port Darwin
Yampi Sund
York Halbinsel
KORALLEN
Bougainville 1768
Cairns
NORD-
AUSTRALIEN
QUEENSLAND
WEST-
AUSTRALIEN
AUSTRALIEN
SÜD-
AUSTRALIEN
Brisbane
NEU-SÜD-WALES
Perth
Fremantle
Newcastle
SYDNEY
Adelaide
VIKTORIA
MELBOURNE
Cook
King I.
Flinders I.
Tasmanien
Tasman 1642
Cook 1777
Cook 1773
Die Routen sind entnommen:
1. W. Sievers: Australien und Ozeanien
2. J. D. Rogers: A Historical Geography of the British Colonies, Bd. VI, Australasia
3. E. Reclus: Nouvelle Géographie Universelle, Bd. XIV, Océan et Terres Océaniques

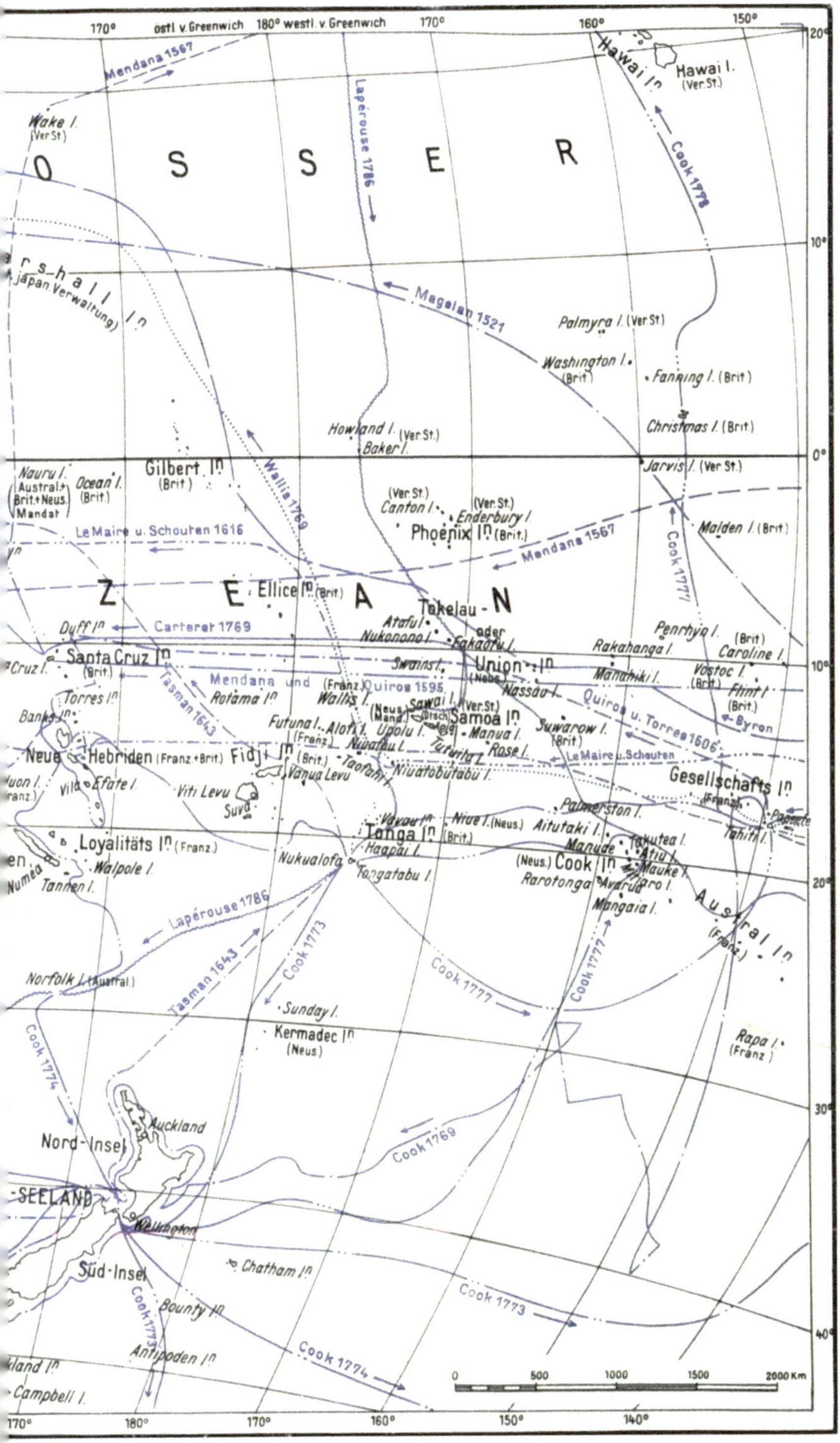

östl. v. Greenwich
180° westl. v. Greenwich
O S S E R
Z E A N
Mendana 1567
Lapérouse 1786
Cook 1778
Magelan 1521
Hawai I.
(Ver.St.)
Wake I.
(Ver.St.)
Marshall In
(Japan. Verwaltung)
Palmyra I. (Ver.St.)
Washington I.
(Brit.)
Fanning I. (Brit.)
Christmas I. (Brit.)
Howland I. (Ver.St.)
Baker I.
Jarvis I. (Ver.St.)
Nauru I.
Ocean I.
(Brit.)
Gilbert In
(Brit.)
Wallis 1769
Canton I.
Enderbury I.
Phoenix In (Brit.)
Malden I. (Brit.)
Cook 1777
Le Maire u. Schouten 1616
Ellice In (Brit.)
Tokelau - oder Union - In
Atafu I.
Nukonono I.
Fakaofu I.
Penrhyn I.
Rakahanga I.
Caroline I.
Manahiki I.
Vostoc I.
Flint I.
Duff In
Carteret 1769
Santa Cruz In
Swains I.
Nassau I.
Mendana und Quiros 1595
Quiros u. Torres 1606
Byron
Rotuma In
Wallis I.
Samoa In
Sawai I.
Upolu I.
Tutuila I.
Manua I.
Rose I.
Suwarow I.
Torres In
Banks In
Tasman 1643
Futuna I.
Alofi I.
Niuafau I.
Niuatobutabu I.
Le Maire u. Schouten
Gesellschafts In
(Franz.)
Tahiti I.
Papeete
Neue Hebriden (Franz.+Brit.)
Fidji In
(Brit.)
Vanua Levu
Taofahi I.
Efate I.
Vila
Viti Levu
Suva
Palmerston I.
Vavau In
Niue I. (Neus.)
Tonga In
(Brit.)
Haapai I.
Aitutaki I.
Manuae
Takutea I.
Atiu I.
Mauke I.
Loyalitäts In (Franz.)
Walpole I.
Numéa
Tannen I.
Nukualofa
Tongatabu I.
(Neus.) Cook In
Rarotonga
Avarua
Mangaia I.
Austral In
(Franz.)
Lapérouse 1786
Cook 1773
Tasman 1643
Cook 1777
Norfolk I. (Austral.)
Sunday I.
Kermadec In
(Neus.)
Rapa I.
(Franz.)
Cook 1774
Auckland
Nord-Insel
Cook 1769
-SEELAND
Wellington
Süd-Insel
Chatham In
Bounty In
Cook 1773
Antipoden In
Cook 1774
Campbell I.
0 500 1000 1500 2000 Km

Grundeinstellung der Bewohner der beiden englischen Dominien und ihrer Außenbesitzungen Japan gegenüber feindlich oder doch ablehnend. Hieran änderte auch der Austausch von sogenannten Good-Will-Missionen in den Jahren 1934/35 nichts. Akte mit ausgesprochen feindlicher Tendenz wie die Provozierung des Handelskrieges gegen Japan von seiten Australiens im Jahre 1936 und die Unterbindung der Ausfuhr der von Japan erworbenen Eisenerze des Vorkommens am Yampi-Sund machten derartige Bemühungen wieder zuschanden. An dem inneren Gegensatz änderte sich auch dann nichts, als der Handelskrieg durch ein formelles Abkommen beendet wurde. Die latente politische Hochspannung zu Japan blieb.

In diese politische Spannung hinein erfolgte nun 1939 der Kriegsausbruch. Die Bindung Australiens an das Mutterland, das den europäischen Krieg in so frevelhafter Weise vom Zaun gebrochen hatte, war trotz aller Selbständigkeitsgefühle und trotz allen Erwachens der australischen Nation noch zu stark, als daß Australien eine eigene, ausschließlich seinen Bedürfnissen Rechnung tragende Politik betrieben hätte und neutral geblieben wäre. So sind Australien und mit ihm die anderen britischen Besitzungen in der Südsee in den europäischen Krieg geglitten, ohne daß dieser sie zunächst überhaupt etwas anging.

Der von Amerika provozierte Eintritt Japans in den europäischen Krieg trug den Krieg nun unmittelbar hinein auch in das weltabgelegene Südseegebiet. Dieses hatte, abgesehen von Aufständen einzelner Eingeborenenstämme, von dem Kampf der Engländer gegen die sich gegen ihnen drohenden Landraub zur Wehr setzenden Maoris in den vierziger und sechziger Jahren des 19. Jahrhunderts und der unter dem Namen des „Great Black War“ bekannten Treibjagd gegen die Ureinwohner der Insel Tasmanien in den Jahren 1825 bis 1828 seit der Herstellung der Beziehungen zu Europa kriegerische Handlungen kaum gekannt, geschweige denn hatten die Länder in ihm irgendwie um ihre Existenz kämpfen müssen. Die Verdrängung der Deutschen aus ihrem Kolonialbesitz und die Fahrten der deutschen Kriegsschiffe in der Südsee während des ersten Weltkrieges hatten nur lokale Bedeutung gehabt und den Südseeraum als Ganzes nicht berührt.

Heute ist nun die Südsee auch zum Kriegsschauplatz in Japans Kampf um seinen Lebensraum geworden. Auf den Fluten des Korallenmeeres, das heißt also im ureigensten, zum australischen Vorraum gehörenden Südseegebiet, sind entscheidende Seeschlachten geschlagen. Die Hafenstädte am Nord- und Nordostrande Australiens sind das Ziel der japanischen Luftangriffe. Auf Papua und den Salomon-Inseln kämpfen japanische Truppen gegenüber Australiern und Amerikanern. Mit der Eroberung von Singapur zerbrach für alle britischen Menschen in der Südsee die Illusion von der Allmacht der englischen Flotte und dem sicheren Schutz unter ihrem Schilde.

Die Anlehnung des gesamten Gebietes, vor allem aber Australiens, an die Vereinigten Staaten als an das einzige Land, das noch Rettung bringen könnte, wurde zwangsläufig wesentlich enger. Amerikanische Truppen landeten auf australischem und neuseeländischem Boden und stellten, ganz abgesehen von der dadurch geschaffenen militärischen Hörigkeit, bei der großen Empfänglichkeit der Australier und Neuseeländer für alles Fremdländische unschwer eine Fülle persönlicher Beziehungen zur Bevölkerung, namentlich auch zu deren weiblichem Teil, her. Ein Amerikaner übernahm den Oberbefehl über die militärischen Streitkräfte in der angloamerikanischen Feindgruppe der gesamten Südsee. Ein merkwürdiges Spiel der Geschichte ließ diesen Mann denselben Namen tragen wie einst den Leutnant der englischen Besatzungsarmee, der vor 140 Jahren die Merinoschafzucht in Australien einführte und damit das goldene, glückliche Zeitalter für das britische Australien einleitete.

Der gesamte britische und amerikanische Besitz in der Südsee steht jetzt auf dem Spiel. Es erscheint nicht ausgeschlossen, daß jetzt der Südseeraum wieder ein einheitliches Gebiet wird, wie er es war, bevor die Aufteilung unter den großen Kolonialmächten einsetzte. Allerdings, das Band das dann diesen Raum zusammenhalten wird, ist nicht mehr seine Abgelegenheit und die Uneinheitlichkeit der Interessen der das Gebiet aufsuchenden einzelnen Seefahrer. Eine Einbeziehung des Gebiets in die japanische Machtsphäre wird es eng mit Asien verknüpfen, und japanischer Schutz und japanische Führung werden den gesamten Südseeraum zu einem einheitlichen Ganzen zusammenfassen. Bald werden sich auch die wirtschaftlichen Beziehungen von Japan aus zu allen Teilen der Südsee immer mehr verstärken und verdichten. Im Laufe der Zeit werden auch neue geistige und kulturelle Bande entstehen, und die Eingeborenen, die bisher für ihre Länder kaum Bindungen oder Spannungen und Lösungen schufen, werden sich als Teile der großen von Japan geführten asiatischen Völkerfamilie fühlen und ein wesentliches Mittel zur inneren Stärkung der Eingliederung des Südseeraumes in den großasiatischen Machtraum bilden.

Deutsche Arbeit bei der bergmännischen Erschließung der Vicekönigreiche Peru und La Plata vor Alexander v. Humboldt.

Von

Josef und Renée Gicklhorn.

Mit 6 Abbildungen im Text.

Inhalt.

Seite

I. Einführung und Übersicht 119

II. Bedeutung der Minen von Potosí und Huancavelica 126

III. Vorbereitung, Reise, Wirken und Abschluß der deutschen Bergkommission 133

IV. Anton Zacharias Helms (1751—1801) 141

A. Aus dem Leben von A. Z. Helms 141

B. Reisen und Arbeiten 142

C. Ausgewählte Stellen in Helms' „Tagebuch" 159

a) Eine bemerkenswerte Tabelle 159

b) Eine vergleichende Übersicht 159

c) Indianer als Arbeitskräfte 163

d) Bericht an den Vizekönig 164

V. Polemik des „Mercurio Peruano" zu Gunsten der Deutschen . . . 182

VI. Schriften der Rechtfertigung von Joh. Daniel Weber 191

VII. Die Gründe des „Scheiterns" der deutschen Bergkommission Helms-Nordenflycht-Weber 199

VIII. Thaddäus Haenke über das Bergwesen von Peru. (Ausgewählte Stellen aus seiner „Descripción del Perú") 205

IX. Zusätzliche Bemerkungen 220

X. Anhang: Die Amalgamationsverfahren zur Gold- und Silbergewinnung in Südamerika und Europa während 1780—1800 . . . 224

A. Zur Geschichte der Amalgamation im spanischen Kolonialreich, besonders im Hüttenbetrieb von Peru und Bolivien 224

B. Borns Verfahren im Vergleich zu älteren Methoden 230

C. Die theoretischen Grundlagen des Amalgamierens 242

D. Das kritische Urteil von Alexander v. Humboldt 244

Schriftenverzeichnis 249

Erklärung der Abbildungen.

Abb. 1. Übersichtliche Darstellung der wichtigsten Phasen des einheimischen Amalgamationsverfahrens in Peru. (Kupferstich der XXII. Tafel in Fréziers Reise.)

A. Llamas oder peruanische Schafe. (Mouton du Pérou.)

B. Trapiche oder Erzmühle.

C. Buitron oder Hof, wo das Mineral geknetet wird.

D. Waschsümpfe.

E. Grundriß des Glühherdes.

F. Aufriß des Glühherdes.

G. Piña oder Silberpyramide.

H. Brennherd zum Abtreiben des Quecksilbers.

Abb. 2. Arbeiten am Buitron. Man beachte den mit Backsteinen eingefaßten und belegten Boden mit den zur Anquickung vorbereiteten Haufen des Erzmehls. (Schlich.) Der Arbeiter links schüttet Erzmehl zu einem Haufen auf, der Arbeiter rechts preßt durch einen Beutel Quecksilber in feinen Tröpfchen in die Mulde eines Schlichhaufens. (Nach Scott Elliot G. Fr.: Chile.)

Abb. 3. Aufriß der Erzmühle nach Born. (Einzelheiten der Beschriftung sind hier belanglos.)

Abb. 4. Waschmaschine nach Born mit den einzelnen Bestandteilen.

Abb. 5. Eine Sechsfässermaschine nach Born mit Einzelheiten der Konstruktion.

Abb. 6. Sudofen nach Born im Aufriß und Grundriß.

Vorwort.

Auch bei dieser zweiten, in den „Mitteilungen der Geographischen Gesellschaft Hamburg“ veröffentlichten Arbeit wurden unsere Bemühungen durch freundliche Mithilfe von verschiedenen Seiten unterstützt; so nennen wir ausdrücklich die Herren: Bibliotheksrat Dr. Karl Wehmer an der Landes- und Universitätsbibliothek in Prag, Dr. Hoeper an der Wiener Nationalbibliothek, Generalstaatsarchivar Dr. Kalbrunner im Hofkammerarchiv zu Wien. Sie haben uns mit Büchern und Dokumenten versorgt. Ferner danken wir auch den Herren Professoren M. Stark und A. Liebus von der Prager Deutschen Karls-Universität, Herrn Generalstaatsarchivar Dr. Eilers in Warschau, Herrn Ing. W. Vladyka, ehemaliger Konsul von Chile, und Herrn Dr. Watznauer (Freiberg) für fachliche Ratschläge bzw. Nachforschungen in Archiven.

Wir empfinden es ferner als eine selbstverständliche Pflicht, unseren Ausführungen Worte des Dankes an die Geographische Gesellschaft in Hamburg und besonders an den Herausgeber der „Mitteilungen“, Herrn Prof. Dr. R. Lütgens, vorauszuschicken. Durch die Annahme der ersten größeren Studie über Thaddäus Haenke hat diese Zeitschrift nicht nur erstmalig die weitreichende Bedeutung Haenkes in der Geschichte des deutschen Anteils in der Erforschung Südamerikas anerkannt, sondern indirekt durch den Erfolg der Veröffentlichung auch zu weiteren Arbeiten angeeifert. In Fortsetzung unserer Bemühungen wurde uns durch eine Aufforderung des Herausgebers ein zweites Mal die Möglichkeit geboten, das geschichtlich sicher sehr bedeutsame Wirken von Helms und Weber — beide Zeitgenossen von Haenke und Humboldt — zu würdigen. Inhalt und Art der Darstellung der vorgelegten Arbeit müssen für sich sprechen. Uns aber drängt es, auf das persönliche Interesse und sachliche Verständnis hinzuweisen, das der Herausgeber von Anfang an unseren Bestrebungen entgegenbrachte, ebenso seiner vielen Ratschläge und persönlichen Mühen zu gedenken, um einen allzu umfangreichen Stoff durch sinngemäße Gliederung und Kürzungen zu bewältigen, so daß nun trotz aller äußeren und zeitbedingten Hemmungen im vierten Kriegsjahre diese umfassende Arbeit erscheinen kann.

I. Einführung und Übersicht.

Die vorgelegte Studie[1]) will als ein Beitrag zur Geschichte des deutschen Anteils im Berg- und Hüttenwesen von Spanisch-Südamerika in der Zeit vor 1800 beurteilt werden. Es sind hier nur drei Männer und ihre Schriften eingehend berücksichtigt. Ihre Namen wurden zwar schon wiederholt in den wenigen Arbeiten mit den gleichen Bestrebungen wie die unseren genannt, aber durch die Kürze und Flüchtigkeit der bisher vorliegenden Ausführungen muß der Eindruck erweckt werden, als seien diese Forscher eben noch einer Erwähnung im deutschen Schrifttum wert und bedeutungslos, vor allem im Vergleich mit Alexander v. Humboldt. Wie in so vielen Gebieten, wird auch hier Humboldt eine überragende Stellung und alles überschattende Bedeutung zugebilligt, so daß ihm gegenüber Namen und Leistungen seiner bescheideneren Vorgänger und Zeitgenossen ungebührlich weit in den Hintergrund gerückt werden. Wir hoffen, mit unseren Ausführungen und Belegen, von denen Manches neu und Vieles im deutschen Schrifttum nachweisbar bisher nicht verwertet ist, Vor- und Fehlurteile beseitigen zu können, und wollen überdies an Männer erinnern, die in fernen Ländern und unter fremden Völkern sehr frühzeitig deutsche Arbeits- und Denkweise so rühmlich vertreten haben, daß sie es heute wohl verdienen, ins Gedächtnis gerufen zu werden. Es wäre durchaus irrtümlich, zu glauben, daß die für ihre Zeit sehr verdienstvollen Leistungen und Vorschläge jener Deutschen, deren Arbeit hier in den Mittelpunkt gerückt ist, nur belanglose Episoden in der Geschichte des Bergwesens des spanischen Kolonialreiches in Südamerika während der Jahrzehnte vor den Befreiungskämpfen gewesen seien. Die geschichtliche Bedeutung von Männern wie Helms und Haenke geht ja weit über ihre Verdienste in einem engeren Fachgebiet — in diesem Fall Bergwesen — hinaus. Es ist in der Geschichte der wissenschaftlichen Erforschung und wirtschaftlichen Erschließung des spanischen Kolonialreiches öfters hervorgehoben worden, daß vor Alexander v. Humboldt kein deutscher Forscher von Bedeutung den neuen Kontinent betreten habe. Wenn trotzdem eine beachtliche Anzahl von Deutschen in der Geschichte

---

[1]) Diese Studie wurde in gemeinsamer Arbeit und Aussprache durchgeführt. Die Anregung und die Übersetzungsarbeiten aus dem Spanischen, sowie die Archivstudien stammen von Frau Renée Gicklhorn, die auch die Kapitel II, III, V und VI verfaßt hat. Chemische Fragen sind von Jos. Gicklhorn behandelt, die übrigen Kapitel in gemeinsamer Besprechung zusammengestellt.

der Wissenschaft genannt wurden, dann sind dies außer Soldaten im Dienste Spaniens oder Missionaren auch angesehene Fachleute, die von der Regierung mit eng umrissenen Aufgaben betraut waren. Das eifersüchtige Mißtrauen der spanischen Regierung hat aber jede Forschertätigkeit maßlos erschwert, und besonders jene Arbeiten und Vorarbeiten, die für die wissenschaftliche Erschließung Voraussetzung sind, Ausländern nur ausnahmsweise überlassen. Der Handelsverkehr der Spanier mit den Fremden war durch strenge Gesetze festgelegt, das Sammeln statistischer Notizen völlig untersagt, die Verbreitung von Nachrichten über die Regierung mit Gefängnisstrafen bedroht, die kartographische Aufnahme und Vermessung des Landes wurde mit förmlichen Geheimnissen umgeben. Man kann sich daher leicht vorstellen, wieviel Takt und oft auch persönlichen Mut das Sammeln von Beobachtungen über Land und Leute, die Schilderung von Vorgängen und Zuständen von Seite eines Fremden erforderte. Im Lande selbst waren sie genau beobachtet, ihr Leben und Arbeiten wurde schnell und gern als Kennzeichen für das ganze Volk genommen, dem sie angehörten; sie wurden mit Vertretern anderer europäischer Nationen verglichen, und so ist jeder Einzelne über seine wissenschaftliche Tätigkeit hinaus gewollt oder ungewollt zu einem Repräsentanten seiner Nation geworden, in unserem Falle zum Anlaß der Hochachtung für deutsche Arbeits- und Denkweise. Von solchen Überlegungen aus betrachtet, muß man die Leistungen unserer Männer höher werten, als es bisher geschehen ist, denn für ihre Zeit und mit ihren geringen Mitteln und Möglichkeiten, über ihre vorgeschriebene Aufgabe hinaus sich auch als Forschungsreisende im heutigen Sinn zu betätigen, damit haben sie sicherlich sich genug rühmenswerte Verdienste erworben. Es ist wohl richtig, daß Alexander v. Humboldt mit seinen Reisen im spanischen Kolonialreich Amerikas zum Begründer einer neuen Epoche wissenschaftlicher Reisen geworden ist, aber die einzigartig günstigen Voraussetzungen dazu sind nicht einmal Humboldts Nachfolgern beschieden gewesen, wobei wir hier immer nur Süd- und Mittelamerika berücksichtigen, die ja von Humboldt in seinen beiden großen Werken eingehend geschildert wurden. Die Pionierleistungen von Vorgängern Humboldts müssen mit einem besonderen Maße gemessen werden, wobei der Hauptwert darauf zu legen ist, daß sie in Fragen der angewandten Wissenschaft aktiv im Lande tätig waren und nicht bloß die gesamte Natur in der gegenseitigen Beziehung aller ihrer Erscheinungen zu studieren vorhatten!

Zur vorliegenden Studie wurden wir durch Übersetzungsarbeiten zu Werken von Thaddäus Haenke geführt, der die Namen Nordenflycht und Helms in der „Descripción del Perú" hervorhebt und ihr Wirken als Mitglieder einer deutschen Expedition (von 1788 ab) mit beachtenswerten Bemerkungen beurteilt. Im Laufe der anfangs bloß zu eigener Belehrung ausgeführten Untersuchungen stellte sich heraus, daß keines der bekannten deutschen Nachschlagewerke oder Fachwerke mit Biographien, über den Lebenslauf und das Wirken von Anton Zacharias Helms Aufklärung gibt, sondern nur wenige verstreute Angaben sich finden. Das Gleiche trifft für Baron Helios v. Nordenflycht — wahrscheinlich ein Schwede — als eigentlichen Leiter der Berg- und Hüttenkommission in Spanisch-Südamerika zu, ebenso für Bergdirektor Johann Daniel Weber, dessen Memorandum im „Mercurio Peruano" bisher in der deutschen Literatur zur Wertung der Leistungen deutscher Bergleute im ehemaligen Vizekönigreich Peru völlig unbeachtet geblieben ist. Während Baron v. Nordenflycht nur kurze Memoranden in spanischer Sprache an den Vizekönig von Peru gerichtet hat, faßte Anton Zacharias Helms seine eigenen Erlebnisse, Beobachtungen, Kritiken und Vorschläge zu einem „Tagebuch einer Reise durch Peru, von Buenos Ayres am großen Plataflusse, über Potosí nach Lima, der Hauptstadt des Königreichs Peru", zusammen, das er im Jahre 1798 in der Waltherischen Hofbuchhandlung zu Dresden veröffentlichte. Eine Durchsicht dieses „Tagebuches"[2]), dessen Bedeutung bereits frühzeitig erkannt wurde — wie die zweimalige Übersetzung ins Englische und eine Herausgabe in französischer Sprache beweisen —, scheint auch heute noch von großem Interesse, vor allem für Fragen der Metallproduktion der spanischen Kolonien Südamerikas und besonders für die Wirtschaftsgeschichte dieser Länder. Ohne den weiteren Ausführungen vorzugreifen, möchten wir einleitend und zur übersichtlichen Charakteristik nur auf Folgendes hinweisen:

Es handelt sich um das gewissenhaft genau geführte Tagebuch eines Forschers, der fast ausschließlich Mineralogie, Geologie, Chemie und Metallurgie in den Vordergrund rückt und alle einschlägigen Befunde und Fragen in einem fremden Lande mit sehr kritischen Augen beobachtet. Von allen übrigen Dingen, über die andere Reisende vor und nach ihm sehr ausführlich schreiben, bemerkt Helms einleitend, daß „man doch nicht geben kann, was man selbst nicht hat". Mehrmals wiederholt er

[2]) Von uns hier weiterhin nur kurz so erwähnt.

seine „aufrichtige Versicherung, keinen anderen Beruf zu dieser Bekanntmachung zu fühlen, als blos gelegentlich nützlich zu seyn", und daß er als „deutscher Künstler und wissenschaftlicher Mann, ein Mann von Ehre sey, der nichts verspräche, was er nicht halten könne".

Helms' kritische Bemerkungen über den Bergwerks- und Hüttenbetrieb seiner Zeit zeigen eine der Zeit entsprechend vollendete Fachkenntnis und sind durch die rückhaltlose Offenheit, mit der er Mißstände, Irrtümer und Vorurteile jeder Art aufdeckt, schlechthin überraschend. Im Gegensatz zu vielen anderen fremden Besuchern Perus bleibt er aber nicht bei reiner Beschreibung oder zersetzender Kritik oder ironischen Bemerkungen stehen, sondern macht klare und auch ausführbare Vorschläge zur vernünftigen Verbesserung der Zustände im Betrieb und für die Verwaltung. Helms setzt sogar nicht nur eigene Arbeit und reiches Wissen, sondern auch private Geldmittel ein, nur um die eingeborenen Hüttenbesitzer an Hand der von ihm gezeigten, damals in Deutschland üblichen neuen Arbeitsmethoden von dem Wert seiner Vorschläge zu überzeugen.

Da er von der königlichen Regierung in Madrid als Hütten- und Amalgamationsdirektor im Rahmen der von Baron v. Nordenflycht geführten Expedition nach Peru berufen worden war, so können wir an Hand seines Tagebuches Schritt für Schritt alle Hoffnungen und Enttäuschungen der Kommission verfolgen, die sie mit ihren Arbeiten und Plänen während eines vierjährigen Aufenthaltes im Lande hatte. Trotzdem Helms Tagebuch seine große Enttäuschung und öfters helle Empörung erkennen läßt, bleibt er in der mutigen Kritik über die Gründe seiner gescheiterten Mission durchaus sachlich und legt für seine ablehnenden Urteile stets überzeugende Beweise vor. Am stärksten fällt auf, wie Helms sich mit seiner Kritik über die Unkenntnis der Berg- und Hüttenbesitzer — vom indianischen Arbeiter und Negersklaven gar nicht zu reden — einerseits beklagt, anderseits sich über die unverständliche Gleichgültigkeit selbst des Vizekönigs und die Korruption seiner Beamtenschaft im Bergwesen beschwert. Da er auftragsgemäß die Interessen des Königs und des spanischen Staates zu vertreten bemüht war, so konnte ein Konflikt mit der egoistischen Einstellung der spanischen Kolonialbeamten und des von ihnen beratenen Vizekönigs auch kaum vermieden werden.

Helms' Reise in Peru fällt in jene Zeit, in der nach dem Raubbau früherer Jahrhunderte eine allgemeine Erschöpfung der für unerschöpflich gehaltenen Gold- und Silberbergwerke auch der Regierung des Kolonialreiches zum Bewußtsein kam. Man war entschlossen, von roher Empirie nun zu wissenschaftlich begründeten Methoden eines rationellen Minenbetriebes bzw. der Verhüttung der Erze überzugehen. Damals war Deutschland führend in dem Ausbau der Berg- und Hüttenkunde, und es ist begreiflich, wenn bei den guten Beziehungen des spanischen und österreichischen Hofes zunächst spanische Bergleute zu Ausbildungszwecken in deutsche Bergstädte und Bergschulen kamen und bald danach deutsche Forscher und Bergleute als Sachverständige unter durchgehends sehr günstigen Bedingungen für Südamerika angeworben wurden. Offensichtlich erwartete man von ihrem Wissen und ihrer Erfahrung, daß sie zwar bisherige Fehler nicht ungeschehen machen könnten, doch wenigstens die erhoffte Wendung zum Besseren herbeiführen. Diesen Glauben der Spanier an die deutsche Tüchtigkeit hat später auch Alexander v. Humboldt (27) in seiner „Reise in die Equinoctial-Gegenden" auf Grund persönlicher Erlebnisse eigens hervorgehoben: „Seit Karl des Fünften Zeit und seit die Welser, die Alsinger und Sailer in Coro und Caracas als Statthalter gesessen, hat sich in Terra Firma im Volk der Glaube an das besondere bergmännische Geschick der Deutschen erhalten. Wohin ich in Südamerika kam, überall, sobald man erfuhr, wo ich her sei, zeigte man mir Muster von Erzen. In den Colonien ist jeder Franzose ein Arzt, jeder Deutsche ein Bergmann." (1. Bd. S. 209.)

Im Grunde genommen bieten die Aufzeichnungen in Helms' Tagebuch aber keinerlei überraschende Neuigkeiten, denn abfällige Urteile und Enttäuschungen finden wir auch reichlich bei anderen Reisenden, die je entweder auf Einladung der spanischen Regierung oder von ihren eigenen Regierungen geschickt, vor und nach Helms nach Spanisch-Südamerika kamen. Wir treffen auch in vielen Kapiteln von Helms' Vorgängern zeitgenössische Berichte über die Verteilung der Bergwerke im Lande, ihre Rentabilität, die Art des ganzen Minen- und Hüttenbetriebes usw. Aber in keinem der als Vergleich in Betracht kommenden Werke sind alle einschlägigen Fragen so bündig mit treffsicher sachlichem Urteil abgehandelt wie bei Helms. Seine Zeitgenossen von größerem Rufe als er, d. i. Haenke und Humboldt, sind Zeugen für die Richtigkeit aller Angaben von Helms.

Wenn man die Werke von Thaddäus Haenke (19, 20, 21) und Alexander v. Humboldt (26, 27) bezüglich der Fragen über Berg- und Hüttenbetrieb vergleicht, dann fällt auf, daß Haenke — unabhängig und unbeeinflußt von Helms — vielfach die gleichen Fragen mit den gleichen Urteilen behandelt und damit in gewissem Sinne die Bemühungen von Helms fortsetzt, der 1792, und zwar etwa 6 Monate vor der Rückkehr Haenkes von seiner Südseereise, Peru verließ. Ein Vergleich von Helms' Leistungen mit denen Humboldts läßt freilich sofort erkennen, daß Helms weder an Ideenreichtum und Materialfülle, noch Ausmaß und Bedeutung statistischer Grundlagen an Humboldt heranreicht. Aber ebenso wie Haenkes Kapitel über Bergbau und Minenwesen in der „Descripción del Perú" (20), fallen Helms Aufzeichnungen vor Antritt der Reise Humboldts nach dem amerikanischen Kontinent, daher Helms und Haenke in vielen und wichtigen Fragen, die Humboldt (26) mit aller Ausführlichkeit schlechthin vorbildlich auch behandelt, die Priorität gebührt. Ähnliches gilt auch für Helms' Vorgänger, namentlich die Missionare, unter denen sich manche Deutsche befinden. Es gibt ja kaum ein Werk über das spanische Kolonialreich Südamerikas, in dem nicht auch auf Bergbau Bezug genommen wird; aber meist sind es nur Schilderungen mehr oder minder kurzer Besuche oder es sind kritiklose Berichte von Laien, während Helms als Fachmann urteilt, der Jahre hindurch mit eigenem Einsatz auch Einsicht in die Verhältnisse gewonnen hat. Erst durch einen Vergleich und die gleichmäßige Beachtung der Ausführungen von Helms, Weber, Haenke und Humboldt läßt sich ein klares Bild über den Zustand des Bergwesens in Spanisch Südamerika während der Zeit vor und kurz nach 1800 gewinnen. Dabei zeigt sich deutlich, wie verschiedenartig die Interessen der genannten deutschen Forscher waren. Helms und Weber beachten vorwiegend die Arbeitsweisen und die rein technische Seite im Berg- und Hüttenwesen; Haenke rückt die sozialen und wirtschaftlichen Fragen in den Vordergrund; Humboldt gebührt eine Sonderstellung; denn er hat die wichtigsten einschlägigen Beobachtungen und Erfahrungen seiner Zeit von hoher wissenschaftlicher Warte aus in seinem „Versuch über den politischen Zustand des Königreichs Neu-Spanien" behandelt, wenn auch in dem Kapitel über Staatseinkünfte und die Masse edler Metalle, welche seit der Entdeckung von Amerika nach Spanien strömten, das Königreich Peru gegenüber dem von Neu-Spanien zurücktritt. Doch haben Helms und Haenke ebenfalls sehr zutreffende Bemerkungen über die Bedeutung des Bergbaus im Staatshaushalt vorgebracht, überdies auch den Quecksilberbergwerken besondere Beachtung gewidmet. In den einzelnen Kapiteln wird darauf näher eingegangen.

Ein gemeinsamer Zug von Helms, Weber, Haenke[3]) und Humboldt ist

[3]) „In der Tat, vom ersten Schritt an, den man von der Entdeckung und Vornahme der Schürfprobe in einem Bergwerk angefangen bis zum Schlußverfahren

ihr ständiger Hinweis auf den überragenden Wert der Naturwissenschaften, deren Bedeutung in Südamerika damals noch vollkommen verkannt wurde und die gegenüber den humanistischen Wissenschaften und der juridisch formalen Schulung ganz in den Hintergrund gedrängt waren.

Als Kernstück in Helms' „Tagebuch" wird man wohl sein Memorandum an den Vizekönig von Peru betrachten müssen, das für unsere Fragen wegen Inhalt und Schreibweise als ein interessantes Dokument jener Zeit gewertet werden kann. Wir geben es wörtlich wieder.

*

An die Ausführungen über Helms reihen wir die verschiedenen Berichte über die deutsche Expedition an, die sich im „Mercurio Peruano" (28) finden und die für ein endgültiges Urteil über Erfolge und Mißlingen der Bestrebungen von Helms, Nordenflycht und Weber von entscheidender Bedeutung sind. In diesem Kapitel kann man sinngemäß unterscheiden die mutige Stellungnahme des „Mercurio Peruano" einerseits und die Rechtfertigungsschrift von Joh. Daniel Weber anderseits. Die Ausführungen von Helms und die Berichte von Weber im „Mercurio" gehören so eng zusammen, daß wir heute behaupten können, daß ein Urteil bei ausschließlicher Kenntnis einer der Schriften schlechthin ausgeschlossen ist. Wenn der „Mercurio Peruano" bis heute für unsere Fragen nicht ausgewertet wurde, so liegt das vermutlich an der bibliophilen Seltenheit dieser literarisch, historisch und naturwissenschaftlich gleich interessanten und für ihre Zeit sehr beachteten Zeitschrift, die uns in der Staatsbibliothek in Wien zugänglich wurde. (Sie ist mit J. J. Tschudis Handschrift gezeichnet!)

*

der Affinierung, des Prägens und der Umwandlung des Metalls in Münzgeld tut, also in allen Phasen der Arbeit und den Geräten und Hilfsmitteln, dem Härten und Gewinnungsprozeß, sind außerordentlich gründliche und weitgehende Kenntnisse der höchsten aller Wissenschaften erforderlich. Das einfachste und gewöhnlichste Verfahren ist auf diese Kenntnisse gegründet und ohne sie wird man selbst aus den größten Reichtümern nur sehr geringen Nutzen ziehen können. Ich verstehe also nicht, daß diese so selbstverständlichen, klaren und offenkundigen Argumente dem Verstand der hiesigen Bewohner noch nicht einleuchten konnten." (Haenke „Descripción del reyno del Chile". Veröffentlichung vorbereitet für 1943.)

„Die Frage der Erziehung in diesen Ländern ist zum Nachteil der Wirtschaft geregelt. In diesem glücklichen Lande sollten die exakten Wissenschaften über die spekulativen gesetzt werden. Ein Reich wie Peru, voll von kostbarsten Rohstoffen, durchzogen von Bergen, deren Schätze erschlossen werden sollten, reich an Metallen, die aus Erzen gewonnen werden müssen, erfordert eine größere Anzahl von Männern, die mit der Mathematik und mit Zirkel und Lineal umgehen können, als solche, die philosophische Abhandlungen schreiben." (Descripción del Perú, S. 42.)

Wir benutzen diese Gelegenheit auch, um in erstmalig deutscher Übersetzung auswählend die bezeichnendsten Stellen in einem der schönsten Kapitel aus Thaddäus Haenkes „Descripción del Perú“ aufzunehmen, das ebenfalls in engster Beziehung zu unserm Thema steht. Damit setzen wir in gewissem Sinne unsere im Bande des Jahres 1941 dieser „Mitteilungen“ erschienenen Haenke-Studien fort, ohne daß wir damit alle mineralogischen oder geologischen Beobachtungen Haenkes erschöpfen würden. Wir können hier nur Teile des über Minen- und Hüttenwesen in Peru mit besonderer Berücksichtigung des Silberbergbaus verfaßten Kapitels aufnehmen. Im übrigen verweisen wir auf unsere erstmalige Übersetzung von Haenkes „Descripción del Chile“, mit der wir die Herausgabe der größeren Schriften dieses Forschers einleiten, die wir schon im Jahre 1938 angekündigt haben.

*

Wir brauchen wohl nicht eigens zu begründen, daß wir nur ein Teilgebiet der Wirtschaftsgeschichte Spanisch-Südamerikas und seines Berg- und Hüttenwesens behandeln können. Viele sinngemäß mit zu beachtende Fragen der Mineralogie und Geologie des Landes, sowie Ausführungen über die damalige Bedeutung anderer Metalle (Kupfer, Zinn, Blei u. a.), deren Förderung erst später einen großen Aufschwung genommen hat, müssen übergangen werden.

Mit Rücksicht auf die heute erschwerten Arbeitsbedingungen konnten wir unser Thema nur so weit an Hand des Schrifttums und von Dokumenten abrunden, als es eben die Zeitumstände erlaubten. Ergänzende Bemerkungen bleiben unseren weiteren Studien über Haenke und solchen zur Geschichte des Bergbaues in Peru vorbehalten. Um dem Leser ein selbständiges Urteil zu ermöglichen, haben wir ausgiebig die bezeichnenden Stellen im Wortlaut gebracht. Die unbedingt erforderlichen Erklärungen bezüglich der Methode der Amalgamation und ihrer Geschichte sind als eigener Anhang (Kap. X) beigegeben. Sie scheinen uns geeignet, manches Mißverständnis im Urteil über die von der deutschen Bergkommission angewendeten Bornschen Methode zu klären.

II. Bedeutung der Minen von Potosí und Huancavelica.

In keinem Land der Erde wurde den Edelmetallen ein so bevorzugtes Interesse gewidmet, wie in den Vizekönigreichen Peru und La Plata, und man kann ohne Übertreibung sagen, daß der größte Teil der staatsgeschichtlichen und wirtschaftspolitischen Entwicklung von Spanisch Südamerika sich um die Edelmetalle dreht. Die Spanier suchten ja nicht einen neuen Erdteil, sondern den Weg nach Indien und zu seinen Schätzen, und zwar deshalb, weil der Besitz an Edelmetallen in den europäischen Ländern durch das Abströmen nach Osten hin einer unaufhaltsamen Erschöpfung entgegenging. „Die beträchtliche Menge baren Geldes, welche alljährlich aus Europa über Alexandrien nach dem Orient entwich, vermochte der einheimische Bergbau im 14. und 15. Jahrhundert nur spärlich zu ersetzen, und es mußten also in unserm Weltteil allmählich die gesammelten Barvorräte unter das Niveau früherer Jahrhunderte sinken. Eine solche Entleerung Europas an edlen Metallen verkündigt sich im 15. Jahrhundert durch eine rasche Entwertung aller einheimischen Meß- und Marktwaren, so daß sich das Bedürfnis nach unmittelbaren Verbindungen mit dem Morgenlande mit jedem Jahr steigerte und die Auffindung neuer Wege dorthin zu einem merkantilen Problem geworden war, dessen Lösung keinen Aufschub mehr ertragen wollte." (Peschel, 36a 22—23.) Seit dem Altertum hat der asiatische Handel dieses Abströmen edler Metalle zwangsläufig in Gang gesetzt, da vom Morgenland her die kostbarsten Naturprodukte, Gewürze, Drogen, Luxushölzer, Räucherwerk, Edelsteine, Perlen usw., kamen, ohne aber daß die europäischen Länder irgendeines ihrer eigenen Erzeugnisse im Tauschhandel zu bieten hatten; das einzige begehrte Tauschobjekt waren Pferde, die teils aus Arabien über Ormudz eingeführt, teils aus Südrußland von den Tataren des Kiptschak über die Keyberpässe getrieben wurden. Wenn also zwischen diesen beiden Erdteilen eine Bilanz gezogen wurde, dann war das Abendland immer der Schuldner, wurde unablässig zu neuen Sendungen von Gold und Silber verleitet. Die Sucht nach den kostbarsten Produkten des Morgenlandes nahm nicht ab, sondern eher zu, außerdem wurden durch den öfteren Umschlag und die Zölle diese Waren ständig verteuert. Es ist oft genug hervorgehoben worden, daß nur die Sucht nach Gold und Silber nach der Entdeckung Amerikas viele Tausende dazu bewogen hat, große Vermögen als Frucht jahrelanger Arbeit aufzugeben, die Gesundheit und auch das Leben aufs Spiel zu setzen, nur in der Hoffnung, schnell und mühelos Reichtümer zu erwerben. Der Weg der Eroberung und der Siedlung von Spanisch Südamerika folgt den Funden von Gold und Silber, und die kühnsten Eroberungszüge und Entdeckungsfahrten ins unbekannte Innere des Landes wurden ausschließlich veranlaßt durch das Märchen vom Goldlande. Jeder glückliche Fund einer Mine bewirkte einen unerhörten Zustrom von Abenteuerern, durchgehends Leute, von denen

Ulloa (41) später sagte, daß sie „nicht die elementarsten Vorkenntnisse über die Natur der Erze und Metalle besitzen . . . . . . sich diesen Unternehmungen nur in Ermangelung anderer Beschäftigung widmen und sich einbilden, daß es zur Ausbeutung einer Mine genügt, einfach die Erde umzuwühlen und das Gestein da und dort anzubohren." Wenn in der ersten Zeit trotz dieses wilden Bergbaus ganz gewaltige Reichtümer zusammengerafft wurden, so kamen sie doch nur wenigen zugute, darunter auch der Krone, doch der weitaus größte Teil der geförderten Schätze wurde wieder durch Spekulationen der Besitzer oder durch Rüstungen und Eroberungen des Staates verschlungen. Die Geschichte des südamerikanischen Bergbaues ist weiter gekennzeichnet durch einen jähen Wechsel von Gewinn und Verlust, durch ein anfänglich reiches Strömen der Edelmetalle und ein unerwartetes Versiegen infolge des Raubbaues und der mangelnden technischen Kenntnisse. Um welche Mengen von Gold und Silber es sich handelte, die seit der Entdeckung Amerikas bis zum Jahre 1803 nach Europa kamen, hat Humboldt (26) erstmalig an Hand von Statistiken zusammengestellt. Es sind 5,445 Millionen Piaster. Man muß dazu weiter bedenken, daß die ersten Gold- und Silbermassen den Eingeborenen einfach geraubt wurden, daß die Spanier nur widerwillig mit eigener Arbeit den Bergbau betrieben und daher nur jene Minen als ausbeutungswürdig annahmen, deren Gehalt an Gold oder Silber eine bessere Behandlung verdient hätte, als sie die Bergleute in ihrer Unkenntnis übten.

P o t o s í : Fast in allen Berichten der älteren Zeit, die sich mit der Landeskunde von Peru oder Spanisch Südamerika überhaupt befassen, wird von dem Cerro de Potosí und seinen berühmten Silberminen berichtet. Die Entdeckung der ersten und reichsten Erzader „La Rica" (1545) durch reinen Zufall, der Fortgang der Arbeiten während der ganzen Kolonialzeit, der märchenhafte Ertrag von Potosís Bergwerken, das allmähliche Absinken und der Verfall — das alles wurde schon oft und von berufener Seite (z. B. Acosta (1), Ulloa (41), Humboldt (26) u. v. a.) geschildert. Die Bilanz der Kassen von Potosí aus den ersten Zeiten ist nicht mit Bestimmtheit festzustellen, trotzdem darüber eine Anzahl von Angaben mit voneinander abweichenden Summen vorliegen. Dabei muß in Betracht gezogen werden, daß zu Anfang der Silberförderung der Schmuggel mit eingeschmolzenem Metall blühte und die Zahl der Barren im ganzen Königreich, die zu silbernen Geräten aller Art verarbeitet wurden, nicht erfaßt werden kann.[4]) Wir erwähnen hier nur einige Ziffern, die nicht so

[4]) In Potosí gab es nicht nur rein silberne Altar- und Tafelgeräte, sondern auch allerlei Gebrauchsgegenstände bis zum Nachttöpfchen.

verbreitet sind, weil sie sich auf erst in neuerer Zeit veröffentlichte Angaben stützen. In den 159 Jahren von der Entdeckung bis 1704 war der offiziell ausgewiesene Ertrag 1 670 000 000 Pesos, also 10 503 145 jährlich; das königliche Fünftel betrug demnach 334 Millionen Pesos, jährlich 2 100 627 Pesos. Im Jahre 1784 bestätigt der Schatzmeister der königlichen Kassen dem spanischen Monarchen den Eingang der aus dem Cerro stammenden Abgaben von 1556 bis 1783. Es waren 151 722 647 Pesos; 820 513 893 Pesos in Silberbarren hatten das Schatzamt passiert — Schmuggel nicht mit inbegriffen.[5]) Don Manuel Ballivian y Rojas schließlich schätzt in seinem „Archivio Boliviano" die Produktion des Cerro von Potosí von der Entdeckung bis 1864 auf 3 631 128 362 Pesos. (S. 490.)

Eine ebenso deutliche Sprache für die alles überragende Bedeutung von Potosí[6]) in jener Zeit sprechen die Beiträge, die von dort zur Bestreitung der verschiedensten Ausgaben im Staatshaushalt Perus und anderer spanischer Kolonien Lateinamerikas geleistet wurden. Dafür sind folgende Ziffern ein Beweis: Potosí bestritt u. a. den jährlichen Tribut für den Militäretat von Chile: 100 000 Pesos, dasselbe für Valdivia: 50 000 Pesos, vom Rio de la Plata: 170 000 bis 200 000 Pesos. Diese Summen, sowie die Beiträge für Puertobello und Costa-Firme beliefen sich in 3 Jahren auf 3 800 000 Pesos. (Memorias de los Virreyes, Informe del Marqués de Castel-Fuerte III. Bd.) Potosí bezahlte ferner die Durchführung des Demarkationsvertrages mit Portugal im Jahre 1750 in Höhe von 900 000 Pesos (ibid. T. IV). Nebst anderen außerordentlichen Zuschüssen, wie z. B. für Festungsbauten, Rüstungen in den Grenzgebieten, sei besonders der Zuschuß von 2 180 299 Pesos erwähnt, der im Jahre 1776 von den Kassen Alto Perus an den Gouverneur von Buenos Aires zur Deckung unvorhergesehener Ausgaben überwiesen wurde. (Relacion de D. Manuel Guirior in Relaciones de los Virreyes y Audiencias. T. III.) Daß das Geld im wesentlichen auch von Potosí stammte, zeigt der Aufteilungsschlüssel für den Ertrag der Bergwerke Alto Perus z. B. im Jahre 1621: Potosí 5000 Zentner, Oruro 700, Castrovirreina 200, alle anderen Distrikte zusammen 100. Es war daher nur eine bescheidene Übertreibung, wenn ältere Schrif-

[5]) Siehe Memorias de los Virreyes del Perú, Diccionario de Hacienda von Canga Arguelles und Lorente: Historia del Perú bajo la dinastía austríaca.

[6]) Humboldts Angaben stammen von Friedrich Mothes, und beziehen sich auf die Jahre 1558—1789. Humboldt stützt sich auf das handschriftliche Memoire, das Mothes als Auszug aus dem Rechnungsbuch des königl. Schatzamtes von Potosí „an Ort und Stelle verfertigt" hatte.

ten den Cerro de Potosí als die Hauptstütze des Staatshaushaltes bezeichnen.[7])

Der Reichtum der zuerst entdeckten Erzadern (man gewann gegen 50 Pfund = 100 Mark aus einem Zentner Erz, ca. 50—60 %) erlaubte die Ausbeutung durch das unrationelle Schmelzverfahren.[8]) Eine Unmenge von mit Blei vermischten Silbererzen (Galene), denen man mit dem Schmelzprozeß nicht beikommen konnte, wurden weggeworfen; nach Einführung der Amalgamation zog man neuerlich große Vermögen aus diesen Überresten, die noch bis zu 60 Unzen Silber pro Tonne enthielten. Zur Zeit Ulloas (1743) bearbeitet man schon Erze, die sich zu dem Reichtum der anfangs ausgebeuteten verhielten wie 1250 : 1. Als man auch damit fertig war, wendete sich das Interesse minderwertigeren Erzen zu, die man aber mit dem rückständigen einheimischen Verfahren nicht bearbeiten konnte. Deshalb sollte Europa neue Methoden und angesehene Sachverständige liefern, die den Bergbau Perus wieder auf die frühere Höhe bringen sollten.

Huancavelica: Eng verknüpft mit dem Silberbergbau ist die Geschichte der Quecksilbermine von Huancavelica.[9]) Es ist das älteste Bergwerk dieser Art in Peru, denn schon unter der Inkaherrschaft war die Mine ausgebeutet worden, allerdings nur wegen des Zinnobers, mit dem die Indianer die Gesichter ihrer Götterbilder und ihre eigenen Körper bemalten. Die „Wiederentdeckung" fällt entweder in das Jahr 1556 oder 1564. Der Entdecker war ein Indianer, der einem gewissen Amador de Cabrera gehörte. Der Staat erhob von allem Anfang an Ansprüche auf den Besitz der Mine, doch gewann Cabrera einen Prozeß um die Eigentums-

---

[7]) „Entre las grandes cosas que contiene ansí esta provincia, lo es mucho y la más principal el cerro de Potosí, porque del sale la substancia de que todo el Perú se mantiene". Die einstigen königlichen Erwartungen in Bezug auf das aus Amerika zu liefernde Gold sind naiv in den Indiengesetzen ausgesprochen: „Zum Dienste an Gott, unserem Herrn und zur Erhaltung unserer Königreiche gehört die gute Verwaltung und zulässige Steigerung unserer Finanzerträgnisse, die uns sehr angenehm sein wird." (Recopilación de Indias ley I, tit. VIII. lib. 8°.) Steigerung des Ertrages von Allem, was dem Könige gehörte, Bevorzugung all dessen, was zur Produktionssteigerung der Minen führen konnte, rücksichtslose Eintreibung der Steuern und Abgaben sowie Überweisung alles Realisierbaren nach Spanien, — das war die Hauptpflicht, die jeder Beamte vom Vizekönig abwärts zu erfüllen hatte.

[8]) Damals standen ca. 6000 Schmelzöfen, sog. Guayras in Potosí. (Näheres bei Acosta.)

[9]) Siehe Acosta (1), Ulloa (41), Humboldt (26).

rechte. Er verkaufte die Grube um 250 000 Dukaten weiter,[10]) doch viele meinten, die Mine sei 1 Million wert gewesen. Große Bedeutung gewann Huancavelica erst durch die Einführung der Amalgamationsmethode. Zum Unterschied von Neu-Spanien war Peru in der glücklichen Lage, eine wertvolle Quecksilbermine zu besitzen, die es von der Einfuhr aus Europa unabhängig machte. Die Mine war bald Staatseigentum geworden, die Krone verlieh das Schürfrecht privaten Gesellschaften, die kein Geld besaßen oder fremden Privatleuten, die wenig Ahnung vom Bergbau hatten. So fand Feuillée im Jahre 1709 die Schächte zum Teil eingestürzt, da die Grubenhölzer verfault waren. Er schätzte die Reparaturkosten auf 3 Millionen Livres. Anfangs ungewöhnlich reich (8000—10 000 Zentner im Jahr war der Ertrag, der dem König ohne Spesen und Risiko 400 000 Pesos Abgaben im Jahr einbrachte), war das Erz zur Zeit Ulloas schon sehr arm geworden, es lieferte nur mehr 8—10 Pfund pro Cajon, gegen anfängliche 20—30. Die irrige Meinung, daß in Peru Quecksilberminen so häufig seien wie Silberminen, hat dazu geführt, daß ein königliches Verbot erlassen wurde, dort zu schürfen, wo sich Quecksilberspuren zeigten. Man wollte dadurch die Rechte der Krone wahren, die vielfach um die Abgabe betrogen worden war. So lieferte beispielsweise die Quecksilbermine von Azogue im Corregimiento von Cuenca ehemals das Quecksilber für den Bedarf der Provinz Quito, der Betrieb wurde aber eingestellt, da nur mehr das Quecksilber von Huancavelica zugelassen wurde, um Betrügereien vorzubeugen, die am königlichen Fünftel verübt worden waren.[11]) Dieser Befehl beseitigte zwar teilweise die Mißstände, zugleich aber hatte die Schließung der Mine auch den Verfall der Silberbergwerke der ganzen Provinz zur Folge. Als der Bedarf an Quecksilber im ganzen Lande mit Abnahme der Qualität der Erze stieg und die Produktion von Huancavelica im selben Maße abnahm, erkannte man den Fehler.

Die gesamte Quecksilberausbeute stand unter Kontrolle und wurde nach Abführung der Steuer an die königlichen Kassen[12]) abgegeben, die die Ver-

---

[10]) Bald reute ihn der Verkauf, er hielt sich für betrogen und machte dem Käufer einen Prozeß.

[11]) Man hatte natürlich geschmuggeltes, billigeres Quecksilber statt des aus den königlichen Kassen der betreffenden Stadt oder vom Asiento principal bezogenen verwendet.

[12]) Es bestanden 12 Kassen im ganzen Vizekönigreich Perú (vor 1776). Im Norden: Jauja, Pasco, Lima, Trujillo; im Süden: Cuzco, Chucuito, La Paz, Cailloma, Carangas, Oruro, Potosí. Ein Teil des Quecksilbers wurde von der Hauptkasse in Huancavelica selbst an die Exploiteure verkauft.

teilung an die einzelnen Verbraucher besorgten. Die Bergwerksbesitzer erhielten das Quecksilber für das ganze Jahr im Voraus auf Kredit gegen Revers, da sie oft das Geld nicht auslegen konnten. Wer nach einem Jahr nicht bezahlen konnte, erhielt nichts mehr und wurde oft noch gepfändet. Infolgedessen mußte manche Silbermine verlassen werden, die Stollen stürzten ein, Wasser drang ein und derjenige, der die Arbeit später wieder aufnehmen wollte, hatte dieselben Arbeiten und Auslagen wie sein Vorgänger.

Der tatsächliche Ertrag an Silber, den die Bergleute erzielten, sowie der tatsächliche Verlust an Quecksilber bei der Amalgamierung, bleibt ein undurchdringliches Geheimnis. Die Angaben über den Quecksilberverbrauch schwanken, die einen schätzen ihn auf 14 Unzen je Mark Silber, andere auf 12. (Siehe Haenke (20).) Im allgemeinen gewann man das gleiche Gewicht an Silber als Quecksilber dazugegeben wurde, also brauchte eine Silbermark ein halbes Pfund Quecksilber.

Schon um die Mitte des 18. Jahrhunderts waren sich kluge Männer in Südamerika der Gefahr bewußt, die dem Lande mit dem Rückgange der Minenproduktion drohte. Nachdem durch mehrere Jahrzehnte das Bergwerk von Huancavelica von einem Mitglied der Audiencia in Lima verwaltet worden war, setzte König Philipp V. im Jahre 1735 einen eigenen Gouverneur für diese Mine ein, der in Almadén studiert hatte. Man war anfangs mit diesem Manne sehr zufrieden, so daß die Meinung bestand, die Mine würde noch lange ergiebig bleiben und nicht große Kosten verursachen. Es war aber eine trügerische Hoffnung. Don Antonio Ulloa (41), der zur Zeit seiner Reise in Amerika vorübergehend auch Gouverneur von Huancavelica war und einige Erfahrungen in diesen Fragen sammeln konnte, gibt ein Bild der damaligen Zustände im Bergwesen von Peru:

„Tatsächlich sind die gelehrten Metallurgen Europas, die auf diesem Gebiete sichere praktische Kenntnisse besitzen, überrascht über die Quecksilberverluste in den Minen von Amerika und schreiben sie dem Mangel an direkten und wohlüberlegten Verfahren in der Behandlung dieser Erze zu. Man kann auch mit Recht erstaunt sein, daß in der langen Zeit, während der die amerikanischen Silber- und Goldbergwerke Spaniens größten Reichtum darstellen, noch keine Laboratorien eingerichtet worden sind, um jene Versuche anzustellen, mittels deren praktische Kenntnisse gewonnen worden wären, um die Erze vorteilhafter mit Quecksilber behandeln zu können, denn sämtliche Amalgamationen bringen bedeutende Verluste, weil man es nicht versteht, die mit dem Edelmetall verbundenen Beimengungen direkt zu trennen. Das sind z. B. Vitriol, Antimon, Alaun,

Schwefel, Auripigment usw., die gewöhnlich mit dem Silbererz verbunden sind und die man von ihm trennen muß, ehe man zur Quecksilberamalgamierung schreitet. Aus diesem Mangel an Kenntnissen und ordnungsgemäßem Verfahren entstehen alle Verluste (S. 331). Wenn solche Bergwerke in die Hände von Leuten geraten, die nicht die elementarsten Vorkenntnisse über die Natur der Erze und Metalle besitzen, Leute, die sich diesen Unternehmungen nur in Ermangelung anderer Beschäftigung widmen und die sich einbilden, daß es zur Ausbeutung einer Mine genügt, einfach die Erde umzuwühlen und das Gestein da und dort anzubohren, dann werden die Bergwerke nie gewinnbringend werden und wenn schon, dann nur nach großen Verlusten für die Unternehmer in Anbetracht der unvollkommenen Verfahren, die sie auf gut Glück und ohne Grundsätze anwenden." (S. 333.)

Die hier von Ulloa mit aller Klarheit aufgezeigten Aufgaben sollte eine deutsche Bergkommission lösen, deren Zusammensetzung, Reisen und Wirken der Mitglieder, Erfahrungen und Vorschläge usw. die anschließenden Kapitel behandeln.

III. Vorbereitung, Reise, Wirken und Abschluß der deutschen Bergkommission.

Der Rückgang in der Produktion einzelner Minen von Peru begann Ende des 18. Jahrhunderts derart besorgniserregende Formen anzunehmen, daß sogar die Kolonialbehörden sich veranlaßt sahen, Abhilfe zu schaffen. Zahlreiche Dokumente und Gesuche in der Wiener Hofkammer für Münz- und Bergwesen und im Staatsarchiv zeugen davon, daß in Spanien vor allem deutsche Bergfachleute verlangt und angeworben wurden. Es wurden verlockende Bedingungen geboten, z. B. hohe Gehälter, freie Hin- und Rückreise nebst Reisediäten und Gepäcktransport, Unterhaltsbeiträge für Frauen, die ihre Gatten nicht begleiten wollten, Begrenzung der Verpflichtung auf 3—4 Jahre und schließlich lebenslängliche Pensionen. In vielen Fällen befürwortete die Hofkammer die Bewilligung zu solchen Reisen, doch findet man in den Jahren 1780—1790 auch Gesuche um Entsendung deutscher Bergleute nach Spanien oder dessen Kolonien, die von der k. k. Hof- und Staatskanzlei abschlägig beschieden wurden. Als Begründung wurde in einem Falle angegeben, daß es nicht vorteilhaft wäre, wenn man im Auslande — hier war Spanien gemeint — unsere Schmelz- und Manipulationsverfahren z. B. bei der Kupfergewinnung, kennen lernen würde, denn man würde uns dann bald unliebsame Konkurrenz machen.[13]) Auch der Besuch unserer Bergwerke durch Ausländer war an die kaiserliche Erlaubnis gebunden.

Im Jahre 1786 forderte der Vizekönig von Peru, Herr v. La Croix, bei der spanischen Regierung eine europäische Fachkommission für Berg- und Hüttenwesen an, die den peruanischen Silberbergbau einer gründlichen Revision unterziehen und verbesserte Amalgamationsmethoden einführen sollte. Drei Männer folgten dem Rufe des spanischen Hofes — Baron Helios v. Nordenflycht — ein Schwede —, und zwei Deutsche. Nordenflycht hatte in Freiberg (Sachsen) studiert, wo sein Name im Jahre 1778 in den Matriken der dortigen Bergakademie eingetragen ist.[14]) Er wurde zum Leiter dieser von den Spaniern als „deutsch" bezeichneten Kommission bestimmt. Nordenflycht war vor seiner Verpflichtung nach Südamerika geheimer Hofrat in kgl. polnischen Diensten und Berg- und Hüttendirektor zu Miczanagora in der Wojwodschaft Krakau. Die zwei deutschen Teilnehmer waren Anton Zacharias Helms und Johann Daniel Weber, der erstere s. Z. Münz- und Bergwardein in Warschau, der zweite Baron v. Brabekscher Hüttenbeamter.[15])

Die Tatsache, daß Helms und Nordenflycht sich um die Einführung der Bornschen Amalgamationsmethode in Peru bemühten, legte den Gedanken nahe, daß sie Borns Verfahren an Ort und Stelle studiert haben mußten, und zwar in Schemnitz, wo die neue Maschine aufgestellt worden war. Im Wiener Hof- und Staatsarchiv konnte ein Ansuchen des polnischen Gesandten von Corticelli festgestellt werden, das am 20. Oktober 1787

[13]) Nota der Hofkammer für Münz- und Bergwesen in Wien vom 4. 6. 1788 an die k. k. Hof- und Staatskanzlei.

[14]) In der spanischen Enzyklopädie, die so ziemlich alles enthält, was wir von dem Manne wissen, wird Nordenflycht als schwedischer Mineraloge bezeichnet. Nachforschungen im Archiv von Warschau, die Herr Staatsarchivar Dr. Eilers für uns anstellte, ergaben lediglich die Feststellung, daß er während eines Zeitraumes Kupfer in den Hütten zu Miedziana Gora bei Kielce ausschmolz. In den Akten des Hauptarchivs (Sigillata Vol. 38 fol. 13^v Nr. 17) ist über ihn nur eine kurze Nachricht vorhanden: „Die 20 Oct. 1787 munus consiliarii S. R. M. intimi fodinarum g-so Timithaes baroni Norden Phlyhta datur." Daraus geht hervor, daß Nordenflycht kurz vor seiner Ausreise nach Ungarn und Ausscheiden aus dem polnischen Dienste zum Geheimen Bergrate ernannt wurde. In der polnischen Eintragung wird sein zweiter Taufname Timothäus erwähnt, der Name Helios erscheint nur in den Akten der Wiener Hof- und Staatskanzlei.

[15]) Barone v. Brabek, später in den Grafenstand erhoben, waren ein westfälisches Geschlecht. Stammsitz Brabek bei Recklinghausen.

von der Hofkammer als Handschrift mit einer Nota an die Hof- und Staatskanzlei übersandt wurde, die lautet:

Nota.

In Beantwortung dero gefälliger Nota vom 20ten et praes. 22ten Oktober d. J. hat man die Ehre nebst danknehmigsten Rückschluß des anhero mitgetheilten Ansuchen des pohlnischen Herren Gesandten v. Corticelli für den Herren Baron Nordenflycht, dann die Herren Helms, und Wardein die zu Besichtigung der Hungarisch und Siebenbürgische Bergwerke ausgefertigte Empfehlungs Schreiben an das k. k. Niederhungarische Oberst Kammer Grafenamt, an das Schmölnitz, Szigeth, und Zalathnaer Berg, und Salinen Inspektorat, dem Nagybanier Oberamt, und an die Banatische Bergwerks-Direkzion Einer Löbl. k. k. geheimen Hof, und Staats Kanzlei zur ohnschwersamen Behändigung zu übermachen.

Wien den 25.ten Oktober 1787. J. G. Gr. v. Stampfer.

An die Löbl. k. k. geheime Hof, und
Staats Kanzlei.

In dieser Nota wird für Baron v. Nordenflycht und den ihn begleitenden Helms[16]) die Erlaubnis zum Besuche der niederungarischen und siebenbürgischen Bergwerke erbeten. Am 24. Oktober wurde vom ungarischen Oberstkanzler Grafen Palffy die Erlaubnis erteilt und die erforderlichen Empfehlungsschreiben an die betreffenden Bergämter ausgefertigt.[17]) Sie wurden angewiesen, den genannten Herren zu gestatten, „die dasigen Berg- Poch- und Hüttenwerke zu besichtigen".

Nordenflycht konnte also in Begleitung von Helms Ende Oktober 1787 nach Ungarn reisen. Am 12. Dezember 1787 richtet das niederungarische Oberst-Kammer-Grafenamt aus Schemnitz an die k. k. Hofkammer eine

[16]) Helms' Stellung als Wardein (Münzwardein = Münzprüfer) wird in diesem Dokument verkannt, daher irrtümlich: „Die Herren Helms und Wardein"!

[17]) Dokumentarische Belege im Wiener Hofkammerarchiv: Nota an Sr. Hungarischen Oberst Kanzler Herrn Grafens v. Palffy Excellenz Nr. 7683/H 12 zur Ratssitz. v. 25. Oktober 1787; ferner eine Nota, in der die zur Besichtigung der Bergwerke ausgefertigten Empfehlungsschreiben an das Niederhung. Oberst Kammer Grafenamt das Schmölnitz-Szigeth und Zalathnaer Berg- und Salinen Inspektorat und an das Nagybanier Oberamt übersandt werden; weiter das Placet des Grafen Palffy an den Grafen von Stampfer, geheimer Rat, wirklicher Hofrat der Hofkammer in Münz- und Bergwesen und eine Nota des Staatskanzlers Grafen Kobenzl vom 20. Oktober 1787.

Handschrift, in der mitgeteilt wird, daß Baron von Nordenflycht und ein Herr von Sonnenschmidt, die sich zur Besichtigung der Bergwerke zur Zeit in Schemnitz aufhielten, das Ansuchen stellten, ihnen auch Modelle von den dortigen Poch- und Amalgamationswerken auszufolgen. Dieses Gesuch wurde Ignaz v. Born zum Referat vorgelegt, der die Bitte befürwortet, worauf den Herren Nordenflycht und Sonnenschmidt die Modellbeschaffung erlaubt wurde.[18]) Das Original lautet:

K. k. Hofkammerarchiv in Wien.
H 14/9012.

Das N. H. Oberst Kammer Grafen Amt berichtet untern 12ten und Empfang 18ten December, daß die zwey fremde Reisende Baron v. Norden Pflicht und v. Sonnenschmid, denen die Erlaubnuss ertheilet ward, die dortigen Werker zu besuchen um Modelle von dortigen Poch und Amalgamations Werkern angesucht hätten; da nun den Russischen Kais. Mineralogen Fölkner das nemliche Gesuch untern 25ten Julii d. J. willfahret worden, so erbittet sich das Oberst Ka. Gr: Amt auch in gegenwärtigen Fall die diesortige Belehrung.

ref.

Resrt. da der Zweck der zur Erlernung der Azion nach den N. H. Bergstädten abgehend ausländisch Bergwerksbeamten ist, diese Manipulation bey ihrer Rükkehr einzuführen so ist gleich Anfangs gestattet worden, daß sich dieselben die erforderliche Modelle verfertigen lassen dürfen, danach sich also im gegenwärtig Falle und in Zukunft zu achten seye.

D 20 t Dbris 787

exped: d 21 Xbris. Born

Über Johann Daniel Weber[19]) konnten bisher keine genaueren Nachforschungen angestellt werden, doch wurde im Hofkammerarchiv (Nr. 3822) ein Ansuchen vom Schemnitzer Oberst-Kammer-Grafen-Amt vom 6. Juni

[18]) Born vermerkt an anderer Stelle in einer eigenhändigen Notiz ausdrücklich, daß in Zukunft auf Grund einer vom Kaiser selbst anbefohlenen Verordnung keinem Ausländer erlaubt werden darf, ohne dessen Genehmigung in das Amalgamationsverfahren Einsicht zu nehmen. Nordenflychts Gesuch mußte daher auch an die Staatskanzlei gehen.

[19]) Im Index des Hofkammerarchivs ist der Rufname Daniel nicht eingetragen, es heißt Johann Weber.

1786 festgestellt, in dem für die zwei dänischen Untertanen Brüder Henkel und weiter für den Baron v. Brabekschen Beamten Weber, alle zu Schemnitz befindlich, ebenfalls angesucht wird, Einsicht in die Manipulation des Bornschen Amalgamationsverfahren nehmen zu dürfen. Auch in diesem Falle wurde auf eigenhändige Empfehlung von Born hin der Bitte willfahren.

Es ist bisher nicht sicher zu entscheiden, ob sich Weber an Nordenflycht und Helms erst in Schemnitz anschloß oder ob er schon früher aus Eigenem einen Ruf als Hüttenfachmann nach Südamerika angenommen hatte. Es ist nur auffallend, daß sich Weber schon im Juni des Jahres 1786 in Schemnitz zu Studienzwecken befand. Weiter ist bemerkenswert, daß Baron von Nordenflycht bei der Hofkammer als Zweck seines Studienaufenthaltes angegeben hat, daß er die Bornschen Methoden bei seiner „Rückkehr" — das hieße also nach Polen — einzuführen beabsichtige. Diese Absicht ist auch in dem Referat von Born ausdrücklich vermerkt. Von Südamerika aber verlautet kein Wort, obzwar die Herren schon vor der Abreise standen. Die Anfang des Jahres 1788 in Spanien eingetroffenen Kommissionsmitglieder erhielten mit 1. April aus Aranjuez ihre Bestallungsurkunden und Kontrakte und traten — wenn wir die damals übliche Reisedauer von ca. 8—10 Wochen annehmen — wohl in den Sommermonaten des Jahres 1788 ihre Reise nach Buenos Aires an. Über die einzelnen Reiseetappen der Kommission über Cordova, Salta nach Potosí sind wir durch Helms' Tagebuch (Kap. V B) genau unterrichtet.

Die Ankunft der Deutschen in Potosí im Januar 1789 wurde im ganzen Lande mit freudigem Interesse begrüßt und große Hoffnungen an die Entfaltung ihrer Tätigkeit in verschiedenen Berg- und Hüttenwerken geknüpft. Die einzelnen Phasen ihrer Arbeit, ihre Arbeitsweise und die nachträglich von verschiedenen Autoren als „Scheitern" der Kommission bezeichneten Vorfälle sind an Hand von Helms' Tagebuch und verschiedener Nummern der Limenser Zeitschrift „Mercurio Peruano" von den Jahren 1790—1793 ab genau zu verfolgen. Während Helms' Erinnerungen persönlich eingestellt sind, erhält das Zeugnis des „Mercurio" mit allen Briefen, Arbeitsberichten, Tabellen und Verteidigungsschriften dadurch eine besondere Note, daß hier dritte Personen ihr Urteil über den Erfolg der Bornschen Amalgamationsmethoden abgeben.

Nach ihrem Eintreffen in Potosí und einer orientierenden Kontrolle der bedeutendsten Gruben und Hüttenwerke, beschäftigte sich Nordenflycht hauptsächlich mit der Aufstellung der Bornschen „Fässermaschine", deren Bau von Weber geleitet wurde. Helms, der anfänglich auch in Potosí gearbeitet hatte, verließ die Bergstadt früher als seine Kollegen, um einem Rufe nach Huancavelica und später nach Pasco zu folgen. Baron von Nordenflycht führte mit seiner unter großen Schwierigkeiten aufgestellten Maschine vergleichende Amalgamationsversuche mit den einheimischen Methoden in Potosí durch, die er später in Lima wiederholte, wo er auch ein chemisch-metallurgisches Laboratorium errichtete.

Weber befand sich noch 1791 in Potosí, wo er hauptsächlich als Leiter in der Grube „Viscainos" und dem Hüttenwerk der Herren Jaureguí und Orueta tätig war. Helms, dessen Gesundheit unter den Schikanen der einheimischen Beamten am meisten gelitten hatte, suchte als erster um die Erlaubnis zur Heimkehr an, die er 1792 erhielt. Baron von Nordenflycht erklärte seinen Kontrakt 1798 als gelöst und bat um Erlaubnis zur Rückkehr. Es wurden ihm aber beträchtliche Schwierigkeiten bereitet, denn auf seine Bittschrift erließ der König eine Cédula, die befahl, daß vom Vizekönig eine Untersuchung der Gründe eingeleitet werden müsse. Als aber nichts dergleichen geschah, wiederholte Nordenflycht seinen Wunsch, nach Europa zurückzukehren. Nach Eintreffen einer neuerlichen, zu einem Akt angeschwollenen Cédula im Jahre 1803 holte der Vizekönig endlich ein Gutachten des Oberbergwerkstribunals ein. Dieser Urteilsspruch lautete dahin, daß die deutsche Expedition nicht den Erwartungen und Zielen des Königs entsprochen hätte und daß, obwohl der Baron über gewisse Kenntnisse in der Metallurgie verfügte, er doch nicht fähig sei, sie zu verbreiten. Das Gutachten gipfelte in dem Vorschlag, die Kommission als beendet zu erklären. Dieser Urteilsspruch wurde einer Junta unterbreitet, von dieser im Dezember 1807 gutgeheißen und den Expeditionsteilnehmern für den Rest ihres Lebens eine Geldentschädigung zugesprochen als Anerkennung für die Bemühungen von 20 Jahren, obzwar die Resultate nicht befriedigend seien. Während ihres Aufenthaltes waren die Deutschen das Ziel vieler Schmähschriften, in denen sie als „Ketzer", „deutsche Juden"[20]), „Spitzbuben", „Betrüger" u. a. bezeichnet wurden. Es wurde ihnen auch vorgeworfen, daß die „Maschinerie", die sie einführen wollten, nur dem einen Zwecke diene, die Arbeiter um ihr Brot zu bringen, kurz man scheute kein Mittel, um die Expedition vor aller Welt zu diffamieren. Es wurde allgemein die Meinung verbreitet, daß das „sächsische System" zu kostspielig und für Peru nicht geeignet sei.

---

[20]) Die Klausel in den Dekreten der Kommission, die den Teilnehmern die freie Ausübung ihrer Religion zusicherte, deutet daraufhin, daß einige entsprechend ihrer nordischen Heimat, Protestanten waren; gewöhnlich wurden nur Katholiken, wie Helms es war, zum Staatsdienst zugelassen.

In einem Memorandum des Vizekönigs Gil y Lemos[21]), das von dem peruanischen Arzt und Gelehrten Hipólito Unánue redigiert ist, wurde das deutsche Verfahren als „nutzlos" erklärt.

*

In der Vermittlung der Verbindung deutscher Forscher mit dem spanischen Hof, bzw. den Kolonialbehörden, wird ständig der Name Fausto d'Elhuyar erwähnt, der zu den von uns genannten Deutschen in mancher Hinsicht Beziehungen hat. In der Geschichte des spanischen Bergwesens ist sein Name rühmlich bekannt geworden. Dieser spanische Mineraloge und Chemiker ist zu Logroño am 11. Oktober 1755 geboren und am 6. Februar 1833 zu Madrid gestorben. Von 1781—1785 war er Professor der Bergschule zu Vergara (Biscaya) und zusammen mit seinem Bruder Juan José unternahm er Studienreisen nach Deutschland und Schweden, wobei er Bergwerke in Böhmen, im Harz, in Sachsen und Ungarn besuchte. Dann reisten die Brüder nach Schweden, wo sie bei dem berühmten Prof. Bergman in Upsala ihre Ausbildung vervollkommneten. Die Brüder d'Elhuyar hatten ihre fachmännische Schulung von 1778 an in Freiberg erworben und waren dadurch mit deutscher Bergbauwissenschaft und -technik gut vertraut. Im Jahre 1788 wurde Fausto d'Elhuyar zum Generaldirektor des Minenwesens von Neu-Spanien ernannt, wo er den Berg- und Hüttenbetrieb neu organisierte und eine Fachschule gründete. Die Freiheitskämpfe unterbrachen seine Arbeiten, nach seiner Rückkehr nach Spanien wurde er zum Generaldirektor des spanischen Bergwesens und zum Staatsminister ernannt. Die Namen der Brüder d'Elhuyar sind in die Geschichte der Chemie eingegangen, da es ihnen gelang, aus dem lange bekannten Wolframit (eine Eisen-Mangan-Wolframverbindung) das Metall Wolfram rein darzustellen. Aus dem 1758 von Cronstedt entdeckten Tungstein (Scheelit oder Schwerstein), hatte kurz vorher (1781) Scheele die Tungsteinerde, d. i. Wolframoxydhydrat, abgeschieden. Fausto d'Elhuyar, ein Freund Alexander v. Humboldts, dem er viele Einzelheiten zum Kapitel Berg- und Minenwesen im „Versuch über Neu-Spanien" geliefert hat, veröffentlichte eine Anzahl beachtenswerter chemischer und mineralogischer Studien, darunter auch eine über die Ausbeutung der Minen Spaniens, anschließend auch eine Theorie der Amalgamation. Nach seiner Ernennung zum leitenden Direktor des mexikanischen Bergwesens suchte er durch Vermittlung des spanischen Gesandten in Dresden und des spanischen Botschafters Marquis de Llano in Wien ausgezeichnete Fachleute für das Bergwesen im spanischen Kolonialreich anzuwerben,

[21]) Memorias de los Virreyes del Perú VI. cap XII. Memoria del virrey Lemos.

dazu aber auch unternehmungslustige Berg- und Hüttenleute, Steiger, Werkmeister usw. O. Quelle (37) erwähnt dazu: „Unter Mitwirkung des Oberbergamtes Freiberg gelang es ihm, die erforderlichen Berg- und Hüttenmänner zusammenzubringen. Am 30. Oktober 1787 wurden, wie es in den Akten heißt, „selbige unter der Ermahnung, sich im Auslande bergmännisch aufzuführen und ihrem Vaterlande keine Schande zu machen, bergamtswegen förmlich entlassen." (S. 103.) Im Frühjahr 1788 traten 3 Gruppen die Reise nach Spanisch-Amerika an, und zwar ging eine Partie unter Führung von Fausto d'Elhuyar nach Mexiko, darunter 3 Berg- und Hütteningenieure und 8 Steiger, Werkmeister usw., die zweite Gruppe für Kolumbien unterstand Juan d'Elhuyar, und zwar gehörten dieser Gruppe ein Bergingenieur und 6 Steiger bzw. Werkmeister an und die dritte war für das Vizekönigreich Peru und La Plata bestimmt. Sie stand unter der Leitung des Berg- und Hüttendirektors Baron v. Nordenflycht und des Amalgamationsdirektors A. Z. Helms, ebenfalls von ausgewählten deutschen Bergknappen begleitet.

Es ist bereits früher hier erwähnt worden, daß d'Elhuyar die Bornsche Methode in Deutschland gründlich kennen lernen konnte. Wir können hier hinzufügen, daß ihm durch die persönlichen Empfehlungen von Born und durch seine Beziehungen zu Wien der Zugang zu den Bergwerken bedenkenlos gestattet wurde. In einem Empfehlungsschreiben durch die Hofkammer für Münz- und Bergwesen zu Wien wird ausdrücklich darauf hingewiesen, daß er jede Förderung verdiene und überdies mit einer Wienerin, Fräulein v o n R a a b , verheiratet ist. Thaddäus Haenke, der seinerzeit ebenfalls durch Born während seiner Studienzeit sehr gefördert wurde und Fräulein von Raab schon damals kennen lernte, hatte während seiner Weltreise Gelegenheit, im Hause von Fausto d'Elhuyar in Mexiko in der gastfreundlichsten Weise zu verkehren, wie wir aus einem Brief an seine Eltern aus Acapulco vom 18. April 1792 erfahren:

„Im Monate November 1791 reiste ich zu Lande aus dem genannten Hafen und machte eine Reise von 125 Meilen zu Pferde in die Hauptstadt dieses großen Reiches Mexico. Sie gehört unstreitig unter die schönsten und größten Städte der Welt, wenigstens von Seite der schönen angenehmen Lage und dem unbeschreiblich milden Clima in einem so heißen und brennenden Lande. Wir sind alle mit ganz besonderer Auszeichnung von dem dortigen Vizekönig aufgenommen worden. Ich traf unvermuthet eine große Anzahl von Bergleuten aus Böhmen und Meißen hier an, die in den verschiedenen sehr reichen Bergwerken dieses Landes arbeiteten. Allein forzüglich freute ich mich, eine sehr ansehnliche Dame, Frau von Raab, aus Wien gebürtig, hier anzutreffen. Da ich ihre ganze Familie in Wien kenne, und vor meiner Ankunft schon ihr war von vielen Seiten anempfohlen worden, so kann ich Ihnen nicht beschreiben mit wie viel Freundschaft ich in ihrem Hause bin aufgenommen worden. Da wir nun bereits schon über 2 Jahre fast stets mit ungesitteten und wildeten Indianern umgehen, so kann ich Ihnen nicht sagen, welche Vergnügen ich in dem Umgange dieser schätzbaren Landsfrau und wie manche angenehme Stunde ich genossen habe. Allein mein Aufenthalt war nur von sehr kurtzer Dauer in Mexico und schon nach 14 Tagen mußte ich wieder abreisen, um zur gehörigen Zeit in den Hafen von Acapulco wieder einzutreffen." (Orig. im Böhm. Landesmuseum zu Prag.)

Anton Zacharias Helms (1751—1801)

A. Aus dem Leben von A. Z. Helms.

Unser Wissen um Helms' Lebensdaten ist äußerst gering, sogar Geburtstag und -ort werden nirgends genannt. Er selbst teilt uns in seinem Buche mit, daß er 1787 aus seiner Stellung als Münz- und Bergwardein von Warschau in königlich polnischen Diensten nach Peru berufen wurde. Da er vorher anscheinend nicht in deutschen Diensten stand, konnte in den Wiener Archiven seine Spur erst aufgenommen werden, als er — wie schon in Kap. IV geschildert — als Begleiter des Baron von Nordenflycht im Herbst 1787 nach Österreich-Ungarn einreiste, um die niederungarischen Bergwerke zu besuchen und die dortigen Amalgamationsbetriebe kennen zu lernen. Wir können annehmen, daß Nordenflycht und sein Begleiter Helms von hier aus die Reise nach Spanien angetreten haben. Es konnte nicht festgestellt werden, ob Helms schon vor der Südamerikareise gewisse Bindungen an Wien hatte, das er nach seiner Rückkehr aus der Übersee zu seinem bleibenden Wohnort wählte. Die Angabe seiner Wohnung: Wien, Am tiefen Graben Nr. 226, bot die Möglichkeit, seine Sterbeurkunde aufzufinden. Sie lautet:

Pfarramt Schotten. Wien I. Tom. 15. Fol. 136.

Anton Zacharias von Helms. katholisch, pens. k. span. Hüttenbergdirektor.

wohnhaft Wien, Stadt, An der Gstätte 226.

ist am 27. 12. 1801 in Wien, Stadt, An der Gstätte 226 verstorben. Der Verstorbene war 50 Jahre alt, ist an der Lungensucht gestorben und wurde am 29. 12. 1801 im Währinger Leichenhof begraben.

Es war das einzige, bis jetzt auffindbare amtliche Dokument über Helms' Personaldaten. Dadurch ist festgestellt, daß das in alten Lexika z. B. Meusel-Hamberger (30) angegebene Sterbedatum 17. III. 1801 falsch ist. Der Urkunde nach wäre Helms von niederem Adel, aber er selbst unterschrieb sich nur mit seinem bürgerlichen Namen. Der Währinger Friedhof ist aufgelassen.

Die Todesanzeige wurde von der amtlichen „Wiener Allgemeinen Zeitung" übernommen und erschien ebenfalls in Molls (32) „Annalen der Berg- und Hüttenkunde" unter gleichem Wortlaut, doch mit dem Zusatz „bekannt durch sein Tagebuch einer Reise durch Peru". Über den Studiengang, eventuell verschiedene Anstellungen an verschiedenen Orten, konnten wir bisher nichts Näheres erfahren. In seinem Tagebuch finden sich andeutungsweise einige Bemerkungen, die weiter verfolgt werden, z. B. der Hinweis, daß gewisse Fische in Südamerika ihn an solche erinnern, „die bei uns in Niedersachsen" vorkommen. Weiter erwähnt er Erlebnisse bei Fahrten „im Baltikum bis Kronstadt und St. Petersburg". Auf seiner Reise in Peru begleitete ihn seine Frau, die ihm auch 1791 dort ein Kind geboren hat. Helms soll ferner für das Amt eines Hüttendirektors in Guadacanal in Spanien durch den Bergwerksbesitzer J. Martin Hoppensack vorgeschlagen worden sein, doch Helms selbst erwähnt von diesem Angebote nichts; nach den Erfahrungen, die er gemacht hatte und unter Hinweis auf seine schwer erschütterte Gesundheit wäre eine Ablehnung seinerseits auch verständlich.

B. Reise und Arbeiten.

Ausgangspunkt der Reise am amerikanischen Kontinent war Buenos Aires, von wo aus die Kommission — offenbar sämtliche Teilnehmer, obwohl Helms seine Mitarbeiter Nordenflycht und Weber in seinem Bericht nur einmal kurz erwähnt — am 29. Oktober 1788 den Weg quer durch Südamerika antrat. Sie nahmen den sog. Camino del Perú zunächst über den Rio Tercero und Segundo nach Cordova, das Helms sehr gut gefiel. Die ganze Berg- und Hüttenkommission aus Europa wurde dort im ehemaligen Jesuitenkolleg untergebracht, das damals dem residierenden Bischof als Wohnung diente. Der Bischofsitz war im Augenblick unbesetzt, daher räumte man den Fremden diese „heilige Wohnung" ein. In mehreren Etappen reisten Helms und seine Begleiter über Santiago del Estero nach Tucumán. Hier wurde die deutsche Kommission zur Begutachtung der Goldgruben des Cerro de Aconquija herangezogen. Die Bürger der Stadt, die sich von dem wirklichen Reichtum ihres Gebirges durch das Urteil der Kommission zu überzeugen wünschten, baten diese, den ganzen Bergwerksdistrikt zu untersuchen und ein schriftliches Gutachten abzugeben. Obzwar die Reise laut Befehl des Indienrates keinen Aufschub duldete, entschloß sich die Kommission doch zur Annahme des Auftrages, um dem öffentlichen Wohle zu dienen. Es wurde auch in aller Eile eine kleine Summe für die Reisekosten aufgebracht, aber die Leitung der Fahrt dem kgl. Schatzmeister von Tucumán übertragen, der entweder aus Trägheit oder Böswilligkeit — wie Helms vermutete — nur für die Post der ersten Etappe über 12 Meilen gesorgt hatte, im übrigen die des Spanischen unkundige Kommission allein ihrem Schicksal überlassend. Die ahnungslos Ausziehenden ritten nachmittags von Tucumán fort und trafen sehr ermüdet um ½11 Uhr nachts in einem Dorfe ein, wo sie frische Maultiere forderten. Aber man wollte sie hier nicht verstehen, hielt sie erst unter Ausflüchten einen ganzen Tag auf, um dann rundweg zu erklären, weder Befehle noch Maultiere oder Pferde zu haben. Unter diesen Umständen gab die Kommission ihr Vorhaben auf und kehrte nach Tucumán zurück. Nach den in Tucumán gesehenen, von Helms beschriebenen Gesteinsproben, handelte es sich um Erze von beträchtlichem Goldgehalt. Die Einwohner versprachen der Kommission zwar, Erzproben nach Potosí zur Analyse nachzuschicken, aber aus Mißtrauen ist dies nie geschehen. Ja, sie ließen den Fremden nicht einmal ein Bruchstück davon in Händen, da sie fürchteten, die Kommission könnte auf den Gedanken verfallen, die Gruben auf Rechnung des Königs auszubeuten.

Bis Salta hatten die Reisenden Wagen benützen können, hier wurden diese gegen Maultiere oder Pferde vertauscht, um den Weg über die Kordillere nehmen zu können. Die Einwohnerzahl von Salta — das gerade von einer Heuschreckenplage heimgesucht wurde — betrug nach Helms 600 spanische Familien, mit eingeborenen Kreolen und Sklaven 9000 Menschen. In Jujuy konnte Helms weder vom Herrn Subdelegaten noch von anderen Beamten der Krone etwas Genaues erfahren, er konnte also nur die Angaben eines alten Bürgers aufgreifen, der sagte, daß Spanier, Kreolen und Sklaven hier insgesamt 3000 Seelen ausmachten.[22]) Von Jujuy ritt die Kommission nach Mojos, das nach der alten politischen Einteilung schon im Königreiche Peru gelegen war, ehe das neue im Jahre 1776 gegründete Vizekönigreich La Plata seine Grenzen 150 Meilen über La Paz bis nach Santa Rosa vorgeschoben hatte. Auf Anregung des Postmeisters von Mojos

[22]) Später hat Haenke (19, 20) öfters auf die völlig unzulänglichen Zahlen in den verschiedenen Statistiken über die Bevölkerung und ihre Zusammensetzung hingewiesen. Es gab für viele Orte nur Schätzungen durch ältere Einwohner.

ritt Helms mit einem Begleiter drei Meilen ostwärts, wo sie ein mächtiges, sehr goldreiches Tonschieferlager fanden, das von den Eingeborenen auf ungemein primitive Weise ausgebeutet wurde. In der Nähe hatte man auch silberreiche Bleierze gefördert und in schlechten Windöfen ausgeschmolzen, so daß Helms in den von diesen „erbaulichen Arbeiten" übriggebliebenen Schlacken[23]) noch 35—40 % Blei und viel Silber feststellte. Auf dem Wege von Mojos nach Caiza analysierte Helms bei Zurupalca einen heißen „Schwefelsauerbrunnen". Der Weg von Caiza nach Potosí war für die Reisenden sehr beschwerlich. Mehrfach mußte der Rio Grande durchwatet werden. Regen und starker Temperaturwechsel von drückender Hitze in den Tälern bis eisige Kälte auf den Höhen erschwerten die Fahrt.

Im Februar befand sich die Kommission bereits in Potosí, denn am 4. d. M. 1789[24]) meldet Helms, daß er den Potosíschen Hauptstollen angefahren ist.

Helms in Potosí. Er begann sofort mit der Arbeit und den Verbesserungsvorschlägen. Der Hauptstollen des Bergwerks war schlecht angelegt, wertvolle Lager von Rotgülden-Glas- und Silberfahlerz waren unzugänglich, da die Gruben bis zur Einfahrt voll Wasser standen und kein Maschinenwerk vorhanden war, um das Wasser auszupumpen. Bei der Hüttenprobe, die er bei mehr als 300 Gruben vornahm, fand er durchschnittlich 6 Mark und 6—8 Lot Silbergehalt je 50 Zentner (= 1 Cajon). Infolge der Unwissenheit der amerikanischen Hüttenleute brachten sie höchstens 4—5 bzw. 3—4 Mark[25]) aus und hatten große Quecksilberabgänge. Beim Anquicken der Erze verfuhren die Hüttenleute immer nach demselben Rezept, aber sie verstanden nicht, daß die Zusätze je nach den Bestandteilen der Erze auch verschieden sein müßten, so daß sie mit Hornerzen mehr Erfolg hatten als mit Glaserzen, wo sie immer $^1/_3$ des Silbers in den Rückständen lassen mußten. Aber schon hier stieß Helms bei seinen Bemühungen auf die eingewurzelten Vorurteile und das Mißtrauen,

---

[23]) Auch Kupfererze wurden zunächst in kleinen, mit Holzkohle geheizten Schmelzöfen behandelt und die Reste weggeworfen. Das geschah auch in Chile. Um 1840 erschien dort ein gewisser Mr. Lambert. Er trug zur allgemeinen Erheiterung ungeheure Berge solcher Schlacken zusammen und machte sich dann ans Experimentieren. Mit Hilfe der Swansea-Methoden gelang es ihm, Kupferbarren daraus zu erzeugen. Nun geriet das ganze Land in Aufregung und es begann eine lebhafte industrielle Tätigkeit. (L'Industrie du Cuivre au Chili. Bull. Soc. Géogr. Com. Havre. 1900—1901.)

[24]) Im Text 1788, daher sicher ein Druckfehler.

[25]) Eine Mark = $^1/_2$ Pfund = 8 Unzen = 229,7 Gramm.

das die ganze Kommission bis zu ihrem Abgang begleiten sollte. „Gewiß ist, daß Potosí in weit weniger Zeit, als es seit fünfzig Jahren in Verfall geraten, wieder aufgeholfen werden könnte, wenn man, durch gründlichen Stollen- und Maschinenbau, einst die Wässer der reichen Grube bewältigen wird. Der Anfang ist durch unsere Kommission wirklich gemacht. Man hat den ganzen Berg samt Revieren aufgenommen, und nach den Markscheiden einen weit gelegeneren und tieferen Punkt zu einem Unter- und Oberstollen gefunden und wirklich schon im Jahre 1790 den Bau unter der Direktion meines Kollegen, Herrn Webers, angefangen, der auch schon im andern Jahre das Vergnügen hatte, einige Gänge von sechs- bis achtlöthigem Silberfahlerzen zu überfahren, die die Kosten des Baues beträchtlich erleichtert haben." (S. 73.)

Nach Helms' Meinung waren die Potosíschen Arbeiten die „ungründlichsten, schmutzigsten und verschwenderischsten überhaupt". Da sie als einzige Maschinerie nur ein elendes stolperndes Pochwerk besaßen, das sich 12 Ellen über den Boden erhob, entstand schon dadurch ein gewaltiger Verlust an Erzstaub, da niemand auf den Gedanken kam, die Mehle etwas anzufeuchten. Daher konnte man es auch kaum ein paar Minuten in diesen Hütten aushalten. „Ihr Siebwerk ist ein ebenso erbauliches Meisterstück und mit nicht weniger Verlust begleitet als das Pochen, weil sie ohne Kästen, blos in einem geräumigen Behälter gerade an die Erde fortsieben. Das Sieb ist von ziemlich starkem Messingdrahte geflochten und gibt natürlich kein feineres Mehl, als dasjenige grobkörnige, welches in den Ungarischen Siebwerken von dem durchgefallenen Anquickmehle zurückbleibt." (S. 73/74.) Da die Siebwerke nun nicht so fein anzufertigen waren und auf diese Weise bei jedem Zentner 20 % Silber durch diese schlechte Wirtschaft verloren gingen, richtete Helms während seiner sechsmonatlichen Leitung in Lava bei Potosí bei seiner Fässermaschine ein nasses Pochwerk ein, um einen feinen Schlich zu erzeugen, der nach der Abtrocknung viel eher ein grobes Sieb vertrug als trocken gepochte Erze. In gleicher Weise unterzog Helms die indianischen Röstöfen einer strengen Kritik, indem er sie mit einem Bauernbackofen verglich. Aus Mangel an Zug konnte die Schwefelsäure nicht von den Metallen geschieden werden, und es fiel Helms sehr schwer, den Leuten endlich durch praktische Versuche in dem von ihm erbauten öffentlichen Laboratorium im Münzhause von Potosí klarzumachen, „daß es ein anderes Ding sey, einen Körper nach Grundsätzen in seinen Bestandtheilen zu kennen und zu behandeln, als solchen nach einer barbarischen Gewohnheit ohne Wissenschaft zu traktieren". Nachweisbar wußte man in Peru vor seiner Ankunft nichts von der Notwendigkeit und dem Zusammenhang von Luftzug und Feuer im Anröstungsverfahren.

Trotzdem merkte Helms schon in Potosí, daß weder die kgl. noch die privaten Hüttenbeamten „ein Interesse bey dem Licht fanden, das der König von Spanien durch eine deutsche Hüttenkommission unter seinen dortigen Untertanen verbreiten lassen wollte". Durch die Aufträge, die Helms vom dortigen Gouverneur und Intendanten der kgl. Münze erhielt, wären verschiedene große Fehler in der mechanischen Münzverwaltung aufgedeckt worden und den Beamten alle unerlaubten Vorteile, die sie aus der Unwissenheit ihrer Brotgeber zogen, verlorengegangen. Es setzte immer stärker Sabotage ein, die ihn und seine Mitarbeiter von Potosí bis Lima begleiten sollte. Trotzdem man Helms gleich warnte, auf seiner Hut zu sein, ließ er sich nicht abschrecken. „Dieses im Finstern schleichende Heer belagerte uns von allen Seiten in Gesellschaften mit mündlicher Verläumdung: in Briefen durch beyde Königreiche, wurden wir für Hauptketzer, deutsche Juden und Betrüger, den guten Sitten und den ehrlichen Beamten gefährliche Menschen angegeben. Dies fand denn unter Leuten von gleichen Geschäften den wärmsten Beyfall und Anhänger und so wurde die Armee unserer Widersacher in beiden Königreichen Plata und Peru von Tag zu Tag mächtiger und größer und vermehrte sich um so viel zusehender, je mehr wir unsere Thätigkeit und Wünsche anstrengten, dem Könige und dem Publikum, mit Verachtung aller Gefahren als ehrliche und biedere Deutsche, vermöge unsers Berufs und nach dem Wirkungskreise unserer Fähigkeiten zu dienen." (S. 85.)

Den größten Angriffspunkt bildete Helms' in Potosí errichtetes öffentliches Laboratorium. Er nahm sechs junge Regierungsbeamte zu sich und schulte sie in seinen Methoden; sie waren ihm bald sehr ergeben und dankbar für die Lehren. Dann lud er durch ein Rundschreiben alle Bergherren der Potosíschen Regierung ein, seinen öffentlichen Münzanalysen sowie metallurgisch-chemischen Operationen beizuwohnen und im Interesse des Königs an einem unentgeltlichen Unterricht teilzunehmen.

Auf diese Einladung erschienen täglich mehr als 100 Personen, wovon jedoch die wenigsten ernstlich etwas lernen wollten. „Doch aber hatte dies seinen großen Nutzen, wir gewannen dadurch einen Damm gegen unsere Verläumder und Widersacher. Die ehrlichsten und thätigsten Männer überzeugten sich durch Handanlegung und eignen Fleiß: sie sahen, daß wir unsere Werke nicht im Verborgenen, sondern offenbar, mit Genauigkeit und Treue thaten. Diese wurden unsere Vertheidiger gegen die Verschwornen, die noch alle Indianer auf ihre Seite gebracht hatten, daß diese Ausländer gekommen wären, um sie ums Brod zu bringen, indem sie alle Arbeiten durch Maschinen verrichten lassen wollten". (S. 86.)

Auch der Gouverneur von Potosí, Don Francisco de Paula Sanz, erwies sich als ein rechtschaffener und beständiger Freund, der immer als Beschützer der Deutschen auftrat. Auf Helms' Verlangen wurden alle Arbeiten in Gegenwart von Zeugen protokolliert, und aus dem Vergleich der Protokolle der deutschen und peruanischen Arbeiten ergab sich nach Helms ein Plus von 50 Prozent zugunsten der deutschen Methoden.

Eine der wichtigsten Anstalten in ganz Südamerika war die kgl. Münze von Potosí, in welcher nach Helms' Angaben [siehe Ulloa (41), Haenke (19)] jährlich 550 000 bis 600 000 Mark Silber und bis 2000 Mark an Gold vermünzt wurden. Die Verluste waren hier besonders arg und sogar schon an höchster Stelle bemerkt worden. So erhielt denn Helms vom Gouverneur de Paula Sanz den Auftrag, ein besseres und auf solide Grundsätze der Chemie basiertes Verfahren des Probierens, sowie der Scheidung des Goldes und Rosettierung des Kupfers einzuführen. „Da man hier nicht den geringsten Begriff von einem chemisch-metallurgischen Laboratorium hatte, legte ich in einer der geräumigsten Offizinen des Münzhauses ein ziemlich vollständiges, mit allem dazu erforderlichen Schmelz-, Portativ- und Probieröfen und -Apparaten an, richtete zugleich einen doppelten Rosettierherd mit doppelten Gebläsen vor und unterrichtete einen jungen Münzoffizianten in dieser und allen übrigen im Laboratorio vorzunehmenden chemischen und metallurgischen Arbeiten. Meine erste Operation, in Gegenwart der Regierung und des Münzpersonals, war die Rosettierung des Kupfers; ich bewies durch den ersten Versuch dieser Gesellschaft, daß ich in 4½ Stunden, nach deutschen Grundsätzen, mit dem zwanzigsten Theil ihres ehemaligen Kostenaufwandes ein besseres Kupfer zur Legierung des Goldes und Silbers zu erzeugen verstünde, als sie in Monatsfrist zu leisten nicht fähig gewesen waren." (S. 96—97.) Obgleich der Vorteil von Helms' Verfahren dem anwesenden Gouverneur und dem Publikum einzuleuchten schien, versuchten die Münzbeamten es mit der Begründung abzulehnen, daß bestenfalls „diese Subtilitäten vielleicht sehr dienlich für das arme Europa seyn könnten, wo weniger Gold und Silber gemünzt, als in Amerika weggeworfen würde". (S. 99.) Als Helms in scharfer Rede dagegen Stellung nahm, wurde er zwar von der Behörde in Potosí und den dortigen Bergleuten wärmstens unterstützt, doch gaben sich die Münzbeamten und die mit ihnen verbündeten Hüttenverwalter alle Mühe, die deutsche Kommission in Lima zu verleumden.

Ebenso schlecht war das peruanische Verfahren bei der Goldscheidung, was auch Haenke (20) im Jahre 1799 erwähnt, und das neuerlich dem Aerar und dem Publikum beträchtlichen Schaden brachte. Die dortigen Münzbeamten verfuhren dabei nach einem alten spanischen Rezept, das sie weder richtig verstanden noch anzuwenden wußten. Mit Hilfe eines sog. Realzementes, den Helms „ein alchemischen Mischmasch von Sächelchen" nennt, erzielten sie ein Gold, das kaum den gesetzmäßigen Münzgehalt von 22 Karat hatte. Er bestand aus Ziegelmehl, Kochsalz, Salpeter und dgl. und „ihre schädlichen Schmierereyen mußten 6, 7 bis 8 mal wiederholt werden", um ein notdürftiges Ergebnis zu erzielen. „Noch öfters haben sie das Unglück, wegen Mißkenntnis des Materials ihrer Zementtöpfe, daß solche platzen, und die ganze Masse von 24 und mehr Töpfen sich mit dem Schutt des Feuers und der Asche mischet; dann erfolgen himmelschreyende Verluste; alles stiehlt bey dieser Gelegenheit, weil Niemand einer weiteren Verantwortung dabey ausgesetzt ist, als durch Zeugen bewiesen zu haben, das Zement sey im Ofen zerplatzt und alles Gold mit dem Schutte gemischt". (Seite 102—103.)

Da die Probierer alle Golde, von welchem Gehalt sie immer sein mochten, nur auf 19 Karat taxierten, kamen die Lieferanten, die vor Helms Ankunft die Sache nicht besser wußten, stets zu Schaden. Ein Postadministrator in Potosí brachte Helms drei Beutel mit Waschgold, die von dem deutschen Münzmeister einwandfrei auf 22½karätiges Gold bestimmt wurden. Mit den Goldausgüssen schickte Helms den Mann daraufhin in die staatliche Münzprobierstube, und dort wurde das Material dem Manne, wie schon seit 10 Jahren regelmäßig, auf 19 Karat taxiert. „Dieser Mann machte eine Klage wider die Probierer bey der Regierung anhängig, die noch nicht geendet und entschieden war, als ich von Potosí abreiste".

Durch die nachlässigen Streck- und Stückelungsarbeiten und den barbarischen Schmelzprozeß gingen nach Helms' Schätzung jährlich 25—30 % des Goldes zum Nachteil des Aerars verloren. Helms machte der Regierung und der Direktion des Münzamtes in Potosí noch mehrere Verbesserungsvorschläge, besonders bezüglich der Reinigung des Goldes durch Spiesglas, welches von den unwissenden Bergleuten hier unter die Schlacken geworfen wurde. „Man könnte es (das Gold) auch freylich durch Scheidewasser scheiden, allein dieser Weg wäre hier nicht anzurathen, solange man nicht eine eigene Fabrik dazu anlegte, als wozu ich mich wegen meines kurzen Aufenthaltes nicht verwenden konnte".[26]

---

[26]) 1799 machte Thad. Haenke (20) die Regierung auf dieselben Mißstände aufmerksam und gibt in seinem Artikel über die Fabrikation von Salpetersäure aus

Nebst den erwähnten Arbeiten errichtete Helms auf Anforderung des Advokaten Cornejo in dem 8 Meilen von Potosí entfernten Werke La Lava eine komplette Vierfässermaschine, einen ungarischen Röstofen und ein Pochwerk mit den dazugehörigen Plänen, Sümpfen usw. ein. Das in der Münze eingerichtete Laboratorium übergab Helms seinen ergebenen und in 6 Monaten praktischer Anlernung recht geschickt gewordenen Schülern: „Da ich seit dem ganzen Jahre mit unermüdeter Thätigkeit, mehr aus Eifer nützlich zu seyn und Ehre einzulegen, als aus Gewinnsucht, alle die Kommissionen treulich und zu ihrer vollkommenen Zufriedenheit, laut ihrer Attestate erfüllt hatte, und ich nun endlich Abschied nach Lima nahm, und keine von allen Versprechungen erfolgte, sowohl wegen der Münzarbeiten, als der Einrichtung des Amalgamationswerks, wofür mir große Vergütungen von den dortigen Partikuliers versprochen waren, so nahm ich endlich von Potosí meinen Abschied mit der zufriedenen Überzeugung, als ein redlicher Mann meine Pflicht erfüllt zu haben". (S. 120.)

Trotz seiner Bemühungen konnte Helms über die Einwohnerzahl der berühmten Bergstadt keine genaue Auskunft von den dortigen Regierungsstellen erhalten, geschätzt wurde sie auf 100 000 Seelen.[27]) „Ihre Miliz ist von traurigstem Ansehen, etwa einige 500 Mann, wovon über die Hälfte mit hölzernen Gewehren paradieren, einige in blauen, andere in grauen, braunen und sogar schwarzen Röcken erscheinen. Kanonen haben sie gar keine".

Helms in Lima und Huancavelica. Am 30. Januar 1790 reiste Helms in Begleitung der überwiegenden Zahl der deutschen Bergknappen von Potosí ab. Baron von Nordenflycht — von Helms hier erst kurz erwähnt — hatte anscheinend die Zeit seit seiner Ankunft zum Bau einer Fässermaschine verwendet und mußte wegen deren Beendigung noch länger in Potosí bleiben. Helms' Weg nach Oruro bot ihm reichlich Gelegenheit zu eingehenden mineralogischen und geologischen Studien. Oruro, in dessen Umgebung Helms reiche Erzvorkommen feststellte, hatte sich noch von dem vor 11 Jahren niedergeschlagenen Indianeraufstande nicht erholt. Die Stadt war geplündert und zerstört worden, viele reiche Spanier ermordet und die wenigen, die ihr Hab und Gut in Klöstern hatten

den Rohstoffen des Landes die Anregung zur Errichtung einer solchen Fabrik. (§ 12 der Rohstoffe von Cochabamba (21) enthält die Angaben über ein solches Verfahren.)

[27]) Ein starker Rückgang, denn früher hatte Potosí 200 000 Einwohner. (Siehe Census von Peru durch Cosme Bueno.)

verstecken können, waren abgewandert. Helms fand hier nur einen Privatbetrieb, der nunmehr mit einer von einem Mitglied der deutschen Kommission erbauten Fässermaschine arbeitete. Eine Viertelstunde von der Stadt entfernt befanden sich zahlreiche Goldwäschereien, die namentlich in der Regenzeit ertragreich waren. Über La Paz und Tiaguanaco führte Helms' Weg an vielen verlassenen Gruben vorbei, auf deren Schutthalden stark silberhaltige Erze lagen. Die Reisegesellschaft wanderte entlang des Titicacasees, den sie auf den eigenartigen aus Seebinsen und Stroh geflochtenen Kanus übersetzte. In Puno blieb Helms einen Tag und wanderte dann nach Larucachi. Drei Meilen von hier lag das Städtchen Cicuani, die Residenz des Gouverneurs von Tinta, Don Manuel de Villalta, der Helms mit Frau und Bergleuten ungemein freundlich empfing. Er erbat sich von ihm Ratschläge für die Verbesserung des Bergbaues, mit dem er sich schon seit Jahren beschäftigte. Cuzco, das nächste größere Reiseziel, erregte Helms' Gefallen, doch fand sich zu seiner Verwunderung bei dem großen Erzreichtum des Gebirges nur ein Franzose, der Bergbau trieb und große Lust zeigte, die neue deutsche Amalgamationsmethode mit Maschinenbau einzuführen.

Von Cuzco stieg die deutsche Gesellschaft auf sehr schlechten Wegen ins Gebirge und in mehreren Etappen nach Guamanga, Guanta und Huancavelica. Helms' erster Aufenthalt in der Quecksilberstadt war nur kurz, aber er hatte bereits Gelegenheit, gewisse Projekte zu hören und Mängel im Schmelzbetrieb festzustellen. Zunächst setzte Helms über Cañete seine Reise nach Lima fort.

Bei seinem Eintreffen fand Helms Lima in einer Periode wirtschaftlicher Erschütterung, die sich in allen Zweigen der Wirtschaft auswirkte. Die Krise, die bereits an 20 Jahre dauerte, war durch eine zu intensive Einfuhr europäischer Waren entstanden. Das Bargeld war nach Spanien abgeströmt und die Limenser Kaufleute auf ihren Vorräten sitzengeblieben, die durch gewaltige Preisstürze (so z. B. für 1 Paar französischer Seidenstrümpfe von 40 Piastern auf 6) vollkommen entwertet waren. Die traurige Lage betraf auch die reichsten Handelshäuser Spanisch-Amerikas.

Nach Helms' Angaben war der frühere Vizekönig, Herr la Croix, ein Niederländer und deutscher Ordensritter, eigentlich der Urheber der Berufung der deutschen Kommission. Dieser in Peru hochgeschätzte Mann hatte den stark verfallenden Finanzen des Landes durch eine intensive Förderung des Bergbaues helfen wollen. Gerade bei Helms' Ankunft war La Croix im Begriff, nach Spanien abzureisen. La Croix hatte die deutsche Kommission vom König und dem Ministerium ausdrücklich verlangt; da ihm aber deren Ankunft zu lange dauerte, errichtete er, in guter Absicht, ad interim ein Tribunal de Mineria oder Oberbergwerkstribunal, nach dem Muster des bereits in Mexiko bestehenden.

Nach seiner Ankunft in Lima fand Helms rasch heraus, daß dieses Tribunal keinerlei Fachkenntnisse besaß, dagegen erforderte die Erhaltung der von ihm als unnütz bezeichneten Angestellten die Summe von 30 000 Piastern jährlich, die natürlich den armen Bergleuten in Form der Abgabe eines Silberreal pro Mark des eingelieferten Silbers aufgebürdet wurde. Laut der königlichen Bergrechte, die eine spanische Übersetzung der Sächsischen Bergrechte und -verordnung durch den Generalbergwerksdirektor Elhuyar in Neu-Spanien waren, sollte der Überschuß aus diesen Abgaben zur Unterstützung der Bergbaudistrikte für Stollen- und Maschinenanlagen verwendet werden. Nach Abzug der Gehälter verblieb dem Tribunal immerhin noch jährlich eine Summe von 62 500 Piastern. Aber seit 7 Jahren des Bestehens war trotz „wiederholtem Suppliciren der Interessenten" noch kein Pfennig für diese Zwecke hergegeben worden. Man kann sich die bedrängte Lage des Bergbaus vorstellen, da auch die von Haenke in seinem Artikel über die Minen von Peru als Hauptkreditgeber der Bergleute bezeichnete Limenser Kaufmannschaft nicht imstande war, den Bergleuten auszuhelfen, da sie sich selbst seit 10 Jahren in Geldverlegenheit befand.

Nach dreiwöchentlichem Aufenthalt in Lima erhielt Helms auf Anforderung des Gouverneurs von Huancavelica, Herrn von Tagle, den Befehl, als Direktor der kgl. Quecksilberhütten nach Huancavelica zu gehen, um die alten, unrentabeln Almadéneröfen abzuschaffen und an ihrer Stelle die hydrischen Öfen aufzustellen, deren Beschreibung nebst Bauplänen Helms schon dem Vizekönig vorgelegt hatte. Laut empfangenen Instruktionen sollte Helms zunächst zwei Öfen zur Probe aufbauen und, wenn sie sich bewährten, alle 75 alten Öfen abschaffen, um nur die hydrischen einzuführen.

Am 6. Mai 1790 traf Helms mit Frau und 5 Bergknappen in Huancavelica ein. Alle hatten infolge des unvermittelten Übergangs vom heißen Limenser Klima in die kalte Bergregion „kaltes Fieber" bekommen, besonders Frau Helms kränkelte noch durch mehr als 7 Monate und gesundete erst nach der Luftveränderung, als das Ehepaar nach Pasco in der Provinz Tarma übersiedelte.

In Huancavelica geriet Helms bald in Gegensatz zu Herrn de Tagle, der bei seiner Berufung offenbar Privatinteressen verfolgt hatte. Helms bemerkte nach zweimonatlichem Arbeiten, daß Tagle Arbeitslöhne und Preise der Baumaterialien in unerlaubter Weise viermal höher verrechnete, als es angemessen war. Nach 8 Tagen Bautätigkeit an den Öfen protestierte Helms im Namen des Königs gegen eine solche Schädigung des Aerars und schickte eine Abschrift des Protestes an den Vizekönig. Zugleich fing Helms an, seine Ziegel selbst zu fabrizieren; 100 Stück, für die der Gouverneur-Intendant 25 Piaster in Rechnung gestellt hatte, wurden nun in besserer Qualität zu ½ Piaster das Hundert verfertigt. Vier überflüssige Aufseher — bloß Günstlinge des Intendanten — und die ungeschickten Ziegelstreicher, die 1½ Piaster Taglohn beanspruchten, wurden von Helms entlassen. Die Leute erhoben dagegen Einspruch, da ja der Intendant selbst ihren Lohn festgesetzt hatte und ihnen doch mehr zu befehlen habe als der Fremde. Sie erreichten auch wirklich beim Intendanten, daß Helms bei seinem nächsten Arbeitsantritt im Werk die abgedankten Aufseher und teuren Ziegelstreicher wieder in Tätigkeit fand, die von ihm abgerichteten indianischen Arbeiter aber verjagt waren. Außerdem hatte man ihm noch einen Subdelegaten als Administrator der Baumaterialien vorgesetzt. Nun riß Helms die Geduld; er berief sich schriftlich auf seinen Auftrag in Huancavelica und stellte dem Intendanten ein Ultimatum: entweder müßten die Sachen bis zum nächsten Morgen wieder instand gesetzt werden oder er würde tags darauf mit allen Leuten wieder nach Lima zurückkehren. Vor diesem energischen Auftreten wich der kreolische Gouverneur zurück, denn er wollte Helms lieber durch scheinbares Nachgeben in Huancavelica zurückhalten, um desto leichter bei der Regierung in Lima gegen ihn intrigieren zu können. Deshalb fand Helms tatsächlich am folgenden Tag alles wieder beim Alten, doch war sein Mißtrauen gegen diesen gefährlichen Beamten wachgerufen, wenn er auch mit ungemindertem Fleiße in seiner Arbeit fortfuhr. Die Hüttenbeamten hatten bald begriffen, daß durch die neue Einrichtung ihnen die bisher ungestört ausgeführten Diebereien erschwert würden, und sie verbanden sich alle, um ihn an der Ausführung der Bauten zu einer wirtschaftlichen Hütteneinrichtung zu hindern. So behauptete der Intendant in einer Eingabe nach Lima, daß er in einem genau nach dem Muster der alten Almadénöfen aufgeführten Bau 50 % mehr Quecksilber ausbringen könnte und erhob hinter dem Rücken von Helms die Beschuldigung, daß 1. die hydrischen Öfen, da sie keine Aludels[28]) hätten, nicht zum Ausbringen von Quecksilber taugten, und 2. daß sie noch einmal so teuer

[28]) Aludel = Retorte.

seien. So verstand es Tagle, den Bau von Helms' Öfen, an denen nur mehr die Kuppel fehlte, weiter zu verzögern.

Als Helms endlich diese vor ihm geheimgehaltenen Aufschubgründe durch einen Freund in der Regierungskanzlei von Lima erfuhr, brachte er gegen den Bescheid die Berufung ein und bewies an Hand von Büchern und Ziffern klipp und klar, daß alle angegebenen Vorschläge und Einwendungen des Intendanten Unwahrheiten seien. Hierauf wurde dieser nach Lima zur Verantwortung berufen, der Aufschub jedoch nicht aufgehoben. Helms war inzwischen infolge der Aufregungen „wegen der Heftigkeit seines Blutes an einer Blutentzündung" schwer erkrankt und bat um eine andere Kommission, nachdem er noch vorher dem Vizekönig einen Vorschlag zur Errichtung neuer Poch- und Waschwerke gemacht hatte, die auch die Ausnutzung armer, nicht mehr als ¼ Prozent enthaltender Erze ermöglichen sollten. Da jedoch dieser Vorschlag nebst dem Plan der Errichtung von 16 neuen hydrischen Öfen auf einem Kostenvoranschlag von 100 000 Piastern aufgebaut war, fand er in Lima keinen Beifall. „Dies war für den Vizekönig eine unerhörte Summe, ohne zu überlegen, daß der König bey der damaligen schlechten Wirtschaft jährlich 200 000 Piaster einbüßte. Allein man hegte bloß den falschen Grundsatz, alles zu nehmen und nichts zu geben, ohne daß man einsehen wollte, daß, wo man beständig schöpft, die Quelle endlich ganz vertrocknet . . . . ." (S. 190.)

Obzwar Helms' Vorschlag nicht genehmigt wurde, so erreichte er doch, daß er Huancavelica, das ihm gründlich verleidet war, verlassen konnte und nach Pasco als Bergmeister und Hüttendirektor delegiert wurde.

Helms in Pasco und Chanca: Am 14. Januar 1791 verließ Helms Huancavelica und ging über Jauja nach Tarma, wo er in der Residenz des Gouverneurintendanten der Provinz gastfreundliche Aufnahme fand. Am 27. Januar unternahm er auf Ersuchen des Gouverneurs in Gesellschaft eines Herrn Coronel einen Ausflug ins Gebirge, um dessen Erzreichtum zu untersuchen, und am 28. Januar ritt er mit dem Bergwerksbesitzer Don Antonio Francia zu dessen Quecksilbermine San Christoval. Interessant ist Helms' Erwähnung des Vorkommens und der Ausbeutung von natürlichem Salpeter in Gruben in der Gegend, für die er in bezug auf Pasco „eine vortheilhafte Spekulation" hegte. Pasco schildert Helms als einen kleinen Bergflecken, die größte Zahl der Bergleute lebte damals bei ihren Gruben auf dem Silbererzberge Jauricocha (s. Haenke 20), zwei Meilen von Pasco. Man zählte 200 Unternehmer, die aber infolge der hohen Betriebskosten und schlechten Arbeitsmethoden kaum ihren Lebensunterhalt verdienten.

Gleich nach seiner Ankunft erreichte Helms schon eine Nachricht vom Vizekönig, die ihm auftrug, Stollen, Hütten, Gruben, kurz alles genau zu untersuchen, Mängel und Verbesserungsvorschläge anzugeben usw. Dabei wurde ihm jede Unterstützung zugesichert. Obzwar dies, wie Helms sich ausdrückt, „nichts als Windbälle waren“, so stärkten sie doch mächtig seinen Arbeitseifer, bis ihm klar wurde, daß auch hier Subdelegaten, Kassenbeamte und Territorialbergdeputierte eine Interessengemeinschaft gegen ihn verband. Natürlich konnte er sich auch hier nicht durchsetzen, da ihm der Vizekönig zwar mit schönen Worten, aber nie mit der Tat beistand. Nachdem Helms infolge anstrengender täglicher Begehungen von 3—4 Meilen entfernten Gruben und Hütten sich einen schweren Rheumatismus zugezogen hatte, mußte er seinen Plänen schließlich entsagen. Doch sandte er als Ergebnis zweimonatlicher Untersuchungen und nach Rücksprache mit einigen ehrlichen Männern unter den Bergleuten einen genauen Lagebericht und ein Gutachten an den Vizekönig, das wir im folgenden Kapitel vollinhaltlich abdrucken. Daraufhin hielt ihn der Vizekönig durch leere Versprechungen monatelang hin.

„Nicht besser erging es mir mit dem Plane und Vorschlag zu einem ordentlichen Hütten- und Bergamt und einer kleinen Bergakademie. Ich wollte dazu eine Hütte mit einer Sechsfässermaschine, Poch- und Waschwerke, Öfen und Laboratorium anlegen, um darin den dortigen Bergbauern und ihren Söhnen, den nöthigen praktischen Unterricht und zugleich Beweise von dem Nutzen zu geben, den sie zu ihrem Vortheil für die Zukunft daraus hätten ziehen können. Ich forderte dazu 10 000 Piaster aus dem vorräthigen Fond des Königlichen Bergtribunals, laut Vorschrift der Königlichen Bergordnung.

Ich ließ vorher zu diesem Ende eine Versammlung des ganzen Berggremiums zusammenrufen, alle waren auf meiner Seite, und verlangten in einem Bittschreiben von der Regierung und dem Oberbergtribunal das nämliche. Allein auch dieses wurde mir abgeschlagen, weil der Vizekönig sich einmal vorgenommen hatte, die deutsche Kommission nicht unterstützen zu wollen, da sie beständig Geld zu ihren Einrichtungen verlangte und nötig hatte.

Er ließ mich in dieser empfindlichen Lage fast ein ganzes Jahr hier schmachten, und alles, was ich für diese armen Bergbauer thun konnte, welchen ich aus deutscher Redlichkeit gerne mit Leib und Seele dienen wollte, waren Opfer meines eigenen Geldbeutels; ich unterrichtete sie in ihren Hütten, so viel ich konnte, und gab ihnen einen Unterricht in der Dozimastik und metallurgischen Chemie“. (S. 238—39.)

Schon zwei Monate lang war Helms schwach und kränklich gewesen; durch Überanstrengung und Erkältung bei einem langen Ritt in die Kordilleren erlitt er einen Anfall von chronischem Rheumatismus. Daher richtete er ein Gesuch an den Vizekönig, ihn in eine mildere Gegend zur Pflege seiner Gesundheit zu kommissionieren. Über diese Bitte hatte der Vizekönig eine große Freude; sogleich kam bejahender Bescheid, daß sich Helms über die Kordilleren nach dem Mineral Chanca und dessen Anquickungshütte Bellavista in der Provinz Cajatambo zu begeben habe.

Am 5. November 1791 ging er an seinen neuen Bestimmungsort ab, den er bei der kurzen Entfernung von 15 Meilen in einem Tag erreichte. Sein Befehl lautete, daselbst das Amalgamationswesen einzurichten. Trotz seines geschwächten Gesundheitszustandes begann Helms sofort mit der genauen Untersuchung der Grube von Chanca, die er sehr ergiebig fand. Ausnahmsweise war Helms mit dem Zustand der Grube sehr zufrieden, „aber in der Hütte fand ich keinen Stein, keinen Nagel, kein Bret zum Anfang irgendeines Baues, obgleich man mich versichert hatte, daß ich alles hinreichend antreffen würde . . . . ." Gruben und Hütten waren das Eigentum zweier ignoranter Franzosen, die dem Vorgänger des Vizekönigs, dem Herrn La Croix gedient hatten und ihn durch Scheinwissen und falsche Versprechungen betrogen hatten. La Croix steckte aus eigener Kasse 60 000 Piaster und von anderen Kreditoren noch 40 000 Piaster in das Unternehmen, und in 8 Jahren war nicht nur kein Piaster Gewinn erzielt, sondern nicht einmal ein Bruchteil ihrer Schuld getilgt. Daher hatten sich endlich Regierung und Kreditoren ins Mittel gelegt und die Leitung der Grube Helms übergeben.

Nachdem nun Helms seinen Operationsplan zur Aufnahme von rentabeln Arbeiten der Regierung vorgelegt hatte, erhielt er zunächst wie in Pasco schöne Worte, aber dann einen abschlägigen Bescheid, da man die von Helms geforderte Summe 16 000 Piaster zur Errichtung einer Fässermaschine, von Röstöfen und ähnlichen Einrichtungen zu hoch fand, obwohl sich Helms verpflichtet hatte, nach Modernisierung des Betriebes jeden Monat 1500 Mark Silber zur Tilgung der Schulden nach Lima zu senden. Wieder blieb Helms nichts anderes übrig als die Arbeiten, so gut es ging, aus seinem eigenen Geldbeutel zu finanzieren; zugleich protestierte er offiziell heftig beim Vizekönig gegen jede Verantwortung, die man ihm aufbürden wolle, nachdem man die Jahre der Kommission im Lande ungenützt vergehen lasse. Zugleich drohte er, die Abschriften seiner Pläne und deren Verhinderung publizieren zu lassen, um zu beweisen, wie man seine Arbeit sabotiert hatte. Als letzten Beweis seines Opferwillens erbot sich Helms in diesem Schreiben, dem Administrator von Bellavista 2000 Piaster gegen Obligation einzuhändigen, die zur Errichtung der nötigen Hüttenanlagen verwendet werden sollten. „Ich verlangte dagegen nicht einen Heller Interesse und fände mich zum Beßten des Königlichen Dienstes belohnt genug, wenn ich Se. Excellenz und das Publikum überzeugt hätte, daß ein deutscher Künstler und wissenschaftlicher Mann, ein Mann von Ehre sey, der nichts verspräche, was er nicht halten könne". Hierauf empfing Helms wieder ein langes und breites Dankschreiben, in dem man ihn dem König als verdienstvollen Mann zu empfehlen versprach.

Zweieinhalb Monate arbeitete Helms an der Aufstellung seines Werkes mit einer kleinen Fässermaschine, in der er dann nach 12 Tagen 225 Mark Silber erzeugen konnte. Nach Einschickung von zwei neuen Operationsplänen, und nachdem die angeschafften Erzvorräte aufgearbeitet waren, kündete Helms aber dem Vizekönig an, daß er mit Rücksicht auf seinen Gesundheitszustand und seine Familie nicht weiter imstande sei, diese Arbeiten mit eigenen Kosten fortzusetzen. Daher bat er, auf Grund der vielen Lobeserhebungen ihm dieses Werk mit einem Vorschuß zu unterstützen. „Allein es geschah nichts, und ich lauerte noch über drey Monate auf Resolution, die nie erfolgte. Endlich aber wurde meine Krankheit so gefährlich, daß ich nötig hatte, geschickte Ärzte zu Rate zu ziehen und trat . . . am 16. Juni 1792 meine Reise nach Lima an, nachdem ich mit dem Administrator und Schreiber alles in schriftliche Ordnung hatte bringen lassen". Die Reise ging über Churin, Lancha nach Quintay. Auf dem Wege über das mit lockeren Geröllmassen steil abfallende Gebirge stürzte hinter Lancha eines der Maultiere mit Helms' Packkasten in den Fluß. Das Tier war tot und der Packkasten konnte erst nach vierstündiger Arbeit von 6 Indianern wieder den Berg heraufgebracht werden. Von Quintay nach Chancay verirrten sich die Reisenden in einer öden Wüste von Geröll und Treibsandmassen und mußten im Regen und Nachttau ohne Decken und Mäntel, die bei dem großen Gepäck geblieben waren, unter freiem Himmel ohne Essen und Trinken übernachten. Helms' Gattin und das 1 Jahr alte Kind mußten sich auch darein fügen, ehe am andern Morgen ein Mauleseltreiber sie wieder auf den richtigen Weg wies. Zwei Meilen vor Chancay wurde das Meer sichtbar, und nach Einlangen in Lima wurde Helms noch am selben Tage beim Vizekönig empfangen, der in hofmännischer Weise Helms' Verhalten in Pasco und Bellavista rühmte und seinen Gesundheitszustand bedauerte. Helms erklärte aber, in Berufung auf Art. 7 seines Kontrakts, das Urteil der vier besten Ärzte im

Königreich in Anspruch nehmen zu müssen und bat, im Falle, daß die Konsultation die Unmöglichkeit ergeben sollte, seine Arbeiten weiter fortzusetzen, ihn nach Spanien zurückzuschicken. Er begründete seinen Zustand durch die bittere Anklage, man habe ihm bei seiner mühsamen und gefahrvollen Kommission, wo er außer Hüttendirektor noch zugleich „Zimmermeister, Schmidt, Maurer und alles in allem ohne Hilfe" hatte sein müssen, noch die ärgsten Hindernisse, Tücken und Verleumdungen in den Weg gelegt. Der ärztliche Befund — der sogar die Unterschrift des vizeköniglichen Leibarztes selbst trug — ergab, daß Helms unter Lebensgefahr seine Kommissionen in der Kordillere nicht mehr fortsetzen dürfe, wobei besonders auf seinen hypochondrischen Gemütszustand hingewiesen wurde. Der Vizekönig war beim Anblick des ärztlichen Attestes sehr ungehalten, stampfte mit den Füßen, beschuldigte Helms in seiner offiziellen Antwort kleinmütiger Fahnenflucht und erklärte, es persönlich nicht verantworten zu können, ihm die Rückreiseerlaubnis zu erteilen. Helms müsse im Dienstwege nach den Bedingungen seines Kontraktes darum einkommen. Infolge der neuerlichen Streitigkeiten mit der Regierung verschlimmerte sich sein Zustand derart, daß er jetzt kontraktmäßig die Rückkehr nach Europa verlangte. Nun erhielt er endlich die Erlaubnis, auf einem Registerschiff, der Handelsfregatte „San Pedro", nach Spanien zurückzukehren. Am 25. Dezember 1792 konnte Helms mit seiner Familie in Callao an Bord des Schiffes gehen, das noch am selben Abend in See stach.

Die Rückfahrt um die Südspitze des amerikanischen Kontinents stand unter keinem glücklichen Stern. Helms' Schilderungen dieser „Höllenfahrt" beweisen, daß er bei seinem schwer erschütterten Gesundheitszustand über das normale Maß physisch und psychisch mitgenommen wurde. Schwere Stürme in der Nähe des Cabo de Patagon, die alles übertrafen, was Helms bei früheren Reisen im Baltikum erlebt hatte, brachten das Schiff in Gefahr, das von einem Hafen zum andern Strecken von 10 000 Meilen zu bewältigen hatte. Die Stimmung der Passagiere und Schiffsleute war überaus gedrückt, wegen widriger Winde mußten sie fast bis zum 60. Grad gegen den Südpol steuern, ehe sie den Kurs ostwärts um das Kap Horn nehmen konnten. Händel und Zänkereien und Unzufriedenheit mit Essen und Trinken brachen aus. Die Gefahr des Skorbuts verwandelte die ganze Besatzung in eine Gesellschaft von Menschenfeinden und Hypochondern, die sich gegenseitig zur Last fielen. Zwei Monate dauerte die Reise bis zur Südspitze, ohne daß die Reisenden von der chilenischen Küste auch nur das Geringste gesehen hätten, da wegen der Gefahr des Scheiterns in weiter Entfernung vom Lande gesteuert wurde.

Im dritten Monat erreichten die Seefahrer zum zweiten Male den Wendekreis des Steinbocks und litten von hier bis zum Äquator unter schrecklicher Hitze, die durch lange dauernde Windstille bis zur Unerträglichkeit gesteigert wurde. Drei Wochen lang trieb das Schiff in „diesem Siedekessel" herum, und es dauerte noch weitere 4 Wochen, ehe die Reisenden zu ihrer größten Freude die Insel Ascension erblickten. Nach einer Fahrt von 4½ Monaten war der Wendekreis des Krebses überschritten und nach 8 Tagen die Azoren in Sicht. Hier hielt ein englisches Kriegsschiff die spanische Fregatte an und teilte mittels Sprachrohr mit, daß die Franzosen mit Spanien und dem größten Teil der europäischen Mächte im Kriege ständen. Das war eine Schreckensnachricht, da sich bis jetzt noch kein spanisches Kriegsschiff gezeigt hatte und die „San Pedro" 3 Millionen Piaster an Bord hatte. Der Engländer aber versicherte sie, daß die Franzosen in ihren Häfen blockiert seien und sie außerdem gleich beim Cabo San Vicente ein spanisches Reihenschiff zum Konvoy nach Cadiz finden würden. Tatsächlich traf die Fregatte 3 Tage später auf hoher See den „San Leandro", der eine französische Prise hinter sich her steuerte. Er nahm die „San Pedro" unter seinen Schutz und eskortierte sie glücklich bis nach Cadiz, wo sie am 3. Mai 1793 anlangten.

Von hier begab sich Helms nach Madrid, um eine Audienz beim Minister zu erlangen. Man verlangte seine Forderungen in schriftlicher Form und ließ ihn nahezu 7 Monate auf Bescheid warten, was ihm beinahe 2000 Gulden für den Lebensunterhalt kostete. Endlich erging eine schriftliche Resolution, daß der König ihm auf Lebenszeit eine kleine Pension aussetzte, die er in Deutschland verzehren könne. Im Falle der Rückkehr in sein Vaterland würden ihm jedoch die Reisekosten n i c h t ersetzt. Mit der Bewilligung dieser Pension scheint auch eine völlige Rehabilitierung von Helms in bezug auf die böswilligen Anschuldigungen und Verleumdungen seiner südamerikanischen Widersacher verbunden gewesen zu sein, denn Helms preist die Gerechtigkeitsliebe des spanischen Herrschers, die ihn für die vielen ausgestandenen Kränkungen entschädigt habe.

Mit freudigen Gefühlen reiste er von Madrid nach Barcelona, wo er sich nach Genua einschiffte. Ein widriger Wind trieb das Schiff nach den Balearen (Majorca); als sie nach zwei Tagen wieder ausliefen, wurden sie 8 Tage vom Sturm umhergetrieben und endlich nach Toulon verschlagen. Es war 14 Tage vor der Einnahme des Hafens durch die französischen Republikaner, doch konnte Helms noch vorher glücklich seine Seefahrten in Genua beenden. Über Mailand, Kärnten und Steiermark erreichte er Wien, „wo ich nun vaterländische Luft unter meinen Landsleuten einatme"

C. Ausgewählte Stellen in Helms' „Tagebuch".

a. Eine beachtenswerte Tabelle (Seite 22—23).

„Ein Verzeichniß aller wirklich aufgenommenen Bergwerke oder Grubengänge in dem Vicekönigreiche Plata oder Buenos-Ayres[29]), dessen Gränzscheidung bis Santa Rosa in 650 Spanischen Meilen bis an die Gränze des Königreichs Peru geht, ausgezogen aus dem Protokolle der Kanzley des Gouverneurs".

Namen der Provinzen	Gruben mit Gold	Silber	Kupfer	Zinn	Blei
Tucuman	2	1	2	.	2
Mendoza a Chile	.	1	.	.	.
Atacama	2	2	1	.	1
Lipez (Provinz Potosi)	2	1	1	.	1
Porco „ „	1	2	1	.	.
Caranges	.	2	1	.	.
Pacages oder Berenguela	.	1	.	.	.
Chucuyto	.	2	.	.	.
Paucarcolla, Stadt Puno	.	1	.	.	.
Lampa	.	2	.	.	.
Montevides	1	.	.	.	.
Chicas oder Tarifa	4	5	.	.	1
Cochabamba	1	.	.	.	.
Zicazica	2	.	.	.	.
Lavicaja	4	.	.	.	.
Omasuijos	4	.	.	.	.
Avangaro	3	.	.	.	.
Carabaya	2	1	.	.	.
Potosi	.	1	.	.	.
Chayanza	2	3	1	1	1
Mizque	.	1	.	.	.
Paria	.	1	.	1	1
Zusammen	30	27	7	2	7

b. Eine vergleichende Übersicht (Seite 254—261).

„Der Bergbau ist der natürliche Hauptnahrungszweig dieser Länder, und sein reeller Reichthum. Sein innerer Handel in den Provinzen ist ohne Leben und von keiner Bedeutung, wegen Mangel der Cultur und zu weniger Bevölkerung.

[29]) Vgl. dazu Haenkes Zahlen für Peru!

Der auswärtige Handel ist für diese Länder, wegen der Europäischen Industrie und der Luxuswaaren, höchst passiv.

Bey aller Schwäche, womit der Bergbau dieser Länder, in edlen Mineralien reicher als alle drey übrigen Welttheile zusammengenommen, getrieben wird, welches theils durch übel verwaltete Justitz, theils durch die hohen Prozente, womit die Handlungshäuser den Bergbau erschweren und fast zu Grunde richten, verursacht wird, und wogegen das einzige reelle Hülfsmittel wäre, wie ich schon oben erwiesen: Königliche oder gesellschaftliche Fonds, die hier ganz und gar nicht statt finden, wurden dennoch im Jahre 1789, 3 570 000 Piaster in Silber, und 766 768 Piaster in Gold in dem Koniglichen Münzhause in Lima vermünzt; im Jahre 1790 sind 534 000 Mark Silber und 6038 Mark Goldes, im Betrag von 5 162 239 Piastern daselbst in Lima ausgeprägt worden.

Allein der Berg Gualgayoc in dem Mineral Chotta der Provinz Truxillo, 178 Meilen von Lima entfernt, und der Bergbau von Pasco, in der Provinz Tarma, geben zur obigen Summe, mit Ausnahme des vielen im Lande verarbeiteten Kirchen- und Privatsilbers, und des großen Theils, der heimlich aus dem Lande geschleppt wird, die Hälfte aus. Der Bergbau von Guantajaya, in der Provinz Tarapaca, der Intendentia de Ariquipa, 80 Meilen vom letztern, 300 Meilen von Lima, und 2 Meilen von dem Seehafen des stillen Meers Iquique entfernt, trägt zu der obigen Summe über 38 000 Mark Silber bey, könnte aber viermal mehr erzeugen, wenn es nicht wegen der Nähe des Meeres eine schrecklich heiße Sandwüste wäre, und ganz und gar Wassermangel litte, das von 20 bis 30 Meilen dahin geschafft werden muß, und zuweilen bey weniger Zufuhre ein Trinkglas voll um einen Piaster bezahlt wird.

Eben wegen des Wassermangels wirft man hier acht und zehnlöthige Hornerze auf die Halden, die wegen der großen Kosten nicht verarbeitet werden können. Der größte Theil der daselbst gewonnenen Erze sind reiche Silberhornerze; man trift zuweilen Nieren von 3 bis 4 Ellen, ja mehrere Lachter derbes Silber, mit anstehendem schwarzem geschmeidigem Hornerze an, auch könnte man ganz bequem das Hüttenwerk ans Gestade des Meeres vorrichten, um das Meerwasser zum Anquicken der Erze zu benutzen, weil das Gebirge 14 Meilen in fast gerader Linie einen beträchtlichen Bergfluß dahin führt.

Der nächste Bergbau bey Lima wird in der reichen Provinz Guarocheri, in 17 bis 30 Meilen Entfernung von Lima, getrieben; dies Mineral hat aber bis jetzt fast gar keine eingerichteten Bergbauer, die auch übrigens in Absicht der Amalgamation, und besonders der Röstungskunst, weder

Regeln noch Kunst kennen, sondern blos einer rohen Gewohnheit folgen; daher verlieren sie fast allezeit die Hälfte Silber und Quecksilber, kommen deswegen nie recht vorwärts, und finden wenig Unterstützung zur Fortsetzung ihrer Arbeit im Großen.

Es gibt in dieser Provinz auch reiche Gold- und Quecksilbergänge und Mineralien aller Gattungen, Silbererze von 2, 3 und mehrern Marken im Centner, derber Silbererze von vielem Gehalte nicht zu gedenken, und überhaupt Gänge in großer Mannichfaltigkeit.

Dies sind einige Ursachen, warum folgender Abstand zwischen der Ausmünzung von Mexiko und den Königreichen Peru, Buenos-Ayres und Chili so höchst verschieden sind. Die Hauptursachen gründen sich vorzüglich 1.) auf die viel größere Bevölkerung des Königreichs Mexiko, 2.) auf die zweymal beträchtlicher Nähe des Mutterlandes, woher denselben mehr Gehorsam gegen die Gesetze und Verordnungen, bessere Industrie, Polizey und Oekonomie zufließet; 3.) auf die Existenz Königlicher und Privatbanken, welches alles in Peru noch nicht statt findet, und alles noch, wie im ersten chaotischen Zustande, unter einander ohne Ordnung verwickelt liegt. Endlich aber auf die große Unterstützung, die der Bergbauer in Mexiko in jedem Handlungshause finden kann.

Hätten nun Peru, Chili und Buenos-Ayres alle solche glücklichen Verhältnisse, die ich eben von Mexiko erzählt habe, so könnte man in Peru, wegen seiner viel reichern und häufigern Gold- und Silbergänge, in einem Jahre vier und mehrmal so viel Gold und Silber, bey mittelmäßiger Industrie, als in Mexiko ausmünzen.

Bestand der Quantität des ausgemünzten Goldes und Silbers, in der Königlichen Münze de Sant Jago, der Hauptstadt des Königreiches Chili, vom 1. Jänner bis den 31. December 1790, mit Ausnahme des verarbeiteten Silbers, welches daher nicht angezeigt ist, als:

An Gold: Piaster 721 754.
„ Silber: „ 146 132.

Nach dem authentischen Münzextract des Königreichs Chili an die höchste Regierung in Lima — — — — — — 867 886 Piaster in Gold und Silber.

Bestand der Quantität des ausgemünzten Goldes und Silbers in der Königlichen Münze von Mexiko, vom 1 Jänner bis 31. Dezember 1790, mit Ausnahme der Silbersummen, die in jedem Monate für Kirchen,

Klöster und Privatleute sind verarbeitet worden; nach dem authentischen Münzextract an die höchste Regierung in Mexiko.

Monat	In Golde	In Silber			An Gold u. Silber zusammen		
	Piaster	Piaster	Realen	Maravedis	Piaster	Realen	Maravedis
Jänner	—	1,209.511	7	17	1,209.511	7	17
Hornung	—	1,234.001	5	17	1,234.001	5	17
März	—	1,503.907	5	17	1,503.907	5	17
April	138.028	1,138.511	7	—	1,276.539	7	—
May	—	1,086.885	2	—	1,086.885	2	—
Juni	—	1,206.811	4	—	1,206.811	4	—
Juli	120.416	1,358.263	4	—	1,478.679	4	—
August	159.136	1,530.254	6	17	1,689.390	6	17
September	—	1,528.690	3	—	1,528.690	3	—
October	—	1,700.650	1	17	1,700.650	1	17
November	210.464	1,589.075	5	—	1,799.589	5	—
Dezember	—	2,349.080	1	17	2,349.080	1	17
Das Jahr	628.044	17,435.644	5	—	18,063.688	5	—

Bestand des Goldes und Silbers, welches die Potosische Münze zum Vize-Königreich Buenos-Ayres im Jahre 1790 gekauft, und im ganzen Jahre vermünzt hat, nach den authentischen Münzberichten an die höchste Regierung in Buenos-Ayres, ohne das Silber, welches daselbst für Kirchen, Klöster und Privathäuser verarbeitet wird, und schwer anzuzeigen ist, weil in Amerika bis jetzt keine Staatskontrolle statt findet.

	Eingekauft		Ausgemünzt		Werth in Piastern	
	Mark	Unzen	Mark	Unzen	Piaster	Realen
An Silber	445.086	—	468.609	—	3,983.176	4
An Golde	1.650	7	2.204	6	299 846	—
	Überhaupt vermünzt		—	—	4,283.022	4

Anmerkung: In der Potosischen Bank de San Carlos, so wie in der von Mexico und in den Königlichen Kassen von Peru und Chili, wird jede Mark der ausgebrannten Anquicksilber, im Gehalt von 11 Dineros 22 Granos zu 7 Piaster und 3 Realen de Plata, nach der Königlichen Verordnung eingelöst.

Nach der Schmelzung der Silber werden folgende Königliche Rechte abgezogen, als:

1½ Procent de Cobos, oder alte eingeführte Abgabe.
10 Procent del Real Diesmo, oder Königlicher Zentner.
6 Procent Derechos de Fundicion, oder Königliche Schmelzkosten, für 1 Barren von 200 Mark.
1 Real de Plata Abzug von jeder Mark Silber, zu Erhaltung des Königlichen Tribunals des Berg- und Hüttenwesens.

Sobald die Silber mit den angegebenen Königlichen Abgaben und Rechten geschmolzen, gestempelt und probirt sind, wird jede Mark nach dem Königlichen Münzreglement mit 8 Piastern, 5 Realen und 13½ Maravedis de Plata bezahlt.

Die Golde haben nicht mehr als 4 Prozent Abgaben, und werden in den Königlichen Banken und Kassen, nach Bezahlung der Schmelz- und Probirkosten, wenn sie im Gehalt von 22 Karathen sind, mit 16 Piastern bezahlt."

c. Indianer als Arbeitskräfte (Seite 19—20).

„Unter diesem Drucke lebt nun der arme geduldige Indianer schon Jahrhunderte und schmachtet nach Freyheit, die ihm aber seine Unfähigkeit versagt, ob es ihm gleich an natürlichen Schlüssen und gesunder Bauernbeurtheilungskraft nicht gebricht, daher er auch sich öfters mit lebhaftem Schmerze öffentlich und laut darüber beklagt.

Der König will seine Amerikanischen Unterthanen gern, und ebenso gnädig und großmüthig, wie seine Spanier, glücklich machen. Ich selbst war Zeuge verschiedener ernsthafter Königlicher Befehle, die in Peru zu meiner Zeit ankamen, und die zur Wohlfahrt und Begünstigung dieser Bedrückten abzielten; allein sie werden wegen großer Entfernung vom Mutterlande dort nach besonderen Bedürfnissen der Beamten, entweder gar nicht publizirt und exekutirt, oder im Fall der Publikation durch Intriguen und Kabalen außer Kraft gesetzt. Kurz, ein jeder dieser Herren thut, was dem Herrn mißfällt, die Quelle der Staatseinkünfte versiegt und die Landeseingeborenen kommen dabey an den Bettelstab und zur endlichen Verzweiflung.

Die Indianer sind die einzigen produzirenden Unterthanen des Königs. Alles Gold und Silber, das wir aus allen Theilen des Spanischen Amerika erhalten, sind Werke des Fleißes und der Arbeit dieser geduldigen Lastthiere, denn kein Europäer, ja selbst nicht die Negern, sind dauerhaft genug, in diesem Himmelsstriche, den elementarischen Fatiguen des hohen südamerikanischen Bergbaues auch nur ein Jahr zu widerstehen. Und diesen guten und geduldigen Unterthanen des Königs läßt man kaum soviel übrig, daß sie sich mit Erdäpfeln und (Mayz) türkischem Weizen, der im Wasser gekocht wird, sättigen können."

d. Bericht an den Vice-König (Seite 202—238[30])

„Berg- und Hüttenbericht auf Befehl Sr. Exzellenz aus der mir anvertrauten Direktion der Provinz Tarma über die reichen Silbererzberge Jauricocha und Colquijirca, nebst ihren Hüttenarbeiten, deren Fehler und thunliche Verbesserungsvorschläge, für die Gruben- und Hüttenreviere von Pasco.

Von dem Bergstädtchen Pasco nach dem Silbermineralberg Jauricocha, geht man bis dahin 2 Leguas oder Spanische Meilen, deren 20 auf den Grad des Aequators gerechnet werden, von Mittag nach Mitternacht. Der Berg, oder genauer bestimmt das Erzflötz Jauricocha, streicht von Morgen nach Abend; an der Morgenseite ist es von den Kordillieren abgesetzt, und verflächet sich in einer halben Meile nach Abend ganz und gar. In der Mitte diese Flötzes sind die Gruben von Santa Rosa, streichend in der dritten Stunde zwischen Abend und Mitternacht, die, einige ausgenommen, durch den Stolln, wenn nicht ganz und gar, doch größtentheils ihrer Wässer entlediget werden. Aus diesen Gruben ziehet man, wegen Geschmeidigkeit der Berg- und Erzart, einen außerordentlichen Erzvorrath, dessen höchster Gehalt 9 Mark Silbers in einem Bergmaase von 50 Zentnern des Minerals beträgt, in dem Ausbringen nach hiesiger unwissenden Art aber, nur zuweilen 4, 5, 6, 7 und gar selten bis über diesen Gehalt kömmt.

Das Anquicken (Benefizio) dauert, wenn es nach ihrer Art geschwinde heißt, 3, 4 bis 6 Wochen, auch zwey Monate, gewöhnlicher und öfterer aber dauert die vorgerichtete (Buitronada), oder Quadratfeld von eingerichteten Beeten, die etlich 20 bis 40, zuweilen bey einigen großen Bergbauern 50 Maas Erz fassen, jedes Maas zu 50 Zentnern gerechnet, drey Monate und darüber, ehe sie diesen ganzen Vorrath aufarbeiten können. Diejenigen Gruben, die man eigentlich Jauricocha nennt, waren ehedem die reichsten, und gaben in der rohen Anquickung ohne Röstung, im Durchschnitt 20 Mark Silber in 50 Zentnern Erz.

---

[30]) Schreibweise und Sperrdruck unverändert nach dem Original.

Nahm man aber den innern Kern des Ganges, welches eine Art ganz weißen zarten Lettens von etwa ¼ Elle Mächtigkeit ist, das dem sogenannten Buttermilcherz ganz gleich ist, so extrahirte man aus 50 Zentnern desselben zuweilen 200, 300 bis 500, seltner bis an die tausend Mark Silber. Diese Gruben liegen viel höher als diejenigen von Santa Rosa, sind seit länger als 30 Jahren gänzlich ersoffen, und streichen in der dritten Stunde zwischen Abend und Mitternacht, gleich wie die von Santa Rosa. Um nun jener reichen Grube durch den seit einigen Jahren vorgerichteten Hauptstolln beyzukommen, und die Grubenwässer von den Gruben Jauricocha gewältigen zu können, führt man aus demselben einen Stollort von Mittag nach Mitternacht dahin, nur kömmt dessen Einschlagepunkt bis zum Ort der Grube hin, viel zu hoch, und glaube ich, daß man statt unter dem Ort, über denselben kommen wird, dem man von oben, um gute Bergwetter zu behalten, mit hinreichenden Wind- oder Wetterlutten versehen hat. Bis jetzt ist dieses Stollort nicht durchschlägig, es fehlen aber wahrscheinlich nicht über drey Lachter.

Wäre dieses Erzflötz vom Anfange her durch Gewerkschaften bearbeitet, und hätten diese wissenschaftliche Beamte gehabt, so hätten diese, der Natur des Flötzes oder Stockwerks gemäß, einen Strossen- oder Firstenbau vorrichten können, und so nach und nach, mit Sicherheit und Unterstützung des Bergs, bey guter Wirthschaft alles Erz gewinnen können. Da aber bey Entdeckung dieses mächtigen Stockwerks, welches mehr als eine halbe Meile in der Länge hat, und dessen Breite nicht weniger beträchtlich ist, einige arme Herumwanderer, vielleicht der niedrigsten Klasse[31]), entblößt von allen dazu nöthigen Wissenschaften, den Räuberbau hier vorrichteten, und alle ihre Nachfolger so fortfuhren; so ist ein großer Theil des Flötzes, Santa Rosa genannt, dermaßen mit abscheulichen Berghöhlen durchlöchert, daß es einem Bergmanne, der an regelmäßige Grubenzimmerung und Mauerung gewöhnt ist, ein Wunderwerk scheint, daß der ganze Theil dieser Grube nicht längst gänzlich zusammengestürzt ist, so wie denn auch schon häufige Einstürze, mit Bedeckung aller Arbeiter, vorgefallen, aber nicht geachtet worden sind.

Diejenigen Gruben oder Löcher, deren Gestein nicht so porös und faul ist wie andere, haben freylich nicht so große Gefahr des Einsturzes wie erstere, und können längere Zeit bestehen, da aber diese Flötzmassen von oben bis unten bloß mit Letten oder Lehm zusammengeküttet sind, die

[31]) Ich muß hier anmerken, daß der Bergbau in Peru fast größtentheils durch Vagabonden, nämlich durch weggelaufene Soldaten und Matrosen oder Schiffsknechte eingeführt worden sey.

den feuchten Bergwettern von innen, und drey bis vier Monaten Regen von außen, weil keine Grube gedeckt ist, nicht widerstehen können; so ist es einleuchtend, daß feste und lockere Massen, später oder früher, vom innern feuchten Berg- und vom äußerlichen Regenwetter durchdrungen, aufgelöset werden, sich von den Erzmassen, die zum Theil aus gelbem und röthlichem Eisenstein, grauen Sandstein, und festen Mergelstückchen bestehen, losmachen und in einen Haufen zusammenstürzen müssen, zum unersetzlichen Nachtheil des Königlichen Aerarii und des Publici.

Die Bergverordnungen des Königs befehlen freylich den Provinzialdeputirten, zwey- und mehrmalen des Jahrs, die Gruben, sowie die Stolln zu besuchen, und darüber zu wachen, daß die Arbeiten der Bergbauer mit Sicherheit und Festigkeit geschehen.

Weil dies aber bisher in allen Provinzen des Königreichs Leute waren, die aus den nämlichen Bergbauern gewählt wurden, so ist leicht zu schließen, daß dieses allezeit Leute ohne Wissenschaft waren, deren Wachsamkeit eben so hülfreich ist, als die, wenn ein Blinder dem andern den Weg zeigen wollte, wovon der Erfolg sicher ist, daß sie alle beyde in die Grube fallen.

Eure Exzellenz verlangen einen Gruben- und Hüttenbericht über die hiesigen Arbeiten von mir, über ihre Mängel und meine Vorschläge zu derselben Verbesserungen. Ich folge demnach treulich, und habe bereits oben vieles über die Bergbaufehler gesagt, so wie auch die Art, wie man hätte nützlicher und sicherer arbeiten können, und werde unten mit den Fehlern und Verbesserungen der Zugutemachung der Erze endigen. Erstens brauche ich wohl hier nicht anzuführen, daß der Bergbau in Peru, vom ersten Anfange an, ohne Beobachtung der Gesetze, Subordination und Königlichen Vorschriften eingeführt sey, woraus nothwendig alle folgenden Mißgeburten, die dem Aerario und Publiko nachtheiligen Schäden entstanden, und nicht anders, als durch dem Gesetz untergeordnete Gesellschaften, oder durch eigne Werke auf Königliche Rechnung zu heilen sind, welches im Folgenden näher beleuchtet wird.

In dieser Lage der Dinge verlangen Eure Exzellenz die Verbesserung des hiesigen Bergbaues; sie ist zu bewirken, und die Vorschläge dazu eben nicht schwer anzugeben; die Mittel aber, die zu diesem Zweck erfordert werden, wenn gleich nicht unmöglich, doch äußerst schwer, ohne Vereinigung ordentlicher Berggesellschaften, oder eigner Königlicher Werke, woran, wie es mir nach meinen hier gemachten Erfahrungen in diesem Königlichen Bezirk scheint, vor jetzt gar nicht zu denken ist, und nur für die Zukunft, durch Einführung und Beobachtung der Königlichen

Bergrechte, und gegenwärtigen Unterricht, nach und nach fundirt werden muß.

Der ganze Berg, oder bergmännisch gesagt, das Silbererzflötz Jauricocha, ist ein Beet, dessen Länge, wie schon oben gesagt, eine halbe Meile fortstreicht, und dessen Breite fast nicht weniger ausmacht. Wollte ich auch hier in Erwägung ziehen, daß seine Tiefe, als Flötz betrachtet, keine Continuation hat, so bleibt es immer mit 15 Klaftern Tiefe beträchtlich genug, und hier ist der Punkt, wo es auf dem einfachen Steingebirge ruhet und aufhört, wie ich unten bey der Beschreibung des Stolln näher beweisen werde.

In welcher Länge, Breite, oder auf welchem Punkte dieses mächtigen Stockwerks man einschlägt, erzielet man Erz von geringerm oder reicherm Gehalt. Dies war die veranlassende Ursache, daß sich anfänglich in dieser wüsten und rauhen Gegend, eine Menge unwissender Leute von wenigem Vermögen hier niederließen, und den größten Theil des Flötzes mit unendlichen Raubhöhlen durchlöcherten, ohne Ordnung, ohne gesetzmäßige Vorschrift, und ohne alle Kunstregel. Stürzte ein Loch ein, so erschürfte man ein anderes, weil das ganze nur ein Silbermineralflötz ist.

Dieses Mineral hätte unter den Händen einer, den Berggesetzen untergeordneten Gesellschaft, bey guter Berg- und Hüttenwirthschaft, viele Jahrhunderte für König und Staat blühend, und in reicher Ausbeute sich erhalten können; bey gegenwärtiger Unordnung und Räuberbau aber, kann ich nicht für eine Fortsetzung von 40, oder wenig mehrern Jahren stehen. Die Verbesserungsanstalten im Allgemeinen, sind unter diesen Leuten, nach der Bekanntschaft, die ich von ihnen eingezogen, wahrscheinlich mehr unmöglich, als auszuführen.

Die Hoffnung, die mir übrig bleibt, bezieht sich blos auf einige Bergbauer in Verbesserung der Zugutmachung ihrer Erze und übrigens in der Unterweisung und dem Unterrichte, die häufigen Mineralien als silberfahl- silberreiche Kupfer- Bley- Glas- und Rothgüldenerze, die es hier in regulären Gängen dieser Kordillieren nicht sparsam giebt, und welche hier alle todt liegen, weil keiner diese Reichthümer kennt, noch zu benutzen weiß, künftighin zu benutzen, damit sich der Bergbau dieser Provinz schadlos halte, wenn einst das ganze Erzflötz Jauricocha zusammenstürzt. Warum Verbesserungsanstalten überhaupt unter diesen Bergbauern unmöglich scheinen, gründet sich auf folgende Erfahrungen:

Erstens, diesen ungebildeten und unstudirten Leuten, von Einigkeit, von den Vortheilen gesellschaftlicher Arbeiten vorzupredigen, und ihnen solche gegründete Vortheile nach Grundsätzen begreiflich und einleuchtend machen wollen, wie ich es versucht habe, ist umsonst, und man erreicht damit wider ihre Vorurtheile nichts weiter, als Gelächter, und am Ende Grobheit und Feindschaft, weil sie gesellschaftliche Rechte, von der Regierung geschützt, nicht kennen, sondern über diesen Punkt am heftigsten mißtrauisch sind, auch von gemeinem Geize beseelt sind, und glauben, daß jeder für sich, und Niemand fürs Ganze, Verbindlichkeit habe, ohne zu wissen und gelernt zu haben, daß, wenn das Ganze leidet und zurückgeht, alle seine Theile nothwendig mit darunter leiden und verarmen müssen, und so umgekehrt.

Zweytens, Verbesserungsanstalten des Grubenbaues in Jauricocha sind aus folgenden zwey Ursachen unmöglich: 1.) Weil man unter 30 bis 40 Bergbauern nicht einen findet, der die Kosten eines ordentlichen Grubenbaues bestreiten könnte, und blos fürs liebe Brod, in Absicht der schweren Kosten der Arbeiter, und für die Vorschüsse der Kaufleute, denen der Bergbauer schändlicherweise 20, 30 auch 40 Prozent zahlen muß, arbeiten will; 2.) wären auch diese Veränderungen immer irregulär und äußerst kostbar, weil ein Loch, oder sogenannte Grube, das andere ohne Sicherheit und Ordnung durchkreuzet, und so das ganze Flötz nach allen vier Weltgegenden untergraben und unsicher gemacht ist, und dies auf 10 bis 12 Lachter vom Tage aus. Man würde also vielleicht mehr als die Hälfte des Silbers, welches man herausgezogen hat, zur halben Sicherheit dieser unordentlichen Gruben hinein verbauen müssen, und dies müßte vom Tage aus geschehen, sonst blieben alle Bauverbesserungsanstalten unnütz. Übrigens müßten solche kostbare Ausbesserungen mit Kalk und Steinen geschehen, da der Holzmangel hier dergleichen nicht gewährt; endlich, mit Verschwendung vieler Tausende auf solche Reparaturen, bleibt es doch immer nur Flickwerk zu immerwährenden Verbesserungen, weil die vielen Löcher, von der Oberfläche bergein, keine solide Unterstützung gewähren.

Besser also wäre es, nach meiner unvorgreiflichen Meynung und Beurtheilung, daß diese Leute ihre Arbeit, so wie sie solche angefangen haben, so lange als sie können, vollenden. Warum? Wollte auch einer und der andere den ordentlichen Grubenbau in seinem Felde vorrichten, so würde dieser durch den Räuberbau seines Nachbars immer gefährdet bleiben, und sie durch stärkern Aufwand nur noch mehr schaden; so lange dies also nicht allgemein geschehen kann, verspricht es keine Vortheile, vielmehr für beyde noch mehr Schaden.

Man bereite sie dagegen, und weil keine bessere Hoffnung vorhanden ist, inzwischen in regulären Ganggebirgen, die es in diesen einfachen grauen Sandsteinkordillieren häufig giebt, nach und nach zu einem regelmäßigen Baue vor.

Wären hier, wie es schwer ist, gute Gesellschaften, mit Nachdruck eines beträchtlichen Kapitals, vorzurichten, so könnte in dem noch nicht sehr benutzten Theile des Erzflötzes der höher liegenden Gruben Jauricocha, ein regelmäßiger Bau eingeführt werden, allein die Hoffnung gesellschaftlicher Arbeiten hört in Peru auf, wie oben mit Erfahrungsgründen erwiesen worden.

Eine halbe Meile gegen Abend von Pasco ist der große sanfte Erzberg, Colquijirca genannt; von der Mitternachtsseite streicht ein sehr mächtiger Pacogang nach Mittag fort; die Gangart ist sehr fest und schwarzer Hornschiefer, dessen Mächtigkeit abwechselnd zuweilen 2, 3 auch 6 Spanische Ellen beträgt; aber, wie eben gesagt, das Ganggestein muß wegen großer Härte mit Pulver gewonnen werden, welches nicht der Fall in den Gruben von Jauricocha, der ein weicher poröser, brauner und gelb ocherichter Eisenstein ist, so daß das ganze Flötz eigentlich nichts anders, als ein mächtiges Eisenflötzlager, mit feinen unmineralisirten Silbertheilchen eingesprengt, ist.

Verschiedenen Partikuliers in Pasco, die diesen mächtigen Hornsteinschiefergang, mit eingesprengtem Fahl- auch blauem Koboldérze, seit einigen Jahren bearbeiten, versichern, 15, 16 auch 20 Mark nach ihrer Anquickung aus dem rohen Erze, ohne Brennen, von einem Bergmaase zu 50 Zentnern zu ziehen; nach der neuen Amalgamationsmethode zog ich 24 Mark heraus.

Übrigens brechen durch diesen Gang sehr viele röstbare Erze mit durch die wenigen derben und porösen Hornsteinschiefer, mit durchgewachsenem und anstehendem Silberfahl- auch feinkörnigem Bley- und Kobolderz, mit großen tafelförmigem Kalkspathe aufgesetzt; diese geben 40 bis 50 Mark, werden aber nicht gewonnen; weil sie nach ihrer Methode, da sie die Röstkunst nicht verstehen, wegen der großen Quecksilberabgänge unbaulich sind, so bleiben sie in den Gruben todt liegen.

Über die Erzmühlen, Zugutemachung der Erze, deren Kosten und Verluste[32]): Hütten zum Anquicken giebt es eine der Menge des geförderten Erzes angemessene Anzahl, welche nach Nothdurft des Wassers ihren Anfang noch ¼ Meile vor Pasco nehmen, und so in der Länge von zwey bis drey Meilen an dem Absatze des Berges Colquijirca, und ferner so in der Nähe der kleinen Teiche und Seen, deren es hier, zum Glück des

---

[32]) Ist im Original nicht eigens als Titel hervorgehoben.

Minerals, einige acht, und mehrere giebt, fortziehen, und welche durch die Regengüsse und den aufgelösten Gebirgsschnee unterhalten werden.

In trocknen Jahren, so wie das gegenwärtige 1791. Jahr in dieser ganzen Provinz vorzüglich trocken war, leidet das Zugutemachen der Erze, zum Nachtheil des Königlichen Aerarii und des Bergbauers, hier großen Schaden, weil in solchen Jahren die Erzmühlen nicht über 3 bis 4 Monathe mahlen können, die gegentheils in nassen oder nur gewöhnlichen Jahren, 7, 8, auch 9 Monate ihre Arbeiten fortsetzen, und Erzmehle fürs ganze Jahr erzeugen können.

Wenn es z. B. sehr trockne Jahre giebt, so trocknen die Lagunas, Landsäcke oder Teiche zu einer solchen Tiefe aus, daß die Mühlen das nöthige Wassergefälle verlieren und stehen bleiben, und dieser Überfluß, oder Mangel an Wasser, hängt lediglich vom vielen oder wenigen Gebirgsschnee, vom vielen oder seltenen Regen ab.

Durch die Kunst läßt sich hier nichts weiter thun, sondern durch gute Wirthschaft; nämlich alle Teiche mit Schleußenkanälen zu verbinden, um die Wässer durch dieses Mittel an alle Hütten verhältnismäßig zu vertheilen. Dieses ist das einzige und nöthigste Mittel, um die Unordnung dieser unwissenden Leute in Gränzen zu erhalten, weil einer zuweilen, vermöge seiner Lage, so viel Wasser hat, womit sechs und mehrere Mühlen in Umtrieb könnten gesetzt werden, und nun durch Eigensinn dieses Einzigen, der sich den Teich zueignet, jene sechse Mangel leiden.

Wegen großer Höhe dieses Minerals, giebt es hier keine beständigen Bergflüsse, denn diese liegen alle um viele tausend Klaftern tiefer.

Über Kosten und Verluste an Silber und Quecksilber beym Zugutemachen der Erze, kann ich eben so wenig, wegen Verwirrung in dem Gange der Arbeit, keine sichern Resultate herausbringen, welches man aus den seichten Ursachen der Bergdeputirten in der rubrizirten Generalkostentabelle ersehen wird.

So kann ich eben so wenig mit Gewißheit hinter die Verluste in der Wäsche ihrer Rückstände kommen. Alles, was ich in Absicht der Queck-

---

Anmerkung: Warum ich keine genau bestimmte Kosten, eines gemahlenen Cajonmaas von 50 Bergzentnern Erz, auch eben so wenig die genauen Ausförderungskosten, und des Transportirens in die Hütten, anzugeben vermag, werden Eure Exzellenz aus den bemerkten Rubriken der Generalkostentabelle, und aus beyliegendem Schreiben an die Territorialdeputirten von Jauricocha ersehen, und unmaßgeblich gewahr werden, daß alle mein Fleiß, Ordnung und System in dieser Untersuchung zu befolgen, in dem Chaos der Unordnung dieser Deputirten und Bergbauer vergeblich ist.

silberabgänge mit allgemeiner Übereinstimmung herausbringen konnte, ist folgendes: Beym Anquicken der Erze findet sich, nach dem Verwaschen gegen jede Mark Silber eine Mark Quecksilberverlust, ohne den Verlust beym Ausbrennen der Queckkugeln, die hier wegen gar schlechter Vorrichtung beträchtlich sind, wie solches in der Generalunkostentabelle mit mehrerem zu ersehen.

Übereinstimmender ist die Angabe aller Kosten, die diese Bergbauer angeben, und läuft allgemein da hinaus, daß das Maas von 50 Zentnern Erz durch alle Manipulationen auf 5 bis 5½ Mark Silber zu stehen komme, und dessen Gehalt auf 6½ höchstens auf 7 Mark ausgebracht wird, obgleich der wahre Gehalt, wie oben gesagt, nach der Hüttenprobe 9 Mark enthält. Diese Kosten der unwirthschaftlichen und ungründlichen Arbeit, übersteigen bey einem großen Theil dieser armen Bergbauer dergestalt den Gewinn, daß solche für ihre eigne Existenz nicht allein nichts übrig behalten, sondern beständig den Kaufleuten, ihren Kreditoren, schuldig bleiben, und von diesen tyrannisirt werden, und dies aus folgenden Ursachen: 1.) Will der unbemittelte Bergbauer arbeiten, so hat er Geld nöthig, die Indianer, Berg- und Hüttenarbeiter zu erhalten.

In diesen Nöthen hat er keine andern Hülfsmittel als den jüdischen Kaufmann, welcher auf 2½—3 Monate, als so lange ihre Anquickungszeit zu einem Felde Erz, von etwa 20 bis 30 Maasen Cajon, jeden zu 50 Centnern, dauert, 20, 30 auch mehrere Prozente nimmt, und mit diesen ist dieser Wucherer noch nicht zufrieden; um also noch mehrern Nutzen zu ziehen, zwingt er den Bergbauer für eben so viel an Waaren und Galanterien aus seinen Vorräthen zu nehmen, als er ihm baares Geld giebt; nämlich die ganze Summe, die er nöthig hat, wird ihm halb im Gelde und halb in Tändeleyen gegeben, woran derselbe abermals verliert, wenn er solche aus Noth veräußern muß. Dies ist die Ursache der unerlaubten Bereicherung des Kaufmanns, und die traurige und drückende Verarmung des dem Staate so nützlichen Bergbauers.

Der Bergbauer muß dem Kaufmanne durch Obligation, mit sicherer Bürgschaft begleitet, seine ganze Silbermasse, die aus dem Felde nach drey Monaten extrahirt wird, verschreiben.

Ew. Exzellenz sehen hieraus deutlich die Tyranney, der der beßte Unterthan des Königs ausgesetzt ist, und den großen Schaden und Nachtheil, den König und Publikum durch diese Blutigel leiden. Dagegen penetrirt die hohe Einsicht Ew. Exzellenz leicht, daß von Seiten der höchsten Regierung, durch eine angemessene Taxation der Interessen, diesen Mördern der vorzüglichsten Landesindustrie, Gränzen gesetzt werden können und müssen, wenn der Bergbau von Peru nicht ganz soll zu Grunde gerichtet werden.

2.) Fehlt gewöhnlich in der Zwischenzeit dem Bergbauer nicht allein Geld, die Kosten seines Hauses, sondern auch die Löhne der Indianer zu bestreiten, als welche letztere ohne Unterhalt und prompte Bezahlung, Gruben und Hütten verlassen. In dieser Noth, weil der Kaufmann keinen Heller mehr vorschießt, muß der elende Bergbauer einen Körper von 50 Zentnern des angequickten Minerals, nach dem andern verwaschen, und da nach seiner Verfahrungsart, zuweilen das Anquicken nicht über die Hälfte ist, so erhält er aus einem solchen verwaschenen Maaße, statt oben erwähnter 7 Mark, zuweilen nur 5½, und wenn es hoch kömmt, 6 Mark Silber.

Da nun die sämmtlichen Kosten für 50 Centner Erzmaaß sich bis auf 5 Mark Silber belaufen, so sieht man wohl aus diesem Mißverhältnisse, und da der Bergbauer so ganz und gar von der gesetzmäßigen Landesherrschaftlichen Hülfe verlassen ist, daß er nicht allein unvermögend und arm bleiben, sondern auch zuletzt, zum Nachtheil des Königlichen Aerarii, zu arbeiten aufhören, und sein dem Staate so nützliches Gewerbe verlassen muß.

Die unwissende Arbeit ist durch Wissenschaft, Geld und Zeit zu verbessern. Der Druck, Geiz und Geldschneiderey der Kaufleute unter diesen Bergbauern aber, und der Nachtheil der Königlichen Einkünfte durch Defraudation der heimlichen Silberausschleppung, kann nicht anders als durch Autorität der Gesetze, durch den ersten Landeschef und durch vernünftige Gegenmittel gehemmt werden, und zu diesem Ende schlage ich unvorgreyflicher Weise zwey Mittel als heilsam vor, als durch deren gnädige Execution der Ruhm Euer Excellenz in kurzer Zeit unter diesen nützlichen Unterthanen sich verewigen würde.

1.) Daß Ew. Excellenz eine gewisse Anzahl Kaufleute in Lima authorisirten, in die Königliche Schatzkasse von Pasco, unter Aufsicht der Königlichen Schatzbediensteten, eine Summe von 1 oder 200 000 Piaster, gegen 10 Prozent jährlicher Renten niederzulegen, daß dagegen, zur Sicherheit dieses Fonds, das ganze Berggremium dieses Districts mit ihren Gütern, Bergen und Hütten, sich als eine sichere Hypothek verschriebe, und daß aus diesem Fond ein jeder Bergbauer zu seiner Nothdurft, aufs ganze Jahr gegen 10 Prozent, Geld erheben kann, und zwar durch Vorstellung an das Gremium, in Gegenwart der Territorialbergdeputation, die hierüber ein Protokoll aufzunehmen hat, und welches Protokoll durch Gewährleistung des ganzen Gremii, für die Schatzkassenbeamten allein gültig ist, die verlangte Summe auszuzahlen, so wie denn auch für die bestimmte Wiederbezahlung nicht der Partikulier, sondern das verbürgte Gremium angesehen und gemahnet werden muß. Der Bergbauer wird dergestalt von dem Gremio und ihren Deputirten angehalten, alle drey Monate von seinem extrahirten Silber bis zu Ende des Jahrs, seine Schulden an die Königliche Schatzkasse, nebst den 10 Prozenten Interessen abzuzahlen, wogegen derselbe nach Maaßgabe der Bedürfnisse zu Anfang des folgenden Jahres wieder anleihen darf.

Auf diese Weise bleibt alles erzeugte Silber in dem Königlichen Schatze,, die Defraudation der Kaufleute wird dadurch gehemmt, weil der König ihnen die Interessen in Münze auszahlen läßt. Der Bergbauer kann sich nach und nach erholen, mehr Silber erzeugen, und endlich ganz unabhängig von den Kaufleuten werden, wenn er nur einigermaßen wirthschaften will. Der Kaufmann kann auch mit diesem ansehnlichen Gewinne zufrieden seyn, und dies aus zwo bündigen Ursachen: a) weil der Kapitalist in Lima auf Hypotheken, denen das Übel der Erdbeben die Sicherheit versagt, zum höchsten nur 4 bis 5 Prozent ziehen kann, und b) weil eine durch die höchste Landesautorität und durch die Natur gesicherte Hypothek im Gebirge, viel solider, gewisser, und endlich um noch einmal so vortheilhaft, nämlich mit zehn Prozent bezahlt wird.

2.) Sollte diese Hülfe von Seiten der höchsten Regierung einige Schwierigkeiten haben, wie es vernünftiger Weise nicht zu vermuthen, da es auf gemeine Kosten und vollkommene Sicherheit der hiesigen Bergpartikuliers fundirt ist, so könnte man folgende Maasregeln aus der Quelle der Bergbauer selbst ergreifen, und diese wären: Daß die hiesigen Privat-Bergbauer, außer dem Real de Plata, deren acht einen Piaster machen, und den sie für die Erhaltung des Königlichen Ober-Bergamts-Collegii, von jeder Mark ihres Silbers contribuiren, noch einen zweyten Real von jeder erzeugten Mark Silber abgeben, um mit diesen eine ordentliche Gewerkschaftskasse zu fundiren, die wenigstens in sechs Jahren zu einem Capital von 100 000 Piastern anwachsen könnte, und in welcher Zeit keinem Bergbauer erlaubt seyn muß, vor Ablauf der sechs Jahre Gelder zu erheben. Nach Verlauf dieser Zeit könnte unter denselben Bedingungen, wie im ersten Projecte vorgeschlagen, jeder derselben nach Nothdurft Gelder haben, wohl verstanden aber, daß er nicht allein zur Befestigung des Fonds, mit der Abgabe eines Real von jeder Mark Silber beständig fortfahre, sondern zur Vermehrung desselben für das gehobene Capital noch jährliche vier Prozent zu zahlen angewiesen werde, um andere gemeinschaftliche Kosten, als Stolln und Maschinenwerke, mit Hülfe und Nachdruck bestreiten zu können.

Und um diese Gewerkschaftskasse oder Fond in Sicherheit vor Raubbegierde zu setzen, die die Kasse mit großen Abgaben von Besoldungen und andern unleidlichen Kosten belästigen könnten, wäre die Protection Ew. Excellenz nöthig, um zu befehlen, daß solcher Fond so sicher und verantwortlich, als der Königliche Schatz unter der Aufsicht des hiesigen Königlichen Schatzmeisters und des Buchhalters, gegen eine jährliche mäßige Vergütung ihrer extraordinairen Bemühungen aufgehoben, und die jährlichen Abschlüsse nebst Kassenbestand, sowohl Ew. Excellenz als der gemeinschaftlichen Gewerkschaft mit allen Belegen vorzulegen wären.

Das allerheilsamste Project zu dem Vorwärtskommen dieses Minerals und eines damit verbundenen Nutzens des Königlichen Aerarii, besteht unstreitig in folgenden Überlegungen und darauf sich gründenden Vorschlägen, als:

a.) Braucht es wenig Beweis, daß die Vorschüsse der Bergbauer durch die Kaufleute und daraus folgende freye Handlung mit dem ausgezogenen Silber, nicht allein eine zum Nachtheil des Publikums, sondern vielmehr des Königlichen Aerarii höchst schädliche Defraudation erzeugen, nämlich daß ein großer Theil Silber aus dem Lande, ohne Königliche Abgabe geschleppt werde.

b.) Das Königliche Aerarium verliert, durch diesen seit so vielen Jahren her verübten Diebstahl im ganzen Königreiche, vielleicht mehr als den dritten Theil an den Königlichen Rechten.

c.) Das Berggremium leidet nicht weniger, weil es sich mit Mitteln aus eigenen Kräften nicht helfen, und sich demnach jener gewinnsüchtigen Taxation der Kaufleute unterwerfen muß; hieraus entstehen zwey übertriebene Gewinne für den Kaufmann, die dem Lande höchst nachtheilig sind.

Erstlich, der Bergbauer bleibt in einer beständigen Ohnmacht, ohne zum Vortheil des ganzen Publikums aufzukommen, und dem Staate nützlicher werden zu können. Der Kaufmann hingegen, der nur sein eigenes Interesse, und niemals das Beste des Ganzen und des Königs beherziget, bereichert sich auf diese unerlaubte Weise, weil die Noth, seine Hülfe haben zu müssen, demselben alle Mittel dazu darbietet.

Es ist demnach für ihn nicht genug, daß er erstlich den Gewinn, den die Bergbauer für ihre Industrie genießen sollten, ganz und gar an sich zieht, sondern zweytens durch solche Mißbräuche Gelegenheit bekömmt, den König nicht weniger zu betrügen, nämlich wie oben erwähnt, daß der dritte Theil des erzeugten Silbers dieses Königreichs ohne Königliche Abgabe und Registratur aus dem Lande geschleppt wird, und welches nicht weniger ein außerordentlicher Gewinn, noch mehr aber ein großer Nachtheil für den König und das Publikum ist, welches nicht allein dem erlauchten Ministerio von Indien in Spanien, sondern auch bereits seit langer Zeit in ganz Europa notorisch und allgemein bekannt ist.

In diesem Minerale von Pasco, wo über 200 Bergbauer sich beschäftigen, die nahe an 200 000 Mark Silber produciren, wüßte ich noch ein anderes sicheres Mittel, um dieses Übel mit einem Schlage außer Thätigkeit und Schädlichkeit zu setzen, und dies heilsame Mittel ist auf folgende Gründe gestützt:

1) Pasco und der Berg Jauricocha haben zusammen genommen über 200 Privat-Bergbauer; würde diesen durch Ew. Excellenz auf folgende gegründeten Sätze ein Plan vorgelegt, worinn auffallend der Nutzen des Bergbauers und des gemeinen Beßten des Landes bewiesen, auf der andern Seite die Schädlichkeit dargethan würde, wie viel das Land, der König und Partikuliers durch die bisherigen Vorschüsse der Kaufleute verloren, so scheint es mir, durch das Ansehen Ew. Excellenz, leicht geschehen zu können, diesen Bergbauern einen für ihr eigenes und das Wohl des Landes angemessenen Ehrgeiz einzuflößen, einen gemeinschaftlichen Fond oder Gewerkschaftskasse von 100 000 Piastern niederzulegen, so auf den Antheil eines jeden 500 Piaster betragen würde. Ich weiß aus der Erfahrung, daß diesen Leuten, wenn sie nur ein Jahr ihre unmäßige Leidenschaft zur Verschwendung und Aufwand verläugnen wollen, dies Opfer für ihr eigenes Beßtes ist, das sie in einem Jahre überwinden, und welches sie nicht allein niemals reuen wird, sondern sie werden, nach schneller Empfindung des Guten, welches dieser folgende Plan auf sie und den Staat absolut wirken muß, Ew. Excellenz durch Segenswünsche verewigen.

Aus diesem niedergelegten Fond nun sollen nicht allein nach folgenden Sätzen die Bergbauer in Vorschuß gesetzt, sondern auch die Mark ihres Silbers künftighin mit acht Piastern, statt vorher mit 7 Piastern und 3 Realen, aus ihrem eigenen Fond eingelöst werden müssen.

Doch kann der König, laut dieser neuen Einrichtung, in Absicht seiner festgesetzten Königlichen Rechte nichts einbüßen, und der Königliche Einlösungspreis in den Einnahmen bleibt noch, wie vorher, 7 Piaster und 3 Realen.

Wie dieses anzustellen, sollen folgende vier Hauptsätze deutlich machen, als:

a.) Erster Satz: Aus dem niedergelegten Fond von 100 000 Piastern, können die Bergbauer den zur Unterstützung nöthigen Vorschuß nehmen; es versteht sich aber, damit dieser Fond erhalten, und wo möglich vermehrt werde, daß sie jährlich zehn Prozent Interessen zurück lassen müssen.

b.) Zweyter Satz: Damit der Bergbauer von dieser Einrichtung Erleichterung und Nutzen ziehe, wird ihm von der Gewerkschaftskasse acht Piaster für jede Mark Silber bezahlt, dagegen er einen Real von jeder Mark in der Gewerkschaftskasse zur Bestreitung der Kosten, und Festigkeit des Fonds zurückläßt.

c.) Dritter Satz: Die höchste Regierung garantiert den Bergbauern ihr Kapital, und sorgt dafür, daß dieses gemeinschaftlich, nebst dem Königlichen Schatz, durch die Beamten der Staatskasse administrirt wird, und zwar mit gleicher Genauigkeit und Verantwortung, gegen einen jährlichen Recompens dieser ihrer extraordinairen Bemühung.

d.) Vierter Satz: Der König bezahlt noch, wie vorher, die Mark Silber zu 7 Piaster und 3 Realen, und der erhöhte Silberpreis, nämlich fünf Realen de Plata mehr, wird dem Bergbauer nachgezahlt von den zurück gelassenen 10 Prozent, und der Abgabe des Reals von der Mark Silber, und alle Silber werden alsdann natürlicher Weise in der Königlichen Kasse eingelöset, weil kein anderer sie für einen so hohen Preis, ohne eigenen Verlust einlösen wird noch kann.

Aus diesen 4 Hauptsätzen nun folgen die versprochenen Vortheile.

1.) Der Partikulier oder Bergbauer versieht sich jetzt, ohne Aufenthalt, aus eigener Gemeinschaftskasse gegen jährliche 10 Prozent, genießt dagegen alle Vortheile seiner Industrie, die zuvor der treulose Kaufmann zu Lasten des gemeinen Besten zog. Zahlt er an der einen Seite 10 Prozent für das ihm nöthige Kapital, so genießt er an der andern den erhöhten Silberpreis von 7 Piastern und 7 Realen, nach Abzug des Reals von jeder Mark, und hilft sich dergestalt, ohne Vervortheilung durch andere, mit dem Seinigen, und dient sich, dem Könige und dem Staate als nützlicher Patriot und Staatsbürger.

2.) Gewinnt bey diesem Plan der König und das Publikum: der König, weil die Einkünfte sich um ein Drittheil des ganzen Silbers, das sonst verheimlicht wurde, jetzt aber, durch die Kassenbeamten eingelöst, vermehrt wird. Das Publikum, weil eine weit größere Quantität in Umlauf kömmt. Der Bergbauer aber freuet sich des effectiven Nutzens seiner Arbeit, und kömmt vorwärts, der Bergbau wird mehr ausgebreitet, die Defraudation des Silbers, durch eigene Mittel der Bergbauer und durch

Erhöhung des Silberpreises, stillschweigend gehemmt, und das Aerarium zieht solchergestalt in einem Jahre um einen dritten Theil Silbers mehr, als zuvor durch das Ausschleichen und Verheimlichung für die Königlichen Einkünfte verloren gieng.

3.) Der Kaufmann und Wucherer verlieren alle Hoffnung, Silber an sich zu kaufen, und heimlich aus dem Lande schleppen zu können, ohne strafende Gesetze und Härte nöthig zu haben, die in den meisten Fällen von weniger Wirkung für die Gewinnsucht sind. Warum? Der Bergbauer braucht seine tyrannische Hülfe ferner nicht, und der Kaufmann kann, bey dem erhöheten Silberpreis von acht Piastern, den der Bergbauer durch seinen eigenen Fond genießt, keine Rechnung zu seinem Vortheil finden. Es hört also jener schädliche Handel, durch obige Vorkehrung von selbst auf, und der Bergbau gewinnt dabei eine solide Festigkeit.

Dies wäre demnach die erste und nothwendigste Hülfe, wenn Ordnung und Verbesserung mit Maschinenwerk zur Aufnahme des Berg- und Hüttenwesens hier eingeführt werden soll, und ohne solcher reellen Geldhülfe, als Maasstab aller Bedürfnisse und guter Einrichtungen, bleiben alle guten und zum Vortheil des Landes abzielenden Verbesserungsvorschläge unnütze Speculationen, die sich im Winde verlieren. dagegen in der verlornen Zeit dieser Gedankenhülfe das Land immer mehr und mehr verliert, bis endlich die Mittel der Hülfe sehr schwer, und gar nicht zu erzielen oder anzuschaffen sind.

Endlich würde durch dieses Mittel die Absicht unsers Souverains, durch uns, seine Berg- und Hüttenkommission, besser erfüllt und ausgeführt werden können, weil wir in diesen Ländern, von Potosi bis hieher, keine größern Aufwiegler, Bestecher der Hüttenbeamten und Verläumder haben, als eben diese Leute, die das gemeine Beßte ihrem Privatnutzen aufopfern, und da sie klüger und einsichtsvoller, aber auch listiger sind als jene, so haben sie aus den Fortschritten und Verbesserungen der Potosier erkannt, daß die Einführung der neuen Amalgamationsmethode den Bergbauern, durch die schnelle und tägliche Erzeugung des Silbers, diese Mittel von ihnen unabhängig machen, und sie in kurzem alle unerlaubten Vortheile verlieren würden.

Mit Einführung der Maschinen, zum Anquicken der Mineralien, erhalten wir nachher nicht allein den Vortheil zur Ersparung äußerst beschwerlicher Kosten, sondern genießen, in Absicht der Manipulation, nebst andern Vortheilen, das Ausbringen eines bessern Gehalts und weniger Verlust des Quecksilbers; Vortheile, die in wenigen Jahren dem Bergbauer, so wie dem Publikum, einen neuen Wirkungskreiß zur Verbesserung ihres Vermögens geben werden.

Das Maschinenwerk ist eines der Hauptvortheile für dieses weitläufige und wenig bevölkerte Land. Bekannt ist die durchgängige Klage über Mangel an Gruben- und Hüttenarbeitern, so daß der Bergbauer, will er mit Nachdruck seine Gruben und Hütten bearbeiten, seine Hütten verabsäumt sieht; theilt er sich auf die Hälfte, so geht sein Geschäfte, zu Nachtheil für sich und den König, langsam und schläfrig.

Die Fässermaschinen in den Hütten sind das Mittel, die diesem vortrefflich abhelfen; denn es ist bekannt, daß viele der großen hiesigen Hütten zu ihrem ungründlichen Betrieb, 60, 70 bis 80, auch mehrere Arbeiter erfordern; mit einer Sechsfässermaschine nebst Poch- und Waschwerken bestreite ich in der nämlichen Hütte, mit zehn Arbeitern mehr Mineral, als jene 70 oder 80 zusammen. Sogleich schicke ich 60 und mehrere der überflüssigen Arbeiter in die nothleidenden Gruben, und beyde Werkstätte sind vollkommen und überflüssig mit Arbeitern versehen, und den Klageliedern ist abgeholfen.

Letztes Exempel der versprochenen Verbesserungsvorschläge.

In einer 500 Meilen langen Bergstraße von Potosi bis Lima und Pasco, ist es weltkundig, daß in den Hüttenplanen die sogenannten Erzbeete, deren vier ein Bergmaaß von 50 Centnern Erz ausmachen, zwey Monate, zuweilen drey und länger unter freyem Himmel liegen. Ich setze den Fall, daß sie nur einen Monat lägen, und rechne zur Bearbeitung jedes Beets einen Arbeiter zu ½ Piaster, in fünf Tagen beständiger Arbeit, so beträgt blos dies Anquicken, ohne Verwaschung und ohne Ausbrennung der Queckkugeln, auf ein Maaß von vier Beeten oder 50 Centnern Erz, auf vier Arbeiter in fünf Tagen 10 Piaster; dagegen ich 75 Centner in einer Sechsfässermaschine in einem Tage, mit Wäsche und allem beendige, und zwar mit höchstens sechs Arbeitern à ½ Piaster, überhaupt zu drey Piastern.

In Monatsfrist kann der beßte und größte Bergbauer nicht über 12 bis 15 Bergmaaße verquicken; dagegn verquicke ich mit meiner Maschine zum wenigsten 45 solcher Bergmaaße, jedes zu 50 Centnern.

Dies ist, wie ich bereits in Potosi und auch hier praktisch bewiesen habe, und dem keine Verläumdung eines Privatinteresse, irgend eine scheinbare Lüge, sey sie auch noch so erfinderisch, etwas anhaben mag, und also ein wichtiger vielbedeutender Nutzen. Der noch besondere Nutzen aber ist, daß der Bergbauer mit jedem neuen Tage Silber erzeugt, und dadurch in den Stand gesetzt ist, seine Löhne in Gruben und Hütten zu seiner und zur Zufriedenheit der guten Arbeiter, ohne Schwierigkeiten des Verlustes vieler Prozente bezahlen zu können.

Beschreibung des Stollns zum Erzflötz Jauricocha, dessen Streichen, ganze Länge, und dessen Höhe mit der Wasserseige, oder dem Canal.

Der Hauptstolln des Eisen- und Silberflözes ist vom Tage ausgeführt, durch den ganzen niedrigen Theil der in Arbeit und Umtriebe stehenden Gruben Santa Rosa, in den Stunden 12 bis 2 von Mittag gegen Mitternacht, so daß die in Arbeit stehenden Örter, deren einige 80 sind, größtentheils ziemlich wasserfrey, und zwar ganz frey seyn könnten, hätte man wissenschaftliche Markscheider gehabt, und einen niedrigern Einschlagspunkt erwählt, und weniger Ansteigen beobachtet. Um nun den höher und viel reicher liegenden Gruben Jauricocha, die seit mehr als 30 Jahren voll Wassers stehen, und der höchste Punkt des Flötzes an dem Fuße der Kordillieren ist, die gegen Morgen zwischen den Stunden 3 und 4 streichen, die nämliche Hülfe mit dem Hauptstolln zu verschaffen, hat man einen Stollort aus demselben dahin geführt, und solchen mit ziemlich guter Wirkung leistenden Wetter- oder Windschächten unterstützt. Bis daher ist zwar der Ort nicht durchschlägig, wahrscheinlich aber fehlen nicht an 5 bis 6 Ellen; allein meiner flüchtigen Übersicht und der 30 klaftrigen Abteufung dieses Orts nach, wird der Stolln wenig Wirkung leisten, und das Erz im Wasser lassen.

Der Stolln bringt vom höchstem Mundloche aus bis zur Sohle desselben, wenns viel ist, einige 14 bis 15 Klafter Spanischer Maaße Teufe und seine ganze Länge kaum 400 Ellen ein, seine ganze Höhe, nebst der Wasserseige, im Lichte oder im Innern des Stollns, beträgt nicht völlig drey Ellen, ist übrigens ziemlich ordentlich im festen Gestein gehauen und fortgesetzt, auch da, wo das Gestein faul und noch mit Flötznieren vermischt ist, mit hölzernen Strebwerken versehen, und hinten mit Berg ausgefüllt und befestiget. Seine Wetter sind, bis zum höhern Ort vor Jauricocha gut und unverbesserlich, nur hier sind sie ziemlich stockend, und die Lichter brennen blind. Die Wasserseige, oder Wasserkanal, ist schlecht und unbrauchbar; an der einen Seite wie ein offener Rennstock angelegt, und kann nicht 18 Zoll Wasser ins Gevierte fassen. An der andern Seite ist ein Fußsteig, etwa 18 Zoll breit gelassen, der aber wegen seines lettichen Bodens, und weil die Sohle bis jetzt nicht gereiniget ist, den Wasserabzug beständig verunreinigt, und dessen ordentlichen Abfluß an verschiedenen Stelln hemmt.

Übrigens, wie gesagt, ist diese Wasserseige weder mit Holz gedeckt, noch gepflastert, doch sind dies Fehler, die leicht zu verbessern sind; der Hauptfehler hingegen ist, daß diese Pfütze mit der Zeit die Wässer nicht fassen kann, wenn solche von den weit höher liegenden Gruben von Jauricocha eindringen sollten, welche zustürzende Wässer gewiß die halbe Höhe des Stollens einnehmen werden, und somit den größten Theil dieses Werks und die darauf verwandten Kosten, in sehr kurzer Zeit ruiniren könnten. Obgleich diese Pfütze kaum hinreicht, die Wässer der tiefer liegenden Gruben von Santa Rosa zu fassen, so ist meiner Meynung nach vorsichtige Rücksicht auf künftig eindringende weit höher liegende Wässer zu nehmen, die weit reißender zufallen, und denen, wenn sie einfallen, nicht mehr zu widerstehen, und ihren Schäden sehr kostbar oder gar nicht abzuhelfen ist.

Daher wäre mein schuldiger Rath, von Seiten der höchsten Regierung anbefehlen zu lassen, bevor man das Stollort der Gruben Jauricocha durchschlägig machte, solches um wenigstens 1½ bis 2 Ellen tief zu machen, in der Mitte der Stollsohle zu führen, und den ganzen Kanal entweder mit zweyzölligen starken Dielen, oder, wenn dieses zu kostbar wäre, mit kleinen Steinbögen zu decken, welches letztere mir aber wegen vieler Zeit und Arbeitslöhne viel kostbarer, als ersteres zu seyn scheint. Auf diese Weise wäre 1.) bey zudringenden Oberwässern der Stolln keiner Gefahr ausgesetzt, weil er alle Wässer fassen kann; 2.) bleibt die Seige rein, weil weder vom Hangenden noch Liegenden Schutt hineinfallen kann; übrigens kann der sich sammelnde Schlamm zu seiner Zeit mit Bequemlichkeit ausgeräumet, und können die hin und wieder vorkommenden Schäden mit wenigen Kosten ausgebessert werden.

Dies wären also des Stollns Güte und Fehler, nebst den dazu nöthigen Verbesserungen, wenn er dauerhaft bleiben, und nicht, ohne Nutzen geleistet zu haben, schnell wieder unbrauchbar seyn soll.

Oben habe ich versprochen, daß ich bey Beschreibung des Stollns Beweise aufstellen wollte, daß das Erzflötz in einer Tiefe von 15 Klaftern auf dem einfachen Steingebirge sitze, und somit natürlicher Weise als Metallflötz oder Stockwerk hier ein Ende nehme.

Da die meisten der Bergbauer, auch selbst die Territorialdeputirten, in der irrigen Meynung standen, daß ihre Gruben weit größere Teufe, als die

Stollnsohle einbringen würden, so war bey Anfahrung des Stollns, dieses ein Hauptgegenstand meiner Untersuchung. Da ich über Tage bemerkte, daß diese Flötzlager von der Morgenseite der Kordillieren abgesetzt war; so fand ich, daß die ganze Masse ein horizontalstreichendes Flötzlager, oder, der Figur nach, noch ähnlicher einem Stockwerke war, und alle seine Massen aus Steinmergel, Eisenstein und Kalkstein mit Letten zusammengeküttet waren.

Nach der Untersuchung des Hangenden und Liegenden, fand ich der Länge nach, daß der Stolln schon ins einfache Gestein gehauen war, und sich nur selten hin und wieder faule Stellen von Flötzmassen fanden, die den Stolln durchschnitten, und wo man Örter angelegt, die bis zu dieser Tiefe noch Silbergehalt gaben. Alle diese Örter aber werden nach der Firste hinein, also zu Tage aus, und nicht in weitere Teufe getrieben, weil sie auf das feste Gestein kommen, und kein Erz mehr finden. Dies giebt also den ersten zuverlässigen Beweis eines Erzflötzes auf dem einfachen Steingebirge sitzend.

Die Sohle des Stollns ist theils ins feste Steingebirge fortgehauen, und ist blos dieser Plan mit zwey Fuß hohen Letten überschwemmt, von den Seigerwässern der Firste des Stollns, ohne Erzerscheinung. Zweyter Beweis, daß das Erzflötz in 12, 13, 14 bis höchstens 15 Klaftern Teufe ein Ende nehme, und mit dem einfachen Steingebirge abwechsle."

*

„Man wird wohl aus obigem Berichte erkennen, daß ich, als ein ehrlicher Beamter, nichts unberührt gelassen habe, was einen Minister hätte Mittel darbieten können, um dem gedrückten Bergbauer sowohl, als den Königlichen Einkünften und dem Publikum einen ersprießlichen Nutzen zu verschaffen. Allein so viele Lobeserhebungen mir der Vicekönig in einem eignen Danksagungschreiben, wegen meines Eifers, auch machte, und so viele Versicherungen auch damit verbunden waren, meine Vorschläge zu benutzen; so ließ sich dieser, von unsern Feinden irre geführte Vicekönig, dennoch in weniger als zwey Monaten auf die Seite der gewinnsüchtigen Feinde der Königlichen Berg- und Hüttenkommission locken. Die Kaufleute suchten zuerst die Bergdeputirten, die ohnehin gewinnsüchtige Menschen waren, und durch lauter gemißbrauchte Autoritäten, so wie die Subdelegaten, sich bereicherten, und hernach die Bergbauer auf ihre Seite zu bringen, und der Vicekönig, der nicht geneigt war, aus den Königlichen Kassen hin und wieder zu solchen Reformen die Kosten herzugeben, ließ sich von den Deputirten und von einigen Gremianten, die schon alle für das Verneinen gestimmt waren, referiren. Und nun hieß es denn in diesem wichtigen und wahnsinnigen Referat: Daß die Verbesserungsvorschläge des kommissionirten Berg- und Hüttendirektors, für dieses Mineral nicht thunlich und ausführbar wären, weil die Mittel dazu durch die Regierung nicht könnten herbeygeschafft werden . . . . . .

V. Polemik des „Mercurio Peruano" zugunsten der Deutschen.

Die interessantesten dokumentarischen Belege über die Arbeiten der deutschen Bergkommission in Peru enthält der Jahrgang 1791 der Zeitschrift „Mercurio Peruano de Historia, Literatura y Noticias públicas", herausgegeben von der Sociedad Académica de Amantes de Lima.[83]) Durch die mit bemerkenswerter Regelmäßigkeit auf breitem Raum gebrachten Briefe, Artikel und Tabellen werden wir fortlaufend nicht nur über die Ergebnisse einzelner Serien-Anquickungsverfahren, die Anerkennungsschreiben vieler Fachleute in Potosí und anderen Provinzen, über den Verlauf behördlich überwachter Kontrollversuche u. a. m. orientiert, sondern wir erkennen auch die wachsende Opposition gegen die deutsche Methode und die Hindernisse, die sich einem restlosen Gelingen der Kommission entgegensetzten. Es sei hier gleich vorweggenommen, daß der „Mercurio" der deutschen Bergkommission einen begeisterten Empfang bereitete und vom ersten Artikel an für sie Partei nahm. Die Schriftleitung setzte sich unentwegt für deren erfolgversprechendes Wirken ein, selbst dann noch, als die allgemeine Stimmung schon zu Ungunsten der europäischen Fachmänner umgeschlagen hatte und die Zeitschrift selbst wegen ihrer Haltung die Zielscheibe scharfer Angriffe aus privaten und öffentlichen Leserkreisen wurde. Das Blatt hielt mutig an seinem Standpunkte fest und nahm noch im November 1791 ein langes Rechtfertigungsschreiben von Direktor Daniel Weber über die Rentabilität der Bornschen Methode auf. Dann aber mußte der „Mercurio" — einem Druck von höherer Stelle folgend — seine Einstellung zugunsten der Kommission Helms-Nordenflycht-Weber aufgeben. Die Schriftleitung schloß sich dann der allgemeinen Meinung an, daß das „sächsische Verfahren" für Südamerika zu teuer sei. Aus der Fülle des in fortlaufenden Nummern der Zeitschrift gebrachten Materials heben wir nur jene Artikel, Briefe und

---

[83]) Der „Mercurio Peruano", gegrundet 1791 in Lima. hat viele historisch und besonders für die Geschichte der Naturwissenschaften wertvolle Artikel, die auch Haenke Unterlagen für seine landeskundlichen und statistischen Studien boten. Schriftleiter war Don Jacinto Caleiro Moreira.

Tabellen z. T. auszugsweise, z. T. im Wortlaute hervor, die für den Verlauf der Tätigkeit der Kommission von Belang sind. Vor allem erscheinen durch die Beiträge des „Mercurio" in aller nur wünschenswerten Klarheit die Gründe des unabwendbaren Fehlschlagens besonders der technischen Methoden der Kommission. Wir gewinnen dadurch die Unterlagen für eine neue Beurteilung der Sachlage, wie sie ohne Kenntnis der Aufsätze des „Mercurio" nicht möglich ist.

*

Im Februar 1791 veröffentlicht der „Mercurio" einen Bericht über das Ergebnis der Arbeiten von Daniel Weber[34]) aus Potosí, und zwar über die Menge der Edelmetalle, die mit der im Hüttenwerk der Herren Juan Bautista Jauregui und Luis Orueto neu erbauten Fässermaschine gewonnen worden waren. Gleichzeitig mit dieser Tabelle wird ein Brief vom 15. Februar 1791 veröffentlicht, den der Erzbischof von Lima dem „Mercurio" überlassen hatte. Er stammte von Don Hilario Malaver, Münzwardein in Potosí, und ist an den Erzbischof Domingo Gonzalez de la Reguera gerichtet, der sich auch für die Kommission einsetzte. In dem Brief wird bestätigt, daß die in den „Vizcainos" aufgestellte Maschine tadellos arbeite und der Wunsch ausgesprochen, der Empfänger möge diese Notiz außer im „Mercurio" auch im Madrider „Memorial Literario" abdrucken lassen, um den Lügen und Märchen, die in Umlauf gesetzt worden waren, entgegenzutreten. So wurde z. B. erzählt, daß die Maschine in Potosí zusammengebrochen sei. Charakteristisch ist, daß Malaver schreibt, daß sich die Leute in Potosí sehr vor dem Lärm der in Gang befindlichen Maschine fürchteten. (Bd. 1. S. 217—20.) Anschließend unter dem Titel „Addiciones de la Sociedad" ein Zusatz der Schriftleitung, der den Standpunkt der für dieses Blatt verantwortlichen Männer klar zeigt:

„Mit besonderem Vergnügen teilen wir der Allgemeinheit diesen Bericht über die vorteilhaften Ergebnisse mit, die durch den Gebrauch der obenerwähnten Fässermaschine in Potosí erzielt wurden, denn wir interessieren uns als wahre Patrioten für den Fortschritt des Bergbaues, von dem das Heil und der neue Aufschwung des Königreichs abhängen. Die vorgelegten Dokumente sind in zweifacher Hinsicht für uns wertvoll, und zwar wegen dem interessanten Gegenstand, ihren absolut sicheren Grundlagen und besonders deshalb, weil sie durch die würdigen Hände des Ehrwürdigen

[34]) Der Titel: „Diario de los Beneficios de Metales Pacos por el Señor Don Daniel Weber, Director del Real Socabon de Minas en Potosí." Der Titel Webers weist darauf hin, daß er besonders zur Gewältigung der Grubenwässer eingesetzt wurde, die wertvolle Teile der Silbergruben außer Betrieb gesetzt hatten.

Herrn Erzbischofs in unseren Besitz gelangt sind. Dieser Herr hat seine unvergleichliche Bemühung immer eingesetzt und bemüht sich auch heute auf mündlichem und schriftlichem Wege, die Vorurteile und Trugschlüsse zu beseitigen, mit deren Hilfe versucht wurde, den anerkannten Wert und die berechtigten Hoffnungen zu erschüttern, die wir für die Zukunft mit der kgl. Bergkommission zu verknüpfen haben, die vom Baron von Nordenflycht geführt wird, dessen gesamte, dieses wichtige Gebiet umfassenden technischen und wissenschaftlichen Kenntnisse unsere Allgemeinheit zu aufrichtigsten Dankgefühlen gegenüber unserem Herrscher und unserem ausgezeichneten Herrn Vizekönig bewegt, der sein lebendiges Abbild ist und zwar gegenüber dem Ersten, weil er durch diese Entsendung auf die kürzeste und einfachste Weise zum allgemeinen Nutzen dieser Dominien beigetragen hat und gegenüber dem Zweiten für sein Entgegenkommen, seine Bemühungen und die Förderung, mit denen er sich um die Anerkennung und das gute Gelingen dieser Unternehmung verdient gemacht hat."

„Zu Ehren der Gerechtigkeit und Wahrheit sei es uns gestattet, unserem wissenschaftlichen Eifer mit wenigen Worten Luft zu machen. Wir erachten diesen Zusatz bei den gegenwärtigen Umständen deshalb für notwendig, weil die Unwissenheit und die Verleumdungen von einigen unter vielen, die auf der Unordnung und allgemeinen Unerfahrenheit ihren privaten Vorteil begründet haben, die berechtigte Unparteilichkeit vieler spanischer Ehrenmänner beeinflußt haben, indem sie deren Vertrauen und das des Publikums mißbrauchten, wie aus dem erwähnten Brief hervorgeht, der ein Geflecht von Betrug und Lügen ist, so wie aus vielen anderen, die die Einführung und Verbreitung der neuen Verhüttungsmethoden bekämpfen, die uns der genannte Herr Baron angekündigt hat und die er uns zu lehren gekommen ist und zwar gestützt auf klare und sichere Grundlagen, wie wir sie bis jetzt nicht besaßen. Diese verdächtigen Schriftstücke werden durch die hier vorgelegten Dokumente völlig widerlegt, da sie von jeder nur erwünschten Authentizität sind. Von den gleichen Absichten beseelt, werden wir auch weiterhin keine Gelegenheit versäumen, die sich uns bietet, um dem Publikum nach den jeweiligen Umständen die Absichten, sowie die wichtigsten und gelungensten Versuche (operaciones) dieser Kommission zur Kenntnis zu bringen." (I. Bd. S. 220.)

Im Sinne dieses Vorsatzes veröffentlicht der „Mercurio" einen Brief von Francisco Rufia, Bergwerksbesitzer in Cantumarca, an Hilario Malaver (15. März 1791) mit folgendem Zusatz der Schriftleitung:

„Die Gesellschaft freut sich immer, wenn sie in ihren Spalten Zuschriften ähnlicher Art aufnehmen kann, weil sie sämtliche auf den Bergbau bezüglichen Berichte sehr hoch wertet, vorzugsweise aber solche, die mit dem auf S. 5, 40, 80, 217, 220 und 288 des I. Bandes über den Nutzen der Fässer Gesagten, sowie mit der Kommission im Zusammenhang stehen, die Baron von Northeflycht in so würdiger Weise vertritt. Das Publikum wird sich überzeugen, daß, wenn die Maschinen auch gelegentlich kleine Quecksilberverluste aufweisen, dies auf den Mangel an der erforderlichen Wachsamkeit und Sorgfalt zurückzuführen ist. Schließlich ist bereits bewiesen, daß in Potosí die Exploitation der Gröbe[35]) (relaves) keine größeren Vorteile bietet, wohl aber das der Rotgültigerze. Wir warten die Resultate der Versuche ab, die für das Rösten der Negrillos[36]) vorbereitet wurden und unser „Mercurio" wird die Ehre haben, sie allgemein bekannt zu machen." (II. S. 55.) In dem besagten Briefe Rufias an Malaver erstattet der erstere Bericht über die Ergebnisse einer Reihe von in der Maschine von Jaureguí durchgeführten Amalgamationsprozessen, die in 5 Versuchsreihen vom 3. Februar bis 12. März 2158 Pfund Anquickungsmasse ergeben hatten, aus welcher 634 Mark, 3¾ Unzen reinen Silbers gewonnen werden konnten. Unter den 5 Versuchsreihen waren drei mit Gültigerzen und zwei mit „Relaves" vorgenommen worden, diese hatten natürlich eine weit geringere Ausbeute ergeben. Rufia klagt über einen geringeren Erfolg als erwartet worden war, gibt die Schuld aber den ungeschickten, ungeschulten Arbeitskräften, deren Unaufmerksamkeit auch zu Diebstählen der mit der Auswaschung beschäftigten Indianer geführt hatte. Am Schluß kündigt der Schreiber des Briefes die Vorbereitungen zum Röstprozeß der Negrillos an, worauf auch diese dem Amalgamationsprozeß in den Fässern zugeführt werden sollen. (II. S. 53—55.)

Bezugnehmend auf diesen Brief von Rufia nimmt der „Mercurio" in seiner Nummer vom 8. Mai 1791 ein begeistertes Zustimmungsschreiben von Francisco Joseph Rodriguez auf, in dem besonders auf die Vorteile des maschinellen Betriebes in bezug auf Ersparnis an Arbeitskräften und auf die Schonung der Gesundheit der Arbeiter hingewiesen wird. Die mit der Amalgamation Beschäftigten mußten sonst unter freiem Himmel tagelang bei Hagel, Schnee und Sturm von 6 Uhr früh bis 4 Uhr nachmittag mit nackten Beinen am Buitron[37]) stehen und erkrankten zudem noch an

[35]) Die Gröbe nennt der Hüttenmann das grobe Erzmehl mit Gesteinsteilchen, das nach der Auswaschung übrig bleibt.

[36]) Negrillos sind Silber- und Kupferfahlerze, gelegentlich verstehen die Spanier darunter auch die glänzenden Weißgültigerze.

[37]) Buitron (= Amalgamationshof). Siehe Abb. 2.

Quecksilbervergiftungen. Außerdem macht Rodriguez aufmerksam, daß der Quecksilberverlust bei der Maschine bedeutend herabgesetzt ist.

In der Nummer vom 19. Juni 1791 kommt die Schriftleitung wieder auf die Vorteile der Maschinerie von Born zurück und wundert sich, daß es nach den Erfahrungen der Herren Jaureguí und Orueta noch Zweifler geben kann. Der „Mercurio" veröffentlicht daher als Beweis das Ergebnis der Arbeiten, die mit der von Direktor Weber in Potosí erbauten Maschine durchgeführt worden waren.

„Rechenschaftsbericht von Don Daniel Weber, Berg- und Hüttendirektor aller Bergbetriebe dieser Stadt und ihrer Umgebung, über die in der Maschine von Don Luis de Orueta und Don Juan Bautista Jaureguí ausgeführten Amalgamationsprozesse. Die Maschine wurde unter alleiniger Leitung von Herrn Weber erbaut.

Datum	Anquickung	Cajons von Rotgültigerzmehl	Resultat Pfund amalgamierte Masse
Dienstag 3. Mai 91	1	1¼	
Mittwoch 4. id.	1	1½	
Donnerstag 5. id	1	1¼	
Freitag 6. id.	2	3 (¼)?[38])	
Samstag 7. id.	3	4½	
Tage 5	8 Anquickungen	11¾ Cajons	294 Pf. 12 Unzen

Die 11¾ Cajones mit 294 Pfund 12 Unzen amalgamierter Masse ergaben eine Silberpyramide von 79 Mark und 2 Unzen guten Silbers.

Zugesetzt an Quecksilber für die Anquickung besagter

Cajones	30	Quint.	
Beim Prozeß zurückgewonnen	29	„	78 Pf.
Quecksilberverlust einschließlich 7½ Unzen Verlust in den Zuleitungsrohren	00	—	22 Pf.

Es konnten nur wenige Anquickungen vorgenommen werden, aus Mangel an Mitadienstpflichtigen Arbeitern, die die Maschine Tag und Nacht in Gang halten sollten, denn es bereitete schon Schwierigkeiten, die als „Minga" bezeichneten, freiwilligen Arbeiter selbst für die eine Tagschicht

[38]) Im Druck ist offenbar ¼ ausgelassen.

zu gewinnen[39]): ebenso muß darauf aufmerksam gemacht werden, daß die Maschine vom 26. März bis zum 3. Mai wegen Mangel an gemahlenen Rotgültigerzen und wegen starker Beschädigung der zwei Pochwerke stillgestanden ist. Bis heute konnte erst das eine repariert werden. Selbstverständlich wurde in der Zwischenzeit eine Anzahl von Cajones an Negrillos in den deutschen Röstöfen gebrannt. Sie liegen zur Anquickung bereit, sobald es der Direktor verfügen wird, nachdem die Versuche mit den Pacos und Relaves schon in aller Form und Ordnung abgeschlossen sind."

Cantumarca, 14. Mai 1791. Francisco Rufia.

(II. S. 126.)

Der zweite Rechenschaftsbericht[40]), in gleicher Weise aufgestellt, meldet für einen zweiten Zeitraum von 6 Tagen 12 Anquickungen, mit 23 Cajones, die 484 Pfund amalgamierte Masse bzw. $161^2/_6$ Mark reines Silber ergaben. Das Ansteigen der Produktion in dieser Woche ist dadurch erklärlich, daß es gelungen war, einige freie Arbeiter anzuwerben, zu gleicher Zeit war auch eine größere Anzahl Mita-Pflichtige verfügbar gewesen, die allein nicht zum Betrieb der Maschine hinreichten. (II. S. 127.)

Es vergehen drei Monate, ehe der „Mercurio" wieder etwas von der deutschen Kommission verlauten läßt. Der nun veröffentlichte Artikel in Nr. 63, vom 11. August 1791, der weitere Daten zugunsten der Weberschen

---

[39]) Die Chacareros beanspruchten einen großen Teil der indianischen Arbeitskräfte für die Landwirtschaft (als sog. Indios Yanaconas) indem sie behaupteten, sonst die Ernte nicht einbringen zu können, was eine Hungersnot zur Folge haben würde. Die Indianer, denen die Arbeit auf den Feldern weit lieber war, als die todbringende in den Minen, ließen sich freiwillig als Yanaconas eintragen.

Ein interessantes Dokument über die Frage der Verteilung der Arbeitskräfte ist in der „Revista Chilena" von Santiago, T. VIII 1877, veröffentlicht. Es zeigt das übliche Tauziehen zwischen den beiden mächtigsten Wirtschaftsgruppen, den Gutsherren und den Bergwerksbesitzern. „Representacion Apologética de la Muy Noble Imperial Villa de Potosí, sus Tribunales, Oficinas y Gremio al Excmo Señor Virrey sobre los acaesimientos de la Provincia de Chayanta, con motivo de la nueva Mita consignada á los cavalleros don Juan Bautista Jáuregui, y don Luis de Orueta; en que insidentemente se trata de las Injurias inferidas al Sr. Intendente Governador y demás Magistrados y Ministros encargados de proveerla en los Repartimientos de la misma Provincia. Año 1796." Wir sehen, daß unsere beiden Minenbesitzer fast 5 Jahre nach der Aufstellung der Maschinen noch immer vergebliche Anstrengungen machten, Mita-Arbeiter zu bekommen.

[40]) In den vorangegangenen Heften waren schon zahlreiche solcher Tabellen veröffentlicht, sie sind untereinander sehr ähnlich, so daß wir nur eine als Beispiel brachten.

Arbeiten bringt, muß bereits mit einer Verteidigungsrede gegen die zahlreichen Angriffe eingeleitet werden, denen der „Mercurio" von seiten der Gegner der deutschen Methoden ausgesetzt war.

„Neue Verhüttungen von Erzen in den Maschinen von Potosí."

. . . . . „Gemäß diesen Ausführungen ist die Wahrheit der Lieblingsgegenstand unserer Ziele. Um sie aufzuzeigen, haben wir fast immer auf die Geschichte unseres Landes und die Geschehnisse unserer Tage zurückgegriffen — auf die erste, um die vertrauenswürdigsten Dokumente untersuchen zu können, und auf die letzteren, weil sie sämtlich von den Interessierten verbürgt werden. Wir schmeichelten uns, auf diese Art in Frieden das Vertrauen und die Achtung der Öffentlichkeit genießen zu können; aber dieser Besitz ist uns auf tausenderlei Art bestritten worden. Einige haben uns mit spitzfindigen Argumenten einkreisen, andere uns mit absoluter Ablehnung oder parteiischen Dokumenten in die Enge treiben wollen, ein Teil versuchte es schließlich mit alle dem zusammen und mit allen übrigen nur möglichen Argumenten.

Der Punkt, an dem wir auf dieser Linie am meisten angegriffen worden sind, waren die Tabellen der Verhüttungsergebnisse in Potosí. Die Tabellen, die wir bis jetzt veröffentlicht haben, waren mit jeder wünschenswerten Beglaubigung versehen, um uns gegen jede Verdächtigung der Fälschung oder willkürliche Ausflucht zu decken. Der Bergwerkbesitzer Francisco Rufia hat sie unterzeichnet, zwei berühmte Persönlichkeiten haben sie uns übersandt. Was will das Publikum noch? Dessenungeachtet wurden die Tabellen bestritten, tausendfach verdreht und von jedem nach seiner eigenen Meinung ausgelegt, wobei man dem „Mercurio" die neutrale Haltung nicht verzieh, mit der er sie veröffentlicht hat."

„In Wahrheit beziehen sich diese Schriftstücke auf Tatsachen, deren Glaubwürdigkeit von Seite der Autoren und nicht von der unserer Gesellschaft vertreten werden muß. Aus diesem unleugbaren Grunde fühlen wir uns nicht verpflichtet, die Einwände zu untersuchen. Unser Schweigen ist ein Beweis für die Unparteilichkeit, mit der wir diese Dokumente veröffentlicht haben, und wenn noch etwas zur Anerkennung unseres unabhängigen Standpunktes fehlen sollte, so erklären wir somit, daß, wenn wir in unserer Zeitschrift die Schilderung irgendeiner Tatsache aufnehmen, dies im Vertrauen auf die sie verbürgende Unterschrift geschieht, sobald nur der Einsender bekannt ist und man an der Tatsache nicht zweifeln kann, ohne ihn zu beleidigen oder der Fälschung zu zeihen. In keiner Weise übernehmen wir jedoch die Garantie bezüglich der Nebenumstände dieser genannten Tatsachen, und wenn wir manchesmal bei irgendeinem Vorfall die Haltung, das Wissen oder Glück von jemandem lobend hervorheben, so geschieht es nach der stillschweigenden Annahme si vera sunt exposita.

Das sind die Gründe, warum wir die schon veröffentlichten „Planes de Potosí", und jene, die wir noch veröffentlichen werden, nicht verteidigen, obzwar wir dazu viele und schwerwiegende Gründe hätten. Solche höherer Ordnung verbieten es, uns in eine Kontroverse darüber einzulassen, ob die Fässer in Potosí nützlich sind und ob die Methode im allgemeinen der der Buitrone vorzuziehen ist; Zeit und Erfahrung werden Daten und Grundlagen beibringen, um diese Frage zu erörtern. Im übrigen sind wir nicht kühn genug, uns für berufen zu halten, das Amalgamationsfaß zu verteidigen. Das ist ein Gegenstand, der wegen seiner tiefgründigen Theorie der chemischen und metallurgischen Elemente die gelehrten Federn der Welt beschäftigt hat. Barba, Waller, Bergman, Born, Jacquin, Rupprecht, Gellert, Scopoli, Kirwan etc. haben die Eigenschaften des Erzes und des Amalgams viel eingehender analysiert, als es die engen Grenzen einer Zeitschrift zu umfassen vermögen. Wir achten diese hervorragenden Autoren und gestehen, daß es uns nicht zusteht, über Fragen zu sprechen, die sie mit solcher Gelehrsamkeit behandelt haben. Dem Baron von Northenflycht, als mit der Führung der mineralogischen Kommission in diesem Königreich Beauftragten, kommt die Ehre zu, die Zweifel zu beseitigen und die Ungläubigen zu belehren. Die Gesellschaft hat nichts anderes zu tun, als in Ruhe die Resultate in der Sache abzuwarten, die keinen besseren Verteidiger finden kann."

„Unter Berufung auf die früher erwähnte Unparteilichkeit veröffentlichen wir die folgenden Tabellen, die uns im Original aus Potosí selbst gesandt wurden. Die von Don Ascensio Arizmendi ist auf anderer Grundlage aufgebaut, aber sie stimmt in den Ergebnissen mit der von Rufia überein. Das Publikum wird sie prüfen und seine Folgerungen ziehen. Wir erwarten positive Nachrichten, ob Herr Daniel Weber, der diese Anquickungen durchgeführt hat, auch eine verläßliche und vorteilhafte Methode zur Verhüttung der Negrillos gefunden hat, so wie es uns einige Briefe aus dem Bergwerk verheißen. In diesem Falle wäre das Epitheton „Restaurator des peruanischen Bergwesens" berechtigt, das einige diesem klugen und unermüdlichen Kommissar zuerkennen wollen." (Bd. II. S. 266—268.)

Die erste Tabelle, von Rufia wieder auf Grund der Leistungen Webers mit der Maschine Jauregui aufgestellt, ist im Prinzip gleich denen auf S. 186

gebrachten. Die geringe Menge des verquickten Rotgiltigerzes wird abermals durch den Hinweis auf den Mangel an Arbeitern erklärt. (Bd. II. S. 269.)

Im Anquickungsverfahren Arizmendi, über das die zweite Tabelle Rechenschaft legt, wird erstmalig das Resultat der Verhüttung von Pallacos[41]) genannten Resten berichtet. Die Maschine, in diesem Falle dem General Don Nicolas de Ursainque gehörig, war eine 8-Fässermaschine mit 50 Zentnern Fassungsraum. In je 6 Tagen wurden zweimal je 18 Cajones des genannten Materials verarbeitet, wobei jeder einzelne Prozeß 4 Stunden in Anspruch nahm. Hier wird auch gemeldet, daß das gewonnene Silber einen um 2—3 Unzen höheren Feingehalt gegenüber dem einheimischen Verfahren aufwies. Der Verlust an Quecksilber ist auffallend gering (nur 5 Pfund 13 Unzen). Es wird ausdrücklich ein Vergleich zwischen den Kosten des Bornschen Verfahrens und denen des einheimischen gezogen. „Die Anquickung der 18 Cajones beläuft sich in der gewöhnlichen Zeit von 15 oder 16 Tagen, die sie in Anspruch nimmt, an Kosten für Peone, Maultiertreiber, Wäschern, exklusive Häuern auf 66 Pesos 5 Realen. Dieselbe Anzahl Cajones in der Maschine angequickt, erfordern an Ausgaben für Peone und Auswaschungen 36 Pesos. Daher stellt sich das Fässerverfahren um 30 Pesos billiger. Potosí, 31. Mai 1791, gezeichnet Joseph Ascensio de Arizmendi." (Bd. II. S. 271.)

In derselben Nummer des „Mercurio" wird auch der von Rufia eingesandte Bericht über einen unter behördlicher Kontrolle vorgenommenen Anquickungsversuch (Beneficio jurídico) veröffentlicht, der zum Vergleich der Methoden Borns mit der einheimischen im Juni 1791 in Potosí vorgenommen worden war. Ein ganz ähnliches Experiment unter Nordenflychts Leitung, über das der „Mercurio" aber nicht berichtet, wird uns für Lima von Thaddäus Haenke geschildert (Haenke S. 141).

Der Versuch in Potosí war vom dortigen Gouverneur-Intendanten anbefohlen worden, um unter strenger Kontrolle eine bestimmte, in zwei gleiche Teile geteilte Erzmasse zu gleicher Zeit in der 6-Fässermaschine von den Herren Jaureguí und Orueta und in den einheimischen Buitronen anquicken zu lassen. Unter Teilnahme von Verwaltungsjuristen, Berg- und Hüttenmeistern und Bergdeputierten wurden die umständlichen Vorbereitungen zur Verhütung von unrechten Manipulationen getroffen. Drei

---

[41]) Pallacos sind Gesteinstrümmer, die unter dem Schutt und Abfallhaufen aufgelassener Minen liegen geblieben sind. Sie enthalten oft einen hohen Prozentsatz an ausbeutungsfähigem Metall und wurden nur deshalb weggeworfen, weil sie im Vergleich zu dem seinerzeit geförderten Erz minderwertig erschienen. Diese nachträgliche Sammelarbeit wurde pallaquear genannt.

Cajones feines Erzmehl blieben auf den Buitronen, während 3 Cajones in die Fässer wanderten, die unter der Aufsicht von 8 Hüttenmeistern zu laufen begannen. Die Maschine erledigte ihr Pensum in 2 Partien, aber bei der Feststellung des Quecksilberverlustes ergaben sich Unzukömmlichkeiten. So wurde Weber nicht erlaubt, die Gröbe des ersten Amalgamierungsprozesses noch einmal auszuwaschen, in dem natürlich noch Quecksilber zurückgeblieben war. So ergaben die offiziellen Berechnungen über den Quecksilberverlust ein falsches Bild. Außerdem berichtet Rufia, daß der Verbrauch an Quecksilber beim ersten Versuch mit 21 Unzen festgestellt wurde. Dieses Ergebnis paßte aber den Gegnern der Fässermethode durchaus nicht, daher befahl der Leiter der Kontrollkommission, die Quecksilbermenge nochmals zu wägen. Die Überprüfung wurde diesmal von Herrn Arizmendi vorgenommen, der zur Befriedigung seines Auftraggebers, des Oberberggerichts, einen Verlust von über 4 Pfund konstatierte. Francisco Rufia schließt seinen Bericht an den „Mercurio" mit folgenden Worten: „Geehrter Herr, nach all dem Vorgefallenen, das ich Ihnen berichtet habe, werden Sie verstehen, daß unsere Widersacher nur das Ziel verfolgen, unsere Pläne mißglücken zu machen, da sie ohne Zweifel über die wohlmeinende Haltung des „Mercurio Peruano" erbost sind. Da die Quecksilberverluste bei dem Amalgamierungsprozeß tatsächlich viel geringere sind, hat Direktor Daniel Weber den Herrn Intendanten Don Francisco de Paula Sanz ersucht, in aller Form persönlich bei den neuen Versuchen gegenwärtig zu sein, deren Ergebnisse durch das Beisein neutraler Personen bestätigt und beglaubigt werden sollen und daß in derselben Form und durch dieselben Vorkehrungen die Proben oder Experimente mit einer beliebigen anderen Maschine gemacht werden sollten, um die Wahrheit festzustellen." (Bd. II. S. 271—275.)

VI. Schriften der Rechtfertigung von Joh. Daniel Weber.

In den Nummern des „Mercurio Peruano" während der folgenden Monate ist von keinem Fortschritte der Kommission mehr die Rede. Wir finden auch keinen Bericht über eine eventuelle Wiederholung des ersten Kontrollversuches in Potosí, der unter offensichtlich nicht einwandfreien Bedingungen vor sich gegangen war. Es ist auch nicht bekannt, ob und wann es überhaupt zu einer Wiederholung gekommen ist, vor allem nicht, ob diese unter Webers Leitung vorgenommen wurde. Dagegen scheinen die Gegner der neuen Amalgamationsmethode wieder zu einem Sturmangriff angesetzt zu haben. Im November 1791 sah sich Daniel Weber

(„Mineralogista pensionado por S. M.“) veranlaßt, einen offenen Brief an die Akademische Gesellschaft der Amantes de Lima als Herausgeberin des „Mercurio“ zu richten, der zugleich ein Memorandum, eine Verteidigungsschrift und die letzte große Veröffentlichung dieser Zeitschrift in Angelegenheiten Nordenflycht ist. Der Rahmen dieser Studie erlaubt es nicht, auf die umfangreichen chemischen und technisch-metallurgischen Ausführungen von Weber einzugehen. Wir beschränken uns bei der Wiedergabe des Memorandums daher ausschließlich auf persönlich und wirtschaftlich Interessantes, das wir in ausgewählten Stellen erstmalig in deutscher Übersetzung wiedergeben.[42])

Das Schreiben Webers ist die Antwort auf die öffentliche, feindselige Stellungnahme einer Persönlichkeit in Potosí, die unter dem Decknamen „Buen Serrano“ im „Diario erúdito“[43]) heftige Angriffe gegen die Rentabilität der Fässermaschine gerichtet hatte. Weber hatte nach langem Schwanken endlich den Entschluß gefaßt, doch auf die Briefe des Anonymus zu antworten, obzwar er wußte, daß das „Diario erúdito“ von einer Person geleitet wurde, die sich mit allen Kräften von Anfang an bemüht hatte, die neue Amalgamationsmethode unmöglich zu machen. Weber hatte — wie er in dieser an die Schriftleitung (Sociedad académica de Amantes del país) gerichteten Erwiderung sagt — während seiner Arbeiten oft unter der Opposition dieser Persönlichkeit gelitten. Er hebt hervor, daß sein Gegner von Mineralogie, Chemie und verwandten Wissenschaften überhaupt nichts verstehe, auch nicht einen einzigen Tag auf diesem Gebiet praktisch gearbeitet habe. Er verlasse sich auf das Urteil von zwei oder drei Hüttenleuten, deren Kritik der Anquickung für ihn einem Orakel gleichkäme. Der „Buen Serrano“ richtet seine Angriffe besonders gegen das Resultat eines im Februar 1791 von Weber durchgeführten Versuches, in dem die zweite Serie der Amalgamation eine bedeutend geringere Ausbeute an Silber wie die erste geliefert habe. Dabei wurde jedoch verschwiegen, daß es sich bei der zweiten Versuchsreihe um die Restpro-

[42]) Sie erschien in Fortsetzungen von Nr. 93—96, bzw. am 24., 27. November und am 4. Dezember 1791.

[43]) Diario erúdito, curioso y comercial, herausgegeben in Lima von Oberst Antonio Cabello y Mena, „Primer Escritor periodico de estas Provincia, Abogado de los Reales Consejos, Coronel del Regimiento Provincial Fronterizo de Infantería de Aragon, Protector General de los Naturales de Xauxa usw.“ Die schwungvollen Titel des Herausgebers konnten aber nicht verhindern, daß die Zeitschrift nach 4 Jahren einging. Cabello nahm auch an der 1791 erfolgten Gründung des „Mercurio“ tätigen Anteil. Auch diese Zeitschrift wurde von demselben Schicksal ereilt. Als leitender Direktor des Diario wird Jaime Bausate genannt.

dukte der in der ersten Serie angequickten Rotgiltigerze handelte, die natürlich einen weit schlechteren Ertrag geben mußten. „Ich frage nun: sind erstrangige und minderwertige Erze überhaupt auf gleiche Stufe zu stellen? Ist hier ein Vergleich zwischen den ersteren und der Gröbe berechtigt, deren Ausbeute in den vorteilhaftesten Betrieben 7—8 Mark ergeben, während man für gewöhnlich in Potosí 4—5 Mark, in manchen Betrieben überhaupt nicht mehr als 18—20 Unzen herausbringt? Zu was können diese elenden Reste noch dienen? Ich möchte wirklich, daß der „Buen Serrano" mir dieses Paradoxon löst und mir beweist, wie man aus diesen Resten dieselbe Silbermenge herausbringen kann, wie beim ersten Prozeß." (S. 220—221.)

Nachdem der „Buen Serrano" also der deutschen Kommission den geringeren Ertrag aus den Resten gegenüber dem aus den wertvolleren Giltigerzen erzielten zum Vorwurf macht, meint Weber dazu: „Wenn die Hüttenleute von Potosí dieses Geheimnis kennen, warum wenden sie es nicht in ihren Betrieben an? Der Nutzen wäre dann dreifach und würde genügen, sie reich zu machen, ohne weitere Auslagen als wie das Ausglühen. Vor mir liegen jedoch die einzelnen Ergebnisse sämtlicher Verhüttungen des Jahres 1790 und ich finde nicht einen Bericht, der von der Gröbe handelt." (Ibid. S. 222.)

Weiter nimmt Weber gegen die Einwände betreffs der Rentabilität der Maschine Stellung. Es wurde ihm im „Diario erúdito" vorgerechnet, daß die Konstruktion, Betriebskosten und Reparaturen auf 12 000 Pesos im Jahr zu stehen kommen. Gegenüber den Betriebskosten des Buitrons müßten die Eigentümer der Maschine noch 605 Pesos daraufzahlen. Es wird dabei allerdings vorausgesetzt, daß die Unternehmer binnen 5 Monaten Betrieb bereits den erreichbaren Höchstertrag herauswirtschaften müßten. „Der Nutzen erscheint zwar angemessen, sobald es sich um ein eingelaufenes Geschäft handelt, bei dem der ganze Betrieb bereits vor allen Unzukömmlichkeiten gesichert ist, die im Laufe der Zeit infolge verschiedener Zwischenfälle eintreten können. . . . . Wenn man schon in den ersten Anfängen dieser neuen Erfindung in Europa hätte ähnliche Einwendungen machen wollen, da doch Unsummen an Geld hineingesteckt werden mußten, hätte man die Methode aufgeben müssen und die Gelehrten hätten niemals den Nutzen kennen gelernt, den sie heute verzeichnen." ((Ibid. S. 223.)

In einem der wichtigsten Abschnitte dieses Verteidigungsschreibens legt Weber die Gründe des sog. Versagens der Bornschen Maschine in Peru dar: „Im Anschluß an das Gesagte will ich die Gründe andeuten, die bis heute den klaglosen Betrieb der Maschine verhindert haben. Die Hindernisse, die sich der genauen Konstruktion einer Maschine entgegenstellen, sind immer dieselben, aber nirgends sind sie so groß wie an diesen Orten, wo die Kunst der Mechanik absolut unbekannt ist. Welcher Beamte kann mit Vollendung die verschiedenen Berechnungen der Maße und Übereinstimmung der Teile einer solchen Maschinerie aufstellen, in Einklang bringen, verbinden und aufteilen? Ihre vollkommene Unkenntnis verursacht dreifache Kosten, ohne daß man deshalb die Befriedigung hätte, daß der Bau von besonderer Festigkeit ist. Ich weiß nur, daß, wenn wir nicht einige Arbeiter von außen bekommen hätten, sie heute nicht auf ihrem Platz stünde. Andere Punkte übergehe ich mit Schweigen, um meine Ausführungen nicht noch mehr zu erweitern, obzwar sie genügendes Licht auf die zu überwindenden Schwierigkeiten werfen würden, und komme nun zum Wesentlichsten. Nachdem alle Kräfte eingesetzt wurden, um die erwähnte Maschine fertigzustellen, wurde die Reparatur der Pochwerke hintangesetzt, so daß wir schließlich ohne richtig gemahlenes Material dastanden; zugleich ging den Besitzern das Geld aus, um die Bergwerke in Betrieb zu halten, und so konnte die Maschine nur für eine sehr beschränkte Anzahl Cajones ausgenützt werden. Beweis dafür die an Ihre Gesellschaft gerichteten Diarios, aus denen Sie feststellen werden, daß man nur 8, 10 oder 12 Cajones wöchentlich anquicken konnte. Die 6-Fässermaschine erledigt von 6 Uhr früh bis 7 Uhr abends 4 Anquickungen zu 1½ Cajones, das sind 6 pro Tag und 36 pro Woche. Wenn sie mit Erzen von 7—8 Mark Gehalt versorgt würde, wäre ihr Ertrag im Vergleich zu dem der Buitrone ein doppelter, sowohl infolge Ersparnis an Taglöhnern als auch an Quecksilber, dessen Verbrauch sich bei unseren Anquickungen auf 3—4 Unzen pro Mark beläuft, während in Potosí laut Schätzung des Real Banco 12—13 Unzen in Rechnung gestellt werden. Der Bericht von Don Ascencio Arizmendi, Hüttendirektor von Potosí, aufgestellt nach den Versuchen in der Maschine von Don Nicolas Ursainqui, liefert einen unwiderlegbaren Beweis. Er bezeugt einen Gewinn von 30 vom Hundert in bezug auf den Gehalt und eine Ersparnis an sonst als Verlust bezeichnetem Quecksilber. In bezug auf die Spesen besagt er, daß sich die 18 in den Buitronen angequickten Cajones auf 66 Pesos stellen, in den Fässern jedoch nur auf 36. Die offiziellen Experimente in der Maschine der Amalgamationsbeamten im Jahre 1790 haben diese Tatsachen bestätigt. Ich übergehe hier die Einzelheiten, da sich die Ergebnisse in Ihren Händen befinden und ich Ihrem überlegenen Urteil deren genaue Prüfung überlasse."

Im Folgenden befaßt sich Weber mit den Reparaturen, deren Summe sich laut Angaben des „Buen Serrano" auf 4800 Pesos jährlich belaufen soll, mit der Begründung, daß Holz sehr teuer sei.

„Die Maschine besteht aus 3 Haupträdern und deren Welle, und zwar: 1 Wasserrad und 2 Zahnräder, durch die die Fässer in Bewegung gehalten werden. Das einzige, was eine wöchentliche Reparatur erfordert, sind einige durch die Bewegung abgebrochene Zähne. Deren Ersatz stellt sich auf höchstens 3—4 Pesos; das Übrige ist bis heute ohne Erneuerung erhalten, und nachdem es von der entsprechenden Stärke ist, besteht auch keine Reparaturgefahr vor einigen Jahren. An Auslagen für Lager und Zapfen sowie Ersatz einiger gebrochener Zahnräder stelle ich jährlich 1000 Pesos in Rechnung. Diese letzteren kosten je 400 Pesos. Die übrigen Reparaturen belaufen sich gewöhnlich auf 600 Pesos. Wenn wir diese Summe zu den 4 Pesos wöchentlich addieren, kommen wir auf 1200 Pesos Betriebsauslagen. In welchen Aufschreibungen und mit welcher Praxis sind nun die 4800 Pesos ausgerechnet worden? So werden die wahren Interessen der Nation gewahrt? So denken also die Patrioten? Welch ein Wahnsinn!" (S. 226—227.)

Am Ende dieser Ausführungen und in der der nächsten Fortsetzung in Nr. 95 vom 1. Dezember 1791 ergeht sich Weber in Erörterungen über die Zusammensetzung der peruanischen Erze und die chemischen Grundlagen der Anquickung der Rotgiltigerze, Fahlerze und der Ausnützung der Rückstände. Dabei unterzieht er die chemischen Kenntnisse seines Gegners einer scharfen Kritik, der z. B. die Begriffe Niederschlag und Lösung nicht unterscheiden kann. Als einen der größten Mängel in der peruanischen Metallurgie bezeichnet Weber die Unfähigkeit der hiesigen Bergleute, den Silbergehalt des zu exploitierenden Erzes vor dem Anquickungsprozeß richtig zu bestimmen. Es fand sich kein Hüttenmann in Peru, der seine Manipulationen auf theoretische Kenntnisse gegründet hätte. Schon der berühmte Barba in seinem Leitfaden der Amalgamation in Peru sagt: „Diese Unwissenheit war der Grund, daß man den bei der Anquickung der Silbererze übrigbleibenden Resten keine Beachtung geschenkt hat, wie man es hätte tun sollen. Denn ohne die Zahlen zu übertreiben, sind viele Millionen verloren gegangen, zum ersten, weil man aus Unkenntnis der Unterschiede und Eigenschaften der Erze den Silbergehalt nicht bestimmen konnte, alles dem Zufall überließ, ohne Grundlagen noch genaue Kenntnis des vorliegenden Silbererzes vorging und auch nicht wußte, welchen Ertrag man davon zu erwarten hatte; zum zweiten durch die ungeheuren Quecksilberverluste, denn bis heute sind davon in Potosí

234 700 Quintale verbraucht worden." (cap. 1.) Der Vortrag eines Hüttenbeamten im Jahre 1779 bestätigt diese Worte Barbas: „Fragt die Leiter dieser Anquickungsverfahren nach den Leitsätzen ihrer Arbeit, forscht nach den Grundlagen ihres Wissens und ihr werdet bemerken, daß alles auf nichtige Gründe und auf nichts anderes gestützt ist, als auf die alten Bräuche . . . . . . Die Ergebnisse werden dann bekanntgegeben und die Schuld der schlechten Anquickung auf die Armut der Erze geschoben. Das bekommen wir alle immer zu hören, und im Zuge dieses naiven Zugeständnisses, zu dem Euch die Tatsachen zwingen, lehnt Ihr die Mittel zur Abhilfe ab und verachtet deren Vorteile." (III. S. 242.)

Als Beweis für die enormen Verluste an Quecksilber bei den Potosíschen Arbeiten führt Weber einige Ziffern vom Jahre 1790 aus dem Rechenschaftsbericht des Marquis von Santa Maria de Otavi an. Im Verlauf von 4 Wochen wurden mit 30 Cajones Erz Anquickungen vorgenommen, deren Erträgnis an Silber um 100 Mark schwankte. Der Quecksilberverlust betrug durchschnittlich 100 Pfund. Es gab auch Indianer, die aus der Dummheit der Hüttenleute Gewinn zogen. Diese sog. „Caguachiris" pachteten jene Stellen der Amalgamationshütten, auf denen die Abfälle abgelagert wurden. „Alle Wahrheitsliebenden," so bemerkt Weber, „werden mir zugeben, daß dies zum Zwecke geschieht, um die Abfälle der Arbeit der Azogueros auszunützen." (S. 243.)

In der Fortsetzung seines Artikels im „Mercurio" Nr. 96 vom 4. Dezember 1791 spielt Weber auf die Kräfte an, die gegen das Werk der Kommission tätig waren. „Ihr ganzes Vorhaben zielt darauf ab, unsern Plan umzustoßen, so daß er ohne die stützende Hand unseres Leiters heute schon aufgegeben worden wäre. Wir kennen alle die von dieser Partei eingesetzten Mittel, um unser Projekt in Verruf zu bringen; doch ist man heute schon so weit, daß man sogar die Besitzer von Maschinen zu ruinieren versucht, damit sie — ohne Geldmittel — das Unternehmen aufgeben . . . . ."

„Ich will der Gesellschaft den Grund dafür sagen, warum Rufia seine Erfolge veröffentlicht, die anderen Herren aber nicht. Sie haben Fässermaschinen, das ist wahr, wozu aber verwenden sie dieselben? Sie haben nämlich nicht die geringste Kenntnis von den Grundbegriffen der Mechanik, sie verstehen nichts von den Kombinationen einer Maschinerie, noch von dem Verhältnis der einzelnen Bestandteile. Deshalb nun, weil sie keinen Betriebsschaden beheben, noch der Maschine Festigkeit verleihen können, schreien sie wütend, daß sie nichts taugt und nutzlos ist. Welche Narrheit! Beweis dafür: Don Agustin Flores: er hat eine 5-Fässermaschine à 25 Quintalen aufstellen lassen, ohne andere Regel als die seiner Laune und besteht darauf, sie durch Handantrieb in Bewegung zu setzen . . . . .' (S. 246.)

„Am Ende seiner Schrift[44], wünscht der „Buen Serrano", daß ihm eine vollkommene Beschreibung als Leitfaden zum Verständnis der Bergleute vorgelegt werde. Das ist eine schwierige Sache unter den gegenwärtigen Verhältnissen, denn die Verpflichtungen meines Berufs gestatten mir nicht, ein Werk von wirklichem Nutzen zu verfassen. Man müßte alle Fragen der Mineralogie und metallurgischen Chemie anschneiden, eine ausführliche Analyse aller im Cerro[45]) vorkommenden Erze vornehmen, d. h. jeden ihrer verschiedenen Bestandteile gesondert behandeln, ihre Eigenschaften und Analogien untersuchen und diese mit den theoretischen Grundsätzen vergleichen. Dann erst wäre die Beschreibung von Nutzen für die Allgemeinheit; andernfalls würden so verworrene Begriffe erweckt, daß sie nur in noch tieferem Dunkel tappen würde. Es wäre von Vorteil, mindestens eine allgemein gültige Regel geben zu können, aber die Verschiedenheit der Erze würde dem Publikum nur eine Unzahl von Schwierigkeiten verursachen, wenn es eine solche Regel anwenden wollte und meine Beobachtungen Lügen strafen.

„Wenn ich Gelegenheit hätte, würde ich das Werk gerne ausführen, denn mein Ziel ist, meine freie Zeit dem Interesse der Allgemeinheit zu opfern. Einstweilen müssen Studium und Fleiß die Mängel ausgleichen, denn es hätte keinen Zweck, diese Lücke mit geschriebenen Arbeiten auszufüllen, wenn das Publikum nicht die geringste Ahnung von den Grundlagen besitzt." (II. S. 248.)

*

Mit diesen Worten schließt die von Juan Daniel Weber gezeichnete Artikelserie und der „Mercurio" gibt — zum letzten Male — in einem Zusatz seiner Überzeugung Ausdruck, daß sich die deutsche Methode doch noch im Bergbau Perus durchsetzen werde.

„ . . . . . Der „Mercurio", unter Beibehaltung seiner von Anfang an eingenommenen, unparteiischen Haltung, veröffentlicht das vorhergehende Schreiben, indem er der Zeit, dem obersten Richter aller Beweisführungen, das Recht überläßt, diese hartnäckige Auseinandersetzunug zu entscheiden. Doch ohne von der strengsten Neutralität abzugehen, kann man sagen, daß bedeutende Kenntnisse die Prozesse leiten, die früher einer blinden

[44]) In 7 aufeinanderfolgenden Diarios erschienen.

[45]) Cerro de Potosí.

und althergebrachten Praxis überlassen blieben. . . . . Wir wiederholen, daß wir es der allgemeinen Vernunft überlassen, zu entscheiden, ob die Ausführungen von Don Daniel die Einwände des „Serrano" widerlegen. Wir wollen seinem Urteil nicht vorgreifen, indem wir unsere Meinung voransetzen, aber zwei mächtige Argumente der Vernunft und Autorität stützen die Rentabilität und Vorteile der Fässer.

Ein legalisiertes Dokument, das uns mit der letzten Post aus Cuzco zugegangen ist, bestätigt die Fortschritte der Maschine in den Gruben von Ampara, Bezirk Paucartambo. Nachdem sie viele Jahre einsam und verlassen waren, hat ihr Besitzer, Don Andrés Graz, die neue Amalgamationsmethode eingeführt und erzielt heute einen Nutzen von 15 Mark pro Cajon aus Erzen, die früher wegen geringen Silbergehaltes nicht ausgenützt werden konnten. Denselben guten Erfolg hat er in seinen Gruben in Curahuasi, Bezirk Abanacay, erzielt, wo die Maschine — und das ist das Wunderbarste — unter der Aufsicht und Bedienung eines 13jährigen Knaben arbeitet.

Authéntische Nachrichten beglaubigen die Einrichtung der Maschinerie in den Gruben von Don Francisco Lanz, Provinz Huarochiri, in denen von Don Juan Bautista Arrieta, Bezirk Caxatambo, und in den „Cachi" genannten Minen von Don Joseph Coquet. Sämtliche Besitzer sind mit der neuen Methode zufrieden, weil der Ertrag an Metall größer, der Verlust an Quecksilber geringer und die Ersparnis an Betriebskosten bedeutend ist. Das alles wird durch eine ausführliche Tabelle aus Potosí bewiesen, die uns vorliegt und die wir zu gegebener Zeit als unwiderleglichen Beweis veröffentlichen werden.

Doch die Tatsache, die unser Urteil entscheidet und uns von den Vorteilen der Maschine und der Rentabilität der Versuche überzeugt, ist der königliche Befehl, den Seiner Excellenz der Graf von Lerena dem Herrn Vizekönig von Buenos Ayres übermittelt: „Seiner Majestät stimmt den vom Herrn Intendanten von Potosí ergriffenen Maßnahmen für die Durchführung der Versuche und Vergleiche zu; er geruht ihm zum Ausdruck zu bringen, er möge ihm den Gnadenakt oder Genehmigung vorschlagen, die ihm am angemessensten erscheint. Er erklärt die von Herrn Baron von Nordenflycht in dieser Stadt geleisteten Dienste als wertvoll und zweifelt nicht, daß er dasselbe für die Minen von Peru durchführen wird, wofür ihm Seine Majestät reichliche Belohnung verspricht; es wird der Empfang des Maschinenmodells nebst 50 Silberpyramiden und der „Pella" dieses mit Quecksilber amalgamierten Metalls bestätigt. Es wird befohlen, den Fond der Einlösebank (banco de rescate) auf 300 000 Pesos zu erhöhen, zum Zwecke der Unterstützung von Bergleuten, die nicht über genug Geld verfügen, um solche Maschinen zu bauen. Denn laut Bilanz und dem mit der Maschine erzielten, beglaubigten Ertrag, die zum Vergleich mit dem der alten Methode herangezogen wurden, ist die Steigerung der Amalgamationsproduktion bedeutend, der Quecksilberverbrauch geringer, Zeit- und Arbeitslohnersparnis beträchtlich und in jeder Beziehung für den königlichen Schatz und das Berggremium von Vorteil."

Ein so hohes und beachtenswertes Zeugnis ist die festeste Stütze der Rentabilität der Fässermaschine. Wenn unsere peruanischen Bergleute diese Stimme, die von uns veröffentlichten Versuche, sowie die Antwort Don Daniels auf die Angriffe des „Buen Serrano" nicht beachten wollen und darauf beharren, das neue Amalgamationsverfahren abzulehnen, dann fürchten wir, daß man über sie dieselben tadelnden Worte aussprechen wird, mit denen einem berühmten Pariser Mathematiker sein hartnäckiges Festhalten an veralteten Prinzipien vorgeworfen wurde: „Er würde es ablehnen, auf einem anderen Wege in den Himmel zu gehen, als den streng nach den Regeln der Geometrie." (Mercurio II. Bd. S. 250—253, Reflexiones de la Sociedad sobre la Carta antecedente.)

Wenn die Zeitschrift mit diesem Artikel endgültig die Polemik um die Bornsche Methode abschließt, so bringt sie doch noch im 2. Trimester des Jahres 1792 die Tabellen eines außerhalb von Potosí vorgenommenen Kontrollversuches. Dieser Versuch wurde — wie aus dem Titel ersichtlich — auf Befehl des Gouverneur-Intendanten Paula Sanz in der Maschine von Toracari (Bezirk Chayanta) vorgenommen. Sie gehörte einem Hauptmann Don Juan Ruiz de Luna, und als Erbauer wird Don Vicente Velenguer, ein von Baron von Nordenflycht abhängiger Mineraloge, genannt. Der gleichzeitige Kontrollversuch fand im Buitron des Hüttenwerkes in derselben Gegend statt und wurde — wie üblich — durch die Gegenwart öffentlicher Beauftragter sanktioniert. Die Ergebnisse — ohne jeden Kommentar gedruckt — beweisen wieder die Vorteile der Maschine in bezug auf höheren Silberertrag und Ersparnis an Quecksilber. Webers Name ist nicht genannt, es scheint sich hier auch um eine von Potosí ganz unabhängige Aktion zugunsten der neuen Methode zu handeln.

VII. Die Gründe des „Scheiterns" der deutschen Bergkommission Helms—Nordenflycht—Weber.

Wer die vorgelegten Proben aus den Schriften der Teilnehmer dieser Expedition vergleicht, dazu die größeren Werke von Haenke, Humboldt, dann spanische, französische oder englische Studien über den Bergbau der Vizekönigreiche Peru und La Plata nimmt, und verschiedene Dokumente in deutschen, spanischen und südamerikanischen Archiven beachtet, dem drängen sich förmlich die Gesichtspunkte zu einem Gesamturteil und einer Wertung der geschichtlichen Leistungen von Deutschen auf. Wir können hier nur auswählend einige der Überlegungen vorbringen, die klärend und für weitere Studien anregend sein können.

Zunächst muß hervorgehoben werden, daß diese deutsche Kommission die erste überhaupt ist, die im Auftrage der spanischen Regierung in großzügiger Weise für das gesamte Berg- und Hüttenwesen des Landes tätig war. Dies ist um so beachtenswerter, als vor 1780 nur einzelnen Reisenden die Erlaubnis zum Besuch der Gold- und Silberbergwerke erteilt wurde. Die spanische Regierung war nicht nur äußerst zurückhaltend in der Bewilligung von Einreisen für Ausländer, sondern vor allem darauf bedacht, daß diese nicht allzu viel Einblick in die Verhältnisse des Landes erhalten konnten. Begleitpersonen, unter irgendeinem Titel zur Überwachung der Fremden bestellt, wurden diesen zugesellt, und scharfe Kontrolle bei jedem Schritt war noch eines der geringsten Hindernisse für Fremde, die in ihrem wissenschaftlichen Eifer ja gar nicht daran dachten, Geheimnisse auszukundschaften. Wir wissen von früheren französischen Reisenden, besonders Josèphe Dombey, La Condamine u. a., welche Schwierigkeiten ihnen im Lande und schließlich besonders bei der Ausreise und Mitnahme von Sammlungen, Karten, Tagebüchern usw. bereitet wurden. Es ist daher nicht überraschend, daß vereinzelte Vorstöße deutscher Berg- und Hüttenleute oder Unternehmer (wie die Welser) ohne nachhaltige Wirkung blieben. Trotzdem waren schon diese ersten Deutschen in Südamerika durch Geschicklichkeit, Fleiß und Fachkenntnisse überall bekannt geworden, wie bereits einleitend angedeutet wurde. Ein unmittelbarer Vergleich mit den hier in Rede stehenden Männern ist aber schon deshalb nicht zulässig, weil die Ziele dieser ersten Bergleute in Spanisch-Südamerika ganz andere waren. Sie sollten für private Interessen nach Erzlagerstätten schürfen und diese ausbauen, aber nicht mit wissenschaftlichen und theoretischen Kenntnissen als Berater und Lehrmeister des Berggremiums auftreten.

Die führende Stellung, die vor und nach der Gründung der Bergakademie zu Freiberg (1766) das deutsche Berg- und Hüttenwesen innehatte, läßt es begreifen, daß bei dem gewaltigen Bedarf an Fachleuten im Bergbau von Spanisch-Südamerika man zunächst an Deutsche als Hilfskräfte und Ratgeber dachte, als es darum ging, dem bereits unaufhaltsam sinkenden Ertrag der Silber- und Goldgruben durch eine Neuorganisation zu steuern. Es wurden für solche Aufgaben daher nur solche Berg- und Hüttenleute gewählt, die praktisch und wissenschaftlich gleich gut geschult waren. (Vgl. dazu Kap. IV.) Da es sich im Bergbau beider Vizekönigreiche jener Zeit tatsächlich um den Nationalreichtum des ganzen Kolonialgebietes handelte — Haenke sagt: „Hauptertragszweig und Machtfaktor des Staates“ —, so ist es verständlich, daß die Bedingungen der Anwerbung außerordentlich günstig waren und von dieser Seite aus keiner der Teilnehmer enttäuscht wurde. Doch über die Arbeitsbedingungen, die jeder an den Stätten seines neuen Wirkens vorfinden sollte, ließ man sie völlig im Unklaren. Gerade an dem Beispiel dieser ersten deutschen Expedition und ihrem schließlichen Scheitern sind die grundsätzlich verschiedenen Voraussetzungen, Arbeitsverhältnisse und Methoden im deutschen und südamerikanischen Bergwesen offenkundig geworden.

Nach den Ausführungen der früheren Kapitel drängt sich die Frage auf, wodurch dieses „Scheitern“ eigentlich verursacht wurde, nachdem doch beide Teile anfangs so viele Hoffnungen und guten Willen hatten. O. Quelle (38), der diese Frage in einem zusammenfassenden Bericht auch behandelt, nennt im Einzelnen einige sicherlich zutreffende Umstände: z. B. die ungewohnten klimatischen Verhältnisse; die Tatsache, daß die Fremden überall nur kurze Zeit tätig sein konnten, wobei ihnen passiver Widerstand bis zu stellenweise offener Sabotage entgegengesetzt wurde; zögernde und widerwillige Belieferung mit Material und Arbeitern; die Entscheidungen der Behörden wurden endlos hinausgeschoben und endeten oft genug mit gänzlicher Ablehnung, und die Arbeitslust der Kommission wurde durch unsinnige Verdächtigungen beeinträchtigt. Mit dem abschließenden Urteil von Quelle: „die deutschen Berg- und Hüttenleute haben in Spanisch-Amerika in vollstem Umfang ihre Pflicht erfüllt“ (S. 103), sind aber die letzten Gründe für das Scheitern der Kommission nicht erfaßt.

Aus den Berichten von Helms, Weber und Haenke geht klar hervor, daß vor allem der allgemeine Mangel an chemischen, mineralogischen und technischen Kenntnissen bei den Einheimischen sich katastrophal auswirken mußte. Für ein wissenschaftlich begründetes methodisches Arbeiten war insbesondere von seiten der königlichen Berg- und Hüttenbeamten mit keinerlei Verständnis zu rechnen. Bei den Bergleuten und Arbeitern im Hüttenbetrieb waren nur praktische Erfahrungen, wie sie seit Generationen überliefert wurden, entscheidend, und eine Einsicht in die Zusammenhänge der einzelnen Arbeitsphasen durfte nicht bei ihnen vorausgesetzt werden. Die Gründe der großen Abgänge an Quecksilber bei dem landesüblichen Verfahren suchte man nicht vielleicht durch planvolle Versuche zu ermitteln und auszuschalten, sondern verlegte sich auf ein wüstes Probieren oder verwendete Geheimmittel nach Art des „Realzements" und allerlei Zusätze, darunter sogar Dünger! Jedes unerwartet günstige Ergebnis war ihnen ebenso unergründlich, wie ein Versagen ihrer wenigen eingeübten Handgriffe, wenn das Erz einmal von dem Gewohnten abweichende Eigenschaften besaß. Noch weit stärker wirkte sich in den Betrieben das Fehlen jeder Zusammenarbeit aus. Humboldt wendet dafür den guten Vergleich an, daß viele Bergwerke in Peru und Mexiko an ein schlecht gebautes Haus erinnern, in dem man die umständlichsten Umwege machen muß, um von einem Zimmer in das unmittelbar benachbarte kommen zu können. Mit einem typischen Beispiel zeigt Weber in seiner Rechtfertigungsschrift, wie der ganze Betrieb wegen Mangel an Arbeitern zur Reparatur kleiner Schäden der Pochmaschine wochenlang (!) stillstehen mußte, nach endlicher Behebung des Schadens aber kein Geld für das Ausbringen der Erze aus den Gruben vorhanden war. Jede eigene Initiative wurde durch die Schwerfälligkeit des ganzen Betriebes gehemmt, jeder glückliche Zufall als ein Beweis rein persönlicher Geschicklichkeit hingestellt! Wie wenig methodisches Denken und Voraussicht in den Arbeiten dem Berg- und Hüttenbetrieb jener Zeit zugrunde lag, geht am besten daraus hervor, daß das so notwendige Holz für Grubenstützen, Brennmaterial, Fässer, Hütten usw. auf den schwierigsten Wegstrecken von weit her an die Bergwerke erst herangeschafft werden mußte und niemand daran dachte, geeignete Bäume, die künftig alles erforderliche Nutzholz hätten liefern können, in möglichster Nähe selber anzupflanzen. (Vgl. darüber Gicklhorn (16).) Die für das Scheideverfahren unentbehrliche Salz- und Salpetersäure wurden um unerhört hohe Preise aus Europa in ein Land eingeführt, das alle zur Fabrikation erforderlichen Rohstoffe in einzigartiger Reinheit und unvorstellbarer Menge besaß. Haenke (20), Gicklhorn (15). Analysenmethoden für die verschiedenartig zusammengesetzten Erze kannte man überhaupt nicht in den Bergwerksbetrieben oder wollte sie nicht anwenden. Wir brauchen hier nicht noch weitere Einzelheiten hervorzukehren, um behaupten zu können, daß es das Fehlen naturwissenschaftlicher Bildung der Eingeborenen, Bergleute, Beamten usw. und ihr Mangel an technischen Kenntnissen aller Art in erster Linie gewesen ist, die zum unausweichlichen Scheitern der deutschen Expedition führen mußten. Wenn die neu aufgestellten Maschinen schon zur Zeit der Anwesenheit und bei ständiger Hilfe der Deutschen nicht ausreichend beschäftigt und ausgenützt werden konnten, wenn jede Reparatur nur unter Eingreifen und Drängen der deutschen Sachverständigen durchgeführt wurde, dann kann man sich leicht ein Bild davon machen, welche Zustände kommen mußten, wenn die beispielgebende Arbeit der Deutschen nicht mehr zur Verfügung stand. Ein typisches Beispiel nennt die Notiz von Alexander von Humboldt, wonach zu seiner Zeit nur mehr zwei Fässermaschinen in Peru in Betrieb gewesen sein sollen, während wir aus den Berichten des „Mercurio Peruano" und Webers Schrift allein 10 Betriebe zählen können, in denen Maschinen aufgestellt und klaglos arbeitend eingerichtet wurden. Die Behandlung der eingeborenen Arbeitskräfte war gleichfalls nicht danach angetan, sie für den Betrieb zu interessieren, und eine ständige Klage der Kommissionsmitglieder gilt dem Arbeitermangel. Wenn die Deutschen zeit- und stellenweise ein besseres Ergebnis erzielen konnten, dann war es immer eine unerwartete Zuteilung von ausreichend vielen Arbeitern, wodurch verhindert wurde, daß die unter hohen Kosten aufgebauten Maschinen tage- und wochenlang stillstanden. Hierin liegt einer der wichtigsten Gründe dafür, daß wegen nicht voller Ausnützung der teuren Maschinen die Spanier enttäuscht waren und das um so stärker, als sie selber mit dem Getriebe der Maschinen sich nicht ausreichend vertraut machen konnten. Es fehlte jedwedes technische und mechanische Verständnis auch von seiten der von Helms, Weber und Nordenflycht abgerichteten Schüler, die nicht fähig waren, eine ergenhändige Reparatur geringfügiger Schäden durchzuführen, von einem selbständigen Aufstellen der Poch- und Erzmühlen, Fässermaschinen und Waschanlagen Bornscher Konstruktion gar nicht zu reden. Gegenüber solchen Zuständen war der beste Wille zur „Pflichterfüllung" machtlos. Das Scheitern der Expedition hat weder mit Holz- und Wassermangel unmittelbar zu tun — wie Humboldt meint —, noch konnten Intrigen und Sabotage ausreichen, um alle jene abzuschrecken, die an dem Gelingen persönlich interessiert waren, — wie O. Quelle annimmt. Es ist auch nicht richtig, daß Unternehmer und Regierung nicht die nötigen Beträge zur Investierung und Erprobung der Bornschen Apparatur bereitgestellt hätten. Allein die Maschine in Lima kostete 41 846 Pesos, und Haenke berichtet, daß das Finanzamt von 1791 bis 1794 für die Arbeiten der deutschen Kommission 129 026 Pesos

$1/_8$ Real ausgegeben hat! Einzelne Privatunternehmer legten auf eigene Rechnung Beträge von 12 000 bis 20 000 Pesos für kleinere Typen der Fässermaschine aus, wie aus den Berichten des „Mercurio" festgestellt werden kann. Freilich fehlte beiden, der Regierung wie den Privaten, der richtige Geschäftsgeist, der anfängliche Mehrkosten im Hinblick auf später sicher zu erwartende Gewinne hingenommen hätte. Es ist weiter nicht richtig, daß die deutsche Kommission „von allen Seiten her" mit Intrigen und Verleumdungen sabotiert worden sei; Weber und sogar der tief enttäuschte, temperamentvolle Helms heben immer wieder die Unterstützung einflußreicher Förderer hervor — wie z. B. de Paula Sanz —, und schließlich finden wir in den Artikeln des „Mercurio" eine ganze Anzahl von Zeugnissen — angefangen vom Erzbischof von Lima bis zu selbständigen Kaufleuten und Unternehmern —, die ganz objektiv urteilten und die deutsche Kommission nach Kräften unterstützten. Die spätere Entwicklung des Berg- und Hüttenwesens in Spanisch-Südamerika, die ja doch schließlich von Europäern oder Nordamerikanern entscheidend beeinflußt wurde, beweist uns, daß diese erste deutsche Kommission den allzu hoch gespannten Erwartungen von beiden Seiten wirklich nicht genügen konnte, solange die allgemeine Bildung, besonders nach der naturwissenschaftlichen Seite hin, einen für deutsche Verhältnisse unvorstellbaren Tiefstand aufwies, die Frage geschulter und selbständiger Arbeitskräfte ungelöst war und ein weitblickender Unternehmergeist in den maßgebenden Kreisen fehlte.[46])

Wenn Daniel Webers Gegner von ihm „eine vollkommene Beschreibung als Leitfaden zum Verständnis der Bergleute" verlangten, d. h. unbedingt verläßliche und überall erfolgreich anwendbare Regeln für jedermann, dann konnte Weber wirklich dieses Ansinnen unter Hinweis auf das Fehlen jeder Vorschulung und Grundlagen der Leser abweisen. (Siehe Kap. VII.)

Zusammenfassend können wir daher sagen, daß die Spanier „ihren" Grund hatten, von der deutschen Kommission enttäuscht zu sein; aber die ablehnenden Gutachten übersahen, daß damals noch gar nicht die Voraussetzungen für eine gedeihliche Arbeit nach europäischen Begriffen gegeben waren. Es waren weder die Mängel der Bornschen Methode, noch die „Unmöglichkeit", einige Millionen Zentner Erz damit zu verhütten

---

[46]) Der „Unternehmergeist", den die deutsche Expedition überall im Lande vorfand, war oft genug nur sinnlose Spekulation und eitle Hoffnung auf einen großen und schnellen Gewinn aus glücklichen Funden und der Arbeit der Eingeborenen. Die gegenseitigen Betrügereien beweisen diese Meinung.

oder die Schwierigkeiten durch Holz- und Wassermangel u. ä. — wie Humboldt meint —, daß schließlich beide Teile das Nutzlose weiterer Zusammenarbeit einsahen und die Verträge gekündigt wurden.

VIII. Thaddäus Haenke über das Bergwesen von Peru.

(Ausgewählte Stellen seiner „Descripción del Perú)

Die Ausführungen über die Expedition Helms-Nordenflycht können nicht abgeschlossen werden, ohne den Namen unseres größten deutschen Südamerikaforschers Thaddäus Haenke und sein Werk noch besonders zu erwähnen.[47]) Nicht nur, weil Haenkes: „Übersicht über die Minen von Peru" in seiner „Descripción del Perú" in der Geschichte des Bergbaus von Ibero-Amerika nicht übergangen werden darf, da sie uns überaus wertvolle Angaben über die Art der Exploitierung der Gruben, die Mängel des Berg- und Hüttenwesens, die Geschäftsverbindungen zwischen Bergleuten und städtischer Kaufmannschaft u. v. a. übermittelt, sondern dieses Kapitel uns auch einen uns bis dahin unbekannten Bericht über einen Kontrollversuch mit Borns Maschine gibt, der von Baron von Nordenflycht in Lima zum Vergleich mit der einheimischen Buitronmethode vorgenommen wurde. Es wurde bis jetzt auch noch nicht ausdrücklich darauf hinhingewiesen, daß Haenke in seiner erstaunlichen Vielseitigkeit zwar mit dem Titel „físico-botánico comisionado" als Mitglied der Expedition Malaspina verpflichtet wurde, daß ihn jedoch sein Gönner Born der spanischen Regierung als geschulten Chemiker empfohlen hatte. Welche Erwartungen in Peru an das Können Haenkes geknüpft wurden, geht aus der Notiz des „Mercurio Peruano" vom 29. Mai 1791 hervor. Nach Erwähnung der

---

[47]) Bezüglich Biographie und Wertung Haenkes verweisen wir auf unsere frühere Arbeit in dieser Zeitschrift. (Gicklhorn J. und R (17)) Wir sind der Meinung, daß für eine dem derzeitigen Wissensstand entsprechende Wertung noch einige Spezialstudien erforderlich sind, ehe an eine Gesamtausgabe von Haenkes Schriften gegangen werden kann. Wenn von bestimmter Seite her dieser im Programm unserer Haenkestudien bekannt gegebene Plan unabhängig von uns schon jetzt ins Auge gefaßt wurde, so heißt das nur, daß jemand dort gern ernten möchte, wo andere gesät haben. In Zeitungsnotizen vom 25. Mai 1942 wurde nämlich bekannt gegeben, daß die „Sudetendeutsche Anstalt für Landes- und Volksforschung" in Reichenberg — anscheinend in bewußtem Gegensatz zu unseren bisherigen Bemühungen — eine solche Gesamtausgabe plant. Die Nachricht muß überraschen, da von der „Sudetendeutschen Anstalt" bis jetzt nichts über Haenke veröffentlicht wurde, während wir bereits seit Jahren zielbewußt eine Haenke-Forschung in Prag aufgebaut haben.

Expedition Malaspinas werden mehrere Teilnehmer namentlich angeführt, Haenke unter den andern Gelehrten zwar als „Botaniker" bezeichnet, doch hebt die Zeitschrift eigens hervor: „Haenke ist Schüler des berühmten Herrn Jacquin und des chemischen Laboratoriums des bedeutenden Hofrats Born. Seine kritischen Untersuchungen reichen auch bis ins Gebiet der Metallurgie, Mineralogie, Entomologie[48]) etc., in dem er mit dem seinem blühenden Alter eigenen Temperament ganz ungewöhnliche theoretische und praktische Kenntnisse verbindet." (II. S. 74, in einem Artikel über botanische Arbeiten in Peru.) Nach Rückkehr der Expedition Malaspinas nach Spanien im Jahre 1793/94 wurde Haenkes Bleiben in Spanisch-Südamerika hauptsächlich mit seinen für den Bergbau bedeutsamen Kenntnissen begründet. Er wurde in den folgenden Jahren von der Regierung mehrfach als Fachmann in Bergdistrikten, so z. B. in Pasco, Potosí, Huancavelica, Oruro, Tipuani u. a. eingesetzt. Aus der Fülle des von Haenke über den Bergbau in Peru gebrachten Materials sollen hier nur jene Punkte berücksichtigt werden, die mit den von Helms und Weber behandelten Themen im unmittelbaren Zusammenhang stehen. Helms' Liste der Bergwerke der La Plata-Länder[49]) kann Haenkes Aufzählung der Minen von Peru gegenübergestellt werden. Demnach waren im Jahre **1790** hier in Betrieb: 853 Gold- und Silberminen, davon 784 auf Silber, 4 Quecksilber-, 4 Kupfer- und 12 Bleibergwerke. Gleichzeitig wurde auf 121 Goldwaschplätzen und in 399 Silberamalgamationswerken gearbeitet.

Die Beschreibung des Inneren eines Silberbergwerkes, des Verlaufs der Arbeiten, der Lagerung des stellenweise gediegen vorkommenden Silbers, sowie des damals üblichen Amalgamationsprozesses muß hier übergangen werden, da sie an anderer Stelle ausführlich behandelt wird.[50]) Die Jahresproduktion der Minen von Peru wird von Haenke von 1790—1795 mit 27 967 566 Pesos angegeben, im Jahre also durchschnittlich 5 593 513 Pesos $2\frac{1}{2}$ Realen. Nebst der dem Gold- und Silberschmiedegewerbe zugeführten Menge schätzt Haenke die jährliche Ausbringung auf 412 117

---

[48]) Siehe dazu: Gicklhorn Jos.: Vier geschichtlich beachtenswerte Memoranden von Thaddäus Haenke zu Fragen der Wirtschaftszoologie. Lotos. Bd. 88, 1942.

[49]) Hierher gehörte seit der Errichtung des selbständigen Vizekönigreiches im Jahre 1776 auch ein Teil der bolivianischen Minen.

[50]) Da wir bereits seit Jahren Material zu einer mineralogisch-geologischen Studie über Haenke gesammelt haben, wird diese in einer Fachzeitschrift veröffentlicht.

Mark. Beachtung verdient auch hier Haenkes Angabe über das Ansteigen der Produktion gegenüber dem Dezennium 1780—1790:

„Im abgelaufenen Dezennium 1780—1789 erzeugten die Minen 4 152 189 Pesos, die an königlichen Abgaben 3 500 522 Pesos 4 Realen leisteten, was einem jährlichen Produktionsdurchschnitt von 3 415 219 Pesos und 350 052 Pesos Abgaben entspricht. In Mark ausgedrückt beläuft sich der jährliche Ertrag in besagtem Dezennium auf die Summe von 377 511 Mark, die sich folgendermaßen verteilt:

Silbermark verarbeitet	10 035
Dieselben in Barren	363 940
Mark in Goldbarren	3 536
Summe	377 511
Verglichen mit dem heutigen Erträgnis	412 117
Ergibt einen Unterschied bzw. Zuwachs von . .	34 606

Derselbe Zuwachs ist auch am Fond des Oberberggerichts zu bemerken, der, wie schon gesagt, aus der Abgabe von 1 Real gespeist wird, die vom Gewicht jeder Mark eingehoben wird.

In den vier vergangenen Jahren, seit 1786 bis 1789, wurden an diesen Abgaben vorgeschrieben	145 246 Pesos 7 Realen
Aufgehäuft wurden	272 582 Pesos
Desgleichen in der Fünfjahrsperiode 1790 bis 1794, die den vier Jahren entsprechen	218 066
Daher eine verhältnismäßige Zunahme von	72 819 Pesos 1 Real.

Dies alles beweist den Fortschritt des Bergwesens, und es würde sicher einen unbeschreiblichen Aufschwung nehmen, wenn die dabei herrschenden Mißstände und Fehler nicht schon an der Wurzel die reichen Ergebnisse der Ausbeutung beeinträchtigen würden.

Zur Inangriffnahme der umfangreichen Arbeiten nach Entdeckung einer neuen Mine oder bei Wiederaufnahme der Arbeiten in einer alten verlassenen Grube oder zum Ingangsetzen von Erzadern, die zwar erschlossen sind, aber kein den Kosten entsprechendes Erträgnis abwerfen, gehören große Kapitalien, durch welche die Kosten für die Vorarbeiten gedeckt werden müssen, ehe die Bearbeitung selbst einen Gewinn bringt. Wie schon gesagt, sind die Bergleute gewöhnlich arm und unbemittelt, daher unfähig, so große Arbeiten aus Eigenem durchzuführen. Hier spielt der große Einfluß mit, den die erhofften Reichtümer auf begüterte Händler ausüben, und sie bestimmen, sich unter dem Titel „aviador" oder „habilitador" mit dem Bergmann zu vergesellschaften, um ihm das nötige Kapital vorzustrecken. Nachdem dieser Handel sich in verschiedenen Formen abspielt und eine der Hauptursachen ist, die zum Verfall und überstürzten Ausbeutung der Minen beiträgt, muß er eingehend beschrieben werden."

Haenke geht nun sehr ausführlich auf diese wechselseitigen Handelsbeziehungen ein, in denen es verschiedene Arten der Bevorschussung gibt, je nachdem es sich um gutgestellte Bergwerksbesitzer oder um arme Bergleute oder Abenteurer handelt. Im ersten Fall wird das Geschäft zu geteiltem Nutzen abgeschlossen, wobei der Händler das Kapital und der Bergmann die Mine mitbringt oder daß der letztere sich verpflichtet, dem Händler jede gewonnene Silbermark um den Preis von 6 Pesos und 4 oder 6 Realen zu überlassen. Dabei wurden gegenseitig betrügerische Methoden angewendet: der Bergmann erfüllte seine Abzahlungsverpflichtungen nicht, verschleuderte das geborgte Geld auf die unsinnigste Art[51]), während der Händler seinerseits Wucherzuschläge auf die Preise der im Rahmen des Kredits gelieferten Waren aufrechnete. Der Bergmann tat wieder alles, um seinen Gläubiger zu veranlassen, sich mit Verlust aus der Partnerschaft zurückzuziehen, sei es, daß er geringe Ergiebigkeit der Mine vortäuschte, die Arbeiten verschleppte oder Klagen gegen ihn anstrengte. Wenn es ihm gelungen war, seinen Partner loszuwerden, suchte er sofort ein neues Opfer, um das Spiel von Neuem zu beginnen.

„Mit einem Wort, es herrscht zwischen Bergleuten und Kreditgebern dasselbe Verhältnis, wie zwischen den ersteren und den Peonen; einer mißtraut dem andern, und der schlechte Ruf, in den diese Berufsgruppe

---

[51]) Von einem Beispiel, wie in südamerikanischen Bergwerken gewirtschaftet wurde, erzählt D a r w i n (7). Es handelt sich hier um Chile. „Die Thorheit der größeren Zahl der Angestellten und Actieninhaber grenzte an Blödsinn! Tausend Pfund per Jahr wurden in einigen Fällen darauf verwandt, die chilenischen Autoritäten festlich zu unterhalten; ganze Bibliotheken schon eingebundener geologischer Werke; Bergleute, die wegen besonderer, nicht in Chile zu findenden Metalle hinübergebracht wurden, wie Zinn zum Beispiel; Contracte, die Bergleute mit Milch zu versorgen, in Theilen des Landes, wo es keine Kuhe gab; Maschinen, wo sie unmöglich angewendet werden konnten; — und hundert ähnliche Anordnungen bezeugten die Absurdität, und gewähren noch bis auf den heutigen Tag den Eingeborenen großes Amüsement. Und doch läßt sich nicht daran zweifeln, daß dasselbe Capital, gut in diesen Bergwerken angewendet, einen ungeheuren Gewinn gebracht haben würde: ein zuverlässiger Geschäftsmann und ein praktischer Bergmann und Erzwardein wäre Alles gewesen, was nöthig war." (S. 391.)

durch ihre Manipulationen bei den Händlern des Königreichs gekommen ist, die noch die einzigen Menschen sind, die den Bergbau fördern könnten, trägt die Schuld daran, daß nicht die Gewinne erzielt werden, die bei der Entdeckung erwartet werden. Und wenn jemand zum Vorstrecken von Geld bereit ist, wird der Bergmann gezwungen, die richtige Reihenfolge seiner Arbeiten umzustoßen und dadurch dem Ruin entgegenzugehen.

Eine andere Art der Kreditgewährung ist bei den Händlern üblich, die nicht genügend Kapital für große Bevorschussungen besitzen. Sie wandern in irgendeine Mine, wobei sie 4000—5000 Pesos z. T. in Silber und z. T. in Quecksilber, Branntwein, Koka und anderen Waren mit sich führen, und verleihen diese an Busconeros, Pallaquires oder Pucheros genannte Bergleute, die wenig Erz besitzen oder dieses selbst zusammenkaufen. Diese kleinen Kreditgeber müssen dann nur darauf achten, wann die Amalgamationspyramide fertig ist, um sie mit nach Lima zu nehmen und dort einschmelzen zu lassen und einzulösen, worauf sie ihren Handel wieder von vorne beginnen.

Es gibt ferner auch solche, die keinen Vorschuß geben, sondern ihr Geld in die Bergwerke tragen oder schicken, dort die Mark etwas unter dem Preis ankaufen und sie nach Lima bringen, um sie einzuschmelzen und im Münzamt zu verkaufen. Dieser Handel hat außer dem Mangel an Risiko auch noch andere Vorteile."

Unter allen Deutschen, die zu jener Zeit in Peru gearbeitet haben, behandelt Haenke die soziale und materielle Lage der indianischen Arbeiterschaft am eingehendsten. Nach einer genauen Aufzählung der Löhne und Tagesleistung der Indianer erläutert Haenke das System der Mita, das, wie aus zeitgenössischen Dokumenten hervorgeht, ausdrücklich mit der Begründung eingeführt wurde, daß es unmöglich sei, weder die geistliche und weltliche Herrschaft über das Königreich Peru, noch dieses selbst aufrecht zu erhalten, noch den Betrieb in den Bergwerken ohne Mita fortführen zu können, da es an Arbeitskräften aus andern Kasten mangle. Wir vermissen bei Haenke ein entsprechendes Urteil über diesen, auch von vielen Spaniern angeprangerten Frondienst, was um so auffallender ist, als er in seiner „Descripción del Chile" sehr leidenschaftlich gegen die Ausbeutung der chilenischen Arbeiterklasse durch die Grundbesitzer Stellung nimmt. Versteckt im Texte der „Descripción del Perú" finden wir allerdings manche Bemerkungen[52]), die seine Meinung über die Be-

[52]) Am deutlichsten wird Haenke mit dem Urteil über die Mita in seinem „Memorandum über die Baumwollkultur und die Förderung ihrer Verarbeitung in

drückung der indianischen Bergarbeiter, die geringe Sorge für ihr Leben und ihre Gesundheit von seiten der spanisch-kreolischen Herrenschicht erkennen lassen. Immerhin führt Haenke auch diesmal als Nachteile der Mita mehrere Punkte an, die verständlich machen sollen, warum die Indianer sich so heftig gegen die Dienstpflicht in den Bergwerken wehren, besonders jene Indianer, die mehr als 200 spanische Meilen von Potosí entfernt leben, so z. B. in Cuzco, da niemand ihnen die Auslagen des Hinweges vergütete.[53]) Dann konnten die Arbeiter in dem Jahre, das sie daheim verbringen durften, den Tribut kaum aufbringen. Zudem weist Haenke auf den Mißbrauch hin, der von einzelnen Besitzern getrieben wird, die noch aus der Zeit der Repartimientos eine größere Anzahl Indianer zur Arbeit zugeteilt hatten, als für ihre Arbeiten überhaupt erforderlich waren. Nachdem für jeden ausbleibenden Indianer eine Abgabe von 50 Pesos bezahlt wurde, zogen diese Minenbesitzer einen ungesetzlichen Nutzen daraus.[54])

„Nachdem der Mita-Indianer 4 Realen täglich und der angeworbene oder Minga 6 Realen verdient, ist dieser Lohnunterschied und die Sicherheit der Arbeitskräfte der Grund, warum die Bergleute von Potosí die Mita dringlich wünschen, ein Dienst, der, wie wir gesagt haben, sehr geringfügig ist; aber obwohl die Bergarbeiten regelmäßig von Indianern

---

Südamerika". (Haenke 20, dazu Gicklhorn 16). „Die wenigen in Spanien ins Leben gerufenen Fabriken sind nicht fähig, allein so riesige Länder wie Peru und Mexiko, deren Bevölkerungszahl alljährlich ansteigt, zu versorgen. Außerdem sollen die hiesigen Bewohner außer der Landwirtschaft noch irgendeine andere Beschäftigung und Arbeit haben. Von solchen Beschäftigungen nehme ich die Minenarbeit ausdrücklich an. Sie wird den Indianern zwangsweise durch die Verordnung der Mita auferlegt und hat mehr als alles andere unter diesen Unglücklichen Unheil und Verheerungen angerichtet, die im Ausmaß einen durch eine Seuche oder Pestepidemie verursachten Schaden übertreffen."

[53]) Infolge der geringen Willigkeit der Indianer, ihren Dienst in den Bergwerken anzutreten, nahm die Einziehung zur Mita meist den Charakter einer zwangsweisen Rekrutierung mit militärischem Aufgebot an. Nachdem man diejenigen zusammengetrieben hatte, deren man habhaft werden konnte — so weit sie eben nicht in die Berge geflüchtet waren — wurden die Mita-Arbeiter unter Eskorte in die Grubenbezirke gebracht.

[54]) Einige Bezirke, z. B. Parinacochas, Aymaraes, Lucanas, Huanta, Jauja u. a. hatten das Vorrecht, überhaupt keine Arbeiter zu stellen, sondern schickten regelmäßig eine Geldablösung. Diese Sitte und das Verhalten vieler Indianer, die sich lieber zu Yanaconas machen ließen als nach Potosí zu gehen, hatten zur Folge, daß zu Zeiten der deutschen Bergkommission z. B. Huancavelica statt der vereinbarten Zahl von 1200 Arbeitern nur 175 Mann zugewiesen erhielt!

ausgeführt werden, sind diese freiwillige Arbeiter und werden nach Vereinbarung entlohnt.

Es ist wahr, daß dabei viel Betrügereien von beiden Seiten vorkommen, sowohl von seiten der Grubenbesitzer, die danach streben, die Taglöhner in einheimischen Waren zu bezahlen, so z. B. in Ají[55]), Koka, Branntwein, indem sie auf diese Artikel 100—200 % aufschlagen und es dabei so einrichten, daß die Arbeiter dem Herrn immer etwas schuldig sind, um ein Recht zu haben, sie zur Arbeit zu zwingen, ebenso aber auch von seiten der Peones, die auf Kredit nehmen, was sie nur können, besonders wenn sie im Glück oder im Überfluß sind.

Der den Leuten alle 15 Tage gegebene, Comodona genannte Naturallohn besteht aus:

1 Pfund Koka zu 6 Realen			6	Realen
2 Arrobas Mais zu 8 Realen	2	Pesos	—	„
1 Hammel	1	„	3	„
In Barem			4	„
Summe	4	Pesos	5	Realen
Das ergibt im Monat.	9	Pesos	2	Realen
Der Monatslohn, der dem Fleißigsten mit 28 Arbeitstagen zu je 4 Realen zukommt, beträgt	14	„	—	„
Daher bleiben zugunsten des Arbeiters	4	„	6	„

Von den genannten Artikeln kostet die Koka dem Arbeitgeber 5—8 Pesos die Arroba, und wenn man auch jeden möglichen Verlust einrechnet, so kommt das Pfund auf nicht mehr als 3 Realen zu stehen. Die Arroba Mais, die sie mit 8 Realen in Rechnung stellen, kostet im Tal 4 Realen, und die Hammel sind 8—9 Realen pro Stück wert, es ist aber wahr, daß sie aus diesem Handelsartikel wenig Nutzen ziehen, weil viele Tiere aus Futtermangel zugrunde gehen und andere von den Hirten als verloren gemeldet werden.

Außer diesen Beihilfen strecken ihnen die Grubenbesitzer so viel vor, als sie im Laufe des Jahres verlangen, darin ist nicht nur das Nützliche, sondern auch Unnützes und sogar Schädliches inbegriffen, so wie Flanell, Leinen, Branntwein und andere Waren zu übermäßigen Preisen, wodurch sich die Indianer bis zu Beträgen von 500—600 Pesos verschulden. Das

[55]) Ají = spanischer Pfeffer.

Ergebnis ist, daß der Grubenbesitzer ein totes Kapital, der Indianer aber eine Schuld hat; und nachdem er sich klar ist, daß er diese nicht abzahlen kann, faßt er den Entschluß, wegzulaufen, so wie es alle Tage vorkommt, oder er stellt sich krank, um das Geld nicht abzahlen zu müssen und arbeitet, ohne sich anzustrengen, da er doch weiß, daß man ihn erhalten muß, ob er nun arbeitet oder nicht. In der Hacienda von Visca-machay lieh man den Arbeitern im Laufe von weniger als 6 Jahren ca. je 55 Pesos, wovon nicht 5 eintreibbar waren. Auf diese Art verliert der Unternehmer nicht nur sein Kapital und seinen Gewinn, sondern der Indianer, der fortgeht, kehrt nie wieder zurück, aus Furcht vor Strafe, die man auch in grausamer Weise anzuwenden pflegt.

Trotz dieser Unzukömmlichkeiten ist diese Belieferung mit Waren doch oft notwendig, denn die Gruben liegen in wüsten Gegenden, und wenn der Herr nicht die Waren herbeischaffen würde, hätten die Peone nichts zu essen. Die Unredlichkeit ist auf beiden Seiten groß, und so haben gewöhnlich weder die Besitzer etwas von ihrem Gelde, noch die Arbeiter etwas von ihrer Arbeit; tatsächlich ist jedoch die Abgeltung der Löhne in Waren vorteilhafter, weil alles das, was den Wert des einen vermindert, auch den Wert des andern herabsetzt, und es kann versichert werden, daß diese Methode die beste ist, vorausgesetzt, daß angemessene Preise berechnet werden, was allerdings nur sehr selten der Fall ist.

Im Hinblick auf die falschen Begriffe der Bergarbeiter in dieser Frage kamen einige Männer auf den Ausweg, ihnen nur das unbedingt Notwendige vorzustrecken, damit am Ende des Jahres bei der Abrechnung in den Betrieben ihnen ein Überschuß blieb, von dem man ihnen den dritten Teil in Waren gab, sonst wären sie unbekleidet und ohne Geld geblieben. Um sie anzueifern, gab man ihnen 8 Realen täglich, ohne Guachaca[56]) und ohne Ration bei einer Arbeitszeit von 6 Uhr morgens bis 6 Uhr abends und zwei Ruhestunden. D i e s e s n e u e S y s t e m hatte zur Folge, daß sie das Erz nicht anrührten, was doch sonst ein alltäglicher Diebstahl war, und man erreichte außerdem eine Steigerung der Arbeitsleistung ohne die Notwendigkeit, sich zu verschulden, um genug zu verdienen, obgleich sie nicht ununterbrochen arbeiteten. Und nachdem es bei der natürlichen Faulheit der Indianer unerläßlich ist, sie zu beaufsichtigen, damit sie etwas arbeiten, wurden 2 Direktoren (mayor-

---

[56]) Als Guachaca bezeichnet man ein Erzstück ausgesuchter Qualität, das der Bergarbeiter sich täglich aussuchen und mit nach Hause nehmen durfte. Er verkaufte diese Stücke oder sammelte sie, um sie in größeren Mengen später in eigens dazu eingerichteten Betrieben aufarbeiten zu lassen.

domo) und 2 Aufseher eingesetzt, die sich Tag und Nacht mit zwei anderen Arbeiterschichten ablösten. Dadurch wurde der schädliche Müßiggang verhindert und die Aufräumungsarbeiten genau ausgeführt, was für gewöhnlich nicht der Fall ist, denn man ließ die Schuttmassen in den metallarmen Gängen liegen und verstopfte sie so der Reihe nach immer mehr. Wenn die Bergleute nun zufällig daran denken, sie auszuräumen, müssen sie diese Arbeiten ohne jedes Erträgnis bestreiten, bis sie nach Erledigung dieser Aufgabe wieder ein neues Risiko auf sich zu nehmen beginnen.

Durch diese Methode verbunden mit einer vollkommen klaren Rechnungsführung gewann der Grubenbesitzer das Vertrauen der Arbeiter, erreichte einen außerordentlichen Fortschritt bei den Arbeiten und hatte im Vergleich zu anderen immer genug Arbeitskräfte in seinem Lager. Wenn dieses System mit den nötigen, den einzelnen Örtlichkeiten der verschiedenen Bezirke angepaßten Abänderungen, überall eingeführt würde, brächte es bedeutende Vorteile. Ich bin überzeugt davon und wage daher, es als nutzbringend vorzuschlagen.

Es würde ferner zur Vermehrung der Zahl der Gruben beitragen, wenn man sie mit der erforderlichen Arbeiterzahl versorgen würde, denn der Arbeitermangel war bis jetzt einer der Hauptgründe für den Rückgang des Ertrags. Da bezüglich der Nichteignung der Neger kein Zweifel besteht — denn ihre Natur widerstrebt der Beschäftigung mit solchen Arbeiten, nachdem die Minenbezirke, besonders die Silberminen, von denen hier die Rede ist, sich im rauhen Klima der Sierra befinden — und da man auch mit dem Rückgang der indianischen Bevölkerung und deren angeborenen Arbeitsunlust rechnen muß, wäre es angezeigt, allen Faulenzern und Vagabunden in den Provinzen diese Arbeiten zuzuweisen und auch jene Verbrecher in die Bergwerke zu verbannen, die nicht mit dem Tode bestraft werden; durch diese Zuweisung wären sie nützlicher verwendet, wie als deportierte Zuchthäusler, da man doch nie anders mit ihnen rechnen kann, denn als verdächtige und stets zu Aufständen geneigte Elemente.

Wie dem auch sei, die Zeit scheint noch nicht gekommen, in der das Königreich Peru in Ruhe die ungeheuren Reichtümer genießen kann, die ihm die erzreichen Berge seiner stolzen Kordillere bieten, denn die drei Hauptfaktoren zur Entwicklung des Bergwesens, nämlich Kapital, Quecksilber und Arbeitskräfte, befinden sich in merkbarem Verfall. Über den ersten und letzten Punkt habe ich schon genug gesagt, und zwar in diesem Kapitel und dem über die Bevölkerung, wo ich die Abnahme der Indianer behandelt habe. Was den zweiten Punkt anbetrifft, genügt es, sich vor

Augen zu halten, daß die Quecksilberproduktion der Stadt Huancavelica sehr zurückgegangen ist, daß das von Europa kommende Quecksilber zu teuer ist, um die Bearbeitung von Minen geringeren Gehalts zu gestatten, denn derjenige, der dieses Beginnen wagen würde, verlöre dabei sein Geld. Es scheint also, daß der Quecksilberhandel für jeden, der sich damit befassen will, freigegeben werden sollte, denn nachdem es ein für die Gewinnung des Silbers so notwendiger Artikel ist, wird jeder Mangel an Quecksilber auch den Ertrag an Silber herabsetzen und daher wäre eine große Konkurrenz in dieser Hinsicht sehr erwünscht. Außerdem würde dadurch der Preis fallen und die Möglichkeit geboten, nicht nur die reichen, sondern auch die weniger ergiebigen Gruben zu bearbeiten.

Anderseits muß jeder, der die Nachteile und Mängel des Minenwesens in Peru aufmerksam studiert, anerkennen, daß sich der ersten Prüfung von dessen Reformierungsmöglichkeiten in der Praxis ebensoviele Hindernisse entgegenstellen, als die Reform in der Theorie leicht durchführbar und förderlich erscheint. Niemand kann leugnen, daß die ungeregelte Arbeit der Indianer, der ersten Handwerker, die Schuld an der geringen Entwicklung dieses Wirtschaftszweiges trägt. Der unverhältnismäßig große Anteil, den sie an dieser Arbeitslast tragen, die Bedrückung und der durch die Grubenbesitzer regelmäßig an ihnen verübte Betrug hat zur Folge, daß sie wenig Eifer für diese Arbeit aufbringen. Es gibt weder eine Stundeneinteilung noch eine Regel, die ihre Arbeit festsetzen würde, und dadurch entstehen viele und überflüssige Ausgaben. Man sieht auch ergiebige Bergwerke in aufgelassenem, andere in überschwemmtem Zustande und viele durch Trümmer verlegte, die durch den Mangel an Stützungsarbeiten entstanden sind, wobei dann Maschinerie und Wasserkraft benötigt werden, um das nutzbar zu machen, was man mit Bedauern verlassen sieht. Es fehlt auch an den nötigen Kenntnissen, um die unerläßlichen unterirdischen Galerien zur Entwässerung kunstgerecht anzulegen, und schließlich beruht die Ausbeutung der Minen auf Grundsätzen, die weder wissenschaftlich noch fest begründet sind."

Nach diesen Ausführungen kommt Haenke auf die deutsche Bergkommission zu sprechen.

„Diese Erwägungen ließen ohne Zweifel in unserem Herrscher den Entschluß reifen, aus Sachsen geschulte Professoren der Mineralogie anzufordern und auf Kosten seiner königlichen Kasse auszusenden, damit sie die Bergleute dieser Gegenden in der Gewinnung der Metalle und ähnlichen Kenntnissen unterweisen.

Die Wahl fiel auf den Baron von Nordenflycht, Geheimen Rat des Königs von Polen, und er wurde zum Führer dieser Kommission ernannt, um das königliche Vertrauen zu rechtfertigen, unterstützt von anderen seinem Befehle unterstehenden Männern. Am 1. April 1788 wurde seine Bestallungsurkunde in Aranjuez ausgestellt, zu dem Zweck und unter der Bedingung, daß er sich während seiner Dienstzeit zu bemühen habe, unter der Befehlsgewalt der Regierung den Betrieb der Bergwerke zu fördern und die Methoden der Bearbeitung jedes einzelnen zu verbessern, soweit es notwendig sei.

Nachdem der Herr Baron die eingewurzelten Übel des Bergwesens begriffen hatte, wollte er soweit als möglich die Kenntnis der Mineralogie und der chemischen Proben der Erze verbreiten, indem er es sich auch zum Ziel setzte, von Grund aus die kritische Beurteilung und Bestimmung jedes einzelnen Bergwerkes seinem inneren Aussehen nach zu lehren, ein Wissen, von dem die Fachleute dieser Länder keine Ahnung hatten, ebenso wie über die genaue Bestimmung des Gehaltes der Erze und über die nutzbaren Bestandteile, mit denen sie verbunden sind.

Dieser Gegenstand und weiter die Einrichtung des Gewinnungsverfahrens und die Ausnutzung der Erze durch den Schmelzprozeß, wie er in den nördlichen Ländern Europas in Gebrauch ist, waren weiter Dinge, zu denen die besten Sachverständigen von Südamerika auf diesem Gebiete nie imstande waren, und so erwartete man begierig, daß der Baron mit Hilfe seiner Erfahrung diese schwierige oder mögliche Aufgabe meistern würde.

Dieser tüchtige und berufene Fremde hatte schon mit seiner Aufgabe in Potosí begonnen, indem er mit der Fässermaschine das Erz bearbeitete, ein Verfahren, das in diesen Gegenden unbekannt war und wegen seiner Neuigkeit mit besonderem Interesse aufgenommen wurde.“ . . . . (Folgt kurze Beschreibung der Bornschen Methode.)

„Nachdem der Baron sich schon in der Hauptstadt Lima befand, entschloß er sich zur Durchführung ähnlicher Pläne, um ihre Brauchbarkeit zu beweisen. Seine erste Sorge war die Errichtung eines chemisch-metallurgischen Laboratoriums und der Bau einer Vier-Fässer-Maschine. Nach Wahl des Platzes wurde mit dem Bau begonnen, der sich auf den Betrag von 41 846 Pesos 6 Realen stellte, der vom Oberberggericht ausgelegt wurde.

Nach Abschluß der Bauarbeiten begannen die vergleichenden Untersuchungen zwischen der Methode des Barons und des alten, von den Fachleuten des Königreichs angewendeten Verfahrens. Daher ergingen entsprechende Weisungen an die Bergwerke, ihre verschiedenen Erze in die Hauptstadt zu senden, damit die Versuche durchgeführt werden konnten.

Es wurden rechtschaffene und verständige Männer ernannt, vor allem der Direktor (Administrador) Conde de San Isidro, Don Isidro Abarca, um bei den Versuchen gegenwärtig zu sein und sie zu beurkunden. Das Bergtribunal ließ sich durch den Brigadier Don Manuel de Villalba und andere vertreten, und die Regierung beauftragte Don Tomás González Calderón, Beisitzer (oidor) der Real Audiencia, um als Dritter bei eventuell auftretenden Meinungsverschiedenheiten eine Entscheidung fällen zu können, sowie durch seine Gegenwart die Vorgänge zu beglaubigen und die Ergebnisse gründlich zu prüfen.

Es wurden auch Anordnungen getroffen, um ein genaues Tagebuch über die ausgeführten Untersuchungen aufzunehmen, das der Schreiber des Gerichts mit größter Gewissenhaftigkeit beglaubigte, indem er deren sichere Grundlagen begutachtete und zur größten Sorgfalt mahnte, so wie es bei solchen Versuchen wesentlich sei, die ein System vorbereiten sollten, dessen gelungene Vorführung zum Wohlstand des Staates beitragen würde.

Die Erzmenge war beim ersten Versuch 41 Quintal (2050 kg), und dazu brauchten die einheimischen Sachverständigen nach dem alten in Peru landesüblichen Verfahren 11 Tage, der Baron dagegen 9 Tage. Sie gewannen dadurch 6 Mark, 1 Unze, 4 Ochavos[57]) und 3 Tominen[58]), er aber durch sein neues Verfahren mit Fässern 4 Mark, 4 Ochavos, 3 Tominen und 6 Korn, beides in Silber vom Gehalt der Münze im Werte von 11 Silberlingen (Denar).

Der sachkundige Baron mengte seinem Versuchsmaterial 1648 Pfund und 2 Unzen Quecksilber bei, von denen 22 Pfund 11 Unzen sich verflüchtigten und verlorengingen. Die Fachmänner des Königreichs führten ihren Versuch mit einem Verlust von nur 7 Pfund, 5 Unzen und 2 Adarme[59]) pro Buitron durch, nachdem sie ihrer Erzmasse 64 Pfund 12 Unzen Quecksilber zugesetzt hatten. Bevor noch diese beiden Gewinnungsmethoden durchgeführt wurden, machte man noch die Probe mit einer kleinen Menge des Erzes, und der Baron konnte dessen Gehalt nicht richtig bestimmen — es ergab sich ein Unterschied von ca. der Hälfte —, während die Fachmänner des Königreichs fast genau das Richtige trafen, so wie sie es anfangs vorausgesagt hatten.

---

[57]) 1 Ochavo = $^1/_8$.

[58]) 1 Tomin = 1 Sechstelquentchen = 6 Dezigramm.

[59]) 1 Adarme = 1.795 Gramm.

Nachdem der erste Versuch nicht befriedigend ausgefallen war und man die früheren Versuche verwerten wollte, ging man daran, für den zweiten Versuch 1 Cajon Erz in zwei gleiche Teile zu teilen und je eine Hälfte nach einer der beiden Methoden zu bearbeiten.

Zeit- und Kostenaufwand blieben gleich. Der Baron setzte 97 Pfund Quecksilber zu, wovon er 15½ Pfund verlor. Die Sachverständigen brauchten nur 22 Pfund, von denen nur 3 Pfund 2½ Unzen verlorengingen. Das Erträgnis des neuen Fässerverfahrens war höher als bei der einheimischen Buitronmethode, jedoch entsprach dieser Überschuß nicht dem Vorteil, der sich beim ersten Experiment der eingangs erwähnten 41 Quintale ergeben hatte.

Nach dem Vorhergehenden war es klar, daß beim Vergleich beider Verfahren sich kein Unterschied ergibt, und zwar wegen des größeren Kostenaufwandes der Fässermaschinen, die doch dieselbe Art von Magistral brauchen, wie die Methode der Buitrone; nicht gerechnet noch der Zusatz von zerkleinerten Kupfer- und Eisenstücken, der noch einen Kostenzuschlag zu dem alten peruanischen Verfahren erfordert.[60])

Don Antonio Zacarías Elme (!)[61]), tüchtiger Professor in diesem Verfahren und Mitglied der Kommission, führte die neue Methode in den Bergwerken von Chancha in Cajatambo und im reichen Minenbezirk von Pasco ein, wo keine andern Vorteile in der Ausbeutung bekannt waren als die Methode des Buitrons. Der Brigadier Don Manuel de Villalba, der vom Berggericht mit der Prüfung der erwähnten Verfahren betraut war, gab am 27. Oktober 1795 einen Bericht über das Zustandekommen, die Fortschritte und den augenblicklichen Stand dieser Kommission, aus dem hervorgeht, daß am 3. September 1795 die Kosten sich auf 129 026 Pesos und ⅛ Real beliefen, mit denen seit dem 5. September 1791[62]) bis Ende des Jahres 1794 das Finanzamt belastet worden war. Daher sei das in Sachsen vorteilhafte System für das Königreich Peru nicht anwendbar.

In jenen Ländern wird die Ausbeutung der Bergwerke von Gesellschaften mit 8—16 Anteilen in Angriff genommen, und diese werden je nach dem schätzungsweise festgestellten Reichtum der Gruben in je 100 bis 200 Anteile aufgeteilt. Obzwar die einzelne Aktie nur geringen Wert hat, ist es verständlich, daß die Masse schließlich doch ein genügendes

[60]) Haenke erwähnt in einer Fußnote, daß man in Sachsen diese Stückchen der Masse in den Fässern beimengte, es sei jedoch nicht nötig.

[61]) D. i. Helms; ähnlich wurde in spanischen Schriften meist Aenke oder Aenck geschrieben.

[62]) Im Original 1701, ein offensichtlicher Druckfehler.

Kapital darstellt, das für den entsprechenden Betrieb ausreicht. In Peru fehlt dem Finder einer Erzader diese Hilfe, er ist meistens ein armer Arbeiter, der nicht die zur Eröffnung der bescheidensten Arbeiten nötigen Mittel besitzt. Außerdem hat dieser Berufszweig einen so schlechten Ruf im Lande, daß es ihm nicht gelingt, Geldgeber zu finden, die ihn fördern.

Daher können sich nicht alle Bergleute vor Beginn der metallurgischen Prozesse die für die Fässermethode nötige große Menge von Quecksilber beschaffen, und aus demselben Grunde können sie auch nicht alle die Kosten aufbringen, die eine Inbetriebsetzung dieser Maschinen erfordert.

Es ist nicht zu leugnen, daß die Fässermaschinen den Vorteil aufweisen, die Amalgamation in kürzerer Zeit durchzuführen und die Ausgaben für die Arbeitskräfte, die beim Buitronverfahren nötig sind, herabzusetzen. Es ist richtig, daß die in Potosí erbaute, komplizierte Maschine 20 000 Pesos gekostet hat, eine Folge der Holzknappheit und des Mangels an Handwerkern in diesen Gegenden, wodurch die Arbeitslöhne sehr hoch sind. Aber nicht alle Bergleute brauchen eine 6-Fässermaschine, noch herrscht überall der gleiche Holzmangel. Könnten nicht doch Mittel gefunden werden, um diesem Mangel abzuhelfen und — statt das Fässersystem zu verwerfen — jene Vorteile auszunutzen, die es sicherlich bietet?

In der gegenwärtigen Lage ist die Wahl des Geeignetsten Sache jedes einzelnen Berginteressenten. Ich meinerseits muß bemerken, daß, ob man nun das neue oder alte Amalgamationsverfahren für das Metall anwendet, die eingewurzelten Fehler im Bergbetrieb von Peru sicherlich schwer zu beseitigen sein werden. Der Mangel an Arbeitskräften infolge der schwachen Bevölkerungszahl des Königreichs, die schlechte Entlohnung, die mangelhafte Unterstützung des Bergwerksbesitzers von seiten des Geldgebers infolge Mißtrauens und zahlreiche andere Fehler, die hier nicht aufgezählt werden können, verschulden die ungünstige Lage dieses Wirtschaftszweiges. Wie ich früher erwähnt habe, könnte diesen Übeln dadurch abgeholfen werden, indem man Vagabunden und Verbrecher der Arbeit in den Minen zuweist, indem man weiter für reichliche und frei erhältliche Mengen von Quecksilber sorgt (sei es durch Freigabe des Handels mit diesem Artikel[63]), sei es durch dessen Verkauf im großen und im kleinen in den königlichen Magazinen) und schließlich, indem man die Arbeiter und Taglöhner zu Teilhabern an den Bergwerken macht, so wie es in Potosí mit den sog. Capachos[64]) geübt wird und wie es in Mexiko

[63]) Der Handel mit Quecksilber war Staatsmonopol.

[64]) Capachos sind Säcke oder Kiepen aus Ochsenhaut

unter dem Namen tequís á partido bekannt ist, wo es den Arbeitern von Samstag abend bis zum nächsten Tag erlaubt ist, Erz für ihre eigene Rechnung herauszuholen. Diese Mittel allein würden schon einen großen Fortschritt zugunsten des Staates bringen."

*

Thaddäus Haenke war der einzige von den hier genannten Bergsachverständigen, der auch mit dem Bergwesen von Chile vertraut war. So besuchte er im Jahre 1790 mit seinem Freunde, dem Mineralogen Antonio de Pineda, während die von Valparaiso kommenden Expeditionsschiffe Malaspinas mit Untersuchungen und Messungen der chilenischen Küstenregionen beschäftigt waren, das Goldbergwerk von Andacollo und das Quecksilberbergwerk von Punitaque in der Gegend von Coquimbo. Den Bericht über diese Reise hat Haenke aus Verehrung für seinen im Jahre 1792 auf Luzon (Philippinen) verstorbenen Freund vollinhaltlich aus dessen nachgelassenen Schriften unter ausdrücklicher Namensnennung übernommen. Die beiden Forscher stellten fest, daß der Erzgang von Punitaque mit einer 1 Zoll mächtigen Tonschicht als Begleitgestein aus Quarzen besteht, die schuppenförmige glänzende Zinkteilchen enthalten. In Abständen wurde der Zinnober in sog. Nestern sowohl in den Quarzen als auch in der Tonschicht sichtbar. Das Bergwerk war nicht sehr ergiebig und das Vorkommen von Quecksilber bezeichnenderweise dadurch festgestellt worden, daß man bei der Amalgamierung des hier gewonnenen Goldes nach der Verhüttung des Erzes mehr Quecksilber vorfand, als man bei dem metallurgischen Prozeß zugegeben hatte! Interessant sind die Angaben über das Personal des Bergwerks und der dazugehörigen Öfen sowie die Lohnsätze, die einen Vergleich des weit billigeren chilenischen Lebensstandards mit den teueren peruanischen gestatten. Der Minendirektor — Don Miguel Lastaria — gab die Gestellungskosten für 1 Zentner Quecksilber mit 50 Pesos an. Trotzdem das Quecksilber von Punitaque um 80 Pesos pro Pfund verkauft wurde (vgl. die Preise in Peru S. 130), während das spanische Quecksilber um 64 Pesos in der königl. Kasse in Santiago zu haben war und die Regierung mit diesem hohen Preis die Auslagen des Betriebes hereinzubringen suchte, war die Bilanz desselben passiv. Bezeichnend ist ferner, daß Haenke auf eine Notiz vom Schiffsleutnant Don Quintano aufmerksam macht, nach der die mit Akazienholz notdürftig gepölzten Stollen des Bergwerks nahe am Zusammenbruch waren. Der Grund war auch hier der völlige Mangel an brauchbaren Hölzern; es standen als Grubenholz nur Akazien und Weiden zur Verfügung.

Doch viel bemerkenswerter als diese fachlichen Angaben über Berg- und Hüttenbetrieb sind Haenkes großzügige Überlegungen über die wirtschaftliche Bedeutung der Minen im Staatshaushalt Chiles. „Was die Bearbeitung und Produktion der übrigen im Bezirke liegenden Gold- und Silberbergwerke anbetrifft, können wir nur sagen, daß, obwohl eine große Zahl in Betrieb steht, es nicht möglich ist, genaue Angaben über ihren Zustand und ihre Produktion zu machen. Sowohl der Mangel an mechanischen und mineralogischen Kenntnissen als auch besonders die Kapitalknappheit, die als schwerer Druck auf dem Unternehmer lastet, haben bis jetzt bewirkt, daß ein Boden, dessen landwirtschaftliche und mineralische Produktion mit der Zeit sehr gesteigert werden könnten, brach liegt. Ein Umstand muß besonders hervorgehoben werden: nämlich die unglaublich große Zahl von aufgelassenen Bergwerken, die nach kurzem Betrieb ihre Besitzer infolge von Schwierigkeiten enttäuscht haben. . . . . Zu den Haupterträgnissen von Chile muß auch die Million Pesos gerechnet werden, die die Bergwerke jährlich abwerfen. Es steht wohl fest, daß diese Produktion bedeutend gesteigert werden könnte und daß diese Steigerung — welches Ausmaß immer sie auch hätte — in gleichem Maße einen erhöhten Absatz von Erzeugnissen und Fertigwaren aus dem Kontinent zur Folge hätte. Solange jedoch der Betrieb der Minen ausschließlich mit Handarbeit erfolgt und keine Maschinen eingeführt werden, die die Erzeugungskosten verringern, die fast alles verschlingen, was hervorgebracht wird, solange können wir nicht mehr als 1 Million Pesos jährlich zugunsten der Bergwerksproduktion von Chile einsetzen, denn das ist der maximale Ertrag seiner Minen, die von Guasco und Copiapó inbegriffen."

Die große Zeit des Silberbergbaus in Chile — von Uspallata ganz abgesehen — war noch nicht gekommen; es fehlte sowohl an Sachverständigen als auch an geschulten und mit dem Erz vertrauten Arbeitskräften. Haenke spricht aber die Hoffnung aus, daß dies nun anders werden würde, nachdem in letzter Zeit (zwischen 1790 und 1800) Deutsche aus Peru ins Land gekommen sind.

IX. Zusätzliche Bemerkungen.

Bei der Wertung der einzelnen Leistungen der drei Kommissionsmitglieder interessiert am stärksten A. Z. Helms. Sein Tagebuch kann nicht unmittelbar mit anderen Reisewerken verglichen werden, am wenigsten mit den tiefschürfenden Ausführungen von Alexander von Humboldt, der ja mit seinem „Versuch über den politischen Zustand des Königreichs Neu-Spanien" allgemeiner Meinung nach die erste und grundlegende Länder- und Staatenkunde geschrieben hat. Darin hat Humboldt sicher nur einen ebenbürtigen Vorläufer, und das ist Haenke, dessen drei große Werke doch nur als ein Ganzes zu beurteilen sind, was auch seine wiederholten gegenseitigen Hinweise erkennen lassen. Insbesondere von Haenkes „Descripción del Perú" und „Descripción del Chile" kann man mit Recht sagen, daß sie an Vielseitigkeit, Gründlichkeit und Großzügigkeit dem Werke von Humboldt nicht nachstehen, wozu noch kommt, daß Haenke alle statistischen Daten von Peru und Chile erstmalig vergleichend gegenüberstellt und eine Statistik für Chile überhaupt erst geschaffen hat. Aber Helms' Werk, das sich bescheiden als „Tagebuch" eines Berg- und Hüttenfachmannes in Südamerika bekennt, verdient durch die Fülle seiner mineralogisch-geologischen Beobachtungen eine größere Beachtung. Sein Wert und Reiz besteht gerade darin, daß es, bis in kleinste Einzelheiten gehend, fachmännisch gründlich und sehr gewissenhaft ein Bild vom bergmännischen Wissen jener Zeit gibt. Die chemischen Ausführungen sind zwar noch ganz im Geiste der damals herrschenden Phlogiston-Theorie gedacht und geschrieben, treffen aber fast immer das Richtige und Wesentliche. Sein hemmungsloser Gebrauch von wenig schmeichelhaften Beiworten im Vergleich zur ruhigen sachlichen Schreibweise Webers ist wohl dadurch zu erklären, daß Helms sein Tagebuch erst in Wien geschrieben hat und sich daher freier ausdrücken konnte und durfte, als es einem königlich spanischen Beamten während seiner Dienstzeit möglich gewesen wäre. Für diese Ansicht spricht auch der Vergleich mit der sehr vorsichtigen Ausdrucksweise Haenkes, der seine Meinung vielfach diplomatisch umschreibt und offenkundige Widersprüche nicht scheut, wenn er so heikle Themen wie die Frage der Fronarbeit der Indianer in den Minen[65]) oder die Unfähigkeit der Berg- und Hüttenleute oder die offen zugegebenen Betrügereien zwischen Bergleuten, Händlern und Arbeitern behandelt. Trotzdem kann aber jeder aufmerksame Leser Haenkes eigene Meinung bald herausfinden.

Aus den stellenweise leidenschaftlichen Anklagen von Helms spricht aber nicht nur Enttäuschung, sondern immer wieder das tiefe Bedauern darüber, „daß solch rohe Menschen mit einem so kostbaren Metall so unwissend umgehen", und daß es ihm nicht gegönnt war, überall und mit

---

[65]) Siehe Fußnote Kap. VIII, Seite 209.

Erfolg aufklärend und helfend wirken zu können. Überraschend ist der Schluß des Buches, der „eine geographische Mineraliensammlung in einer Strecke von mehr als tausend Meilen in den Königreichen Buenos Ayres und Peru" anbietet, und zwar „für den Preis von 800 Dukaten, die sie mir beynah selbst gekostet, ohne dem Risico und unglaubliche Arbeit, die mir ihr Besitz verursacht hat, in Anschlag zu bringen." Er weist ausdrücklich darauf hin, daß seine „so seltne Sammlung, die größtenteils aus großen Kabinettstücken besteht und die, wie ich versichern darf, selbst in Madrid nicht existiert, weil für den dortigen Hof bisher wohl in Mexiko, aber nicht in Peru gesammelt worden ist, also noch bis jetzt die einzige allgemeine dieser weit entlegenen Länder ist." Über das Schicksal dieser Sammlung haben wir vorläufig nichts Näheres erfahren können, ebensowenig über die Gründe, die ihn zum Verkauf bewogen haben. (Krankheit?)

In Helms' Tagebuch finden sich trotz der ausgesprochen spezialistischen Einstellung aber auch immer wieder Ansätze zu sehr bedeutungsvollen allgemeinen Betrachtungen. Das gilt vor allem für die Edelmetalle und ihre Ausfuhr nach Europa, die von Humboldt später so eingehend behandelte Richtung des Silber- und Goldstromes von Westen nach Osten, weiter die Bedeutung der Edelmetalle für die Weltwirtschaft, den imaginären Wert des Goldes u. a. Mit aller Klarheit erkennt auch Helms den Kapitalmangel der Bergwerksbesitzer und das Fehlen entsprechender Kreditmöglichkeiten, das rein egoistische Streben ohne Rücksicht auf überpersönliche Interessen als Hauptschuld an den primitiven und unrationellen Betrieben. Die Bedeutung des Quecksilbers, das der zweite entscheidende Faktor im damaligen Hüttenbetrieb war, ist von ihm ebenso wie von Haenke aufgezeigt worden. Helms ist jedoch der Einzige in jener Zeit, der mit den schärfsten Worten gegen die jüdischen „Blutigel" und „Mörder der vorzüglichsten Landesindustrie", die sich mit ihren Wuchermethoden schamlos bereicherten, Stellung genommen hat.

Im großen ganzen stimmen Helms' Vorschläge zur Reorganisation der Verhältnisse und Methoden mit den späteren von Haenke überein, dessen Stil durch Mäßigung und Eleganz Helms' Ausführungen weit übertrifft. Auffallend ist die Tatsache, daß Helms den sozialen Fragen nicht jene eingehenden Betrachtungen widmet, wie wir solche bei Haenke finden. Wir müssen aber hier noch einmal daran erinnern, daß man bei Helms und Haenke, teilweise auch schon bei Ulloa (41) fast alle Fragen behandelt oder angeschnitten findet, die später mit Meisterschaft in einem der eindrucksvollsten Kapitel von Humboldt bearbeitet wurden.

Wir können und müssen hier Humboldt außer Diskussion lassen, dessen große Bedeutung in der Geschichte der deutschen Wissenschaft gerade darin besteht, daß er zwischen so vielen bis dahin getrennten Fachgebieten die Verbindungsbrücken hergestellt hat. Der „Herr Bergrath", wie er von zeitgenössischen Mineralogen und Hüttenfachleuten immer genannt wurde, hatte eine gründliche allgemeine Bergausbildung bei den berühmtesten Männern seiner Zeit genossen, und es ist deshalb leicht erklärlich, wenn gerade seine theoretischen Ausführungen über Mineralogie, Chemie, Metallurgie usw. seinen bescheideneren Vorgängern weit überlegen sind. In Peschels (36) „Geschichte der Geographie" heißt es von Humboldt, daß „die Richtung seines Geistes, welche zur geistigen Richtung seines Jahrhunderts geworden ist . . . . . sich vielleicht am klarsten aus seiner Beschreibung Neu-Spaniens erkennen läßt" . . . . . „Aus den Akten der Bergbauämter und der Münzstätten der neuen Welt wagte er zuerst urkundlich die Mengen edler Metalle zu ermitteln, die seit der Entdeckung aus Amerika nach der alten Welt sich ergossen haben und er zuerst beobachtete mit Sicherheit die merkwürdige Strömung der edlen Metalle von West nach Ost. Es läßt sich daher behaupten, daß Humboldt es gewesen sei, der die Staatswirthschaft zur mathematischen Begründung der Verkehrsgesetze angehalten habe." (S. 573 bis 574.)

Dem ersten Satz wird man auch heute bedingungslos zustimmen müssen. Aber in der „urkundlichen Erfassung" der Mengen edler Metalle für Peru und Chile, wie sie in den Ausweisen der Bergbauämter und Münzstätten sich fanden, hat Humboldt sehr beachtliche Vorgänger, die ohne eine ähnlich weitgehende Unterstützung, wie sie Humboldt von allen Seiten zuteil wurde, erstmalig von Gesichtspunkten europäischer Wirtschaft aus eine sehr schätzenswerte Vorarbeit geleistet haben. Humboldts klassisches Kapitel über Berg- und Hüttenwesen im spanischen Kolonialreich scheint uns nicht nur durch die Materialfülle denkwürdig, sondern ebenso durch die klare Formulierung grundsätzlicher Folgerungen. Anfang und Schluß des IV. Buches seines „Versuches über den politischen Zustand des Königreiches Neu-Spanien" verdient immer wieder besondere Aufmerksamkeit, denn wohl erstmalig wurde hier die Warnung ausgesprochen, daß Eingeborene und Kolonisten Süd- und Mittelamerikas „ihren eigenen Vortheil einsehen, und sich erinnern mögen, wie die einzigen Kapitalien, deren Werth mit der Zeit wächst, die Produkte des Ackerbaus sind, und daß die Nominalreichthümer nur Täuschung sind, wenn ein Volk nicht jene Urstoffe besitzt, die zur

Subsistenz des Menschen dienen, oder seine Industrie in Bewegung setzen.“ (S. 255.) — Vor Humboldt hat aber mit ausdrücklicher Betonung des Ackerbaus und seiner Bedeutung für das heutige Argentinien und Chile, auch Haenke den gleichen Gedanken ausgesprochen. (Siehe Gicklhorn J. u. R. 17, 18, dazu 16.) Beide warnen vor einer Überschätzung der Edelmetalle und der Hoffnung auf immerwährende Erträgnisse des Bergbaus, beide weisen darauf hin, daß der Reichtum eines Landes auch in bis dahin nicht beachteten Gütern bestehen kann, wie es für das heutige Chile die damals überhaupt nicht ausgenutzten Lager von Erden und Salzen — in erster Linie Natronsalpeter — waren. Der Reichtum an Edelmetallen erwies sich für diese Länder nicht als ein Segen, denn durch die Suche nach Gold und Silber wurden Ackerbau und Viehzucht vernachlässigt, die sich später doch als die sichersten staatlichen Einnahmequellen erwiesen, auch für die Nachfolgestaaten der einst so mächtigen Vizekönigreiche des spanischen Kolonialbesitzes.

Anhang.

X. Die Amalgamationsverfahren zur Gold- und Silbergewinnung in Südamerika und Europa während 1780—1800 und Alexander von Humboldts Urteil.

A. Zur Geschichte der Amalgamation im spanischen Kolonialreich, besonders im Hüttenbetrieb Perus.

Es interessieren hier nur das Amalgamationsverfahren einerseits und der Anteil deutscher Bergleute oder Forscher anderseits. In zahlreichen Werken, z. B. von Johann Beckmann (4), v. Born (5), Alexander v. Humboldt (25) und neuerdings O. Quelle (37) wurden dazu Beiträge geliefert, ohne daß der Gegenstand an Hand der in spanischen und deutschen Archiven liegenden Dokumente und Berichte auch nur annähernd bis heute erschöpft wäre. Die weitausgreifenden Ausführungen von O. Quelle (37), die von Anfang des 16. bis Anfang des 19. Jahrhunderts reichen und die er als Zusammenfassung eines Vortrages veröffentlichte, sind begreiflicherweise ohne erwünschte Einzelheiten und oberflächlich, wobei uns besonders auffällt, daß Haenke, Weber, Mothes[66], Sonneschmidt[67]) u. a. nicht einmal erwähnt sind.

Ein Vergleich der Studien und Angaben zur Geschichte der Amalgamation zeigt in vieler Hinsicht Übereinstimmung, dagegen Widersprüche und Lücken, wenn die Verdienste der Deutschen kritisch gewürdigt werden. Übereinstimmend wird von allen erwähnt, daß schon den Alten die Eigenschaft des Quecksilbers, Metalle und besonders leicht Edelmetalle zu amalgamieren bekannt war (Vitruvius, Plinius), daß das Verfahren in den spanischen Kolonien aber zuerst 1557 in Neu-Spanien (Mexiko) angewendet wurde, wo es von einem Bergmann zu Pachuca, nämlich Bartolomé de Medina, erstmalig gezeigt und später durch Pedro Fernandez de Velasco im Jahre 1571 in Peru eingeführt wurde. „Weniger gewiß aber ist, daß Medina, der in Europa geboren war, noch keine Versuche damit vor seiner Ankunft in Pachuca gemacht hat. Ein Alcalde de Corte in Mexiko, Berrio de Montalvo, welcher eine Schrift über die metallurgische Behandlung der Silbererze geschrieben hat, versichert: „Medina habe in Spanien schon davon gehört, daß man das Silber vermittelst Quecksilbers und gemeinen Salzes ausziehen könne." Allein diese Behauptung hat keinen überzeugenden Beweis. Die kalte Verquickung wurde indes auf jeden Fall in Mexiko so vorteilhaft befunden, daß man schon fünf Jahre nach Medinas Erfindung, im Jahre 1562, in Zacatecas 35 Hütten zählte, in welchen das Erz mit Queksilber behandelt wurde; und dieses, unerachtet Zacatecas dreimal entfernter von Pachuca ist, als die alten Bergwerke von Tasco, Zaltepeque und Tlapujahua." (Humboldt (25), Buch IV. Kap. XI. S. 109—110.)[68]) Zu diesen Zweifeln Humboldts fügt Quelle (37) noch andere hinzu, denn er bestreitet sogar die weitverbreitete Meinung,

---

[66]) Sonneschmidt und Mothes werden ausdrücklich von Humboldt genannt, der erstere wirkte als Mineraloge in Mexiko.

[67]) Daraus geht hervor, daß O. Quelle noch im Jahre 1938 vor allem Haenkes Bedeutung und Geltung in der Geschichte der deutschen Wissenschaft nicht einzuschätzen wußte. In einem Aufsatz von Quelle über den Anteil der Deutschen in der geographischen Erforschung Ibero-Amerikas (Propagandaschrift des Iberoamerikanischen Instituts in Berlin vom Jahre 1933 „Ibero-America y Alemania") ist Haenkes Name ebenfalls nicht erwähnt. Erst das Erscheinen unserer Arbeiten — besonders der in den „Mitt. d. Geogr. Ges. Hamburg", 1940 — und unser planmäßiger Ausbau der Haenkeforschung hat die Stellung Haenkes in der Geschichte so vieler Wissensgebiete ins rechte Licht gerückt.

[68]) Sperrdruck hier und in folgenden Zitaten von uns!

daß Medina selbst der Erfinder der Amalgamation gewesen sei. „Um die Mitte des 16. Jahrhunderts hatte sich in der Hüttentechnik ein fundamentaler Umschwung vollzogen: das Verfahren der Edelmetallgewinnung auf dem Wege der Amalgamierung war erfunden worden. Der Sevillaner Bartolomé de Medina hatte dieses neue Verfahren um 1556 in Mexiko eingeführt. Aber der Erfinder dieses Verfahrens ist er nicht. Das geht einwandfrei aus einem Bericht der Audiencia von Mexiko von Ende 1554 an Kaiser Karl V. hervor. Darin wird berichtet, daß B. de Medina nach Neu-Spanien (d. i. Mexiko) gekommen sei und sich beklagt habe, daß die Beamten des staatlichen Handelshauses in Sevilla ihm nicht erlaubt hätten, seinen Begleiter, einen Deutschen, mitzubringen, der mit der Gewinnung des Silbers durch Hilfe des Quecksilbers Bescheid wüßte. Man solle doch diesem Deutschen die Ausreise gestatten, da die Einführung seines Verfahrens für den Bergbau Neu-Spaniens von größter Bedeutung sei. Jedoch ist die Überfahrt nach Mexiko diesem Deutschen nicht erteilt worden. Sein Name ist uns unbekannt geblieben,[69]) aber sein Verfahren der Silbergewinnung durch Amalgamation blieb, wenn auch hier und da wohl etwas verbessert, in ganz Spanisch-Amerika vorherrschend. Nachweislich ist dieses deutsche Verfahren der Silbergewinnung schon Anfang 1556 in Mexiko versucht worden, und da die Versuche günstig ausfielen, so suchte man sich aus Spanien das dafür erforderliche Quecksilber zu beschaffen." (Quelle (37), S. 102.) Dazu erwähnt Quelle die sehr beachtenswerte Tatsache, daß von 1563 an die Quecksilberwerke von Almadén in Spanien wieder den Fuggern gehörten und diese, so wie früher schon, deutsche Bergleute nach Almadén holten, die die Quecksilberförderung auf eine für die damalige Zeit bedeutende Höhe brachten. „Und dieses aus den Gruben der deutschen Fugger gewonnene Quecksilber wanderte nach Amerika . . . . . Nach den Rechnungsbüchern der Fugger haben diese von 1563 bis 1641 an die Regierung 253 154 Zentner Quecksilber abgeliefert! Da man mit tausend Zentnern Hg ungefähr Silber im Werte von einer Million Dukaten gewann, so entspricht die von den Fuggern nach Amerika verschiffte Quecksilbermenge einer Silberausbeute von rund 254 Millionen Dukaten, woraus der spanischen Krone allein eine Abgabe von rund 50 Millionen Dukaten zufloß.

---

[69]) Ebenso natürlich Ort, Jahr und Art der ersten Versuche zu einer derart epochemachenden Erfindung.

Bis fast zur Mitte des 17. Jahrhunderts ist also das von Deutschen in Spanien[70]) gewonnene Quecksilber nachweisbar nach Spanisch-Amerika gegangen; aber bis weit über die Mitte des 18. Jahrhunderts hinaus ist das von einem Deutschen erfundene Verfahren der Amalgamation in ganz Spanisch-Amerika angewendet." (Quelle (37), S. 102.)

Mit dieser Meinung, daß eigentlich Deutschen das Verdienst der Erfindung der Amalgamation zwecks Gold- und Silbergewinnung gebühre, knüpft Quelle, ohne Humboldt ausdrücklich zu nennen, an dessen Meinung an. „Es scheint sogar zulässig, daß die deutschen Bergleute schon vor der Entdeckung von Amerika das Quecksilber, nicht nur bei der Auswaschung von goldhaltiger Erde, gebrauchten, sondern auch um das in Erzgängen zerstreute, sowohl gediegene, als auch mit Schwefelkies und mit Fahlerz gemischte Gold herauszuziehen. Allein die Amalgamation der Silbererze, der scharfsinnige Prozeß, dessen man sich heutzutage in der neuen Welt bedient, und von dem das meiste in Europa befindliche oder von da nach Asien gegangene kostbare Metall herkömmt, datiert sich erst vom Jahre 1557 . . . . . ." (Humboldt, IV. Buch, XI. Kap. Seite 108—109.) Weiter: „Zum Beispiel in Goldkronach, auf dem Fichtelgebirge, wo man noch die Stelle der alten Quikmühlen zeigt. Kostbare, in den Archiven von Plessenburg gefundene Dokumente, die ich während eines langen Aufenthaltes in den Gebirgen von Steeben und Wunsiedel zu studieren Gelegenheit hatte, beweisen das Alterthum des Amalgamations-Wesens in Goldkronach." (ibid. S. 109.)

Wir können hier zu den angeschnittenen, geschichtlich bedeutsamen Fragen nicht Stellung nehmen, doch scheint es uns nicht belanglos, was v. Born (5) dazu sagt, der seinerzeit gewissenhaft und kritisch auch die Geschichte der Amalgamation in Europa und im spanischen Kolonialreich behandelt: „Endlich sagt Hr. Professor Beckmann (S. 52) des ersten Stückes seiner „Beyträge zur Geschichte der Erfindungen", daß zur Zeit, als Alonso Barbas Werk in Spanien erschien, Deutschland die Amalgamazion längst kannte und nützte. Daß man in Deutschland von

---

[70]) O. Quelle (37) hat in einer Studie auch den deutschen Einfluß im Berg- und Hüttenwesen von Spanien behandelt. Durch eine störende Verwechslung der Jahreszahlen wird in dieser Arbeit die erste Angabe über Betätigung deutscher Bergleute in Spanien in das Jahr 1528 verlegt, der sichere Boden für die Geschichte des deutschen Bergbaues in Spanien aber schon für das Jahr 1524 angegeben.

jeher wüßte, daß sich gediegen Gold und Silber mit Quecksilber amalgamieren lasse, wird niemand läugnen; daß man aber in Deutschland nie glaubte, daß sich die sogenannten Gold- und Silbererze anquicken oder der Gold- und Silbergehalt aus den sogenannten Erzen mittelst des Quecksilbers ausbringen lasse, dies beweisen alle unsere ältern, heutigen und neuesten mineralogischen und chemischen Schriften und unsere weitläufigen Hüttenarbeiten. Diese Erfindung gehört ganz den Spaniern, die diesen einfachen Weg, ihre Erze zu Guten zu bringen, versuchten, und ihren Zweck glücklich erreichten." (Born S. 27 zum Schluß der langen Fußnote mit Lebensdaten und Bemerkungen zu den Übersetzungen des Buches von. Barba.)

„Der Zigeuner an der Aranyös in Siebenbürgen, der Russe an der Okka, der Amerikaner bei den Seifenwerken in Chili und der Deutsche am Rhein, nützen jeder das Quecksilber, um das Gold aus den Flüssen auszubringen." (S. 3.)

„Herr Bowles (6) hat recht, wenn er behauptet, jede andere Nation würde mehr als der Spanier auf eine so wichtige Erfindung stolz seyn." (Born I. S. 10.)

Wir haben mit Absicht diese Ausführungen im vollen Wortlaut gegenübergestellt, weil sich unserer Meinung nach die verschiedenen Widersprüche und mehr oder minder berechtigten oder unberechtigt weitgehenden Folgerungen vermutlich dadurch erklären, daß sich die Urteile fallweise auf verschiedene Fragen beziehen, die von den Autoren nicht immer scharf genug auseinandergehalten werden. Wir müssen doch unterscheiden:

1. Wo und wann ist die Amalgamation im Dienste der Gold- oder Silbergewinnung überhaupt nachweisbar?

2. Wer hat sie erstmalig in Europa oder den beiden Amerika angewendet?

3. Wurden gediegenes Gold bzw. Silber zur Anquickung gebracht oder Erze, und welcher Art waren diese?

4. Wer hat erstmalig die günstigste, sparsamste, der Natur und Wirtschaft eines bestimmten Landes bestangepaßte Methode gezeigt?

5. War die Gold- oder Silbergewinnung nach dem Amalgamationsverfahren so vorteilhaft, daß nicht mit den Rückständen ein beinahe

ebenso großer Anteil Edelmetall weggeworfen wurde als dabei nach dem Feinbrennen gewonnen werden konnte?

Es scheint uns, daß zur Beantwortung dieser Fragen die sehr klaren und entschiedenen Ausführungen von Born einer größeren Beachtung wert sind, als sie von Humboldt an bis zu den neuesten Ausführungen Quelles gefunden haben.

Wenn auch die Jahreszahl der Einführung des Amalgamationsverfahrens durch Pedro Fernandez de Velasco einheitlich angegeben wird, so sei doch ergänzend erwähnt, daß Acosta darauf hinweist, daß Velasco „in Mexiko das Silber vermittelst des Quecksilbers ausziehen gesehen hatte“, eine Angabe, die sich an vielen Stellen findet. Das neue Verfahren wurde dem Vizekönig von Peru, Francisco de Toledo, vorgeschlagen, wobei man mit Vorteil bald auch jene Erze anquickte, die in den ersten Jahren als zu geringhaltig weggeworfen wurden. Sowohl von Medina als auch von Velasco wurde aber nur die kalte Amalgamation (por crudo y de patio) beschrieben und gehandhabt, wobei die Erze nicht geröstet, sondern der freien Luft ausgesetzt wurden. Es muß weiter hervorgehoben werden, daß Medina nur die Anwendung der Salze und der Eisen- bzw. Kupfervitriole kannte, und erst 1586, d. i. 15 Jahre nach der Einführung der Amalgamation in Peru, wurde eine neue Verbesserung durch den peruanischen Bergmann Carlos Corso de Lecca erfunden, der kleine eiserne Scheiben unter das Erzmehl mischte, wodurch erfahrungsgemäß fast $^{9}/_{10}$ an Quecksilber erspart werden konnten. Dieses Verfahren des beneficio de hierro beruht darauf, daß Eisen salzsaures Silber zerlegt und überdies bei sulfidischen Erzen den Schwefel bindet. Die warme Amalgamation der Silbererze in kupfernen Kesseln wurde 1590 von Alonso Barba (3) erfunden und bedeutete lange Zeit den wesentlichsten Fortschritt. Sowohl in Neu-Spanien als auch in Peru wurden die von Medina, Barba, Corso de Lecca, Corosegarra u. a. vorgeschriebenen Regeln bei der Gold- und Silbergewinnung eingehalten, wozu Humboldt auf Grund seiner eigenen Beobachtungen und Berichte und den eingeholten Erkundigungen bemerkt, daß „im Ganzen die Amalgamation mit mehr Sorgfalt und Einsicht durch die Bergleute von Guanaxuato und Zacatecas betrieben wird als in Peru. In Neu-Spanien rechnet man gewöhnlich die Amalgamationskosten von hundert Centnern Erz, welche vier Unzen Silbers auf den Centner enthalten, zu 87 Piaster, 4 Realen, worunter 25 Piaster für den Verlust des Queksilbers angenommen sind. Da diese hundert Zentner fünfzig Mark Silbers ausgeben, welche nach dem gewöhnlichen Preis des Silbers an den Bergwerksorten 362 Piaster gelten, so folgt, daß die Amalgamationskosten gegen 24 Procent vom Werth des Silbers betragen. In Peru hingegen, wo der Centner Queksilber von Huancavelica gemeiniglich mit 60 bis 70 Piastern[71]) bezahlt wird, machen die Kosten in verschiedenen Bergwerksrevieren 30 bis 38 Procent aus." (Humboldt (25) IV. Buch, 11. Kap. S. 180.)

Da in Peru mit Ausnahme des staatlichen Quecksilberbergwerks von Huancavelica der gesamte Bergbau in privaten Händen war, so ist es leicht verständlich, daß kein einheitliches Verfahren der Amalgamation ausgeübt wurde. Es war teils der Preis des Quecksilbers (1 Pfund für 79¼ bis 99⅛ Pesos je nach Distanz von Huancavelica), teils die Möglichkeit, dieses Metall überhaupt in ausreichenden Mengen zu erlangen, welche vielfach mitbestimmend waren, ob Schmelzverfahren oder Anquicken gehandhabt wurden. Über den Stand der Dinge zur Zeit des Eintreffens der deutschen Bergkommission sei auf die früheren Kapitel mit den Ausführungen von Helms, Weber und Haenke verwiesen.

B. v. Borns Verfahren im Vergleich zu älteren Methoden.

Zu Fragen über die verschiedenen Amalgamierungsmethoden in Südamerika und Europa, die günstigsten Ergebnisse der Anwendungen im Großen und die geschichtliche Entwicklung hat v. Born (5) sehr eingehende Studien vorgelegt. Eine Gegenüberstellung der Arbeitsweisen peruanischer Bergleute mit den in Europa üblichen Verfahren ist hier unerläßlich und ein Vergleich schon deshalb notwendig, weil an den einzelnen Phasen der „indianischen" Arbeit — wie sie in verschiedenen Schriften kurz genannt wird — die Kritik aller Bergleute und Hüttenfachmänner aus Europa einsetzt, beginnend mit der Art der Zerkleinerung der geförderten Erze bis zur schließlichen Prüfung des Feinmetallgehaltes. In der ersten Zeit nach der Eroberung Südamerikas waren außer Goldwäscherei nur reine Schmelzverfahren üblich, bis die Einführung der Amalgamation, die nach v. Born „eher das Werk des Zufalles als die Folge eines auf richtige Grundsätze gebauten und mit Überlegung veranstalteten Versuches gewesen ist" (S. 10) unvergleichlich bessere Ergebnisse ermöglichte. Es ist aber sehr bezeichnend für die damaligen Zustände, daß man die alten Verfahren fast unverändert so lange beibehielt, als sehr silberreiche Erze zur Verhüttung kamen, dagegen

[71]) Bei anderen Autoren sind wesentlich höhere Preise angegeben.

gierig nach den neuen Methoden griff, als die Erschöpfung an hochwertigen Erzen zum Schaden des Landes schon weit, an einzelnen Fundorten schon zu weit, vorgeschritten war.

Abb. 1

Die Beschreibungen der Durchführung der Amalgamation vor dem Eintreffen deutscher Fachmänner in Spanisch-Amerika füllen in Reisewerken der älteren Zeit meist viele Seiten. Am kürzesten und dabei doch Wesentliches richtig erfassend, ist die Darstellung des deutschen Jesuitenmissionars Wolfgang Bayer in seiner „Reise nach Peru". Wir bringen ganz und wortgetreu seine Schilderung, nachdem ihre Erstveröffentlichung im Jahre 1776 in den „Reisen einiger Missionarien" (herausgegeben von Chr. G. v. Murr (33) wenig bekannt ist und sogar v. Born, der gewissenhaft die gesamte einschlägige Literatur sich verschafft hat, in seinem 1786 — d. i. 10 Jahre später — erschienenen Werk bemerkt, daß er Bayers Reisebeschreibung „alles Nachsuchens ungeachtet, nicht auffinden konnte."

„Ich will noch ganz kurz beschreiben, wie man hier zu Lande von den aus den Minen gegrabenen Stufen das Silber heraus ziehe. Es gibt einige, in welchen man schon das weise und harte Silber von außen siehet, welche sie plata blanca nennen; andere aber gibt es, die das Silber, so sie in sich haben, von außen nicht sehen lassen, aber doch daran sehr reich sind, deren einige man plomillos roncos heißt. Alle diese Steine werden von den Bergwerken in die Silbermühlen oder Fabriken, die sie hier zu Lande Trapiches nennen, geführet, wo sie unter einem großen Mühlsteine, welchen das Wasser durch das Mühlrad herumtreibet, zu kleinen Sandkörnchen zermahlet werden. Dieser Silbersand wird nachgehends mit dürrem Reisig in einem Backofen gebrannt und hierauf mit der Asche auf einen mit Steinen dick gepflasterten Hof gebracht, wo man ihn mit Wasser, wie einen Leimen anmachet, und in unterschiedliche kleine Bretlein, gleich den zarten Beeten abtheilet. Hierauf werden nach etlichen Tagen diese Silberbeetlein mit Salz vermischet, so viel als es vonnöthen ist, mit Wasser wiederum zu Letten gemacht, und etliche Tage hindurch von einem Indianer mit den Füßen zusammen getreten. Wenn man glaubet, das Salz hätte den Silbersand wohl durchbissen, so wird in das Silberbeetlein so viel Quecksilber, als man vonnöthen zu seyn achtet, geschüttet, und, wie zuvor, mit den Füßen von einem Indianer wohl zusammen getreten; nachmals lässet man das ganze Silberbeetlein ruhig mit dem Quecksilber so viele Tage stehen, als man erachtet, daß es schon alles Silber an sich gezogen habe, da dann solches mit Letten und Sand zusammengefasset, in einen steinernen Trog geschüttet, und mit Wasser über abhängs gelegten ledernen Häuten, die in der Mitte eine kleine Tiefung haben, gesäubert wird. Denn das oben von der Rinne in den Trog gelassene Wasser spület über die ledernen Häute, die wie ein kleiner Canal geleget sind, alle Unsauberkeit hinweg, das Quecksilber aber mit dem angezogenen Silber fällt in die gemachte Tiefungen der Häute und bleibet da liegen, bis das Wasser allen Unrath abgeführet hat. Nach diesem wird alles Quecksilber aus den Tiefungen der Häute in einem ledernen Beutel, der unten spitzig gemacht ist, gesammlet, den man über ein Geschirr aufhänget, damit das Quecksilber, das nach und nach herausschwitzet, in dasselbe tropfe; das Silber aber bleibet wie ein Käs in dem Beutel, welcher Silberkäs nachher mit einem Stempel in die Formen stark hineingedruckt wird, damit er hart werde. Nach Erhärtung des Silberkäses werden die hölzerne Formen abgenommen, die Piña (Silbermasse) aber, denn so nennen sie die Spanier, wird auf glüende Kohlen gesetzet, und glüend gemacht, damit das wenige Quecksilber, so vielleicht noch in dem Silber stecken könnte, durch das Feuer verzehret, in die Luft getrieben werde, und das Silber vollkommen rein

Abb. 2

bleibe, welches Silber sie Plata virgen oder Jungfernsilber nennen, weil es nunmehr ohne einigen Zusatz oder Vermischung ist." (v. Murr, Seite 288—290.) [Vergleiche dazu Abb. 1 und 2.]

Der Erfolg der neuen, von Born ausgearbeiteten Methode der Amalgamation war bei der erstmaligen Auswertung in den Bergwerken bei Schemnitz seinerzeit so günstig, der Gewinn an Zeit und Arbeitskräften, die Ersparnis an Quecksilber und Betriebsmaterial und die erhöhte Ausbeute gegenüber früher so bedeutend, daß die „Fässermaschinerie" auch in anderen europäischen Ländern, z. B. in Rußland, Dänemark und Polen eingeführt wurde. Da die Methode geschichtliches Interesse beanspruchen kann und nach den Versuchen ihrer Einführung in peruanischen Bergstädten — vor allem in Potosí und Umgebung — nach anfänglich begeisterten Berichten später zum Gegenstand heftiger Polemiken und Intrigen gegen die deutschen Bergfachleute wurde —, seien die wichtigsten Einzelheiten hier kurz nach v. Borns eigenen Ausführungen zusammengefaßt.

Die Edelmetallgewinnung durch Anquicken (d. i. Amalgamieren) gold- und silberhaltiger Erze erfordert folgende Arbeitsphasen (vgl. Abb. 1 u. 2):

1. Pochen der Erze.
2. Mahlen der gröberen Erztrümmer.
3. Sieben des Ausgangsmaterials.
4. Rösten in zweckmäßig gebauten Öfen, wenn die Verhüttung nach dem sog. warmen Verfahren erfolgt und nicht nach dem kalten, d. h. ohne Erhitzen in Metallkesseln oder -fässern.
5. Verreiben des bereits mit Wasser angerührten Erzmehls mit Quecksilber, das in geeigneten Zeitabständen und entsprechend feiner Verteilung beigefügt wird.
6. Waschen des gründlich mit dem feinverteilten Quecksilber angequickten Erzmehl-Breies.
7. Durchpressen nach Abschluß der Amalgamierung zwecks Trennung des gesammelten Amalgams von überschüssigem Quecksilber.
8. Glühen des so erhaltenen Silber- bzw. Goldamalgams, dazu Destillieren des durchgepreßten Quecksilbers zur Reinigung.
9. Feinbrennen (Affinieren) des Edelmetalls.

Das im Ausgangsmaterial vorhandene Edelmetall könnte nur dann fast vollständig amalgamiert werden, wenn alles vorhandene Gold bzw. Silber tatsächlich durch die mechanische Vorbereitung freigelegt oder reaktionsfähig gemacht würde, doch ist es unvermeidlich, daß Rückstände verbleiben, die noch beachtenswerte Mengen Gold oder Silber enthalten können. Deshalb finden wir auch bei der im Vergleich zu früheren Verfahren sicherlich verbesserten Methode Borns ausdrücklich die Forderung, auf „die Zugutenbringung der etwann noch hältigen Rückstände" besonderes Augenmerk zu richten. Alle genannten Arbeitsphasen erfordern einerseits bestimmte maschinelle Einrichtungen, anderseits genaue Beobachtung des Fortganges der Amalgamation, zusammen mit Handgriffen, die sich aus der Praxis ergeben haben oder die durch Überlegungen theoretisch als zweckdienlich erkannt wurden.

Das Pochen und Mahlen der Erze geschieht nach v. Born am günstigsten auf nassem Wege in eigenen Stampfwerken und Erzmühlen. (Abb. 3) Ausdrücklich wird verlangt, daß vor dem Pochen und Vermahlen das vorliegende Erz genau auf Gewicht und Gold- bzw. Silbergehalt zu prüfen ist, wobei er im Einzelnen die im Werk Glashütte bei Schemnitz geübten und erprobten Verfahren und Vorsichtsmaßregeln als beispielgebend schildert. Ist das Erz in befriedigender Feinheit gepocht und gemahlen, so kommt es zum Durchsieben, wobei der die Siebe pas-

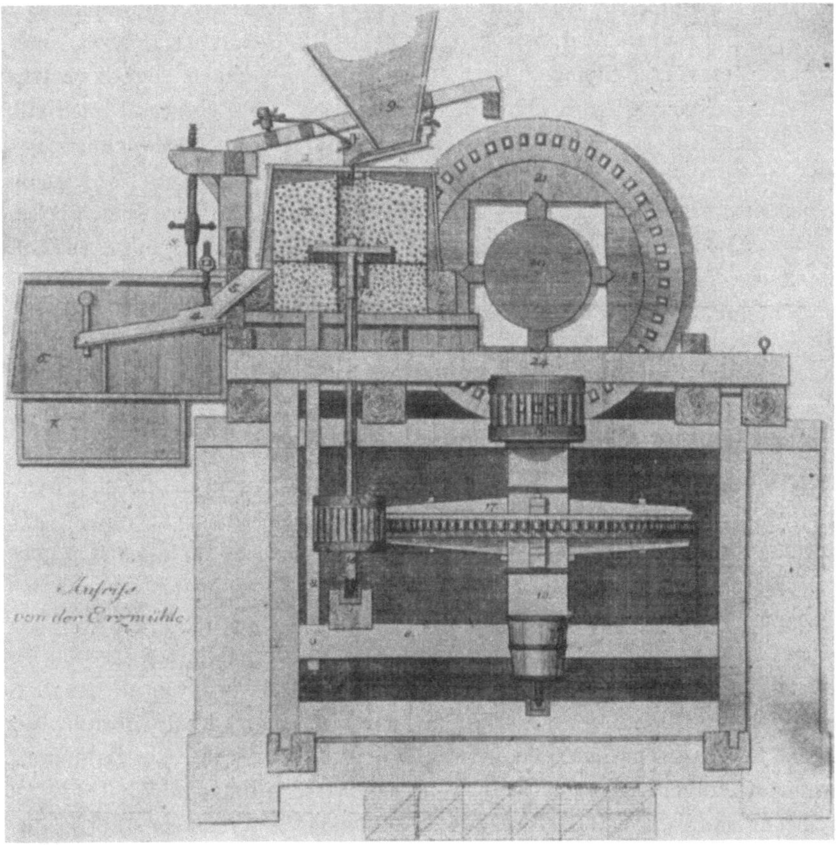

Abb. 3

sierende feine Anteil des Erzmehls von anfangs sehr verschiedener Korngröße zunächst aufbewahrt wird, bis eine entsprechende Menge zum rationellen Anquicken gesammelt ist. Jener Anteil des Erzes, der beim ersten Pochen nicht die erforderliche Kornfeinheit erreicht hat, wird neuerlich zerkleinert. Bei dem Pochen und Mahlen muß mit einem unvermeidlichen Verlust an Edelmetall gerechnet werden, das als feiner Erzstaub in die Luft geht. Die in den Pochwerken und Erzmühlen beschäftigten Arbeiter sollen nicht durch Erzstaub belästigt werden, daher ist das nasse Verfahren günstiger. Auf jeden Fall ist darauf zu achten, daß die Geschwindigkeit der Bewegung und die Hubhöhe der schweren Pochstempel sorgfältig geregelt wird. Das Poch- und Mahlwerk wird bei v. Borns Maschinerie durch Wasserkraft von einem geeignet großen Wasserrad getrieben, mit entsprechenden Kammrädern und Nebenwellen, die neun oder noch mehr Pochstempel bewegen können. Die Leistungsfähigkeit eines Pochwerkes von 9 Stempeln und einer Mühle mit einem oder höchstens zwei Mühlsteinen wird mit durchschnittlich 20 Zentnern innerhalb 24 Stunden angegeben. Eine zweckmäßige und sorgsam überwachte Verröstung der Erze ist für die Rentabilität des Verfahrens von maßgebendem Einfluß. Diese Prozesse des Aufschließens der Erze werden entweder trocken oder auf nassem Wege ausgeführt; im letzteren Fall spielt die zugesetzte Menge von Kochsalz, Salpeter, Kupfer- oder Eisenvitriol eine wichtige Rolle. Je nach der Art des zur Verhüttung vorliegenden Erzes muß auch der Zusatz der Salze sich ändern, wobei natürlich deren Preis und leichte Beschaffbarkeit in Rechnung zu setzen ist. Beim Rösten durch Erhitzen sind bestimmte Öfen erforderlich, zu denen v. Born eine günstige Bauart ebenfalls vorschlägt. Ein zeitraubendes Wiederholen des Durchsiebens der gerösteten Gemenge wird dann überflüssig, wenn gleich auf günstige und gleichmäßige Korngröße beim Pochen der Erze geachtet wird. Das Sieben erfolgt in einem eigenen Walzsiebwerk, das mit Wasserkraft getrieben wird, in Ermangelung der letzteren durch ein geeignet großes Treibrad mit Handbetrieb.

Das Verreiben und Anquicken durch zugesetztes Quecksilber erfolgt bei entsprechendem Erwärmen unter ständigem Rühren des Erzmehlbreies in Fässern, wobei die durch Zermahlen und Röstung zur Amalgamierung bereiten Gold- oder Silberpartikel in die innigste Verbindung mit dem feinverteilten Quecksilber gebracht werden müssen. (Abb. 5) Es ist selbstverständlich, daß die Bildung von Gold- oder Silberamalgam um so ausgiebiger erfolgt, je gründlicher die Berührung zwischen Metall und Quecksilber ist. Temperatur und Geschwindigkeit der Durchmischung spielen eine entscheidende Rolle. Beim Zusatz von Quecksilber wird verlangt, daß nicht unnötig viel verwendet wird, denn jeder Überschuß ist nicht nur überflüssig, sondern bringt auch unvermeidlich größere Verluste, nachdem das reine Quecksilber ja bei dem nachfolgenden Waschen leicht verlorengehen kann. Die Menge des zugesetzten Wassers beim Anquicken des Erzmehlbreies muß genau geregelt sein, denn ist dieser zu dünnflüssig, dann kommt

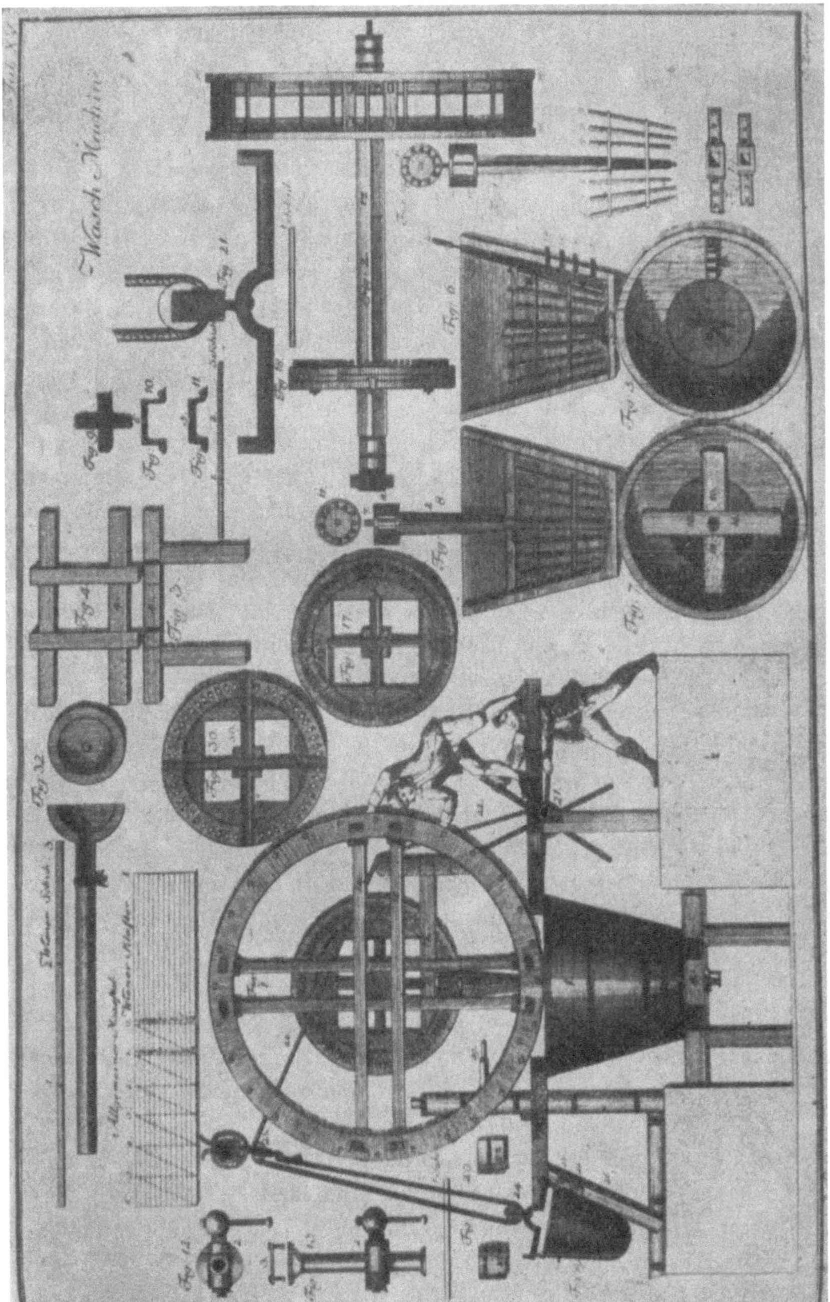

Abb. 4

es allzu schnell zum Absinken des schweren Quecksilbers, im entgegengesetzten Fall behindert der dicke und zähe Brei das unbedingt erforderliche innigste Durchmischen. Das Rühren erfolgt in der mit Wasserkraft betriebenen Fässermaschine, in deren einzelnen Fässern sich bewegliche Rührrechen befinden. Die Fässer sind gut verschlossen. Durch mehrmalige Schöpfproben muß man sich überzeugen, daß das Durchrühren möglichst vollständig geschieht. Ist die Anquickung abgeschlossen, dann wird in eigenen Waschbottichen das Amalgam von dem tauben Erzmehl gesondert. Der Waschbottich nach v. Born ist ein aus starken Pfostenbrettern zusammengesetztes, größeres, auf einem eigenen Standgerüst mit Schrauben befestigtes Faß, wo bis 20 Zentner in einem Arbeitsgang behandelt werden können. (Abb. 4) Durch ständige Bewegung der ausfließenden amalgamhaltigen Masse und des zugesetzten Wassers wird dafür gesorgt, daß das schwere Amalgam sich in einer geschlossenen Schicht am Boden absetzen und gesammelt werden kann, während das darüber befindliche Erzmehl abgeschöpft wird. Zum Abpressen des Quecksilbers vom Amalgam verwendet man aus Drillich genähte Leinensäcke, falls nicht das geeignetere weichgegerbte Reh- oder Hirschleder zur Verfügung steht, das nach v. Borns Meinung aber zu kostspielig ist. Die durchgepreßten Amalgame werden geglüht, um Quecksilber vom Gold oder Silber zu trennen. In Schemnitz waren nach v. Borns Angaben eigene Glühherde gebaut, mit je drei Glühtiegeln, in denen 3—4 Zentner Amalgam gleichzeitig durch etwa 5—6 Stunden bearbeitet werden können. (Abb. 6) Dann folgt das Feinbrennen, um die ausgeglühten Amalgame, die ja noch immer mehr oder minder unedles Metall enthalten, in reines Gold oder Silber überzuführen. Durch Untersuchung muß der fallweise verschiedene Gehalt an unedlem Metall (Kupfer, Blei usw.) eigens festgestellt werden.

Von Born wurde auch eine im Grundsätzlichen gleiche kalte Methode ausgearbeitet und ausprobiert, wobei ihn rein wirtschaftliche Überlegungen leiteten. So galt es z. B., den Aufwand an kupfernen Kesseln einzusparen, den Holz- und Holzkohlenbedarf einzuschränken, die teueren Sudöfen entbehrlich zu machen und schließlich zu erreichen, daß das Feinbrennen sich erübrigen könne. Er schlug deshalb statt Kupferkessel hölzerne Fässer vor und fand, daß das kalte Verfahren nicht nur möglich ist, sondern vielfach weit besser in Holzfässern als in Kupferkesseln gelingt. (Abb. 5) Durch verschiedene ungünstige Erfahrungen bei den ersten Versuchen gezwungen, nahm v. Born bei der Verwendung von Holzfässern geringfügige Änderungen vor, die sich hauptsächlich

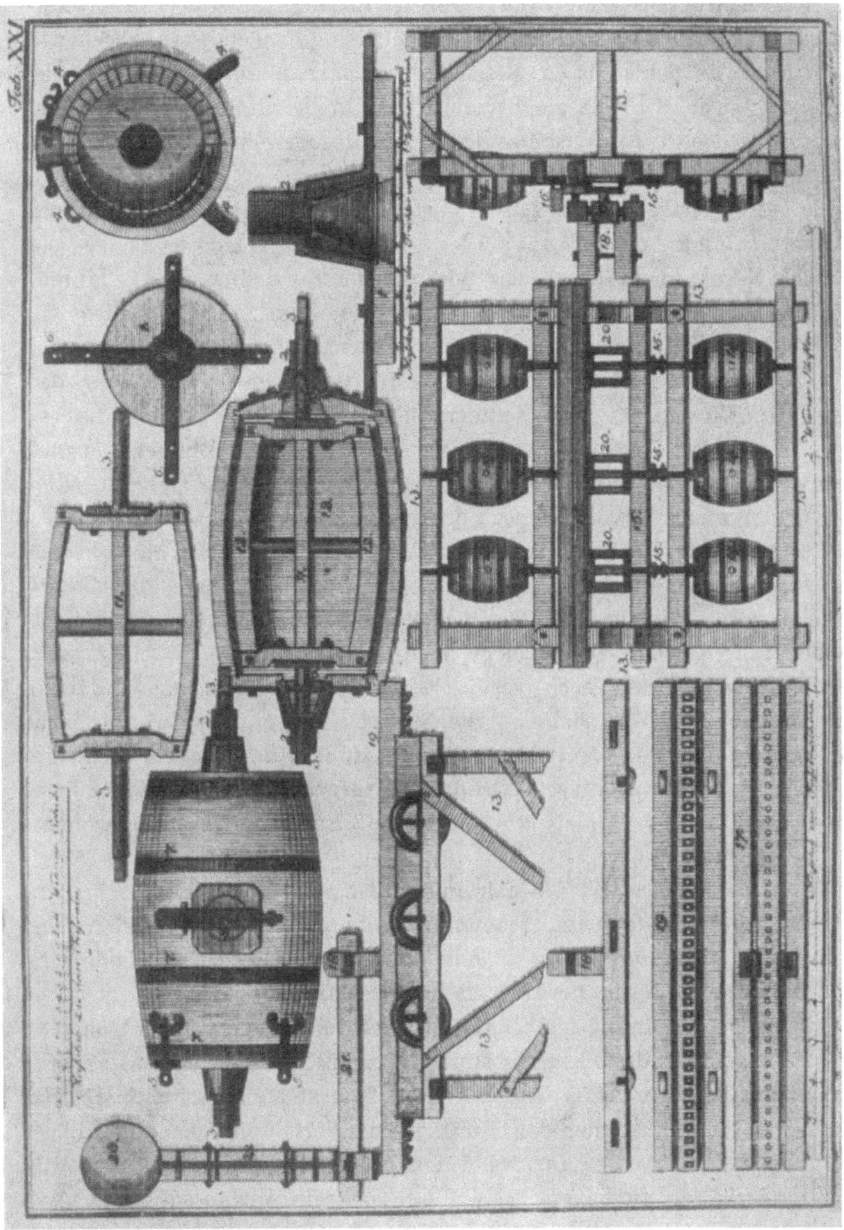

Abb. 5

auf das Rührwerk im Faßinneren bezogen, nachdem bei der Fässermethode in Holzkonstruktion merkwürdig größere Abgänge an Quecksilber festgestellt wurden. Es sei gleich vermerkt, daß die nach Peru abgehende Kommission an der kalten Methode der Amalgamierung natürlich mehr interessiert war, da Holz als Brennmaterial in den Höhen der Kordillere nur unter großen Transportschwierigkeiten und ungewöhnlich hohen Kosten herbeigeschafft werden konnte.

Die letzte Phase des ganzen Amalgamierungsprozesses besteht in der Auswertung der bereits angequickten Rückstände, die je nach Kornfeinheit, dem mehr oder minder rationellen Röstverfahren, größerer oder geringerer Aufmerksamkeit beim Zusatz und Verteilen des Quecksilbers wechselnde Mengen an Edelmetallen führen.

v. Born gibt als Abschluß seinen Ausführungen eine Berechnung der Anquickungskosten für 1000 Zentner Silbererz und Erzmehl bei und beweist mit Zahlen die Vorteile seines neuen Verfahrens. „Übrigens läugnet man nicht, daß der Silber-Amalgamazionsprozeß ungeachtet der Vortheile, die er itzt schon gewähret, noch in seiner Kindheit seye. Wie sicher läßt es sich aber nicht von der Geschicklichkeit und den Kenntnissen der Bergverständigen, welche sich damit abgeben und ihn ihrer Pflege würdigen werden, erwarten, daß er täglich verbessert und vervollkommnet werden solle, so daß er vielleicht nach wenigen Jahren, in einer ganz anderen, zweifelsohne noch vortheilhafteren, Gestalt erscheinen dürfte. Eine Muthmaßung, die sich auf die Verbesserung gründet, welche man von Jahr zu Jahr bey dem Hüttenwesen einführte, besonders seitdem die Schmelzkunde auf theoretische Grundsätze zurückgeführet und von einem Handwerke, das sie vormals war, zu einer Wissenschaft erhoben worden ist." (S. 189—190.)

Die Errichtung der ersten Amalgamierhütten nach v. Borns Vorschriften erfolgte bei Bergwerken um Schemnitz (früher Niederungarn, heute Slowakei), und zwar durch Bergrat Anton v. Ruprecht und Karl Haidinger, Adjunkt am k. k. Naturalienkabinett (heutiges Museum) in Wien. v. Born konnte bei der Eröffnung nicht anwesend sein, da er nach einem früheren Unfall gelegentlich des Besuches eines Bergwerkes zeitlebens gelähmt und kränklich blieb. Ladislaus Graf v. Thun, Bergrat zu Schmölnitz, erhielt von der k. k. Hofkammer den Auftrag, das Verfahren auch auf Silber führendes Schwarzkupfer anzuwenden und bei Altgebürg unweit Neusohl Amalgamierhütten zu bauen. — v. Born hat sein Verfahren im Auftrag des Kaisers Josef II. nicht nur veröffentlicht, sondern auch aufgefordert, sich von den Vorteilen seiner Erfindung zu überzeugen, da

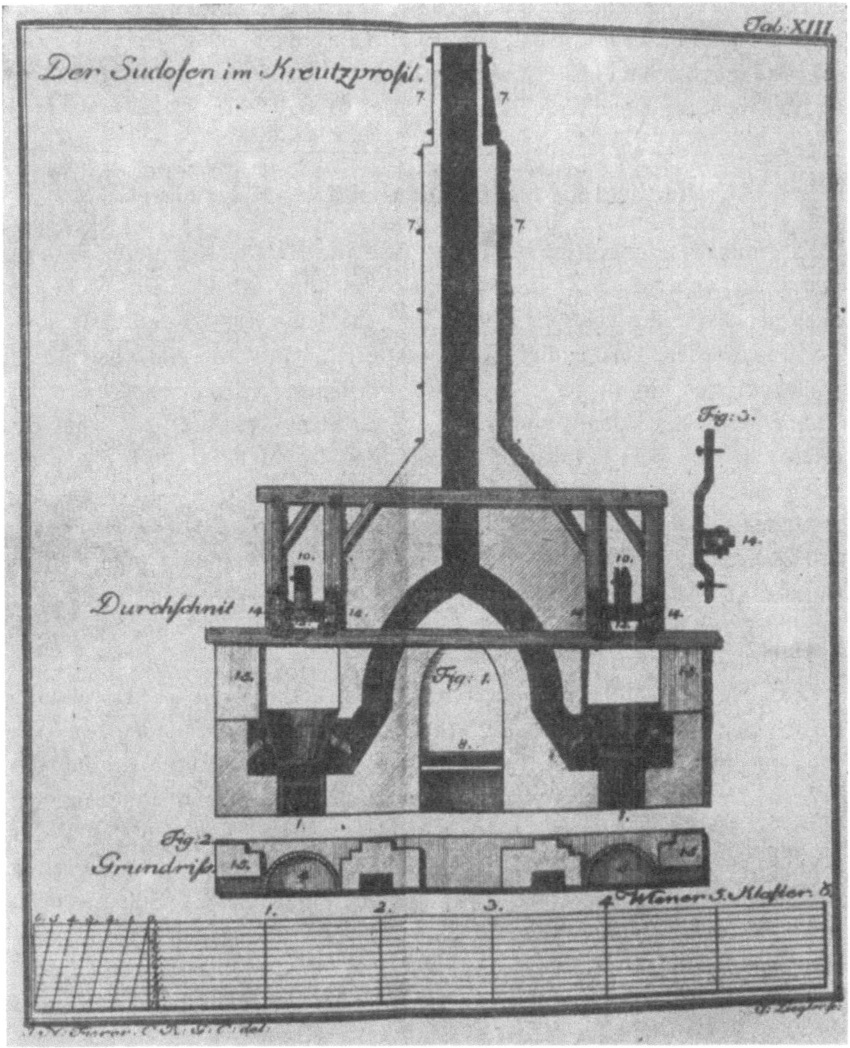

Abb. 6

unverdächtigen Interessenten nach Erlaubnis der Besuch der Werke gestattet wurde, „von welcher Erlaubniß bereits mehrere Fremde, und erst neulich des Königs von Spanien Majestät Gebrauch machten, indem vier in der Chemie unterrichtete Spanier nach den niederhungarischen Bergwerken abgeschickt wurden, um sich dort alle zureichende Kenntnisse von dieser Anquickungsart beyzulegen, welche sie nachher bey den Bergwerken im südlichen Amerika einführen sollen." (Vorwort.) Weiteres siehe Kap. IV.

C. Die theoretischen Grundlagen des Amalgamierens.

Es genüge hier der Hinweis,[72]) daß fast alle Metalle sich unter Bildung von Legierungen (Amalgamen) in Quecksilber lösen, wobei je nach der Natur des gelösten Metalls die Amalgame fest oder flüssig sind. Der Prozeß der Amalgamierung ist natürlich dann am einfachsten und vollständigsten, wenn reine Metalle vorliegen, wobei Gold bei jeder Temperatur leicht amalgamiert, dagegen Silber erst kräftiger beim Erhitzen. Wenn Erze vorliegen, dann muß das Material vorher mechanisch zerkleinert und mit Wasser unter Zusatz von Quecksilber auf das gründlichste vermischt werden. Wenn es sich um sulfidische Erze handelt, so erfolgt ein Zusatz von Kochsalz und Kupfersulfat, wobei durch Umsetzung Chlorsilber entsteht, das durch das Kupfer reduziert wird, ehe es vom Quecksilber amalgamiert wird. Erhitzt man Amalgame von Gold, Silber, Blei oder Kupfer, so verdampft das Quecksilber und es bleiben in praxi nur Spuren im Metall davon zurück. Beachtenswert ist, daß Metalle in amalgamiertem Zustand eine erhöhte Oxydationsfähigkeit zeigen. Die Ausbeute an reinem Metall bzw. der Verlust an Quecksilber während des ganzen Amalgamationsvorganges ist nicht nur weitgehend abhängig von der angewendeten Technik, sondern auch von der Zusammensetzung des eben vorliegenden Erzes.[73]) Für Peru kamen hauptsächlich die Verarbeitung der Rotgültigerze, und zwar dunkles und lichtes, Silberhornerz, Silberglaserz und erst in zweiter Linie Fahlerze in Betracht. Für die Ausbeute an Edelmetall ist weiter entscheidend, ob Erze vorliegen, in denen das Silber in gediegenem Zustand[74]) (nativ) oder eingehüllt (larviert) oder

[72]) Wir nehmen diese Ausführungen deshalb auf, weil nicht nur gegen v. Borns „Maschine" Bedenken erhoben wurden, sondern auch gegen seine „theoretischen Spekulazionen", die heute für ihn und seine Zeit sogar sehr beachtenswert sind. (Vgl. Baader 2, Leitmeier 28, Späth 40).

[73]) Silberglaserz = Silberglanz ($Ag_2 S$), dunkel Rotgültigerz ($Ag_3 Sb S_3$), lichtes Rotgültigerz ($Ag_3 As S_3$), Sprödglaserz ($6\ Ag_2 S + Sb_2 S_3$), Silberhornerz ($Ag Cl_2$), Weißgültigerz [(FeS, ZnS, $Cu_2 S)_4$, $Sb_2 S_3$ + ($Pb S$, $Ag_2 S)_4$, $Sb_2 S_3$].

[74]) Dann meist bei feiner Verteilung des reinen Goldes durch Waschen bearbeitet, wie es in Südamerika zu Inka-Zeiten erfolgte.

in chemischer Bindung (vererzt) vorkommt. Die einzelnen Phasen der Gold- und Silbergewinnung aus Erzen sind seit Jahrhunderten im großen ganzen gleich geblieben, die theoretischen Anschauungen über die Vorgänge bei der Verhüttung haben sich dagegen dem jeweiligen Stand der Chemie entsprechend geändert, ganz abgesehen von der Überwindung der Phlogistontheorie. Zu den Zeiten, die hier in Frage kommen, wurde hauptsächlich darüber gestritten, ob Silber und Gold in chemischer Bindung überhaupt gewinnbringend der Amalgamation zugänglich gemacht werden können und verschiedentlich günstige Ergebnisse nicht vielleicht doch nur auf freigelegtes metallisches Gold oder Silber zurückzuführen sind, während Mißerfolge dann auftraten, wenn die Edelmetalle wirklich in chemischer Bindung zur Amalgamation vorlagen. Es wurde weiter diskutiert, ob das Röstverfahren unentbehrlich oder überflüssig, der Zusatz von Salzen notwendig, überflüssig oder gar schädlich sei und ob die verschiedentlich vorgeschlagenen Zusätze, wie z. B. Weinstein, Salpeter, ja sogar pulverisiertes Horn oder Dünger auf den guten oder schlechten Fortgang der Anquickung von Einfluß seien bzw. die oft unerklärlich großen Quecksilberverluste herabdrücken können. In allen diesen Fällen ist aber letzten Endes doch entscheidend, ob die Hauptmasse des Silbers gediegen ist, wie es in den Pacos von Peru und den Metas calidas in Chile meist der Fall ist. Das Silber kann leicht in Silberchlorid übergeführt werden, das bei Gegenwart von Kupfer oder Eisen ebenfalls leicht der Amalgamation zugänglich ist. Die in großen Teufen vorkommenden sulfidischen Erze, die silberhaltigen Fahlerze und Kiese sollen auch nach neuen Berichten dem Patio-Prozeß besonders zugänglich sein.

Zu den einzelnen Phasen der Verhüttung von Silber- und Golderzen, die noch Begleitmetalle (wie Blei, Arsen, Antimon) zeigen, sei nur bemerkt, daß durch das Treiben (oder Abtreiben) das leicht oxydierbare unedle Metall von den nicht oder nur schwer zu oxydierenden Edelmetallen getrennt wird; durch das Schmelzen wird entstehendes Metall-Oxyd zum Abscheiden und Abfließen gebracht; durch das Rösten wird z. B. Antimon und Arsen verflüchtigt und durch das Feinbrennen das schon etwa 95 % Feinsilber enthaltende Metall endgültig gereinigt. Dem Patio-Verfahren, d. i. die Amalgamation auf einem mit Steinplatten ausgelegten, etwas abschüssigen Platz, steht die Tina-Amalgamation gegenüber, bei der das Erz chlorierend gelöst und dann in den Tinas (= Bottichen) mit der heißen, ziemlich konzentrierten Salzlösung erwärmt wird. Das im Patio-Prozeß verwendete Magistral ist als gerösteter Kupferkies wesentlich Kupfersulfat, das zugesetzt wird, ehe das

Quecksilber in etwa sechsfacher Menge des im Erz vorhandenen Silbers zum Anquicken durch Kneten dem feuchten Erzmehl (= Schlich) beigemengt wird.

D. Das kritische Urteil von Alexander von Humboldt.

Im vergleichenden Abwägen der Vorzüge und Nachteile des Amalgamierungsverfahrens nach der europäischen Methode einerseits und den primitiven Erfahrungen der Eingeborenen Südamerikas anderseits scheint uns im Anschluß an die voranstehenden Ausführungen Humboldts Urteil so beachtenswert, daß wir seine eigenen Worte denen von Born gegenüberstellen.

„Während meines Aufenthalts in den Anden (Cordilleren) gab es nur zwei[75]) Bergwerkreviere, wo Herr v. Borns Methode, die Amalgamation in Fässern, mit einigem Erfolg betrieben wurde, nemlich im Real de Requay, in der Provinz Huailas und in Tallenga, in der Provinz Caxatambo. . . . . [Das Bergwerk von Requay, wo man eine deutsche Amalgamationshütte gebaut hat, heißt Ticapampa und gehört dem Don Juan Ignacio Gamio. Die Hütte von Tallenga wurde von Don Juan Baptista Arieta angelegt."][76]) (S. 181. Kap. XI. Bd. IV.) „Im Jahre 1590 schlug Alonso Barba die warme Amalgamation in kupfernen Kufen vor, dieser Prozeß heißt das Beneficio de cazo y cocimiento und ist der im Jahr 1786 von Herrn Born vorgeschlagene.[77]) Der Verlust von Quecksilber ist dabei geringer als bei dem Beneficio por patio, indem das Kupfer der Gefäße zur Zerlegung des salzsauren Silbers dient; zugleich wird die Operation durch die Wärme begünstigt." (Ibid. S. 118.) „Seit man in Europa die Amalgamation der Silber-Erze anzuwenden begonnen und die Gelehrten aller Nationen sich auf dem metallurgischen Kongreß von Schemnitz vereinigt haben, wurde die verwirrte Theorie von Barba und den mexikanischen Azogueros durch gesundere und dem gegenwärtigen Zustande der Chemie angemessenere Ideen ersetzt." (Ibid. S. 120.) „ . . . . . es mag hier hinreichen, eine allgemeine Ansicht davon zu geben, die chemischen Erscheinungen zu untersuchen, den diese Prozesse gewöhnlich darstellen und die Schwierigkeiten bemerkbar zu machen,

[75]) Siehe dazu unsere Bemerkung Kap. VII.

[76]) Im Original ist diese Stelle als Fußnote gesetzt.

[77]) Sperrungen von uns!

welche auf dem neuen Continent der Einführung, der 1786, durch Born, Ruprecht und Gellert, in Deutschland, erfundenen, Methode entgegen sind." (Ibid. S. 108.)

„Die Amalgamation, wie wir sie beschrieben haben, dient dazu, alles Silber aus den Erzen zu ziehen, welche mit Quecksilber behandelt worden sind, sobald der Azoguero ein erfahrener Mann ist und die äußeren Merkmahle des Quecksilbers wohl kennt, nach denen man urtheilt, ob die Torte Kalk oder Eisen-Vitriol nötig hat . . . . . Die von Medina erfundene Methode hat den großen Vorzug der Einfachheit, sie braucht keine Gebäude, keine Brennmaterialien, keine Maschinen, und beinah gar keine bewegende Kraft. Mit Quecksilber und einigen Maulthieren, zur Bewegung der Arastras[78]) kann man durch die Amalgamation por patio das Silber aus den dürren Erzen bei dem Schachte selbst ziehen, aus welchem man sie holt, und mitten in einer Wüste, sobald der Boden nur eben genug ist, um Tortas anlegen zu können. Allein diese Methode hat auch den Nachtheil der Langsamkeit und eines ungeheuren Verlustes an Quecksilber. Da letzteres sehr vertheilt wird, und man tausende von Zentnern zugleich bearbeitet, so kann man das Queksilber-Oxid und das salzsaure Queksilber nicht sammeln, welche das Waschen wegnimmt. Bei der europäischen Amalgamations-Methode hingegen, die man den gelehrten Nachforschungen der Herren Born, Ruprecht, Gellert und Charpentier verdankt, wird das Silber in vier und zwanzig Stunden ausgezogen; man braucht fünfzig bis hundert und fünfzigmal weniger Zeit, und, wie wir oben bewiesen haben, achtmal weniger Quecksilber, als in den spanischen Kolonien. Allein wie sollte man in Mexiko oder Peru die Freibergische Methode einführen, die sich auf das Rösten der Erze und die Kreisbewegung der Fässer gründet? In Freiberg werden jährlich sechzigtausend Centner Erz verquikt, in Neu-Spanien aber bei zehen Millionen Centner; wie sollte man eine so ungeheure Masse Erzes in Fässer fassen können? Wo fände man die bewegende Kraft, um eine Million solcher Fässer zu drehen? Wie das Erz in einem Lande rösten, wo es an Brennmaterialien

[78]) Erzmühlen.

fehlt und die Bergwerke auf Plateaus stehen, die gar keine Wälder haben?" (Ibid. S. 127—129.)

Diesen Ausführungen von Humboldt stehen ausdrückliche Bemerkungen v. Borns entgegen, und es ist verwunderlich, daß Humboldt einzelnen Stellen aus dem ihm offensichtlich sehr gut bekannten Buch Borns so widersprechen konnte. Wir stellen Borns Worte zum Vergleich der Meinung Humboldts einmal gegenüber. „So sehr sich auch alle diese Amalgamazionsvorschriften einander widersprechen, indem bald das Rösten der Schliche für unentbehrlich, bald für überflüssig, das Daseyn des Vitriols einmal für höchst schädlich, und dann wieder für äußerst nützlich angegeben wird, u. s. w., so sehen wir doch daraus, daß in den südamerikanischen Bergwerken die Anquickung das herrschendeste und allgemeine Mittel seye, das Gold und Silber aus den Erzen auszubringen, und das die ungeheure Masse edler Metalle, die aus jedem Welttheile zu uns herüberkömmt, beynahe ganz durch die Amalgamazion zu Guten gebracht werde; Wie unzureichend aber die hier angeführten Anquickungsarten seyen, wie wenig dadurch der ganze Gold- und Silbergehalt ausgebracht werden könne, was für eine übergroße Menge Silbers in den angequickten Schlichen jährlich zurückbleibe, wie unnütz die Zusätze von Pferdemist, Weinstein, gepulverten Hörnern, wie unsicher die angegebenen Hilfsmittel zur Verminderung des Quecksilberabganges und wie unbestimmt die Kennzeichen von dem guten oder schlechten Fortgang der Anquickung seyen, davon kann sich ein jeder selbst überzeugen, der solche nachmachen, und dann die rückständigen Schliche mit der zugehörigen Genauigkeit untersuchen will. Endlich mag der Leser das Verfahren der Spanier, mit demjenigen, welches ich im folgenden Abschnitte angebe, vergleichen, und dann selbst entscheiden, ob meine Anquickungsmethode wirklich nichts weiter als der spanische Amalgamazionsprozeß seye." (S. 83.) Born weist auch darauf hin, daß Barba das Verfahren der Amalgamation in Kupferkesseln unter Anwendung von hoher Temperatur zufällig fand und „so wenig diese Erscheinung seinem Endzweck entsprach, so sehr freute ihn doch diese Entdeckung, die ihn auf einen kürzeren und geschwinderen Wege zur Anquickung der Erze führte. Barba vervollkommnete diese Anquickungsart nach und nach und brachte sie in Peru zur Ausübung." . . . . „Gewiß ist unter allen Amalgamationsarten, die je in jenem Welttheile versucht wurden, diese die vorteilhafteste. Man findet aber nicht, daß sie irgendwo eingeführet worden seye. Selbst in den Ordenanzas de Minas ..... scheint man sich zu wundern, daß von dieser Anquickungsmethode kein weiterer Gebrauch gemacht wurde, und man vermutet, daß vielleicht unvorhergesehene Hindernisse sich der Ausführung und Verbreitung derselben entgegen gesetzt haben müssen." (pag. 44.) Born beharrt auf dem Anspruch seiner Priorität und den Vorzügen seines Verfahrens, wobei er offensichtlich mehr auf die technische und praktische Ausführung Wert legt als auf das Studium der chemischen Grundlagen des Verfahrens, dem wieder Humboldt das größere Interesse entgegenbringt, wie seine gemeinsam mit Gay-Lussac ausgeführten Versuche beweisen. Die boshaften Bemerkungen von Born über Kritiken seiner ersten Versuche verdienen in diesem Zusammenhang festgehalten zu werden: „Bey meinem ersten Vorschlage, die Gold- und Silbererze anzuquicken, bestritten einige unserer Stubenchemiker und unchemischen Bergverständigen die Möglichkeit der Sache so sehr, daß man mir lieber zumuthen wollte, ich würde schon vorbereitetes Silber in die Amalgamirgefäße durch irgend einen Kunstgriff hineinbringen, als zugeben, daß sich das Silber aus den Erzen durch das Quecksilber ausziehen lassen würde. Als aber die Versuche in Wien abgeführt wurden, und man das Silber mit Augen sehen und mit Händen greifen konnte, so schrieb man ganze Riße Papier voll Kalkulazionen, Zweifeln, rechtgegründeter Bedenklichkeiten, Wohlmeinungen und Einwendungen, welche die Nützlichkeit widerlegen, und die Unthunlichkeit bey der Ausführung im Großen darthun sollten. Zum Glücke mußte die Sache zur Entscheidung einem Monarchen vorgelegt werden, der aus eigener Erfahrung wußte, wie viele Hindernisse Egoismus, Vorurtheil und Unwissenheit, jeder Neuerung entgegen zu setzen wissen. Es ward also die Einführung der Amalgamazion anbefohlen; und als sie mit dem glücklichsten Erfolg in Umtrieb gesetzt wurde, und alle die Vortheile, die ich versprach, unwiderlegbar erwiesen waren, so zuckten eben diese Kalkulanten, Zweifler, Wohlmeiner und Einwender die Achseln und sagten: 's ist ja eine alte Sache! — der leidige spanische Amalgamazionsprozeß." (S. 83—85.).

Die Schwierigkeiten, welche einer Einführung von Borns Methode und Maschinerie in Südamerika begegneten und die Humboldt durchaus zutreffend hervorhebt und beurteilt, sind Born auch nicht entgangen, auch die Hindernisse bezüglich Holz- und Wassermangel in der Hochkordillere erwähnt er und überdies weist er ausdrücklich in einem eigenen Kapitel darauf hin, daß „obgleich die Vortheile der Amalgamazion jene der Schmelzung weit übertreffen, so müssen sie doch nach Verschiedenheit der Länder, dann der Schmelzhütten und der Bergwesensverfassung bald kleiner bald größer ausfallen, und sind einige derselben als allgemeine, andere aber nur als einzelne und auf besondere Staaten sich beziehende Vortheile anzusehen." (S. 179.)

Die unvorhergesehenen Hindernisse, auf welche die deutsche Expedition und ebenso der selbständig arbeitende Haenke stieß, darf man daher keinesfalls zu Lasten von Mängeln der Bornschen Methode rechnen, die nach Humboldts Worten weder neu noch für Peru brauchbar gewesen sein soll. Es sei hier daran erinnert, daß selbst in Freiberg erst 1858 die nasse Silbergewinnung durch Auslaugen nach Augustins Verfahren (sog. Kochsalzlaugerei) die bis dahin übliche Amalgamation verdrängen konnte. (Fischer (10).) Die spanische Regierung hatte sehr gut die Vorteile von Borns Methode über das allzu primitive landesübliche Verfahren erkannt. Gegenüber diesen abweisenden Urteilen von Alexander von Humboldt, der doch selber die großen Silberbergwerke von Hochperu nicht gesehen hat und sich auf Berichte darüber stützen mußte, scheint uns Helms' Ausführung recht beachtlich, selbst wenn wir sein persönliches Interesse für v. Borns Methode in Rechnung setzen. „Dies sind denn die ganzen Künste und Wissenschaften, die ich hier erfahren und gesehen habe, und welche alle ziemlich roh, auch so ganz ohne Regel sind, als wenn sie die Hand der Natur ohne allen Fortschritt seit kurzem eingeführt hätte. Aber wie wenig diese Amalgamationsmethode mit der gründlichen und vortrefflichen Art des Herrn Baron von Born zu vergleichen sey, ist wohl ganz überflüssig zu bemerken; nur ist zu beweisen, daß es eine neidische Herabwürdigung gegen das nutzbarste und vortrefflichste Werk dieses biederen Patrioten seyn würde, auch nur die entfernteste Parallele zwischen seiner Erfindung und den oben bemerkten barbarischen Indianerarbeiten ziehen zu wollen." (Seite 95—96.)

Zur richtigen Beurteilung der Vorzüge und Nachteile einer Methode und zu einem zutreffenden Vergleich zwischen verschiedenen Verfahren haben überdies zur damaligen Zeit die einfachsten Voraussetzungen gefehlt, was im Streit der Meinungen merkwürdigerweise völlig übersehen, von v. Born aber bereits sehr klar hervorgehoben wurde. „Die Erze werden bey den Bergwerken in Südamerika weder vor noch nach der Anquickung probiert, wie ich aus sicheren Nachrichten weis, obschon Alonso Barba die Nothwendigkeit des Probierens im Feuer seinen Landsleuten so kräftig anrieth. Man begnügt sich mit dem, was ausgebracht worden, und beurtheilt die

Güte der Arbeit nur nach der größeren Menge des erhaltenen Silbers." (Fußnote S. 19.) Gerade diese Tatsache war bei den enttäuschten Hoffnungen der Spanier in Südamerika oft der letzte, von ihnen nicht begriffene Grund zu abfälligen Urteilen, weil sie nicht einsehen wollten oder konnten, daß ein silberarmes Erz nie den gleichen Ertrag pro Zentner liefern kann wie ein sehr reiches und man der Kommission regelmäßig mindere Proben unterschob. Es ist bei jedem vergleichenden Versuch von den deutschen Fachleuten auch protestiert worden! (Näheres siehe Kap. V, VI, VII.)

Schriftenverzeichnis.

1 Acosta, Padre José. Historia natural y moral de las Indias. I. Ausgabe Barcelona 1591.

2 Baader, E. W. und Holstein, E. Das Quecksilber, seine Gewinnung, technische Verwendung und Giftwirkung. Berlin 1933. Verl. Richard Schoertz.

3 Barba, Albaro Alonso. Bergbüchlein etc. (Deutsch von I. L. M. C.) Frankfurt a. M. Joh. Friedr. Fleischer. 1739.

4 Beckmann, Joh. Beiträge zur Geschichte der Erfindungen. 2. Ausgabe.

5 Born, Ign. Edler v. Über das Anquicken der gold- und silberhaltigen Erze, Rohsteine, Schwarzkupfer und Hüttenspeise. Wien, bey Wappler 1786. (Hier weitere Angaben).

6 Bowles, Guill. Introduction à l'Histoire naturelle et à la Géographie physique de l'Espagne. Traduite de l'Original Espagnol par le Vicomte de Flavigny. Paris 1776.

7 Darwin, Ch. Reise eines Naturforschers um die Welt. In Darwins Gesammelten Werken, übersetzt von V. Carus. Stuttgart 1879.

8 Denis, P. La République Argentine. Engl. Übersetz. Fisher Unwin LTD. London 1922.

9 Escalona, Don Gaspar de. Gazophylacio Peruvico. 1638.

10 Fischer, Ferd. Handbuch der chemischen Technik. Bd. I. O. Wigand-Leipzig. 1900.

11 Fragoso de Figueira, J. P. Description abrégée de tous les Travaux tant d'Amalgamation que de Fonderies qui sont actuellement en usage dans les ateliers d'amalgamation et des fonderies de Halsbrück près de Freyburg. Drèsde 1800.

12 Frézier, A. F. Relation du voyage de la Mer du Sud aux côtes du Chili, du Pérou et du Brésil. Fait pendant les années 1712, 1713 et 1714. Amsterdam 1717.

13 Gamboa, Francisco Xav. de. Comentarios á las Ordenanzas de Minas. Del beneficio de los metales por Azogue. Madrid. En la oficina de Joachin Ibarra. 1761.

14 Gicklhorn, Jos. Thaddäus Haenkes Rolle in der Geschichte des Chile-Salpeters und der Chile-Salpeterindustrie. Sudhoffs Archiv für Geschichte der Medizin und der Naturwissenschaften. Bd. 32, H. 6. 1940.

15 — — Neue Gesichtspunkte und Grundlagen zur Wertung von Thad. Haenke als Botaniker und seiner Stellung in der Geschichte der Botanik. Beihefte zum Bot. Centralblatt. Bd. LX. (1940) Abt. A.

16 Gicklhorn, Renée. Thaddäus Haenke über Volkswirtschaft und Staatshaushalt Chiles 1773—1795. Ibero-amer. Rundschau 5. Jhrg. H. 5. 1939.

17 Gicklhorn, Jos. und R. Th. Haenkes Bedeutung für die Erforschung Südamerikas vor Alexander v. Humboldt. Mitteil. d. Geogr. Gesellschaft in Hamburg. Bd. 47. 1941. S. 269—364.

18 — — Thaddäus Haenkes Bedeutung in der Geschichte der weltwirtschaftlichen Erschließung Südamerikas. Weltwirtsch. Archiv. Bd. 55. H 1. 1942.

19 Haenke, Thad. Descripción del Perú. Lima. El Lucero. 1901.

20 — — Descripción del reino del Chile. Deutsche Übersetzung von R. Gicklhorn. Zur Veröffentlichung vorbereitet.

21 — — Introducción á la Historia Natural de la Provincia de Cochabamba y circumvecinas. In „Anales de la Biblioteca". Buenos Aires. I. Bd. 1900.

22 Hall, Basil capt. Voyage au Chili, Pérou et au Mexique pendant les années 1820, 1821 et 1822. 2. vol. Paris. Arth. Bertran 1825.

23 Handwörterbuch der gesamten Technik von Koch, R. und Kienzle, O. Deutsche Verlagsanstalt. Stuttgart-Berlin. 1935.

24 Hoefer, J. Chr. Ferd. Histoire de la Chimie. t. II. Paris. 1842.

25 Humboldt, Alexander v. Versuch über den politischen Zustand des Königreichs Neu-Spanien. Tübingen. Cotta'sche Buchhandl. 1809. 5 Bde.

26 — — Reise in die Equinoctialgegenden des neuen Continents. Bearb. v. Hauff, Stuttgart. Cotta'sche Buchh. 1874. 4 Bde.

27 — — Über die Schwankungen der Goldproduktion mit Rücksicht auf staatswirtschaftliche Probleme. Deutsche Vierteljahrsschrift. 1838. 4. H. S. 1—40.

28 Leitmeier, H. Gold- und Silberamalgamation. Handbuch der Mineralchemie von Doelter, C. und Leitmeier, H. III. Bd. 2. Hälfte. S. 361 bis 372. Steinkopff Dresden. 1926.

29 Mercurio Peruano. Lima. Jahrgang 1791. I—III. Bd.

30 Meusel, Joh. Georg. Das gelehrte Teutschland. Lempo. Fortgesetzt von Hamberger, Georg Christoph. 1796—1834.

31 **M o l i n a**, Ign. Saggio sulla Storia naturale del Chili. Bologna 1782.

32 **M o l l**, K. E. Freiherr v. Annalen der Berg- und Hüttenkunde. 1. Bd. 3. Lief. Salzburg 1802. S. 51.

33 **M u r r**, Christ. Gottl. v. Journal zur Kunstgeschichte und zur allgemeinen Litteratur. 3. Teil. Herrn P. Wolfgang Bayers, ehemaligen amerikanischen Glaubenspredigers der Gesellschaft Jesu. Reise nach Peru. Von ihm selbst beschrieben. Nürnberg. 1776 bey Johann Eberhard Zeh.

34 **M u s p r a t t**. Technische Chemie. IV. Ausgabe. 1900. pag. 1579.

35 **P a z S o l d á n**, M. Jeografía del Perú. Paris. 1862.

36 **P e s c h e l**, O. Geschichte der Erdkunde bis auf Alexander v. Humboldt und Carl Ritter. München. 1878. 2. Aufl.

36a — — Geschichte des Zeitalters der Entdeckungen. 2. Aufl. Cotta. Stuttgart 1877.

37 **Q u e l l e**, O. Vom deutschen Berg- und Hüttenwesen in Spanisch-Amerika vom Anfang des 16. bis Anfang des 19. Jahrhunderts. Metall und Erz. 55. Jhrg. 1938. H. 4.

38 — — Vom deutschen Bergbau und Hüttenwesen in Spanien bis zur Ankunft Alexander v. Humboldts. Ibero-Amerikanisches Archiv. 1939. XIII./1.

39 **S a n d o v a l** y Guzman. Pretensiones del Potosí. 1634.

40. **S p ä t h**, E. Amalgame. Handbuch der Mineralchemie von Doelter, C. und Leitmeier, H. Bd. III. 2. Hälfte. S. 358. Steinkopff Dresden. 1926.

41 **U l l o a**, **A n t o i n e**. Mémoires philosophiques, historiques et physiques concernant le découverte de l'Amérique. Paris. Chez Buisson. 1787.

42 **W i n k l e r**. Freiberger Schmelzprozesse 1837. S. 143.

Das Problem der Verkehrssprachen von Tropisch-Afrika insbesondere von Kamerun.

Von

Emmi Meyer.

Mit 2 Abbildungen im Text.

Die Verbreitungsgebiete der Sprachen sind wie überall in der Welt so auch in Afrika an Größe sehr verschieden. Sie sind im allgemeinen an die Wohnsitze der Völker gebunden. Es gibt weite Landstriche von völkischer und sprachlicher Einheitlichkeit, z. B. das Osthorn oder Südafrika, und Gebiete mit ausgesprochener Stammeshäufung wie große Teile Westafrikas. Dabei ist zu beachten, daß die Sprachfamilie sich nicht immer mit der Völkerfamilie deckt. Es kommt vor, daß Hamiten eine Bantusprache sprechen, sudanische Stämme fremde Klassensprachen und Pygmäen die Sprachen ihrer Wirtsvölker. Die Sprache an sich und die Ausweitung ihres Gebiets ist aufs engste mit der Wirtschaftsform und dem politischen Schicksal des Stammes verknüpft. Es gibt Völker, die ihre Sprache seit altersher besitzen, und daneben andere, die sie gewechselt haben wie eine Staatsform oder eine Religion oder wie die geographische Lage ihrer Wohnsitze. Letzteres kommt recht häufig vor, weniger häufig dagegen, daß ein Stamm damit zugleich in eine Landschaft von abweichendem Typus übersiedelt. Es geschieht wohl nur unter dem Druck der politischen Ereignisse, daß ein Savannenstamm in den Urwald abwandert oder umgekehrt. Die Menschen sind durch Klima und Wirtschaftsform geographisch stark gebunden. Savannenbewohner vertragen nicht ohne weiteres das feuchtheiße Klima des tropischen Waldes, und Hirtenstämme finden im Urwald keine Weidegelegenheit für ihre Herden. Damit ist indirekt aber auch das sprachliche Moment mit dem geographischen gekoppelt, wenn man von den oben genannten Möglichkeiten des Wechsels der Sprachfamilie absieht.

Nun gibt es aber außer den Sprachen, die nur einem bestimmten Volk als Muttersprache dienen, auch solche, die durch Handel und Wandel die Landesgrenze überschritten und sich in die umliegenden Gebiete verbreitet haben. Wir nennen sie allgemein Verkehrssprachen. Aber auch sie wandern nur gemeinsam mit ihren Trägern, nämlich mit Angehörigen der Völker, denen sie Muttersprache sind. Da jedoch auch diese Einzel- und Gruppenwanderungen sich meistens innerhalb der geographischen Grenzen halten, sind auch die Verkehrssprachen letzten Endes an die Landschaft gebunden. Das besagt zugleich, daß wir das Gebiet einer Verkehrssprache nicht ohne weiteres in eine Landschaft von anderem Typus ausdehnen können. Das Verkehrssprachenproblem ist also nicht nur vom linguistischen, sondern auch vom geographischen Moment abhängig. Geographie und Wirtschaftspolitik gehen ihrerseits Hand in Hand. Eine Kolonie im

Urwald wird anders ausgewertet als eine in der Steppe. Es ist somit klar, daß wir bei der Behandlung der Verkehrssprachen von Afrika die verschiedensten Faktoren zu berücksichtigen haben: den linguistischen und den ethnischen, den geographischen und den ökonomischen. Ich habe daher versucht, an das Problem der Verkehrssprachen, im besonderen derjenigen von Kamerun, nicht ausschließlich von meinem engeren Fachgebiet aus heranzutreten, sondern auch die genannten anderen Disziplinen nach Kräften zu berücksichtigen.

A. Afrikanische Verkehrssprachen allgemein.

Verkehrssprachen in Afrika dienen der Verständigung verschiedensprachiger Eingeborener unter sich sowie der Verständigung zwischen Europäern und Afrikanern. Damit ist ihre Bedeutung in allen Belangen der Eingeborenenverwaltung gegeben, im Schulunterricht, bei der Rechtsprechung, bei sanitären Maßnahmen, in der Mission, im Handel, Verkehr und auf den Pflanzungen. Sie tragen zur Erschließung des Landes bei, sei es innerhalb der Eingeborenenwirtschaft, sei es im Zuge der europäischen Kolonisation. Unter den Eingeborenen trägt die Verkehrssprache materielles und geistiges Gut von Stamm zu Stamm und fördert dadurch einen Ausgleich auf ethnographischem Gebiet. Im Rahmen der Kolonisation erleichtert sie das Wirtschaftsleben und die Verwaltung und kann auch im Kriege dem Heer wichtige Dienste leisten. Schließlich führt sie den Europäer in die Denkart afrikanischer Menschen ein und kann andererseits auch dem Afrikaner Gedankengut aus Europa bringen. Hierdurch wird sie zu einem Mittel nicht nur der wörtlichen Verständigung, sondern darüber hinaus des Verständnisses zwischen Europa und Afrika.

Mit Bezug auf die Entstehung von Verkehrssprachen müssen wir zweierlei berücksichtigen, nämlich die Ausbreitung der Sprache auf Grund der Expansion von Eingeborenen und die Förderung einer Sprache durch die Europäer. Die Entstehung einer Verkehrssprache ist ja nicht abhängig von der Tatsache der europäischen Kolonisation; sie kann auch schon vor ihrer Zeit erfolgt sein. Dann brauchen die Kolonisatoren das bereits Vorhandene nur aufzugreifen und auszubauen, sofern es mit ihren Wünschen und Zielen in Einklang steht. In solchem Fall unterstützt man die durch die Landesverhältnisse gegebene Expansion einer Sprache. Auf jeden Fall sollte man sich davor hüten, auf Grund einseitiger Interessen eine Sprache willkürlich als Verkehrssprache propagieren zu wollen, etwa in dem Sinne, daß man e i n e Verkehrssprache für ganz Afrika vorschlägt. Dagegen spricht schon die Gebundenheit selbst einer Verkehrssprache an die geographischen, ethnographischen und linguistischen Gegebenheiten ihres Verbreitungsgebiets, auf die ich oben bereits hinwies. Wenn hingegen diese Faktoren von der Regierung, der Wirtschaft, der Mission und der Wissenschaft fest ins Auge gefaßt werden, so ist eine erfolgversprechende Förderung und Abgrenzung der einzelnen Verkehrssprachen durchaus möglich.

Bei der Prüfung bereits bestehender, auch bei der Heranziehung neuer Verkehrssprachen sind außer den von der Natur gesetzten geographischen Bedingungen vor allem zwei Punkte zu berücksichtigen, die die linguistischen und die ethnologischen Forderungen an die Verkehrssprachen vertreten. Es sind die folgenden:

1. Der Bau einer Verkehrssprache soll demjenigen der Sprachen ähnlich sein, über die sie sich lagert.
2. Die Träger der Verkehrssprache, nämlich das Volk, dem sie die Muttersprache ist, soll den Stämmen, über die sie sich als Zweitsprache legt, zumindest ebenbürtig sein.

So wie den meisten Europäern die Erlernung der ersten afrikanischen Sprache schwerfällt, gewöhnt sich auch der Eingeborene trotz aller Sprachgewandtheit, die vielen Afrikanern eigen ist, nur zögernd an eine Sprache von fremdem Bau. Die Sprache, die die erste der beiden genannten Forderungen nicht erfüllt, würde sich daher, was die Masse des Volks betrifft, nur schwer einbürgern. Einzelne Handelsleute und die in modernen Berufen stehenden Individuen würden sie selbstverständlich erlernen, so wie die in europäischen Diensten Tätigen sich auch verhältnismäßig leicht eine europäische Sprache aneignen, aber im Schulunterricht und bei den eingeborenen Frauen würde sie sicher auf Schwierigkeiten stoßen. Jede wenn auch unbewußt gesprochene grammatische Form, jeder Gedanke überträgt sich leichter von einer Sprache in eine andere von gleichem Aufbau als in eine völlig fremde. Das kann am besten der Linguist beurteilen, der schriftlose Sprachen aus dem Munde der Eingeborenen aufzeichnet und sich glücklich schätzt, wenn er statt des Englischen oder gar des Pidgin-Englisch eine dem betreffenden Idiom verwandte Sprache zum Dolmetschen benutzen kann. Die Sprachen von gleichem oder ähnlichem Bau gehören auch meistens ein und demselben Lebenskreis an, so daß eine lückenlose Übertragung des Vokabelschatzes möglich ist. Man vergleiche dagegen einmal das Vokabular eines Hirtenstammes mit dem von Hackbauern und lasse sich überraschen von der großen Verschiedenheit der Begriffe. Eine verwandte Sprache fügt sich demnach in das Leben und in das Gemüt des Eingeborenen viel leichter ein als eine fremde.

Die zweite der beiden Forderungen läßt sich nicht so fest umreißen wie die erste. Es leuchtet aber doch wohl ein, daß das Volk, das seine Sprache unter Andersstämmigen verbreitet, sich auch eines gewissen Ansehens erfreuen muß. Ein Stamm, der von den andern über die Achsel oder gar als minderwertig angesehen wird, würde auch mit der Ausweitung seiner Sprache wenig Glück haben. Mit der Anerkennung eines fremden Stammes steigt dagegen auch der Wunsch, es ihm gleichzutun, indem man sich seiner Sprache bedient. Schließlich kann die europäische Kolonialverwaltung auch nur die Sprache eines solchen Stammes als Verkehrssprache fördern, der seine Lebensfähigkeit, Intelligenz und Anpassungsfähigkeit nachgewiesen hat.

Es erhebt sich nun die Frage, ob die vorhandenen Verkehrssprachen diese beiden Forderungen erfüllen, ferner ob es möglich sein wird, sie in jedem neuen Fall durchzusetzen. Ich werde sie daher in den folgenden Ausführungen nicht außer acht lassen.

Die Verkehrssprachen, die Afrika heute besitzt, sind in der Größe ihres Verbreitungsgebiets, in der Sprecherzahl, in der Intensität ihrer Ausbreitung und in ihrer Bedeutung für die Wirtschaft des Landes sehr verschieden. Westafrika mit seiner großen sprachlichen Zerrissenheit zeigt auch in seinen Verkehrssprachen ein bewegtes Bild, Zentral- und Ostafrika mit ihren Bantusprachen ein bedeutend einheitlicheres. In Westafrika ist uns Deutschen das Ewe in Togo eine der bekanntesten Sprachen, das auch eine gewisse Verbreitung erfahren hat. Östlich und westlich, z. T. auch südlich des Tschadsees ist Kanuri die Verkehrssprache. Im östlichen und zentralen Sudan ist das in Afrika fremde Arabische weit verbreitet. In Südafrika sind die Eingeborenensprachen im allgemeinen Verkehr zugunsten von europäischen Sprachen, dem Kapholländischen und dem Englischen, zurückgedrängt.

Man ersieht schon aus diesen kurzen Angaben, daß unsere beiden obigen Forderungen nicht immer erfüllt sind. Es tritt aber zugleich mit der fremden Rasse und der fremden Sprache auch eine Überfremdung des einheimischen Volkstums zutage, die nach modernen Grundsätzen vermieden werden soll.

Suaheli.

Das Musterbeispiel einer Verkehrssprache in Afrika ist und wird sicherlich auch bis auf weiteres das Suaheli bleiben. Vor Jahrhunderten war es auf einen schmalen Streifen an der ostafrikanischen Küste beschränkt. Heute hat es sich als Verkehrssprache bis nach Italienisch-Somaliland im

Norden ausgebreitet, im Süden bis in den nördlichen Teil von Mozambik und im Westen bis in den Belgischen Kongo hinein, etwa bis zum Oberlauf des Uele im Norden und bis Katanga im Süden. Durch die zahlreichen Seeverbindungen der ostafrikanischen Küste ist das Suaheli ferner auf die Komoren und Madagaskar, in die Häfen von Südafrika und am Golf von Aden, ja bis nach Indien getragen worden. Das geschlossene Ausbreitungsgebiet des Suaheli auf dem Festland hat eine Bewohnerzahl von schätzungsweise 30 Millionen Menschen[1]), die aber selbstverständlich nicht alle Suaheli sprechen können. Die Frauen nehmen infolge ihrer Gebundenheit an die Scholle eine Verkehrssprache viel später an als die im Lande herumkommenden Männer.

Das Suaheli erfüllt die erste der oben genannten Forderungen voll und ganz. Es fand für seine Verbreitung eine einheitliche Schicht von Sprachen vor, zu denen es selbst seinem Bau nach gehört. Von den wenigen Hamiten- und Restsprachen in Ostafrika abgesehen, konnte es sich gleichmäßig auf der Fläche der ostafrikanischen Bantusprachen ausdehnen. Wer sich einmal mit diesen Sprachen beschäftigt hat, weiß, daß es keinerlei Schwierigkeiten bereitet, eine zweite solche Sprache zu erlernen, nachdem die erste einmal erfaßt worden ist.

Seine älteste Verbreitung hat das Suaheli schon lange vor der deutschen Besitzergreifung vor allem durch Araber, die von der Küste aus den Weg ins Innere des Landes antraten, erfahren. Die Araber, die seit vielen Jahrhunderten in Ostafrika ansässig waren, bedienten sich des Suaheli als zweiter Muttersprache und verbreiteten es dann — nicht etwa das Arabische — auf ihren Handels- und Sklavenzügen im Landesinnern. So fand man einen wohlvorbereiteten Boden, als das Land unter deutsche Schutzherrschaft kam.

Man sollte meinen, das Suaheli wäre im Laufe der Zeit durch das Arabische sehr verändert worden. Eine solche Beeinflussung hat aber nur mit Bezug auf den Vokabelschatz stattgefunden, der eine starke Beimischung von arabischem Sprachgut aufweist. Der Bau der Sprache ist nicht beeinträchtigt worden. Das Suaheli ist eine echte Bantusprache geblieben, d. h. es hat die klare Einteilung der Begriffe in einzelne Klassen, z. B. in Menschen, Geister, Werkzeuge, Tiere, Großes und Kleines, Lokalbezeichnungen usw. Alle diese Klassen werden durch Präfixe im Singular und Plural unterschieden.

---

[1]) Nach mündlicher Mitteilung von Herrn Dr. Dammann, Hamburg.

Schriftsprache war das Suaheli auch bereits vor der deutschen Kolonialzeit. Aber man schrieb es allgemein in arabischer Schrift. Die lateinische Schrift, um 1850 schon von dem Missionar Krapf gebraucht, wurde dann von der deutschen Regierung offiziell eingeführt, und zwar hatte man als Schriftsprache den Zanzibardialekt gewählt. Wohl weicht das im Hinterland gesprochene Suaheli von den Dialekten der Küste ab, aber in der Literatur ist das Suaheli standardisiert. Es gibt eine bis in die Einzelheiten festgelegte Schriftsprache. Die in Suaheli und über das Suaheli vorhandene Literatur ist dieser weit fortgeschrittenen Entwicklung entsprechend umfangreich. Es sind auch genügend Hilfsmittel zum Erlernen der Sprache vorhanden. Heute ist sie die offizielle Sprache der Verwaltung und wird im Unterricht, vor Gericht, im Handelsverkehr und auf den Pflanzungen gebraucht. Der größte Teil der in Ostafrika arbeitenden Europäer bedient sich im Umgang mit den Eingeborenen der Landesverkehrssprache. Dieser Umstand ist zu beachten, denn z. B. auf Kamerun trifft er durchaus nicht zu.

Das Suaheli setzt auch der Übertragung von europäischem Gedankengut keine allzu großen Schwierigkeiten entgegen. Es ist eine durchaus biegsame Sprache. Mit Hilfe des Systems der Präfixe und Suffixe am Substantiv sowie am Verb lassen sich auch dem Suaheli bisher fremde konkrete oder abstrakte Begriffe gut formen. Das hat sich bei der Bibelübersetzung, aber auch im praktischen Leben erwiesen. Selbstverständlich ist bei solchen Arbeiten das Zusammenwirken von Europäern, die die Sprache wirklich beherrschen, und einwandfrei sprechenden Eingeborenen unerläßlich.

Ich habe das Beispiel des Suaheli kurz dargestellt, um das Verständnis für die Schwierigkeiten, die Kamerun dem Verkehrssprachenproblem entgegenbringt, zu erleichtern. Zwei weitere Verkehrssprachen, die heute im tropischen Afrika eine Rolle spielen, können wir gleichsam als Umrahmung zu dem Gebiet des hier behandelten Themas Kamerun betrachten.

Ngala.

Zwischen dem Verbreitungsgebiet des Suaheli im Osten und Kamerun im Westen gibt es im Belgischen Kongo die Verkehrssprache Ngala, häufig Bangala oder Lingala genannt. Als ihre Träger gelten verschiedene Völkerschaften, die von den Europäern unter der Bezeichnung Bangala zusammengefaßt werden, und die ihre Wohnsitze am Kongo oberhalb der Einmündung des Ubangi zwischen 18° 30′ und 21° ö. L., 1° und 2° 30′ n. Br.

haben.[2]) Die Sprache, eine Bantusprache, hat sich im Zuge des Handels längs des Kongo und seiner Nebenflüsse ausgebreitet. Sie soll dialektisch sehr verschieden sein und viel fremdes Sprachgut aufgenommen haben. An sich genießt auch das Ngala den großen Vorteil der einheitlichen Grundlage von Bantusprachen in seinem Verbreitungsgebiet, aber es hat nicht die Intensität der Verbreitung erfahren wie das Suaheli. Sowohl von seiten der Europäer als auch von seiten der Eingeborenen hat es hier an den treibenden Kräften gefehlt, die eben doch notwendig sind, um eine Verkehrssprache wirklich dominierend zu machen. Eine Standardisierung der Sprache hat nicht stattgefunden. Die vorhandene Literatur ist bedeutend bescheidener als die des Suaheli. Irgendwelche Prädominanz besitzen die Fischer und Bauernstämme der Ngala nicht, und deshalb besteht auch kein Anreiz für die andern Stämme, ihre Sprache, etwa wie die eines Herrenvolkes, anzunehmen. Man vergleiche damit das Suaheli! Seine Träger waren vor allem die mächtigen Araber, und auch späterhin kam das Neue, das was im Innern des Landes Ansehen genoß, und was man begehrte, von der Küste, und mit ihm kam in immer neuen Wellen die Sprache, das Suaheli.

Hausa.

Anders als mit dem Suaheli, aber auch anders als mit dem Ngala steht es mit dem Hausa in Nordnigerien. Es ist die bedeutendste Verkehrssprache von Westafrika, die sich von ihrem Stammland aus nach allen Seiten ausgedehnt hat. Die Sprecherzahl wird auf etwa sechs Millionen geschätzt.[3]) Das Hausa gehört zu den tschadohamitischen Sprachen, den im zentralen Sudan gesprochenen hamitischen Sprachen mit starkem sudanischen Einschlag. Die Gruppe wurde vor zehn Jahren von Johannes Lukas aufgestellt. Zu ihr gehören u. a. das Buduma auf den Inseln des Tschadsees sowie das Logone und das Muzgu südlich des Sees.[4])

Die Hausa haben es nun kraft ihrer Geschicklichkeit als Händler und Handwerker und kraft ihrer Religion, die der Islam ist, verstanden, ihre Sprache auch unter solchen Stämmen durchzusetzen, die Sprachen von

---

[2]) Vgl. J. Maes et O. Boone, Les peuplades du Congo Belge. Musée du Congo Belge (Tervueren). Publ. du Bureau de Documentation Ethnogr. Vol. I. 1935. S. 128—132.

[3]) Nach mündlicher Mitteilung von Herrn Professor Lukas, Berlin.

[4]) S. die Arbeiten von J. Lukas, z. B. den Aufsatz: Hamitisches Sprachgut im Sudan. Z. D. M. G. 90, 1936, S. 579—588.

ganz anderem Bau als das Hausa sprechen. Die britische Regierung hat dem Hausa vielseitige Förderung angedeihen lassen. Außer der alten Literatur, z. B. den Arbeiten von Schön, gibt es neuere und neueste Werke, vor allem das bedeutende Lexikon von Bargery.

B. Kamerun und seine Verkehrssprachen.

1. Kamerun als Grenzgebiet für die Geographie, Ethnologie und Linguistik.

Der Winkel von Afrika am Golf von Guinea, der kolonialpolitisch den Namen Kamerun trägt, hat der wissenschaftlichen Erforschung — ich denke hierbei vor allem an die Linguistik und die Ethnologie — stets große Schwierigkeiten entgegengesetzt. Diese sind zurückzuführen auf eine außergewöhnliche Vielfalt der Volksstämme und damit auch der Sprachen.[5]) Es fehlt die Einheitlichkeit. Wir finden in Kamerun die verschiedensten Sprachtypen, die in Afrika vorkommen, vertreten, und können darnach auch nicht erwarten, daß das Land uns in dem Punkte Verkehrssprachen mehr Entgegenkommen zeigen wird. Kamerun besitzt auch tatsächlich keine einheitliche Verkehrssprache. Es liegt daher die schwierige Aufgabe vor uns, die Linien zu finden, die das Ganze entwirren und in geordnete Teile zerlegen.

Kamerun ist ein politischer Begriff. Seine Grenzen sind einst ohne Rücksicht auf Landesnatur, völkische und sprachliche Zusammenhänge gezogen worden. Es ist ein Zustromland der Völker aus verschiedenen Wanderrichtungen. Daher fragt es sich, ob überhaupt die Möglichkeit besteht, für dieses bunte Völkergemisch eine einzige Verkehrssprache aufzustellen.

Im Nordwesten grenzt das Hausa als nachbarliche Verkehrssprache an Kamerun, im Südosten das Ngala. Das Hausa ist wie gesagt eine tschadohamitische, das Ngala eine Bantusprache. Aus diesen beiden so verschiedenen Verkehrssprachen, die an Kamerun stoßen, ist schon ersichtlich, daß es sich hier um ein Grenzgebiet handelt. Das Bantu in Süd- und Zentralafrika hat in Kamerun seinen nordwestlichen Ausläufer. Daran schließen sich als Übergangszone andere z. T. verwandte Klassensprachen und weiter nördlich die so verschiedenartigen Sprachen des Sudan an.

---

[5]) Anschaulich dargestellt auf der Karte von Gunter Tessmann zu dem Aufsatz: „Die Völker und Sprachen Kameruns", Pet. Mitt. 78, 1932, S. 113—120, 184—190

Auch geographisch ist Kamerun ein Grenzgebiet. Der breite Urwaldgürtel hört auf. Die Savanne und Steppe beginnt. Das Bantu reicht von Süden und Südosten bis an den nördlichen Rand des Urwaldes. Hier hat es sich gegen die von Westen und Nordwesten andrängenden Sprachen des Sudan zu verteidigen. Es ist aber heute durchaus im Rückzug begriffen. Man kann das an einer fortschreitenden Überfremdung der nordwestlichen Bantusprachen durch Sprachgut aus dem Sudan feststellen.[6])

Die linguistische und geographische Scheidelinie, die sich quer durch Kamerun zieht, ist zugleich auch völkertrennend. Die Stämme in Steppe und Savanne sind nicht nur in ihren Sprachen, sondern auch in ihrer materiellen Kultur, in ihrer sozialen Struktur sowie Geisteshaltung und schließlich auch anthropologisch von den Stämmen des Urwaldes deutlich zu unterscheiden.

Grundlegende Unterschiede finden sich ebenso in der kolonialen Wirtschaft. Die Hochländer von Adamaua bieten ausgezeichnete Gelegenheit für die Viehzucht. Im Waldgebiet sind die Forstwirtschaft und die Großpflanzungen maßgeblich. Das Waldland ist infolge seiner Küstennähe wirtschaftlich bedeutend weiter entwickelt als die meeresfernen Hochländer von Mittel- und Nordkamerun.

Wir haben es in Kamerun also mit zwei verschiedenen Gebieten zu tun, deren natürliche Grenze die Linie zwischen Urwald und Savanne bildet.

Da wir, wie aus dem oben Gesagten hervorgeht, keine Sprache nennen können, die in ganz Kamerun bodenständig ist oder es als Verkehrssprache werden würde, da es ferner kein Volk gibt, das im Urwald wie in der Savanne und Steppe in solchem Ansehen stände oder so verbreitet wäre, daß es den andern Stämmen seine Sprache aufzwingen könnte, halten wir uns auch zwecks Klärung des Verkehrssprachenproblems an diese Grenze. Die Frage lautet also nunmehr: Welche Sprache ist die geeignete Verkehrssprache für Nord-, welche die für Südkamerun? Und ich meine damit einerseits die Savanne und andererseits die Steppe im Norden, den Urwald im Süden.[6a])

An die heutigen politischen Grenzen im Osten und Westen brauchen wir uns bei unseren Betrachtungen nicht zu halten, denn wir wissen

[6]) Vgl. E. Meyer, Stand und Aufgaben der Sprachforschung in Kamerun Zeitschr f. Eingeborenen-Sprachen 32. 1941/42, S. 241—285.

[6a]) Die Urwaldgrenze ist auf den S. 283—284 eingefügten Skizzen auf Grund des vorhandenen Materials, das jedoch nicht in allen Punkten übereinstimmt, möglichst genau eingetragen.

nicht, wie die kommende Grenzziehung in Afrika aussehen wird. Wir sind daher in der glücklichen Lage, allein die völkischen und sprachlichen Grenzen ins Auge fassen zu können. Hegen wir doch die Hoffnung, daß sie bei der Festlegung der zukünftigen politischen Grenzen die ihnen gebührende Rolle spielen werden, und daß nicht wie bei früheren Grenzziehungen die Völker geteilt werden und unter verschiedene Kolonialherrschaften gelangen, was zu mancherlei Mißhelligkeiten geführt hat.

Es liegt nun die Frage nahe, ob es nicht am einfachsten wäre, auf Südkamerun das östlich angrenzende Ngala als Verkehrssprache auszudehnen, im Norden dagegen das Hausa mit allen Mitteln zu fördern. Das Ngala als Bantusprache könnte sich im nordwestlichen Bantugebiet auf arteigenem Boden weiter fortpflanzen. Und im Norden würde es vielleicht dem Hausa gelingen, sich ebenso wie in Nordnigerien und in den Gegenden westlich davon auch in Kamerun durchzusetzen. Was das Ngala betrifft, so ist dagegen einzuwenden, daß seine Lebenskraft bestimmt nicht ausreichen würde, um sich dieses ganze wirtschaftlich zum Teil hoch entwickelte Land zusätzlich zu erobern. Und es ist nicht ratsam, die Basis einer Verkehrssprache, die noch nicht genügend gefestigt ist, künstlich zu erweitern. Außerdem besteht durchaus die Möglichkeit, daß Südkamerun dem Ngala eine zumindest ebenbürtige Verkehrssprache entgegenzustellen hat.

2. Nordkamerun.

Die Möglichkeiten des Hausa als Verkehrssprache.

Die Hausa sind in neuerer Wanderung von Westen her allmählich auch nach Kamerun eingewandert, auf friedliche Weise als Händler und Handwerker. In ihrer Heimat in Nordnigerien sind sie ein Hackbauernvolk. Die wandernden Hausa kaufen Erzeugnisse der handwerklichen Kunst in Nigerien ein und setzen sie in Kamerun wieder ab. Und sie kaufen Waren in Nordkamerun auf und unternehmen damit Handelsreisen an die Küste. Diese Hausahändler haben den größten Teil von Nordkamerun durchsetzt, zum Teil auch das Waldland. Sie bauen ihre Siedlungen im allgemeinen gesondert von den Städten und Dörfern der Eingeborenen, aber immer in der Nähe einer größeren Niederlassung, eines Handelszentrums, an der Verkehrsstraße. Die Hausasiedlung ist häufig von einem hohen Mattenzaun umgeben und auf diese Weise kenntlich. Zum großen Teil haben die Hausa Bienenkorbhütten, die gegen die Viereckhäuser mit Pyramidendach, die in dem südwestlichen Teil der Savanne die Regel sind, sofort ins Auge fallen. Eine der Hütten bildet dann die Moschee. Auch in ihrer Kleidung heben sich die Hausa von den eingesessenen Stämmen ab, sofern diese nicht ebenfalls die Hausatracht mit dem langen weißen Hemd angenommen haben.

Aus allem geht hervor, daß die Hausa als ein durchaus fremdes Element unter den Einheimischen leben. Daß Mischung stattgefunden hat, daß die Hausa eingeborene Frauen geheiratet haben, ändert daran nichts. Ihr Leben spielt sich getrennt von dem der Landesbewohner ab. Und zwar stehen sie nach meinen Erfahrungen nicht in besonders hohem Ansehen. Die Einheimischen sehen in ihnen nicht die Herren, sondern lediglich die Händler.

Über die Verbreitung der Hausasprache in Kamerun liegen keine genauen Angaben vor. Im Bamenda-Bezirk sind es außer den Hausa selbst nur einzelne Individuen, die etwas Hausa sprechen können. Nach dem „Deutschen Kolonialreich“ von Hans Meyer (Bd. 1, S. 474) sollen in der Gegend am Faro und Benue sowie nördlich davon die Hausa besonders verbreitet sein, jedoch sind dies Angaben aus dem Jahre 1909, und die Verhältnisse können sich inzwischen geändert haben.

Es wäre möglich, das Hausa als Handelssprache weiter zu fördern, doch würde man damit zugleich dem landfremden Element dieses Händlervolkes Tür und Tor öffnen. Die eigentliche Wirtschaft des Landes, Hackbau und Viehzucht, würde dadurch nicht vorangebracht werden. Es würde wahrscheinlich zu einer Ausnutzung und damit zu einer Schwächung des eingesessenen Elementes führen.

Außerdem soll eine Verkehrssprache ja nicht nur Handelssprache sein, sondern auch Unterrichts- und Verwaltungssprache und die Sprache, deren sich der europäische Richter bedient. Sie macht ihren Einfluß bis an die Wurzeln des Volkslebens geltend. Und da erscheint es mißlich, den eingesessenen Stämmen die Sprache der eingewanderten und sich absondernden Händler zu bringen.

Es kommt aber noch ein wichtiger Punkt hinzu: Die Hausa sind für westafrikanische Verhältnisse strenge Muhammedaner, und mit ihrer Sprache würden sie unweigerlich auch den Islam verbreiten. Es dürfte aber weder die Wissenschaft noch die Kolonialregierung ein Interesse daran haben, die in ihrem eigenen Volkstum befangenen, einheimischen Stämme dem nivellierenden und assimilierenden Einfluß des Islam auszuliefern, dem so viele afrikanische Stämme erlegen sind.

Die etwa 75 einheimischen Sprachen.

Auf verwandte Sprachen stößt das Hausa lediglich im nordöstlichen Kamerun, nämlich auf die tschadohamitischen Sprachen (vgl. S. 261). Im übrigen großen urwaldfreien Gebiet von Kamerun aber sind Sprachen des Sudan von sehr unterschiedlichem Bau beheimatet. Es ist nicht möglich, sie in knappen Worten zu charakterisieren. Echte Sudansprachen vom isolierenden Typ, wie das Ewe in Togo, sind, soweit uns heute bekannt ist, nicht darunter.

Wir können rechnen, daß in ganz Nordkamerun bis an die Grenze der Klassensprachen rund 75 verschiedene Sprachen zu Hause sind. Die meisten Stämme drängen sich in den gebirgigen Rückzugsgebieten längs der nigerischen Grenze: vom Mandaragebirge bis zu den Alantika- und den Namschibergen. Weiter südwestlich ist das Land äußerst dünn besiedelt, zum Teil sogar menschenleer. Auf den Hochflächen von Adamaua nach Osten zu sind die Stammes- und damit die Sprachgebiete zum Teil größer. Aus dieser bunten Masse können wir heute lediglich einzelne Gruppen verwandter Sprachen herausheben: die bereits erwähnten tschadohamitischen Sprachen im Shari-Logone-Gebiet, dann die Bana-Gruppe am oberen Logone, die Wandala- oder Mandara-Gruppe, zu der eine Reihe von Sprachen in Nigerien gehören, die Camba-Gruppe[6b]) in Kamerun und Nigerien südlich von Yola, ferner das Mambila, das die bunte Sprachenwelt von Adamaua im Südwesten gegen die Klassensprachen abgrenzt, und schließlich die Sprache der Mbum, die auf dem Hochland von Adamaua weitverzweigte Wohnsitze haben. Es bleibt aber noch ein sehr beachtlicher Rest von Sprachen, die heute noch nicht oder nur ganz flüchtig bekannt sind.[7])

Von allen diesen einheimischen Sprachen hat sich bisher keine zu einer Verkehrssprache entwickelt. Die jahrhundertelangen kriegerischen Verwicklungen des Landes haben dem friedlichen Verkehr der Stämme untereinander und damit der Ausweitung ihrer Sprachen schweren Abbruch getan. Wohl kam es auf den zahlreich stattfindenden Wanderungen zu Berührungen und zur zeitweisen Nachbarschaft bisher fremder Stämme, aber das alles führte zu keiner Konsolidierung, sondern nur zu immer

[6b]) c steht für tsch.

[7]) Zur Gruppierung der Sprachen von Nordkamerun vergleiche man auch J. Lukas, Zentralsudanische Studien. Wörterverzeichnisse der Deutschen Zentral-Afrika-Exped. 1910/11, nachgelassene Aufnahmen von Gustav Nachtigal und eigene Sammlungen. Hans. Univ. Abh. a. d. Geb. d. Auslandsk. 45. Hamburg 1937.

neuen Völkerverschiebungen und zu einer großen Zersplitterung, damit aber auch zur Sprachmengung und -mischung. Dieser Entwicklung setzte erst die deutsche Kolonialherrschaft ein Ziel.

Die Ful-Invasion.

Die kriegerische Vergangenheit von Nordkamerun ist zum größten Teil auf die Ful zurückzuführen, die sich in den letzten Jahrhunderten, aus dem westlichen Sudan kommend, immer weiter nach Osten verbreiteten und dann von Nigerien aus nach Südosten auch in das heutige Kamerun einwanderten. Das Motiv ihrer Wanderungen war die Suche nach Weideplätzen für ihre großen Rinderherden. Die eigentlichen Kriege, die Unterwerfung der einheimischen Stämme durch die Ful und die Sklavenwirtschaft setzte aber erst mit dem Beginn des 19. Jahrhunderts ein, als der Ful Adama, nach dem das ganze Land Adamaua heißt, von Osman dan Fodio mit der Herrschaft über die Fulstaaten in Kamerun belehnt und zum Kampf gegen die Ungläubigen aufgerufen wurde.[8]) So wurden die Einheimischen unterjocht und viele Angehörige dieser Stämme in die Sklaverei geführt. Zum Teil wurden sie auch in die Flucht geschlagen. Diese Stämme drängten nun nach Süden und riefen dort neue Kriege und Verwirrungen hervor. Ihre Reste flüchteten sich in die Gebirge. Die größte Zersplitterung finden wir in der südwestlichen Savanne, im sogenannten Grasland. Es werden dort aber bereits Klassensprachen gesprochen, so daß wir das Grasland linguistisch zum Urwaldgebiet rechnen (vgl. S. 275 f.).

Die Fulstaaten, die in Kamerun gegründet wurden, und die dem Adama, der Emir von Yola wurde, unterstanden, sind u. a. Garua, Ngaundere, Konca-Banyo, Camba-Tibati, Tingere (am Faro), Cebea (südlich vom Benue), Laro (am Mao Deo) und Nasarao. Einzig der Herrscher von Rei Buba, der zu einem andern Zweig der Ful gehörte, widersetzte sich dem Emir von Yola. Diese Sonderstellung hat Rei Buba sich bis auf den heutigen Tag bewahrt und auch der französischen Mandatsverwaltung gegenüber behauptet.[9])

Die Heidenstämme von Adamaua kamen also unter die Herrschaft der muhammedanischen Ful. Die Adamaua-Distrikte des britischen Mandats-

---

[8]) Eine vorzügliche Schilderung der Geschehnisse in Adamaua findet sich in dem Aufsatz von K. Strümpell, Die Geschichte Adamauas nach mündlichen Überlieferungen. Bd. 26 dieser Zeitschr., 1912, S. 46—107.

[9]) Nach mündlicher Mitteilung von Herrn Friedrich Leschner Reinbek bei Hamburg.

gebiets stehen noch heute unter Ful-Oberhäuptern. Die französische Mandatsverwaltung hat die Macht der Ful zugunsten der einheimischen Stämme eingeschränkt. Trotzdem bilden sie nach wie vor die Oberschicht im Lande. Sie haben sich aber im Laufe der Zeit mit der unterworfenen Bevölkerung sehr stark vermischt, so daß wir unter ihnen nur noch wenig reine Fultypen finden. Ihre Mischung mit den Einheimischen mag aber auch zur Seßhaftwerdung der ehemaligen Nomaden und zur Aufnahme einer zweiten Wirtschaftsform neben der Viehzucht, nämlich des Hackbaus, beigetragen haben. Diese Entwicklung können wir heute noch an den Bororo, die später erwähnt werden, beobachten. Die eingeborenen Frauen, die die Ful heirateten, waren ja Hackbäuerinnen. Die Annahme des Hackbaus aber war die Voraussetzung für die Aufgabe des Nomadenlebens. Die Fulanisierung der eingesessenen Stämme ist z. T. so weit fortgeschritten, daß sie die Lebensweise, die Hüttenform, die Kleidung und die Sprache, der Ful angenommen haben. Das ist z. B. bei Teilen des Camba-Volkes der Fall und bei den Bata (am Benue). Andere Stämme haben den Ful erfolgreich Widerstand entgegengesetzt, wie die sehr kriegerischen Wute, die südlich von Tibati ihre Wohnsitze haben. Unter dem starken Mbumvolk hat das Ful-Element sich ebenfalls auf die Dauer nicht durchsetzen können. Im Jahre 1912, als Fr. Thorbecke das Ostmbamland bereiste, war der Herrscher von Tibati ein fulanisierter Mbum.[10])

Außer den staatengründenden Ful, heute allgemein Stadtful genannt, gibt es in Kamerun noch einen andern Zweig des Fulvolkes. Das sind die jetzt noch als Nomaden lebenden Bororo. Eine gewisse Seßhaftwerdung im Zusammenhang mit Mischung im vorhin erwähnten Sinne läßt sich allerdings hier und da feststellen.[11]) Allgemein aber haben sich die Bororo viel reinrassiger erhalten als die Stadtful: groß, mager, mit überaus schmalen Gesichtern, dünnen Lippen, mit langen Händen und Füßen und heller Hautfarbe, in der ihnen eigentümlichen Tracht mit charakteristischem Schmuck, so trifft man sie oft z. B. in den Bergen des westlichen Graslandes. Sie leben völlig getrennt von der einheimischen Bevölkerung mit ihren Herden oben auf den Bergen und kommen nur zum Markt in die Städte. Sie sind auch, soviel uns bekannt ist, keine Muhammedaner geworden. Wie weit

[10]) Fr. Thorbecke, Im Hochland von Mittelkamerun. 1. Teil. Abh. d. Hamb. Kol. Inst. XXI. Hamburg 1914. S. 70 u. Tafel 39.

[11]) Vgl. G. Pfeffer, Die Djafun-Bororo, ihre Gesellschaft, Wirtschaft und Seßhaftwerdung auf dem Hochland von Ngaundere. Zeitschr. f. Ethnologie 68, 1936, S. 150—196.

die von den Ful Unterworfenen und die Mischbevölkerung muhammedanisiert sind, darüber liegen keine Angaben vor. Es spielt wahrscheinlich ein Hinüber und Herüber von Islam und Heidentum.

Die Ful einschließlich der Bororo haben heute ein Gebiet von Kamerun durchsetzt, das im wesentlichen dem Hochland von Adamaua entspricht. Die Urwaldgrenze haben sie nirgends überschritten, denn sie sind wegen ihrer Rinderherden an die Bergweiden gebunden.

Das Ful als Verkehrssprache.

Ich habe diese Zusammenhänge gestreift, weil wir ohne ihre Kenntnis die linguistische Lage in Nordkamerun nicht richtig beurteilen können. Die Fulsprache herrscht heute entsprechend der Besetzung des Landes durch die Ful selber. Da, wo die eingesessene Bevölkerung fast völlig von den Eroberern assimiliert wurde, hat auch die Fulsprache durchaus die Oberhand gewonnen. So ist die eigene Sprache der Bata in die Berg- und Fischerdörfer verdrängt Im übrigen aber sprechen die Bata Ful. Wo hingegen das Fulelement sich nicht in dem Maße hat durchsetzen können, ist auch seine Sprache weniger verbreitet. Von den Mambila, die unter Fulverwaltung stehen, wird das Ful lediglich als Zweitsprache verstanden. Wer als Europäer heute ins Mambilaland kommt und Ful spricht, kann sich mit den Leuten verständigen. Das Ful hat sich also im allgemeinen kraft der Herrennatur seiner Träger in Adamaua durchgesetzt.

Es ist nun nicht so, daß Friede und Freundschaft herrschte zwischen den Einheimischen und den Ful, nein, im Gegenteil, die Ful sind die Feinde der Heidenstämme. Es kommen noch heute Aufstände vor, die sich nicht nur gegen die Europäer, sondern auch gerade gegen die Ful als die herrschende Oberschicht im Lande richten. Und doch streben die, die einmal unter direkte Fulherrschaft geraten sind, darnach, auch als Ful zu gelten. Viele Eingeborene, die ihrer Herkunft nach keine Ful sind, geben sich als solche aus.

Nach dem eben Gesagten ließe sich vom Standpunkt des Ansehens der Sprachträger aus die weitere Einführung des Ful als Verkehrssprache in Adamaua durchaus rechtfertigen. Leider deckt sich aber der Sprachbau des Ful mit keinem der Kamerunsprachen. Das Ful ist eine westafrikanische Klassensprache von kompliziertem Bau. Es hat 25 Nominalklassen, der Adamauadialekt einige weniger. Sinngebende Tonhöhen, die sonst, soweit bekannt, in allen Kamerunsprachen zu beachten sind, besitzt das Ful nicht. Einige verwandte Sprachen sind im westlichen Sudan zu Hause.

Im Ful selbst unterscheidet man sechs verschiedene Dialekte von Senegambien bis nach Bagirmi.

Die über das Ful vorhandene Literatur ist nicht so umfangreich wie die über das Hausa. Doch ist die rein wissenschaftliche Literatur, die sich dem Bau der Sprache widmet, besonders gut vertreten.[12]) Für den speziellen Zweck in Kamerun wird vor allem die eingehende Bearbeitung des Adamauadialektes benötigt.

Auf die Erfüllung der Forderung, daß die Verkehrssprache in ihrem Bau den Sprachen gleichen sollte, über die sie sich legt, müssen wir, was das Ful in Nordkamerun betrifft, allerdings verzichten. Wir haben andererseits festgestellt, daß das Ful dort einbürgerungsfähig ist, und daß die Ful selbst, ein hoch zu bewertendes Volk, mit der Herrschaft auch die Einflußnahme auf das wirtschaftliche und kulturelle Leben der Einheimischen angetreten haben. Der Fall liegt also wesentlich anders als bei den Hausa.

Wir dürfen aber, wenn wir das Für und Wider einer Verkehrssprache erwägen, nicht vergessen, auch die zukünftige Stellung und Entwicklung ihrer Träger unter der europäischen Kolonialherrschaft in Betracht zu ziehen. Wenn man die Sprache eines Volkes fördern will, muß man auch das Volk selbst herausstellen, sonst verliert es sein Ansehen unter den andern Völkern, und seine Sprache wird sich schwerlich durchsetzen. In unserem Fall müßte also den Ful ihre führende Stellung im Lande erhalten bleiben. Vom Standpunkt der kolonialen Wirtschaft würde das auch durchaus angebracht sein, denn das Hochland von Adamaua ist für die Rinderzucht besonders gut geeignet. Selbstverständlich darf der Bogen nicht überspannt und den Ful kein zu großes Recht eingeräumt werden. Sonst würden sie wieder die Unterdrücker der Einheimischen werden, zu denen sie sich im Laufe des 19. Jahrhunderts entwickelt hatten. Die einheimischen Stämme sind zum größten Teil ja auch lebenskräftig, haben an sich dieselbe Daseinsberechtigung wie die Ful und können daher in gleichem Maße die Pflege des Kolonisators beanspruchen. Sie sind ihm auch durchaus nützlich, denn sie stellen die Arbeiterschaft für die Pflanzungen und andern Betriebe, während die Ful zunächst lediglich für die Pflege der Herden in Frage kommen. Andere Dienste werden sie in ihrer stolzen Art beim Europäer so leicht nicht annehmen. Wird andererseits die eingesessene Bevölkerung zu stark bevorzugt, und werden ihre Rechte zu sehr in den Vordergrund gerückt, wie es zum Teil unter der französischen Mandats-

---

[12]) S. die Arbeiten von A. Klingenheben, z. B. Die Suffixklassen des Ful, 23. Beiheft zur Zeitschr. f. Eingeborenen-Sprachen. Berlin 1941.

verwaltung geschehen ist, so zieht das unweigerlich den Rückgang des Fulelements, ja die Flucht der Ful aus Adamaua nach sich. Die Bororo sind z. B., um ihren Rindern das nötige Salz geben zu können, auf die Salzquellen angewiesen, die in Adamaua vorhanden sind. Nun trachten die Einheimischen z. T. darnach, den Bororo diese Quellen streitig zu machen.[13]) Wenn sie darin von der Regierung unterstützt werden, bleibt den Bororo nichts anderes übrig, als das Land zu verlassen, denn ohne die Quellen gedeihen ihre Herden nicht. Die Bororo aber sind der eigentliche lebendige Quell, aus dem die Stadtful ihre Kraft schöpfen. Mit ihnen steht und fällt die Erhaltung der Fulherrschaft in Adamaua und damit auch ihrer Sprache.

Wir können das Ful nur vorschlagen für die Gebiete, in denen tatsächlich Ful bzw. Bororo leben. Das Ausbreitungsgebiet des Ful würde sich also in den folgenden Grenzen bewegen: im Norden bis über Marua hinaus, im Osten bis fast an den Logone, bis zu den Bana, Laka und Gbaya, südlich bis Tibati und Banyo, die Mambila einschließend, dann die Grenze überschreitend und sich in der Adamaua-Provinz von Nigerien fortsetzend bis zum Sprachbereich des Hausa nördlich vom Benue. Das sind für Nordkamerun etwa in den Bezirken Mubi, Mokolo, Marua, Garua, Ngaundere und Gashaka ca. 180 000 qkm mit einer Bewohnerzahl von rund 900 000 Menschen; vgl. die Abbildungen S. **283/84**.

Die Verkehrssprachen der Grenzgebiete.

Der nördlichste Teil von Kamerun, Deutsch-Bornu, gehört zum Sprachgebiet des bereits erwähnten Kanuri, das einen Verkehrssprachenbereich für sich bildet. Das Arabische, das mit den Shoa-Arabern ebenfalls in die Nordspitze von Kamerun eingedrungen ist, kann dagegen nicht den Anspruch erheben, in Kamerun als Verkehrssprache zu gelten. Das Volk der Laka an der Ostgrenze von Kamerun gehört zu den Sara in Französisch-Äquatorial-Afrika. Ebenso reicht das große Volk der Banda aus Französisch-Äquatorial-Afrika nach Kamerun hinein. Wir dürfen diese Völker nicht in das Fulsprachgebiet einbeziehen, sondern müssen sie den Verkehrssprachen im Osten von Kamerun zuweisen. Dasselbe gilt für die Gbaya. Sie nehmen unter den Völkern von Kamerun neben den im südlichen Urwald wohnenden Fang den breitesten Raum ein. Wir können sie aber unter dem Gesichtspunkt der Verkehrssprache weder zum Waldland noch zu Nordkamerun zählen. Sie gehören sprachlich zu ihren nächsten

---

[13]) Vgl. den S. 268 zitierten Aufsatz von G. **Pfeffer**.

Verwandten, den Mandja in Französisch-Äquatorial-Afrika und Belgisch-Kongo.

Unter dem Gesichtspunkt der Verkehrssprache würde das Ful demnach im Westen vom Hausa, im Norden vom Kanuri, im Osten von der Sara-, der Banda- und der Gbaya-Gruppe begrenzt sein. Im Süden trifft es mit den Sprachen des Waldlandes und seiner Grenzgebiete zusammen.

3. Südkamerun.

Um das Verständnis für die Lage hinsichtlich der Verkehrssprachen im Urwald von Südkamerun und in der angrenzenden Savanne zu erleichtern, gebe ich auch hier zuerst einen Überblick über die Sprachen seiner Bewohner. Vorweg sei daran erinnert, daß in Kamerun die Völker aus verschiedenen Wanderrichtungen zusammentrafen. Auch in Südkamerun haben Umwälzungen stattgefunden.

Die Fang-Expansion.

Während in Nordkamerun die Ful als Fremdlinge eindrangen und die Stämme ins Wandern brachten, sind es in Südkamerun die kriegerischen Fang oder Pangwe gewesen, die Unruhe stifteten. Bei der Ful-Invasion handelte es sich um das Einströmen nomadisierender Rinderhirten, die später die Herrschaft im Lande an sich rissen. Die Fang dagegen waren ins Wandern geratene Hackbauern, die unter Verdrängung der Einheimischen nach neuen Siedlungsräumen trachteten. Die Wirkung beider Wanderungen auf die Völkerbewegungen ist ähnlich.

Die Fangstämme bewohnen heute den größten Teil des Waldlandes, vom Sanaga im Norden bis zum Ogowe im Süden. Es sind nach Teßmann[14]) die Eton, Mwele, Yaunde, Bene, Ntum, Mwai, Fang und Mokuk. Sie sprechen ein und dieselbe Sprache. Teßmann behandelt sie auch als kulturell einheitlich und bezeichnet das vorhandene Fremdgut als von außen, also von Nachbarstämmen an die Fang herangetragen.[15]) Die Yaunde haben früher aber nördlich des Sanaga gewohnt, wo noch heute ein Reststamm, die Fök, sitzt, der fast dieselbe Sprache spricht wie die Yaunde. Diese sowie einige andere der nördlichen, als Fangunterstämme bezeichneten Völkerschaften gehören daher ihrer Abstammung nach vielleicht nicht zu den Fang, die etwa aus dem Gebiet nördlich des oberen

---

[14]) Die Pangwe. I. Berlin 1913. S. 7.

[15]) Ebda. S. 4.

Ubangi stammen sollen.[16]) Nach Kamerun sind sie wahrscheinlich von Südosten her eingewandert. Im Südkameruner Urwald haben sie die einheimischen Stämme zum Teil an die Küste, zum Teil nach Norden abgedrängt. Auf Grund dieser Umwälzungen sind vielleicht auch die Duala aus dem Innern des Landes an die Küste gekommen, wo sie im Basagebiet siedelten. Die Völkerkarte des Küstenstreifens zeigt sehr viele kleine Reststämme, deren Wanderungen das Meer Halt geboten hat. Aber auch in dem der nigerischen Grenze nächstgelegenen bergigen Waldgebiet ist die Völkerkarte sehr bunt. Viele Stämme, die von den Fang bedrängt wurden, mögen darin Zuflucht gefunden haben. Das Vordringen der Fang soll erst im Laufe der letzten Jahrhunderte begonnen haben, doch lassen sich schwerlich genaue Zeitangaben machen.

Jedenfalls bildet die Fang-Expansion von Süden her einen Gegendruck zu den Wanderungen der von den Ful aufgestörten Stämme von Norden. Es nimmt daher nicht wunder, daß in den südwestlichen Gebirgen des Wald- und Graslandes die Häufung der Stammessplitter, die Bevölkerungsdichte und die Mischung besonders ausgeprägt ist, und daß wir zahlreiche Übergangsformen finden. Die Urwaldstämme drängten von Süden ins Grasland hinauf, die Stämme aus Adamaua aber suchten ebenfalls ihre Zuflucht in dem für diese Zwecke ganz besonders geeigneten Gebirgsland.

Die etwa 120 Bantu- und Randklassensprachen.

Da in Südkamerun Klassensprachen zu Hause sind, die zum größten Teil der Bantusprachfamilie angehören, haben wir von vornherein die Gewähr einer einheitlich ausgerichteten Grundlage. Das erleichtert uns das Problem der Verkehrssprache ganz wesentlich, obgleich wir es mit einer noch größeren Zahl von Sprachen als in Nordkamerun zu tun haben. Es sind etwa 120.

Unsere Kenntnis der Sprachen des Waldlandes und der angrenzenden Savanne ist im großen und ganzen besser als die der Sprachen von Nordkamerun. Das hat zwei Gründe. Erstens sind die Bantusprachen von Süd- und Zentralafrika ein so gut durchforschtes Gebiet wie in dieser Ausdehnung kein zweites in Afrika. Mit guter Allgemeinkenntnis des Bantu ausgerüstet, findet man sich auch im nordwestlichen Zipfel der Sprachfamilie mit seinen zahlreichen Mischformen zurecht. Zweitens ist die Waldzone das Küstengebiet und sein direktes Hinterland. Von der Küste

---

[16]) Ebda. S. 37 ff.

aus ging aber die Erschließung des Landes vor sich. Nordkamerun ist für die Wirtschaft noch heute Neuland. Südkamerun dagegen kann, wenigstens in seinen nordwestlichen Teilen, als wirtschaftlich durchaus erschlossen bezeichnet werden. Mit dem Handel, mit der Gründung von Pflanzungen, mit der Mission ging aber auch das Studium der eingeborenen Völkerschaften und ihrer Sprachen Hand in Hand. In Nordkamerun hingegen entbehrte die Forschung des Antriebs durch kolonialwirtschaftliche Fortschritte des Landes. Dort hatte sie mit den großen Reisen von Gustav Nachtigal, Heinrich Barth, Adolf Overweg und Gerhard Rohlfs begonnen, wurde während der deutschen Kolonialzeit von Expeditionsmitgliedern, Offizieren und Beamten fortgesetzt und in neuester Zeit, z. B. von J. Lukas, wieder aufgenommen.

Die intensiven Forschungen im Waldland sind freilich durchaus nicht gleichmäßig über das ganze Gebiet verteilt, da sie, wie gesagt, mit dem wirtschaftlichen Moment eng gekoppelt sind. Der mit einem Netz von Pflanzungen, Missionsstationen und Handelsplätzen überzogene Nordwesten des Waldlandes ist zum größten Teil auch hinsichtlich der Sprachstudien tiefer durchdrungen. Die Erschließung der südlichen Gebiete ist weit dahinter zurückgeblieben. Wir besitzen aber trotzdem einen Überblick über fast das ganze Waldland. Ich gebe im folgenden kurz die mir maßgeblich erscheinende Gruppierung der Sprachen.

Das Nordwestbantu, wie ich es nenne, das sich als ein in sich geschlossenes Gebiet des großen Bantukomplexes gegen die südlich davon gesprochenen Bantusprachen gut abgrenzen läßt, ist von der nigerischen Grenze im Norden bis zum Ogowe im Süden, im Osten bis etwa 14° ö. L. zu Hause. Diese Sprachen sind aber, wenn auch in verschiedenem Grade, von sudanischem Sprachgut durchsetzt. Man kann das in den einzelnen Gruppen des Nordwestbantu Schritt um Schritt verfolgen. Dem Bantukern am nächsten steht die Duala-Gruppe, zu der vor allem die vielen kleinen Sprachen längs der Küste von Kamerun gehören. Dann folgen die Gruppen des Long und Fo, des Bo und Lue.[17]) Durch ein außergewöhnliches Schwinden der Bantuklassenpräfixe zeichnen sich das Basa und Ngumba/Mabea aus. Am Ende der Reihe steht die Yaunde-Gruppe, zu der vor allem die Fangdialekte, ferner das Koko sowie das Kosi und Mbo gehören. Diese Gruppe strebt im Gegensatz zur vorigen darnach, das im Verfall befindliche Klassensystem des Bantu durch Einführung neuer Klassenprä-

[17]) Die Gebiete der hier genannten Sprachen verfolge man auf der S. 262 zitierten Völkerkarte von Tessmann.

fixe aufzufrischen. Ob diese Präfixe, es handelt sich hauptsächlich um ein a- und ein o-Präfix, aus sudanischen Sprachen eingeführt sind, läßt sich heute noch nicht mit Sicherheit sagen. Auch wissen wir nicht, wie es kommt, daß die Fang, die, wie ich schon sagte, wahrscheinlich aus dem südöstlichen Sudan nach Kamerun gewandert sind, eine Bantusprache sprechen. Wir können lediglich feststellen, daß heute die als Fangunterstämme bezeichneten Völkerschaften einschließlich der Yaunde eine Sprache haben, die aber dialektisch differenziert ist. Diese Gruppe der Fangdialekte einschließlich des vorhin genannten Koko usw. sind diejenigen Sprachen des Nordwestbantu, die sich am weitesten vom eigentlichen Bantutyp entfernt haben und den Sprachen des Sudan am nächsten gerückt sind. Das Wesentliche der Bantusprachen aber, nämlich das Präfixklassensystem der Substantive und die Klassenkonkordanz, d. i. die klassenmäßige Übereinstimmung der verschiedenen Wortarten eines Satzteils, haben sich diese Sprachen bewahrt.

Östlich vom Nordwestbantu, in den Urwaldbezirken von Molundu und Yukaduma bis hin zum Ubangi, werden, soviel uns bekannt ist, bis auf einige aus der Savanne abgedrängte sudanische Sprachen ebenfalls Bantusprachen gesprochen. Es handelt sich um ein ganz dünn besiedeltes Gebiet, etwa 0,7 Menschen je qkm, das auch wirtschaftlich gänzlich rückständig ist. Dementsprechend ist auch unsere Kenntnis seiner Sprachen.[18])

Als echte Bantusprache ist ferner die bisher kaum bearbeitete Sprache der Bubi auf Fernando Poo zu erwähnen. Sie gehört aber nicht zum Nordwestbantu, sondern zu einer der südlicheren Bantu-Gruppen.

Am Rande des Nordwestbantu schließen sich vom Sanaga bis zur nigerischen Grenze, dann in südwestlicher Richtung bis zum Meer weitere Klassensprachen an. Manche von ihnen besitzen noch die Klasseneinteilung des Bantu, haben aber die Klassenkonkordanz verloren und folgen in ihrer Syntax sudanischen Sprachen. Eine solche Sprache ist z. B. das Bali im Bamenda-Bezirk. Da die Tatsache des Vorhandenseins der Nominalklassen allein nicht genügt, um eine Sprache als Bantusprache zu bezeichnen, können wir diese Sprachen auch nicht mehr zum Bantu rechnen. Andere Randklassensprachen zeigen ein Klassensystem, das sich bisher nicht mit dem des Bantu identifizieren ließ, z. B. das des We im Bamenda-Bezirk und des Tiv in Nigerien und Kamerun. Vielleicht stammt es von Klassensprachen aus dem westlichen Sudan.

---

[18]) Vgl. C. W. H. Koch, Die Stämme des Bezirks Molundu. Baeßler-Archiv III, 1913, S. 257—312.

Man hat all diese Klassensprachen einschließlich der im Westsudan allgemein als Semibantu bezeichnet.[19]) Da wir aber heute wissen, daß die Sprachen zum Bantu ein ganz verschiedenes Verhältnis haben, halte ich es für geraten, diesen Ausdruck nicht zu verallgemeinern. Ich habe daher für die Sprachen, die im Bantu-Sudan-Grenzgebiet, d. h. im Nordwesten sowie nördlich vom Bantu längs des Ubangi und Uele, gesprochen werden, den Namen Randklassensprachen vorgeschlagen, wodurch nur der Sprachtyp, aber nicht die Sprachfamilie festgelegt ist. Will man die Klassensprachen außerhalb des Bantukomplexes in ihrer Allgemeinheit bezeichnen, so ist der Name sudanische Klassensprachen dienlich.[20])

In Kamerun haben wir eine Gruppe von Randklassensprachen am Sanaga und Mbam, zu der z. B. das Bafia und das Bati gehören, die jedoch unter sich recht verschieden sind. Diese Sprachgebiete liegen bereits außerhalb der Urwaldgrenze in der Savanne, im sogenannten Grasland, desgleichen die große Gruppe von Klassensprachen, die im Bamenda- und im Fumban-Bezirk zu Hause sind. Ich erwähnte bereits, daß in diese beiden Bezirke Ful (Bororo) eingewandert sind. Nach Schilderung der sprachlichen Verhältnisse dort ist nunmehr verständlich, daß sie trotzdem für die Frage der Verkehrssprachen nicht mehr zu Nordkamerun, zum Ful, sondern zu Südkamerun gerechnet werden müssen. Zu den Sprachen der beiden Bezirke gehören u. a. die Sprachen der sogenannten Bamileke-Stämme, das Tikar, das Bamum, d. i. die Sprache von Fumban, und das Bali. Diese Graslandsprachen bilden aber, wie oben mit Bezug auf das Klassensystem bereits angedeutet, durchaus keine Einheit. Sie weichen in ihrem Bau zum Teil beträchtlich voneinander ab, so daß sich von ihnen verschiedene Gruppen aufstellen lassen.

Endlich sind unter den Randklassensprachen noch die Kreuzflußsprachen zu nennen, die den Mamfe-Bezirk und Teile von Südnigerien einnehmen. Auch sie sind unter sich keineswegs einheitlich. Das Nyang ist die bestbearbeitete Sprache unter ihnen.[21]) In Südnigerien schließen sich an die Kreuzflußgruppe weitere Klassensprachen an, doch ist die linguistische Lage in Südnigerien nicht etwa so, daß von dort aus das Problem der Verkehrssprachen auch für Südkamerun gelöst werden könnte. In Süd-

[19]) Z. B. H. H. Johnston in seiner Comparative Study of the Bantu and Semi-Bantu Languages. Vol. I, II. Oxford 1919, 1922.

[20]) Vgl. D. Westermann, Die westlichen Sudansprachen und ihre Beziehungen zum Bantu. Berlin 1927. S. 7.

[21]) S. Ittmann, Kenyang, die Sprache der Nyang. Zeitschr. f. Eingeborenen-Sprachen 26, 1935/36, S. 2—35, 97—133, 174—202, 272—300.

nigerien verläuft eine Grenze zwischen sudanischen Klassensprachen und den Kwa-Sprachen, einem großen, in Gruppen zerfallenden Komplex längs der westafrikanischen Küste. Die Kwa-Sprachen gehören im wesentlichen dem isolierenden Sprachtypus an, der durch das Ewe in Togo vertreten wird. In Südnigerien sind unter ihnen vor allem das Yoruba und das Ibo zu nennen. Da sie gegenüber den sudanischen Klassensprachen den bei weitem größeren Raum einnehmen, fällt auf sie auch das Schwergewicht hinsichtlich der Verkehrssprachen. Damit ist aber zugleich die Trennung zwischen Südnigerien und Südkamerun vollzogen. Wir wenden uns deshalb nunmehr den in Südkamerun etwa vorhandenen Verkehrssprachen zu.

Die Verkehrssprachen von Südkamerun.

Es ist zunächst festzustellen, ob sich im Nordwestbantu oder unter den Randklassensprachen bereits Verkehrssprachen entwickelt haben. Das trifft im Gebiet des Nordwestbantu auf das Duala und das Yaunde, im Gebiet der Randklassensprachen auf das Bali zu. Alle drei Sprachen haben sich aber erst nach dem Eintreffen der Europäer weiter ausgebreitet.

a) Das Duala.

Wohl sind die Duala ein Händlervolk, das durch seine Reisen an der Küste bis Kalabar und auch ins Innere des Landes die Basis seiner Sprache erweiterte, aber die intensive Verbreitung in den Urwaldbezirken des britischen Mandatsgebietes, d. s. der Viktoria-, Kumba- und Mamfe-Bezirk, erfolgte durch die Baptisten- und die Basler Mission. In Duala und dem Gebiet nördlich davon bis Nkongsamba übernahm die Pariser Mission nach dem Weltkrieg die Arbeit. Wie weit das Duala östlich ins Basaland vorgedrungen ist, ist nicht bekannt.

Außer der Kirchensprache ist es die Schulsprache vor allem der evangelischen Missionsschulen. Auch in der Lehrerausbildung wird es verwandt. So wächst ein großer Teil der Jugend in diesen Gebieten mit Duala als Zweitsprache neben der Muttersprache heran. Im Handel und auf den Pflanzungen, d. h. also im Verkehr mit Europäern außer mit Missionaren, ist die Sprache aber nur wenig in Gebrauch. Das liegt wohl zur Hauptsache daran, daß gerade hier das Pidgin-Englisch besonders verbreitet ist. Man trifft es fast überall in Kamerun, am meisten aber in diesen wirtschaftlich hochentwickelten Gebieten.

Die Dualaliteratur sieht bereits auf eine lange Vergangenheit zurück. Die erste Grammatik von Alfred Saker, Missionar der englischen Baptistenmission, erschien schon vor hundert Jahren. Heute ist eine ausgezeichnete neue Grammatik, ein Lehrbuch und ein Wörterbuch vorhanden[22]), ferner Schulbücher, belehrende Schriften und kirchliche Literatur. Dialektische Unterschiede spielen bei dem kleinen Mutterland des Duala, das die Stadt Duala ist, keine Rolle.

b) Das Bali.

Ähnlich wie mit dem Duala ist es mit der Verbreitung des Bali im Bamenda-Bezirk gegangen, die aber von europäischer Seite erst zu Anfang dieses Jahrhunderts einsetzte. Die Bali sind ein Unterstamm der Camba, der vor den Ful aus Adamaua geflüchtet war und heute in fünf Gruppen im Grasland seine Wohnsitze hat. Sie haben auf der Wanderschaft ihre alte Sprache, das Camba, zum größten Teil aufgegeben und dafür eine Graslandklassensprache angenommen. Diese neue Balisprache ist Kirchen- und Schulsprache der Basler Mission geworden, die in den meisten Städten und Dörfern Schulen unterhält. Dadurch und durch die Vorrangstellung, die die Bali unter den andern über zwanzig Splitterstämmen des Bamenda-Bezirks einnehmen, gewinnt die Sprache an Boden. Da außer den Missionaren und einigen wenigen Beamten keine Europäer im Bezirk leben, hat das Bali in dieser Hinsicht seine Probe noch nicht bestehen können.

Der heutige Verbreitungsbezirk des Bali ist also klein und seine Anwendung begrenzt, aber wir dürfen nicht übersehen, daß sehr viele junge Leute aus dem Grasland als Pflanzungsarbeiter an die Küste wandern. Die Hälfte der Arbeiter auf den Pflanzungen im Viktoria-Bezirk stammt aus dem Grasland, so daß man sich fragen müßte: welche Sprache hat auf den Pflanzungen als Verkehrssprache mehr Berechtigung, das Duala oder das Bali? Ferner bilden der gesamte Fumban-Bezirk und Teile des Bafia-Bezirks (Tikar) linguistisch eine Einheit mit dem Bamenda-Bezirk. Das Bamum ist mit dem Bali ganz nahe verwandt, und auch die Sprachen der Bamileke-Stämme im südlichen Teil des Fumban-Bezirks, die das am dichtesten besiedelte Gebiet von Kamerun innehaben, hängen eng mit dieser Gruppe zusammen. Es besteht also ohne weiteres die Möglichkeit, das Bali auf diese Gebiete auszudehnen. Neben der sprachlichen ist auch die kulturelle Grundlage dieselbe. Durch die starke Stammesmischung und die enge

[22]) J. Ittmann, Grammatik des Duala. Unter Mitarbeit von C. Meinhof. 20. Beih. z. Zeitschr. f. Eingeborenen-Sprachen. Berlin 1939. — C. Meinhof, Die Sprache der Duala in Kamerun. Berlin 1912. — E. Dinkelacker, Wörterbuch der Duala-Sprache. Abh. d. Hamb. Kol. Inst. XVI. Hamburg 1914.

Nachbarschaft der einzelnen Volkssplitter hat ein reger Austausch von Kulturgütern stattgefunden.

Die Literatur, die wir im Bali besitzen, ist bis jetzt noch klein: Schulbücher, das Neue Testament und eine heute vergriffene, erste Grammatik.[23]) Umfangreichere Arbeiten an Wörterbuch und Grammatik sind im Gange.

c) Das Yaunde.

Das Yaunde hat seine Verbreitung vor allem durch die deutsche katholische Mission gefunden. Wir besitzen im Yaunde eine gute und umfassende, wenn auch nicht so eingehende Literatur wie über das Duala. Mit ihrer Hilfe kann der Europäer die Sprache erlernen.[24]) Das Dialektgebiet des Yaunde ist verhältnismäßig klein, aber nach Osten und Süden dehnen sich die übrigen Fangdialekte aus, so daß das Sprachgebiet praktisch bis an den Ogowe im Süden reicht. Ein Konkurrenzdialekt ist das Bulu, das ebenfalls zur Schriftsprache erhoben, aber nicht so gut bearbeitet worden ist wie das Yaunde. Die dialektischen Unterschiede zwischen Yaunde und Bulu sind nicht groß. Es liegt gegenseitige Verständigungsmöglichkeit vor.

Wir haben es bei den Yaunde mit einem besonders regen und kräftigen Stamm zu tun, der auch seine Sprache von sich aus weiterträgt. Mit der Küste besteht ein lebhafter Verkehr. Außerdem sind die Yaunde im ganzen Waldland nach Süden und Osten bis an den Kongo als Arbeiter in Forst- und Pflanzungsbetrieben tätig. Im dünn besiedelten, südöstlichen Kameruner Urwald treffen das Yaunde und das Bulu mit dem Ngala als Verkehrssprache zusammen. Etwa der 3. Grad n. Br. gilt als Grenze für das Ngala; s. C. W. H. Koch. Es ist jedoch zu beachten, daß Kochs Angaben aus dem Jahre 1913 stammen. Wenn das betr. Gebiet auch bis heute äußerst rückständig geblieben ist, so müßte die Lage dort doch erst neu überprüft werden, ehe sich zuverlässige Angaben machen lassen.

Von der französischen Mandatsverwaltung ist weder das Yaunde noch das Duala unterstützt worden. Sie führte überall das Französische als Umgangssprache mit den Eingeborenen ein.

---

[23]) (A. Vielhauer), Grundzüge einer Grammatik der Balisprache. Basler Missionsdruckerei 1915.

[24]) H. Nekes, Lehrbuch der Jaunde-Sprache. Lehrb. d. Sem. f. Or. Spr. XXVI. Berlin 1911. — ders., Die Sprache der Jaunde in Kamerun. Berlin 1913. — M. Heepe, Jaunde-Wörterbuch. Unter Mitwirkung von H. Nekes. Hamb. Univ. Abh. a. d. Geb. d. Auslandsk. XXII. Hamburg 1926. — ders., Jaunde-Texte. Abh. d. Hamb. Kol. Inst. XXIV. Hamburg 1919.

Die Vorteile einer einzigen Verkehrssprache.

Es gibt im Urwald und der angrenzenden Savanne von Südkamerun also bereits drei verschiedene Verkehrssprachen. Die Entwicklung konnte diesen Lauf nehmen auf Grund der Aufteilung des Landes unter zwei Mandatare, ferner wegen des gänzlichen Mangels einer Verbindung zwischen den Urwald- und den Savannenbezirken im britischen Mandatsgebiet und schließlich in Anbetracht der kulturellen Verschiedenheit von Urwald- und Savannenbewohnern. Faßt man dagegen die wirtschaftliche Durchdringung des gesamten Urwaldgürtels von Kamerun unter einer einheitlichen politischen Führung ins Auge, so drängt sich die Frage auf, ob ein Nebeneinander von drei Verkehrssprachen nicht eher hemmend als fördernd wirken würde, ob nicht vielmehr einer von den drei Sprachen der Vorzug zu geben wäre. Das Waldgebiet bildet geographisch, ethnographisch, linguistisch und ökonomisch gesehen ein geschlossenes Ganzes. Die angrenzende Savanne ist ein Übergangsgebiet, das wir vom linguistischen Standpunkt aus in das Waldgebiet einbeziehen. Ihr Anschluß an das Fulsprachgebiet durch die Heranziehung weiterer Bororo bzw. Ful und die Errichtung der Fulherrschaft im Bamenda- und Fumban-Bezirk kommt auch aus dem Grunde nicht in Frage, weil das Land für afrikanische Verhältnisse bereits dicht besiedelt ist. Im Bamenda-Bezirk beträgt die Bevölkerungsdichte über 12 je qkm, in bestimmten Gebieten der Bamilekestämme 75, um Bandju herum sogar über 100 je qkm.

Es erübrigt sich, näher auszuführen, daß es dem Handel, der Verwaltung und dem Verkehr im Lande ohne Zweifel dienlich sein würde, wenn statt mit dreien nur mit einer Verkehrssprache gearbeitet zu werden brauchte. Auch für die Wissenschaft würde das eine große Erleichterung sein. Sie hat ja nicht nur theoretisch die Möglichkeiten sowie das Für und Wider von Verkehrssprachen zu erwägen, sondern sie muß der Praxis auch die Mittel an die Hand geben, mit deren Hilfe die Verbreitung einer Verkehrssprache in die Wege geleitet wird. Und da bedeutet es eine große Zeit- und Kraftersparnis, wenn nicht drei, sondern nur eine Sprache bis ins kleinste durchgearbeitet werden muß, so daß Lehrbücher für den Europäer, Schulliteratur, Material für die Belehrung der Eingeborenen in Hygiene, Landeskunde usw. geschaffen werden können.

Abwägung der drei Verkehrssprachen gegeneinander.

Überschlagen wir also die gebietsmäßige und nach der Bevölkerung zahlenmäßige Bedeutung der drei Verkehrssprachen von Südkamerun, ferner den Stand der kolonialwirtschaftlichen Entwicklung ihrer Bereiche, und bedenken wir schließlich auch die beiden zu Anfang genannten Forderungen hinsichtlich der Bodenständigkeit und der Träger von Verkehrssprachen sowie die bereits geleisteten sprachlichen Vorarbeiten!

Für die Ausdehnung der Sprachgebiete und ihre Bevölkerung ergeben sich folgende, rund gerechnete Zahlen: Das Sprachgebiet des Duala, d. s. die Bezirke Duala, Nkongsamba, Viktoria, Kumba und Mamfe, umfaßt

32 000 qkm mit 290 000 Bewohnern,

der Bamenda-Bezirk, das heutige Gebiet des Bali, nur 18 000 qkm mit jedoch 227 000 Menschen. Rechnet man zum Bali die erwähnten Gebiete der Bamum, Bamileke und Tikar hinzu, so ergibt sich für die unmittelbar mögliche Ausdehnung des Bali in den Bezirken Bamenda, Fumban und einem Teil des Bafia-Bezirks eine Fläche von

40 000 qkm mit 620 000 Bewohnern.

Sie übertrifft also das Duala an Fläche um ein Viertel; die Menschenzahl beträgt mehr als das Doppelte. Für welche Gebiete das Yaunde heute bereits als Verkehrssprache anzusetzen ist, läßt sich schwer feststellen. Rechnet man das ganze Fang-Gebiet, das auch Rio Muni mit umfaßt, ferner die Küstensprachen und die Sprachen des östlichen Waldlandes hinzu, die das unmittelbar mögliche Ausweitungsgebiet des Yaunde darstellen, so ergibt sich eine Fläche von

300 000 qkm mit nur 930 000 Bewohnern.

Es handelt sich dabei um die Bezirke Yaunde, Kribi, Ebolowa, Abong-Mbang, Yukaduma, um einen Teil des Bezirks Edea, um Rio Muni und um die Bezirke Woleu-Ntem, Estuaire und Ogowe-Iwindo in Gabun. Diese letzten Zahlen sind nur sehr ungefähre, da mir die genauen Angaben für das Gabun-Gebiet fehlen. Jedenfalls übertrifft die Bewohnerzahl des Yaunde-Bereichs in seiner ganzen großen Ausdehnung die des Bali nur um die Hälfte. Gibt man auf Grund dieser Zahlen dem Yaunde als Verkehrssprache den Vorzug, so kann das nur geschehen in der Erwartung, daß durch eine sehr kluge und geschickte Eingeborenenpolitik die Bevölkerung innerhalb des Fang-Gebiets im Laufe der Jahre beträchtlich zunimmt.

In den genannten Zahlen sind die folgenden Sprachgebiete noch nicht mit berücksichtigt: Fernando Poo, das außer den eingesessenen Bubi sehr viele Fremdlinge vom Festland, zum großen Teil Fang, beherbergt; — das Land der sehr zahlreichen Basa (annähernd 190 000 Menschen) in den Bezirken Edea und Yabassi, deren Sprache zwischen dem Duala und dem Yaunde steht; — die Gruppe der Randklassensprachen am Sanaga und Mbam im Bafia-Bezirk. Eine Sonderstellung nimmt auch das Wuteland in der Savanne südlich von Tibati (Bafia-Bezirk) ein. Es leben dort keine Ful, so daß es nicht in deren Sprachbereich fällt. Das Wute ist aber auch keine Klassensprache, doch leben innerhalb des Wute-Gebiets Reste von Stämmen mit Klassensprachen, so daß man es zusammen mit der Bafia-Gruppe wohl der Verkehrssprache des Waldlandes anschließen könnte. Schlägt man diese Sprachgebiete nun zum Yaunde, was sehr wohl möglich wäre, so ergeben sich für das Yaunde zusätzlich

etwa 53 000 qkm mit rd. 330 000 Bewohnern.

Das kolonialwirtschaftlich am weitesten entwickelte Gebiet ist das des Duala in den Küstenbezirken Viktoria, Kumba und Duala, wo sich die Hafenplätze und die deutschen Großpflanzungen für Bananen, Kakao und Gummi befinden. Auch der nördliche Teil des Fangsprachgebiets und der Küstenstreifen unterliegen der kolonialen Bewirtschaftung.[24a]) Das für das Bali in Betracht kommende Gebiet, besonders der Fumban-Bezirk, zeichnet sich durch eine intensive Eingeborenenwirtschaft infolge des guten Bodens und der dichten Bevölkerung aus. Wenn zugleich mit einer Hebung der Bevölkerungsziffern auch eine schnelle kolonialwirtschaftliche Entwicklung des südlichen Waldlandes zu erwarten ist, so könnte auch unter dem Gesichtspunkt der Wirtschaft dem Yaunde der Vorzug gegeben werden. Es kommt hinzu, daß die Stadt Yaunde heute der Regierungssitz für das französische Mandatsgebiet ist. Als Sprache der Regierungszentrale ist das Yaunde aber auch als Verkehrssprache angebracht und gerechtfertigt.

Was die Träger der Sprachen, also die Duala, die Yaunde und die Bali selbst betrifft, so ist folgendes zu sagen: Die Duala kann man nicht als ein Herrenvolk bezeichnen. Sie sind geschickte Händler, heute zum großen Teil europäisiert, in den Schreibstuben und im öffentlichen

---

[24a]) Vgl. Fr. Leschner, Über die Bevölkerungsschichtung im französischen Mandatsgebiet Kamerun und ihre Beziehungen zur wirtschaftlichen Entwicklung. S. A. aus d. Kolonialforstl. Mitt. d. Z. f. Weltforstwirtschaft, Bd. II, Heft 1, Juli 1939, S. 24 ff.

Dienst tätig. Bei den Europäern steht ihr Charakter nicht in dem besten Ruf. Großes Ansehen genießen dagegen die Y a u n d e. Sie gelten als zuverlässig und vor allem als gute Soldaten, sind kräftig und widerstands-

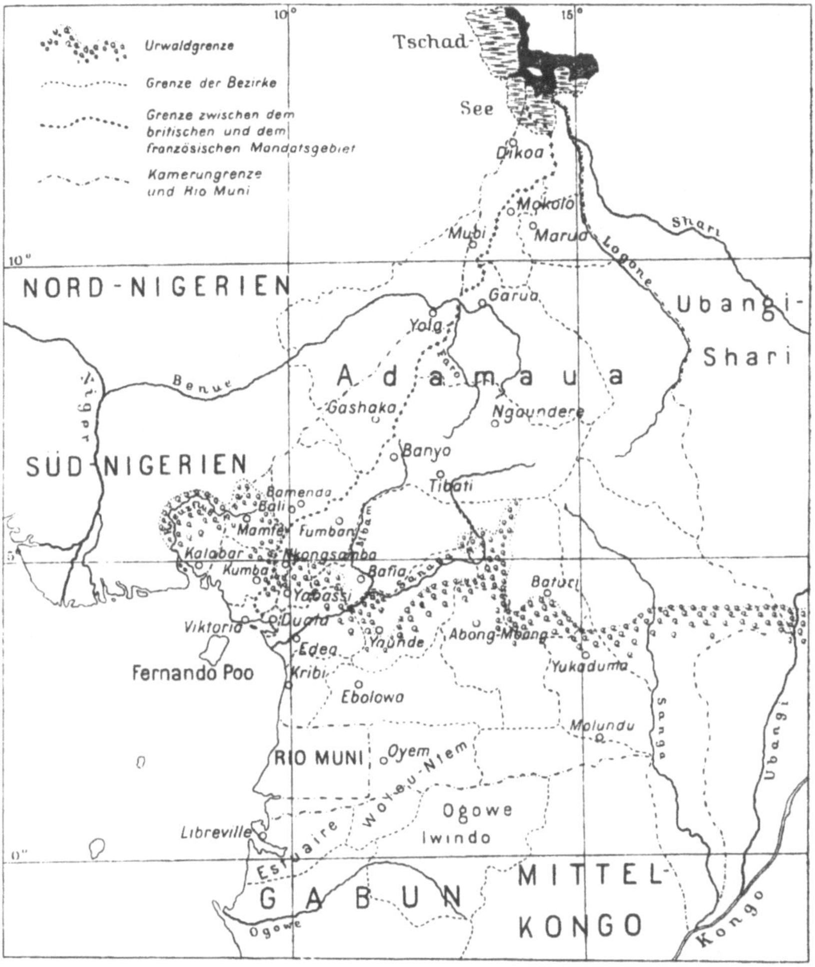

Abb. 1: Bezirksübersicht von Kamerun

fähig. Im Pflanzungsgebiet des britischen Mandatsgebiets haben die dort eingewanderten Yaundearbeiter nicht denselben guten Ruf. Vielleicht handelt es sich dabei zum Teil um lichtscheues Gesindel. Die jungen Leute aus dem Bamenda-Bezirk dagegen sind auf den Pflanzungen der Küste durchaus gern gesehen. Sie sind sehr gute Arbeiter. In dem verhältnismäßig gesunden Klima der Grasberge leben durchweg auch gesunde, kräftige Stämme. Sicherlich hat eine Überschätzung des kleinen Stammes der

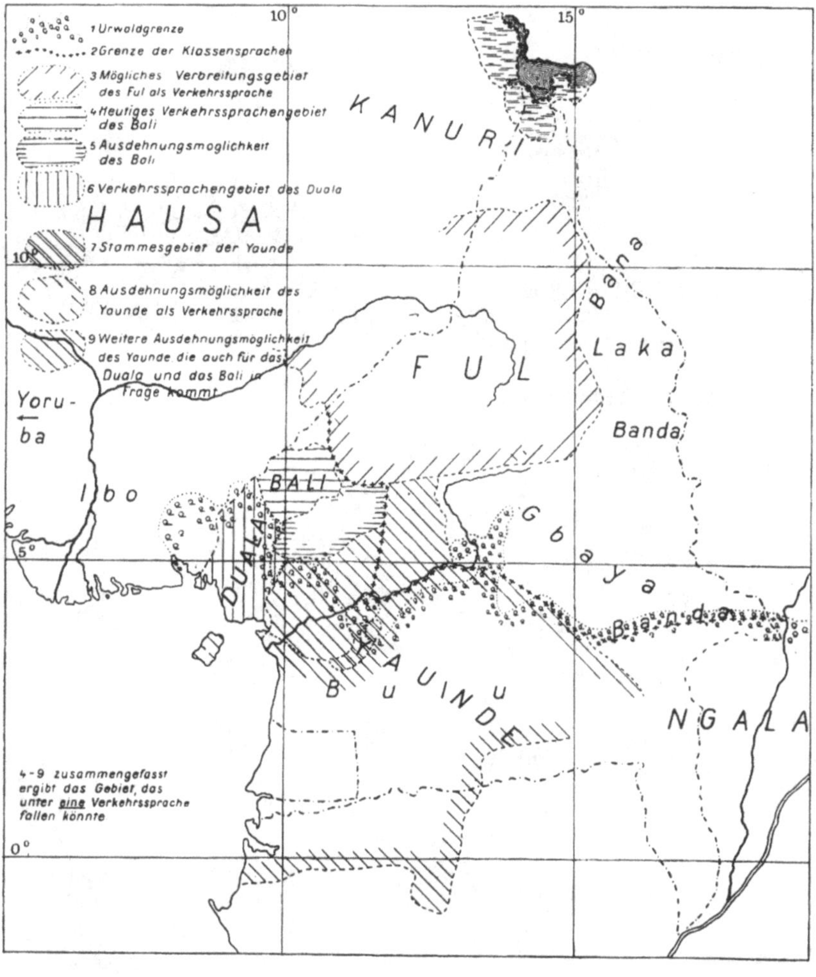

Abb. 2: Verkehrssprachen von Kamerun

B a l i stattgefunden, was noch auf die Zeiten von Zintgraff, der 1888 als erster Europäer in die Grasberge kam, zurückgeht. Durch ihn wurden die Bali bekannt, und, auf die Station Baliburg gestützt, eigneten sie sich eine gewisse Machtstellung unter den andern Reststämmen des Bamenda-Bezirks an. Immerhin stehen sie auch als Splitter eines der ehemals mächtigen sudanischen Staatswesen hier an der Grenze zum Urwald mit seinen Ältestenräten und Dorfoberhäuptern in einem gewissen Ansehen. Kulturelles und materielles Gut verbreiteten sie unter ihren neuen Nachbarn. Während die Yaunde schon in beträchtlichem Maße der europäischen Zivilisation verfallen sind, genießen die Stämme des westlichen Graslandes noch den Segen eines starken eigenen Volkstums. Man wird aber trotzdem, auch was das Ansehen der drei Stämme betrifft, wohl doch den Yaunde den Vorzug geben in Anbetracht der guten Erfahrungen, die man mit ihnen gemacht hat, und unter Anerkennung der Tatsache, daß sie es verstanden haben, ohne sich zu verlieren, den Erfordernissen der neuen Zeit, die im Waldland ihren Einzug bereits gehalten hat, zu entsprechen.

Wie wir gesehen haben, besteht die G r u n d s c h i c h t sowohl für das Duala als auch für das Yaunde zum allergrößten Teil aus Bantusprachen. Das Bali dagegen lagert sich über verschiedenartige Randklassensprachen. Nun steht das Duala dem Bantukern am nächsten, das Yaunde ist schon beträchtlich davon abgerückt, obgleich wir es noch durchaus als eine Bantusprache bezeichnen können. Es besitzt aber bereits viele Gemeinsamkeiten mit den Randklassensprachen, so daß es eine Art Mittelstellung zwischen diesen und den Sprachen der Duala-Gruppe einnimmt. Auf Grund dieser Eigenschaft würden wir auch vom l i n g u i s t i s c h e n Standpunkt dem Yaunde den Vorzug geben.

L i t e r a r i s c h am besten fundiert ist heute zweifellos das Duala. Auch im Yaunde sind gute Vorarbeiten geleistet. Das Bali dagegen fällt zurzeit, was die vorhandene Literatur betrifft, noch gänzlich gegen die beiden andern Sprachen ab.

B e i b e h a l t u n g v o n s e k u n d ä r e n V e r k e h r s s p r a c h e n.[25])

Es erscheint nun nicht ratsam, eine von den drei Sprachen rücksichtslos durchsetzen zu wollen ohne Ansehen der beiden andern, die ihre Daseinsberechtigung ebenfalls nachgewiesen haben. Ganz abgesehen davon, daß ein solches Vorgehen praktisch nicht durchführbar wäre, da es bei einer plötzlichen Umstellung an Lehrmitteln, Dolmetschern und vor allem an Lehrern durchaus mangeln würde, ist es bei der Mentalität der Westafrikaner auch nicht geraten, e i n e n Stamm ohne weiteres ganz besonders herauszustellen. Das würde wahrscheinlich zu einer Überheblichkeit

---

[25]) Dieser Ausdruck ist von J. Lukas bei seinen Studien in den afrikanischen Verkehrssprachen geprägt worden.

dieses einen Stammes und zum Widerstand von seiten der andern Stämme führen. Auch kann man das, was bereits vorhanden ist, ja nicht ohne weiteres außer acht lassen. Man kann die Schulen nicht von heute auf morgen auf eine andere Sprache umstellen. Die Schaffung von neuem Lehrmaterial ist eine langwierige Arbeit. Man kann auch keinem Kaufmann oder Pflanzer zumuten, sich auf eine Verkehrssprache einzustellen, die praktisch in seinem Wirkungskreis noch gar nicht vorhanden ist. Es würde also zumindest eine Übergangszeit zu schaffen sein. Vom Standpunkt der Pflege des Eingeborenen wäre es sogar geraten, in gewissen Bezirken neben der allgemeinen, neuen Verkehrssprache auch die alte beizubehalten. Ich denke z. B. an die Rechtsprechung, an den Umgang der europäischen Ärzte mit den Eingeborenen, kurz an alles, was das Volksleben und seine Wohlfahrt direkt betrifft. Wenn eine Sprache sich erst einmal über ein gewisses Gebiet verbreitet hat, dann hat sie darin auch Wurzeln geschlagen, hat Fäden von Stamm zu Stamm gezogen und wird daher auch nicht sang- und klanglos wieder verschwinden, sondern ihre Bedeutung behalten, mag sie auch beschränkt sein.

4. Rückblick.

Zusammenfassend sei noch einmal hervorgehoben, daß Kamerun sich auf Grund seiner geographischen, linguistischen und ethnographischen Lage in einen nördlichen und einen südlichen Teil gliedert. Für Adamaua, d. i. der größte Teil von Nordkamerun, wurde die Sprache der Ful, die eine Oberschicht im Lande bilden, als Verkehrssprache vorgeschlagen. Das Sprachgebiet beträgt in Kamerun

etwa 180 000 qkm mit rund 900 000 Menschen;

hinzu kämen noch Teile der Adamaua-Provinz von Nigerien. Die Sprachen im Nordzipfel und die an der Ostgrenze von Nordkamerun fallen unter die Verkehrssprachen der angrenzenden Kolonialgebiete. (Vgl. Abb. 2.)

In Südkamerun bestehen heute drei Verkehrssprachen, nämlich das Duala, das Bali und das Yaunde. Für den Fall einer Vereinheitlichung dieser Verkehrssprachen erscheint das Yaunde als geeignet, auf ganz Südkamerun und das Gabun-Gebiet bis zum Ogowe sowie auf die linguistisch zugehörigen Teile der westlichen Savanne ausgedehnt zu werden, wobei Duala und Bali als sekundäre Verkehrssprachen anzusetzen wären. Das Gebiet umfaßt

etwa 425 000 qkm mit rd. 2 170 000 Menschen.

C. Warum einheimische und nicht europäische Verkehrssprachen?

Zum Schluß ist noch kurz die Frage zu streifen, warum wir uns überhaupt um das Problem der einheimischen Verkehrssprachen in Afrika bemühen. Viele sind der Ansicht, man sollte ruhig allgemein eine europäische Sprache in den Kolonien einführen, oder man sollte es bei Pidgin-Sprachen bewenden lassen. Jegliche europäische oder Pidgin-Sprache aber kleidet den Durchschnittseingeborenen wie ein europäischer Anzug, dessen Schnitt weder seinen Körperformen noch seinen Bewegungen noch dem afrikanischen Klima angepaßt ist. Mit dem europäischen Vokabular, das in den europäischen Lebenskreis gehört, zieht zugleich eine Überfremdung in Afrika ein, die man nur mit geistigem Hosenniggertum bezeichnen kann.

Man ist vielfach der Meinung, es wäre für den einzelnen Europäer bequemer, und es erleichterte auch wesentlich die Verwaltung, wenn die Eingeborenen z. B. deutsch sprechen könnten. Man stelle sich aber nur einmal vor, daß in einer deutschen Kolonie die Eingeborenen jeden Brief lesen und jedes Gespräch der Europäer untereinander verstehen können, sei es innerhalb des engsten Familienkreises, sei es im Verwaltungs- oder gar Heeresdienst. Das kann wahrlich recht unbequem werden! Wir würden mit unserer Sprache den Eingeborenen ein Machtmittel an die Hand geben, das nicht hoch genug bewertet werden kann, während wir von ihnen in dieser Hinsicht gar nichts besitzen, denn wir haben ihre Sprache ja nicht angenommen. In den französischen Kolonien, so auch im französischen Mandatsgebiet Kamerun, ist das Französische weitgehend unter Unterdrückung der Eingeborenensprachen im Verwaltungs- und Schuldienst eingeführt. Das steht durchaus in Einklang mit der französischen Einbürgerungspolitik hinsichtlich der Eingeborenen, deren Folgen sich zum Teil schon unangenehm bemerkbar machen. Im englischen Mandatsgebiet von Kamerun ist das Englische ebenfalls in größerem Maße eingeführt worden, als es uns, auf deutsche Verhältnisse übertragen, erwünscht erscheint. Eine europäische Sprache sollten eben nur solche zuverlässigen Eingeborenen lernen, die sie für ihren zukünftigen Beruf innerhalb der Verwaltung des Landes unbedingt brauchen. Über das Pidgin-Englisch, das in Kamerun so weit verbreitet ist, erübrigt es sich, viel Worte zu verlieren. Es ist ein behelfsmäßiges Mittel zu notdürftiger Verständigung, nicht das, was wir unter einer S p r a c h e verstehen. In seiner Sprache drückt sich doch die ganze Wesensart, die Seele eines Volkes aus. Damit die afrikanischen Völker in ihrer eigenen Art erhalten bleiben können, muß ihnen auch ihre Muttersprache belassen werden, durch die wir ihre Sitten und Gebräuche, ihr Recht und ihre Religion kennen lernen. Legt sich über verschiedene Stammessprachen dann eine Verkehrssprache, so darf diese nicht aus der fremden Welt Europas oder Asiens kommen, sondern sie muß nach Möglichkeit mit Bau und Art der Muttersprache übereinstimmen. Auch sie muß Ausdruck afrikanischer Lebensformen sein, und sie muß die Muttersprache ersetzen können, wenn die Sprachgebiete zu klein sind, um sich im Zuge der Entwicklung auf die Dauer halten zu können. Auch sie soll die Seele des Volkes spiegeln.

Berichtigung zu Abb. 1, S. 283: Es ist versehentlich unterlassen worden, die Grenze zwischen dem Mubi- und dem Dikoa-Bezirk, die die östliche Fortsetzung der Grenze der Adamaua-Provinz von Nigerien bis zur britisch-französischen Mandatsgrenze bildet, einzutragen, ferner die Grenze zwischen dem Fumban- und dem Ngaundere-Bezirk, die von etwa 6° 15′—6° n. Br. zwischen dem Bamenda- und dem Bafia-Bezirk verläuft.

Niger- und Tschadseegebiete als Bewässerungsländer der afrikanischen Zukunft

Von

Paul Vageler

1. Einleitung, Problem.

Die großen Entwicklungslinien der landwirtschaftlichen Zukunft Nord- und Zentral-Afrikas werden trotz des Krieges schon heute in der breiten Öffentlichkeit der Großmächte in zunehmendem Maße erörtert. Zwei Meinungen stehen sich dabei, man darf sagen, in allen Lagern, diametral gegenüber, wozu die Diskussionen in der französischen Presse fraglos den Anstoß gegeben haben. Ist doch Nordafrika in seinem größten Teile: West- und Äquatorial-Afrika französischer Besitz, mindestens gewesen. Es versteht sich daher nahezu von selbst, daß die französischen Erörterungen der Zukunftsprobleme wirtschaftlicher Natur sich auf das gründlichste Beobachtungs- und Erfahrungsmaterial stützen, mithin zweckmäßig allen sonstigen Untersuchungn zugrunde zu legen sind. Die Stichworte der beiden Wirtschaftsrichtungen sind: Ackerbau auf Regenfall oder Ackerbau auf Bewässerung.

Die Anhänger der Wirtschaft auf Regenfall führen als wichtigste Beweisgründe an, daß Regen kein Geld kostet und außerdem in den afrikanischen Gebieten mit ausreichenden Niederschlägen eine ansässige, oft zahlreiche Eingeborenenbevölkerung siedelt, so daß die Lösung der überall in Afrika brennenden Arbeiterfrage zum mindesten keine zusätzlichen Schwierigkeiten, wie z. B. die Notwendigkeit der Ansiedelung von landfremden Arbeitskräften mit oft sehr speziellen Lebensunterhaltsansprüchen, bietet.

Demgegenüber gehen die Anhänger der Bewässerungswirtschaft zunächst mit einer sehr gründlichen negativen Kritik vor, die sie dann durch positive Argumente stützen. Die von der Gegenseite nach der Auffassung der Kritiker nicht genügend berücksichtigte größte Schwierigkeit der Regenfallwirtschaft sei die Unregelmäßigkeit der afrikanischen Niederschläge in den im wesentlichen für Massenkulturen in Frage kommenden Savannengebieten nach Menge und Eintrittszeit. Mengenschwankungen bis zu 100 % und mehr, zeitliche Schwankungen des Einsetzens der Regenzeiten um 2—3 Monate, seien die Regel, so daß man in drei Jahren nur mit einer sicheren Vollernte rechnen könne. Dadurch würde jede Planwirtschaft illusorisch. Ein Ausweichen mit den Kulturen in die Gebiete sicherer hoher Niederschläge, d. h. in die Gebiete des Regenwaldes, sei nicht möglich. Denn die Voraussetzung dazu sei eine von keiner Regierung zu billigende Waldvernichtung, die gleichbedeutend mit weitgehender Bodenvernichtung durch Erosion sei. Ferner seien — von wenigen Ausnahmen abgesehen — die Böden der regenreichsten Zonen weitgehend ausgewaschen und verarmt, so daß darauf angelegte Ackerbaubetriebe nach Aufbrauchen der im Humus vorhandenen Reserven an Pflanzennährstoffen in Kürze mit einer die Rentabilität sehr bald in Frage stellenden Anwendung starker Kunstdüngung rechnen müßten. Die hohen dauernden Niederschläge schlössen außerdem viele zu ihrer Reife auf eine ausgeprägte Trockenzeit angewiesene Kulturen, wie Baumwolle, aber teilweise auch wertvolle Ölfrüchte, praktisch aus. Das Argument schließlich der leichteren Arbeiterbeschaffung in den Regengebieten sei falsch. Die Waldgegenden seien verhältnismäßig sehr menschenarm, von den wenigen Siedlungen abgesehen. Außerdem würde von Einwanderern das feuchtwarme Klima der Äquatorialzone in der Regel schlechter vertragen als das der weniger regenreichen Breiten. Im wechselfeuchten Gebiete der Savannen sei zwar in der Tat unter günstigen Bodenverhältnissen die Bevölkerungsdichte in Afrika nennenswert. Die Absorbierung vieler Arbeitskräfte durch europäische Unternehmungen führe aber zu einer Sachsengängerei übelster Art, die die Volksernährung wie Vermehrung in gleicher Weise beeinträchtige, da das Heranziehen und damit die Umsiedelung ganzer Familien in der Regel nicht durchführbar sei. Gerade das aber ermögliche die gut organisierte Bewässerungswirtschaft, die in des Wortes wörtlichster Bedeutung siedlerisches Neuland, noch dazu mit garantierter Ertragssicherheit durch Ausschaltung der Niederschlagsschwankungen schaffe. Die Durchführung großer Bewässerungsprojekte sei daher nicht nur wirtschaftlich, sondern auch bevölkerungspolitisch von Wert. Der letztere Gesichtspunkt gelte sogar in ganz besonderem Maße, weil erfahrungsgemäß — wie der angloägyptische Sudan zeige — der Einzugsradius eines solchen neuen, besonders günstige Lebensbedingungen bietenden Wirtschaftsgebietes, wie ein Bewässerungsgebiet es vorstellt, so ungeheuer groß sei, daß sich der Menschenentzug, auf riesige Flächen verteilt, prozentisch kaum mehr bemerkbar mache. Er erfasse zudem in erster Linie den mit der fortschreitenden Islamierung Afrikas durch die Pilgerfahrten nach Mekka sich ständig steigernden fluktuierenden Bevölkerungsteil. Er wirke also der Nomadisierung und der Sachsengängerei entgegen und fördere die wünschenswerte Seßhaftigkeit der Schwarzen. Die nicht ausgewaschenen Böden der Trockengebiete seien ferner an Reichtum denen der Regengebiete weit überlegen.

Es ist hier keineswegs die Absicht, sich mit den kurz skizzierten beiderseitigen Argumenten auseinanderzusetzen. Daß auf beiden Seiten ein Teil Wahrheit zu finden ist, liegt auf der Hand. Es kann daher wohl der mittlere Weg: Regenfall und Bewässerungswirtschaft nebeneinander als des Streites Schlichtung betrachtet werden. Selbstverständlich ist es dabei, daß je nach der Örtlichkeit bald mehr der Regenbau, bald mehr der Bewässerungsbau wird überwiegen müssen.

Der Umstand, daß im Gebiete des Regenbaues, also bei Niederschlägen von 600 und mehr Millimeter in guter Verteilung, die Aushilfsbewässerung selbst bei intensiveren Eingeborenenkulturen schon heute neben der reinen Regenfallwirtschaft eine erhebliche Rolle spielt und im Interesse einer Steigerung und Sicherung der Erträge in Zukunft bei vermehrter europäischer Wirtschaftslenkung eine noch sehr viel größere spielen wird, drückt diesen Gebieten von vornherein den Stempel der Mischbetriebe auf. Etwas Ähnliches ist in der Mehrzahl der eigentlichen Bewässerungsgebiete Afrikas, die gleichbedeutend mit Trockengebieten sind, nicht zu erwarten.

Wo die Niederschläge unter 600 Millimeter oder noch tiefer sinken, ist zwar die wirtschaftliche Trockengrenze des Ackerbaues noch nicht erreicht. In Form eines typischen „Dry Farming", d. h. einer Speicherung von Niederschlägen durch Bodenbearbeitung während längerer Zeit und Nutzung der so gehorteten Bodenfeuchtigkeit durch bescheidene Ernten, dringt der Ackerbau zwar seit Jahrtausenden sogar bis tief in die Sahararandgebiete. Trockenkultur ist durchaus keine geniale nordamerikanische Erfindung, sondern wurde in raffinierter Form schon von den Untertanen Masinissas geübt!

Wo Oberflächen- oder Tiefenwasser eine Bewässerung gestatten, wird aber selbst da, wo keine europäischen Anlagen eine bequeme Möglichkeit dazu schaffen, in der Regel nur bewässert, d. h. es handelt sich bei den Trockengebieten Afrikas um ausschließliche Bewässerungsgebiete, in denen jede Alternative entfällt.

Mit Ausnahme Ägyptens, das einen später noch kurz zu behandelnden Sonderfall vorstellt, hat sich die Bewässerungswirtschaft der Eingeborenen, ihren geringen technischen Mitteln entsprechend, im wesentlichen auf die Nutzung kleiner Wasserläufe bzw. die Erschließung flach anstehenden Grundwassers in den Trockengebieten beschränkt. In letzterer Hinsicht sind allerdings in Afrika Leistungen erzielt, die sich denen Irans und Turans getrost an die Seite stellen können. Die „fóggara" Nordafrikas, d. h. die unterirdischen oft kilometerlangen Galerien zum Anschneiden des Grundwassers von Berghängen und Schuttfächern, die das Wasser in raffiniert geringem Gefälle schließlich an die zu bewässernde Oberfläche leiten, sind das genaue Gegenstück der asiatischen „Kanate" wie auch der unterirdischen Kanäle der Inkas. Unter den Zehntausenden von Brunnen, die die Oasen der westlichen Sahara und ihres nördlichen Randgebietes bewässern, findet sich ferner eine große Anzahl bewußt erbohrter artesischer Quellen, zu deren Erschließung mit primitivsten Mitteln sich bei den seit Generationen das Gewerbe des Brunnenbauers ausübenden Familien eine ganz besondere Technik zur Verringerung der Gefahr des Ertrinkens beim Anschlagen des artesischen Horizontes entwickelt hat.

Der Bewältigung der großen Fremdflüsse der Trockengebiete: Niger und Shari-Logone waren die Eingeborenen nicht gewachsen und ihre Nutzung hielt sich in sehr bescheidenen Grenzen, wo ein glückliches Zusammentreffen günstiger Umstände, spez. der Reliefgestaltung der Ufer, eine kleinräumige Nutzung ermöglichte. Hoch- sowohl wie Niederwasser, ersteres durch seine Überschwemmungen, letzteres durch die zu bewältigende Hubhöhe, schlossen im allgemeinen eine Nutzung aus.

Das war um so mehr der Fall, als sowohl Shari wie Niger, wo sie in den Trockengürtel, d. h. das Randgebiet der Sahara als infolge der Geringfügigkeit der Niederschläge obligatorisches Bewässerungsland, eintreten, Verhältnisse aufweisen, die zwar für Afrika typisch, von den gewöhnlich für Bewässerungsländereien angenommenen aber so verschieden sind, daß ihre besondere Betrachtung sowohl vom morphologischen wie technischen Standpunkte aus allgemeines Interesse verdient.

Diese Verschiedenheit ist darin begründet, daß sowohl Niger wie Shari Flüsse sind, die, im Fall des Nigers wenigstens ursprünglich, nicht den Meeresspiegel als Erosionsbasis haben und mithin ihre Gerölle und Trübe dem Meere zuführen, sondern geschlossenen Becken.

2. Morphologische Eigenart der saharischen Becken.

Becken, wie das Niger- und Tschadbecken, die wegen des allseitigen Abschlusses abflußlos sind, oder es noch vor — geologisch gesprochen — kurzer Zeit waren, sind der beherrschende Charakterzug der Morphologie des nördlichen Afrika, und zwar ganz besonders im Wüstengebiet. Man hat ihre Entstehung teilweise auf eine Ausblasung lockerer Oberflächenschichten durch den Wind zurückgeführt. Diese Art der Bildung mag für einzelne Fälle kleinerer Becken und Wannen zutreffen, keinesfalls für die größeren.

Es kann nach Ansicht der besten französischen Kenner Nord- und Zentral-Afrikas, wie Gautier, kaum einem Zweifel unterliegen, daß die großen Becken durch orogenetische Bewegungen entstanden sind, die das alte Peneplain der (präsilurischen) Schiefer, das den Saharasockel bildet, teilweise einschließlich der es überziehenden Sedimentdecke, mehr oder weniger stark gewellt haben. Im Gelände mit normalem Niederschlag und Abfluß zum Meer sind solche Becken- und flachen Grabenbildungen meist durch starke Erosion und Sedimentation getarnt, die hier schneller arbeitet als die orogenetische Störung. Im Trockenklima ohne Abfluß bleiben sie erhalten und bilden das Mündungs- und — vielfach oder sogar meistens — Versickerungs- und Verdunstungsgebiet der von allen Seiten konzentrisch der Beckenmitte zuströmenden Wasserläufe. Die Auffüllung der Becken durch Sedimente wird dabei dauernd durch die Ausblasung erheblicher Massen von Staub und schließlich auch Sand verlangsamt.

Durch die Flüsse, auch wenn es nur Saisonflüsse sind, werden alljährlich den Becken sehr erhebliche Trübemengen zugeführt, die beim Absatz dauernd die Erosionsbasis erhöhen. Es entstehen so unter ständiger Verlagerung der Flußrinnen zahllose Schuttfächer mit einer dreifachen Auswirkung unter Mithilfe des Windes:

1. Der ausgeblasene Staub und Staubsand verläßt weitgehend das Trockengebiet und kommt in regenreicheren Zonen des Randes, an stärkerer Vegetation, in Wasserflächen usw. zum Absatz, was im extremen Fall zur Lößbildung, stets zu einer bodenkundlich wichtigen Verjüngung der Randböden der Trockenzonen führt.
2. Der Sand, soweit seine Korngröße nicht den Windtransport ausschließt, bildet im Windschatten die Dünenlandschaften: Ergs.

Während in vielen asiatischen und südafrikanischen Wüsten die Bogendüne (Barchan) als Typ der Wanderdüne gilt, trifft das für die westliche Sahara nur sehr bedingt zu. Die Sandmassen scheinen in den Riesenflächen der Sahara eine größere Beweglichkeit zu besitzen als in den kleineren und aus eben diesem Grunde etwas feuchteren anderen Wüstengebieten der Erde. Vom kolloidchemischen Standpunkt ist dafür eine selbstverständliche Erklärung die verstärkte Sorption von Luft an den Oberflächen der Körnchen, die ihr spezifisches Gewicht als Ganzes erheblich verringert und zudem die Reibung untereinander auf ein Minimum herabsetzt.

Während es daher bei größerer Luftfeuchtigkeit zur Barchanbildung auch auf ebenen glatten Flächen kommen kann, gibt es in der Sahara kaum eine Düne ohne Hindernis. Das Saharische Erg ist daher in Übereinstimmung mit Gautier als nicht oder wenigstens nicht nur aus Barchanen entstanden aufzufassen, sondern „als ein Sandmantel, der ein präformiertes Relief des Untergrundes verdeckt."

Die höchsten Punkte der Ergs, die stets massig angeordneten „O g h o u r d" dürften Hügel und Berge als Kerne haben. Aus zusammengeflossenen Bogendünen könnten allenfalls die langen, gekrümmten Sandkämme der sogenannten „S e i f" entstanden sein. Daß ohne Hindernis tatsächlich keine Düne in der Sahara entsteht, beweisen die „F e i d j", die vollkommen sandfreien Alleen, die fast jedes Erg durchziehen und reingefegt sind wie Tennen.

E i n e n a t ü r l i c h e F o l g e d i e s e s U m s t a n d e s i s t d i e T a t s a c h e, d a ß m i t d e m W i n d e z w a r d e r S a n d, a b e r n i c h t d a s E r g o d e r d i e E i n z e l d ü n e a l s G a n z e s w a n - d e r t, m i n d e s t e n s n i c h t i n D e z e n n i e n.

So haben die Beobachtungen der französischen Offiziere im Saharadienst bei den größeren Ergs während 50 Jahren zwar vielfache Änderungen des Profils, aber keine Verschiebung weder des Seif, noch der Oghourd oder Feidj feststellen können. Auch die Versandungsgefahr von Oasen ist in großen Ergs gering, bei aller Größe im Barchangelände. Erst in geologischen Zeiträumen scheint es zu Massenverschiebungen ganzer Ergs zu kommen. Der fliegende Sand und Staub, der in der Wüste meistens den Fernblick trübt, wandert in ruhelosen Wolken und Wellen selbst durch Palmenhaine hindurch und häuft sich zu Dünen nur an prädisponierten Stellen!

3. Zurück bleibt im Beckengrunde als eingeebnetes Füllmaterial das **R e g**, die flache, oft von Kalkkrusten vor weiterer Ausblasung geschützte, vegetations- und relieflose Wüstentafel. Sie wandelt sich schließlich, wie in der Ostsahara, bei entsprechendem Stein- und Kiesgehalt der ursprünglichen Flußsedimente durch Ausblasung aller feinsten Teilchen zum — durch Rollsteine mit dunkler Wüstenrinde gepanzerten — S s e r i r.

Reg und Sserir bilden ebenso wie die riesigen Felswüsten (H a m a d a) die gefürchteten „T a n e z r u f t" der T o u a r e g, die „Wüsten der Wüsten", die nur der Erfahrene ungestraft zu betreten wagt. Ob im Zentrum des Beckens ein S c h o t t, d. h. ein Salzsee oder aber eine mehr oder weniger große D a y a, d. h. ein zeitweise von Süßwasser überstautes oder/und von Vegetation erfülltes dauerndes oder periodisches Sumpfgelände, sich bildet, hängt von der Durchlässigkeit des Untergrundes ab. Gestattet dieser den Abfluß des Wassers in begrenzter Zeit, so ist das Ergebnis ein Süßwassersee oder bei stärkerer Austrocknung durch höheres

Alter des Systems eine D a y a. Ist der Untergrund undurchlässig, so häufen sich die Salze durch die Verdunstung des Wassers und es entsteht ein meistens periodisch austrocknender großer (= S c h o t t) oder kleiner (= S e b k h a) Salzsee.

Fügt man der Vollständigkeit halber hinzu, obwohl diese Frage hier nebensächlich ist, daß an ihrer Basis tiefbegrabene Bergstöcke sich als unvermittelt aus dem flachen Reg erhebende I n s e l b e r g e weit verbreitet finden, so ist der morphologische Entwickelungszyklus eines Beckens im Trockenklima völlig umrissen.

Ob nun das N i g e r b e c k e n und das T s c h a d b e c k e n — beide Ausdrücke, wie sofort zu erläutern sein wird, im weitesten Sinne des Wortes verstanden — ehemals möglicherweise eine Einheit gebildet haben, die erst im T e r t i ä r durch die Auffaltung der tektonischen Linie P i c o d e T e y d e — H o g g a r — T i b e s t i seine Nordgrenze und durch die Hebung der Schwelle T a d m a i t — H o g g a r — A i r — A d a m a u a — K a m e r u n b e r g — F e r n a n d o P o ihre Ost-Westteilung erhielt, ist eine Frage, die hier nicht zu untersuchen ist.

Beide Becken haben die oben skizzierte Entwicklung durchlaufen, wobei ihre Phase im Nigerbecken fortgeschrittener ist als beim Tschad.

3. Das Nigergebiet.

Es kann keinem Zweifel unterliegen, daß im Ende des Tertiärs und mindestens im Anfang des Quartärs ein U n t e r l a u f d e s N i g e r etwa von T o s s a y e ab n i c h t existierte. Das Becken war gegen das Meer vollständig abgeschlossen. Es hatte allerdings eine vielfache Ausdehnung gegenüber der Depression, die man heute als „I n n e r e s **D e l t a d e s** N i g e r" zu bezeichnen pflegt. Dieses innere Delta, oder besser Nigerbecken im engeren Sinne, beginnt unterhalb S e g o u und hat seine tiefsten Stellen im Seengebiet südlich und westlich von T i m b u k t u bei einer totalen Oberfläche von rund 150 000 Quadratkilometern.

D e r w a h r e M i t t e l p u n k t d e s d i l u v i a l e n N i g e r b e c k e n s l a g j e d o c h r u n d 1 0 0 0 K i l o m e t e r w e i t e r n ö r d l i c h i n d e r d i e 2 0 0 m - I s o h y p s e u n t e r s c h r e i t e n d e n R i e s e n s e n k e d e s D j u f.

Der D j u f ist heute, d. h. seit vorhistorischen Zeiten, in des Wortes wörtlichster Bedeutung ein T a n e z r u f t, eine Climaxwüste, die zu den unbekanntesten und wildesten Teilen der Sahara gehört. Sein Inneres wurde nie durchquert. Kein Pfad, keine Karawanenpiste führt hindurch, und außer phantastischen Legenden der Eingeborenen gibt es über den Djuf keinerlei Berichte. Nur sein östlichster Zipfel ist bekannt, dieser dafür aber auch desto genauer. Hier liegen die seit grauer Vorzeit genutzten Salinen, aus denen während Jahrhunderten, vielleicht Jahrtausenden, Sklavenkarawanen alljährlich das Salz holten, das in seiner Reinheit ein begehrter Artikel im ganzen Sudan war. Heute werden nur noch die Salinen von Taudeni genutzt, als deren Stapelplatz Timbuktu sich zur Handelszentrale des Sudan entwickelte. Auch sie sind heute im Verfall, nachdem mit modernen Transportmitteln europäisches (rumänisches, spanisches) Salz mit großer Reinheit zur ernsten Konkurrenz geworden ist.

Die Wechsellagerung von Salz- und Tonhorizonten großer Mächtigkeit charakterisiert den östlichen Djuf als vom Sande der östlichen Ergs (Erg esch — Schesch, Atouila, Taridji usw.) begrabene Sebkha oder Schott, d. h. als die alte Ausbreitungs- und Verdunstungszone heute verschwundener Flüsse oder doch Wadis. Denkt man sich die heute den größten Teil des Ur-Nigerbeckens füllenden Sandmassen hinweg, an denen konzentrisch von allen Himmelsrichtungen des Beckenrandes, besonders aber vom Hoggar und Adrar das Iforas, eine Unzahl von quartären Flußbetten blind endet, wie z. B. auch der einst riesige Tamanrasset, und verlängert diese Betten, so schneidet sich die Mehrzahl dieser rekonstruierten Flüsse einer regenreicheren Vorzeit, der überall in Afrika nachweisbaren Pluvialzeit, im oder doch in der Nähe des Djuf, des heute noch tiefsten Punktes des ganzen Beckens. Es besteht keine Meinungsverschiedenheit darüber, daß auch der Niger einstmals, vielleicht nach vorheriger Aufnahme des Tamanrasset, in den Djuf mündete. Beweis dafür sind die zahlreichen in dem nördlich von Timbuktu bis zum Djuf sich erstreckenden Reg bis Taudeni sich findenden frischen Reste der Niger-Molluskenfauna. Noch deutlicher spricht die Tatsache, daß noch heute das Nigerwasser vom Seengebiet (Fagibine usw.) durch die durchlässigen Deckschichten des Zwischengeländes, dem Gefäll von rund 100 m Höhendifferenz zwischen Timbuktu und Taudeni folgend, rund 700 bis 800 km hindurchsickert und zeitweise den dortigen Salinenbetrieb stört.

Der Bildungsort der heute das ganze alte Beckensystem verdeckenden Ergs und sonstigen Sandmassen ist nicht weit zu suchen. Er ist das wirre Flußknäuel am Westhang des Hoggar und Adrar das Iforas und die daraus hervorgegangenen Regs.

Erhebliche Zuschüsse mögen auch von dem Wadisystem im Südosten von In Salah und ihren mit Sebkhas durchsetzten Regs gekommen sein.

Blockdiagramm des nördl. Tschadbeckens
(nach Vageler)

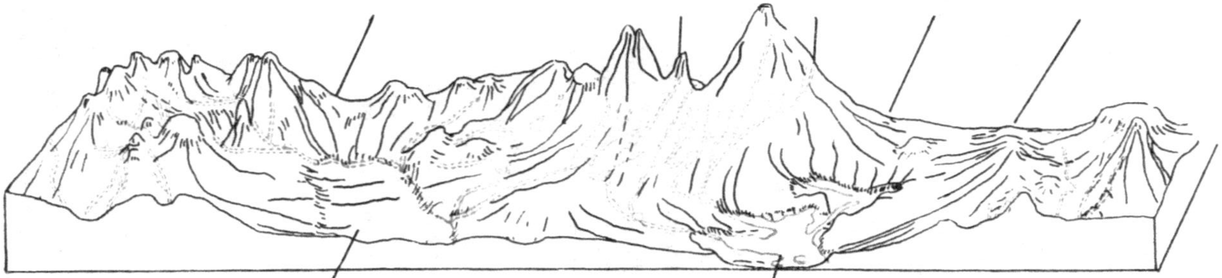

Die für diese Versandung des Beckens als Voraussetzung nötige Austrocknung der Gegend ist dabei in ihrem klimatisch bedingten allgemeinen Ablauf durch einen örtlichen einschneidenden hydrographischen Vorgang unterstützt worden, den man vielleicht gegen das Ende der Pluvialzeit anzusetzen hat: die Anzapfung des Nigerbeckens und Nigeroberlaufes durch den heutigen unteren Niger in der Schlucht von Tossaye. Wie diese Anzapfung durch den zwar heute trockenen, ehemals aber ohne Zweifel sehr wasserreichen Tilemsi vom Adrar das Iforas bzw. einen seiner Nebenflüsse im einzelnen erfolgt ist, können erst genaue örtliche Untersuchungen entscheiden.

Bei abnehmender Wassermenge und beginnender Versandung des Nordostens des Beckens mußte sich der Niger durch seine eigenen Sedimente infolge des Steigens der Erosionsbasis mit steigender Beckenfüllung selbst den Weg nach Norden verbauen. Er mußte schließlich, wie man es heute geradezu experimentell in der Algerischen Sahara an vielen Wadis beobachten kann, durch die vom Adrar das Iforas nach Südwesten vorstoßenden Dünenausläufer nach Süden und Osten abgedrängt werden, bis er selbst völlig der Anzapfung zum Opfer fiel. So wurde das heutige Seengebiet, das stets schon ein großes Sumpfgebiet war, zur sekundären Ausbreitungszone und sein südliches Vorland zum „inneren Delta" des Niger mit seinen großen, wenn auch mit Vorsicht bei Bodenwahl und technischer Durchführung zu behandelnden wirtschaftlichen Möglichkeiten durch Bewässerung.

Es ist die Lebensarbeit des heutigen Präsidenten der Niger-Compagnie, E. L. Bélime, auf den Zukunftswert des inneren Nigerdeltas nicht nur in gründlichen Forschungsarbeiten und Experimenten aufmerksam gemacht, sondern mit der Gründung der genannten Gesellschaft und der Durchführung großer Anlagen bei Sansanding (s. u.) energisch den praktischen Weg zur Verwirklichung dieses Wertes beschritten zu haben.

Klimatisch entspricht das innere Nigerdelta zwischen Sansanding und Timbuktu mit sehr großer Annäherung qualitativ und quantitativ sowohl hinsichtlich der Niederschlagsmengen und ihrer Verteilung wie des Verlaufes der Temperaturen der als Bewässerungsgebiet erster Ordnung erprobten Gezirah des anglo-ägyptischen Sudan, die vom Sennardamm des Blauen Nil, neuerdings auch vom Djebel-Aulia-Damm des Weißen Nil bewässert wird. Die Wasserführung des Niger entspricht nach Art und Menge mit gewissen Abweichungen zu seinen Gunsten der des Blauen Nil. Die vom Niger und seinem größten rechten Nebenfluß, dem Bani, dem Delta und Seengebiet zugeführte totale Wassermenge schwankt, soweit die Messungen reichen, jährlich zwischen 45 und 75 Milliarden Kubikmeter, d. h. beträgt bis zum Dreifachen der Wassermenge des Blauen Nil. Rund die Hälfte, d. h. 22,5 bis 37,5 Milliarden Kubikmeter gehen davon zwischen Mopti und Tossaye durch Versickerung, Verdunstung und Ablauf in Altarme, Nebenbecken usw. verloren. Eine Wassermenge, die genügen würde, wenn ihre Nutzung gelänge, ohne Änderung der Wasserführung des Flusses im Minimum 2—3 Millionen Hektar ausreichend zu bewässern! Ein ausgesprochener Vorteil für die praktische Nutzung des Nigerwassers für Irrigationszwecke ist dabei sein niedriger Gehalt an gelösten Salzen und Trübe.

Die wichtige Frage, ob flächenmäßig der Bewässerung würdige Böden in ausreichender Menge im Delta zur Verfügung stehen, ist grundsätzlich zu bejahen. Allerdings sind bei der sonst hervorragend gründlichen Vorarbeit der Niger-Compagnie die bodenkundlichen Untersuchungen so stark zu kurz gekommen, daß damit für lange Zeit den Gegnern des Nigerprojektes aus der Reihe der Verfechter des Ackerbaues auf Regenfall eine nur zu bequeme Angriffswaffe geliefert wurde.

Die enthustiastische Behauptung Bélimes: „Die alluvialen Böden des Deltas haben in ganz Französisch-Westafrika nicht ihresgleichen" stützte sich auf einige wenige, ziemlich oberflächliche wissenschaftliche Untersuchungen. Man hat sich im Anfange der Entwicklung im wesentlichen auf die bodenkundliche Erfahrung der Eingeborenen und ihre Klassifikation der ackerbaulichen Eignung der Böden nach dem Aussehen, der natürlichen Vegetation und dem Ertrage ihrer Landwirtschaft verlassen.

Diese Klassifikation ist im Nigerdelta und im Sudan im allgemeinen in einer Art und Weise durchgebildet, wie sonst nirgends in Afrika. Feinste Nuancen der Böden werden unterschieden, deren Beachtung sicherlich auch für die wissenschaftlich-technische Bodenkunde Europas von größtem Interesse ist. Aber diese Bodenklassifikation bezieht sich naturgemäß nur auf die primitiven Kulturmethoden der Eingeborenen. Sie sagt über die für eine unter Aufwendung riesiger Kapitalien aufzubauende moderne Bewässerungswirtschaft nötigen Bodeneigenschaften gar nichts aus. Denn sie bezieht sich grundsätzlich nur oder doch im wesentlichen auf die für den Eingeborenen allein bearbeitbaren Oberflächenschichten des Bodens, während bei Bewässerungsanländereien im Trockenklima neben diesen der Untergrund von gleicher, wenn nicht gar größerer Bedeutung ist. Und in dieser Hinsicht fehlen bis heute nahezu alle systematischen Untersuchungen.

Wenn Gegner des Projektes der oben zitierten Bélimeschen sehr optimistischen Einschätzung der Nigerböden die Behauptung entgegenhalten: die Böden des inneren Deltas seien in der Hauptsache arm, zum großen Teil alte Laterite und auf keinen Fall als Grundlage eines Großprojektes geeignet, so ist diese noch weniger sachlich gestützt wie die Ansicht Bélimes. Jahrelanger Versuchsanbau hat ohne jeden Zweifel bewiesen, daß auf großen Strecken der Anbau von Baumwolle, Reis usw. in Bewässerung erfolgreich ist. Trotz dieser positiven Ergebnisse muß, wie Bélime in seinen neuerlichen Veröffentlichungen selbst zugibt, die genaue bodenkundliche Aufnahme des für die Bewässerung zunächst in Aussicht genommenen Teiles des Deltas als eine Aufgabe von größter Dringlichkeit bezeichnet werden, die zweckmäßig bereits seit langem gelöst sein müßte. Wie dringlich diese Aufgabe ist, haben schon die ersten Ergebnisse einer im Jahre 1942 durchgeführten kursorischen Studienreise von Erhardt gezeigt.

Sehr viele, meist als reich betrachtete Bodenarten des Deltas erweisen sich bei der Untersuchung als viel ärmer an Pflanzennährstoffen, als man glaubte vermuten zu dürfen. Die größte Überraschung hat das Seengebiet gebracht. Riesige Areale vom Debo bis zum Fagibine bestehen offensichtlich aus mehr oder weniger reinem **Diatomeenschlick**, dessen kulturelle Eigenschaften nach den Erfahrungen Brasiliens, das am R. Paranà und Tiété über sehr große Mengen der gleichen Böden verfügt, mit äußerster Vorsicht zu betrachten sind. Dafür bilden diese ursprünglichen oder umgelagerten Diatomite allerdings ein hervorragendes technisches Rohmaterial für die Herstellung refraktärer Ziegel usw. Man darf auf den in Kürze zu erwartenden Bericht Erhardts gespannt sein.

Die sicher notwendig werdenden Einschränkungen der Einschätzung der Nigerböden werden sich natürlich stets nur auf Teile und niemals aufs Ganze beziehen. D. h. es erscheint auch bei pessimistischster Betrachtung ausgeschlossen, daß dadurch das Bewässerungsprojekt als solches etwa als wirtschaftlich bedroht charakterisiert werden könnte.

Daß die genaue bodenkundliche Aufnahme des in Aussicht genommenen Geländes zu manchen nötigen Modifizierungen des ursprünglichen Planes führen wird, darf aber wohl als sicher betrachtet werden. Schon ein Blick auf die von Bélime mitgeteilten Bodenkarten nach der Klassifizierung der Eingeborenen weist bei unvoreingenommener Betrachtung auf diese Notwendigkeit hin. Diese Karten zeigen eine so große Variation der unterschiedenen Bodenarten auf kleinem Raum, daß allein schon dadurch Vorsicht in der Beurteilung der Eignung des Geländes zur Bewässerung geboten erscheint. Diese Variation ist bei einer Bildung wie das innere Nigerdelta im übrigen von vornherein zu erwarten. Derartige Deltas in abflußlosen Endbecken setzen sich aus unzähligen durch den ständigen Wechsel der örtlichen Erosionsbasis durch die alljährliche Änderung von Aufschüttung und Erosion bedingten Schuttkegeln der ständig sich verschiebenden Wasseradern zusammen. Die Variationsbreite der örtlichen Bodeneigenschaften in physikalischer und chemischer Richtung ist damit gegeben.

Ganz allgemein scheinen die Nigerböden ziemlich arm an Phosphorsäure und stellenweise mindestens oberflächlich auch an Kalk zu sein. Daß Stickstoff nahezu überall im Minimum ist, ist mit Sicherheit zu erwarten. D. h. es wird von vornherein für intensive Bewässerungskultur Düngung in geeigneter Form ins Auge zu fassen sein. Ein Gegenargument gegen das Projekt ist das in keinem Falle. Die Stickstoffrage löst sich durch sachliche Gründüngung. Kalk findet sich vielfach in riesigen Mengen in nächster Nähe. Die Phosphatfrage ist in glücklichster Weise durch das Auffinden der nahen großen Lager von In Tassit am Nigerknie nördlich Bourem gelöst, wo rund 20 Millionen Tonnen im Tagebau greifbar sind.

Da auch hinsichtlich der möglichen Arbeiterbeschaffung die Lage des Nigerdeltas nicht ungünstig ist und die bisherigen Erfahrungen durchaus befriedigend sind, ist zu hoffen, daß mit dem Eintritt friedlicher Bedingungen das von Bélime begonnene große Werk schnell seiner Vollendung entgegengehen kann. Mit seinen möglichen Leistungen ist es nicht nur für Frankreich, sondern für ganz Europa als zusätzliches Rohstoffgebiet von größtem Interesse.

Der endgültige, schon weitgehend in der Ausführung begriffene Plan sieht folgende wasserbauliche Hauptwerke vor:

1. Regulierungsstauwerk bei Sansanding,
2. Schiffahrtskanal von 8 km auf dem rechten Nigerufer,
3. Hauptkanal von 8 km Länge auf dem linken Nigerufer, von welchem die Zubringerkanäle zu den beiden zunächst ins Auge gefaßten Bewässerungsgebieten bei Niono im sogenannten „toten" und Bokyerere (Macina) im „lebenden" Delta abzweigen, in Länge von 24 bzw. 63 Kilometern.
4. Deich von 69 km Länge entlang des linken Nigerufers im Macinagebiet zum Schutz gegen die natürlichen Überschwemmungen des dortigen Irrigationsgeländes.

Die Bewässerungsflächen des inneren Nigerdeltas
(nach Bélime)

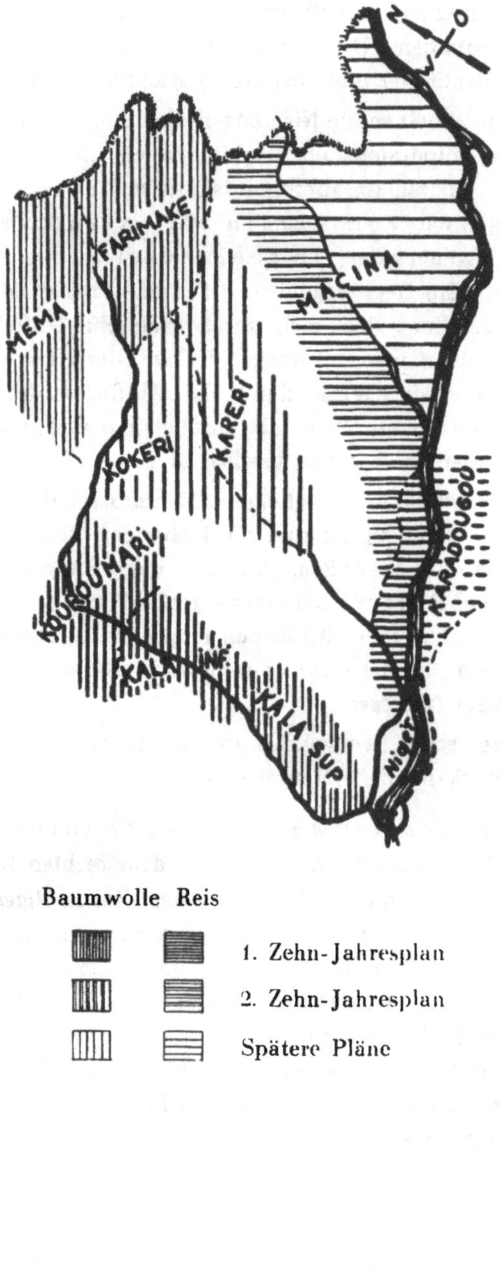

Das Stauwerk von Sansanding ist anscheinend bereits in Dienst gestellt oder mindestens seiner Vollendung nahe. Es soll die folgenden Flächen bedienen:

Am Macinakanal (in Bokyerere, Niaro, Macina)	
Reisland im Umfange von	50 000 Ha
Am sogenannten „Sahel-Kanal" (Niono, Kala, Kurumari)	
Baumwolland	237 000 Ha
Summe:	287 000 Ha

Die vollständige Kultivierung und Besiedelung dieser Flächen, die an Ausdehnung bereits die Anlagen des anglo-ägyptischen Sudan übertreffen, soll in 10 Jahren beendet sein. Eine sachgemäße Entwässerung, deren Fehlen im Sudan und in Ägypten vielfach sich verhängnisvoll durch Versalzung der Böden ausgewirkt hat, ist vorgesehen. Die Versalzungsgefahr ist im Nigerdelta im übrigen wegen der bereits erwähnten Armut des Nigerwassers an gelösten Salzen bemerkenswert gering. Die Kosten dieses Projektes wurden 1935/37 auf rund 300 Millionen Franken veranschlagt. Sie dürften sich bei der Wertminderung des Franken heute wesentlich höher, aber immerhin erheblich niedriger als die Kosten der englischen Sudananlagen stellen.

Ein zweiter Zehnjahresplan sieht die totale Ausdehnung des Baumwollareals auf 800 000 und des Reisareals auf 500 000 Hektar vor. Das Stauwerk von Sansanding soll mit entsprechendem Ausbau diesem Bedarf genügen. Alle diese Bewässerungsgebiete liegen auf dem linken Nigerufer, wie das nebenstehende Kärtchen zeigt. Später wäre evtl. auch noch an die Bewässerung von etwa 300 000 Hektar auf dem rechten Nigerufer zu denken, die durch einen besonderen oberhalb des Staubereichs des Sansandingdammes abzweigenden Kanal bewirkt werden könnte. Die früher als sehr groß betrachteten weiteren Möglichkeiten im Seengebiet, für die das Wasser des Niger sicherlich ausreichen würde, sind durch die Erhardtschen Untersuchungen wahrscheinlich fraglich geworden.

4. Das Tschadgebiet.

Von allen bezüglich ihrer Morphologie und Entwicklungsgeschichte umstrittenen Gebieten der Erde kann das Tschadgebiet für sich in Anspruch nehmen, das umstrittenste zu sein. Das „Rätsel des Tschad", eines

Sees, der „gar kein See ist, sondern ein Sumpf", von dem außer einer Schwankung seiner Flächenausdehnung zwischen 11 und 22 Tausend Quadratkilometern Ebbe und Flut behauptet wurde, eine riesige Wasserfläche, die mindestens heute keinen Abfluß hat, die aber trotz der jährlichen Zufuhr von rund 30—35 Milliarden Kubikmetern Wasser mit einigen Millionen Tonnen gelöster Salze geradezu durch Salzarmut sich auszeichnet, ist allein schon durch diese Tatsachen rätselhaft genug.

Das scheinbare alte Strombett, das den Ostwinkel des Tschad mit dem rund 700 km weit im Nordosten rund 100 m unter Tschadniveau liegenden „Tiefland des Tschad" verbindet, der Soro oder Bahr el Ghazal, ist lange Zeit als Zufluß des Tschad betrachtet worden. Tilho hat ihm autoritativ den gegenteiligen Charakter eines Tschadablaufes zum Tschadtiefland zugeschrieben. Dieses enthält zwar Reste einer der des Tschad entsprechenden Fisch- und Molluskenfauna, ist aber im großen und ganzen genau so wenig versalzen, wie der Tschad selbst, so daß die Frage des Verschwindens der nach Millionen Tonnen zählenden Salzmengen, die man, da sie offensichtlich im Tschad fehlen, im unbekannten Tschadtiefland gut untergebracht wähnte, sich mit besonderer Dringlichkeit erneut stellt. Wenn daher, gestützt auf die fraglos vorhandene Höhendifferenz von Tschad und Tschadtiefland, von einzelnen Geographen das Problem des Tschad kurzerhand mit der Bemerkung abgetan wird: „Der Tschad ist ein Fall wie Niger und Taudeni" und Gautier das Tschadgebiet wegen des Fehlens der Versalzung als „eine große Daya" aufgefaßt wissen will, so ist das zwar ein Zerhauen eines gordischen Knotens, kann aber als tatsächliche Beschreibung und erst recht als genetische Erklärung der überaus komplizierten morphologischen Verhältnisse des Tschadgebietes nicht ernst genommen werden.

Im Nigerbecken lagen die Entwicklungsverhältnisse klar: Selbstverbauung des Urniger gegen den Djuf, Einwandern der Dünen von den östlichen Regs mit Abklingen der Pluvialzeit und Anzapfung des Beckens durch den heutigen Nigerunterlauf, die zu weiterer automatischer Austrocknung und zum Zurückzug des Ausbreitungsgebietes des Nigeroberlaufes auf das innere Delta und das Seengebiet geführt hat.

Beim Tschadbecken liegen, trotzdem ausgezeichnete Untersuchungen ihm gewidmet sind, unter denen die von Tilho an erster Stelle stehen, bei genauerer Analyse so viele fragliche Punkte vor, was seine frühere und heutige Hydrographie anbelangt, daß es noch sehr vieler Forscherarbeit bedürfen wird, bis hier eine volle Übereinstimmung der Ansichten erhofft werden kann.

Es sind in der Hauptsache 3 Punkte, die einstweilen noch weit von ihrer Klärung entfernt sind. Sie sind:

1. das bereits erwähnte Fehlen der Versalzung sowohl im Tschad selbst wie im Tschadtiefland.
2. Der Charakter des Tschadsees im engeren Sinne als überschwemmtes „totes Erg".
3. Die Existenz einer großen Ausbreitungszone der Schari-Lagone, die anscheinend älter ist als der Tschad.

Was das Fehlen der Versalzung anbelangt, um von der Tatsache zu schweigen, daß rund 24 Milliarden Kubikmeter Wasser aus der Wasserbilanz des Tschadbeckens jährlich spurlos verschwinden, die man im Tschadtiefland erwarten sollte, das aber völlig trocken liegt, so stellt sich diese Frage folgendermaßen, wie ich an anderer Stelle ausgeführt habe: „Nimmt man den totalen Salzgehalt der zum Tschad strömenden Flüsse auch nur zu 100 Milligramm je Liter an, wobei Kalk und Magnesiasalze natürlich mitgerechnet sind, — das Nilwasser enthält durchschnittlich 200 bis 250 Milligramm! — so ergibt sich eine jährliche Salzzufuhr zum Tschadbecken von rund 3 Millionen Tonnen im Mittel, entsprechend rund 2,5 Millionen Kubikmetern Salz.

Setzt man Abflußlosigkeit mindestens des Tschadtieflandes voraus, so müßte diese Salzmenge durch die Verdunstung sich unbedingt an der Oberfläche der dortigen Senkenböden anhäufen und ausblühen. Die Gesamtausdehnung der Senken (im wahren Wortsinn!) ist im Tschadtiefland maximal auf etwa 5000 Quadratkilometer zu veranschlagen. Das ergäbe also bei ganz gleichmäßiger Verteilung als jährliche auskrystallisierenden Salzmenge je Quadratkilometer die Menge von 500 Kubikmetern Salz, entsprechend einer Dicke der sich bildenden Salzschicht von 0,5 Millimeter.

Nimmt man als bescheiden, ja sogar völlig unzulässig gering, weiter an, daß die gleichen Wasserverhältnisse wie heute auch nur seit tausend Jahren bestanden haben, was ganz bestimmt eine Minimum-Annahme ist, so würde schon das für das Tschadtiefland eine Salzdecke von im Minimum 50 cm Dicke bei ganz gleichmäßiger Ausbreitung auf 5000 Quadratkilometer ergeben.

Tatsächlich ist diese Minimum-Annahme völlig unvertretbar. Bei den wirklich in Frage kommenden Zeiträumen müßte bei dem beschränkten Raum der nördlichen Senken die Salzdecke nicht nach Zentimetern, sondern nach Metern zählen. Sie fehlt aber bis auf kleinere örtliche Anhäufungen vollkommen, und das Untergrundwasser des Tschadtieflandes ist überwiegend süß. Trotz des Niveauunterschiedes gegen den Tschadsee von rund 100 Metern liegt nicht nur Tschadtiefland trocken, sondern das Wasser steht in ihm noch einige Meter unter der Bodenoberfläche. D. h. dieser Umstand und das Fehlen der Versalzung ist nur möglich, wenn das Tschadbecken nicht nur überhaupt einen Abfluß, sondern einen sehr starken Abfluß besitzt und stets besessen hat."

Ältere Autoren, wie z. B. noch Niehoff (1917), dem die Wissenschaft eine auf eigenen Anschauungen beruhende sehr sorgfältige Analyse der Verhältnisse des Tschadbeckens verdankt, nehmen einen oberirdischen Abfluß zum Kufrabecken, also zum Nilgebiet, als eine Selbstverständlichkeit an. Nach neueren Beobachtungen und Messungen scheint ein solcher Abfluß nicht nur zurzeit nicht zu bestehen, sondern mindestens seit dem Tertiär nicht bestanden zu haben.

Die einzige, wenn auch zunächst vielleicht phantastisch anmutende das Problem lösende Annahme ist mithin die eines unterirdischen Abflusses, sei es zum Nil, sei es direkt zum Mittelmeer.

Erst eine gründliche Untersuchung der Tiefenwasserverhältnisse des Tschadbeckens wird mindestens für das Ganze diese Frage klären können. Daß das Wasser des Tschadsees zum Tschadtiefland, nach den Beobachtungen an Brunnen im Zwischenland, sogar teilweise mit erheblicher Geschwindigkeit unterirdisch abströmt, ist heute eine allgemein anerkannte Tatsache.

Dieses unterirdische Abströmen des Tschadsees nach Norden bzw. Nordosten hängt aufs engste zusammen mit der zweiten, oben als der Klärung bedürftig bezeichneten Frage: dem Charakter des heutigen Tschadsees als überschwemmtes „totes Erg". Die langgestreckten parallelen Inselzüge des Ostufers des Tschad sind genau wie die von tiefen Tälern in regelmäßigen Abständen durchzogene Sandlandschaft Kanem, teilweise eingeebnete Kämme alter „Seifs" (s. o.), d. h. langgestreckter Dünenzüge. Sie müssen bereits vorhanden gewesen sein, bevor der Tschadsee sich bildete. Dieser selbst ist seiner ganzen Morphologie nach in der Tat kein See, er ist nicht einmal ein Sumpf, sondern einfaches Überstauungsgebiet des Urschari und Komádugu-Yobé im alten Erg, das eben erst auf dem Wege ist, ein Sumpf zu werden. Durch die alten Dünensande hindurch wird eben der starke Abfluß des Tschadseewassers nach Norden und Nordosten ermöglicht, wo es dann auf einstweilen rätselhaften Wegen das Tschadbecken verläßt.

Die Frage, woher die Sandmassen des toten Ergs stammen, ist als völlig offen zu bezeichnen. Postpluvial können sie nicht sein, da sie durch Wasser weitgehend zum See eingeebnet sind. Sie haben sehr wahrscheinlich stets den Tschadsee, wenn man gewohnheitsmäßig dem Überstauungsgelände diesen hochtrabenden Namen geben will, vom Tschadtiefland getrennt. Nur bei besonderem Hochwasser hat wohl ganz ausnahmsweise zwischen der Lagune des Tschadtieflandes, dem Soro und der Lagune des Tschadsees, dem Bahr el-Ghazal, eine Wasserverbindung bestanden, wie ich an anderem Orte eingehend erläutert habe. Postpluvial lieferten die nordöstlichen Regs und Ausbreitungszonen der im abflußlosen Tschadtiefland mündenden Flüsse das heute auf dem toten in voller Entwicklung begriffene lebende Erg der Ostgebiete.

Der Eindruck, daß sich im Tschadbecken eine sehr vielgestaltige und komplizierte Entwicklung vollzogen hat, die mit der Erklärung zur Riesendaya, so grundsätzlich richtig dieser Name bei dem starken unterirdischen Ablauf auch ist, nicht abgetan werden kann, verschärft sich bei näherer Betrachtung des Schari-Logone und ihres Quellgebietes. Daß das südliche Tschadufer das Produkt einer ständig weiter ins überschwemmte Dünengebiet vorstoßenden Deltabildung ist, lehrt ohne jede Zweifelsmöglichkeit der Augenschein. Auch daß heute das Sedimentationsgebiet mit abnehmender Wassermenge der Flüsse und ihren schnellen Bettverlagerungen stellenweise wieder zum Erosionsgebiet geworden ist, bietet keinerlei Schwierigkeiten des genetisch-historischen Verständnisses. Diese fangen erst an, wo es um die zeitliche Eingliederung des südöstlichen „Klärbeckens" des Tschadsees geht: das Quellbecken des Schari-Logone und ihrer hauptsächlichsten Nebenflüsse.

Noch heute ist dieses Quellbecken oberhalb der Bergkette von Niellim und der Schnellen von Gaye alljährlich ein riesiges, seeartiges Überschwemmungsgebiet. Es war, wie Bruel sich ausdrückt, bis vielleicht vor geologisch gar nicht sehr langer Zeit ein Stausee, in den sich die Quellflüsse des Schari-Logone unter Bildung der noch heute erhaltenen gewaltigen Deltas ergossen. D. h. das Alter des heutigen Schari-Logone unterhalb dieses genannten Felsriegels ist eine offene Frage und damit das Alter des Tschadsees, während für das Tschadtiefland die von Tibesti kommenden pluvialen Wadis usw. eine vollwertige Daseinsgrundlage bildeten.

Fast hat es den Anschein, als ob der Tschad ein geologisch sehr jugendliches Gebilde ist von einer recht kurzen Lebensdauer mit sehr schlechten

Auspizien für seine weitere Existenz. Wie das Nigerbecken vom heutigen unteren Niger angezapft wurde, so zapft heute der Mao Kebbi-Benue in den Tuburisümpfen das Tschadbecken an, ein Vorgang, auf dessen Gefahr für dessen Wasserführung Tilho wiederholt mit Nachdruck aufmerksam gemacht hat. Ob es möglich sein wird, dieser Anzapfung Einhalt zu gebieten, muß die Zukunft lehren.

Auch die größten Anlagen zu diesem Zwecke erscheinen durchaus vertretbar. Das Tschadgebiet kann als ein Bewässerungsland der Zukunft von erster Ordnung bezeichnet werden, dessen Böden nach Qualität den besten Sudanböden gleichwertig und denen des Niger wohl überlegen, nach Qualität nur denen Ägyptens nachstehend bezeichnet werden können.

Ein Charakterzug ist es, der den Bodenverhältnissen des Tschadbeckens, und zwar im engeren Sinne, seinen Stempel aufprägt. Die Existenz des südöstlichen „Klärbeckens" südlich der Berge von Niellim hat zur Folge, daß alle gröberen Sedimente, die die Flüsse führen, überhaupt nicht oder mindestens nur sehr teilweise ins Tschadbecken gelangen, sondern vorher aufgefangen werden. Nur feinste Schlick- und Tonmassen erreichen überhaupt das Seegebiet. Auch zwischen diesen findet noch eine weitere Aufteilung dahingehend statt, daß der Schlick im Hauptstromtal des Schari-Logone fortbewegt, im wesentlichen zum weiteren Aufbau seines schnell mit etwa 100 m je Jahr wachsenden Deltas im Tschad dient. Nur das Hochwasser tritt über die Ufer des Urstrombettes und läßt auf den ungeheuren Überschwemmungsflächen der Umgebung des Sees die feinsten Trübebestandteile zum Absatz kommen. So bildeten und bilden sich im und am See selbst tonige, meist kalkreiche Schlickböden, auf den Stagnationsflächen aber schwerste Tone. Beide Bodentypen sind als den besten Böden des Sudan gleichwertig zu betrachten. Die schweren dunklen Tone, nach ihrem besonders typischen Auftreten in der Landschaft Firki, von den europäischen Reisenden „Firkiböden" genannt, gelten seit langem als Baumwoll- und überhaupt Bewässerungsböden erster Ordnung und sind enge Parallelen des ägyptischen „Tin Soda" und des indischen Reghur.

Die von dieser vorzüglichen Bodenart östlich und westlich des Schariunterlaufes eingenommene Fläche ist auf minimal 1 Million Hektar zu schätzen.

Eine Durchschneidung des den Tschad vom Tschadtiefland zwischen Bahr el-Ghazal und Soro trennenden schmalen Sattels bis zu vielleicht 20 m Tiefe, die für die moderne Technik ein Leichtes wäre, würde den Seespiegel unter Auffüllung des Tschadtieflandes zu einem See um etwa 2 m senken. Es würden dadurch zwei Vorteile gegen den heutigen Zustand erreicht:

1. Die heute die sachliche Kultur des südlichen Tschadvorlandes verhindernden ungeheuren Überschwemmungen würden beseitigt.
2. Es würden rund 2 000 000 Hektar der erstklassigen kalkreichen Schlickböden (s. o.) des Tschadseegrundes dauernd trocken fallen, die ein nahezu ideales Bewässerungsgelände abgeben würden.

Insgesamt würden durch eine solche Trockenlegung des Tschad, von welchem nur die noch heute deutlich unter Wasser festzustellenden Urbetten des Schari, Komádugu usw. als Wasserstraßen übrig bleiben würden, rund 3 Millionen Hektar bester Böden zur Bewässerung verfügbar sein. Da die durch die Trockenlegung vor Verdunstung bewahrte Wassermenge sich jährlich auf 21—24 Milliarden Kubikmeter Wasser belaufen würde, wäre der Bedarf für Bewässerung des gesamten Areals unter allen Umständen ausreichend gedeckt.

Die starke Trübeführung aller Flüsse des Gebietes und seine große Flachheit würde freilich, da unter diesen Umständen Staudämme kaum angezeigt erscheinen, zu grundsätzlich anderen technischen Mitteln der Bewässerung zwingen. Zu denken wäre an Überstauung aus den Flüssen selbst, sei es durch Überlauf, sei es durch Pumpen in Verbindung mit Grundwehren, vor allem aber wohl an künstliche Beregnung.

Wie bereits angedeutet ist, ist auch das Tschadseewasser wie das des Niger durch einen sehr geringen Salzgehalt ausgezeichnet. Auch hier wäre also die Versalzungsgefahr gering, wie auch die geringe Verbreitung von Salzhorizonten in den schweren Böden des Tschadlandes beweist.

Noch steht vor dem Ende des Krieges die Entscheidung über die Besitzverhältnisse an Niger und Tschad aus. Sollten, wie zu hoffen ist, mit einem deutschen Siege diese Teile Afrikas in die zukünftige deutsche Interessenzone fallen, so liegen dort Kulturaufgaben, die nicht nur für Deutschland, sondern für ganz Europa von grundlegend wichtiger Bedeutung zur Deckung seines Rohstoffbedarfs sein werden und schon heute das höchste Interesse verdienen.

Schrifttum:

Gautier, E. F.: Le Sahara, Paris 1928
„ L'Afrique noir, Paris 1935
„ „ L'Afrique blanche, Paris 1939
Bélime, E. L.: Les Travaux du Niger, Paris 1941
Vageler, P.: Die Böden Westafrikas. Mitteilungen der Gruppe Kolonialw. Unternehmungen, Bd. 2 und 3. 1940/41.

Abb. 1. Aufschmettungsebene im Trockenklima.

Abb. 2. Schott in Nordafrika.

Abb. 3. Lebendes Erg (aus 2400 m Höhe!)

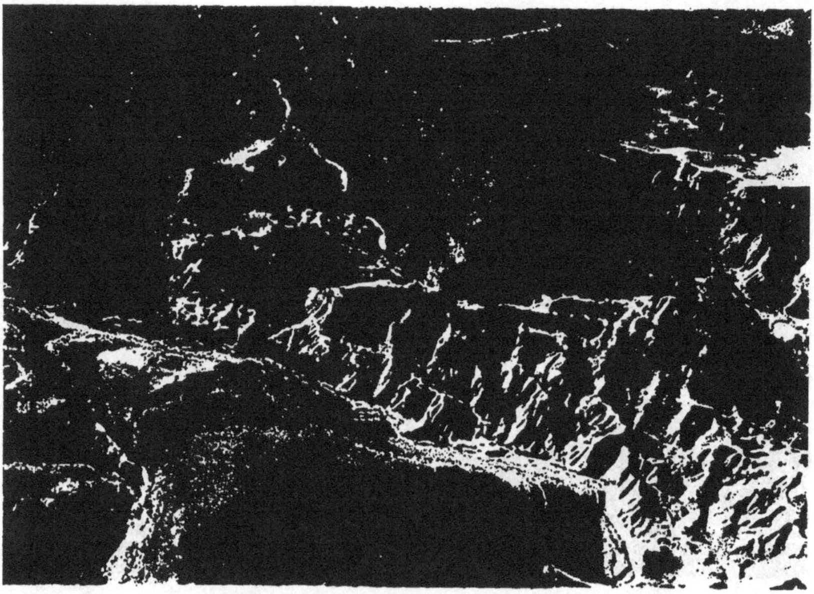

Abb. 4. Erosion im Trockenklima.

Die Wälder Vorderindiens und ihre wirtschaftliche Bedeutung.

Von

Franz Heske

Mit 8 Tafeln.

Inhalt

Seite

Allgemeine Grundlagen der Forstwirtschaft Indiens 315
Die natürlichen Grundlagen der Waldexistenz und Waldwirtschaft 317
Die Wälder Vorderindiens 324
Die kulturellen Grundlagen der Waldnutzung und Waldwirtschaft 345
Die Waldwirtschaft Vorderindiens 357
a) Die Waldfläche 357
b) Der Wald als Rohstoffquelle 358
c) Aufgaben der Forstpolitik 365
d) Die metaphysischen Wohlfahrtswirkungen des Waldes 369
e) Wald und Bevölkerung 371
f) Geschichte der Waldbehandlung und Forstwirtschaft 373
g) Waldnutzung und Waldindustrie 379
h) Die eigentliche Forstwirtschaft 384
i) Forstliches Forschungswesen 388
Hierzu Abbildungen auf Tafel 3—10 nach Seite 400.

Literatur

Die Literatur über die Wälder Indiens und die Probleme ihrer Erhaltung und Bewirtschaftung ist sehr umfangreich. Sie hier auch nur einigermaßen vollständig anzuführen, würde weder dem Zweck dieses Aufsatzes, noch auch dem zur Verfügung stehenden Raum entsprechen. Es sollen daher nur einige wenige Standardwerke und Informationen angeführt werden. Interessenten steht auf Wunsch das Reichsinstitut für ausländische und koloniale Forstwirtschaft, Reinbeck bei Hamburg, mit vollständigen Literaturangaben über die verschiedenen Spezialgebiete der Waldwirtschaft Indiens zur Verfügung.

a) Ein ausgezeichnetes Standardwerk über Vorderindien im allgemeinen ist:

Norbert Krebs: Vorderindien und Ceylon. Stuttgart 1939

b) Waldwirtschaftliche Standardwerke sind besonders:

E. P. Stebbing: The forests of India. Drei Bände. London 1926
R. S. Troup: The sylviculture of Indian trees. Drei Bände. Oxford 1921

c) Wichtige Informationen über Indiens Waldwirtschaft enthalten:

The work of the forest Department of India. Calcutta 1920.
The development of Indias forest Resources. Calcutta 1925

Beide herausgegeben von der Staatsforstverwaltung Indiens.

d) Benutzt wurden besonders bei der Abfassung dieser Arbeit auch:

Franz Heske: Im heiligen Lande der Gangesquellen. Neumann, Neudamm 1937.
Derselbe: Beitrag zur Kenntnis der Waldzonen des Westhimalayas. Helsinki 1929

Die Forstwirtschaft Britisch-Indiens ist eines der leuchtendsten Beispiele für deutsche Aufbauarbeit in Übersee. Von 1855 bis 1900 haben drei große deutsche Forstmänner, Dietrich Brandis, Wilhelm Schlich und B. Ribbentrop, in Indien unter Überwindung zahlreicher Schwierigkeiten und Hemmungen erstmalig eine tropisch-forstliche Nachhaltswirtschaft größten Ausmaßes aufgebaut und damit nicht nur den Anstoß zur allmählichen Entwicklung einer geregelten Waldbenutzung im Britischen Weltreich gegeben, sondern auch allen weiteren Bestrebungen, eine intensive und geregelte Forstwirtschaft in den Tropen einzuführen, das klassische Vorbild gesetzt. Wenn man bedenkt, daß der Tropenwald etwa die Hälfte der Waldfläche der Erde umfaßt und eine Rohstoffquelle heute noch unübersehbarer Zukunftswerte darstellt, dann wird man verstehen, daß die Bewunderung und Achtung vor der großen Pioniertat der drei deutschen Forstmänner in Indien mit der kommenden allseitigen Inangriffnahme einer geregelten Erschließung und nachhaltigen Bewirtschaftung der Tropenwälder erst recht anwachsen wird. Die Leistungen der deutschen Forstwirtschaft in Übersee werben durch ihren dauernden und über allem politischen Streit erhabenen Kulturwert für den deutschen Namen in der gleichen sachlichen und unantastbaren Weise wie etwa die Leistungen der deutschen Tropenmedizin.

Im folgenden soll diese Aufbauarbeit in Indien beschrieben und gleichzeitig die indische Forstwirtschaft in ihrer geographischen Abhängigkeit als das klassische Beispiel einer tropischen forstlichen Nachhaltswirtschaft in ihren wichtigsten Zügen dargestellt werden.

Allgemeine Grundlagen der Forstwirtschaft Indiens.

Das britische Weltreich, hervorgegangen aus der kolonialen Ausdehnung Englands[1]) in den letzten 300 Jahren, umfaßt 40 Millionen qkm oder 27 % der festen Erdoberfläche. Von den 460 Millionen Menschen (25 % der ganzen Menschheit), die dem Weltreich angehören, sind nur 56 Millionen Angelsachsen. Das Mutterland bildet nur 0,8 % der Fläche des Weltreiches, 14 % liegen in Asien, 25 % in Afrika, 26 % in Amerika, 21,6 % in Australien, 12,6 % in den Südpolargebieten.

Von der Gesamtfläche dieses Weltreiches von 46 Millionen qkm sind etwa 4,82 Millionen qkm oder 12 % (bzw. 13,8 % bei Weglassung der

[1]) Diesen Zahlen liegt der Stand vor dem gegenwärtigen Kriege zugrunde.

Polargebiete) bewaldet. Von dieser Waldfläche sind 40 % oder 1,8 Millionen qkm wirtschaftlich wertvoller und zugänglicher Wald. Dieser ungeheure Waldbesitz enthält über 3000 verschiedene mehr oder weniger wertvolle Holzarten und alle Waldtypen, Klima- und Bodenzonen wie auch Terrainformen, die es gibt. 57 % dieser Waldfläche liegen in Amerika (54 % in Canada), 19 % in Afrika, 17 % in Asien, 7 % in Australien und 0,2 % in England. England besitzt selbst nur 0,02 % der Waldfläche der Erde, kontrolliert aber etwa 21 %. Der Waldbesitz ist zu 50 % Nadel-, zu 50 % Laubholz.

In vielen Teilen des Weltreiches ist infolge exploitationsmäßigen Waldabbaues ohne Verjüngung, infolge ungeregelter Nutzungen der Eingeborenen (Holzaushiebe, Waldweide, Brandwirtschaft usw.), sowie ortsweise ausgedehnter Waldbrände die Forstwirtschaft eine bedenkliche. Nach dem ersten Weltkriege hat England die weittragende Bedeutung einer geregelten Forstwirtschaft für die Wirtschaftspolitik seines Reiches erkannt. Hauptsächlich hat hierzu die Holznot in England während dieses Krieges den Anstoß gegeben. Im Jahre 1919 wurde eine Forstkommission gegründet, deren Aufgabe es war, die Holzversorgung der Nation sicherzustellen. Über Betreiben dieser Kommission wurden mehrere Reichsforstkonferenzen einberufen (1920 London, 1923 Canada, 1928 Australien, 1933 Südafrika), die zahlreiche wichtige Fragen betreffend Ausdehnung, Zuwachs, Zusammensetzung und Abnutzung der Wälder des Reiches geklärt und manchen wertvollen Beitrag zur Festsetzung der forstpolitischen und forstwirtschaftlichen Ziele des Imperiums gebracht haben. Als wichtigstes Prinzip wurde festgesetzt, daß die Abnutzung des Waldes nicht ohne Zusammenhang mit dem Jahreszuwachs zu bemessen wäre und die Wälder in Zukunft unter die Kontrolle wissenschaftlich gebildeter Forstwirte gestellt werden sollten. Dies bedeutet grundsätzlich Einführung der Nachhaltswirtschaft in allen Teilen des Weltreiches.

Indien nimmt infolge seiner bemerkenswert entwickelten Forstwirtschaft innerhalb der Waldwirtschaft des britischen Weltreiches eine besondere Stellung ein und kann in gewissem Sinne den übrigen Dominions und Kolonien als Musterbeispiel dienen, zumal seine forstlichen Verhältnisse durchaus nicht einförmig, sondern außerordentlich vielgestaltig sind und daher reiche Anregung bieten. Alle Waldzonen von den Tropen bis zur alpinen Waldgrenze, vom Mangrovensumpfwald bis zum Gebüsch, das sich allmählich in der Sandwüste verliert, sind vertreten. Ebenso verschieden sind die wirtschaftlichen Vorbedingungen, die auf die Verwertung des Holzes und Intensität des waldbaulichen Betriebes größten Einfluß nehmen.

Die natürlichen Grundlagen der Waldexistenz und Waldwirtschaft.

Indien ähnelt in seiner Gestalt einem Rhomboid, dessen vier Seiten folgende Dimensionen aufweisen: die Strecke Bai von Bengalen bis nach Nordwesten von Kashmir 2260 km; Kashmir — Karachi 1930 km; Karachi—Cap Comorin 2820 km und Cap Comorin—Mündung des Hoogli 2100 km.

Strabo, der diese Entfernungen in der gleichen Anordnung gegeben hat, irrte bei jeder nur um 322 km nach unten, was der Genauigkeit seiner Schätzung ein glänzendes Zeugnis ausstellt.

Die Gesamtfläche des Landes umfaßt 4 080 000 qkm, d. h. die siebenfache Größe des Großdeutschen Reiches vor dem Ausbruch des Krieges. Zusammen mit Burma, das allein größer ist als Deutschland, ist es ebenso groß wie Europa ohne Rußland und Skandinavien.

Von der übrigen asiatischen Kontinentalmasse ist es durch hohe, fast unübersteigbare Gebirgszüge abgetrennt, die in ihrem bogenförmigen Verlauf als Nordgrenze des Landes nur im Nordwesten gegenüber Afghanistan leichter passierbare Stellen aufweisen, die dann auch im Verlaufe der Geschichte die Eingangspforte bildeten, durch die sowohl alle großen Eroberer nach Indien vorstießen, als auch die Durchdringung des Landes mit Menschen arischen Blutes erfolgte. Erst mit der Entwicklung der modernen Hochseeschiffahrt eröffnete sich im Süden vom Meere her eine zweite Einfallspforte, die von den Engländern voll ausgenutzt wurde.

Indien zerfällt in drei große Regionen:

die Gebirgsregion im Norden,
die Ebenen Nordindiens und
das Tafelland des Dekhan.

Die Gebirgsregion im Norden grenzt, wie bereits gesagt, das Land gegen Tibet ab. Aber die drei großen Flußsysteme des Indus, Ganges und Brahmaputra entspringen nördlich der hohen Gebirgsketten des Himalaya.

Dieses mächtige Gebirge, das doppelt so hoch und doppelt so lang ist wie die Alpen und ebenso kompliziert gebaut, gehört einer jungen, immer noch stark beweglichen Zone der Erdkruste an. Noch während der Eiszeit fanden im Anschluß an die letzten Faltungen im Tertiär starke Hebungen statt. Die großen Flüsse, die den Himalaya durchbrechen, sind schon im Pliozän geflossen und sind älter als das Gebirge in seiner jüngsten Erhebung. Für diese Jugendlichkeit zeugt die Häufigkeit der Erdbeben von

Belutschistan bis Assam. In den letzten 200 Jahren haben hier nicht weniger als acht große Erdbeben stattgefunden. Die einzelnen parallel streichenden Kämme sind durch Längstäler und Längsbecken geschieden. — Von Süden nach Norden fortschreitend begegnet man zunächst den 800—1200 m hohen Siwaliks, hinter denen sich dann die ungesunde, aber fruchtbare Ebene des Dun erstreckt. Dahinter folgt die aus zahllosen Bergzügen zusammengesetzte Gebirgswelt des niederen Himalaya in einer Seehöhe von 2200—4000 m und schließlich aus ihr plötzlich ansteigend der hohe Himalaya, dessen himmelanstürmender Wall in seinen höchsten Erhebungen bekanntlich 8000 m oft weit überschreitet. Nördlich dieser Hauptketten folgen dann weitere gewaltige Gebirgslandschaften, denen größere Trockenheit, damit reduzierte Vergletscherung und gesteigerte Anreicherung von Schutt eigentümlich ist. Diese 5000 bis 7000 m hohen Ketten tragen die eigentliche Hauptwasserscheide.

Der überwiegend schieferig-tonige Charakter begünstigt besonders im niederen Himalaya, an der Regenseite des Gebirges, die Abtragung, die auch in den höheren Lagen sehr beträchtlich ist und durch die walderstörende Tätigkeit des Menschen erheblich gesteigert wird. Davon wird später noch ausführlich die Rede sein.

Der Abtrag der Gebirge wird in den Ebenen des Ganges, Indus und Brahmaputra aufgeschüttet. Große Schuttkegel bilden sich am Austritt der Flüsse aus dem Gebirge, und häufig ändern diese ihren Lauf.

Die nordindischen Ebenen liegen am Fuße der hohen Himalaya-Ketten und werden im Süden vom Vindhya-Gebirge begrenzt. Sie sind wahrscheinlich im Zusammenhang mit der Aufwölbung des nördlichen Gebirgswalles als gewaltiger Trog ausgebildet worden, der sich allmählich mit dem Schutt, Sand und Ton der Flüsse ausfüllte, so daß überall gleichmäßig Lockerböden gebildet wurden. Die Flüsse sind nicht tief eingeschnitten, und zur Zeit der Schneeschmelze im Himalaya sind verheerende Überschwemmungen häufig. Infolge der geringen von Osten nach Westen abnehmenden Niederschläge erhält das abseits der Flüsse gelegene Gebiet Wüstencharakter (Wüste Thar). Diese großen alluvialen Ebenen ziehen sich in einer Breite von 250—500 km von der Bai von Bengalen bis zum arabischen Meer. Sie sind die fruchtbarsten und dichtest bevölkerten Teile Indiens. Hier entstanden die großen Reiche der Hindus und Mohammedaner in der vorbritischen Zeit, und hier spielt sich der wichtigste Teil der indischen Geschichte ab. Die Ströme bringen ständig aus dem Himalaya, aus Afghanistan und Belutschistan große Mengen von Bodenmaterial mit, das zum Teil als Anschwemmung deponiert wird.

Strachey, einer der bedeutendsten Kenner Indiens, sagt über diese Ebenen, die Bengalen, die Vereinigten Provinzen, Punjab, Rajputana, Sind, Assam und das Tal des Brahmaputra umfassen, folgendes:

> „The Indo-Gangetic plain comprises the richest, the most fertile, the most populous and historically the most famous countries of India. It covers more than 500 000 sq. m. an area as large as France, the German and (late) Austrian Empires and Italy, and it contains 160 millions of people. The alluvial deposits of which it is composed are so comminuted that it is no exaggeration to say that it is possible to go from the Bay of Bengal up to Ganges, through the Punjab and down to the Indus again to the sea, over a distance of 2000 miles and more without finding a pebble however small."

Man kann also das Gangestal und das Gebiet im Unterlauf des Brahmaputra in vielfacher Beziehung das Zentrum des indischen Lebens nennen.

Südlich der Ebenen liegt das Hochland von Dekhan. Es umfaßt die Zentralen Provinzen, Bombay, Madras, Mysore, Travancore und andere kleinere Staaten und Provinzen. Die Abgrenzung von Norden ist nicht scharf. Die nördlichen Ebenen erheben sich hier stufenweise allmählich und unregelmäßig zu der Landschaft Mittelindiens, die sich nach allen Richtungen entwässert. Ihre Hauptglieder sind die westlich von Kalkutta, die Ebenen Bengalens begrenzende, geschlossene Masse von Chota Nagpur und eine Anzahl von Gebirgszügen, die ost-west bzw. nordost-südwest streichend das Gerippe dieser Landschaft aufbauen (Aravalli, Vindhya, Satpura). Das an diese mittelindische Zwischenlandschaft sich südwärts anschließende eigentliche Dekhan ist eine schräggeneigte Scholle, die mit dem über 1000 m hohen Westrand der Ghats scharf gegen die schmale Küstenebene und deren Einbruchshäfen wie Bombay, Goa und Karwar abfällt. Auch der von mehreren Flüssen durchbrochene Ostrand des Dekhan fällt steil ab, aber die vorgelagerten Küstenstreifen sind wesentlich breiter (Coromandel). Der südlichste Teil des indischen Rhomboids steigt staffelförmig zum Ozean herab.

Die westlichen Ghats sind ein viel deutlicher ausgeprägter Gebirgszug als die östlichen. Im Süden erheben sie sich bis zu 3000 m, während die östlichen Ghats nur eine Erhebung von 300 m über dem Meere aufweisen und gegen Westen zu in Richtung der Hochebenen kein Gefälle haben, so daß man sie als den einfachen Abfallsrand des Dekhan nach Osten bezeichnen könnte. Die Flußläufe sind daher meist nach Osten gerichtet. Ihre Täler öffnen sich an der Ostküste zum Teil zu breiten Deltas, die infolge der Güte ihrer Böden, der reichlichen Wasserversorgung und des tropisch-warmen Klimas zu den fruchtbarsten Gebieten ganz Indiens gehören. Im Westen dagegen liegt vor dem Steilrand des Küstengebirges nur ein schmaler, aber auch sehr fruchtbarer Küstenstrich.

Das nördlich der Westlichen Ghats in einem Winkel nach Nordost abgebogene isolierte Aravalli-Gebirge begrenzt die Wüsten von Rajputana nach Osten. Hier hat der Wüstensand, vom Winde getrieben, die Täler ausgefüllt und entlang der Hänge streichend gezackte Gebirgsformen ausgeblasen.

„The Vindhyas, the Aravalli Range, The Western Ghats and the Nilgiris with the final southern extension culminating in the Anaimalai Hills are the chief Mountain masses of the Indian peninsula south of the Himalaya. Hidden amongst them are many spots of rare beauty, many a group of magnificent peaks clothed with an infinite variety of forest vegetation, the recesses of which are known, but to the district official, the forest officer or the sportsman". (Strachey)

Der größte Teil Mittel- und Südindiens gehört zu den ältesten Teilen der Erde. In weiten Gebieten herrschen Gneis, Granit und kristalline Schiefer vor. Innerhalb dieser archäischen Massen sind ursprünglich wohl grabenartig gestaltete, später aber durch Gebirgsdruck emporgehobene und vielfach gefaltete Quarzitschiefer, Phyllite und Marmorlager zu finden. Diese sind von zahlreichen Tiefengesteinen durchsetzt, an die sich reiche Erzlager und -gänge anknüpfen. Im Oberkarbon und Jura haben im Dekhan mächtige Flußablagerungen stattgefunden, und eine üppige Sumpfvegetation hat zur Bildung ansehnlicher Kohlenflöze geführt.

Von größter Bedeutung für die Bewaldung nach Verteilung und Zusammensetzung aus Waldtypen und Holzarten sowie die Forstwirtschaft überhaupt sind die klimatischen Verhältnisse. Sie weisen in Indien eine außerordentliche Verschiedenartigkeit auf. Es gibt beispielsweise Gebiete mit Niederschlägen im Jahresdurchschnitt von 75 mm (oberer Sind) und andererseits von über 11 000 mm (Cherapunji in Assam) und 7500 mm und mehr in den Western Ghats, in den Bergen von Arakan und in Tenasserim.

Seiner geographischen Breite nach gehört Indien der nördlichen Passatzone an. Aber die Erhitzung der großen Landmassen Süd- und Innerasiens im Sommer bewirkt eine Umkehrung des nordöstlichen Passatwindes in einen südwestlichen Monsunwind, der von der See her (Indischer Ozean und Arabisches Meer) in das Tiefdruckgebiet über dem erhitzten Kontinent einströmt und Regen bringt. Umgekehrt herrscht im Winter Hochdruck über den Landmassen, und die Folge ist ein Trockenheit und andauernd heiteres Wetter bedingender Nordwind. Von der ganzen jährlichen Regenmenge fallen in Indien im Durchschnitt etwa 90 % während der Regenzeit, d. h. unter dem Einfluß des Südwestmonsuns.

Vom März ab setzt eine starke Erhitzung der Landmassen von Süd nach Nord ein, und im Mai erreicht die Temperatur in Nordwest-Indien 40° C und mehr. Der Frühling ist die heißeste und trockenste Jahreszeit. Niederschläge fehlen, mit Ausnahme örtlicher Gewitterstürme, die auch Hagel bringen können. In Burma sind während der zweiten Maihälfte oft schwere Regenschauer als Vorläufer des eigentlichen Monsuns häufig. Durch diese Erwärmung der Landmassen entsteht in Zentralasien allmählich ein Gebiet sehr tiefen Luftdrucks, das die feuchten Luftmassen des Indischen Ozeans und des Arabischen Meeres ansaugt. Der trockene Nordostwind schlägt in einen südwestlichen Regenwind um. Es folgt die Regenzeit von Juni bis Oktober. Der eigentliche Monsun währt von Juni bis September.

Die Periode von Oktober bis Dezember, während der sich die feuchten Seewinde von der indischen Region nach der Äquatorialzone verlagern, ist die Zeit des Monsunrückganges. Im November und Dezember herrschen meist schönes Wetter, klarer Himmel, beträchtliche Unterschiede im täglichen Temperaturgang, niedrige Luftfeuchtigkeit und im Dekhan und in den südlichen Küstengebieten von Madras (besonders entlang Koromandel) Zyklonstürme mit gelegentlich heftigen Niederschlägen (auch in den Nilgirisbergen).

Im Januar hat der trockene Nordostmonsun seine volle Herrschaft erlangt. Er bringt Niederschläge nur, soweit er über die Bai von Bengalen streicht und sich mit Feuchtigkeit belastet, die er dann in den südöstlichen Teilen der indischen Halbinsel herniedergehen läßt. Während dieser kalten Jahreszeit fallen die relativ höchsten Niederschläge in den submontanen Gebieten Nordindiens. Sie nehmen vom Gebirge weg ab und sind unbedeutend im größten Teil der Halbinsel und in den südlichen Teilen von Burma. Dagegen ist während dieser Zeit die nächtliche Taubildung oft recht stark, was für die Vegetation von großer Bedeutung ist. In den Hochlagen des Himalaya fallen um diese Jahreszeit beträchtliche Schneemassen.

Die örtliche Verteilung der Niederschläge folgt der Topographie des Landes. Die steil aufragenden Küsten, z. B. die Westghats, erhalten reiche Regenmengen, dann die Küsten Hinterindiens und Bengalens, sowie das steil aufragende Hinterland von Assam. Dagegen kommen dem Indusgebiet, den im Regenschatten gelegenen Gebieten des inneren Dekhan (750 mm) und der Trockenzone im mittleren und südlichen Teil des oberen Burma (500—1000 mm) nur relativ geringe Niederschläge zu. Im östlichen Indusgebiet im Bereiche der Wüste Thar fallen fast keine Niederschläge. Derart weisen die jährlichen Niederschlagsmengen Indiens regional die größten Gegensätze auf, wie auch nachstehenden Daten entnommen werden kann:

Cherrapunji	bis zu 21 000 mm (22 625 mm in 1861)
Assam	12 000 mm
Westküste	6 000 mm
Bengalen	2 000 mm
Inneres Dekhan	400—1 000 mm

Der Himalaya und die Ghats spielen im Funktionsorganismus der indischen Landschaft eine entscheidend wichtige Rolle. Sie bilden eine Barriere, die den Feuchtigkeitsgehalt der Seewinde zum Niederschlag zwingt und dadurch dem Leben und der menschlichen Kultur dienstbar macht. Damit werden erst die Voraussetzungen für eine Befeuchtung und Bewohnbarkeit verschiedener Landesteile geschaffen. Während des Winters und im zeitigen Frühjahr dringen vom Westen her Luftströmungen in den Himalaya. In den inneren Gebirgszügen fällt starker Schnee, aber wenig Regen in den Vorbergen. Im späten Frühjahr bringt die Schneeschmelze häufige Hochwässer in den Flüssen. Der Südwestmonsun im Hochsommer aus der Bai von Bengalen bringt Niederschläge in den Vorbergen und Hauptbergen. Dieser Niederschlag wird zum Teil vom Boden absorbiert, zum größeren Teil fließt er durch zahllose Rinnsale in die Ebenen Indiens ab. Die Vorberge und Himalayaketten schaffen also die Voraussetzung für eine Bewässerung der Ebenen und ihre Bewohnbarkeit. Damit wird gleichzeitig das Wasserregime beeinflußt.

Aber diese wichtige Funktion der Gebirge wäre ohne den Bergwald nicht entsprechend.

Eis und Schnee schmelzen langsam und haben daher selbst auf nacktem Bergboden oder waldloser Alm Zeit, einzudringen. Regenwässer dagegen gehen plötzlich nieder und fließen auf nacktem Hang rasch ab. Sie denudieren die Hänge und verursachen Hochwässer in den Tälern. Als Regulator dieser Erscheinung nun fungieren die Bergwälder; denn unterhalb der Schneegrenze sind die meisten Gebirge, soweit des Menschen Hand nicht zerstörend eingegriffen hat, vom Wald bedeckt. In dem landschaftlichen System Gebirge—Ebene hängt die Fruchtbarkeit der letzteren und damit die Wohlfahrt der Völker von der regulierenden Funktion des Bergwaldes ab, die erst die geregelte Zufuhr des Niederschlagwassers bedingt.

Dies geschieht einmal durch Verminderung des Abflusses, besonders durch die aufsaugende Funktion des porösen von Wurzeln und Hohlgängen durchzogenen Waldbodens, dann durch eine Erhaltung der Feuchtigkeit, weil dieser poröse Waldboden das aufgesaugte Niederschlagwasser nur langsam und allmählich freigibt und damit wie ein natürlicher Wasserspeicher wirkt (Speisung der Quellen des Untergrundwassers und höherer Wasserstand der Flüsse während der Trockenzeit), sowie durch Bodenschutz gegen Erosion. Der Wald bindet den Boden durch sein Wurzelwerk und bremst die Erosionskraft des Wassers ab. Auf entwaldeten Hängen kann, soweit sie aus schweren bindigen Böden (Tone, Mergel) bestehen, Furchen- und Grabenerosion entstehen, soweit lockere, lose Böden (Sand) vorliegen, die Oberflächenerosion überwiegen. Die Erosionsprodukte (Sand, Schutt) aber bedecken fruchtbare Felder mit sterilen Ablagerungen, versanden Bewässerungsanlagen, Kanäle und Flußbetten und fördern daher in den Flüssen eine ständige Überflutung.

Man kann aus diesen Darlegungen leicht die besonderen Wohlfahrtswirkungen der Bergwälder des Himalaya erkennen, wenn man einerseits die Konzentration bedeutender Niederschlagsmengen auf wenige Monate, die darauffolgende lange Trockenheit, den besonders erosionsgefährdeten schieferig-tonigen Bau des Gebirges bedenkt, sowie andererseits die Abhängigkeit der Wohlfahrt der dichtbesiedelten Ebenen von einem ausgeglichenen Wasserregime und nachhaltig funktionierenden Bewässerungsanlagen und endlich sich vergegenwärtigt, daß alle diese Voraussetzungen von der Erhaltung der Bergwälder abhängen.

Die Böden Indiens sind recht verschiedenartig. Die Haupttypen sind wohl Laterit und Regur, aber auch Braunerden in Gebieten mit kurzer Trockenheit, in höheren Lagen und an Orten mit andauernder Auslaugung, sowie Gelberden, Skelettböden und Humusböden sind häufig.

Der Laterit kommt besonders im Dekhan und in Ceylon vor. Im allgemeinen unabhängig von der Gesteinsunterlage bevorzugt er basische, eisenreiche Gesteine. Die obere Grenze seines Vorkommens liegt etwa bei 1500—1800 m. Im übrigen weisen seine Gebiete Regenmengen von 800 bis 1000 mm und eine Regenzeit von über 70 Tagen auf und sind daher aride oder halbaride Gebiete. Die Vegetation besteht aus lichtem Monsunwald, Savanne oder sommerfeuchter Steppe.

In größeren Seehöhen bilden sich Braunerden. In den Tälern und Talmulden Dekhans fehlt der Laterit, und Roterden treten an seine Stelle. Auf größeren Seehöhen, besonders in den trockensten Teilen des Hochlandes westlich Haiderabad sind sandige graue Skelettböden mit geringer Lateritisierung häufig.

Die Schwarzerde (Regur) ist für große Teile des Landes charakteristisch: Kathiawar, Gudscherat, Zentralindien (Malwa), Zentralprovinzen, Berar, Sholapur und Bijapur, Dharrar-Bellary, Kurnool und Cuddapah, im kristallinen Dekhan, Coimbatore zwischen Madura und Tinnerelly. Die Gebiete sind durch große Trockenheit (500—800 mm und 30—50 Regentage im Durchschnitt) ausgezeichnet. An feuchten Küstenstrichen fehlt der Regur außer in regenarmen Landschaften und im Windschatten der Ghats. Dieser feinkörnige, kalkhaltige, das Wasser gut bewahrende Boden ist überaus fruchtbar. Trotz geringer Niederschläge ist eine Bewässerung unnötig. Die dunkle Farbe rührt nicht vom Humus her, da dessen Gehalt gering ist.

Die Wälder Vorderindiens.

Die drei Regionen: Waldland, Grasland und Wüste sind zufolge der klimatischen Verhältnisse in Indien gut vertreten. Die natürliche Grenze zwischen Grasland und Waldland verschiebt freilich der Mensch durch seine destruktive Tätigkeit häufig in der Richtung des Graslandes. Wirklicher Wald ist in Indien nur dort zu finden, wo die Niederschläge etwa 1000 mm übersteigen. Er bedeckt etwa 21—22% der gesamten Landesfläche.

Im Norden des Landes dehnen sich, von den Niederschlägen der aufsteigenden Monsunwinde befeuchtet, die Abhänge des Himalaya bis fast 4800 m Seehöhe bedeckend, gewaltige Wälder aus, deren Zusammensetzung sich zonenweise mit der Erhebung über dem Meer ändert. Aber auch Osten und Westen des großen Gebirges lassen beträchtliche Unterschiede im Aufbau des Waldes erkennen, die in der von Assam gegen Afghanistan beträchtlich abnehmenden Feuchtigkeit ihre Erklärung finden.

An die Vegetationsregion des Himalaya schließt sich im Süden die fruchtbare, langgestreckte Ganges-Ebene an, eines der ältesten Kulturgebiete Indiens und der Menschheit überhaupt. Die uralten Dichtungen der Inder schildern diesen glücklichen Streifen Landes als unermeßliches Urwaldgebiet. Heute unterbricht der Wald nur an verhältnismäßig wenigen Stellen von geringem Umfang den weithin zusammenhängenden Zug zahlloser Siedlungen und emsig bebauter Felder, die einer dicht zusammengepreßten Bevölkerung Wohnung und Nahrung bieten.

Die gewaltige Landfläche Zentralindiens und der dreieckig gegen den Indischen Ozean vorstehenden Halbinsel ist von Wäldern sehr verschiedener Zusammensetzung bedeckt. Der nördliche Teil dieser großen, vorwiegend trockenen und heißen Kontinentalmasse, etwa das Gebiet zwischen der Ganges-Ebene und dem Godavariflusse, durchzogen von den zwei großen mittelindischen Gebirgszügen, der Vindhya und Satpuraketten, trägt dort, wo Menschenhand die ursprüngliche Vegetation nicht zerstört hat, je nach der Regenmenge, die hier alles entscheidet, bald winterkahle Monsunlaubwälder, bald wertvolle Salforste (Shorea robusta), bald lichten dornigen Akazienwald. Die feuchtfrischen Täler durchzieht ein dichter, üppiger Wald mit stattlichen Baumgestalten. Wo aber, wie an Hängen und Bergrücken, das belebende Naß zurückbleibt und volle Sonnengluten hemmungslos niederbrennen, lichtet sich der Wald und verliert sich allmählich in einem räumdigen Verband unscheinbarer Bäume und dornigen Gebüsches, bis schließlich auf weiten Flächen ein Grasland mit spärlichen Gehölzen den Wald ablöst und die Landschaft ausgesprochenen Savannencharakter annimmt. Doch fehlen auch wertvolle Hölzer den mittelindischen Wäldern nicht, von denen besonders der Teakbaum zu erwähnen ist.

Die Spitze des großen Halbinseldreiecks läßt entsprechend dem verschiedenen Klima (bes. Feuchtigkeit) der drei Landschaften (der westlichen Ghats, des Hochplateaus von Dekhan und der Koromandelküste) auch eine verschiedene Waldvegetation unterscheiden. Im Verein mit der Wärme der tropischen Zone lassen die reichen Niederschläge der aufsteigenden Seewinde in den westlichen Küstengebirgen einen üppigen immergrünen Regenwald entstehen, der mit weiterem Anstieg zur Höhe neben dem immergrünen Charakter auch seine tropische Üppigkeit einbüßt. Kleinere Bäume, laublos während der heißen, trockenen Zeit, treten an Stelle der tropischen Riesen, und der Wald wird lichter und dünner. Aber wertvolle Holzarten (bes. Teak) verleihen diesen Wäldern besondere wirtschaftliche Bedeutung. Über 1500 m Seehöhe, etwa in den Bergen von Nilgiri und Anaimalai, besteht der Wald völlig aus kleineren immergrünen Gewächsen der subtropischen Zone mit reichlichem Buschwerk und Bambus, die den Boden bedecken.

Ganz anders ist das Waldwesen in der heißen, trockenen Hochebene des Dekhan beschaffen, die kaum mehr als 1000 mm jährliche Niederschläge empfängt. Lichte räumdige Dornwälder mit Akazien und stachligem Buschwerk oder die dickblättrigen fleischigen Euphorbien-Säulen trockener Halbwüsten sind vielfach charakteristisch. Daneben freilich gibt es in diesem großen Gebiet je nach wechselnder Feuchtigkeit und Bodenbeschaffenheit zahlreiche andere, begrenzten Arealen eigentümliche Waldtypen, die manche wertvolle Hölzer enthalten. (Satinholz, Sandelholz.)

Der östliche Küstenstreifen von Koromandel trägt Mangrovesäume an der Küste, Palmenwälder landeinwärts und schließlich trockene immergrüne Wälder mit Ebenholz, Satinholz, Strychninbäumen u. a. an den Hängen, die zu den Hochländern des Dekhan ansteigen.

Zum Abschluß dieser mit flüchtigen Strichen gezeichneten allgemeinen Übersicht über die Wälder Indiens müssen noch zwei besondere Gegensätze dieses an Verschiedenartigkeit unübertrefflichen Vegetationsmosaiks Erwähnung finden: die Dschungeln von Assam und die Trockenwälder der Dürregebiete von Rajputana und Sind.

Die Landschaften von Assam sind die regenreichsten Gebiete der Erde. Nur selten sinkt die Niederschlagsmenge unter 2000 mm, erreicht aber an einigen Orten phantastische Höhen (Cherapunji 12 000 mm und mehr). Der Wald ist hier von unerreichter Üppigkeit. Die Täler sind, soweit der Eingeborene oder der Teepflanzer ihre Hänge nicht mit Kulturen bedeckt hat, ganz und gar erfüllt von dampfenden vegetabilischen Massen artenreicher immergrüner Laubwälder, undurchdringlicher Bambusdschungeln mit Lianen und immergrünem Gebüsch von wuchernder, alles durchdringender, alles erstickender Pflanzlichkeit, wie selten noch an einem anderen Punkt des Erdballes.

Ebenso charakteristisch, jedoch in entgegengesetzter Richtung, sind die räumdigen armseligen Dornbüsche und lichten Akazien, Tamarinden und Ölbaumhaine, die sich entlang den Flüssen und Alluvionen des südlichen Punjab, Sind und Rajputana hinziehen. Die jährliche Regenmenge sinkt als Regel hier unter 500 mm, an einigen Orten sogar unter 130 mm. Baumvegetation kann sich nur im Überschwemmungsgebiet des Indus und seiner Nebenflüsse erhalten. Wüstenartig, armselig ist die Strauchflora in den trockensten Teilen, und Dornbuschbestände von Akazien, Balsambäumen, Zizyphus u. a. bedecken, soweit noch einige Feuchtigkeit es gestattet, die Hügelzüge.

Wärme, Feuchtigkeit und Bodenbeschaffenheit sind die drei großen veränderlichen Faktoren, die die verschiedenartige Zusammensetzung der Pflanzendecke der Erde und auch die ungeheuere Mannigfaltigkeit des indischen Vegetationsmosaiks verursachen. Das Klima bestimmt dabei die Linien dieses Gewebes im Großen, während die Bodeneigenschaften mehr das Detail, die Einzelheiten des Bildes formen. Zufolge der außerordentlichen Verschiedenheit dieser drei biologischen Umweltsfaktoren in Indien sind hier auch alle drei großen Hauptformen der Landschaft, nämlich Wald, Grasland und Wüste, deutlich ausgeprägt. Zwischen Wald und Grasland herrscht vielerorts heftiger Kampf um den Raum, und nicht selten hat des Menschen zerstörende Hand der Ausbreitung der Savannen auf Kosten des Waldes auf weiten Gebieten Vorschub geleistet. Durch rücksichtslose Holzaushiebe, Waldbrände und jahrhundertelang regellos geübte Waldweide ist viel Wald vernichtet und sein Boden dem gierig vorrückenden Grasland überantwortet worden. Wo aber die tödliche Dürre immer größer wird, nehmen Wald wie Savanne kümmerliche Formen an, ihr gegenseitiger Kampf wie auch jener der einzelnen Individuen um Raum und Licht läßt wie unter dem Einfluß einer Lähmung an Intensität nach, Lücken im Zusammenhang des Pflanzenkleides werden immer häufiger, leere, infolge immer schwererer Lebensbedingungen unbesetzte Räume werden immer zahlreicher, bis schließlich das öde, heiße Todesreich der Wüste und des ewigen Schweigens auf unermeßlichen Weiten den Wanderer umgibt.

Eine mehr ins Einzelne gehende Betrachtung der Waldregionen Indiens enthält folgende pflanzengeographisch wie forstwirtschaftlich wichtige Details der Waldtypen- und Holzartenzusammensetzung.

Die Bergwälder des Himalaya sind sowohl der Seehöhe nach verschieden zusammengesetzt, weil bei der gewaltigen Höhe des Gebirges alle Klimazonen von der tropischen über die subtropische, gemäßigte und alpine bis zur arktischen vertreten sind, als auch durch Abnahme der Niederschläge von Ost nach West eine west- und eine osthimalayanische Region unterschieden werden muß. Zwischen beiden liegt Nepal, dessen Waldflora leider noch wenig bekannt ist.

Die westhimalayensische Region, die Troup (l. c.) von Kumaun nach Chitral sich erstrecken läßt, ist durch eine Regenmenge von 1000—2000 mm charakterisiert.

Auf 1500—1600 m Seehöhe, d. h. der Grenze winterlicher Schneefälle, erstreckt sich die tropische Zone. Sie charakterisiert sich klimatisch durch Niederschläge von 2000—2500 mm, eine Temperatur, die sehr selten unter den Gefrierpunkt sinkt und bis 40° C und darüber knapp vor Eintritt des Monsuns, d. h. im Mai, erreichen kann. In der Zeit von Juni bis September fallen 80—90 % der Jahresniederschläge, die Feuchtigkeit erreicht den Sättigungspunkt. Der Herbst ist trocken und regenlos, mit reichem Sonnenschein, allmählich sinkender Temperatur und abnehmender Luftfeuchtigkeit. Die Wintermonate zeichnen sich durch relativ niedrige Temperaturen (7—18° C), hohe relative Feuchtigkeit, lokale Stürme mit wenig Regen aus. Der Frühling ist voll Sonnenschein und bei weitem die heißeste und trockenste Jahreszeit.

Unter den Waldtypen dieser Klimazone sind besonders zu erwähnen:

Verschiedene Formen des wechselgrünen Laubwaldes, der den „Monsunwäldern" (sensu Schimper) zugerechnet werden kann. Sie sind während der zweiten Hälfte des Winters und während des heißen Frühlings laublos. Erst kurz vor Einsetzen des SW-Monsuns bilden sie neues Laub. Innerhalb der Vorberge des Westhimalaya bedeckt dieser tropische Laubwaldtyp das meiste Land, soweit es nicht landwirtschaftlich in Kultur genommen wurde. Zungenförmig schiebt sich dieses Waldwesen den Flußtälern folgend ins Innere des Gebirges vor, bis ihm die der Winterschneegrenze entsprechende Seehöhe Einhalt gebietet. Da diese Vorberge dicht besiedelt sind, ist der Zusammenhang des Waldes überall von Kulturflächen und Dörfern stark durchbrochen, und große zusammenhängende Waldmassen sind selten. Auch ist der Wald durch Waldweide und Laubgewinnung für Futter und Streuzwecke meist derart verwüstet, daß man nur selten voll ausgebildete Endstadien des Climaxwaldes antrifft. Der Climaxwald ist dicht. Die Bäume sind meist klein oder von mittlerer Größe. Hohe Bäume sind selten. Der Raum zwischen den Kronen der Bäume und dem Boden ist völlig erfüllt von den Gebüschen, Sträuchern und Kleinbäumen, die manchmal schwer durchdringliche Dickichte bilden. Lianen sind häufig, Epiphyten selten, wohl infolge des sehr trockenen Klimas außer der Regenzeit. Am Boden erheben sich häufig die Lehmhügel der Termiten, viele bunte Vögel beleben den Wald, und prachtvolle Schmetterlinge sind an lichteren Stellen zu finden. In den Gebüschen und Baumkronen leben Affen, und im Buschwerk der Rinnsale bedroht der Leopard das Vieh der nahen Dörfer.

Unter den typischen Holzarten fand ich besonders: Bombax malabaricum, Sterculia villosa, Cocculus lauri florus, Xanthoxylon alatum, Citrus medica, Odina Wodier, Pistacia integerrima, Mangifera indica, Rhus cotinus und R. parviflora, Cedrela Toona, Erythrina suberosa, Milletia auriculata, Cassia fistula, Albizzia Lebbek, Mimosa pudica und M. rubicaulis, Bauhinia retusa, B. Wahlii, Indigofera pulchella, Dalbergia Sissoo, Acacia Catechu, Ougeinia dalbergioides, Pyrus Pashia, Prinsepia utilis, Woodfordia floribunda, Punica granatum, Eugenia Jambolana, Terminalia Chebula, T. tomentosa, T. balarica, Anogeissus latifolia, Randia tetrasperma, Holarrhena antidysenterica, Carissa spinarum, Adhatoda vassica, Colebrookia oppositifolia, Cinnamomum tamala, Ficus cunia und F. Roxburghii, Euphorbia royleana, Mallotus philipinensis, Sapium insigne, Phyllanthus emblica, Engelhardtia colebrookiana, Phoenix humilis und a. mehr.

Nicht überall sind natürlich alle diese und andere Arten vertreten. Vielmehr bilden sich je nach der biologischen Wertigkeit der einzelnen Standorte innerhalb des Verbreitungsgebietes dieses Monsunwaldes mehr oder weniger charakteristisch zusammengesetzte Untertypen aus.

Ein Typ für sich sind die Sal-Wälder mit Shorea robusta als führender Holzart. An gute Standorte mit frischem, gut drainiertem, reichem und tiefgründigem Boden gebunden, ist dieser Typ eine ausgesprochen edaphische Form. Shorea robusta baut hohe, schlanke, aufrechte, dunkelgraue Schäfte mit dickem, tiefgrünem Laub. Der Wald ist dicht, mit relativ spärlichem Unterwuchs und niemals völlig laublos. Da der Salbaum ein hervorragendes Bauholz gibt, ist die Verbreitungsfläche dieses Waldes (gegenwärtig in Indien etwa 17 000 qkm) stark vermindert worden.

In den Talniederungen und unteren Hangteilen sind Bambusdschungeln (Dendrocalamus strictus) häufig.

Am Übergang von der tropischen zur gemäßigten Zone, d. h. bei etwa 1400—1500 m erscheint der Pinus longifolia-Wald und gibt der Berglandschaft bis etwa 1800 m das Gepräge. (Vgl. Abb. 1, 3, 4.) Er bedeckt in dieser Zone von Bhutan bis Afghanistan etwa 8500 qkm bald in großen, zusammenhängenden Komplexen, bald vielfach zerrissen und durchlöchert von zahllosen Siedlungen und Terrassenkulturen. Die meist reinen Bestände dieser dreinadeligen Kiefer sind schütter und offen, und das lichtdurchflutete Kronendach, dessen lange, dünne, feine Benadelung die Äste wie ein duftiger Schleier umgibt, hält nur wenig die starke Sonne eines wolkenlosen Himmels ab. Den Boden bedecken eine zur Trockenzeit welkgebrannte dürre Grasdecke und abgefallene Nadeln. Infolge dieser Bodendecke sind Waldbrände eine alltägliche Erscheinung. Auch dieser Waldtyp ist durch regellose Aushiebe und Viehweide vielfach verwüstet.

Zwischen 1600—3800 m folgt die gemäßigte Zone, die mit der Verbreitung der immergrünen Laubwälder zusammenfällt. Das Klima weist immer noch deutlichen Monsuntyp auf, aber ein beträchtlicher Teil der Jahresniederschläge geht doch schon, besonders in den höheren Lagen, im Winter als Schnee nieder.

Die Temperatur ist im allgemeinen niedriger als in der tropischen Zone. Während der Monsunmonate sind die Wälder in dichte Wolken und Nebel gehüllt, die Luft ist mit Feuchtigkeit gesättigt, und von den 1000 bis 2000 mm Jahresniederschlägen gehen 70—80 % in diesen Monaten nieder. Der Herbst ist sonnig, mit sinkender Temperatur und niedriger Luftfeuchtigkeit, der Frühling wolkenlos und trocken.

Bis etwa 1800 m Seehöhe herrscht in dieser Zone noch der vorbeschriebene Pinus longifolia-Wald. Dann aber werden die immergrünen Eichenwälder herrschend. Die von ihnen bedeckten Gebiete sind von gewaltiger Ausdehnung, da sie bis 3000 m allein herrschen und in den höheren Lagen ausgedehnte unberührte Urwälder bilden. (Vgl. Abb. 12.) Dann erst kommen Tannen und Fichten hinzu (Abies Pindrow und Picea Morinda), deren Anteil mit steigender Höhe wächst, ohne daß aber die Eichenzone gänzlich verschwinden würde. Noch bei 3300 m ist der Wald ebenso sehr durch

Tannen und Fichten wie durch Eichen charakterisiert. Drei Eichenarten sind in verschiedenen Höhen herrschend. An der untersten Verbreitungsgrenze der Eichenzone gegen das Pinus longifolia-Gebiet zu ist es die Quercus incana, die mit ihren Begleitern den Wald aufbaut. Ihr folgt bei etwa 2400—2500 m die Q. dilatata und schließlich bei 2500—2700 m die Q. semecarpifolia.

Im Q. incana-Wald ist der Boden mit zahlreichen krautigen Schattenpflanzen bedeckt. Darüber erheben sich in mehreren Etagen Gebüsche, Sträucher und Kleinbäume, und aus diesem dichten Buschwald ragen die mächtigen Stämme der Q. incana hervor, bedeckt mit Lianen, epiphytischen Farnen, Orchideen, Begonien usw., so daß zur Monsunzeit jeder Baum geradezu einem kleinen botanischen Garten gleicht. Einzeln und in Gruppen verteilt stehen die Stämme des baumartigen Rhododendron (Rhod. arboreum) über und über mit roter Blütenpracht bedeckt, von fern her brennenden Riesenfackeln gleichend. Smaragdgrüne Papageien schwirren in kleinen Scharen mit schrillem Ruf vorbei, und der ganze Wald widerhallt vom Gesang der Vögel und vom Zirpen zahlloser Cikaden. In den dichten Büschen leben das zierliche Kakur (Muntjakus Muntjak) und der mächtige Barasingh (Cervus unicolor). Stachelschweine rasseln herum, und der furchtbare, schwarze Himalayabär (Ursus torquatus) teilt mit dem Leopard die Herrschaft über den Wald. Zahllose kleine Blutegel, die namentlich zur Regenzeit überall am Boden herumwimmeln, machen das Wandern und Kampieren in diesen Wäldern zur Qual. Niemals habe ich die alte Roßmäßlersche Wahrheit von der organischen Harmonie des Waldwesens so eindringlich gefühlt wie in den Eichenwäldern des Himalaya, wo man eine tiefe Einheit in der grandiosen Vielheit floristischer und faunistischer Einzelheiten als elementare Tatsache unmittelbar empfindet. Q. incana beherrscht mit 60—70 % Bestockungsanteil das Waldbild. Ihr zugesellt finden sich als regelmäßige Begleiter Rhododendron arboreum und Pieris ovalifolia, die etwa 20—30 % bzw. 5—10 % der Bestockung ausmachen. Dazu kommen dann noch zahlreiche Sträucher und Kleinbäume wie Berberis aristata und lycium, Cornus capitata, Viburnum cotinifolium und coriaceum, Myrsine africana, Rubus lasiocarpus und panniculatus, Lonicera quinqueocularis, Cararia nepalensis, Sarcococa pruniformis, Daphne cannabina, Evonimus tingens und pendulus, Carpinus viminea, Cotoneaster bacillaris, Rhamnus procumbens, Betula alnoides, Ilex dipyrena, Pyrus pashia u. a.

Unberührten Urwald des Q. incana-Typus, wie er hier geschildert wurde, findet man allerdings nur in den Einöden größerer Wasserscheidegebiete. Im übrigen ist dieser Wald durch übermäßige Waldweide und Laubschneitelung vielerorts verwüstet worden. Wie in den meisten Gebirgsländern ist auch im Himalaya die Landwirtschaft aufs engste mit dem Wald verbunden. Die Viehweide ist größtenteils Waldweide, und Laub dient in enormen Mengen als Viehfutter. Außerdem werden die Bäume auch für die Zwecke der Laubstreugewinnung geschneitelt. Die mit den Exkrementen des Viehes gemischte und gehörig fermentierte Laubstreu ist das wichtigste Düngemittel des Bergbauern, wodurch er die verbrauchte Bodenkraft, besonders aber auch die durch starke Monsunregen von den Steilhängen fortgewaschenen und ausgelaugten Bodennährstoffe zu ergänzen sucht. Mit vollem Recht kann man also für den Himalaya behaupten, daß der Mensch und sein Vieh zum allergrößten Teil auf Kosten des Waldes leben.

Auf den Q. incana-Wald folgt als nächste Eichenwaldzone bei etwa 2500 bis 2600 m der Q. dilatata-Wald mit Waldformen von noch größerer Mannigfaltigkeit der Zusammensetzung und Schönheit des Waldbildes als des eben geschilderten.

Charakteristisch sind: Quercus dilatata, Pieris ovalifolia, Rhododendron arboreum, Acer pictum und caudatum, Ilex dipyrena, Viburnum stellulatum, Macilus Duthiei und umbellata, Berberis lycium, Cotoneaster bacillaris, Jasminum humile, Salix elegans, Alnus nepalensis, Symplococus crataegoides, Evonymus fimbrita, Rubus nivea und lasiocarpus, Betula alnoides, Evonymus tingens, Carpinus vimini, Rhamus dahurica, Pyrus pashia, Indigoofera heterantha u. a. Der Boden ist mit krautartigen Schattenpflanzen bedeckt, die aus einer milden Humusschicht aufwachsen. Über der Schicht der Bodenpflanzen erhebt sich jene der Sträucher und Kleinbäume oder an feuchteren Stellen der Ringalbambus (Arundinaria spathiflora), der oft mehrere Meter hoch wird und geradezu einen Wald unter dem Walde bildet. Aus dieser unteren Etage erheben sich die mächtigen Säulen der Quercus dilatata, der größten der drei wichtigsten westhimalayensischen Eichen, über und über bedeckt mit Kletterpflanzen, während von den Ästen der breiten Kronen zahllose Epiphyten, Farne und Moose herabhängen. Ständige Dämmerung herrscht in diesem Walde. Dringt aber da und dort durch eine Lücke in den zahllosen Laubschichten ein Sonnenstrahl ins Waldinnere, dann erglänzt das immergrüne Blätterwerk in feierlichem Leuchten, seine glatten Oberflächen spiegeln den Strahl, und unzählige Farben und Schattierungen leuchten aus den dunklen Waldestiefen auf.

Als dritte und letzte Zone des immergrünen Laubwaldes stellt sich bei etwa 2700 m der Quercus semecarpifolia-Wald ein, der weite Gebiete in den hohen Elevationen als sehr deutlich ausgeprägte Waldform beherrscht.

Die Eiche dominiert hier vor allen beigemischten Arten sehr eindeutig. Der Ringalbambus entwickelt sich zu vollster Üppigkeit und bildet schier undurchdringliche Dickichte. Epiphyten und Kletterpflanzen sind sehr zahlreich, und von den Ästen und Stämmen hängen lange, olivgrüne Bartflechten herab. Der Wald ist einförmiger, artenärmer und düsterer als die vorgenannten Typen. Das myriadenhafte Zirpen, Singen und Summen ist verstummt, nur dann und wann durchklingt von weitem Berghang der metallisch glockenhelle Ruf des Munals, des wunderbaren Fasans der hohen Himalayaregionen, das ewige Schweigen. Der Eiche zugesellt, die mit 75 % Anteil die Bestockung beherrscht, finden sich: Taxus baccata, Rhododendron arboreum, Acer pictum und caudatum, Rosa microphylla und sericea, Viburnum stellulatum und cotinifolium, Macillus umbellata, Salix elegans, Pyrus lanata und vestita, Evonymus lacerus und fimbriatus, in den tieferen Regionen Pieris ovalifolia, in den höheren die scharf aromatisch riechende Skimmia laureola, der nach dem Glauben des Bergvolkes die Drüse des Moschustieres (Moschus moschiferus), das hier zu Hause ist, den wertvollen Riechstoff verdankt.

Je höher man ansteigt, um so häufiger finden sich die hohen dunklen Spindelgestalten der Abies pindrow beigemischt. Picea morinda erscheint, und schließlich ist der Wald ein Laub- und Nadelholzmischwald geworden, in welchem die Fichten und Tannen einen immer höheren Anteil erlangen, bis endlich der Tannenwald herrschend wird. (Vgl. Abb. 5.)

Der Seehöhe der Eichenwälder zugehörig, aber an keine ihrer speziellen Zonen gebunden, sind die Wälder der Himalayaceder (Cedrus deodara). (Vgl. Abb. 6, 10.) Die Ceder ist die wertvollste Holzart des Westhimalaya, und es ist daher nicht zu verwundern, daß große Teile ihres ursprünglichen Gebietes rücksichtslos ausgebeutet und zerstört wurden. Das meiste Cedernholz wird derzeit zu Eisenbahnschwellen verarbeitet und in der Regenzeit in die Ebene abgetriftet. Die gesamte Cedernwaldfläche wird auf etwa 5200 qkm geschätzt und ist etwa der Tehri-Garhwal-Staat die östliche Grenze ihrer Verbreitung.

Die Cedern-Urwälder, die ich im Tonsgebiet (Garhwal Himalaya) durchforschte, sind von folgendem Aufbau: Zahlreiche Kräuter und Farne bedecken den Boden, dessen Streu aus rasch sich zersetzender Laub- und Nadelschicht besteht. Darüber erhebt sich die Etage der Sträucher und Kleinbäume, wie sie bereits für den Quercus incana-Wald als charakteristisch geschildert wurde. Aus dieser Vegetationsschicht, die den ganzen Zwischenraum zwischen Boden und Kronen der herrschenden Bäume ausfüllt, steigen die gewaltigen Stämme der Ceder mit ihren flachen Kronen und ihren charakteristischen wagerechten Ästen empor. Dazwischen stechen einzeln und in Gruppen die dunklen Riesenspindeln der Abies Pindrow und Picea morinda hervor. Der übrige Wuchsraum ist von den großen, eiförmigen Kronen der prächtigen Blaukiefer (Pinus excelsia) erfüllt und den breitausladenden Ast- und Laubmassen der massiv-gedrungenen Quercus incana, die auf frischen Standorten von der Q. dilatata ersetzt wird. Kletternde Rosen, Efeu und wilder Wein ranken sich in dichten Geflechten an den Riesenstämmen empor oder umhüllen mit üppigem Grün die Baumleichen, die da und dort in der Überfülle des Lebens aufragen. Der Duft der Lilie mischt sich mit dem würzigen Harzgeruch der Ceder, und die Luft ist erfüllt vom tausendfältigen Gesang und Gezirpe. Etwas anders fand ich die uralten Cedernwälder am Weg zu den Quellen des Ganges (Gangotri) beschaffen. Hier bedecken sie die Nord- und Südhänge dieses tief eingeschnittenen von Ost nach West verlaufenden obersten Gangestales, dessen Feuchtigkeitszufuhr durch die im Süden vorgelagerten 6000—7000 m hohen Ketten abgesperrt ist. Die Fichten und Tannen finden sich da nur in den Talkesseln der kühleren und frischeren Standorte. Die ganzen Südflanken aber und die trockeneren Teile der Nordhänge bedeckt ein fast reiner Cedernwald, vielfach verwüstet von den regellosen Nutzungen des Bergvolkes und der Waldweide mit unzähligen Schafen und Ziegen. Die Deodar-Ceder ist einer der herrlichsten

Bäume, die ich je sah. Und wenn man vor einem der Tempel steht, die das Bergvolk in den Cederwäldern errichtet hat, dann versteht man es, daß hier wirklich „deodara" ist, der Weg zu den Göttern; denn der heilige Wald erfüllt die Seele mit dem Gefühl feierlicher Würde.

Zwischen 3350 und 3650 m, bis zu 5500 m, d. h. der oberen Grenze der Blütenpflanzen emporsteigend, herrscht die alpine Zone. Über ihr Klima, dem die Bergwälder der Picea Morinda, Abies Pindrow und Betula utilis entsprechen, kann nur wenig ausgesagt werden. Soviel steht fest, daß hier der Winter viel länger und kälter ist, daß Frühling und Herbst relativ kurz sind, die Niederschläge im großen ganzen viel geringer als in den beiden vorgenannten Zonen und auch insofern etwas anders übers Jahr verteilt, als ein recht beträchtlicher Teil im Winter in Form von Schnee niedergeht. Die Sommertage sind warm und angenehm, die Nächte aber sehr kalt.

Die Waldvegetation dieser alpinen Zone ist in ihren tieferen Lagen noch der Quercus semecarpifolia-Wald, der sich aber bei etwa 3200—3400 m auf die wärmeren Standorte zurückzieht und die kühlen Mulden und Vertiefungen dem Tannenwald überläßt, dem sich bei etwa 3500 m die Betula utilis zugesellt. Schließlich bleibt die Eiche vollständig zurück, und ein hochalpines Waldwesen wird herrschend. Der Unterstand besteht aus fast undurchdringlichen Dickichten des Rhododendron campanulatum, Ribes rubrum und glaciale, Lonicera alpigena und angustifolia u. a. Aus diesem zum Teil kriechenden und miteinander verflochtenen Dickicht erheben sich die mächtigen Stämme der Tanne, die, je höher man wandert, um so groteskere Formen bilden, typische Wettertannenformen, mit dürren Wipfeln, zerzausten Kronen und dicht behängt mit langen Bartflechten. Dazwischen leuchten die hellen Stämme, Gruppen und Horste der Birke auf. Großblättrige Erdbeeren, Farne und Aconitum bedecken offene Plätze. Immer schütterer wird der Wald, immer grotesker die Baumformen, die Birke neigt sich zu Boden und kriecht wie Knieholz dahin. Schließlich bleiben Tanne und Birke zurück, und Juniperus recurva erscheint. Dieser Wacholder zusammen mit Rhododendron campanulatum und anthopogon bildet die Waldgrenze. Zungenförmig schiebt sich diese letzte Waldgemeinschaft, alle kleinsten Vorteile des Standortes noch ausnutzend, gegen die weite offene Hochbahn vor. Bei etwa 3800 m löst sich auch dieses Gebüsch auf, und vor uns dehnt sich, soweit das Auge reicht, die Hochregion des Himalaya aus, eine schier unendliche Welt von Almen und Hochwiesen, ein wunderbares Grasland voll der köstlichsten Alpenkräuter und Blumen. Und daraus wachsen, den Horizont allseitig umkränzend und erfüllend, in greifbarer Nähe die höchsten Eisgipfel und Schneefelder der Erde hervor, glitzernd und schimmernd im Sonnenglast. Auf weiten Almen grasen Herden von Bharals (Ovis nahoor), der braune Bär (Ursus isabellinus) durchstreift die Grassteppen und gräbt Hummelnester aus, und im Sand der Gletscherbäche kann man die Spuren des prächtigen Schneeleoparden (Felis uncia) sehen. — Eine dünne Luft erfüllt den Raum, von der Younghusband sagt, sie erhebe einen über alle niederen Triebe. Eine tiefe Sonntagsstille herrscht, unterbrochen nur vom Donner des Gletschereises, das über schaurige Abgründe bricht, in jenem unzugänglichen Reich, in dem es kein Leben mehr gibt.

Die osthimalayensische Region, die sich von Sikkim ostwärts erstreckt, ist durch eine wesentlich höhere Feuchtigkeit als die westhimalayensische charakterisiert. Dadurch sind auch die wichtigsten Unterschiede in Aufbau und Zusammensetzung ihrer Wälder bedingt, deren Ausbreitung sich im übrigen ebenso wie im Westhimalaya in drei Zonen, die tropische (bis 1500 m), die gemäßigte (bis 3650 m) und die alpine (bis 4800 m) aufgliedern läßt.

Die tropische Zone ist ähnlich wie im Westhimalaya von Laubwäldern verschiedener Art bestockt. Auch hier kommen ausgedehnte Salwälder (Shorea robusta) vielfach als Sal-Savannen mit Sacharum Narenga als wichtigste Grasart vor. Der Salwald bedeckt häufig die konvexen Terrainformen der Vorberge, während die Täler von feuchten Mischwäldern mit reichem Bambusdickicht (Dendrocalamus Hamiltonia) erfüllt sind. Entlang der Flüsse sind Dalbergia Sissoo- und Acacia Catechu-Haine charakteristisch. Die Vorberge sind ähnlich wie in der westhimalayensischen Region mit einem wechselgrünen Monsunlaubwald bedeckt, für den folgende Holzarten bezeichnend sind: Bombax malabaricum, Cedrela Toona, Albizzia procera, Duabanga sonneratioides, Schima Wallichii, Lagerstroemia parviflora, Terminalia-Arten, Anthocephalus Cadamba, u. a. Dann aber ist auch ein dichter, artenreicher, immergrüner Wald mit Rohrdschungeln, Kletterpflanzen und immergrünen Sträuchern, die undurchdringliche Dickichte bilden, häufig. Seine charakteristischen Holzarten sind: Eugenia, Garcinia, Elaeocarpus, Cinnamomum cecidodaphne, Ficus elastica, Michelia champaca, Canarium Sikkimense, Dillenia indica, Artocarpus chaplasha usw.

Die gemäßigte Zone wird in ihren unteren Teilen von ausgedehnten Laubwäldern beherrscht, mit Eichen (Quercus lamellosa, lineata, pachyphylla u. a.), Magnolien, Lorbeerbäumen, Ahornen, Erlen (Betula cylindrostrachys), Birken (Alnus nepalensis), Cedrela, Symplocus, Echinocarpus, Meliosma, Bucklandia populnea u. a. Den Wäldern der oberen Hälfte (etwas über 2700 m) geben besonders Nadelhölzer das Gepräge, wie Tannen

(Abies Webbiana), Fichten (Picea spinulosa), Lärchen (Larix Griffithii), die Tsuga Brunoniana, Wacholder (Juniperus Wallichiana). Daneben sind Rhododendron, Zwergweiden und zahlreiche Sträucher sowie dichte Bambusmassen (Arundinaria racenosa) charakteristisch.

In der alpinen Zone sind besonders Rhododendren und Wacholder häufig.

Die osthimalayensische Region geht im Süden und Südosten im Gebiet der Flußtäler des Brahmaputra und Surma in die Region von Assam über, die zu den regenreichsten Teilen der Erde gehört. Die Vegetation hier ist demgemäß von außerordentlicher Üppigkeit. In den Tälern herrscht, soweit die Hänge nicht für Teeplantagen und landwirtschaftliche Kulturen in Anspruch genommen wurden oder eine Hochgrasvegetation tragen, ein dichter, artenreicher, immergrüner Laubwald mit Bambus (Dendrocalamus Hamiltonii), dichten Rohrdschungeln, immergrüner Strauchvegetation und Kletterpflanzen. Seine Zusammensetzung ähnelt jener der osthimalayensischen Vorgebirgswälder niederer Seehöhen. (Vgl. Abb. 7.)

Die Gebirge und Wasserscheiden tragen Wälder, die zum Teil in den Laubwäldern der gemäßigten Zone der westhimalayensischen Region ihr Analogon finden, zum Teil aber, besonders bei 1200—1300 m durch die Bestände der Khasya-Kiefer (Pinus Khasya) ihr eigenes Gepräge erhalten.

Die Wälder von Assam wie auch jene der osthimalayensischen Gebiete sind durch Anlage von Pflanzungen und landwirtschaftlichen Kulturen in ihrer Fläche stark zurückgegangen und überdies durch ungeregelte Nutzungen, besonders aber durch den nomadischen Waldfeldbau der Eingeborenen vielerorts verwüstet worden. Wo der Wald nicht als Staatsbesitz erklärt und in Form von Reservaten Schutz und geregelter Bewirtschaftung zugeführt wurde, ist er in allen zugänglichen und besiedelten Gebieten mehr oder minder starker Degradation ausgesetzt.

An die himalayensische Region schließen sich im Südwesten die Trockengebiete der Transindusregion, die Nordwestprovinzen und Balutschistan, sowie die gleichfalls niederschlagsarmen Ebenen des Punjab und Sind, Rajputana, Cutch und des nördlichen Guzerat an Ihnen folgt dann, in östlicher Richtung das indische Festland nördlich des Narbadaflusses wie ein breites Band nach den Sandarbans durchziehend, die Ganges-Ebene, mit ostwärts ansteigenden Niederschlägen. — Dieser ganze gewaltige Landkomplex ist teils durch seine Trockenheit, teils infolge seiner dichten Besiedlung ausgesprochen waldarm.

In der Nordwestecke Indiens ähneln die Wälder jenen der westhimalayensischen Region. Weiter südlich, in Balutschistan mit Niederschlägen unter 300 mm, verschwinden die Nadelhölzer des Himalaya, der Wald wird offen, räumdig, geringwüchsig und zieht sich auf Standorte zurück, die gleichsam Feuchtigkeitsinseln in der großen Trockenheit darstellen. Am Zhob und in den Suleimanbergen bildet die Pinus Gerardiana einigermaßen geschlossene Bestände. Die typische Konifere dieser Gebiete ist aber ein Wacholder (Juniperus macropoda), der in offener, dürftiger Formation den Boden bedeckt. Pistazien (P. mutica und Khinjak), Akazien (A. modesta), Ölbäume (Olea cuspidata), Tamarinden, Weißdorn (Crataegus oxyancantha), Eschen (Fraxinus xanthoxyloides) und Tecoma undulata bilden, je nach Standort zusammengesetzt, einen meist strauch- oder kleinbaumartigen Busch.

In den Bergen und Hochebenen zwischen dem Jehlum und Indus beherrschen neben Sträuchern und Busch besonders die Akazie (A. modesta) und der Ölbaum (Olea cuspidata) das Vegetationsbild. Weiter südwärts aber wird die Vegetation spärlicher und zieht sich in den Halbwüsten von Punjab, Sind und Rajputana auf die Flußtäler mit periodischer Überflutung zurück. Beispiele für diese Galeriewälder sind die Akazienbestände (Acacia arabica) entlang des Indus und Sind. Diese Bestände, die im Sind eine Fläche von etwa 70 000 ha umfassen, verdanken ihre Existenz ausschließlich den jährlichen Überschwemmungen des Indus; denn die jährliche Niederschlagsmenge beträgt kaum 250 mm. Mit der Schneeschmelze im Himalaya schwillt der Indus von Mai bis Juli stark an und überschwemmt weithin das Land seiner Umgebung. Dabei wird natürlich viel Boden durch Erosion fortgeschwemmt, gleichzeitig aber neues Schwemmland deponiert. Auf diesen Alluvionen siedelt sich zunächst zugleich mit einem Gras (Sacharum spontaneum) die Tamarinde an (Tamarix dioica und T. Troupii), unter deren Schutz dann die Acacia arabica Fuß faßt und schließlich Bestände bildet. Diese Akazienwälder gedeihen so lange, als ihr Boden unter dem Einfluß der alljährlichen Überschwemmungsdurchfeuchtung bleibt. Wenn aber durch Veränderungen des Flußlaufes durch allmähliches Ansteigen der Alluvionen über das Niveau der Überschwemmungen die Bodenfeuchtigkeit unter ein bestimmtes Maß absinkt, weicht die Akazie allmählich der tief-wurzeligen und frostharten Prosopis spicigera.

Auf den nicht überschwemmten Böden der trockenen Ebenen, die auch häufig Salzausblühungen aufweisen, sind Salvadora oleoides und der Kapernstrauch (Caperis aphylla) charakteristisch.

Gelegentliche Begleitpflanzen der Akazienwälder sind auch: Acacia Farnesiana, Albizzia Lebbek, Tamarindus indica, Zizyphus Jujuba, Azadirachta indica, Cordia Myxa u. a.

An der Ostgrenze der indischen Wüste in den Aravalli-Bergen und besonders ihren westlichen Ausläufern nimmt die Vegetation den Charakter des Dornwaldes an. Offene Trockenwälder des Anogeissus pendula sind häufig. Weiter sind charakteristisch: Boswellia Serrata, Akazien, Zizyphus, Euphorbien, Balanites Roxburghii, Grevia salvifolia, Sterculia urens u. a.

Die großen Ebenen des Ganges sind heute ausgesprochen und zum größten Teil kultiviertes Gelände.

Dem war nicht immer so. Einst erstreckten sich ausgedehnte Wälder von den Vorbergen des Himalaya in die Gangesebenen, bedeckten einen großen Teil dieser Ebenen und vor allem im Bereich des alten Königreiches Oudh. Im Westen dieses Gebietes setzte die Rodung für Kulturzwecke schon sehr früh ein, und die Entwaldung der Siwaliks war schon zur Zeit Akbar des Großen (1555—1605) im Gange. Im Osten begannen zwar die Zurückdrängung des Waldes und die Waldverwüstung auch frühzeitig, erreichten aber ihre Kulmination doch erst nach der Besetzung des Landes durch die Engländer. Vor dieser Zeit reichten die Salwälder von Oudh noch weit in die Ebenen. Was heute hier an Wäldern noch vorhanden ist, ist nur ein kleiner Bruchteil ehemaliger Ausdehnung.

Man kann beobachten, daß immer dann, wenn starke Regierungen durch konzentrierte Zentralgewalt den zahllosen Stammeskriegen der Rajas für eine Zeitlang ein Ende setzten, Sicherheit des Lebens und des Eigentums auf weiten Gebieten gewährleistet wurde und damit eine Blütezeit des wirtschaftlichen und sozialen Lebens mit rascher Bevölkerungsvermehrung einsetzte, die Ackerflur sich rasch auf Kosten des zurückgedrängten Waldes erweiterte. Verfiel dann die Regierung und griffen Anarchie oder Vielherrschaft um sich, dann folgte ein allgemeiner Niedergang, und der Wald bzw. Busch eroberte die verlassenen oder entvölkerten Dörfer und Ackerfluren zurück. Ein solches kulturgeschichtlich bedingtes Schwanken der Waldverbreitung kann zu wiederholten Malen beobachtet werden. Die Blütezeit des Buddhismus (Asoka) war ein solches goldenes Zeitalter mit Ausdehnung der Feldflur und Rückgang des Waldes. Dann folgen lange Zeiten des Niederganges und damit der Rückflutung des Waldes bzw. des Busches. Die Ain-i-Akbari, die Abu-l-Fazl, der große Minister Akbars, verfaßt hat, zeigen, wie bedeutend der Anteil des verbuschten und wiederbewaldeten Geländes noch Ende des 16. Jahrhunderts gewesen sein muß. Auch unter der Herrschaft der Nawab-Wazire über Oudh wuchsen noch die allgemeine Entvölkerung und der Rückgang der Ackerflur. So wurden die großen Salwälder (Shorea robusta) infolge fehlender oder unfähiger und schwacher

Zentralregierungen bis zur Übernahme des Landes durch die Engländer erhalten.

Nach den Nepalesenkriegen (1814—1816) hat die englische Herrschaft die Zurückdrängung des Waldes und die Ausdehnung der Ackerflur mit allen Mitteln gefördert, um ihre Grundrente zu steigern. „The forests were treated to an orgy of destruction in many districts, more especially in Gorakhpur and the eastern districts, but also in the Bhabar forests of Naini Tal and to a smaller extent in the hills, where serious attempts were made to develop tea gardens and a tea industry" (Trevor & Smythies). Nach der niedergeschlagenen Revolution von 1857 folgte eine Periode energischen Eisenbahnbaues, während der ausgedehnte Waldtrakte zur Schwellenerzeugung ausgebeutet wurden.

Die Folgen dieser ausgedehnten Waldminderung und Waldverwüstung waren weitreichende. Eine sehr eingehende Schilderung der traurigen Waldzustände und der darauf folgenden Holzverknappung findet sich in einem Bericht der indischen Regierung an den Staatssekretär für Indien in England vom November 1862. Sie enthält Vorschläge grundlegender Reformen und leitete, da diese die volle Billigung des Staatssekretärs fanden, die Geburt neuer systematischer Walderhaltung und geregelter Forstwirtschaft in Indien ein, deren Verwirklichung deutschen Forstleuten, Dietrich Brandis und seinen deutschen Nachfolgern Schlich und Ribbentrop, zu verdanken ist.

Die Wälder im Südwesten der Ganges-Ebene sind ähnlich den weiter oben erwähnten Dornwäldern in den Aravallibergen. Südlich des Jumnaflusses im Rachelgebiet (ravine country) sind offene Akazienwälder (Acacia arabica und A. leucophloea) charakteristisch. Die wichtigsten Wälder der Ganges-Ebenen sind jedoch die Salwälder von Oudh und die Gezeitenwälder der Sandarbans.

Entlang der Vorberge des Himalaya, an ihrem Übergang zu den Ebenen ziehen sich zwei Formationen hin, die nicht unerwähnt bleiben dürfen: die Bhabar- und die Tarai-Formation. Die erstere ist ein Streifen trockener Schotterlagen von 10—20 km Breite am Fuß der Vorberge östlich des Ganges bis Assam. Infolge der hohen Porosität der Bhabarböden versickert das Wasser rasch in beträchtliche Tiefen, wo es dann — während die oberindischen Flußläufe meist trocken liegen — als unterirdischer Flußlauf dem äußeren (südlichen) Rand des Bhabarstreifens zustrebt und hier auf undurchlässigen Tonlagen ans Tageslicht gebracht wird.

Die entlang dieses Bhabarrandes überall zutage tretenden Quellen bilden den Übergang zum Taraistreifen, einer Zone von Sümpfen, Naßgallen und wasserreichen Flüssen, der in einer Breite von etwa 10—12 km dem Bhabar folgt und hinter dem dann die eigentlichen Ebenen beginnen.

Der typische Wald des Bhabar ist ein offener, gemischter, wechselgrüner Trockenwald mit Holoptelea integrifolia, Bombax malabaricum, Oudina Wodier, Garuga pinnata, Lagerstroemia parviflora, Acacia Catechu u. a. Salwald (Shorea robusta) kommt hier nur auf frischen, gut durchlüfteten Standorten, mit guten lehmigen Böden und oberhalb der Flußbecken vor.

Im Taraigürtel meidet Sal die nassen, sumpfigen Niederungen und zieht sich auf die flachen, höher gelegenen Plateaus zurück. Meist ist die Beschaffenheit des Waldes eine geringe.

Südlich der Tarai in den Ebenen, im nördlichen Oudh, bestockt der Salwald die Alluvialebenen mit erreichbarem Grundwasser. Er meidet allerdings die tiefsten Lagen in unmittelbarer Nähe der Flüsse. Diese Wälder sind infolge ihrer Zugänglichkeit und Lage in unmittelbarer Nähe dicht besiedelter und landwirtschaftlich bebauter Gebiete von großer Bedeutung. Sie bilden ein weithin sich erstreckendes, ebenes Waldland, wo die Shorea robusta mit 90 % Anteilen an der Bestockung dominiert. Seit vielen Jahren stehen sie unter Feuerschutz. Ein System von Feuerschneisen durchzieht und unterteilt sie in Blocks und Abteilungen. Aber auch außer diesen künstlichen Unterteilungen bilden diese Wälder keineswegs eine ununterbrochene Walddecke. Vielmehr enthalten sie in ihrem Innern Grasflächen oft von beträchtlicher Ausdehnung, meist mit Sacharum Narenga bewachsen, und wahrscheinlich das Ergebnis alter Waldrodungen und Siedlungen. Allmählich dringt der Salwald in diese Graslichtungen ein, soweit durch den Frost eine Wiederbewaldung nicht erschwert oder verhindert wird. Die Beschaffenheit der Salwälder von Oudh ist je nach der Beschaffenheit des Bodens und des Terrains eine verschiedene.

Die anderen wichtigen Wälder der Ganges-Ebenen sind die Gezeitenwälder der Sandarbans. Dieses berühmte Ästuar von Bengalen umsäumt in einer Länge von fast 300 km und einer Breite von etwa 130 km die Bai von Bengalen am Delta des Ganges und Brahmaputra. Es handelt sich da um eine flache Ebene rezenter Anschwemmungen, die von den zwei mächtigen Strömen jahraus, jahrein an die Mündung gebracht werden und die auch gegenwärtig noch ständigen Zuwachs erhalten.

Diese Ebenen sind von einem Netz von Wasseradern, toten Flußläufen, Kanälen usw. durchzogen, in denen sich das Süßwasser des Flusses mit dem Salzwasser des Meeres mischt. Die toten Flußläufe, die nach allmähliger Abwanderung der Strommündung ostwärts verblieben sind, haben meist eine nordsüdliche Richtung. Da sie in ihren oberen Teilen durch allmähliche Ablagerung von Sedimenten die Verbindung mit dem Fluß verlieren, verfallen sie einer schrittweisen Versalzung. Diese Ästuarien werden durch Ost-West verlaufende Kanäle und Seitenläufe verbunden, wodurch das netzartige Labyrinth von Wasseradern entsteht. Während der Trockenzeit überwiegt der Einfluß des Meeres (Gezeiten), während der Regenzeit jener des meerwärts strömenden Süßwassers. Die Flußerosion entlang der Ufer wird aufgewogen durch die Ablagerungen, die sich häufig in Gestalt von kleinen und wachsenden Inseln vor der Mündung der Ästuare anhäufen. Allmählich gelangen Samen verschiedener Pflanzen auf diese Inseln, und schließlich bildet sich eine Waldvegetation. Die tieferliegenden Teile der Sanderbans werden durch die Flut regelmäßig überschwemmt, und die Tierwelt zieht sich um diese Zeit auf die höher gelegenen Gebiete zurück. Die durch die regelmäßigen Überschwemmungen allmählich wachsenden Sand- und Schlammablagerungen bringen schließlich das Gelände außer Reichweite normaler Gezeitenwirkung, so daß es nur noch von Springfluten vom Wasser bedeckt wird.

Die Wälder der Sanderbans gehören zu den wirtschaftlich wertvollsten Indiens. Sie versorgen nicht nur die engere Umgebung, sondern auch die Stadt Kalkutta mit Nutz- und Brennholz. Die wichtigste Holzart ist die Heritiera fomes, der folgende Arten beigesellt sind: Excaecaria Azallocha, Sonneratia apetala, S. acida, Carapa moluccensis, C. odorata, Amoora cucullata, Aegiceras majus, Cynometra raniflora, Avicennia officinalis und folgende Mangroven: Ceriops Candolleana, C. Roxburghiana, Kandelia Rheedii, Rhizophora mucronata und Brughiera gymnorhiza. (Vgl. Abb. 9.)

Der auf jungen Ablagerungen neu sich bildende Wald folgt einer bestimmten Successionoreihe nacheinander sich einstellender Arten. Auf den jungen, regelmäßig noch von der Flut überschwemmten Inseln erscheint als erste die Sonneratia, der dann die Avicennia und die Palme Nipa fruticans folgt. Diese pionierhafte Pflanzendecke hält mit ihren Wurzeln angeschwemmte Bodenteile zurück und fördert das Wachsen des festen Bodens, der schließlich über das Niveau regelmäßiger Überschwemmungen in jenes bloß gelegentlicher Überflutungen erhoben wird. In diesem Zeitpunkt erscheint zunächst Excaecaria Agallocha und schließlich Heritiera fomes. Inzwischen ist aber der Standort für die pionierhafte Sonneratia nicht mehr recht geeignet geworden, sie stirbt allmählich mit fortschreitender Verlandung ab. Unter ihren toten oder absterbenden Stämmen sieht man häufig die Heritiera. Diese letztere bildet in den weiter landeinwärts gelegenen etwas älteren Ablagerungen charakteristische Bestände.

Der dichte Heritiera-Wald ist ohne Unterwuchs. An lichteren Stellen in tieferen Lagen bildet aber die Palme Nipa fructicans und Phoenix paludosa undurchdringliche Dickichte. Pandanus odoratissimus ist ein undurchdringliches Unterholz selbst in dichten Heritiera-Beständen. Hibiscus tiliaceus, eine Kletterpflanze, verfilzt die Bäume zu zusammenhängenden Massen, und der Farn Acrostichum aureum usurpiert an vielen Standorten den Boden für sich und bildet den menschenfressenden Tigern, die es in den Sandarbans zahlreich gibt, Unterschlupf.

Die indische Halbinsel, d. h. das in den Indischen Ozean südwärts vorstoßende Landdreieck südlich der Gangesebene, enthält je nach den klimatischen Verhältnissen und im einzelnen auch abhängig vom Boden Waldtypen verschiedenster Art. Man kann, um in diese sinnverwirrende Vielheit ein gewisses, wenn auch von Willkür nicht ganz freies, System zu bringen, folgende Regionen unterscheiden: die Wälder der Westküste, die Wälder der zentralindischen Region bis etwa zum Godavarifluß und die Wälder des Dekhan, d. h. der Landschaften südlich des Godavariflusses.

Die Westküste ist, wie bereits weiter oben geschildert wurde, ein Gebiet steil aufragender Küstengebirge (Ghats), an denen die feuchtigkeitsschwangeren Seewinde emporsteigen und ihren Wassergehalt entladen. Dementsprechend bedeckt in dem heißen und feuchten Teil dieser Landschaft ein üppiger immergrüner tropischer Regenwald die Berghänge. Er baut sich aus mehreren Etagen auf. Die höchste besteht aus Bäumen bis zu 45 bis 50 m Höhe, deren Stammfüße oft breitausladende Brettwurzeln bilden. Dann kommt ein dichtes Gewirr immergrüner mittlerer Bäume, die alle einen heftigen Kampf ums Licht führen. Die unterste Etage schließlich besteht aus Kleinbäumen und immergrünem schattentragendem Gebüsch. Zahllose Lianen schlingen sich von Baum zu Baum, und Epiphyten bedecken die Äste und Astgabeln der Bäume. An zahlreichen Orten ist freilich dieser Wald durch den regellosen Waldfeldbau (Brandwirtschaft) der Eingeborenen durchlöchert bzw. degradiert worden. Auch haben Pflanzungen für Gewürze, Betel und Gummi ihn vielerorts verdrängt. Die wichtigsten Konstituenten dieses Waldtyps sind: Dipterocarpus indicus, Hopea, Cedrela toona, Mesua ferrea, Artocarpus spp., Canarium strictum, Hydnocarpus Wightiana, zahlreiche Myristicaceen und Lauraceen, Callophyllum tomentosum, Dysoxylon malabaricum, Mangifera indica, Sterculia alata, Cullenia excelsa u. a. Wo die Feuchtigkeit nachläßt, gegen das Innere des Landes zu, im Regenschatten usw., erhält der Wald wechselgrünen Charakter und wird von Dezember bis Juni (Trockenzeit) mehr oder weniger laublos. Die Bäume erreichen nicht mehr die Höhe wie im Regenwald, und der Waldaufbau ist weniger dicht. Lianen sind auch hier häufig. Infolge seines Reichtums an Werthölzern ist dieser Waldtyp von besonderer wirtschaftlicher Bedeutung. Neben dem

Teakbaum (Tectona grandis), der wirtschaftlich wertvollsten Holzart Indiens, enthält er Arten wie: Dalbergia latifolia, Terminalia tomentosa und andere Terminalia-Arten, Pterocarpus Marsupium, Xylia xylocarpa, Lagerstroemia spp., Adina cordifolia u. a. Den Boden bedeckt Bambus (Bambusa arundinacea, Dendrocalamus strictus, Oxytenanthera monostigma). Dieser Wald bildet den Übergang zwischen den immergrünen Regenwäldern einerseits und den trockenen Mischwäldern der Hochplateaus des Dekhan andererseits.

Es ist hier wohl am Platze, einiges über die Teakwälder Vorderindiens zu sagen, die ja ihrer wirtschaftlichen Bedeutung wegen auch dem Laien wenigstens dem Namen nach nicht unbekannt sind. (Vgl. Abb. 2.) — Als Schiffsbauholz ist der Teakbaum eine Klasse für sich. Aber auch im Häuserbau, als Konstruktionsmaterial im Brückenbau, bei Hafenbauten, Herstellung von Möbeln, Wagen- und Waggonbau, als Werkholz und bei vielen anderen Verwertungsweisen genießt er mit Recht den besten Ruf. Aus der Insulinde, wo sein Anbau den Kernpunkt der dortigen, übrigens auch weitgehend von Deutschen mit aufgebauten Forstwirtschaft bildet, sowie aus Burma, wo er das Hauptwertholz der Wälder ist, wird er viel nach Europa exportiert.

In Vorderindien ist die Verbreitung des Teak klimatisch und geologisch bedingt. Innerhalb des ihm zusagenden Klimas — sein Optimum liegt im warmen und nicht trockenen, aber auch nicht sehr feuchtem Tropenklima — kommt er auf den Trappböden des Dekhan (Centrale Provinzen, Berar, nördliche Teile von Bombay und Westhaiderabad) und den kristallinen Böden (Bundel-Khand, Centrale Provinzen, Osthaiderabad, entlang der Western Ghats und Madras) vor. Auf Trappboden sind wohl die einzelnen Bäume kleiner, beherrschen aber im Mischwald durch ihren hohen Anteil häufig das Waldbild, ja bilden sogar Reinbestände. Auf den Granit- und Gneisböden dagegen sind die einzelnen Bäume mächtiger entwickelt, treten aber als Mischanteil im Walde mehr zurück.

Seines hohen Wertes wegen ist der Teakbaum auch in Vorderindien schon frühzeitig künstlich angebaut worden. Die älteste und in der Weltforstwirtschaft berühmt gewordene Pflanzung wurde wohl 1844 von dem damaligen Collector von Malabar Conolly in Nilambur angelegt. Die Pflanzungen in einer Gesamtfläche von 2400 ha haben sich seither als ein großer finanzieller Erfolg erwiesen (75 bis 100 Rupies je ha und Jahr als Reinertrag). Der Umtrieb beträgt 70 Jahre. — In Bombay wurden an verschiedenen Orten zwischen 1805 bis 1882 erstmalig Teakpflanzungen angelegt, in Coorg von 1868 bis 1875, in Travancore 1866/67. Alle diese in den Folgejahren erweiterten und gepflegten Pflanzungen haben sich je nach den örtlichen Verhältnissen mit wenigen Ausnahmen als wirtschaftlich sehr bedeutungsvoll erwiesen. Der erste Antrieb zu den Pflanzungen ging von der Furcht aus, es könnte infolge der rücksichtslosen Aushiebe und Übernutzungen der früheren Zeiten ein Mangel an Schiffsbauholz eintreten.

In einer Seehöhe von über 1500 m wird in den Regionen der Westküste und in den Nilgiri-, Anaimalai-, Palni-Bergen und anderen Berglandschaften Südindiens ein immergrünes Waldwesen suptropischen Charakters herrschend, das den tropischen Regenwald der tieferen Lagen in diesen Seehöhen ersetzt. Die Bäume sind kleiner und haben abgerundete Kronen. Unterwuchs (Strobilanthes) ist reichlich vertreten. Bambus bedeckt den Boden (Arundinaria Wightiana und Oxytenanthera), Eugenia, Ilex, Meliosma, Evonymus, Symplocus, Michelia und zahlreiche Lauraceen sind die häufigsten Arten.

Die östlich der Küstengebirge sich ausbreitende Landmasse der indischen Halbinsel ist in ihrer nördlichen Hälfte, in der auch die Gebirgszüge der Vindhya und Satpura gelegen sind, also etwa im Bereich der Centralen Provinzen, Chota Nagpur, Orissa, den Circars und des südlichen Gujerat, ein im großen ganzen wenig feuchtes Gebiet, dessen Niederschlagsmengen etwa zwischen 600 bis 1600 mm liegen. Der Wald ist meist ein trockener laubabwerfender Monsuntyp mit zahlreichen Mischhölzern von in der Regel kleineren oder mittelgroßen Baumformen. An frischeren oder feuchteren Standorten mit tiefgründigem Boden wird der Wald dichter, und die Bäume werden höher. Dagegen geht er in trockeneren Landschaftsteilen in savannenartige offene Graslandtypen mit kurzen Baumgestalten über oder, wie auf den weiten zentralindischen Plateaus, in einen räumdigen Dornbusch mit vorherrschenden Leguminosen. Im östlichen Teil dieser Landmasse (östliche Zentralprovinzen, Chota Nagpur und Orissa, sowie im Nordosten von Madras) kommen auch ausgedehnte Sal-Wälder (Shorea robusta) vor.

Der vorgenannte laubabwerfende Monsunwaldtyp enthält u. a. besonders folgende Arten: Tectona grandis, Terminalia-Arten, Dalbergia latifolia, Pterocarpus Marsupium, Ougeinia dalbergioides, Chloroxylon Swietenia, Odina Wodier, Acacia Catechu, Butea frondosa, Phyllanthus emblica, Bridelia retusa, Cassia fistula, Adina cordifolia, Lagerstroemia parviflora, Anogeisus latifolia, Diospyros melanoxylon, Bassia latifolia, Schleichera trijuga u. a. Aus dieser Zusammensetzung ist der nicht unbedeutende wirtschaftliche Wert dieser Wälder zu ersehen.

Der Dornbuschwald, in den, wie gesagt, dieser Monsunwaldtyp nicht selten übergeht, besteht aus Acacia-Arten, Balanites Roxburghii, Zizyphus-Arten, Butea frondosa, Phyllanthus emblica u. a. Bei besonderer Trockenheit erscheint Prosopis spicigera. Dieser Dornbuschtyp ist ein Indikator für Trappböden und die schwarzen Baumwolleböden, obzwar er keineswegs nur auf diesen Böden beschränkt ist.

Die südliche Hälfte der indischen Halbinsel besteht zum größten Teil aus dem vielfach hügeligen Hochplateau des Dekhan, das nur an wenigen Orten über 1000 mm Niederschläge aufweist und daher unter den tropischen Verhältnissen Indiens zu den Trockengebieten gezählt werden muß. Der Wald besteht aus einem offenen, laubabwerfenden Mischwald xerophilen Charakters, der dem beschriebenen in Zentralindien ähnelt und häufig in einen Dornbusch übergeht. Prosopis spicigera, Akazien, Albizzia amara, Cassia auriculata sind charakteristische Konstituenten. Auf den besonders trockenen Standorten stellt sich eine halbwüstenartige Flora mit fleischigen Euphorbien, Kapernsträuchern u. a. ein. In den Bergen von Cuddapah, Nord Arakot, in Kurnool und Nellore bedeckt ein Trockenwald mit Pterocarpus santalinus die felsigen und steinigen gerölligen Böden, dem auch Pterocarpus Marsupium, Dalbergia latifolia, Chloroxylon Swietenia, Terminalia Chebula, Hardwickia binata u. a. angehören. Das echte, kostbare, wohlriechende Sandelholz (Santalum album) kommt in den höheren Lagen von Mysore, Coorg, Teilen von Madras, Coimbatore, Salem, den Nilgiris und Nord Arakot in offenen strauchartigen Beständen vor. Die wichtigsten und reichsten Sandelholztrakte aber sind in Mysore. Das Sandelholz ist das kostbarste Holz Indiens und wahrscheinlich der Welt. Es wird nach Gewicht, pfundweise gehandelt und hat als Schmuckholz bekanntlich Weltruf. Botanisch ist interessant, daß es an den Wurzeln anderer Holzarten (die Literatur kennt über 120 Wirtspflanzen) wahrscheinlich als Salz- und Wasserparasit schmarotzt.

Gegen die Tiefländer entlang der Ostküste (Coromandel) zu ändert sich mit zunehmenden Niederschlägen das Waldbild. Ein immergrüner, von Natur aus wohl dichter, infolge Übernutzung und Verwüstung aber vielfach verlichteter und zu strauchartiger Verfassung degradierter Wald aus Mimusops-Arten, Ebenholz, Strychninbäumen (Strychnos nux vomica), dessen Früchte die Alkaloide Strychnin und Brucin liefert, Chloroxylon Swietenia, Randia, Canthium, Dichrostachys, Flacourtia u. a. Entlang der Küste finden sich Mangroven oder auf sandigen Uferstellen Palmen (Phoenix farinifera) und künstliche Anpflanzungen von Casuarinen.

Die kulturellen Grundlagen der Waldnutzung und Waldwirtschaft.

Der Wald spielt in der menschlichen Kultur eine doppelte Rolle: er ist Rohstoffquelle hervorragender und mit allmählicher Entwicklung des Holzes zu einem der Schlüsselrohstoffe moderner Wirtschaft noch weiter ansteigender Bedeutung, und er ist gleichzeitig Träger indirekter Nutzwirkungen, sog. Wohlfahrtswirkungen, deren ungestörte Fortdauer überall, besonders aber in den Tropenländern, auf lange Sicht gesehen, über Wohl und Wehe menschlicher Gemeinwesen entscheiden kann.

Das Verhältnis des Menschen zum Walde kann ein sehr verschiedenes sein. Unter primitiven Verhältnissen können waldbewohnende Stämme in den unermeßlichen Urwäldern wie die waldeigene Tierwelt völlig aufgehen, ohne eine merkliche Spur ihres Daseins zu hinterlassen (vgl. Pygmäen Zentralafrikas). Bei steigendem Bevölkerungsdruck und höherer Kulturstufe kann es, um in extensiver Weise Ackerland oder Weidemöglichkeiten zu gewinnen, allmählich zu umfassenden Waldverwüstungen kommen. Gewinnsucht ohne Bindungen oder ohne Kenntnis der Folgen kann bei Anlage von Pflanzungen oder handelsmäßiger Waldexploitation zu weitreichenden und folgenschweren Waldvernichtungen führen. Und endlich kann wachsende Erkenntnis der Bedeutung des Waldes und der Folgen seiner Zerstörung eine Politik der Walderhaltung und schließlich eine nachhaltige und systematische Waldwirtschaft entstehen lassen.

Alle diese vielen Möglichkeiten sind außer von den natürlichen Waldverhältnissen besonders auch von den kulturellen, also sozialen, wirtschaftlichen und politischen Gegebenheiten und ihrer Entwicklung abhängig. Sie müssen daher in ihrer Rückwirkung auf die Gestaltung der Waldnutzung und Waldwirtschaft eines Landes studiert werden, wenn man diese richtig verstehen will. Da nun in Indien alle die eben aufgeführten Beziehungen des Menschen zum Walde auch gegenwärtig noch nebeneinander bestehen, ist ein kurzer Überblick über die kulturellen Grundlagen der Waldnutzung und Waldwirtschaft als Ergänzung zu den natürlichen Grundlagen notwendig.

Indien ist weniger als ein Land denn als ein Kontinent für sich anzusehen, der die Voraussetzung zu einem in hohem Grade autarken Wirtschaftsgebilde in weiterem Maße besitzt als die meisten anderen Großräume der Erde.

Beträchtliche Strecken fruchtbaren Landes stehen zur Verfügung, und wenn auch vielen ihrer Teile Trockenheit, ja Dürre droht, so ist Indien reich an Flüssen und Strömen, die zu einer systematischen Bewässerung herangezogen werden können. Aus klimatischen Gründen können auch tropische und subtropische Agrarprodukte innerhalb seiner Grenzen erzeugt werden, so daß das Land die Vorzüge eines von Nord nach Süd sich von den gemäßigten bis zu den tropischen Regionen erstreckenden Großraumes besitzt, bekanntlich die unausweichliche Forderung einer Minimalautarkie moderner Prägung. Es besitzt Kohlen und Eisen und kann Erdöl aus frachtgünstig gelegenen Nachbargebieten zubringen (Burma, Insulinde, Persischer Golf). Eine große, vielfach dicht zusammengepreßte Bevölkerung stellt nicht nur große Aufgaben sozialer Art, sondern bildet auch ein unschätzbares Reservoir an Arbeitskräften und einen potentiellen Binnenmarkt besonderer Bedeutung. In Gestalt schiffbarer oder leicht schiffbar zu machender Ströme und Flüsse sind die Vorbedingungen für ein Wasserverkehrsnetz zur wirtschaftlichen Aufschließung des Binnenlandes gegeben. Alle diese großen Möglichkeiten lassen eine glänzende Zukunft erhoffen, wenn es gelingt, eine zweihundertjährige Fremdherrschaft abzuschütteln, deren Wirtschaftssystem einseitig auf eine handelskapitalistische Ausbeutung statt auf eine durchgreifende organische kolonisatorische Erschließung gerichtet ist, und das daher diese Möglichkeiten teils verkümmern ließ, teils nur unvollkommen oder einseitig entwickelt, teils auch bewußt niedergehalten hat, und wenn es weiter gelingt, ein freies aber geordnetes modernes Staatswesen zu konsolidieren, mit einem ausschließlich auf das Gemeinwohl gerichteten Wirtschaftsleben. Im Rahmen eines großen indischen Wirtschaftsprogramms der Zukunft werden aber die Wälder und ihre Nutzung direkt als Rohstoffquelle wie indirekt als Träger von Wohlfahrtswirkungen eine hervorragende Rolle spielen.

B o d e n s c h ä t z e als Teilvoraussetzungen einer modernen Industrie sind vielfach vorhanden. Die meist in Form von Steinkohle besonders im Nordrand des Hochlandes von Chota Nagpur konzentrierten K o h l e n v o r k o m m e n werden auf 50 bis 100 Milliarden Tonnen insgesamt, davon 24 Milliarden Tonnen abbauwürdiges und 4 bis 5 Milliarden Tonnen vollwertiges Material geschätzt. Aber die Konzentration des Kohlenvorkommens sowie die großen Entfernungen des Landes und das bislang noch sehr extensive Verkehrsnetz erschweren eine Versorgung für Hausbrand und für die im ganzen Lande verteilte einheimische Klein- und Mittelindustrie sowie das Handwerk. Also ist der Brennholz- und Holzkohlenbedarf ständig ein großer und damit auch der Verbrauch von Holz, das bei dem relativ geringen Waldreichtum des Landes besseren Verwendungsweisen als Nutzholz zugeführt werden könnte. Wo übrigens auch Holz nicht greifbar ist, wird der trockene Viehdung als Brennstoff verwendet, den Feldern entzogen und so eine Verarmung der Böden verursacht.

Dagegen liegen die Kohlenfelder sehr günstig zu den vorzüglich in Bihar und Orissa konzentrierten Eisenerzlagern, die mit ihrem sicheren Vorrat von 3 Milliarden Tonnen und ihrem möglichen von 20 Milliarden Tonnen an Rot- und Magneteisenerzen mit einem Eisengehalt von 63 bis 64% zu den großartigsten der Erde gehören.

Das Gesamtvorkommen von Manganerzen (auf 100 Millionen Tonnen geschätzt) bildet die Grundlage nicht nur für eine gesicherte Eigenversorgung, sondern auch für einen Export, der nur hinter jenem der U. S. S. R. zurückstand. Außer den erwähnten Erzen sind Chromerze, Monazit, Ilmenit, Gold, Kupfererze, Graphit und Bauxit vorhanden.

Natürlich stellt eine systematische bergwerksmäßige Erschließung des Landes sowohl direkt als auch indirekt im Zuge der einer solchen Erschließung folgenden Vertiefung und Erweiterung der Industrialisierung auch an den Wald als Rohstoffquelle mannigfache und gesteigerte Anforderungen.

Als Ausgleich für das Energiemanko durch allzu starke Konzentration der Kohlenvorkommen und relative Waldarmut besitzt das Land einen beträchtlichen Reichtum an Wasserkräften, die die ausgebauten Wasserenergien Gesamteuropas übertreffen. Verfügbar sind 27 Millionen PS, erschlossen aber bisher nur ½ Million PS! Günstig fügt es sich, daß gerade die von den Kohlenlagern abseitig gelegenen Landesteile (Ghats, Himalaya) mit Wasserkräften besonders gut bedacht sind. Die Ausnutzung der Wasserkraft ist ein Eckpfeiler des großen Aufbaues der indischen Wirtschaft der Zukunft. Sie läßt sich sehr wohl mit Bewässerungsanlagen kombinieren und bedeutet in ihren Möglichkeiten einer Verteilung der elektrischen Energie über das Land hin und der Entstehung einer modernen Kleinindustrie und eines modernen Handwerks eine wesentliche Linderung der Bevölkerungsnot und eine Erleichterung des außerordentlichen Bevölkerungsdruckes, der fast ausschließlich auf den schwachen Schultern einer altertümlichen Landwirtschaft ruht. Je größer aber die Bedeutung der Wasserkraft wird, um so größer wird auch jene der Wohlfahrtswirkungen des Waldes in den Einzugsgebieten der Flüsse und Ströme, die als einzig mögliche und auf weite Sicht wirkungsvolle Regulatoren des Wasserhaushaltes besonders in einem Lande mit abwechselnden Regen- und Trockenzeiten sowohl eine nachhaltige Gleichmäßigkeit der Wasserversorgung zu gewährleisten, als auch eine weitgehende Bodenerosion mit nachfolgender rapider Versandung der Stauanlagen und Erhöhung der Gefahr periodisch regelmäßiger Überschwemmungen katastrophalen Ausmaßes zu verhindern vermögen. Parallel mit der Wasserkrafterschließung des Landes muß also auch eine Intensivierung der Walderhaltung, Forstwirtschaft und des Aufforstungswesens gehen.

Die „Pax britannica" hat dem Lande eine starke Steigerung der Bevölkerungsdichte gebracht, aber die auf bloße handelskapitalistische Ausbeutung gerichtete Laissez-Faire-Philosophie des händlerischen Herrenvolkes hat sich nicht darum gekümmert, diese Steigerung auch kulturpositiv zu steuern und durch eine gleichzeitige systematische und allseitige Kolonialerschließung und wirtschaftliche Entwicklung des Landes dem Bevölkerungszuwachs neue Lebens- und Betätigungsmöglichkeiten zu eröffnen. So obliegt Ernährung und Beschäftigung fast des ganzen Bevölkerungszuwachses der Landwirtschaft, deren völlig veraltetes System diese übermäßige Aufgabe nicht lösen kann, ohne die unbeschreibliche Armut des Landes noch wesentlich zu steigern.

Die Volkszählung von 1941 ergab 388.8 Millionen Menschen, d. h. etwa $^1/_6$ der ganzen Menschheit oder 82 je qkm, also soviel wie die Bevölkerung von ganz Europa ohne U. S. S. R. Der Bevölkerungszuwachs von 1921 bis 1931 allein betrug 10.6% und jener von 1931 bis 1941 15%. Dagegen hat die bisherige Industrialisierung von den 70 Millionen dieses nur zwanzigjährigen Bevölkerungszuwachses nicht einmal 5% untergebracht. Der Rest belastet, wie erwähnt, die Landwirtschaft, die aber keineswegs — wie dies wohl als selbstverständlich angenommen werden könnte — entsprechend intensiviert wurde, sondern primitiv verblieb, wie seit alters her.

Einen Überblick über die Bodenbenutzung des Landes gibt folgende Tabelle*):

Benutzungsart:	Brit. Indien	Fürstenstaaten	Insgesamt
Ackerland	50.4%	54.6%	51.3%
(davon Brache) . . .	(8.9)	(8.6)	(8.8)
Baum-Buschkulturen . .	0.3	0.7	0.4
Wald	13.3	12.8	13.2
Kultivierbares Ödland . .	18.0	12.8	16.8
Nicht kultivierbares Ödland	18.1	18.8	18.2

Die grundsätzlich noch erschließbare Bodenreserve Indiens kann auf fast $^1/_5$ der Landesfläche oder $^1/_6$ der Anbaufläche geschätzt werden. Die

*) Vgl.: 1937/38 Annuaire International des Statistiques agricoles.

armen Bodenreserven werden dabei als willkommenes Aufforstungsland in Frage kommen. Nennenswertes Reserveland wird auch nur im Wege großzügiger Bewässerungsanlagen und beträchtlicher Investitionen zu erschließen sein.

Einer der schwersten Nachteile der indischen Landwirtschaft ist die Zersplitterung des Bodenbesitzes, wie dies aus der folgenden Zusammenstellung hervorgeht. Es beträgt die durchschnittliche Besitzgröße in

den vereinigten Provinzen	1 ha
Bihar und Orissa	1.25 ha
Madras	2.00 ha
Bengal	1.3 ha
Assam	1.20 ha

Auch räumlich ist der Bodenbesitz sehr zertragen. Oft besteht selbst dieser kleine Grundbesitz aus vielen weit auseinander liegenden Parzellen. Diese Besitzzersplitterung hat in der englischen Zeit noch wesentlich zugenommen. Daß bei einer solchen Zersplitterung an die Einführung moderner landwirtschaftlicher Errungenschaften nicht gedacht werden kann, liegt auf der Hand.

Vor der englischen Zeit gab es kein Privateigentum an Grund und Boden. Ein gesetzlicher Pächterschutz gewährleistete dem gemeinen Mann ein Recht auf Bebauung, wohingegen der Staat oder Landesherr als eigentlicher Bodenbesitzer einen bestimmten Ertragsteil als Grundsteuer einzog. Dies geschah ursprünglich durch kommissarische Beamte, später durch Steuerpächter (Zamindari, Talukhadari). Aus diesen machten die Engländer in Verkennung der indischen Rechtslage und in schematischer Angleichung an englische Verhältnisse in vielen Fällen den Grundherrn (Landlord), was auch durch folgende verhängnisvolle Entwicklung erleichtert wurde. Im Gefolge der Befriedigung des Landes und der Zunahme der Bevölkerung erhielt auch der Boden wieder einen, und zwar steigenden Wert und wurde mit allmählicher Rezeption kapitalistischer Denkweise ein kreditwürdiges Kapital. Der Bauer konnte also Geld leihen, geriet in Schulden und damit in Abhängigkeit von Geldverleihern, die so zu Herren über umfangreichen Grundbesitz wurden. In der Gegenwart hat der Bauer kein Interesse an einer dauernden Ertragssteigerung, die ja doch nur seinem Grundherrn oder seinem Gläubiger zugute kommen würde. So ist das niedrige, antiquierte Niveau der Landwirtschaft auch durch die unglücklichen Besitzverhältnisse festgelegt.

Der Acker wird mit Holzpflügen wie vor Tausenden von Jahren bestellt; die Ernte erfolgt mit der Sichel; der Getreidedrusch wird mit der Hand (oft primitiver Holzknüppel) ausgeführt oder von den Ochsen durch Austreten besorgt; systematische Saatgutpflege ist unbekannt, die Unkrautbekämpfung ist mangelhaft.

Der Viehbestand ist sehr hoch, das Vieh aber schlecht genährt und degeneriert. Die Hindureligion verbietet die Schlachtung des Rindes und seine Verwendung als Fleischtier. Die Milcherzeugung ist sehr im Argen. Der Viehbestand geht aus nachstehender Tabelle hervor:

	Indien	zum Vergleich Deutschland
	je 100 Einwohner	
Pferde	0.7	5.1
Rindvieh	60.8	30.2
Schafe	12.4	6.9
Ziegen	15	3.9

Da ein z. B. auf der umfangreichen Brache leicht möglicher Anbau von Futtermitteln nicht erfolgt, ist das zahllose Vieh zumeist auf die Waldweide angewiesen, der im Laufe der Zeit große Waldgebiete in der Umgebung der Dörfer zum Opfer gefallen sind. Der durch keine entsprechend großzügigen und wirksamen Maßnahmen systematischen Wirtschafts- und Industrieentwicklung aufgefangene Druck ansteigender Bevölkerung und damit wachsender Viehherden wird durch die primitive Landwirtschaft einfach auf die vegetabilischen Reserven des Landes übertragen und wirkt sich in Gestalt einer fortschreitenden Verminderung der Waldflächen durch Rodungen und weitgehende Waldzerstörung im Gefolge ungeregelter Nutzungen und exzessiver Waldweide aus. Eine systematische Walderhaltung und Forstwirtschaft gibt es, wie noch gezeigt werden wird, meist nur in den Waldgebieten mit wertvollen Handelshölzern, nicht aber in den vielen Millionen Hektaren kommerziell zwar wertlosen, für die Versorgung der ländlichen Bevölkerung aber um so wichtigeren Dorfdschungeln, die als Folge dieses Versäumnisses und der weiteren bereits geschilderten Versäumnis einer großzügigen Wirtschafts- und Industrieentwicklung dem steigenden Bevölkerungsdruck mit allen daran geknüpften Folgen fortschreitender Bodenerosion, Austrocknung des Landes usw. zum Opfer fallen.

Ob eine Bodenverarmung im Gesamtbereich des Landes erfolgt, dürfte angesichts der sehr extensiven Bodennutzung kaum behauptet werden können. Die natürliche Bodenerholung (Brache, nicht Düngung) dürfte vielfach den Nutzungsabgang ausgleichen. Aber in den Baumwoll- und Zuckerplantagengebieten ist zweifellos eine fortschreitende Bodenverarmung vorhanden. Ebenso erfolgt sie sehr deutlich in den der anthropogenen Bodenerosion ausgesetzten Landschaften. Die Düngung ist jedenfalls sehr mangelhaft und besteht vielfach aus geschneiteltem Waldlaub, das als Streu mit den Exkrementen der Tiere gemischt und in der Kompostgrube fermentiert den Feldern zugeführt wird. Dadurch aber werden ebenfalls weite Waldgebiete ihres Laubes beraubt und schließlich vernichtet. In vielen waldarmen Gebieten muß auch, wie bereits gesagt, der Viehdung mangels Brennholz als Brennstoff verwendet und damit den Feldern entzogen werden.

Eine entscheidende Rolle spielt in der indischen Landwirtschaft die künstliche Bewässerung, die die Engländer im Anschluß an großartige Anlagen älterer indischer Herrscher gefördert haben. Durch Kanäle, Auffangbecken, Brunnen und Pumpen werden etwa 22% der tatsächlichen Anbaufläche bewässert (Pandschab, Vereinigte Provinzen, Madras). Dadurch wird die Abhängigkeit von den Monsunregen gemildert, der Durchschnittsertrag erhöht und die anbaufähige Fläche erweitert.

Die entscheidende Bedeutung der Bewässerung für die Ernährung des indischen Volkes verleiht auch der die nachhaltige Auswirkung dieses Segens überhaupt erst ermöglichenden Wohlfahrtswirkung des Waldes ihren weitreichenden und gar nicht zu überschätzenden Wert im Rahmen des indischen Wirtschaftslebens. Die Erhaltung solcher großzügigen Bewässerungsanlagen erfordert nicht nur eine starke Regierung, sondern auch die ungeschmälerte Erhaltung des Waldes in den Einzugsgebieten der Ströme, denen die Bewässerungswerke ihr Wasser und die menschlichen Gemeinschaften in den Talgebieten ihre Wohlfahrt verdanken. Es verfallen daher auch, wie die Geschichte solcher Stromtalkulturen ausnahmslos lehrt, sowohl mit dem Verfall starker staatlicher Autoritäten, als auch mit der Zerstörung des Waldes blühende Gemeinwesen und Staaten in oft kurzer Zeit, und die Ruinen verlassener Städte und Siedlungen sind Zeugnis menschlicher Kurzsichtigkeit und Schwäche oder des ehernen Schrittes unabwendbaren geschichtlichen Schicksals. Je mehr ein freies Indien einst in der Erweiterung großzügiger Bewässerungsanlagen einen Eckpfeiler seiner landwirtschaftlichen Renaissance und damit auch völkischer Wiedergeburt erblicken wird, um so mehr wird es auch einer rigorosen Erhaltung und systematischen Erweiterung der Wälder seine Aufmerksamkeit zuwenden müssen.

Die wichtigsten landwirtschaftlichen Produkte sind Reis, Weizen, Hirsearten, Gerste, Zucker, Gewürze und Futtermittel. Der Anbau letzterer ist aber im Verhältnis zu dem Viehbestand unzureichend und daher die Waldweide, wie bereits angeführt, der landwirtschaftlich unzulängliche und allgemeinwirtschaftlich durch die damit zusammenhängende Waldvernichtung verhängnisvolle Ausweg.

Unter landwirtschaftlich erzeugten pflanzlichen Rohstoffen sind besonders Ölsaaten, Tabak, Textilfasern (Baumwolle und Jute) sowie Opium besonders zu nennen. Die Hauptprodukte des Plantagenbetriebes sind Tee, Kaffee, Indigo, Chinin und Kautschuk. Von diesen haben bekanntlich manche ausgesprochen forstlichen Charakter.

Den Stand und die Möglichkeiten der industriellen Entwicklung zu schildern, würde den Rahmen dieser der Waldwirtschaft gewidmeten Arbeit überschreiten. Aber zweierlei muß hervorgehoben werden: einmal der direkte Zusammenhang des Waldes als Rohstoffquelle für verschiedene bestehende und mögliche Industrien, worauf in einem späteren Abschnitt bei der Waldnutzung noch ausführlich hingewiesen werden wird. Dann der indirekte Einfluß einer fortschreitenden Industrialiserung auf den Wald und die Waldwirtschaft, sei es in der Form eines gesteigerten allgemeinen Holzbedarfs und Holzverbrauchs im Zusammenhang mit dem großzügigen Ausbau auch sonst mit den Waldrohstoffen keinerlei direkte Beziehungen aufweisenden Industrien, sei es durch die im Zuge einer durchgreifenden Industrialisierung zu erwartende allgemeine Abnahme des heute bestehenden und vielfach destruktiven Druckes einer der primitiven Landwirtschaft ohne weitere Vorsorge völlig aufgelasteten übermäßig dichten Landbevölkerung gegen die natürliche Vegetation des Landes und besonders den Wald. Aus einer solchen Entlastung und gleichzeitigen Bedeutungssteigerung sowie wachsenden Erkenntnis der Waldbedeutung wird die Walderhaltung, Forstwirtschaft und das Aufforstungswesen sehr wesentliche und nachhaltige Impulse schöpfen.

Außer diesem möchte nur der Vollständigkeit wegen, wenn auch nebenbei, erwähnt werden, daß die heutige Industrie Indiens immer noch in weitem Ausmaße aus dem ländlichen Handwerk besteht, das einen integrierenden Bestandteil bildet und vielfach auch recht beachtliche Holzverbraucher darstellt (z. B. Zimmermann, Stellmacher usw.). Ihm gehören gut zwei Drittel der von der Statistik als „industriell" tätig ausgewiesenen Beschäftigten. Dann folgen das Kunsthandwerk und die Manufaktur der kleineren und mittleren indischen Städte, wozu auch Holzverbraucher (z. B. Edelholzschnitzer) gehören. Endlich dann die eigentliche Industrie wie Bergbau, elektrische Kraftwerke, Textilindustrie (Baumwollspinnereien und Webereien, Juteindustrie), Eisen- und Stahlindustrie u. a.

Von unmittelbarer Bedeutung für die Forst- und Holzwirtschaft ist die Entwicklung des Verkehrs. Ist ja doch die Frage der Walderschließung und geregelten intensiven Waldbewirtschaftung zunächst in hohem Maße eine Frage des Holztransportes und damit der Verkehrsaufschließung. Das Holz ist ein Produkt, das relativ kleine Werte mit hohen und schwer transportablen Massen vereinigt. Das Transportproblem spielt also eine Hauptrolle. Das zunächst aus strategischen und kommerziellen Gründen errichtete Verkehrsnetz hat die Ansätze zu einem großräumigen binnenindischen Handel geschaffen und damit über viele trennende Einzelheiten hinweg ein Element der Zusammengehörigkeit aufgebaut. Der Ausgleich von Überschuß- und Zuschußgebieten innerhalb Indiens wurde wesentlich erleichtert und damit die wirksame Bekämpfung der häufigen lokalen Hungersnöte. Die 66 000 km Eisenbahnlänge bedeutet, an europäischen Verhältnissen gemessen, eine nur sehr extensive Verkehrsaufschließung; unter Berücksichtigung der kolonialen Natur des Landes ist dies aber eine hohe Stufe der Verkehrsdichte.

Für die Bodenkultur Indiens, also Land- und Forstwirtschaft, spielt aber besonders die Tatsache eine große Rolle, daß der größte Teil des ländlichen Indiens, besonders die Waldgebiete, von den Bahnlinien noch sehr abseitig liegen. Der Zubringerverkehr zu den Bahnen ist noch sehr unentwickelt, was natürlich die Auswertung der Bahnlinien für einen intensiven land- und forstwirtschaftlichen Produktenverkehr sehr erschwert. Auch der Ausbau des Straßennetzes ist noch absolut ungenügend (132 450 km erstklassige Straßen und 373 200 km Straßen zweiter Ordnung, meist nur außerhalb der Regenzeit befahrbar). Der Ausbau eines entsprechend dichten Allwetterstraßennetzes ist gerade für die Erschließung des flachen Landes und der Waldgebiete sowie für die Schaffung eines Binnenmarktes besonders wichtig, zumal dadurch erst die wichtigste Voraussetzung der Motorisierung erstellt ist. Auch auf dem Gebiete des Verkehrswesens ist zu sehen, daß Sektoren, die nicht unmittelbar der händlerischen Ausbeutung des Landes dienten, vernachlässigt werden.

Die auch für eine systematische Entwicklung einer intensiven Waldnutzung und Waldwirtschaft maßgebliche Psychologie des indischen Wirtschaftslebens läßt sich in aller Kürze wie folgt beschreiben:

Die grundlegenden Tatsachen sind einmal eine vorwiegend auf handelskapitalistische Ausbeutung bedachte Fremdherrschaft und das andere Mal die religiös und im traditionellen Sozialsystem begründete Geringschätzung wirtschaftlicher Fragen.

Unter der englischen Fremdherrschaft sind, soweit überhaupt, vorzüglich nur jene Bezirke des öffentlichen Lebens entwickelt und aufgebaut worden, die im unmittelbaren Dienst der Rohstoffexportwirtschaft stehen. Dagegen sind jene bewußt vernachlässigt geblieben, die „nur" für eine Hebung des allgemeinen Lebensstandards des indischen Volkes notwendig wären. Man braucht nur auf folgende bekannte Tatsachen hinzuweisen: Nach einer zweihundertjährigen englischen Fremdherrschaft sind 90% der Gesamtbevölkerung und 98% der weiblichen Bevölkerung Analphabeten; infolge Unterernährung, unglaublicher hygienischer Rückständigkeit und Wirkung epidemischer Krankheiten, die sich in Indien ebenso leicht eindämmen ließen wie in Europa, ist die mittlere Lebenserwartung des indischen Volkes (26 Jahre) die niedrigste, die die internationale Bevölkerungsstatistik aufzuweisen hat; obwohl Indien übervölkert ist, sind die Erträge seiner primitiven und antiquierten Landwirtschaft außerordentlich niedrig; trotz guter bis sehr guter Versorgung mit natürlichen Voraussetzungen ist Indien industriell so gut wie gar nicht entwickelt, etwa so, wie wenn Europa statt seiner 50 Millionen Industriearbeiter ihrer nur 2 Millionen hätte; der durch die pax britannica ungewollte, aber automatisch erfolgte beinahe explosive Bevölkerungszuwachs ist durch keinerlei dementsprechend großzügige wirtschaftliche Auffangmaßnahmen einem im Sinne des Volksganzen produktiven Einsatz zugeführt worden, sondern hat als Folge der Gleichgültigkeit und Unterlassung der Fremdregierung die Notlage der an sich schon primitiven Landwirtschaft vermehrt und eine weitere Verelendung herbeigeführt. Die Zahl solcher Anklagen ließe sich noch sehr wesentlich vermehren. Eine solche Fremdherrschaft versäumt nicht nur, etwa vorhandene Willensansätze zu energischem patriotischen Wirtschaftsaufbau zu entwickeln, sondern lähmt und drückt sie durch die jedem Inder naheliegende Frage, wem denn eigentlich alle Anstrengungen frommen würden, solange die Fremdherrschaft besteht, herab.

Dazu kommen die der Entfaltung eines das Wirtschaftsleben vorwärtstreibenden Erwerbssinnes entgegenstehenden religiösen und sozialen Vorstellungen und Einrichtungen wie Kastensystem, herrschende Stellung der Großfamilie usw. Im Verein mit der Auswirkung der Fremdherrschaft und der wirtschaftlich-sozialen Abhängigkeit vom Wucherkapital wirken sich diese Einrichtungen dahin aus, daß der indische Bauer daran Genüge findet, nicht mehr zu erzeugen, als er selbst benötigt. Das von einer kleinen entwurzelten Intelligenz-Minderheit angenommene Streben nach höchstem persönlichen Gewinn und die von dieser Minderheit nachgeahmten privatkapitalistischen Wirtschaftsformen, vielleicht zusammen mit einer als Ideal angesehenen Ökonomisierung des ganzen Landes bedeuten weder eine Widerlegung der sonstigen wirtschaftlichen Lethargie der breiten Volksmassen, noch auch eine wünschenswerte Einleitung eines volkswirtschaftlich positiv und konstruktiv orientierten Aufbaues, sondern nur den degenerierenden Einbruch auch sonst völlig überlebter westlicher Ideen.

Entwicklung und Stand der Waldwirtschaft eines Landes wird von der herrschenden Wirtschaftsgesinnung in hohem Grade abhängig. Denn die Waldwirtschaft hat nicht nur wirtschaftlichen, sondern im wesentlichen auch politischen Charakter. Der Wald ist nicht nur Rohstoffquelle, sondern auch Träger von indirekten Nutzwirkungen, deren ungeschmälerte Fortdauer über Wohl und Wehe ganzer Länder und menschlicher Gemeinschaften entscheiden kann. Also dürfen bei seiner Nutzung Rentabilitätsgesichtspunkte weder ausschließlich noch auch vorwiegend entscheiden, sondern in erster Linie die Interessen des von den erwähnten indirekten Nutzwirkungen mittelbar oder unmittelbar berührten Volksganzen. Weiter, da die Erzeugungsdauer des Holzes, dieses Schlüsselrohstoffes moderner Industriezivilisation, unter normalen Verhältnissen mehrere menschliche Generationen umfaßt, berührt und beeinflußt jeder Eingriff in den Wald nicht nur die Interessen der gegenwärtigen, sondern auch jene der noch ungeborenen Generationen. Eigennützige Übernutzungen des Waldes in der Gegenwart können deren Taschen in erfreulicher Weise füllen. Sie plündern aber jene der Kinder und Kindeskinder aus. Undankbare Aufgabe des Forstmannes ist es also, überall und zu jeder Zeit die Interessen des Volksganzen gegen jene der brutalen Gegenwart zu verteidigen und zu schützen.

Diese elementaren Eigentümlichkeiten der Waldwirtschaft zeigen, daß ihrem Wesen nichts mehr entgegengesetzt ist als der Geist handelskapitalistischer Ausbeutung.

Auch die Waldnutzung und Forstwirtschaft in Indien trägt den Stempel der liberal-kapitalistischen Auffassung, die der englischen Kolonialpolitik und Kolonialverwaltung im allgemeinen eigentümlich ist. In den unter direkter englischer Herrschaft stehenden Landesteilen steht ein großer Teil der mit handelsmäßig wertvollen Holzarten bestockten Wälder unter staatlichem Schutz. Diese Forstwirtschaft wurde, wie noch ausführlich gezeigt werden wird, von drei großen deutschen Forstmännern aufgebaut, die die indische

Staatsforstverwaltung als erste Generaldirektoren von 1856 bis 1900 geleitet haben. In der Folgezeit hat sie sich in Anbetracht des steigenden Wertes der kostbaren Handelshölzer, die sie produziert, als ein gutes Geschäft und ein sehr rentables Unternehmen erwiesen. Dagegen ist der weitaus größte Teil der handelsmäßig weniger wertvollen, aber durch ihre indirekten Nutzwirkungen und durch ihre Bedeutung für die Versorgung der Eingeborenen häufig um so wichtigeren Wälder ohne jede geregelte Bewirtschaftung, ja vielfach ohne die primitivsten Schutzmaßnahmen geblieben und fällt der allmählichen Vernichtung durch ungeregelte und übermäßige Nutzungen anheim. Die Fläche der unter staatlichem Schutz stehenden Wälder ist absolut ungenügend.

In den Fürstenstaaten liegen Waldschutz und geregelte Waldnutzung mit einigen rühmlichen Ausnahmen noch mehr im argen als in Britisch-Indien.

Es ist daher nicht verwunderlich, wenn ein englischer Bericht von sehr maßgebender Stelle (Imperial Bureau of Soil Science) die Lage wie folgt charakterisiert:

„Seit der britischen Besetzung Indiens hat die Niederschlagung der Wälder enorm zugenommen. Gegenwärtig bieten große Teile Indiens ein Bild von Menschenhand geschaffener Verwüstung, das seinesgleichen auf der Welt nicht hat, außer vielleicht in einzelnen Teilen Chinas. In großen Teilen Indiens dienen die letzten Spuren von Unterholz als Nahrung für die Dorfherde. Die dadurch herbeigeführten Bodenzerstörungen durch das ablaufende Wasser bei Regenfällen muß man gesehen haben, um sie für möglich zu halten."

Ein freies Indien wird daher vor der großen und schwierigen Aufgabe stehen, bewährte Maßnahmen der Walderhaltung und geregelten Waldbewirtschaftung unter entsprechender Berücksichtigung der örtlich verschiedenartigen Verhältnisse auf a l l e Wälder auszudehnen und nicht nur dem Geldertrag, sondern vor allem dem allgemeinen Nutzen für das indische Volk und den Wohlfahrtswirkungen für die von ihrer Fortdauer abhängigen Landesteile als Richtschnur zu folgen, außerdem aber jene Ödländer, die landwirtschaftlicher Nutzung unzugänglich sind, jene Gebiete, die einst bewaldet, aber seither durch Waldvernichtung verwüstet wurden, sowie jene Landesteile, die gegenwärtig des Waldes entbehren, aber seiner Schutzwirkung bedürfen, in großzügigem Ausmaße aufzuforsten und derart die Bewaldung Indiens zu steigern.

Die Waldwirtschaft Vorderindiens.

a) Die Waldfläche.

Die Gesamtfläche der Wälder Indiens (ohne Burma) beträgt etwa 70 Millionen ha. Die Zahl kann deswegen nur als Schätzungsgröße angegeben werden, weil statistische Angaben in den meisten indischen Fürstenstaaten fehlen. Diese Fläche entspricht einem Bewaldungsprozent von etwa 17.

Von dieser Gesamtfläche entfallen auf die britischen Provinzen 52.2 Millionen ha, die demnach mit etwa 23.4% ihrer Gesamtlandesfläche bewaldet sind.

Die Verteilung der Waldflächen geht aus der nachstehenden Tabelle hervor:

Provinz	Holzart L: Laubholz N: Nadelholz	Waldfläche in ha		
		insgesamt	% der Gesamtlandesfläche	Nutzbare Waldflächen
Madras	L	10 096 800	27.1	4 294 900
Bombay	L	3 865 700	11.8	2 445 300
Bengal	N	5 500	16.2	2 275 800
	L	3 190 500		
Vereinigte Provinzen . . .	N	571 200	16.3	240 500
	L	3 948 100		1 166 600
Punjab	N	542 600	6.7	240 800
	L	1 042 900		93 600
Bihar und Orissa	L	9 614 810	30.0	2 283 600
Centrale Provinzen . . .	L	12 103 800	44.9	9 050 600
Assam	N	8 600	37.7	8 600
	L	5 754 600		940 700
Coorg	L	304 200	74.0	198 100
Ajmer	L	36 900	5.2	25 900
Nord-West-Provinzen . .	N	45 200	7.3	37 200
	L	208 500		99 800
Balutschistan	N	80 600	1.7	
	L	124 300		
Andamanen	L	639 300	98.0	481 000

Ein Bewaldungsprozent von 17 ist zweifellos als zu gering anzusehen, zumal ein beträchtlicher Teil der in dieser Bewaldung eingeschlossenen Wälder als in verschiedenem Grade verwüstet und unzulänglich bestockt angesehen werden muß. Die ursprüngliche Bewaldung Indiens war zweifellos bedeutend größer. Es sind aber auch die natürlichen Möglichkeiten einer wesentlichen Vergrößerung der Waldflächen in der Gegenwart in reichem Maße vorhanden. Sehr große Flächen sind heute kahl oder nur mit halbverwüstetem Busch bedeckt, die ursprünglich gut bewaldet oder mindestens dicht bebuscht waren und die auch in Zukunft vielfach nur als Wald dem Lande nützlich sein können, weil sie zum größten Teil für landwirtschaftliche Nutzung untauglich sind. Diese „absoluten Waldböden" wieder einem normal bestockten Wald zuzuführen, wird eine der größten Aufgaben der Landeskultur des zukünftigen Indiens sein. Wenn angenommen wird, daß etwa 25% der Landesfläche mindestens bewaldet sein sollten, eine Annahme, die durch die natürlichen Verhältnisse des Landes und die Notwendigkeiten einer ausreichenden Versorgung mit Waldrohstoffen sowie einer vollentsprechenden Gewährung von lebenswichtigen Wohlfahrtswirkungen im Zuge einer allgemeinen kulturellen Entwicklung des Landes in der Zukunft begründet wird, dann folgt daraus für die Forstwirtschaft des Landes ein geradezu gigantisches Arbeitsprogramm in Richtung der Erhaltung und Verbesserung der bestehenden und der Schöpfung neuer Wälder (Aufforstung von Kahlflächen).

b) Der Wald als Rohstoffquelle.

Die Forstpolitik eines Landes hat die Erhaltung der unverminderten Fortdauer der für die Gesamtheit notwendigen Funktionen des Waldes zum Ziel. Diese sind, wie bereits wiederholt ausgeführt wurde, die nachhaltig in Menge und Beschaffenheit gleichmäßig zu erhaltende oder wo möglich zu steigernde Belieferung mit forstlichen Rohstoffen aller Art und die ungeschmälert zu bewahrende Fortdauer indirekter Nutzwirkungen, sog. Wohlfahrtwirkungen, die für die Voraussetzungen der landwirtschaftlichen Benutzung von Ländern und ihrer Bewohnbarkeit im allgemeinen, vor allem aber unter besonderen Verhältnissen von absolut entscheidender Bedeutung sind. Erhaltung und Ausbau der Wälder als nachhaltig wirksame Rohstoffquelle und als Träger fortdauernder Wohlfahrtswirkungen ist das Ziel der Forstpolitik. —

Die Bedeutung der indischen Wälder als Rohstoffquqelle kann am besten durch einen Überblick über die wichtigsten Rohstoffe gegeben werden, die ihnen nachhaltig abgewonnen werden können. Es sind dies zwei große Gruppen: das Holz als Nutz- und Brennholz und die sog. Nebennutzungen, d. h. Rohstoffe außer Holz, wie Gräser, Bambus, Früchte, Harze, Gummi, Gerbstoffe u. a., deren wirtschaftliche Bedeutung freilich jene des Holzes unter Umständen weit übertreffen kann.

Zum Unterschied von den Wäldern der gemäßigten und kühlen Zone, die sich meist nur aus relativ wenig Holzarten zusammensetzen und häufig auch auf weiten Flächen Reinbestände aufweisen, setzt sich der indische Wald, wie dies seinem tropischen und subtropischen Charakter entspricht, mit nur wenigen Ausnahmen aus zahlreichen Mischhölzern zusammen. Der Artenreichtum ist überwältigend und wird auf mehrere Tausend Arten holziger Pflanzen geschätzt. Davon sind allerdings gegenwärtig nur einige wenige Hunderte in ihren technischen Eigenschaften und ihrem wirtschaftlichen Nutzwert bekannt und noch weniger genießen als Handelshölzer einen weiteren Ruf. Unter diesen letzteren sollen hier — ohne Anspruch auf Vollständigkeit, die einen sehr viel weiteren Raum beanspruchen würde — genannt werden die Nadelhölzer:

Cedrus deodara (Himalayaceder), derzeit nutzbare Waldfläche etwa ½ Mill. ha; wertvollstes Nadelholz, verwendet für Eisenbahnschwellen und Bauholz aller Art.

Pinus excelsa (Blaukiefer), derzeit nutzbare Waldfläche gering; Verwendungsweisen: Tischlerei, Zimmerei, Hausbau, Konstruktionsholz.

Pinus longifolia (langnadelige Himalayakiefer), nutzbare Waldfläche etwa 3—4 Mill. ha; Verwendungsweisen: Kistenholz, billige Möbel, Bauten und Konstruktionen. Liefert wertvolles Harz. —

Abies Pindrow und A. Webbiana (Himalayatanne) und Picea Morinda (Himalayafichte), gutes Weichholz. Verwendungsweisen: Kistenholz, Zellstoff, Zündhölzchen, Verschalbretter, Bauholz. — Alle drei Holzarten sind in großen Flächen (mehrere Millionen ha) vorhanden, deren Erschließung infolge ihrer Lage in den Hochgebieten des Himalaya Schwierigkeiten bereitet.

Die Nadelhölzer haben infolge ihrer relativen Seltenheit für das Wirtschaftsleben Indiens einen besonderen Wert.

Unter den Laubhölzern sind besonders erwähnenswert:

Als kostbare Schmuck- und Luxushölzer für feine Tischlerei, Einlegearbeiten, Luxusmöbel, Kunsthandwerk usw. (freilich werden manche dieser Holzarten auch als Nutzholz, je nach besonderer Eignung für Anfertigung von Gegenständen des täglichen Gebrauches verwendet):

S a n t a l u m a l b u m (Sandelholz), kostbarstes duftendes Schmuckholz Indiens, liefert das wohlriechende Sandelholzöl.

C h l o r o x y l o n S w i e t e n i a (Satinholz), hart, gelb mit Satinglanz.

D a l b e r g i a l a t i f o l i a (Shisham, Blackwood, Rosewood), hart, dunkelpurpurrot mit schwarzen Streifen.

P t e r o c a r p u s d a l b e r g i o i d e s (Rotholz, Andamanen-Padouk), mäßig hart, reiche tiefrote Farbe.

P t e r o c a r p u s s a n t a l i n u s (Red sanders), sehr hart, dunkelpurpurrot.

Als besonders schwere, dauerhafte und harte Spezialhölzer für Werkholz, Wagnerei, Drechslerei, schwere Möbel, Lagerbetten, Brückenbau, Eisenbahnschwellen und andere besondere Verwendungszwecke, die vor allem Dauerhaftigkeit und langsame Abnutzung erfordern:

M e s u a f e r r e a , sehr hartes und dauerhaftes Holz von dunkler Farbe.

D a l b e r g i a S i s s o o (Schisham), sehr hart, fest und dauerhaft; braun mit dunklen Streifen.

P t e r o c a r p u s m a c r o c a r p u s (Burma Padouk), hart, sehr fest, rotgelb bis ziegelrot, manchmal braungestreift.

X y l i a d o l a b r i f o r m i s (Pyinkado, burmesisches Eisenholz), sehr hart, schwer, sehr fest und dauerhaft; rotbraun.

X y l i a x y l o c a r p a (Jamba, iral), sehr hart, schwer, dauerhaft; rotbraun. —

Schwere und harte bis mittelschwere und mittelharte Hölzer etwa mit unseren edlen Laubhölzern wie Eiche, Esche, Ahorn, Ulme usw. vergleichbar. Verwendet für Möbel, Schnitzereien, Werkholz, Bauten und Konstruktionen, Brücken und Schiffsbau, Wagnerei usw.

A c a c i a a r a b i c a (Babul), Holz leicht rot bis rotbraun, hart und dauerhaft, liefert auch Gerbrinde und Arabigummi.

A c a c i a C a t e c h u (Cutch), Holz leicht bis dunkelrot, sehr hart und dauerhaft. Durch Auskochen des Kernholzes werden ein gerbstoffartiger Farbstoff (Cutch) und die in Indien als eßbares Produkt geschätzten weißen Krystallnadeln als Katha oder Catechin gewonnen.

A d i n a c o r d i f o l i a (Haldu), Holz mäßig hart, dauerhaft, gelblich. Verwendet auch für Herstellung von Spulen.

A l b i z z i a L e b b e k (am englischen Markt „Indian Walnut" genannt, obzwar der Baum mit der Walnuß nichts zu tun hat), Holz dunkelbraun mit dunkleren und helleren Streifen.

D i p t e r o c a r p u s t u b e r c u l a t u s (In oder Eng), wertvolles burmesisches Nutzholz.

D i p t e r o c a r p u s t u r b i n a t u s, Holz rotbraun, mäßig hart. Liefert auch das wohlbekannte Gurjan = Holzöl.

H e r i t i e r a f o m e s (Sundri), dunkelrotes Holz, sehr hart, dauerhaft, fest, zäh, elastisch. Wertvolles Nutzholz der Sundarbans und Burma.

H o p e a o d o r a t a (Thingan), gelbbraunes Holz, hart, sehr dauerhaft; eines der wertvollsten Hölzer von Burma.

H o p e a p a r v i f l o r a (Eisenholz von Malabar), braunes, hartes, sehr dauerhaftes Holz.

J u g l a n s r e g i a (Echte Walnuß), sehr schönes braunes Holz mit dunklen Streifen.

L a g e r s t r o e m i a F l o s - R e g i n a e und L. l a n c e o l a t a. Erstere in Bengalen und Burma, hell rötlich-graues, hartes, sehr dauerhaftes Holz, letztere in den Ghats südlich Travancore mit rötlich-braunem, mäßig hartem, aber festem und dauerhaftem Holz.

P e n t a c m e s u a v i s (Ingyin), braunes, hartes, sehr festes, dauerhaftes Holz.

P t e r o c a r p u s M a r s u p i u m, gelbbraunes Holz mit dunklen Streifen, sehr hart, dauerhaft, Rinde scheidet medizinisch wertvolles Wundgummi „Kino“ aus.

S h o r e a o b t u s a, braunes, sehr hartes und dauerhaftes Holz (Burma).

S h o r e a r o b u s t a (Sal), braunes, hartes, sehr dauerhaftes Holz. Eine der wichtigsten Holzarten Indiens.

T e c t o n a g r a n d i s (Teak), gelbbraunes, sehr dauerhaftes Holz wertvollster technischer Eigenschaften. Bekanntestes Nutzholz Südostasiens.

T e r m i n a l i a C h e b u l a, graubraunes Holz mit kleinem dunkelpurpurrotem Kern, sehr hart. Besonders wertvoll sind die als Gerbstofflieferanten bekannten Früchte (Myrabolane).

T e r m i n a l i a t o m e n t o s a, dunkelbraunes Holz mit dunklen Streifen, hart.

Leichte, weiche Hölzer für verschiedene Gebrauchsweisen, wie Packmaterial, Zündhölzchen, Blindholz, Bootsbau, Bautischlerei, Drechslerei usw.:

Außer den Nadelhölzern, die in diese Verwertungssparte gehören:

B o m b a x m a l a b a r i c u m (Cotton tree Simal), helles, weiches, wenig dauerhaftes Holz.

C e d r e l a t o o n a (Toon, red cedar, Moulmein cedar), rotbraunes Holz.

D u a b a n g a s o n n e r a t i o i d e s (Lampati), graues, gelbliches, weiches Holz.

Gmelina arborea (Gumhar), grauweißes, weiches, gleichmäßig gewachsenes Holz.

Michelia Champaca, licht-olivbraunes, weiches, glänzendes, dauerhaftes Holz.

Michelia excelsa, olivbraunes, weiches, dauerhaftes Holz.

Von großer wirtschaftlicher Bedeutung sind die Nebennutzungen des indischen Waldes, deren es so viele gibt, daß ihre Beschreibung allein einen dickleibigen Band füllen würde. Nur einige der wichtigsten sollen hier Erwähnung finden:

Bambus: In manchen Teilen Indiens (Burma) ein häufiges Unkraut, in anderen ein nachhaltig bewirtschafteter Forstbestand. Verwendung: zahlreiche sehr verschiedene Zwecke von Korbflechterei bis Häuserbau. In neuerer Zeit wertvoller Zell- und Papierrohstoff.

Gräser und Waldgräserei: Waldweide und Waldgrasnutzung ist eine der wichtigsten für die landwirtschaftliche Bevölkerung unentbehrlichsten, aber für den Fortbestand des Waldes gefährlichsten Nutzungen. Besonders in Zeiten der Hungersnöte entscheidend wichtiges Viehfutter. Regellose Waldweide führt zu Waldvernichtung und Bodenerosion. Regelung der Waldweide ist eine der forstpolitisch schwierigsten, aber für die Erhaltung des Waldes wichtigsten Aufgaben.

Faserstoffe: Seidenartige Baumwollfasern (Kapok oder Kapokersatz) liefern: Eriodendron anfractuosum, die Früchte von Bombax malabaricum, Cochlospermum Gossypium, Calotropis u. a.; feste, dauerhafte Fasern für Netze, Matten, Stricke, Körbe usw. und Bastfasern geben die wilde Sagopalme (Caryota urens), Sterculia, Grewia, Bauhinia, verschiedene Malvaceen und Urticaceen. Helioteres Isora gibt eine feste grauweiße Faser für Seile, Urena lobata einen guten Juteersatz.

Unter den Grasfasern sind besonders Muni (Saccharum Munja) und Bhabar, auch Baib oder Sabai (Ischoemum augustifolium) zu erwähnen. Beide sind wertvoller Rohstoff für Seile und Matten, letztere auch für Papierherstellung.

Ölsamen: Der indische Wald enthält zahlreiche Bäume und Sträucher mit ölhaltigen Samen und Früchten, die im Haushalt der Eingeborenen eine beträchtliche Bedeutung haben. Die handelsmäßige Ausnutzung dieser oft auf großen Flächen zerstreuten Rohstoffe ist allerdings durch die Konkurrenz plantagenmäßig gewonnener Ölfrüchte stark behindert. Die wichtigsten dieser wilden Ölfrüchte sind:

Mohwa, ein gelbliches, butterartiges Fett aus den Samen der Bassia latifolia. Benutzt bei der Herstellung der Ghi-Butter, aber auch für Fettsalben, Seifenherstellung usw. Beträchtliche Mengen (davon über 80 % nach Deutschland) wurden nach Europa ausgeführt.

Tschulmugra-Öl, gewonnen aus den Samen des Taraktogenos Kurtzii, als Heilmittel gegen Hautkrankheiten und Lepra. Auch Hydnocarpus Wightiana liefert eine Art Ersatz für das echte Tschulmugra-Öl.

Die Keimblätter der Shorea robusta liefern ein Fett (Sal-Butter), das beim Kochen und bei der Bereitung der Ghi-Butter verwendet wird:

Weitere bekannte Ölsamen sind:

Mesua Ferrea, benutzt bei der Glycerinherstellung; Pongamia glabra, beim Kochen als Brennstoff, Juglans regia Walnusöl, Kochen und Beleuchtung; Melia indica, ein bitteres Öl in der Eingeborenenmedizin; Vateria indica, Margarineherstellung.

Gerbstoffe: Der Reichtum der indischen Wälder an wertvollen Gerbstoffen ist außerordentlich groß, und schon während des ersten Weltkrieges hat der bedeutende Lederverbrauch der indischen Armeen die Gerbstofferforschung stark gefördert. Während des zweiten Weltkrieges dürften in dieser Richtung wohl noch weitere Fortschritte gemacht worden sein. Unter den gerbstoffliefernden Waldpflanzen sind zusammen:

Terminalia Chebula:	Früchte liefern die im Handel weitbekannten Myrabolane.
Anogeissus latifolia:	Junge Blätter bis zu 54 % Gerbstoff.
Terminalia Arjuna:	Rinde.
Acacia arabica:	Rinde und Früchte.
Zizyphus Xylopyrus:	Früchte (Gothar oder Ghont).
Quercus pachyphylla:	Fruchtbecher.
Quercus fenestrata:	Rinde.
Lagerstroemia parviflora:	Holzextrakt.
Mangroven:	Gerbstoffe enthalten die Blätter der Heritiera minor, Ceriops Roxburghiana, Brughiera gymnorhiza, Nipa fruticans; die Rinde der Heritiera minor, Carapa Moluccensis, Rhizophora mucronata, Ceriops Roxburghiana, Brughiera gymnorhiza, Lumnitzera racemosa, das Holz der Carapa obovata, u. C. moluccensis.
Shorea robusta:	Rinde.
Woodfordia floribunda:	Rinde.
Cassia auriculata:	Enthält im Durchschnitt 18—20 % Tannin.

Caesalpinia digyna:	Früchte.
Odina Wodier:	Rinde.
Acacia Catechu:	Extrakt des Kernholzes liefert das bekannte Cutch (außerdem das eßbare Katha oder Catechin).

Öle, Ölharze und Gummiarten: Zu den Lieferanten duftender Öle gehören besonders: Santalum album: Kernholz (bes. Wurzel) liefert das in der Parfümerie und Medizin gebrauchte Sandelöl.

Cymbopogon-Arten liefern verschiedene wohlriechende Öle. C. Martini gibt das sog. Rosha Öl (Geranium Öl oder Palmrosenöl), C. Citratus das Citronenöl.

Saussurea Lappa (Kuth-Wurzeln): Destillationsrohstoff von Costusöl für die Parfüm-Industrie.

Gaultheria fragrantissima: Wintergrünöl. Unter den Ölharzen wird das wichtigste aus den Kiefernarten (Pinus longifolia) gewonnen. Andere in dieser Richtung wichtige Waldpflanzen sind:

Boswellia serrata, deren Harz ein wertvolles Gemisch von Terpentinöl, Harz und Gummi liefert, verschiedene Dipterocarpus-Arten, deren „Holzöl" in Burma viel Verwendung findet, Melanorrhoea usitata (Thitsi), deren Ölharz einen wichtigen Hilfsstoff in der burmesischen Lackindustrie darstellt u. a. mehr. —

Zahlreiche Holzarten der indischen Wälder scheiden Gummi aus, aber nur bei einigen hat sich bisher eine handelsmäßige Verwertung dieser Stoffe gelohnt. Zu diesen gehören u. a.:

Acacia arabica liefert ein ähnliches Produkt wie das bekannte Arabigummi der Senegal-Akazie;

Pterocarpus Marsupium: Kino-Gummi;

Anogeissus latifolia: Dhaura Gummi;

Bauhinia retusa: ein gelbrötliches in der Medizin verwendetes Gummi;

Odina Wodier: Gummi wird in der Papierindustrie, als Fixiermittel bei Wandanstrichen und in der Medizin verwendet;

Cochlospermum Gossypium:; Katira-Gummi des Handels;

Buchanania latifolia; —

Gardenia-Arten (G. lucida und G. gummifera) die Gummiharze werden vielfach in der Medizin (Hautkrankheiten) verwendet.

Unter den Kautschuk liefernden Waldpflanzen Indiens ist besonders Ficus elastica zu erwähnen, deren Ertrag aber von jenem der brasilianischen Heveaarten, die auch gepflanzt werden, weit übertroffen wird.

Heilpflanzen und Gewürze: Auch an Medizinalpflanzen sind die Wälder Indiens reich, von denen einige für Handelszwecke systematisch gesammelt werden, der weitaus größere Teil aber in der Eingeborenenmedizin Verwendung findet. (Aconitum, Belladonna, Brechnuß, Podophyllum, Wilder Pfeffer, Amaltas, Cardamom u. a.)

Tierische Produkte: Unter dieser Rohstoffgruppe des indischen Waldes ist besonders die Ausschwitzung der bekannten Lac-Schildlaus (Tachardia lacca) zu erwähnen, die bei der Herstellung von Lack, Grammophonplatten, Siegelwachs, lithographischen Tinten usw. Verwendung findet und einen bedeutenden Handelsartikel darstellt.

Andere Produkte sind: Tierisches Horn, Felle, Elfenbein u. a. mehr.

Durch diesen kurzen Überblick über die Rohstoffe des indischen Waldes ist weder seine aktuelle noch schon gar nicht seine potentielle Bedeutung als Rohstoffquelle erschöpft.

c) Aufgaben der Forstpolitik.

Die aufbauende Auswertung des Waldes als natürliche Rohstoffquelle, die zum Unterschied von der bergwerksmäßig-abbauenden Ausnutzung der Bodenschätze bei geeigneter Behandlung nachhaltige Nutzungen gewährt, steckt im allgemeinen in den ersten Anfängen. Die letzten Jahrzehnte haben gezeigt, wie sehr die Bedeutung selbst des artenarmen, langsamwüchsigen Waldes der gemäßigten und gemäßigt-kühlen Zonen als Rohstoffquelle zugenommen hat. Holz ist neben Eisen und Kohle der Schlüsselrohstoff der modernen Industriezivilisation geworden, und seine nachhaltige Belieferung ist innerhalb des kontinentalen Europa ein ungelöstes Problem.

Die große Zukunftsaufgabe des zwanzigsten Jahrhunderts in dieser Richtung ist die technische und wirtschaftliche Erschließung der Rohstoffquelle des Tropenwaldes, der in seiner Flächenausdehnung die Wälder der gemäßigten Zonen übertrifft und in seinem märchenhaften Reichtum an Holzarten aller technischen Eigenschaften und wirtschaftlicher Verwendungsmöglichkeiten in seiner schier unendlichen Fülle von Rohstoffen außer Holz und in der durch hohe Feuchtigkeit und Wärme bedingten Wuchs- und Produktionskraft eine Vervielfachung in Menge und Beschaffenheit der forstlichen Rohstoffbelieferung der Menschheit erbringen wird. Die natürlichen Großräume, die sich nord-südlich orientieren (Eurafrika, Panamerika und Australasien) haben in ihren südlichen Tropenergänzungsräumen jeder auch eine mehr oder weniger große tropische Waldregion. Die Tropenwaldregion Europas ist die west- und äquatorialafrikanische Hyläa, deren wissenschaftliche Erforschung und technische wie wirtschaftliche Erschließung eine der größten Aufgaben der europäischen Forstwissenschaft und Forstwirtschaft der Zukunft sein wird.

Auch die technische und wirtschaftliche Erschließung des indischen Waldes in Richtung einer nachhaltig-intensiven Auswertung seiner zahlreichen Holzarten und seiner vielen Rohstoffe außer Holz ist eine Frage der Zukunft und eine große Aufgabe des kommenden freien Indiens!

Aber Grundlage der Forstpolitik ist nicht nur eine gründliche Kenntnis des wirtschaftlichen Potentials der Wälder, sondern auch ihrer indirekten für die Wohlfahrt der Länder entscheidenden Nutzwirkungen. Es wurde bereits wiederholt darauf hingewiesen, daß der Wald in dieser Richtung eine Reihe durch nichts ersetzlicher Funktionen und Einflüsse ausübt, deren ungeschmälerte Fortdauer gewährleistet werden muß, wenn schwerste Schädigungen der Landeswohlfahrt vermieden werden sollen. Es sind dies vorzüglich: Einfluß des Waldes auf die Gestaltung des örtlichen Klimas, insbesondere Schutz vor aushagernden Winden durch Gewährung der Luftruhe über dem Boden, Regelung des Wasserhaushaltes durch Zurückhaltung des Niederschlagswassers nach Art eines Schwammes in den Einzugsgebieten der Flüsse und Ströme und seine langsame allmähliche Abgabe während regenloser Pausen, wodurch die Gefahr von Hochwässern ebenso wie jene vollständiger Austrocknung der Flüsse gemindert wird; wirksamster Schutz vor Bodenerosion durch Wasser und Wind und Erhaltung des dienstbaren, kulturfördernden Charakters für einen möglichst hohen Anteil der Niederschläge, wodurch der Austrocknung ganzer Landstriche wirksamst vorgebeugt wird. Letzten Endes wirken sich diese Funktionen und Einflüsse des Waldes vorzüglich w a s s e r w i r t s c h a f t l i c h aus, d. h. sie gewähren die bestmöglichste Ausnutzung der Niederschläge und durch Milderung der Extreme eine Überbrückung der saisonmäßigen Engpässe der Wasserversorgung. Es gibt noch eine Reihe anderer „Wohlfahrtswirkungen“ des Waldes metaphysischer Art, die noch besondere Erwähnung finden werden. — Jedenfalls begründen die indirekten Nutzwirkungen des Waldes allein schon alle notwendigen Aufwendungen für Walderhaltung und Waldpflege, gänzlich unabhängig von den materiellen Erträgen einer systematischen Forstwirtschaft. Diese sind kein entscheidender Maßstab, weil die Waldwirtschaft schon aus den dargelegten Gründen ihrer überwirtschaftlichen Nutzwirkungen nicht mit dem üblichen Maße der finanziellen Rentabilität gemessen werden kann.

In einem Lande mit ausgeprägtem Monsunklima, mit klarer Trennung der Regenzeiten und Trockenzeiten, mit regelmäßigen saisonbedingten Engpässen der Wasserversorgung, die in vielen Landesteilen das Wasser zum entscheidenden Produktionsfaktor der Bodenkultur stempeln und die Wasserwirtschaft damit zu einem der ersten Sorgenkinder guter Regierungen, in einem Lande, dessen jahreszeitlich konzentrierte Niederschläge zusammen mit einer besonderen Oberflächengestaltung (Himalaya, Ghats) und vielfach hoch erodiblen Gesteinsformationen die Gefahr einer besonders intensiven Bodenerosion hervorrufen, und in einem Lande, dessen soziale und wirtschaftliche Notlage einer verarmten Millionenbevölkerung sowohl eine hygienische Wasserversorgung als auch den Aufbau der reichlich vorhandenen Wasserkräfte zur Energiegewinnung und damit wiederum alle Vorsorge für eine rationelle Wasserwirtschaft gebieterisch fordern, ist die ungeschmälerte Erhaltung und Vermehrung der Wohlfahrtswirkungen des Waldes eine absolute Kardinalforderung der Regierungen, die sich hoch über aller wichtigtuerischen Tagespolitik als eine Aufgabe erster Ordnung erhebt.

Da aber eine Politik dieser Art zunächst sehr hohe Investitionen erfordert und keine Geldgewinne verspricht, sondern geduldig und konsequent durchgeführt eben nur eine langsam steigende Wohlfahrt der namenlosen Millionenmassen bringt, so ist sie von einer händlerisch eingestellten Kolonialregierung in der Regel nicht zu erwarten. Um so mehr aber ist sie eine unabdingbare Verpflichtung eines freien Landes.

Die Einzugsgebiete der Ströme und Flüsse, die die volkreichen nordindischen Ebenen bewässern, befinden sich zum Teil in den Regionen der Gletscher und des ewigen Schnees, zum Teil in den bewaldeten Südhängen des Himalaya und seiner Vorberge. Im ersteren Fall wird durch die alljährliche Schneeschmelze im Frühjahr der Wasserstand a l l m ä h l i c h gehoben, so daß etwa im Juni eine 20- bis 100mal so große Wassermenge wie im Winter das Strombett füllt. Dieses allmähliche, regelmäßige Ansteigen ist aber nicht die Ursache der plötzlichen, destruktiven Hochwässer. Die Schneeschmelze und der ihr entsprechende regelmäßige Hochwasserstand verbindet sich aber im Sommer mit den Monsunregen, die zwischen einer Seehöhe von 1200 und 2700 m die höchsten Werte erreichen. Wenn nun in diesem Höhengürtel und in den Vorbergen überhaupt der Wald zerstört wurde und daher das Regenwasser von den Hängen rasch und ohne zu versickern abfließt, dann wird die Fassungskraft der an sich schon hoch gespannten Flußbetten plötzlich überschritten, und unerwartete Hochwässer mit oft katastrophalen Auswirkungen sind die Folgen. Dazu kommt infolge des mangelnden Schutzes der Waldvegetation ein sehr beträchtlicher Bodenabtrag, dessen Sand, Steine und Schlamm, von den Wildbächen herabtransportiert, schließlich die Flußbetten ausfüllen, ihre Fassungskraft verringern und so die Gefahren der Hochwässer steigern. Wenn Schneeschmelze und Regenzeit vorüber sind, sinkt der Wasserstand und ist schließlich in hohem Maße von den Quellen abhängig, die aus den Vorbergen und Südhängen des Gebirges die Flüsse speisen. Solange nur der Wald erhalten bleibt, werden diese Quellen von dem zur Regenzeit gespeicherten Wasser gespeist. Wurde aber der Wald zerstört und ist das Niederschlagswasser, wie geschildert, über die kahlen Hänge rasch abgeflossen, dann versiegen die Quellen nach der Regenzeit, und die Flußbetten trocknen aus. Hochwässer und Austrocknung wechseln also ab, der geregelte Wasserhaushalt ist gestört. Wenn man überlegt, daß die Bewässerungsanlagen Nordindiens von der Wasserführung dieser Ströme und Flüsse und die Ernten von dem ungestörten Funktionieren dieser Bewässerungsanlagen abhängen und das Wohl und Wehe der Millionenbevölkerung von dem Ertrag der Ernten bestimmt wird, dann ist wohl zur Genüge die Wohlfahrtswirkung der Wälder in den Südhängen und Vorbergen des Himalaya aufgezeigt.

Man sollte glauben, daß unter diesen Umständen alle Sorge sich auf die Erhaltung dieser schicksalsbedeutenden Wälder konzentriert. Aber leider setzen die meisten Wasserbauprojekte und Pläne für Bewässerungsanlagen die dauernde Versorgung mit den einmal ermittelten Wassermengen voraus, ohne sich der diese Versorgung eigentlich kontrollierenden Momente und Zusammenhänge bewußt zu werden.

Die Wälder dieser Vorberge und Südhänge des Himalaya werden aber fast überall in einer ungeregelten Art von den Eingeborenen ausgeplündert und durch Waldweide vollends zerstört. (Vgl. Abb. 11 u. 13.) Die Folge ist, daß die geschilderte Störung des Wasserhaushaltes rasch fortschreitet und in manchen Gebieten bereits katastrophale Ausmaße angenommen hat, ohne daß es der englischen Regierung gelungen wäre, das Übel an der Wurzel zu packen und abzustellen. Nur dort, wo günstig gelegene Wälder mit wertvollen Handelshölzern in besonderer Art geschützt werden, ist der Zerstörung Einhalt geboten. Es kann aber leicht gezeigt werden, daß dieser ewig rechnende Handelsgeist, der die Wälder, die keinen unmittelbaren Geldertrag abzuwerfen versprechen, der Zerstörung überläßt, selbst rein geldmäßig gesehen, falsche Wege geht.

Denn wenn man die enormen Geldinvestitionen, die die Bewässerungs- und hydroelektrischen Kraftanlagen erfordern, in Rechnung zieht, dann hat jedes Hektar des Einzugsgebietes, von dessen wasserhaltender Kraft die Verzinsung und Amortisation dieser Anlagen abhängt, einen Wert von mehreren Hundert Rupien, die beispielsweise in einem Falle (Uhl-river Punjab) mit 1750 Rupien ermittelt wurde, mag auch sein direkter, privatwirtschaftlicher Wert über die Ernährung einiger halbverhungerter Rinderherden nicht hinausgehen.

An diesem einen Beispiel der Wohlfahrtswirkungen der Wälder, das leicht durch viele andere ergänzt werden könnte, mag es genug sein. Es zeigt klar, was die Forstpolitik Indiens und aller anderen Länder in ähnlicher Lage außer einer rein wirtschaftlichen Entwicklung der Wälder als Rohstoffquelle beachten muß. Es führt da nur eine ganzheitliche Betrachtungsweise zum Ziele, die die Wohlfahrt menschlicher Gemeinwesen nicht in ihren künstlich isolierten Einzelerscheinungen, sondern in ihrer natürlichen organischen Abhängigkeit von den zahllos verflochtenen Gegebenheiten und Bedingtheiten des Lebensraumes sieht und darnach handelt. Dem ganzheitlich organischen Denken gehört nicht nur in den Naturwissenschaften, sondern vor allem in der Politik die Zukunft.

d) Die metaphysischen Wohlfahrtswirkungen des Waldes.

Es wurde weiter oben auch von metaphysischen Wohlfahrtswirkungen des Waldes gesprochen, die sie neben den physischen — für die soeben ein Beispiel ausführlich dargelegt wurde — ausüben. Es läßt sich leicht zeigen, daß die Wälder Indiens auch eine metaphysische Wohlfahrtswirkung ausgeübt haben, die nicht nur die Weiten Hindustans ausfüllt, sondern der ganzen Welt zum Heile dienen kann. Die altberühmte Weisheit Indiens, die in seinen heiligen Büchern niedergelegt ist, die in der Tradition uralter Bräuche fortlebt und von der Schopenhauer gesagt hat, daß sie der Trost seines Lebens war und der Trost in seiner Todesstunde sein würde, ist in den Wäldern Indiens entstanden. Der Atemzug tiefer, schweigender Forste liegt dem geistigen Rhythmus der Upanishaden zugrunde. Das Leben zu meistern durch Wachsen und nicht durch Gewalttun, dieses Prinzip des Vegetabilischen hat der Wald die großen Philosophen, Rishis, Gurus und Asketen Indiens gelehrt.

Der Wald Nordindiens, den einst die eingewanderten Arier vorfanden, bot alles, was ein einfaches Leben benötigte: Schutz, Nahrung, Schatten, Viehfutter. Es war keine feindliche, sondern eher eine mütterliche Natur, die den nordischen Eindringling umgab. Er war nicht gezwungen, ein Gegner dieser Natur zu sein, er mußte nicht mit ihr kämpfen, sondern lebte als eingefügter Bestandteil eines milden Naturgeschehens, dessen Ganzheit ihn organisch umschloß. Und diese Ganzheit des Waldwesens ist ihrer tiefsten Eigenart nach ein Organismus. Denn alle die zahllosen

Einzeldinge des Waldes, die Bäume, Sträucher, die Bodenflora, aber auch die Tierwelt, vom einsam schweifenden Tiger bis zur winzigsten Mikrobe bilden eine festgefügte Lebensgemeinschaft, die mit tausend Fäden aneinandergekettet und miteinander zu einer Einheit höheren Grades, eben einem Organismus, verbunden ist. D a s ist die wahre Natur des Waldes, das seine tiefste Seele. Er ist nicht eine bloße Summe einzelner Bäume, nicht ein berührungsloses Nebeneinander lebender Einzelwesen, sondern eine organische Integration all dieser Einzeldinge, die auf Gedeih und Verderb miteinander eine Ganzheit bilden, einen Organismus! Und indem der geistig hochbegabte, schöpferisch veranlagte Arier in diese Ganzheit sich p r a k t i s c h einfügte, wurde sie ihm gleichzeitig g e i s t i g bewußt. Der Wald gab ihm nicht nur Nahrung und Schutz, sondern auch das Geheimnis seines Lebensprinzips. Den Rishis, Eremiten, Yogis, Gurus und Asketen, die in tiefster Weltabgeschiedenheit meditierten, wuchs der Wald in die Seele.

So wurden allmählich Lebensgefühl und Lebenslehre der ersten Indoarier nicht vom Erobern, Trennen und Herrschen erfüllt, sondern vom Zusammenwachsen, Eindringen und Einswerden mit dem Allumfassenden. Das vegetabilische Prinzip des organischen Wachstums mit seiner primären Macht hatte von einer Volksseele Besitz ergriffen und ist zu einem Lebenssymbol geworden.

In dieser waldgewordenen Entstehung und Eigenart der indoarischen Weltanschauung liegt der Schlüssel zum tiefsten Verständnis des indischen Wesens.

Ausdruck fand diese „Botschaft des Waldes" zunächst in zahlreichen wundervollen H y m n e n , in deren tiefsinniger Gedankenwelt eine naturnahe Poesie überall noch das Weben der Waldnatur erkennen läßt, die einst den Seher zu seinem religiösen Philosophieren inspirierte. Diese uralten Dichtungen sind in ihrem Doppelwesen als naturmalende Schilderung und als dichterische Philosophie das erste und unmittelbare Kind einer Vermählung des naiven Menschengenius mit einer unberührten paradiesischen Waldnatur. Sie bilden die Grundlage für die dann viel später zur Entwicklung gelangte eigentliche Lebens- und Weltphilosophie der Indoarier, die sich aus diesen Wurzeln zu einer sonst nirgends und niemals auf Erden erreichten Höhe erhob, die aber selbst in ihren sublimsten Abstraktionen die Seele des Waldwesens noch erkennen läßt. Hierfür ist vornehmstes Beispiel die B h a v a v a d G i t a , das Hohelied des Ariertums.

Diese Entstehung der größten und tiefsten Lebensphilosophie der Welt im Walde ist wohl die gewaltigste und erschütterndste Wohlfahrtswirkung des Waldes, die bekannt wurde und die ihre Parallele nur in der Einwirkung findet, die der Wald auf das gesamte Geistes- und Seelenleben des deutschen Volkes ausgeübt hat.

e) Wald und Bevölkerung.

Neben der Bedeutung der indischen Wälder als aktuelle und potentielle Rohstoffquelle, als Träger mannigfacher physischer Wohlfahrtswirkungen von kaum zu überschätzendem Gewicht und als Heimat und Geburtsstätte der indoarischen Lebens- und Weltphilosophie muß noch auf ihre allgemeine Rolle hingewiesen werden, die sie im täglichen Leben der eingeborenen Bevölkerung spielen.

Wie bereits ausgeführt wurde, hängt der weitaus größte Teil der indischen Bevölkerung von der Landwirtschaft ab. Die Landwirtschaft aber hängt wiederum in entscheidender Weise vom Walde ab. Der Wald bietet Bau-, Brenn- und Werkholz, sein Laub dient als Streu und Düngemittel, die Waldweide ernährt das Vieh.

Freilich ist die Bedeutung des Waldes für die Landwirtschaft in den verschiedenen Teilen Indiens verschieden. In Gebieten mit weiten Wäldern und geringer Bevölkerungsdichte (Burma, Assam, Western Ghats) ist der Druck der Bevölkerung gegen den Wald kaum spürbar, obwohl natürlich gerade hier die Abhängigkeit der Landwirtschaft und des ganzen wirtschaftlichen Lebens der Eingeborenen vom Walde eine totale ist. In Gebieten mit hoher Bevölkerungsdichte (manche Teile des Himalaya, Punjab, Zentrale Provinzen, Dekhan) erfordern die Böden eine zusätzliche Düngung mit Waldhumus und Laubstreu. Handel mit Rindvieh, Schafen und Ziegen muß den ungenügenden Ackerertrag ergänzen. Dazu aber ist Waldweide notwendig. Mit wachsender Bevölkerung wächst auch der Druck gegen den Wald, und die Walderhaltung gerät in Konflikt mit den Bedürfnissen der Bevölkerung. In manchen dichtbesiedelten Teilen der Vereinigten Provinzen und des Punjab gibt es keine Wälder mehr. Hier herrscht Not. In elenden Hütten hausen die Menschen. Ein mageres, halbverhungertes Vieh steht auf den kahlen Hängen. Der Dünger wird als Brennstoff verwendet, statt dem Acker zugeführt zu werden. Brennholz und Waldprodukte sind nur zu unerschwinglichen Preisen zu haben.

Einen Überblick über die Rolle, die der Wald im Leben der Bevölkerung spielt, bekommt man am gründlichsten, wenn man bei der Reservatserklärung von Walddistrikten eine Aufnahme der bestehenden Rechte und Ansprüche der Bevölkerung auf die Waldnutzungen durchführen muß. Die Befriedigung dieser Berechtigungen geht jedem anderen Wirtschaftsziel voran. Dann zeigt sich gar oft in Indien, daß der gesamte Naturalertrag des Waldes in Holz und Nebennutzungen ausschließlich für die Befriedigung dieser Ansprüche der Bevölkerung aufgeht.

Die Gesamtzahl der regelmäßig in den Staatswäldern weidenden Haustiere beträgt über 12 Millionen, d. h. im Durchschnitt fast auf jede 2-Hektar-Waldfläche ein Weidetier! Dies gibt eine Vorstellung von der Überfüllung der indischen Wälder mit Weidetieren und der dadurch heraufbeschworenen Gefahren.

Nur für etwa die Hälfte dieser Weidetiere wird eine, überdies auch nur nominale, Taxe gezahlt, der Rest weidet frei. Mehrere Millionen Kubikmeter Holz werden jährlich frei an die Berechtigten verteilt.

Die Bedeutung des Waldes als Weidegelegenheit wird besonders durch die Ghi-Produktion erhöht. Diese für die Volksernährung lebenswichtige Erzeugung ist von der Waldweide in den Staatswäldern abhängig. In den feuchten Taraiwäldern, die sich entlang der Vorberge des Himalaya am Fuße des Gebirges hinziehen, weiden große Herden von indischen Büffeln, die als die eigentliche Grundlage der Ghi-Produktion für die großen Städte in den Ebenen anzusehen sind. Auch findet von da ein reger Jungviehexport statt.

Besonders tritt die Bedeutung des Waldes zu Not- und Hungerszeiten hervor, wenn die Monsunregen ungenügend ausgefallen sind. Die Wälder sind dann die Futterreserven, deren aufgespeicherte Nährstoffe das Vieh über den Ernährungsengpaß hinwegzubringen vermag. Dazu ergänzen die zahlreichen eßbaren Früchte und Wurzeln des Waldes den schmalen Speisezettel. Man sieht, daß waldlose Gebiete die Hungersnöte viel schlechter und nur mit viel mehr Opfern zu überdauern vermögen als waldreiche.

Abgesehen von den Rohstoffen und Nahrungsmitteln, die der Wald spendet, spielt die Waldarbeit eine große Rolle im Leben der Landbevölkerung; denn sie paßt sich saisonmäßig sehr gut in die arbeitsfreien Pausen der Landwirtschaft ein. Die Löhne sind dabei so niedrig, daß die Einführung mechanischer Einrichtungen kostenmäßig nicht zu konkurrieren vermag. Die Waldarbeit ist vorwiegend Saisonarbeit. Die großen Urwälder sind meist unbewohnt, und die Waldarbeiter müssen oft von weit herangeholt werden. Zweimal im Jahr sind z. B. die Eisenbahnen, die nach den bewaldeten Himalayabergen führen, mit Waldarbeitern vollgepfropft. Im November, nach Aussaat des Wintergetreides, fahren sie aus den Vorbergen und aus den weiten Gangesebenen in die Wälder, zur Märzernte kehren sie mit dem ersparten Lohn in die heimatlichen Dörfer zurück.

Nach diesen großen und weitverzweigten Nutzwirkungen der indischen Wälder werden folgende vier große **forstpolitische Kategorien** unterschieden:

(a) Wälder, deren Wohlfahrtswirkungen im Vordergrunde stehen, d. h. deren Erhaltung aus Gründen der Landeswohlfahrt (klimatische Bedeutung, Schutz vor Bodenerosion, Ausgleich des Wasserhaushaltes usw.) unumgänglich ist. Hierzu gehören besonders die Gebirgswälder.

(b) Wälder, die infolge ihrer wertvollen Holzarten besondere wirtschaftliche Bedeutung haben, z. B.: die Teakwälder in Burma und Süd- und Mittelindien, die Salwälder von Nord-, Mittel- und Nordostindien, die Deodar- und Kiefernwälder des westlichen Himalaya u. a.

(c) Wälder, deren Reichtum an wertvollen Holzarten gering ist, die aber für die Versorgung der Dörfer und der ländlichen Bevölkerung mit Holz, Viehfutter, Waldweide usw. besonders wichtig sind.

(d) Weideländereien, d. h. nicht Wälder im strengen Sinne des Wortes, aber öffentliche Viehweidegebiete, die von der Staatsforstverwaltung betreut werden.

Was die erste der genannten Kategorien betrifft, so ist die Erhaltung der in ihr zusammengefaßten Wälder, völlig abgesehen von ihren eventuellen Erträgen, eine staatspolitische Notwendigkeit. Eine Anweisung der Zentralregierung verpflichtet die Provinzialregierungen, ihr Möglichstes zu tun, um auch die Regierungen der indischen Fürsten (Native States) zu einer wirksamen Politik der Walderhaltung dieser Kategorie zu veranlassen.

Die Wälder der zweiten Kategorie werden vorwiegend oder ausschließlich mit dem Ziel einer höchstmöglichen Holzerzeugung für Handelszwecke bewirtschaftet.

Die dritte und vierte Kategorie, besonders in den Zentralen Provinzen sowie in Bombay und Madras vertreten, erfordert eine Bewirtschaftung ausschließlich zur Deckung der mannigfachen Bedürfnisse der ländlichen Bevölkerung.

f) Geschichte der Waldbehandlung und Forstwirtschaft.

Die vollständige Abhängigkeit der Land- und Hauswirtschaft vom Walde in Indien wie auch der Mangel jedes Verständnisses für die Notwendigkeit einer Walderhaltung machten es verständlich, daß die Wälder unter dem Druck einer zahlreichen Bevölkerung im Laufe mehrerer Jahrtausende schwere Einbußen ihres ursprünglichen Bestandes erfahren haben. Als die ersten arischen Einwanderer um 2000 v. Chr. nach Indien kamen, fanden sie dichte Wälder vor. Um Raum für Acker und Weide zu gewinnen, mußten sie den Wald zerstören. So berichtet schon das Heldenepos der Mahabharata vom Brennen des Kundavawaldes zwischen Ganges und Jamuna.

Die große Waldzerstörung brachte aber der ständige Zuzug von Eroberern und Horden aus Zentralasien, die auch ihre Herden mitführten. In Indien vermehrten sich Mensch und Vieh, und die allseitige Abgeschlossenheit durch Meere und unübersteigbare Gebirge führten allmählich zu einer gedrängten Häufung der Bevölkerung und damit zu einem starken Druck gegen die vegetabilischen Reserven des Landes. Besonders stark war dieser Druck seit jeher in den friedlichen Zeiten, die eine starke Zentralgewalt etwa zu den großen Zeiten der Maurya-Dynastie oder der Großmogulen mit sich brachte. Da blühten Handel und Wandel, und Menschen und Herden vermehrten sich rasch. Der Wald wurde zerstört. Mit dem Dahinsinken der Zentralgewalt und dem Emporkommen zahlreicher kleiner, sich unablässig bekämpfender Rajas wurden im Gefolge der ständigen Kriege Bevölkerung und Herden dezimiert; Städte sanken dahin, der Urwald drang wieder vor und bedeckte die Ruinen.

Am meisten trug zur Waldzerstörung die Brandwirtschaft bei, die unter den verschiedensten Namen im ganzen Lande durch Jahrtausende betrieben wurde und in entlegenen Gebieten auch heute noch betrieben wird. Viele tausend Quadratmeilen blühenden Waldes wurden hierdurch zerstört. Zu der Zerstörung des Waldes im Gefolge einer primitiven Land- und Hauswirtschaft kommen noch die Holzaushiebe eingeborener Holzhändler zur Holzversorgung der Städte. Der Wald wurde vom Eigentümer gekauft und in einer derart verwüstenden Art genutzt, daß kaum 30 bis 40% des angefallenen Materials tatsächlich den Markt erreichten. Endlich wurde auch von altersher Holz für den Export geschlagen. Die Araber hielten lange vor Ankunft Vasco da Gamas den Holzhandel aus Indien nach Arabien und Persien in der Hand. Durch sie gelangten zur See und zu Lande besonders die wertvollen Hölzer wie Teak, Ebenholz, Sandelholz u. a. an die Märkte des Westens. Die Araber besaßen auch eine große aus Teakholz gebaute Flotte.

Als die Engländer das Land eroberten, nahm zunächst die Waldzerstörung des Landes noch zu. Denn unter der britischen Zentralgewalt nahmen Bevölkerung und Viehherden zu, der Wald erschien als Hindernis der Ausbreitung der Landwirtschaft, und seine Umwandlung in landwirtschaftliches Gelände wurde von den neuen Herren gefordert, weil ja für jede Flächeneinheit bebauten Landes eine Abgabe gezahlt wurde, wohingegen der Wald als solcher wertlos war. Die britische Verwaltung hatte keine forstlichen Kenntnisse, und auch die Zusammenhänge zwischen Walderhaltung und Wohlfahrt des Landes waren unbekannt. Eine Forstpolitik der Walderhaltung wurde daher weder eingeführt noch auch für notwendig gehalten.

Vielmehr setzten die Engländer einfach die Politik der einheimischen Fürsten fort, die darin bestand, daß der tatsächliche Herrscher des Landes seit jeher allen Wald und alles freie Land für sich beanspruchte, aber jedem freien Zutritt in den Wald gewährte und auch Freiheit, Wald zu brennen und Bäume zu nutzen, gestattete, mit der einzigen wichtigen Ausnahme der sog. „Königsbäume", d. h. reservierter wertvoller Holzarten, etwa Teak oder Sandelholz, deren Nutzung und Verkauf ein Monopol des Herrschers bildete. Dieses Monopol freilich schützte den Wald keineswegs vor Verwüstung. Den ersten englischen Administratoren Indiens schien der große Kontinent unerschöpfliche Waldreichtümer zu bergen, und eine Walderhaltungspolitik erschien daher als überflüssig.

Diese Ansicht erhielt um 1800 zum erstenmal einen Stoß, als sich ein empfindlicher Mangel an Schiffbauholz fühlbar machte. Eichenholz gab es in England bereits wenig, und der Kampf Englands mit Frankreich um die Vorherrschaft zur See zwang dazu, sich nach Baustoff für die Flotte umzusehen. Man begann nun, die Wälder Indiens nach ihrem Gehalt an nutzbarem Teakholz zu untersuchen, und fand schließlich, daß man den Wald- und vor allem Holzreichtum an Teak bei weitem überschätzt hatte.

Anschließend an diese ersten Untersuchungen der Teakwälder in Malabar fand in der ersten Hälfte des 19. Jahrhunderts in verschiedenen Wäldern Indiens eine Reihe von forstlichen Forschungsreisen statt, die eine Feststellung des Reichtums an nutzbaren und wertvollen Holzarten zum Ziele hatten, Diese ersten Durchforschungen der Waldungen brachten neben wertvollen forstlichen und botanischen Erkenntnissen vor allem auch die Kenntnis der wichtigsten Walddevastationsformen und oft gute Vorschläge zu ihrer Verhütung. Trotzdem ist, mit wenigen Ausnahmen, um diese Zeit noch nichts für die Erhaltung der Wälder getan worden. Aber eine dieser Ausnahmen verdient auch hier erwähnt zu werden. Es sind dies die berühmten Teakpflanzungen, die Conolly, ein englischer Verwaltungsbeamter in Malabar, in Nilambur um 1842 anlegen ließ. So entstand der erste künstlich geschaffene Wald Indiens.

In den 50er Jahren des 19. Jahrhunderts wurde Indien von dem Vizekönig Lord Dalhousie regiert. Dieser proklamierte unter dem Eindruck eines Berichtes über den Waldzustand der Provinz Pegu in einem Memorandum im Jahre 1855 die ersten Grundlinien einer walderhaltenden Forstpolitik in Britisch-Indien. Und ein gütiges Schicksal hat es gewollt, daß sich der große Forstmann fand, der der geniale Verwirklicher der indischen Forstwirtschaft wurde. Der Deutsche Dietrich Brandis, der in der Geschichte den ehrenden Beinamen „Vater der indischen Forstwirtschaft" führt, übernahm 1856 die Verwaltung der Wälder von Burma. Durch eine ingeniöse Methode der Lineartaxation stellte er nicht nur den stehenden Vorrat an Teakholz fest, sondern auch das augenblickliche Stärkeklassenverhältnis. Er ermittelte weiter den Zuwachs und damit die zum Aufrücken der niedrigeren in die höheren Stammklassen notwendige Zeit. Auf diesen, auf Riesenflächen ausgedehnten Untersuchungen baute er eine Etatskalkulation auf, deren bemerkenswerte Richtigkeit spätere Zeiten erwiesen. Er brach mit dem bisherigen System der Holzverwertung, das dem Händler freie Hand ließ, den Wald zu verwüsten, und führte die Aufarbeitung und Bringung des Holzes in eigener Regie ein, bzw. unter strenger Überwachung durch seine Assistenten. Im Zusammenhang damit wurden die Bringungswege verbessert und Wasserkanäle zum Holztransport errichtet. Da dieses System die gewinnsüchtigen, waldverwüstenden Holzhändler ins Herz traf, sah sich Brandis bald einer machtvollen Organisation gegenübergestellt, die mit unglaublich gemeinen Tricks sein Werk zu vernichten drohte. Nur seiner außergewöhnlichen Tatkraft ist der endliche Sieg der guten Sache zu danken. Eine große Gefahr für den Wald bildete die Brandwirtschaft. Aber Brandis erkannte als erster, daß diese Gefahr in einen Segen umgewandelt werden könnte, wenn es gelänge, die Eingeborenen dazu zu bringen, gleichzeitig mit ihrem Reis auch Teaksamen anzubauen. Zwanzig Jahre später hatte sich dieser einfache, richtige Gedanke in ein für die Begründung von Teakbeständen außerordentlich wichtiges waldbauliches System entwickelt. Brandis fand, daß eines der schwersten Hindernisse geregelter Bewirtschaftung des Teakwaldes in der ungemein zerstreuten Stellung der Teakbäume im Mischwald zu suchen sei. Nur 0.5 Millionen hiebsreifer Stämme waren zerstreut auf einer Fläche von 1.8 Millionen ha Wald zu finden. Da drängte sich ihm die Idee auf, die zum Teakwuchs geeignetsten Standorte auszuwählen und auf diesen allmählich künstlich einen Mischwald mit vorwiegender, nicht reiner Teakbestockung zu begründen. Dieser Gedanke liegt der gegenwärtigen Teakwirtschaft in Burma zugrunde. Durch seine Lineartaxationen wie auch durch zahlreiche forstliche Forschungsexpeditionen, die Brandis selbst in die fürchterlichen, fieberschwangeren Urwälder des berüchtigten Shoayegyeendistriktes ausführte, hat er den Bau und die Natur der burmesischen Teakwälder der Forstwissenschaft erschlossen.

Inzwischen hatten die Ansichten der indischen Regierung über die Notwendigkeit der Einführung einer auf ganz Indien auszudehnenden walderhaltenden Forstpolitik eine wesentliche Klärung und Festigung erfahren. Der große indische Aufstand vom Jahre 1857 hatte den Engländern alle Schrecken einer Isolation der zerstreuten europäischen Hauptquartiere infolge Mangels rascher Kommunikation gelehrt. Dies gab einen gewaltigen Impuls zum beschleunigten Eisenbahnbau, und die Wälder hatten Millionen und Abermillionen von Schwellen zu liefern, was vielfach zu ihrem Ruin führte. Dies trug dazu bei, die Bedeutung des Waldes rascher und klarer zu erkennen. Schließlich hatte man erkannt, daß eine der tiefsten Hauptursachen des furchtbaren Aufstandes die bisherige kleinlich-gewinnsüchtige Politik der ostindischen Companie gewesen sei, soviel als nur möglich aus Indien herauszusaugen und so wenig als möglich an Investitionen kultureller und wirtschaftlicher Verbesserung des Landes vorzunehmen.

Alle diese Einsichten schufen einen günstigen Boden für die Einführung einer weitsichtigen Forstpolitik. Und in dieser glücklichen Stunde wurde im Jahre 1864 Dietrich Brandis nach einer außergewöhnlich segensreichen Tätigkeit in Burma als erster Generaldirektor der indischen Forste bestellt. Er hat diesen hohen Posten bis zum Jahre 1883 bekleidet und wurde für seine hervorragenden Verdienste in den englischen Adelsstand erhoben. Brandis' Nachfolger als Generaldirektor wurde Wilhelm Schlich, der das Werk seines großen Vorgängers nicht minder bahnbrechend fortsetzte und ebenfalls geadelt wurde. Er überließ 1889 die Leitung der indischen Staatswälder Ribbentrop, der sich 1900 zurückzog. 37 Jahre haben demnach diese drei deutschen Forstmänner die indische Forstwirtschaft geleitet, und in diese Periode fällt die Begründung und feste Konsolidierung der indischen Waldwirtschaft als ein auf dem Nachhaltigkeitsprinzip aufgebauter Wirtschaftsbetrieb.

Brandis schuf bereits ein Jahr nach seiner Berufung das erste für Gesamtindien geltende Forstgesetz, das als Rahmengesetz den Provinzialregierungen die Landesgesetzgebung frei ließ. Dieses aus 19 Paragraphen bestehende ausgezeichnete Gesetz definiert den Begriff des Staatswaldes, die Stellung des Staatsforstbeamten und sieht vor allem einen wirksamen Wälderschutz vor. Es wurde später mehrfach reformiert und ergänzt, bildete aber die Basis der indischen Forstwirtschaft.

Unmittelbar darnach organisierte Brandis die indische Staatsforstverwaltung, schuf eine Dienstpragmatik, regelte die Gehalts- und Vorrückungsverhältnisse und baute damit das Werkzeug auf, mit dem er die Wälder Indiens in einen Wirtschaftsbetrieb umwandelte.

In Indien gab es damals noch keine forstlich ausgebildeten Beamten. Man rekrutierte die Forstleute aus dem Offiziersstand oder aus den Verwaltungsbeamten, die Neigung und Vorliebe für Wald und Natur zeigten. Brandis erkannte die Notwendigkeit eines fachlich gründlich vorgebildeten Forstbeamtenkörpers. Er berief, um sofort einige Fachleute zur Verfügung zu haben, 1867 Wilhelm Schlich und Ribbentrop nach Indien und traf Vereinbarungen mit Deutschland und Frankreich zur Ausbildung junger Forstmänner für den indischen Staatsforstdienst. In diesen zwei Ländern haben die ersten Forstbeamten Indiens ihre fachliche Ausbildung genossen. Erst 1885 wurde der forstliche Unterricht nach Coopers Hill in England verlegt, aber die praktische Ausbildung, besonders im Wege zahlreicher Forstreisen, blieb in Deutschland und Frankreich. Für den mittleren Forstdienst schuf Brandis das Forstinstitut in Dehra-Dun (Indien).

Im Jahre 1900, also nach Abschluß der Tätigkeit der drei deutschen Generaldirektoren, besaß Indien

207 fachlich vorgebildete Oberbeamte,
112 fachlich vorgebildete Mittelbeamte und
10 196 Forstschutzorgane.

Zusammen also einen imponierenden Körper von 10 515 Forstleuten.

Eine der wichtigsten Aufgaben der drei deutschen Generaldirektoren war die Fixierung der Forstberechtigungen, die Abgrenzung und Vermarkung, die Vermessung der neugeschaffenen Staatswälder. Ein schier unglaubliches Arbeitspensum wurde in den 37 Jahren bis 1900 geleistet.

Auf 2.5 Millionen ha waren die Servituten geregelt.

Künstliche Waldgrenzen von 150 000 km Länge mit Gräben und Grenzsteinen waren gezogen, die Grenzprotokolle ausgefertigt.

Und etwa 600 000 ha Wald waren vermessen und mappiert (meist 1 : 35 000).

Unter Brandis' persönlicher Anleitung hatten Schlich und Ribbentrop mit Hilfe der Lineartaxation die ersten Etatskalkulationen und Wirtschaftspläne aufgestellt. Dem systematischen Aufbau der Forsteinrichtung konnte man sich aber erst zuwenden, als aus Deutschland und Frankreich die ersten voll ausgebildeten Forstleute kamen. Es ist besonders Schlichs Verdienst, die Forsteinrichtung der Wälder Indiens in die Wege geleitet zu haben. In den 15 Jahren, von 1885 bis 1900, wurden ½ Million ha Wald forstmäßig eingerichtet und der Etat kalkuliert. Die Waldexploitation erfuhr eine von holz- und waldpfleglichen Gesichstpunkten getragene Verbesserung. Die alten Formen der verwüstenden Holznutzung wurden schrittweise zurückgedrängt, und die Exploitation der Holzarten von bekanntem Marktwert wurde durch Einführung der Wirtschaftspläne und Fällungsprojekte geregelt. Im Himalaya wurden Bringungsanstalten wie Riesen und Rieswege gebaut und zahlreiche Bäche durch Sprengungen triftbar gemacht.

Ganz außergewöhnliche Schwierigkeiten hatten die drei deutschen Generaldirektoren bei ihrer Herkulesarbeit zu überwinden.

Die Millionen der eingeborenen Bevölkerung waren seit unvordenklichen Zeiten gewöhnt, den Wald als freies Gelände zu betrachten, als Reserveland zur schrankenlosen Ausdehnung ihrer Siedlungen, zur Ausübung der verwüstenden Brandwirtschaft und exzessiver Waldweide. In einer Regelung dieser Waldnutzungen sahen sie nichts anderes als die Beschränkung ihrer Lebensrechte und opponierten, wo sie konnten.

Aber auch die englischen Verwaltungsbeamten konnten lange die große Bedeutung walderhaltender Forstpolitik nicht verstehen, und die Regierungen verlangten von der jungen, werdenden Forstverwaltung gleich anfangs möglichst hohe Erträge und beurteilten nach deren Höhe den Wert des neuen Departements.

Nur einer seltenen Verbindung von starker Tatkraft mit feinem Taktgefühl, die die deutschen Generaldirektoren auszeichnete, ist der endliche Erfolg zu danken.

g) Waldnutzung und Waldindustrie.

Die Übersicht über die Rolle der indischen Wälder als Rohstoffquelle hat eine Anzahl der wichtigsten Holzarten aufgezeigt, deren wirtschaftlicher Wert feststeht und die, sei es im indischen Binnenhandel, sei es als Exportware, eine anerkannte Bedeutung haben. Die Nutzung des Holzes, d. h. seine Fällung und Bringung, findet im Staatswald teils in eigener Regie, teils im Konzessionswege durch Verkauf am Stock statt.

Diese letztere Methode ist besonders häufig und macht sich in gut aufgeschlossenen Wäldern mit günstigen Absatzverhältnissen wohl bezahlt, namentlich wenn es sich nicht um langfristige Konzessionen, sondern alljährlichen Neuverkauf handelt. Wo dies nicht der Fall ist, werden die Konzessionen langfristiger gestaltet, um entsprechenden Anreiz für notwendige Investitionen zu bieten. Doch pflegt man die Möglichkeiten von Preisrevisionen von Zeit zu Zeit offen zu halten, um den Staat an dem Preisanstieg des Holzes mit allmählicher Verbesserung der Verwertungsverhältnisse entsprechend zu beteiligen. Erst wenn die Konzessionierung auf einer solchen Grundlage unmöglich ist, greift man zur Nutzung in eigener Regie. Notwendig ist letztere auch, wenn Holzarten oder sonstigen Waldprodukten, die bisher verwertungsmäßig unbekannt waren, ein Absatzmarkt eröffnet werden soll.

Der Holztransport geht nebeneinander in primitivster und in modernster Weise vor sich.

Mit Menschenkraft (oft machen die niedrigen Arbeitslöhne eine moderne mechanische Einrichtung unrentabel) werden Kopflasten von Brennholz, Bambus oder Laub häufig recht weite Entfernungen geschleppt. Selbst schwere Eisenbahnschwellen (bis 75 kg Gewicht) und Kanthölzer werden oft mit Lebensgefahr auf schmalen Gebirgspfaden im Himalaya von Kulis aus dem Walde zu den Triftbächen getragen. (Vgl. Abb. 16.) Nicht selten werden auch schwere Baumstämme und Rundhölzer über einfache Rollbahnen von Menschen gezogen.

Tierische Kraft wird als Zugkraft überall dort angewendet, wo Wege oder Straßen die Benutzung von Gefährten (meist primitiven Karren) gestatten. In den burmesischen Urwäldern, auf den Andamanen und auch in anderen Gebieten ziehen Elefanten oder Büffel Holz aus dem Wald zum Fluß, zur Straße oder zur Bahn. Die Benutzung von Elefanten auf den großen Holzlagerplätzen Indiens und Burmas als Helfer bei der Holzmanipulation ist bekannt.

Mechanische Holzbringungsanlagen, also Waldbahnen, Seilbahnen, Seilzüge u. dgl., finden in zunehmendem Maße in die Waldausnutzung Eingang.

Der Wassertransport als Wildtrift und in gebundenen Flößen findet überall dort Anwendung, wo geeignete Wasserläufe dies ermöglichen. (Vgl. Abb. 8.)

Die industrielle Bearbeitung und Verarbeitung von Holz in Indien ist mit Ausnahme einiger älterer Zweige (Zimmerei, Bau- und Möbeltischlerei, Kunsthandwerk) noch vielfach im Versuchsstadium, läßt aber teils in nächster, teils in weiterer Zukunft sehr hoffnungsvolle Entwicklungen erwarten. Sie ist an gewisse Voraussetzungen gebunden, die im folgenden kurz dargelegt werden sollen.

Eines der wichtigsten Probleme ist die Feststellung der technischen Eigenschaften und der wirtschaftlichen Verwendbarkeit der vielen Holzarten, die, wie bereits gesagt, für die große Praxis zumeist neue Rohstoffe sind. Diese Feststellung liegt für etwa 150 indische Holzarten vor und wurde im forstlichen Reichsforschungsinstitut Indiens zu Dehra-Dun gewonnen. Die Untersuchungen haben mit Vorurteilen, die gegen verschiedene indische Hölzer infolge Unkenntnis ihrer besonderen Eigenschaften herrschten, aufgeräumt und in manchen Fällen erwiesen, daß für verschiedene Zwecke indische Hölzer fremden Importhölzern sogar überlegen sind.

Ein weiteres Problem der wirtschaftlichen Verwendung indischer Hölzer im großen ist die Feststellung ihrer Trocknungseigenschaften. Für jede Holzart muß die schonendste Trockenmethode ausfindig gemacht werden, durch welche das bei den Tropenhölzern so häufige Reißen und Werfen und damit eine Wertminderung vermieden werden soll. Viele indische Holzhändler haben den großen Wert künstlicher Trocknung erkannt und besitzen in ihren Betrieben künstliche Trocknungsanlagen. Derartige Anlagen sind in der letzten Zeit durch die Forschungsarbeiten des erwähnten Institutes vervollkommnet und stark verbilligt worden.

In Indien ist die Erhaltung der Dauerhaftigkeit der Hölzer von großer Bedeutung, da nicht nur das Klima den Pilzbefall begünstigt, sondern auch tierische Schädlinge, wie Termiten und Bohrkäfer, sehr intensiv zur Zerstörung des Holzes beitragen. Zur Bekämpfung dieser Holzzerstörer wurden Schutzbehandlungsmethoden und Konservierungsmittel hergestellt, die jedoch nicht universell, sondern nur in bestimmten Fällen wirksam sind.

Unter den Holzindustriezweigen, die im Aufbau begriffen sind, müssen folgende genannt werden.

Holzwarenerzeugung: Bisher wurde der Bedarf hauptsächlich durch Einfuhr von Fertigwaren gedeckt, obgleich bei besserer Kenntnis der Eigenschaften der einheimischen Holzarten alle diese Gegenstände, wie Webschiffchen, Spulen und andere Textilmaschinenzubehörteile, Werkzeuggriffe, Spielzeug, Sportartikel u. a. mehr, aus einheimischen Hölzern im Lande hergestellt werden können. Man wendet daher neuerdings dem Aufbau einer solchen Industrie Aufmerksamkeit zu, und zweifellos wird der Krieg durch seinen starken Bedarf an vielen dieser Holzwaren bei gleichzeitiger Schwierigkeit, sie durch Einfuhr zu beschaffen, diese Bemühungen wesentlich fördern.

Das gleiche läßt sich auch von der Sperrholzindustrie sagen. Sie gewinnt immer mehr an Bedeutung, da auch in Indien vom Massivbau allmählich abgegangen wird und in immer stärkerem Maße Sperr- und Tischlerplatten zu Bau- und Einrichtungszwecken der verschiedensten Art verwendet werden. Eine Schwierigkeit für den Aufbau einer größeren Sperrholzindustrie besteht in dem relativen Mangel an Weichhölzern, was auch für andere Zweige der Holzindustrie, wie Kisten-, Zündholz- und Holzschliffabriken hinderlich ist. Bestrebungen, durch Anpflanzung schnellwüchsiger Weichholzarten Wandel zu schaffen, sind im Gange. In Ceylon ist allerdings im gegenwärtigen Krieg eine große modernst eingerichtete Sperrholzfabrik aufgebaut worden.

Wesentlich günstiger liegen die Verhältnisse für die Errichtung einer großen Furnierindustrie; denn es gibt zahlreiche schön und wirkungsvoll aussehende Hölzer, welche vorzügliche Deckfurniere liefern würden.

Die Zellstoff- und Papierindustrie blickt in Indien auf eine Vergangenheit von fast einem Dreivierteljahrhundert zurück, wenn sie auch nicht annähernd jene Ausdehnung erreicht hat, die sie in Richtung sowohl des Rohstoffreichtums als auch der Absatzmöglichkeiten sehr wohl erreichen könnte. Kurz nach dem ersten Weltkrieg bestanden im ganzen nur neun Papiermühlen im Lande, die insgesamt 5 800 Arbeiter beschäftigten und 31 400 t Papier jährlich erzeugten. Dazu wurden etwa 22 000 t jährlich eingeführt. Für die Zellstoffherstellung wurden außer Lumpen besonders auch Gräser verwendet und dazu etwa 13 000 bis 14 000 t Zellstoff eingeführt. Die für Zellstoffherstellung besonders benutzten Gräser waren das Sabaigras (Ischoemum angustifolium), das in großen Mengen in den Wäldern von Bengal, Chota Nagpur, Orissa, Nepal und den Vereinigten Provinzen vorkommt, und in geringeren Mengen auch das Munj-Gras (Saccharum Munja).

Schon vor dem ersten Weltkrieg wurden die Möglichkeiten einer Herstellung von Zellstoff und Papier aus Bambus erforscht, die schließlich in jeder Hinsicht zufriedenstellende Ergebnisse zeitigten. Dies ist bei dem relativen Waldmangel Indiens und der Kostbarkeit des Holzes für andere weniger vergängliche Zwecke von besonderer Wichtigkeit, zumal auch der Bambus infolge seiner Raschwüchsigkeit eine rasch sich regenerierende Rohstoffquelle darstellt. Gute Resultate ergaben besonders Bambusa pergracile und Dendrocalamus strictus, etwas geringere Bambusa arundinacea und Melocanna bambusoides. Unter den Gräsern sind als gute Papierrohstoffe zu erwähnen: Anthistiria gigantea (A. arundinacea und A. villosa), Phragmita Karka, Saccharum Munja, Saccharum arundinaceum, S. Narenga, S. spontaneum und Arundo Donax.

Die großen Bambus- und Elefantengrasbestände Indiens reichen jedenfalls aus, den größten Teil des indischen Papierbedarfes zu decken.

Die relativ rasche Entwicklung der Papierindustrie in Indien geht aus nachstehenden Zahlen hervor, die die Jahreserzeugung angeben:

1913:	28 000 t	1933:	44 000 t
1925:	29 000 t	1936:	49 000 t
1929:	41 000 t		

Die Streichholzindustrie, die bei voller Eigenerzeugung etwa 120 000 bis 130 000 cbm jährlich, also eine relativ geringe Menge verbrauchen würde, hatte bisher mit verschiedenen Schwierigkeiten zu kämpfen, wie Konkurrenz billiger Importware, Beschaffung guten einheimischen Holzes zu erträglichen Kosten usw. Es gibt jedenfalls eine ganze Reihe von Holzarten, die für die Herstellung von Streichholzschachteln und Streichhölzchen gut geeignet sind. Der Baumwollbaum (Bombax malabaricum) wird wohl wegen der leichten Zugänglichkeit seiner Wuchsorte am meisten verwendet. Seine Heranzucht in Pflanzungen ist leicht durchführbar. Bestens geeignet sind die Himalayafichten und -tannen (Abies Pindrow und Picea Morinda), deren Standorte aber schwer zugänglich sind. Weitere gut geeignete Holzarten: Anthocephalus Cadamba, Bombax insigne, Boswellia serrata, Evodia fraxinifolia, Givotia rottleriforemis, Populus euphratica, Trewia nudiflora.

Die Harzgewinnung und Destillation sind in Indien etwa um die Jahrhundertwende im Anschluß an die Exploitation der Kiefernbestände des Westhimalaya (Pinus longifolia) allmählich, wenn auch in bescheidenem Maße (im Vergleich zu der analogen Industrie von Südwest-Frankreich und in den nordamerikanischen Südstaaten), aufgebaut worden, wobei die Einrichtung der Destillations-Anlagen an die besonderen Eigenschaften des indischen Harzes erst angepaßt werden mußte. Die Möglichkeiten einer sehr bedeutenden Entwicklung dieser Industrie sind sowohl durch die Rohstoff- als auch durch die Absatzverhältnisse (auch Exportmöglichkeiten) sehr beachtlich. Zweifellos wird auch dieser Krieg eine viel größere Ausdehnung der bestehenden Nutzungsorganisation und der Destillationsanlagen eingeleitet haben.

Die Wälder Indiens können zweifellos die Rohstoffgrundlagen für eine reichgegliederte, industrielle Verwertung ihrer vielen Holzarten und Nebennutzungen bilden, die den einheimischen Bedarf an Produkten aller Art, der bislang in hohem Grade durch Einfuhr gedeckt werden mußte, befriedigen könnte, wenn sich auch die Errichtung von Mammutindustrien schon durch die relative Unzulänglichkeit der Rohstoffbasis und ihre sehr bedeutende Heterogenität (Mangel ausgedehnter Wälder mit gleichartiger Bestockung) und die hervortretenden Wohlfahrtswirkungen des Waldes verbieten wird. Aber für die dringend notwendige Eröffnung neuer Arbeitsgelegenheit für den Bevölkerungszuwachs und besonders für eine Entlastung der Landwirtschaft ist die Schaffung von Industriebetrieben, die ihrem Wesen nach mit dem Landleben eng verbunden sind, sehr zu begrüßen.

Der gegenwärtig in der „Waldindustrie" im weitesten Sinne tätige Bevölkerungsanteil in Indien, also die Arbeiter der vorhandenen Holz- und Waldindustriebetriebe, sowie Handwerker wie Zimmerleute, Wagner, Schiffbauer, Seildreher, bäuerlicher Züchter und Sammler der Lackschildlaus, Matten- und Korbflechter usw., aber nicht eingerechnet die Holzfäller, Flößer und eigentlichen Waldarbeiter, kann auf etwa 2 Millionen geschätzt werden. Diese relativ geringe Zahl kann zweifellos sehr erheblich gesteigert werden, was letzten Endes von der wissenschaftlichen Erforschung und wirtschaftlichen Erschließung der zahlreichen Waldrohstoffe und ihrer Verwendungsmöglichkeiten abhängt.

h) Die eigentliche Forstwirtschaft.

Immer wieder wurde in dieser Arbeit auf den Druck der Bevölkerung gegen die Reserven des Waldes hingewiesen und gezeigt, wie dadurch die Substanz des Waldes bis zu völliger Vernichtung gefährdet wird. Dies ist außer durch die hohe Bevölkerungsdichte besonders auch durch die gewaltige Belastung der Landwirtschaft mit der Ernährung und Beschäftigung des ganzen enormen Bevölkerungszuwachses infolge der Versäumnis einer notwendigen Industrialisierung und durch die Primitivität dieser Landwirtschaft, die in so wichtigen Belangen sich auf den Wald stützen muß, bedingt. Durch diese Lage der Dinge wird der Schutz des Waldes zu einer der ersten und wichtigsten Aufgaben der Walderhaltung.

Handhabe hierzu geben zunächst das von Dietrich Brandis geschaffene Forstgesetz und dessen nachfolgende Ergänzungen, sowie die forstgesetzlichen Vorschriften einzelner Provinzen. Darnach können Staatswälder oder Ödländer als Waldreserven oder als Forstschutzgebiete erklärt werden. Im ersteren Falle findet zuvor eine Feststellung, Fixierung und Regulierung aller an dem betreffenden Walde hängenden Berechtigungen statt, mit nachfolgender Ablösung in verschiedener Form oder eine Regelung nach Maßgabe der nachhaltigen Leistungsfähigkeit des betreffenden Waldes. Im Falle der Forstschutzgebiete findet ebenfalls eine Feststellung und schriftliche Festlegung der bestehenden Berechtigungen statt, aber keine Regulierung und Ablösung. Neue Rechte können zu den bereits vorhandenen erworben werden. Durch diese Vorgänge werden die so reservierten oder geschützten Waldungen vor einem Übermaß und einer regellosen Ausübung von Waldnutzungen seitens der Bevölkerung bewahrt.

Außerdem sehen die Gesetze und Verordnungen eine Regelung der Nutzungen in Waldungen der Landgemeinden im Allgemeininteresse der ländlichen Gemeinwesen vor.

Der Schutz der Wälder gegen F e u e r, widerrechtliche Waldweide, unerlaubte Holznutzung, Laubschneitelung und andere Mißbräuche, weiter der Schutz des Wildes und der Fischerei, die Verhinderung von Diebstahl von Forstprodukten usw. nehmen einen breiten Raum der Tätigkeit staatlicher Forstbeamten ein. Insbesondere der Feuerschutz stellt vor allem in den trockenen Waldtypen während der heißen Trockenzeit hohe Anforderungen. Zur Vorbeugung werden die Wälder durch breite Feuerschneisen in Blöcke geeigneter Größe unterteilt, wodurch eine Lokalisierung von Feuerherden erleichtert und die Bekämpfung der Feuer von geeigneten Ausgangspunkten aus ermöglicht wird.

Der Schutz gegen I n s e k t e n k a l a m i t ä t e n, die so häufig die Wälder der nördlichen Nadelwaldzone und besonders der forstlichen Kulturländer bedrohen, ist in Indien an Voraussetzungen gebunden, die sich aus der tropischen bzw. subtropischen Natur und den extensiven Wirtschaftsverhältnissen ergeben. Indien kennt keine permanenten Epidemien der Borkenkäfer und der laubfressenden Insekten, wie sie im Nadelwaldgebiet der nördlichen Hemisphäre charakteristisch sind, und es kennt auch nicht die Kalamitäten im Gefolge importierter Schädlinge, wie sie auf der südlichen Hemisphäre vorkommen. Vorbeugung und Bekämpfung von forstlichen Insektenschäden stecken noch in den Kinderschuhen. Die von der Forstverwaltung als unvermeidlich hingenommenen Schäden sind noch so hoch, daß ein systematisches Eingreifen des Forstschutzes eigentlich nur in Ausnahmefällen in Frage kommt, z. B. wenn durch Insekten die Regeneration der Waldbestände in Frage gestellt oder sehr wesentlich verteuert wird, oder wenn diese selbst in ihrer Existenz bedroht werden. Holzkonzessionäre und holzverarbeitende Industrien weisen infolge mangelnder

Statistik und Kenntnisse bei Übernahmen von Holz, um jedes Risiko zu vermeiden, einen außerordentlich hohen Prozentsatz als „wurmfraßbeschädigt oder verdächtig" ab. Unter diesen noch extensiven Verhältnissen bleiben die üblichen Bekämpfungsmaßnahmen, wie Bestäubung oder Bespritzung mit insektiziden Mitteln, die Anwendung von Flugzeugen, das Anlegen von Insektenfallen usw. meist außer Frage. Auch die Maßnahmen der Vorbeugung, wie intensive Erkundung des Vorkommens und der Schadenswirkung, Organisation rascher Berichterstattung über den Entwicklungsgang einer Insektenkalamität, Schätzung der Schäden usw. sind durch die Extensität der Verhältnisse sehr gehemmt. Direkte Maßnahmen der Vorbeugung und Bekämpfung sind unter diesen Umständen eine Ausnahme. Nur Maßnahmen einer indirekten und automatischen Kontrolle, wie biologische und waldbauliche Vorkehrungen finden Anwendung. Damit tritt das Studium der Ökologie der Forstinsekten beherrschend in den Vordergrund, was wohl auch in den meisten anderen tropischen und subtropischen Ländern auf weitere Zukunft das Gesicht des Schutzes gegen Forstinsekten bestimmen wird.

Die Wälder, mit denen es die indische Waldwirtschaft zu tun hat, sind entweder Urwälder oder deren durch menschliche Eingriffe verursachte Degradationsstufen verschiedener Art. Eigentliche Kulturforste, d. h. vom Menschen mit bestimmter wirtschaftlicher Zielsetzung und auf wissenschaftlicher Grundlage beruhender Waldbautechnik aufgebaute Waldbestände, wie sie beispielsweise in Deutschland oder Mitteleuropa die Regel bilden, gehören noch in den meisten Gebieten zu den Ausnahmen. Indes ist dies nur ein Übergangszustand. Denn überall auf der Erde tritt früher oder später an die Stelle des Urwaldes oder seiner Degradationserscheinungen der planmäßig aufgebaute und gepflegte Kulturforst, mit Ausnahme jener Wälder, die absichtlich als Naturschutzgebiete oder Nationalparks im Urzustand erhalten werden. Der Naturwald und besonders seine Degradation entsprechen weder, was die Zusammensetzung nach Holzarten betrifft, noch hinsichtlich der optimalen Bestandesdichte, dem Frequenzverhältnis, der Reifeklassen usw., den wirtschaftlichen Anforderungen des Menschen.

Die systematische Umwandlung des Naturwaldes und seiner Degradationsstufen in Kulturforste ist daher eine der wichtigsten Aufgaben der Forstwirtschaft in forstlich noch unentwickelten Ländern. Man will die Produktionsfähigkeit des Bodens nachhaltig bestens ausnutzen durch Steigerung des Anteiles der wirtschaftlich wertvollsten Holzarten an der Bestandeszusammensetzung, durch Regulierung der Bestandesdichte und durch sonstige Maßnahmen mit dem Ziele, schließlich einen Waldzustand zu erreichen, der auf dem betreffenden Standort die größtmögliche Menge wirtschaftlich wertvollster Holzarten nachhaltig erzeugt.

Aus dem ursprünglich regellosen Aushieb der wertvollsten Holzarten durch die Konzessionäre, was schließlich eine Verarmung großer Waldtrakte an den eigentlichen Werthölzern zur Folge hatte, hat sich in Indien allmählich eine Reihe besserer, wissenschaftlich gestützter Verfahren zu dem vorhin aufgezeigten Ziel entwickelt.

Eine der wichtigsten Methoden ist die in Burma von Dietrich Brandis entwickelte sog. Taungia-Methode, die darin besteht, den wilden Waldfeldbau der Eingeborenen, dem in allen Tropenländern soviel Wald zum Opfer gefallen ist, mit einer Einbringung von Samen wertvoller Holzarten zu verbinden und dergestalt die Waldfeldbauflächen nach ihrer meist sehr kurzfristigen Benutzung als Acker im Zustand einer fortlichen Kultur oder Schonung zurückzulassen, aus der sich nun ein wertvoller Wirtschaftswald entwickelt. Mit Hilfe dieses im Laufe der Zeit in verschiedenen Richtungen verbesserten Verfahrens sind in Burma und Indien wertvolle Kulturforste von Teak und auch anderen Holzarten aufgebaut worden. Ursprünglich konnten die Eingeborenen überall im Urwald ihre Waldfeldbauflächen anlegen, wenn sie nur gleichzeitig mit ihren landwirtschaftlichen Kulturpflanzen auch Teaksamen mit einbrachten. Das Ergebnis war aber eine weiträumige Zerstreutheit der Parzellen, die ihre spätere Kontrolle und Pflege arg erschwerte. Seit etwa 25 Jahren wird die räumliche Durchführung dieses Waldfeldbaues gesteuert und dadurch eine Konzentration der werdenden Schonungen erreicht. Die Taungia-Methode wurde früher nur für die Erweiterung des Teakanbaues angewendet. Gegenwärtig werden auch andere wertvolle Holzarten, wie Xylia dolabriformis, Terminalia tomentosa, Pterocarpus macrocarpus, Dipterocarpus tuberculatus usw. je nach Standort rein und gemischt angebaut.

Ein großer Teil der Naturwälder wird im Wege geregelter Nutzungen, die aber neben der Entnahme verwertbarer Hölzer besonders auch die Regeneration des Bestandes im Auge haben, in einen Kulturwald umgewandelt. Nicht die Nutzung allein, wie bei der früher üblichen Exploitation der Wälder im Konzessionswege, steht im Vordergrund, sondern gleichzeitig eine solche räumliche und zeitliche Steuerung der ganzen Holzentnahmen und damit Regulierung der Lichtverhältnisse im Wald, so daß sich als Ergebnis dieses Systems besonders die wertvollen Holzarten in gewünschtem Frequenzverhältnis von selbst ansamen und ein wertvoller Kulturforst begründet wird. Dieses System erfordert eine gute Kenntnis der Biologie der einzelnen Baumarten, die bei der Vielheit der letzteren im Tropenwald bisher freilich noch in den Anfängen steckt. Die Nutzung des Naturwaldes im Kahlschlag mit nachfolgender künstlicher Aufforstung wird in zunehmendem Maße auch in den Tropen als nicht ungefährlich erkannt. Die Freilage des Bodens gegenüber den Einflüssen der tropischen Sonne und den heftigen Regengüssen, oft in Verbindung mit dem Abbrennen der Schlagabfälle und des nicht verwertbaren Materials schädigt den Boden, ja, kann seine nachschaffende Fruchtbarkeit vernichten.

Soll die Nutzung des Waldes nachhaltig vor sich gehen, d. h. nach Maßgabe des Zuwachses und damit nur den Charakter einer Rentennutzung aufweisen ohne Angriff oder Aufzehrung des Kapitals, und soll die vorhin geschilderte Umwandlung der Naturwälder in Kulturforste systematisch vor sich gehen, so ist die Aufstellung von Wirtschaftsplänen für jeden in Arbeit genommenen Waldtrakt notwendig, die nicht nur das gestellte Ziel präzise festlegen, sondern auch die diesem dienende Maßnahmen der Nutzung und des Aufbaues bestimmen und ihre räumliche Disposition sowie ihren zeitlichen Ablauf steuern. In Indien ist eine solche durch Wirtschaftspläne gesteuerte Forstwirtschaft besonders von Wilhelm Schlich in großzügigem Maße eingeführt worden, nachdem die Grundlagen und Verfahren einer systematischen Walderkundung und Waldbestandsaufnahme, die — gleichsam eine Inventur des Vorhandenen — die Voraussetzung eines jeden Wirtschaftsplanes bildet, für den tropischen Wald von Dietrich Brandis in Gestalt seiner Linientaxationsmethode erstmalig in den Teakwäldern Burmas entwickelt worden waren.

Gegenwärtig dürften etwa 20 Millionen ha oder 55 bis 60% der staatlichen Waldreservate (reserved forests) nach Wirtschaftsplänen bewirtschaftet werden.

Der Überblick über die Waldwirtschaft Indiens wäre unvollständig, ja, würde ihres Kernstückes entbehren, wenn das forstliche Versuchswesen und die forstwissenschaftliche Forschungsarbeit überhaupt nicht in entsprechender Weise dargestellt werden würden. Ist doch gerade bei der modernen Erschließung tropischer Länder zum Unterschied von ihrer bloßen Ausbeutung die führende Rolle der Wissenschaft überhaupt nicht zu überschätzen. Erst sie erstellt die feste Grundlage positiver Kenntnisse, ohne die eine moderne koloniale Entwicklung undenkbar ist.

i) Forstliches Forschungswesen.

Die Entwicklung des forstlichen Versuchswesens in Britisch-Indien ist ein lehrreiches Beispiel für die Ausbreitung forstwissenschaftlicher Forschung in Überseeländern und Kolonien. Seine ersten Anfänge, die bereits in die 50er Jahre des vergangenen Jahrhunderts reichen, waren sehr bescheiden. Die indische Forstwirtschaft war damals noch in ihren primitivsten Anfängen, und wertvolle forstwissenschaftliche Forschungsarbeit wurde nur von einzelnen forstlichen Pionieren im Zusammenhang mit der ersten forstlichen Durchforschung des Landes und großzügigen Inspektionsreisen geleistet. Da aber eine systematische Zusammenfassung dieser individuellen Arbeiten fehlte, war ihre Wirkung relativ gering.

Die ersten Forschungen dieser Art lagen besonders auf forstbotanischem Gebiet. Cleghorn, Hooker, Balfour, Beddome, Sulpiz, Kurz u. a. waren die ersten Pioniere auf diesem Gebiet. Dann folgte die Generation um die ersten deutschen Generalforstdirektoren. Besonders sei hier Brandis selbst erwähnt, der ein ausgezeichneter Botaniker war, dann Gamble, Talbot und Upendranath Kanjilal. Das Voranstehen der Botanik ist kein Zufall. Denn bevor nicht die einzelnen Holzarten und Forstgewächse erkannt und bestimmt sind, bevor nicht ihre örtlich sehr wechselnden und unsicheren Eingeborenennamen durch den wissenschaftlichen Namen zweifelsfrei ersetzt wurden, ist im Neuland eine klare Verständigung und damit eine zweckentsprechende Berichterstattung ausgeschlossen.

Auch einige speziell forstwissenschaftliche Werke (Waldbau, Forsteinrichtung, Forstbenutzung, Forstpolitik usw.) sind schon von dieser Generation, d. h. vor 1900 verfaßt worden. Bereits 1875 wurde die erste forstwissenschaftliche Zeitschrift Indiens „Indian Forester" von Wilhelm Schlich begründet. Sie ist bis auf den heutigen Tag die forstliche Standardzeitschrift Indiens geblieben und enthält viele wertvolle Beiträge zur kolonialen Forstwirtschaft. Im Jahre 1881 wurde von Dr. Warth, einem Agrikulturchemiker, zum erstenmal ein forsttechnologisches Thema berührt. Er empfahl die Verwendung weniger wervoller Holzarten zur Holzkohlegewinnung für Eisenverhüttung und berührte damit das wichtige Problem der Verwertung der geringwertigen Mischhölzer des Tropenwaldes. 1887 wurde ein Berichterstatter für ökonomische Produkte bei der indischen Regierung ernannt, Sir G. Watt, der ein Handbuch der ökonomischen Produkte Indiens verfaßte, und da er ständig auch mit der sich allmählich entwickelnden Forstwirtschaft in Verbindung stand, eine reiche Anzahl wertvoller Informationen über indische Forstprodukte sammelte, wodurch in gewissem Sinne eine Grundlage für die spätere forsttechnologische Forschungsarbeit (besonders forstliche Nebennutzungen) gelegt wurde. 1884 wurde am Indischen Museum zu Kalkutta ein Entomologe angestellt, der neben seiner vorwiegenden Beschäftigung der Ordnung und Klassifikation der entomologischen Sammlungen auch angewandte Entomologie trieb und außer einigen Fragen der landwirtschaftlichen Entomologie die eine oder andere Frage der Forstentomologie mit behandelte. Diese gelegentlichen Arbeiten erwiesen die Bedeutung der angewandten Entomologie, für deren systematische Pflege Ende der 80er Jahre dauernde Einrichtungen am Museum zu Kalkutta vorgesehen wurden. Auch die Forstentomologie erfuhr im Rahmen dieser Institution gelegentliche Förderung. Der dritte deutsche Generalforstdirektor Indiens, Ribbentrop, erkannte bald, daß Forstzoologie nicht nebenbei als Anhängsel zur allgemeinen Zoologie betrieben werden könnte, sondern in Verbindung mit Forstschutz eine eigene Vertretung durch forstwissenschaftlich vorgebildete Fachleute erfordere, und setzte 1900 die Schaffung einer zeitweisen, speziell forstentomologischen Forschungsstelle durch, die mit dem bekannten englisch-indischen Forstmann und Entomologen E. P. Stebbing besetzt wurde. Diese erste mit der indischen Staatsforstverwaltung verbundene forstwissenschaftliche Forschungseinrichtung wurde der Grundstein des staatlichen forstlichen Versuchswesens in Britisch-Indien.

Eines der gewichtigsten Hindernisse auf dem Wege zur Schaffung forstwissenschaftlicher Forschungseinrichtungen war die anfängliche Kurzsichtigkeit der Regierung, die in einer ausschließlichen und schematischen Reinertragswirtschaft die Hauptaufgabe der Forstverwaltung sah und die ausschlaggebende Bedeutung der wissenschaftlichen Forschungsarbeit als wichtigste Grundlage gerade einer weitsichtigen und nachhaltigen Reinertragswirtschaft nicht zu erkennen vermochte. Die Bedeutung forstwissenschaftlicher Forschung kann, wenn eine solche im richtigen Sinne, d. h. in lebhafter Verbindung mit der forstlichen Praxis, durchgeführt von Männern, denen ebenso die wissenschaftlichen Grundlagen und Methoden ihres Fachgebietes wie auch der praktische Forstbetrieb vertraut sind, vertreten wird, sowohl im Neuland als auch im alten forstlichen Kulturland gar nicht überschätzt werden. Im Neuland mangelt noch jedes Wissen von den biologischen Grundlagen rationeller Forstwirtschaft und den Möglichkeiten einer lohnenden Forstbenutzung, und im alten Forstkulturland ist eine Intensivierung der Wirtschaft ohne energische Forschungsarbeit undurchführbar. Die klare Erkenntnis dieser Zusammenhänge reifte in den Regierungskreisen Britisch-Indiens zu Beginn unseres Jahrhunderts. Im Jahre 1906 wurde in Dehra-Dun eine forstliche Versuchsanstalt begründet und an die eigentlich dort bereits seit 1878 bestehende Forstschule angeschlossen.

Als Vorsitzender und Kurator der Versuchsanstalt wurde der Generalforstdirektor bestellt und ihm sechs Abteilungen: Waldbau, Forsteinrichtung, Forstzoologie, Forstbotanik, Forstbenutzung und Forstchemie zur Pflege forstlicher Forschungsarbeit anvertraut.

Im Jahre 1914 wurde ein neues großes Gebäude für die Laboratoriumsräume und Sammlungen eröffnet, das sich aber bereits 1918 als zu klein erwies. Der Krieg und die Nachkriegszeit haben den Aufgabenkreis der forstlichen Forschung in Indien ungemein erweitert. Man begann besonders der Forstbenutzung, vor allem der Verwertung zahlreicher, bisher unbeachteter Mischhölzer des Tropenwaldes und verschiedenen Nebennutzungen erhöhte Aufmerksamkeit zuzuwenden und an die industrielle Ausnutzung verschiedener Forstprodukte heranzutreten. Forschung in intensivstem Maße wurde notwendig, und die Regierung hat dieser stürmischen Entwicklung nunmehr in großzügiger Weise Rechnung getragen. In einer Verordnung wurden trotz des erst vor kurzem erfolgten Neubaues der forstlichen Versuchsanstalt der Bau und die Einrichtung eines neuen großen Gebäudes für die forstliche Versuchsanstalt bewilligt.

Im Jahre 1929 wurde dieses zweite neue Institut, das mit einem Aufwand von 15 bis 16 Millionen RM erbaut und eingerichtet worden war, eröffnet. Auch aus dieser Gründung einer gewiß nur praktische Gesichtspunkte erwägenden Kolonialregierung können die gewaltigen schlummernden Werte des Tropenwaldes ermessen werden, deren Erweckung die Arbeiten dieser Anstalt in erster Linie dienen sollen.

An der Spitze dieses Institutes steht der Generaldirektor der Staatsforste und ein Forstmann als Präsident. Die Sektionen' Waldbau, Forstzoologie, Forstbotanik, Forstbenutzung und Forstchemie werden von je einem Fachmann vertreten, dem Assistenten zur Seite stehen. Für besondere Spezialarbeiten werden zeitweise Forscher zugezogen. Als Fachvertreter wurden in einigen Sektionen anfangs hervorragende Ausländer herangezogen, die später von entsprechend qualifizierten Engländern oder Indern ersetzt werden sollen, deren Spezialausbildung in jenen Ländern geplant ist, in denen das betreffende Fachgebiet am besten gepflegt wird.

Besondere Sorgfalt wurde der F o r s t b e n u t z u n g s s e k t i o n gewidmet. Sie wurde 1909 begründet. Ihr erster Vertreter war R. S. T r o u p, aber die ersten Anfänge einer wissenschaftlichen Forstbenutzung in Indien gehen auf I. S. G a m b l e zurück, einem eminenten Pionier geregelter Forstwirtschaft, der bereits 1876 überaus gründliche und langwierige Untersuchungen über zahlreiche Holzarten des indischen Waldes begann und das Ergebnis seiner Arbeiten in einem wertvollen Handbuch indischer Hölzer,*) das auch heute noch die Grundlage der indischen Holzkunde bildet, niederlegte. Seine Sammlung von Handstücken bildet den Nukleus der Forstbenutzungssammlungen der Versuchsanstalt. Troup begann seine Arbeit mit der Ordnung von Sammlungen, Klassifikation der vorhandenen Literatur und Einrichtung von Sammelmappen für systematisch geordnete Informationen aller Art. Die erste auch noch von Troup durchgeführte Untersuchung der neuen Abteilung betraf Holzarten, die zur Zündholzfabrikation geeignet sein könnten. Die Versuche mußten damals noch mangels geeigneter Institutseinrichtungen in Europa durchgeführt werden. Allmählich wurden, was besonders wichtig ist, dauernde Verbindungen einerseits mit der Forstverwaltung und den einzelnen Forstbeamten und andererseits mit der Handels- und Industriewelt angeknüpft. Mit dem bereits erwähnten Neubau und der Neueinrichtung der Institute erfuhr die Forstbenutzungsabteilung eine besondere Erweiterung. Dabei erwies sich als größte Schwierigkeit der Ankauf der richtigen Maschinentypen und Versuchseinrichtungen und noch mehr die Berufung der richtigen Männer an die Spitze der zahlreichen speziellen Sektionen der Forstbenutzungsabteilung. Da hierzu Spezialisten mit jahrelangen Erfahrungen auf bestimmten Gebieten gehören, wie sie unter praktischen Forstmännern kaum zu finden sind, mußten Fachleute aus verschiedenen Ländern berufen werden, denen auch die Pflicht oblag, Nachwuchs heranzuziehen.

Die Aufgaben, die sich die neu eingerichtete Forstbenutzungsabteilung stellte, sind folgende: Nutzungsmöglichkeiten, Märkte und Absatz für solche Holzarten und Waldprodukte zu erforschen und zu erschließen, deren Angebot die Nachfrage übersteigt, als beratende Stelle für holzverarbeitende Wirtschaftszweige zu fungieren und die Verbindung zwischen diesen und den einzelnen Forstämtern herzustellen, sowie statistische Daten aller Art betreffend die technische und kommerzielle Verwertung der Waldprodukte zu sammeln. Da der indische Wald etwa 2500 Baumarten und 2500 holzige Sträucher enthält, von denen etwa 500 Arten in großen Mengen als Handelsware erhältlich sind, da weiter von diesen 500 kommerziell wichtigen Arten nur etwa 60 vollständig absetzbar sind, d. h. das Angebot der Nachfrage kaum Schritt hält, bei etwa 150 Arten das Angebot die Nachfrage weit übersteigt und für den Rest ein Absatz derzeit überhaupt aus-

*) Gamble, A Manual of Indian timbers.

geschlossen ist, sind die Aufgaben der Forstbenutzungsabteilung ohne weiteres für Indien als wirtschaftlich außerordentlich wichtig zu bezeichnen.

Der Bedeutung dieser Forschungsarbeiten entspricht die Großzügigkeit, mit der das Forstbenutzungsinstitut ausgestattet wurde. Für die neuen Einrichtungen (Laboratorien, Maschinenhallen und sonstigen Gebäude, Kraftanlagen, Versuchseinrichtungen aller Art usw.) wurden rund 2.4 Millionen RM ausgegeben.

Die Forstbenutzungsabteilung hat in ihren einzelnen Sektionen eine Reihe von Arbeiten zustande gebracht, die für die beste Ausnutzung der indischen Wälder grundlegende und entscheidende Bedeutung besitzen.

Für die wichtigsten indischen Nutzhölzer wurde die für eine Beurteilung der Verwertungsmöglichkeiten überaus wichtige Mikrostruktur (anatomischer Feinbau) ermittelt und ein Elementarhandbuch der Holztechnologie für den Gebrauch der indischen Forstbeamten zusammengestellt. Kurz vor dem Kriege wurden diese Forschungen auf die Ausarbeitung eines Bestimmungsschlüssels mit Mikrophotographien zur Bestimmung der wichtigsten Handelshölzer jeder Provinz ausgedehnt. Das Problem des Schwindens und Reißens der Hölzer, der Bildung von Wachstumsringen, sowie das spezielle Studium des Holzes der wirtschaftlich besonders wichtigen Dipterocarpaceen wurden aufgenommen. In der Sektion für Holzprüfung wurden die mechanisch-technischen Eigenschaften der indischen Holzarten untersucht, was schließlich zeigte, daß eine Reihe bisher als nutzlose Unhölzer angesehene indische Baumarten in vielen Richtungen ausgezeichnete Eigenschaften aufweisen und importiertes Holz vollständig zu ersetzen vermögen. Die mechanisch-technischen Eigenschaften der Holzarten werden sowohl absolut festgestellt, als auch relativ zu analogen Eigenschaften bekannter europäischer und amerikanischer Hölzer, um auch dem ausländischen Holzhändler die Möglichkeit einer klaren Vorstellung zu bieten. Die Ergebnisse werden tafelmäßig verarbeitet. Für besonders wichtige Verwendungsarten von Holz wurden spezielle Untersuchungsserien angestellt. So wurden z. B. unter den indischen Holzarten gewisse festgestellt, die für Eisenbahnschwellen besser geeignet sind als die meisten fremdländischen. Ähnliche Untersuchungen haben wertvolles Holz für den Wagen- und Lafettenbau, für Kistenfabrikation, Geräteherstellung usw. gezeigt.

Diese Untersuchungen sind nicht nur für den Handel, sondern auch für die Forstwirtschaft von grundlegender Bedeutung. Ein wichtiges Problem der Bewirtschaftung des artenreichen Tropenwaldes ist, wie gesagt wurde, eine Steigerung seines Wertes, die entweder durch allmähliche Umwandlung in einen artenärmeren, aber aus den wertvollsten Holzarten zusammengesetzten Waldbestand als auf waldbaulichem Wege erzielt werden kann, oder durch Eröffnung von Absatzmöglichkeiten für die sog. „Unhölzer", was eine Feststellung ihrer technischen Eigenschaften zur Voraussetzung hat. Der letztere Weg ist wirtschaftlich (bessere Verwertung von Naturschätzen) und biologisch vorzuziehen. In letzterem Sinne deswegen, weil die Umwandlung des artenreichen Tropennaturwaldes in einen artenärmeren Tropenkunstwald in Zukunft von verschiedenen, der Nachhaltigkeit der Holzerzeugung abträglichen Folgen begleitet sein kann. Im Rahmen der Sektion für Holzprüfung werden auch die Prüfungen von Verleimungen für das Flugwesen durchgeführt.

Ein weiteres wichtiges Problem der tropischen Forstbenutzung ist die richtige Austrocknung des Holzes, seine Beruhigung, um späteres Arbeiten (Schwinden, Quellen, Reißen usw.) zu vermeiden. Mit diesem Problem beschäftigt sich eine eigene Sektion der Versuchsanstalt. Zunächst wurden mit 33 Holzarten Lufttrocknungsversuche ausgeführt. Die Beobachtungen wurden in 22 klimatisch völlig verschiedenen Stationen ausgeführt und das Holz vor der Beobachtung verschieden behandelt. Beispielsweise wurden in einigen Fällen die Stämme vor der Fällung geringelt, andere grün gesägt, manche vor dem Verschnitt in Wasserbehälter getaucht, die einen entrindet, die anderen in Rinde belassen usw. Die Versuche lehrten, daß die Ringelung bei einigen Arten vorteilhaft ist, bei anderen nicht, daß manche leichter austrocknen, wenn sie eine Zeitlang ins Wasser getaucht wurden usw., kurz, daß eine recht verschiedene Behandlung bei den verschiedenen Arten nötig ist, um zum gleichen Ergebnis zu gelangen. Weitere Versuche wurden auf bestimmte Fragen beschränkt, etwa auf den Wert des Ringelns, der Wasserbehandlung, der Lagerungsperiode zwischen Fällung und Verwendung. Neben den Lufttrocknungsversuchen werden auch Versuche mit künstlicher Trocknung vorgenommen. Auch die Arbeit dieser Sektion trägt mit dazu bei, Holzarten bisher unbekannter Eigenschaften als Ersatz für die wenigen Standardhölzer auf den Markt zu bringen.

Besondere Untersuchungen dieser Sektion beschäftigen sich mit der Trocknung von Schwellenholz, mit dem Studium der Wirkungsweise verschiedener Holztrocknungsanlagen, der Bestimmung der Kosten für künstliche Austrocknung, der Feststellung der grundsätzlichen Faktoren, welche die natürliche und künstliche Holztrocknung beeinflussen (z. B. Bewegung der Feuchtigkeit im Holz, Kraftäußerungen im Holz während der Trocknung usw.), Studium physikalischer Holzeigenschaften usw.

Eine eigene Sektion beschäftigt sich mit der namentlich in tropischen Ländern besonders wichtigen Frage der Holzkonservierung und dem Schutz des Holzes gegen zerstörende Elemente, wie z. B. Termiten. Die ersten diesbezüglichen Versuche bestanden in einer Behandlung verschiedener Holzarten in offenen Behältern mit 23 verschiedenen Salzlösungen und Ölarten. Unbehandeltes Holz gleicher Art diente als Kontrolle. In dieser Art hat man besonders die vorteilhafteste Konservierung verschiedener Hölzer für Eisenbahnschwellen untersucht. Es zeigte sich das wichtige Ergebnis, daß die verschiedenen klimatischen Verhältnisse keinen wesentlichen Einfluß auf die Dauerhaftigkeit des Holzes ausüben; vorausgesetzt allerdings ist eine einwandfreie Behandlung des Holzes mit geeigneten Mitteln vor Gebrauch. Eine Anzahl von Holzarten, die früher nur als Brennholz verwendet wurden, ist durch diese Untersuchungen als Nutzholz in die Wirtschaft eingeführt worden (Pinus longifolia, Pinus excelsa, Terminalia tomentosa, Dipterocarpus-Arten usw.).

Dieser ersten Reihe von Versuchen wurden später solche mit eingepreßten Antiseptika in Zylindern angefügt. Neben der Feststellung der technischen Möglichkeit einer einwandfreien Imprägnierung verschiedener Holzarten und der Dauerhaftigkeit vorbehandelter Hölzer spielt auch die Feststellung der Grenzen der Wirtschaftlichkeit eine große Rolle. Man kann z. B. ein Holz so stark imprägnieren, daß es, lange bevor die Verderbnis um sich greift, durch mechanische Abnutzung zerstört wird, oder es tritt das Umgekehrte bei zu schwacher Imprägnierung ein. Um bei dem Holz auch die Konservierungsflüssigkeit zu sparen, gilt es, die wirtschaftliche Optimalbehandlung zu finden.

Von besonderer Bedeutung sind die Arbeiten der Papier- und Zellulosesektion geworden, die, wie bereits an anderer Stelle gesagt wurde, in erfolgreichen Bemühungen gipfelten, neben der Holzfaser vor allem auch die Faser gewisser Gräser, besonders verschiedener Bambusarten, als Rohstoff der Papierfabrikation auf den Markt zu bringen. Die Versuchsanstalt hat nicht nur die für diese Zwecke geeigneten von den ungeeigneten Grasarten zu scheiden vermocht, sondern auch alle wichtigen technischen Details geklärt, z. B. die Entwicklung eines billigen und einwandfreien Bleichverfahrens. Schließlich ging man zur Errichtung einer industriellen Versuchsanlage über, hat damit den Laboratoriumsversuch nach seiner wirtschaftlichen Seite erweitert und durch eine Pionierindustrie zur Entstehung einer indischen Papierindustrie Anregung gegeben.

Weitere Arbeiten der Versuchsanstalt betreffen die sogen. forstlichen Nebennutzungen, deren Bedeutung für die indische Volkswirtschaft gleichfalls bereits weiter oben ausgeführt wurde. Dabei wird auch von den Erfahrungen der Eingeborenen bzw. ihnen altbekannten Nutzwirkungen der verschiedenen Waldflanzen ausgegangen und durch wissenschaftliche Versuche deren praktisch brauchbarer Kern zu klären gesucht.

Der Forstbenutzungsabteilung ist auch eine Sägemühle, Tischlerei und Furniermacherwerkstatt angegliedert. Die Säge hat die Aufgabe, die für die Festigkeitsuntersuchungen nötigen Probestücke — es werden nicht nur kleine Probekörper, sondern auch ganz große Konstruktionsteile untersucht — herzustellen. Da Holz aus allen Teilen Indiens die Säge und Tischlerei passiert, ist eine ausgezeichnete Möglichkeit geboten, die Verwendungsfähigkeit und Behandlungsweise der verschiedenen Arten empirisch festzustellen und so für den Praktiker und das Gewerbe überaus wertvolle Erfahrungen zu sammeln. Von besonderer Bedeutung ist die Furnierabteilung, in der eine moderne Furnierschälmaschine arbeitet. Der indische Wald ist, wie bereits gesagt wurde, reich an Harthölzern verschiedenster Farben und prächtiger Zeichnungen. Die Untersuchung der Eignung aller dieser wertvollen Luxushölzer für Furnierherstellung und die Ermittlung der besonderen Behandlungsweisen eröffnet ein vielversprechendes Industriegebiet, dem im Tropenwald auch anderer Zonen eine reiche Zukunft blüht. Die indische Versuchsanstalt ist auch gleich zu entsprechender Propaganda für dieses wichtige Gebiet übergegangen, indem sie die Wände der Versammlungs- und Konferenzräume des neuen indischen Parlamentsgebäudes in Delhi mit selbst hergestellten Sperrholzplatten verschiedener Konstruktion und verschiedenster prächtig gezeichneter Holzarten verkleidet hat. Damit wird den Parlamentariern die Bedeutung des indischen Waldreichtums ständig vor Augen geführt und gleichzeitig die Sperrholzplatte, die dem ungünstigen Tropenklima Indiens weitaus besser widersteht als Konstruktionen aus solidem Holz, an geeigneter Stelle in großem Maßstab verwendet.

Eine große mechanische Reparaturwerkstätte, die alle Schäden an den zahlreichen Kraft- und Arbeitsmaschinen der ganzen Abteilung zu reparieren vermag, ist angeschlossen.

Die Forstbenutzungsabteilung der Versuchsanstalt ist zweifellos am besten ausgebaut und mit den reichsten Mitteln ausgestattet. Dies hängt, wie bereits gesagt, damit zusammen, daß die Ergebnisse ihrer Untersuchungen am unmittelbarsten eine Steigerung des Geldertrages der Wälder hervorrufen können. Unter diesem an sich richtigen Prinzip darf aber die Forschungsarbeit des Waldbaues, der Forstbotanik, der Ertragskunde usw., kurz der Gebiete der eigentlichen Holzerzeugung, nicht leiden. Denn die Ergebnisse dieser Forschungsarbeiten stehen in unmittelbarer Beziehung zur Nachhaltigkeit des ganzen Waldbetriebes, dessen letzte Frucht nur die Holzverwertung ist und natürlich auch zur Wirtschaftlichkeit der forstlichen Betriebsführung. Der fremde Besucher, der die imponierenden Sammlungen und Arbeitsräume des indischen Instituts durchwandert, kann sich des Eindrucks nicht ganz erwehren, daß die der Holzerzeugung gewidmete Forschungsarbeit sich seitens der Regierung nicht immer ganz der gleichen Förderung erfreute, wie die der Holzverwertung dienende. Die erste Phase waldbaulicher Forschungsarbeit — etwa bis 1909 — beschränkte sich auf Studienreisen der Forscher und auf Sammlung aller erreichbaren Informationen über Verjüngung, Zuwachs, Sortimentenanfall usw., wie sie nur dem praktischen Forstbeamten in den einzelnen Revieren mitgeteilt werden konnten. Systematische Messungen und Beobachtungen sowie Anlage von Versuchsflächen hat erst Troup eingeführt, der 1909 mit der Anlage einer zweckmäßig durchorganiserten Informationssammlung über alle Beobachtung zugänglicher Holzarten begann und weiter auch Versuchsflächen zur Ausarbeitung von Ertragstafeln anlegte. Ein sehr wertvolles Ergebnis der unermüdlichen Forscherarbeit Troups ist sein dreibändiges Standardwerk: „Sylviculture of Indian Trees", das als die moderne Grundlage des indischen Waldbaues bezeichnet werden kann und als wissenschaftliches Werk, auch abgesehen von seiner Bedeutung für die indische Forstwirtschaft, unsere Achtung verdient. Troup erkannte die für die Errichtung von wissenschaftlich fundierten Nachhaltsbetrieben in unentwickelten Ländern wichtige Wahrheit, daß eine systematische Sammlung aller bereits vorhandenen Erfahrungen oder zurzeit erreichbaren Informationen für die erste Einleitung eines systematischen Großbetriebes augenblicklich wichtiger ist als die Bearbeitung ständiger Versuchsflächen, die erst nach vielen Jahren brauchbare Ergebnisse liefern können. Er konzentrierte sich daher — ohne allerdings die an sich überaus wichtige Anlage von ständigen Versuchsflächen zu vernachlässigen — auf die bereits erwähnte Sammlung von Beobachtungen und Informationen, wobei er seine besondere Aufmerksamkeit dem Studium des Keimlingsstadiums der indischen Waldbäume zuwandte, als der für die Verjüngung des Waldes wichtigsten, gleichzeitig aber im Leben des Baumes am meisten gefährdeten Phase. Diese Sammlung von Informationen wurde durch Versuche besonders im Forstgarten zu Dehra-Dun ergänzt.

Weitere wichtige Untersuchungen sind: Prüfung forstlicher Sämereien (Samengewichte, Keimungsprozente, Aufbewahrungsmethoden usw.); Erforschung der Bedingungen künstlicher Waldgeneration bei verschiedenen Holzarten; Untersuchungen über das Baum- und Bestandeswachstum (Herkunfts- und Rassefragen, phänologische Erscheinungen); Ermittlung der günstigsten Umtriebszeit für Bambus; Klärung der Beziehungen zwischen Weidewirtschaft und Forstwirtschaft; Probleme der Waldzerstörung; Erosion; Erforschung der Wurzelkonkurrenz im Walde und ihrer wirtschaftlichen Bedeutung; Prüfung des Einflusses der Walddecke auf den Boden, der Wirkung der Aufforstung und von Bodenschutzbeständen; Aufstellung von Ertragstafeln und Massentafeln für die verschiedenen Holzarten; ertragskundliche Untersuchungen ungleichmäßiger Bestände; Anlage und Auswertung von Durchforstungsversuchen usw.

Die Botanische Abteilung hat sich zunächst durch Herausgabe (oder Förderung einer solchen) von botanischen Schriften verdient gemacht. Dazu gehören vor allem Bestimmungsbücher und Floren, die eine Identifikation der Forstgewächse erleichtern sollen. Für den Forstmann in fremden Ländern ist dies eine der wichtigsten Notwendigkeiten, deren entsprechende Lösung besonders durch territoriale Gliederung einer solchen botanischen Literatur erleichtert wird. Es existieren in Indien Bestimmungsbücher für die Waldflora bestimmter geographischer Bezirke, die die Arbeit des Praktikers ungemein fördern. Ein weiteres Arbeitsgebiet war die Anlage bzw. Erweiterung von ausgezeichneten und überaus reichhaltigen Herbarien und Schaustückesammlungen, die die Bestimmungsarbeit ebenfalls sehr erleichtern. An eigentlicher Forschungsarbeit wurden wertvolle Untersuchungen über Baumkrankheiten (Trametes pini an der Blaukiefer, Fomes lucidus an der Dalbergia sissoo, Polyporus Shorea an der Shorea robusta usw.) zustande gebracht. Auch die Wurzelpilze wurden studiert. Pflanzenbiologisch ist die Feststellung interessant, daß den wichtigsten Waldtypen ganz bestimmte Graslandtypen parallel gehen. Dieser Parallelismus, der an einen ähnlichen zwischen Waldtypen und Moortypen, wie ihn Cajander in Finnland und seine Schule aufzeigten, erinnert, ist bedeutungsvoll für eine rationelle Beurteilung der Aufforstungs- und Verjüngungsprobleme. Ein wichtiges Problem ist die Untersuchung von Rasseneigenschaften besonders jener Holzarten, die (z. T. Tectona grandis) eine sehr weite Verbreitung aufweisen.

Weitere wichtigere Arbeiten dieser Abteilung sind: Erforschung ungenügend bekannter Pflanzen mit forstlicher Bedeutung; systematisches Studium der wirtschaftlich besonders wichtigen Holzartenfamilien; Einrichtung eines Arboretums und botanischen Gartens in Dehra-Dun; Nomenklatur der wichtigsten indischen Forstpflanzen; Studium der durch pflanzliche Parasiten hervorgerufenen Erkrankungen der Bäume und Zerstörungen des Holzes.

Die entomologische Abteilung ist die älteste des Instituts. Ihr erster Leiter war der angesehene englische Forstmann Prof. Stebbing. Er unternahm zahlreiche entomologische Exkursionen in die indischen Wälder und sammelte reiche Informationen, wodurch der erste Grundstein der Abteilung gelegt wurde. Seine Nachfolger schufen oder erweiterten Sammlungen, die vor allem die Bestimmungsarbeit erleichtern sollen, und unternahmen spezielle Untersuchungen sowie Arbeiten in ökologischer Richtung und die Leitung von Bekämpfungsmaßnahmen.

Neben der zentralen Forschungsanstalt in Dehra-Dun wurden in den einzelnen Provinzen Stellen für Spezialisten in einzelnen wichtigen forstwirtschaftlichen Teilgebieten geschaffen (Forsteinrichtung, Holzverwertung, Waldbau), denen neben ihrer praktischen Spezialarbeit auch die Wahrnehmung von Forschungsaufgaben in diesen Gebieten obliegt. Diese Institution hat sich im großen ganzen sehr gut bewährt, erfordert aber einen weiteren Ausbau. Es ist klar, daß die Forschung in einem so großen Lande nicht allein auf den Schultern der Wirtschaftler, denen die stets anwachsenden praktischen Aufgaben zur Durchführung wissenschaftlicher Untersuchungen keine Zeit lassen, und eines zentralen großen Instituts ruhen kann, sondern der sehr wichtigen Mithilfe durch lokale Spezialisten bedarf, die aber nicht durch Überbürdung mit praktischen Aufgaben der eigentlichen Forschung entzogen werden dürfen. Auch eine richtige Spezialisierung (z. B. die schon erwähnte Trennung von Waldbau und Ertragskunde) ist wichtig. Am allerwichtigsten jedoch ist die richtige Auswahl der Personen. Außer wissenschaftlicher Eignung ist reiche persönliche Erfahrung im praktischen Forstbetrieb notwendig. Sie ist eine unerläßliche conditio sine qua non des erfolgreichen forstwissenschaftlichen Forschers sowohl bei uns in den alten Forstkulturländern als auch ganz besonders in den forstlich noch unentwickelten Ländern!

Mit der forstlichen Versuchsanstalt ist auch die indische Reichsforsthochschule verbunden, der die Aufgabe obliegt, den Nachwuchs der akademischen Forstbeamten auszubilden. Auch ein Kurs für die Ausbildung der mittleren Forstbeamten ist der Anstalt angeschlossen. Die Einrichtungen für den Vorlesungsbetrieb und Demonstration, Praktika, wie auch für die Unterbringung und Verpflegung der Studenten sind als mustergültig und großzügig zu bezeichnen.

In dieser Arbeit wurde wiederholt darauf hingewiesen, daß die finanziellen Erfolge keinen entscheidenden Maßstab für die Beurteilung der Forstwirtschaft bilden, weil der Wald nicht nur Rohstoffquelle, sondern auch Träger von Wohlfahrtswirkungen ist. Dies darf aber nicht dahin mißverstanden werden, daß etwa die Wirtschaftlichkeit im Forstbetrieb eine Nebensache wäre oder nicht beachtet werden müsse.

Ein Bild über die finanziellen Ergebnisse der indischen Staatsforstwirtschaft geben nachstehende Zahlen:

Periode	Bruttoertrag	Ausgaben	Überschuß
1869—1874	5.6 Mill. Rupies	3.9 Mill. Rupies	1.7 Mill. Rupies
1932—1933	37.4 „ „	28.7 „ „	8.7 „ „

Das letztgenannte Ergebnis ist trotz der Weltwirtschaftskrise erzielt worden.

Der Zweck der vorliegenden Arbeit war, einen Überblick über die Wälder Indiens zu geben, ihre große direkte und indirekte Bedeutung für die Wohlfahrt der indischen Völker aufzuzeigen und in Kürze einen Bericht über die bisherigen Bemühungen zur Erschließung des indischen Waldreichtums und zum Aufbau einer geregelten nachhaltigen Forstwirtschaft zu geben. Am Grunde dieser letzteren Bemühungen liegt die Lebensarbeit der drei großen deutschen Schöpfer der indischen Waldwirtschaft, die hierdurch nicht nur sich, sondern auch ihrem eigenen Volke ein unvergängliches Denkmal kolonialer Aufbauarbeit gesetzt haben.

Die indische Forstwirtschaft muß nach ihrem heutigen Stande im Vergleich mit jener anderer tropischer Länder teilweise als beispielgebend bezeichnet werden, wobei unter diesen letzteren auch die Forstwirtschaft der ehemaligen holländisch-indischen Kolonien verstanden wird, die sich vorwiegend nur in der Teakwirtschaft (Djatiwirtschaft), also einigermaßen einseitig, entwickelt hat. Aber gleichzeitig muß gesagt werden, daß auch die indische Waldwirtschaft noch weit davon entfernt ist, den wichtigsten Anforderungen einer modernen Volkswirtschaft an den Wald zu entsprechen. Schuld daran ist zweifellos das Voranstehen der Gesichtspunkte einer händlerischen Kolonialausbeutung, die die englische Kolonialpolitik auch nach dem Zeugnis hervorragender englischer Kolonialadministratoren in so hohem Maße beherrscht. Da die Walderhaltung, Waldpflege und nachhaltige Waldbewirtschaftung in ihrem Kernpunkt die Wahrnehmung der Interessen der Gesamtheit gegenüber jener Einzelner und der noch ungeborenen Generationen gegenüber jenen der mächtigen Gegenwart bedeutet, ist die Atmosphäre, in der sie sich erst zu entfalten vermag, eine Staatsphilosophie, in der sich der Einzelne und die Gegenwart, besonders aber die Regierung, nur als Bestandteile eines ewigen Gemeinschaftsorganismus fühlen.

Abb. 1. Aufschmettungsebene im Trockenklima.

Abb. 2. Schott in Nordafrika.

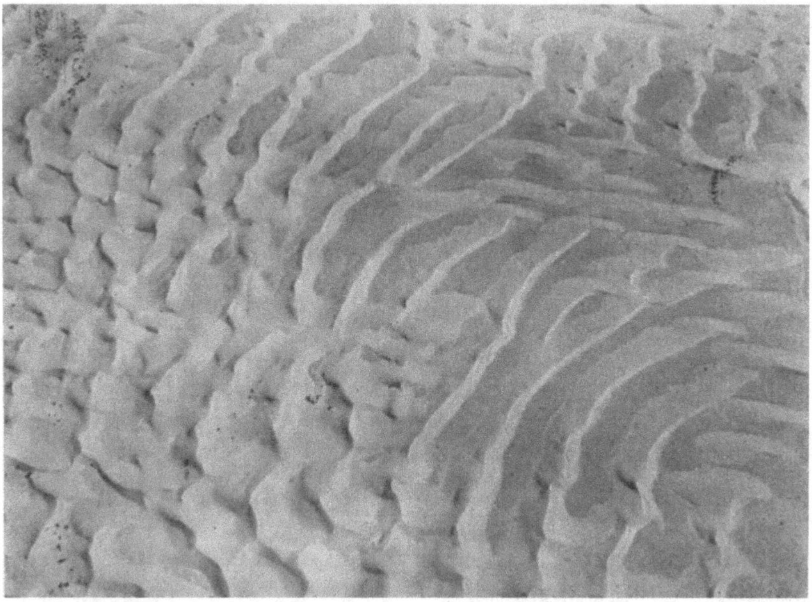

Abb. 3. Lebendes Erg (aus 2400 m Höhe!)

Abb. 4. Erosion im Trockenklima.

Foto: Troup, Silviculture of Indian Trees.

Abb. 2.

Foto: Heske.

Abb. 1.

Foto: Heske.

Abb. 3.

Foto: Heske.

Abb. 4.

Foto: Heske.

Abb. 5.

Foto: Heske.

Abb. 6.

Foto: Princes Risborough Gr. Br.

Abb. 8.

Foto: Princes Risborough.

Abb. 7.

Abb. 9. Robertson.

Abb. 10. Foto: Heske.

Abb. 11. Foto: Heske.

Abb. 12. Foto: Heske.

Abb. 13. Foto: Heske.

Abb. 14. Foto: Techno-Phot.-Archiv.

Abb. 15. Foto: Heske.

Abb. 16. Foto: Heske.

Erklärung der Abbildungen

(Tafel 3—10.)

Zu Abb. 1. Lichter Pinus longifolia-Wald mit Naturverjüngung im West-Himalaya (Tehri-Garhwal.)

Zu Abb. 2. Teak-Pflanzung, 54 Jahre alt. (Nilambur, Süd-Malabar.)

Zu Abb. 3 Pinus longifolia dringt in das Gebiet der immergrünen Eichen (Quercus incana), die von Menschenhand geschneitelt wurden. Beispiel einer anthropogenen Wandlung der Waldzusammensetzung. (West-Himalaya, Tehri-Garhwal.)

Zu Abb. 4. Starker Stamm der Pinus longifolia in den Urwäldern des Tons-Gebietes (West-Himalaya, Tehri-Garhwal.)

Zu Abb 5. Fichten- und Tannenwälder in den Hochlagen des Himalaya (Abies pindrow und Picea Morinda) (West-Himalaya, Tehri-Garhwal)

Zu Abb. 6. Urwald der Cedrus deodora. Lücke mit Naturverjüngung und abgestorbenen Altstämmen. (West-Himalaya, Tons-Gebiet, Tehri-Garhwal.)

Zu Abb 7 Bambuswälder von Chittagong (Melocanna bambusioides) (Bengal)

Zu Abb 8. Bambus-Flößerei in Chittagong (Melocanna bambusioides)

Zu Abb. 9. Bruguiera gymnorhiza auf den Andamanen.

Zu Abb 10 Anlage eines forstlichen Pflanzgartens in den Cedern-Wäldern des West-Himalaya (Tehri-Garhwal).

Zu Abb. 11 Waldzerstörung im Himalaya. Im unteren Teil des Bildes Dorf mit Terrassenkultur. Darüber der durch Holzhiebe und regellose Waldweide stark gelichtete Cedernwald. Bodenerosion ist eine häufige Folge auf solchen entwaldeten Stellen. (West-Himalaya, Tehri-Garhwal).

Zu Abb. 12. Die immergrünen Eichenwälder der Südhänge des Himalaya. Im Hintergrunde die hohen Ketten des Gangesquellgebietes. (West-Himalaya, Tehri-Garhwal.)

Zu Abb 13 Waldzerstörung durch regellosen Waldfeldbau und Waldweide sowie ungeregelte Holzhiebe im West-Himalaya. (Tehri-Garhwal.)

Zu Abb 14. Teak-Holz-Sägerei an der Malabarküste.

Zu Abb 15. Primitives Sägen von Eisenbahnschwellen im Cedern-Wald. (West-Himalaya, Tehri-Garhwal.)

Zu Abb. 16. Transport von Eisenbahnschwellen des Cedern-Holzes mit Menschenkraft aus den Cedrus Deodora-Wäldern des West-Himalaya (Tehri-Garhwal.)

Geographische Gesellschaft in Hamburg.

Bericht 1940 bis 1943.

Vorstand

Staatssekretär G. Ahrens, 1. Vorsitzender

Staatsrat John T. Essberger, 2. Vorsitzender

Prof. Dr. L. Mecking, Geschäftsführender Vorsitzender

Oberregierungsrat Prof. Dr. W. Semmelhack, 1. Schriftführer

Dr. Johs. Petersen, 2. Schriftführer

Prof. Dr. R. Lütgens, Herausgeber der „Mitteilungen"

Dr. h. c. R. Schlubach, Schatzmeister

Senator a. D. Dr. P. de Chapeaurouge, Beisitzer

C. L. Nottebohm, Beisitzer

Th. Ritter, Beisitzer

Prof. Dr. P. Schlee, Beisitzer

Prof. Dr. B. Schulz, Beisitzer

Prof. Dr. F. Termer, Beisitzer

Senator K. Witt, Beisitzer

Beirat

Prof. Dr. G. Bredemann

Ch. Evers

R. Friederichsen

W. Ganssauge

R. Helm

Oberstudienrat Dr. A. Krause

Prof. Dr. P. Mühlens †

Dr. K. Siemers

Präsident Konteradmiral a. D. Dr. h. c. Th. Spieß

Inhaber der Kirchenpauer-Medaille

a) Goldene Medaille

Bürgermeister Dr. G. Kirchenpauer †

Dr. med. G. A. Fischer †

Wirkl. Geheimer Rat Prof. G. von Neumayer, Exzellenz †

Dr. phil. L. Friederichsen †

Dr. phil. Sven Hedin, Stockholm

Prof. Dr. G. Schweinfurth †

Reichsarchivrat Major a. D. Dr. h. c. H. Detzner, Berlin

Geheimer Admiralitätsrat Prof. Dr. Wl. Köppen †

Geheimer Regierungsrat Prof. Dr. E. v. Drygalski, München

Prof. Dr. S. Passarge, Potsdam

Oberregierungsrat a. D. Prof. Dr. G. Schott, Hamburg

b) Silberne Medaille

Geheimer Regierungsrat Prof. Dr. F. Stuhlmann †

Prof. Dr. W. Sievers †

Geheimer Medizinalrat Prof. Dr. Fr. Fülleborn †

Prof. Dr. A. Wegener †

Reg.-Rat Dr. W. Brennecke †

Ehrenmitglieder

Prof. Dr. F. Boas, New York

Geh. Regierungsrat Prof. Dr. E. v. Drygalski, München

Prof. Dr. R. Gradmann, Erlangen

Prof. Dr. G. Gürich †

Prof. Dr. H. Hassinger, Wien

Staatsrat E. Helfferich, Hamburg
Geh. Regierungsrat Prof. Dr. G. Hellmann †
Geh. Hofrat Prof. Dr. A. Hettner †
Prof. Dr. A. Hoel, Oslo
Prof. Dr. L. Mecking, Hamburg
Prof. Dr. W. Meinardus, Bonn
Geh. Hofrat Prof. Dr. H. Meyer †
Prof. Dr. F. Nansen †
Prof. Dr. Wl. Obrutschew, Moskau
Prof. Dr. T. Okada, Tokio
Geh. Regierungsrat Prof. Dr. A. Penck, Berlin
Prof. Dr. O. Pettersson, Holma (Lysekil), Schweden
Geh. Regierungsrat Prof. Dr. K. Sapper, Garmisch
Prof. Dr. P. Schlee, Hamburg
Prof. Dr. L. Schultze-Jena, Marburg
Prof. Dr. H. U. Sverdrup, Bergen (Norwegen)
Prof. Dr. U. Toschi, Bari
Geh. Regierungsrat Prof. Dr. H. Wagner †
Staatsminister Prof. Dr. R. Witting, Helsinki

Korrespondierende Mitglieder

H. Consten, Bad Blankenburg i. Thür.
Prof. Dr. H. Dörries, Münster
Prof. Dr. M. Friederichsen †
Dr. M. Gamio, Mexiko
Prof. Dr. F. Jäger, Basel
Zivilingenieur A. Jahn, Caracas (Venezuela)
Prof. Dr. O. Jessen, Rostock
Prof. Dr. N. Krebs, Berlin
Prof. Dr. F. Kühn, Stuttgart
Dr. G. Malda, Mexiko
Prof. Dr. H. Mortensen, Göttingen
Prof. Dr. L. Mühlhausen, Berlin
Geh. Regierungsrat Prof. Dr. A. Philippson, Bonn
Prof. Dr. F. Solger, Berlin
Ingenieur L. G. Tippenhauer, Port au Prince (Haiti)
Gesandter Ph. C. Vissoe, den Haag
Prof. Dr. G. Wegener †

Geschäftsberichte über die Jahre 1940 bis 1942.

Allgemeiner Bericht über Stand und Tätigkeit der Gesellschaft.

Die Gesamtzahl der Mitglieder hat sich von dem tiefsten Stand von etwa 350 in diesen Jahren langsam erhöht auf 407, indem trotz vieler Abgänge durch den Tod alter Mitglieder doch die Neuaufnahmen überwogen dank dem großen Interesse, das die in den Kriegsjahren besonders zeitnah gewählten Vortragsthemen erweckten.

Der Vorstand hat am 4. Dezember 1941 eine Sitzung abgehalten, die an Stelle des im Felde stehenden Ersten Vorsitzenden Herrn Senator Witt von Prof. Mecking als Geschäftsführendem Vorsitzenden geleitet wurde. Gegenstand der Beratung bildete die in Vorbereitung befindliche Gründung der Deutschen Geographischen Gesellschaft. Es wurde der Beitritt unserer Gesellschaft zu dieser Organisation als zweckmäßig erachtet und dem Geschäftsführenden Vorsitzenden empfohlen, Schritte in der Richtung zu tun. Der frühere Beschluß, während des Krieges keine Änderungen im Vorstand vorzunehmen, wurde infolge der längeren Kriegsdauer als nicht mehr angebracht empfunden und der Unterzeichnete deshalb beauftragt, die Frage der Änderung im Vorstand an Stelle des abwesenden Herrn Senator Witt zu klären. Im Einvernehmen mit Herrn Senator Witt gelang es, zu seinem Nachfolger Herrn Staatssekretär Ahrens zu gewinnen.

Unter seinem Vorsitz fand am 17. Juli 1942 eine Sitzung des Vorstandes statt. Prof. Mecking berichtete über die inzwischen unter seiner persönlichen Teilnahme in Berlin vollzogene Gründung der Deutschen Geographischen Gesellschaft und den von ihm nach Fertigstellung der Statuten erklärten Beitritt unserer Gesellschaft. Eingehender als sonst bezogen sich dann die Beratungen auf die finanziellen Verhältnisse unserer Gesellschaft und die dadurch bedingte unhaltbare Lage ihrer großen Bibliothek. Für die bevorstehende Feier des 70jährigen Bestehens der Gesellschaft ist der von Herrn Prof. Lütgens herauszugebende Band der „Mitteilungen" in etwas größerem Umfang in Vorbereitung, und im übrigen wird die Art der Feier erörtert.

Diese bildete dann den Hauptgegenstand einer am 14. Januar 1943 einberufenen Sitzung des Vorstandes. Es wurde beschlossen, eine Festsitzung der Gesellschaft im Großen Hörsaal der Universität zu veranstalten mit einem Festvortrag, für den Prof. Mecking bereits Herrn Prof. Hassinger in Wien gewonnen hat, und mit einigen Ehrungen verdienter Geographen des In- und Auslandes. Im übrigen konnte der Herr Schatzmeister Dr. R. Schlubach seit vielen Jahren wieder einen erfreulicheren Kassenbericht erstatten; es war nicht nur ein Anstieg der Einnahmen aus den Beiträgen von Mitgliedern und Förderern zu verzeichnen, sondern vor allem dank dem Eingreifen des Herrn Staatssekretärs Ahrens eine wesentliche Erhöhung der behördlichen Beihilfen.

Der im Jahre 1940 erschienene Band 47 der „Mitteilungen der Geographischen Gesellschaft in Hamburg" brachte vier Arbeiten aus den Süderdteilen und tropischen Gebieten: von Prof. Dr. F. Termer, Hamburg, Prof. Dr. J. Gicklhorn und Renée Gicklhorn, Prag, Dr. Edgar Maaß, Blankenese, Dr. K. Helbig, Blankenese.

Die Veranstaltungen der Gesellschaft wurden in gewohntem Rahmen durchgeführt und auch in den weiteren Kriegswintern dem alles beherrschenden Geschehen insofern angepaßt, als der Geschäftsführende Vorsitzende die fachlichen Sitzungen zurücktreten ließ zugunsten der allgemeinen und für diese die Vortragsthemen möglichst zeitgemäß und aus den von den Ereignissen betroffenen Erdräumen wählte. Das gab dem Besuch der Vorträge einen bedeutenden Auftrieb. Der neue Band der „Mitteilungen" enthält nach längerer Pause wieder wie in früheren Jahren Autorenreferate der im Winter 1942/43 gehaltenen Vorträge, soweit diese Referate eingegangen sind. Damit wird den Mitgliedern, die nicht alle Vorträge hören konnten, die Möglichkeit geboten, sich über die vielseitigen und anregenden Vorträge und Veranstaltungen zu orientieren.

Die 617. Allgemeine Sitzung wurde zu einer Festsitzung zum Gedenken der 100. Wiederkehr des Geburtstages von Ludwig Friederichsen, des Mitbegründers und langjährigen Generalsekretärs der Gesellschaft, gestaltet, mit einem kartographischen Thema als Festvortrag (Oberreg.-Rat Dr. Hans H. F. Meyer) und einer Gedenkrede von Herrn Senator a. D. Dr. de Chapeaurouge.

Von den Veranstaltungen des letzten Vortragswinters ist die Festsitzung zur Feier des 70jährigen Bestehens der Gesellschaft im folgenden (unter D) besonders herausgehoben.

L. Mecking.

Die Bibliothek der Geographischen Gesellschaft in den Jahren 1940, 1941 und 1942.

Als im Bericht über die Bibliotheksverwaltung im Jahre 1939 die Befürchtung ausgesprochen wurde, daß die Auswirkungen des Krieges auf unsere Bibliothek noch nicht voll zu übersehen seien, war nicht zu ahnen, in welchem Maße seine Verlängerung und Ausweitung in die Entwicklung der Bücherei der Gesellschaft eingreifen würde. Während der letzten drei Jahre ist leider der größte Teil des Schriftenaustausches mit auswärtigen Gesellschaften, Instituten usw., der in zwanzigjähriger, mühevoller Arbeit wieder aufgebaut war, unmöglich geworden. Gelang es in der ersten Zeit noch, aus entfernten neutralen Ländern, so besonders den Staaten Amerikas, auf weiten Umwegen wenigstens einen Teil der fälligen Veröffentlichungen zu erlangen, so sind die Tauschpartner allmählich verstummt, die Wege unserer Beziehungen verbaut worden und schließlich durch den Eintritt vieler amerikanischen Länder in den Krieg alle Fäden abgerissen. Auch die Möglichkeit einer Verbindung mit unseren japanischen Schwestergesellschaften ist uns genommen worden.

Parallel der Verminderung der Zahl der Tauschgesellschaften trat eine Verringerung ihrer Veröffentlichungen ein, die sich nicht nur im Umfang der einzelnen Bände, sondern auch in der Verlängerung der Abstände zwischen den Eingängen der unperiodischen Veröffentlichungen bemerkbar macht. Diese kriegsbedingte Erscheinung gilt ebenso für die Herkunftsorte der Tauschgaben im Reiche wie in befreundeten oder neutralen Staaten, wie beispielsweise Finnland und Schweden. Bei manchen privaten, aber auch staatlichen Herausgebern muß mit längeren Veröffentlichungspausen gerechnet werden, ohne daß darum der Austausch wirklich abreißt. Der augenblickliche Zustand bedeutet aber einen fast vollständigen Zusammenbruch unserer auswärtigen Tauschbeziehungen. Nach dem Kriege wird die Bibliotheksverwaltung vor der zeitraubenden Arbeit stehen, die Anknüpfung von Verbindungen völlig neu aufzubauen.

Aus allen diesen Gründen ist die Zahl der Eingänge nicht nur noch größeren Schwankungen unterworfen als früher, sondern vor allem auch sehr stark zurückgegangen. Es gingen an bibliographischen Bänden ein:

1940: 185
1941: 99
1942: 161.

Im Jahre 1938, als die umfassende Ausweitung unserer Tauschbeziehungen gerade angelaufen war, waren es 974 Bände (vgl. die früheren Bibliotheksberichte in den Bänden 45 und 46 der Mitteilungen).

Auch in den jetzigen Kriegsjahren ist versucht worden, die Tauschbeziehungen der Gesellschaft zu vermehren. Ausländische Gesellschaften und Institute schalteten dabei aus, da die Länder, mit denen zur Zeit noch Verbindungen bestehen, ausreichend erfaßt sind oder deren Institute noch im Aufbau begriffen sind, wie das für Spanien gilt. Daher hat die Bibliotheksverwaltung versucht, den Austausch im Reiche zu vergrößern und besonders verwandte Gesellschaften mit meist überwiegend naturwissenschaftlicher Arbeitsrichtung, deren Veröffentlichungen erfahrungsgemäß Randgebiete der Geographie enthalten und darum öfter gewünscht werden, heranzuziehen. Die zahlreichen Versuche, den innerdeutschen Austausch zu vervollständigen, haben auch zum Erwerb einiger neuer Serien geführt, da wie früher auch neben dem laufenden fast stets ein rückwirkender, die letzten zehn Jahre umfassender Austausch vereinbart werden konnte. Weiter zurückzugreifen erlaubt der Bestand an älteren Mitteilungsbänden der Gesellschaft selbst nicht! Im ganzen aber ist der Erfolg hinter den Erwartungen zurückgeblieben. In erster Linie sind die überall gleichen Personal- und Zeitschwierigkeiten dafür verantwortlich zu machen. Eine Reihe aussichtsreicher Tauschvorschläge laufen zudem noch.

Die Arbeiten am K a t a l o g in der gewünschten Weise auszuweiten, gelang nicht, obwohl der verringerte Austausch theoretisch einen Zeitgewinn bedeutete. Aber die Arbeiten zur Verwaltung der Bibliothek mußten in den Abendstunden und an Sonntagen erfolgen. Sie wurden zudem im Winter durch die Unmöglichkeit, das kleine Verwaltungszimmer der Bibliothek zu verdunkeln und die damit verbundene Notwendigkeit, einen anderen Raum der Commerzbibliothek aufzusuchen, recht erschwert. Die laufende alphabetische und systematische Bearbeitung der Eingänge ist aber in dem früheren Umfange in jeder Beziehung durchgeführt worden. Irgendwelche kriegsbedingte Lücken oder ein Bruch in der Durcharbeitung der Bibliothek konnte vermieden werden. Es gilt auch in Zukunft, jede wesentliche Änderung im Aufnahmeverfahren der Eingänge zu unterlassen, da dies für spätere Jahre die Unmöglichkeit der notwendigen Aufbauarbeiten bedeuten müßte. Daneben konnten Rückstände wenigstens in geringem Umfange aufgearbeitet werden. Die Arbeit ist an sich durch die räumliche Trennung von Magazin und Katalog erschwert und war in den Berichtsjahren durch die berufsbedingte Arbeitszeit in der Bibliothek fast unmöglich. Aber allen Schwierigkeiten und vor allem der Knappheit der Zeit zum Trotz ist es möglich gewesen, die Durcharbeitung des systematischen Kataloges der Bibliothek weiterzuführen und ihn durch Verfeinerungen und Aufspaltungen einzelner Sachgebiete zu verbessern, so daß er immer mehr eine rasche und vor allem vollständige Ausnutzung der Bibliotheksbestände durch die Benutzer ermöglicht. Das System ist in großen Zügen in seinem äußeren Rahmen vervollständigt und kann laufend den wechselnden Ansprüchen durch zeitweilig bevorzugte Arbeitsgebiete angepaßt werden. Die äußere Umgestaltung des systematischen Kataloges ist weniger wichtig und deshalb auch in den Berichtsjahren zurückgestellt worden.

Das Magazin der Gesellschaft ist noch immer im Börsenkeller gut geschützt untergebracht. Es befindet sich aber großenteils in einem Zustand, der ernsthafte Sorgen aufkommen läßt. Die Einbandverhältnisse haben sich seit dem letzten Bericht, da Bindeaufträge nicht erteilt werden konnten, durch die Abnutzung der ungebundenen Hefte und Bände sehr verschlechtert. Der Verbrauch unserer ungebundenen Bestände ist auf einem Punkt angekommen, der gebieterisch Abhilfe fordert, zumal es heute mehr als je auf die Erhaltung ankommt, da verbrauchte Bände nicht nachbeschafft werden können. In dieser Hinsicht bietet der sonst so bedauerliche Rückgang unserer Tauschbeziehungen die willkommene Möglichkeit, in Ruhe die wichtigsten und bedrohten ungebundenen Bestände nachzubinden, ohne daß zahlreiche Eingänge deren Umfang dauernd vergrößern. Kann erst der Austausch wieder auf seine alte Höhe gebracht werden, ja wie das von 1938 an geschah, laufend vermehrt werden, dann wird ein Nachbinden der großen gehefteten Bestände unserer Bücherei nicht nur geldlich, sondern auch arbeitsmäßig zu einer unerträglichen Belastung. Es muß unter allen Umständen dafür gesorgt werden, daß das Magazin, soweit es wirklich nötig ist, gebunden ist, wenn die Ausbauarbeit nach dem Kriege beginnt und der jährliche Anfall an Eingängen, die gebunden werden müssen, wieder so groß wird wie früher! Unterbleiben jetzt Bindearbeiten, so muß mit dem völligen Verbrauch von Jahrgängen gerade der wichtigsten Zeitschriften und Serienveröffentlichungen gerechnet werden, der dann jeweils die ganze Serie entwertet und eine für die Bibliothek unerträgliche Lücke bedeutet.

Trotz unerwartet schlechter Erfahrungen wiederholt die Bibliotheksverwaltung ihre Bitte an Mitglieder und Freunde der Gesellschaft, am Ausbau der Bibliothek mitzuhelfen. In erster Linie handelt es sich darum, freiwerdende Mitteilungsbände, möglichst aus früheren Jahren, der Bibliothek zur Verfügung zu stellen. Wenn nach dem Kriege der Neuaufbau der Tauschbeziehungen einsetzen soll, muß die Bibliothek über genügend Tauschbände verfügen, die sie als Gegenleistung an auswärtige Gesellschaften, Institute usw. gegen deren Veröffentlichungen abgibt. Diese Methode des Schriftenaustausches hat nicht nur nach dem Weltkriege zahllose Veröffentlichungen nach Deutschland gebracht, die infolge der Devisenschwierigkeiten niemals hätten beschafft werden können, sondern sie hat darüber hinaus die Bibliothek der Gesellschaft aufbauen helfen, was durch Kauf niemals möglich gewesen wäre. Leider ist der Bestand an früheren Mitteilungsbänden für einzelne Jahrgänge nahezu völlig erschöpft. Das bedeutet für die Bibliotheksverwaltung, daß sie bei weiteren Tauschvorschlägen sich auf laufenden Austausch beschränken muß, also einen Verzicht auf weiter zurückliegende Veröffentlichungen der neuen Tauschpartner, deren Arbeiten also den Benutzern nicht zur Verfügung gestellt werden können. Gerade aber dieser rückwirkende Austausch ist deswegen so wichtig, weil es nach dem Kriege nicht nur die abgerissenen Verbindungen wiederherzustellen gilt, sondern weil auch das durch den Krieg unterbrochene allgemeine Ausbauprogramm der Bibliothek fortgeführt werden soll.

Der zweite Wunsch, mit dem sich die Bibliothek an die Mitglieder wendet, ist die Bitte, auch Einzelwerke geographischen oder verwandten Charakters der Bücherei der Gesellschaft und damit der Allgemeinheit zur Verfügung zu stellen. In den Jahren nach dem Weltkriege konnte infolge der allgemeinen Notlage auf den Erwerb von Einzelwerken keine Rücksicht genommen werden, zumal die allgemeinen Aufbauarbeiten in der Bibliothek Kraft und Zeit von Herrn Professor Dr. Mühlhausen, der sie damals verwaltete, weit über Gebühr beanspruchten. Auch der allmähliche Aufbau seit 1933 hat noch nicht die Möglichkeit gegeben, Einzelwerke anzuschaffen Nach diesem Kriege muß aber unter allen Umständen dafür gesorgt werden, daß das gepflegte und umfassende Zeitschriftenmagazin der Gesellschaft, das immer das Rückgrat der Bibliothek bleiben wird, durch Einzelwerke, in erster Linie natürlich wissenschaftliche Grundwerke und Expeditionswerke, ergänzt wird. Nur so wird die Bibliothek der Geographischen Gesellschaft wirklich zu einer geographischen Fachbibliothek, die sie sein will und soll. Es wird aber nach dem Kriege nicht möglich sein, die großen Lücken, die notwendigerweise in der Vergangenheit entstehen mußten, dadurch zu schließen, daß die wünschenswerten Reisewerke, Handbücher und Schilderungen nachträglich angeschafft werden. Diesen Mißstand wenigstens bis zu einem erträglichen Maße zu beseitigen, hofft die Bibliotheksverwaltung dadurch, daß ihr die Mitglieder bei der Auflösung oder Einschränkung ihrer privaten Büchereien geographische Veröffentlichungen zur Verfügung stellen. Auch in dieser Hinsicht darf nicht bis auf die Zeit nach dem Kriege gewartet werden, in der schwere Aufgaben auftreten werden, sondern es gilt bereits jetzt vorzubauen und nichts zu versäumen.

Im Jahre 1941 war der Unterzeichnete durch Abwesenheit von Hamburg zeitweilig verhindert, die Arbeiten in der Bücherei der Gesellschaft durchzuführen. Während dieser Wochen haben Fräulein Kraneis und Herr Vollmer von der Commerzbibliothek liebenswürdigerweise die laufende Arbeit am Zugangskatalog übernommen. [1]

(gez.) Dr. Wg. Niemeyer.

[1]) Die Verluste der Bücherei durch die Ereignisse Ende Juli 1943 sind erfreulicherweise nur gering, sehr schmerzlich ist jedoch die Vernichtung aller Kataloge.

D. H.

Jahres-Abrechnung 1940.

Barbestand am 1. Januar 1940 . . .		RM. 3 556.41	
zuzügl. Guthaben bei der Neuen Sparcasse von 1864, als Rücklage für Restzahlung gegen den Band 47 der „Mitteilungen"		„ 804.15	RM. 4 360.56

Einnahmen:

Mitgliederbeiträge			
von 328 Ordentlichen Mitgliedern	RM. 3 271.—		
„ 23 Förderern	„ 1 835.—	RM. 5 106.—	
Zuwendungen			
von der Hochschulbehörde:			
Rest f. das Rechnungsjahr 1939	RM. 1 400.—		
1. Rate „ 1940	„ 1 000.—	RM. 2 400.—	
Spenden für Druckkosten der „Mitteilungen", Band 47		470.—	
Erlös aus „Mitteilungen" und sonstigen Veröffentlichungen		„ 57.44	
Sparkassenzinsen		„ 88.32	„ 8 121.76
			RM. 12 482.32

Ausgaben für

Sitzungen und Vorträge			
Saalmieten, Vortragshonorare und Unkosten		RM. 2 281.65	
Verwaltung			
Geschäftsstelle, Kasse, Drucksachen, Porto, Telefon und Sonstiges		„ 1 318.78	
Bibliothek			
Bücher und Zeitschriften . . .	RM. 126.22		
Unkosten (Karten u. Feuerversich.)	„ 34.35	„ 160.57	RM. 3 761.—
		Zu übertragen	RM. 3 761.—

		Übertrag	RM 3 761.—
„M i t t e i l u n g e n“			
Anzahlung auf Druckkosten und Diverses für den Band 47		RM. 4 080.—	
S t e u e r n			
Körperschaftssteuer-Vorausz. für 1940	RM. 84.—		
⁒ „ Rückerstatt. „ 1939	„ 5.—	„ 79.—	
B e i t r ä g e			
Mitgliedsbeitrag an den Verein Jordsand		„ 5.—	„ 4 164.—
Saldo: Barbestand am 31 Dezember 1940			
Bank-Guthaben, Postscheck-Kto.-Guthaben und Kassenbestand		RM. 3 461.73	
Sparkassen-Guthaben (bei der Neuen Sparcasse von 1864) als Teilrücklage für restliche Kosten der „Mitteilungen“, Band 47		„ 1 095.59	„ 4 557.32
			RM. 12 482.32

Vermögenstand am 31. Dezember 1940:

B a r b e s t a n d wie vorstehend			RM. 4 557.32
W e r t p a p i e r e :			
RM. 200.— Deutsche Reichs-Ablösungs-Anleihe mit Auslosungsscheinen	à 155,25 % × 5 =	RM. 1 552.50	
RM. 275.— Hamburger do.	à 152,50 % × 5 =	„ 2 096.85	„ 3 649.35
L u d w i g F r i e d e r i c h s e n G e d ä c h t n i s - S t i f t u n g			
Guthaben bei der Hamburger Sparcasse von 1827			„ 1 384.40
			RM. 9 591.07

H a m b u r g , den 14. Januar 1941.

Geographische Gesellschaft in Hamburg

(gez.) Dr. R. Schlubach

Schatzmeister.

Geprüft und in Ordnung befunden

Hamburg, 7. März 1941.

(gez.) Th. Ritter, W. Ganssauge

Jahres-Abrechnung 1941.

Barbestand am 1. Januar 1941 . . .		RM. 3 461.73	
zuzügl. Guthaben bei der Neuen Sparcasse von 1864 als Rücklage für Restzahlung gegen den Band 47 der „Mitteilungen"		1 095.59	RM. 4 557.32
Einnahmen:			
Mitgliederbeiträge			
von 343 Ordentlichen Mitgliedern	RM. 3 446.—		
„ 37 Förderern	„ 3 375.—	RM. 6 821.—	
Zuwendungen			
von der Hochschulbehörde: 2. Rate für das Rechnungsjahr 1940 . . .		„ 1 000.—	
Erlös aus „Mitteilungen" und sonstigen Veröffentlichungen		„ 40.68	
Sparkassenzinsen		„ 59.82	
Rückerstattung für Körperschaftssteuer 1940		42.—	„ 7 963.50
			RM. 12 520.82
Ausgaben für			
Sitzungen und Vorträge			
Saalmieten, Vortragshonorare und Unkosten		RM. 2 542.96	
Verwaltung			
Geschäftsstelle, Kasse, Drucksachen, Porto, Telefon und Sonstiges		„ 1 406.10	
Bibliothek			
Bücher und Zeitschriften	RM. 87.55		
Unkosten (Buchbinder u. Feuervers.)	32.90	120.45	RM. 4 069.51
		Zu übertragen	RM. 4 069.51

		Übertrag RM.	4 069.51
„Mitteilungen"			
Restzahlung für den Band 47	RM.	1 543.60	
Steuern			
Körperschaftssteuer-Vorauszahlung für 1941 .	„	40.—	
Beiträge			
Mitgliedsbeitrag an den Verein Jordsand	„	5.—	„ 1 588.60
Saldo: Barbestand am 31. Dezember 1941			
Bank-Guthaben, Postscheck-Kto.-Guthaben und Kassenbestand	RM.	2 207.30	
Sparkassen-Guthaben (bei der Neuen Sparcasse von 1864) als Rücklage für Kosten der „Mitteilungen", Band 48	„	4 655.41	6 862.71
			RM. 12 520.82

Vermögenstand am 31. Dezember 1941:

Barbestand wie vorstehend				RM. 6 862.71
Wertpapiere:				
RM. 200.— Deutsche Reichs-Ablösungs-Anleihe mit Auslosungsscheinen	à 161,50 × 5 =	RM.	1 615.—	
RM. 275.— Hamburger do.	à 160 × 5 =	„	2 200.—	„ 3 815.—
Ludwig Friederichsen Gedächtnis-Stiftung				
Guthaben bei der Hamburger Sparcasse von 1827				„ 1 419.—
				RM. 12 096.71

Hamburg, den 30. Januar 1942.

Geographische Gesellschaft in Hamburg

(gez.) Dr. R. Schlubach

Schatzmeister.

Geprüft und in Ordnung befunden

Hamburg, 18. Februar 1943.

(gez.) Th. Ritter, J. Nottebohm.

Jahres-Abrechnung 1942.

Barbestand am 1. Januar 1942 . . .		RM.	2 207.30	
zuzügl. Guthaben bei der Neuen Sparcasse von 1864, als Rücklage für Kosten der „Mitteilungen", Band 48		„	4 655.41	RM. 6 862.71
Einnahmen:				
Mitgliederbeiträge				
von 346 Ordentlichen Mitgliedern	RM. 3 505.—			
„ 34 Förderern	„ 3 450.—	„	6 955.—	
Zuwendungen				
von der Hochschulbehörde für das Rechnungsjahr 1941		„	2 000.—	
Erlös aus „Mitteilungen" und sonstigen Veröffentlichungen		„	234.96	
Sparkassenzinsen		„	177.14	
Rückerstattung für Körperschaftssteuer 1941		„	13.—	„ 9 380.10
				RM. 16 242.81
Ausgaben für				
Sitzungen und Vorträge				
Saalmieten, Vortragshonorare und Unkosten		RM.	2 790.63	
Verwaltung				
Geschäftsstelle, Kasse, Drucksachen, Porto, Telefon und Sonstiges		„	1 166.87	
Bibliothek				
Bücher und Zeitschriften	RM. 88.95			
Unkosten (Merkkarten und Feuerversicherung	„ 59.50	„	148.45	RM. 4 105.95
			Zu übertragen	RM. 4 105.95

	Übertrag	RM.	4 105.95
„Mitteilungen"			
Anzahlung für den Band 48	RM. 1 050.—		
Steuern			
Körperschaftssteuer-Vorauszahlung für 1942 . .	„ 28.—		
Beiträge			
Mitgliedsbeitrag an den Verein Jordsand . .	„ 5.—	„	1 083.—
Saldo: Barbestand am 31. Dezember 1942			
Bank-Guthaben, Postscheck-Kto.-Guthaben und Kassenbestand	RM. 3 321.31		
Sparkassen-Guthaben (bei der Neuen Sparcasse von 1864) als Rücklage für Kosten der „Mitteilungen", Band 48	„ 7 732.55	„	11 053.86
		RM.	16 242.81

Vermögenstand am 31. Dezember 1942:

Barbestand wie vorstehend		RM.	11 053.86
Wertpapiere:			
RM. 200.— Deutsche Reichs-Ablösungs-Anleihe mit Auslosungsscheinen à 168,87 × 5 =	RM. 1 688.—		
RM. 275.— Hamburger do. à 166,50 × 5 =	„ 2 289.—	„	3 977.—
Ludwig Friederichsen Gedächtnis-Stiftung			
Guthaben bei der Hamburger Sparcasse von 1827	. . . .	„	1 454.47
		RM.	16 485.33

Hamburg, den 12. Januar 1943.

Geographische Gesellschaft in Hamburg
(gez.) Dr. R. Schlubach
Schatzmeister.

Geprüft und in Ordnung befunden
Hamburg, 18. Februar 1943.
(gez.) Th. Ritter, J. Nottebohm.

Veranstaltungen der Geographischen Gesellschaft.

A. Allgemeine Sitzungen.

598. Allgemeine Sitzung. 11. Januar 1940.

Vortrag: Prof. Dr. R. Reinhard, Leipzig: „Wirtschaftsgeographische Reiseeindrücke in Java und Sumatra" 1938.

599. Allgemeine Sitzung. 25. Januar 1940.

Vortrag: Dozent Dr. J. Blüthgen, Greifswald: „Farbiges Finnland, die Landesnatur des Finnisch-russischen Kriegsschauplatzes".

600. Allgemeine Sitzung. 1. Februar 1940.

Vortrag: Prof. Dr. F. Termer, Hamburg: „Ein Wintersemester in Guatemala".

601. Allgemeine Sitzung. 15. Februar 1940.

Vortrag: Dr. M. Schwind, Leipzig: „Der Vormarsch Japans in seine kalten Nachbarräume".

602. Allgemeine Sitzung. 14. März 1940.

Vortrag: Dipl.-Ing. E. Bauer, Hamburg: „Das Erdöl. Seine Bedeutung und Verteilung in der Welt".

603. Allgemeine Sitzung. 28. März 1940.

Vortrag: Prof. Dr. E. Fels, Berlin: „Irland, die grüne Insel (Land und Volk)".

604. Allgemeine Sitzung. 18. April 1940.

Vortrag: Prof. Dr. Th. Kraus, Köln a. Rh.: „Französische Industriegebiete und ihre Entwicklung nach dem Weltkriege".

605. Allgemeine Sitzung. 9. Mai 1940.

Vortrag: Arthur Schmidt, Hamburg: „Norwegen. Land, Leute und Wirtschaft".

606. Allgemeine Sitzung. 26. September 1940.

Vortrag: Prof. Dr. L. Mecking, Hamburg: „Die Guinea-Küste (Liberia bis Kamerun) in der Kolonisation".

607. Allgemeine Sitzung. 17. Oktober 1940.

Vortrag: Prof. Dr. W. Credner, München: „Wirtschaftsgeographische Eindrücke einer Weltreise 1938/39".

608. Allgemeine Sitzung. 31. Oktober 1940.

Vortrag: Dozent Dr. J. Büdel, Berlin: „Siedlung und Umsiedlung in den neuen Nordostgebieten".

609. Allgemeine Sitzung. 14. November 1940.

Vortrag: Prof. Dr. C. Sonnenschein, Hamburg: „Tropenmedizin und ihre Bedeutung für die Geographie".

610. Allgemeine Sitzung. 12. Dezember 1940.

Vortrag: Dr. K. Helbig, Hamburg: „Inselindien als Kolonialraum".

611. Allgemeine Sitzung. 16. Januar 1941.

Vortrag: Prof. Dr. R. Sedlmaier, Kiel: „Das Stadtbild von Danzig und seine geschichtliche Entwicklung".

612. Allgemeine Sitzung. 23. Januar 1941.

Vortrag: Prof. Dr. E. Wunderlich, Hannover: „Das Mittelmeergebiet im Ringen der Völker".

613. Allgemeine Sitzung. 6. Februar 1941.

Vortrag: Prof. Dr. E. Tiessen, Berlin: „Geographische Grundlagen des Nationalgefühls bei verschiedenen Völkern".

614. Allgemeine Sitzung. 20. Februar 1941

Vortrag: Prof. Dr. A. Herrmann, Berlin: „Die ältesten Karten von Deutschland und ihre Bedeutung für die Gegenwart".

615. Allgemeine Sitzung. 6. März 1941.

Vortrag: Prof. Dr. L. Mecking, Hamburg: „Japans Kampf und seine geographischen Grundlagen".

616. Allgemeine Sitzung. 27. März 1941.

Vortrag: Prof. Dr. E. Fels, Berlin: „Griechenlands wirtschaftliche und politische Lage".

617. Allgemeine Sitzung. 8. Mai 1941 — Festsitzung zur 100. Wiederkehr des Geburtstages von Dr. phil. h. c. Ludwig Friederichsen.

(Gedächtnisrede: Senator a. D. Dr. de Chapeaurouge)

Vortrag: Oberreg.-Rat Dr. Hans H. F. Meyer, Berlin: „Landesaufnahme, Wirtschaft und Staat".

618. Allgemeine Sitzung. 16. Oktober 1941.

Vortrag: Prof. Dr. P. Vageler, Ahrensburg: „Iran und seine Nachbarländer unter besonderer Berücksichtigung der Wasserprobleme".

619. Allgemeine Sitzung. 6. November 1941.

Vortrag: Prof. Dr. H. Spreitzer, Prag: „Die Russische Landschaft".

620. Allgemeine Sitzung. 27. November 1941.

Vortrag: Prof. Dr. A. Thienemann, Plön: Lappland, Landschaft und Gewässer".

621. Allgemeine Sitzung. 11. Dezember 1941.

Vortrag: Prof. Dr. G. Lorenzoni, Florenz: „Die innere Kolonisation in Italien nach dem Weltkriege".

622. Allgemeine Sitzung. 22. Januar 1942.

Vortrag: Dr. A. Freiherr von Pölnitz, Garmisch-Partenkirchen: „Als Kaffeepflanzer in Deutsch-Ostafrika".

623. Allgemeine Sitzung. 5. Februar 1942.

Vortrag: Prof. Dr. F. Heske, Reinbek: „Libyen—Tunesien—Algerien".

624. Allgemeine Sitzung. 26. März 1942.

Vortrag: Dr. Hans Luther, Botschafter z. D., Traunstein: „Pazifische, besonders japanische Fragen".

625. Allgemeine Sitzung. 16. April 1942.

Vortrag: Prof. Dr. U. Toschi, Bari: „Wirtschaftsbeziehungen zwischen Europa und Afrika im Mittelmeer".

626. Allgemeine Sitzung. 8. Oktober 1942.

Vortrag: Prof. Dr. L. Mecking, Hamburg: „Die Wolga. Ihre Bedeutung im Frieden und Krieg".

627. Allgemeine Sitzung. 29. Oktober 1942.

Vortrag: Prof. Dr. O. Schmieder, Kiel: „Die Stellung Amerikas in der Neuordnung der Welt".

628. Allgemeine Sitzung. 12. November 1942.

Vortrag: Prof. Dr. A. Scheibe, München: „Zwischen Afghanistan und Indien. Erlebnisse und Forschungen der Deutschen Hindukusch-Expedition 1935".

629. Allgemeine Sitzung. 26. November 1942.

Vortrag: Prof. Dr. Jaranoff, Sofia: „Die Entwicklung des bulgarischen Lebensraumes".

630. Allgemeine Sitzung. 10. Dezember 1942.

Vortrag: Prof. Dr. H. Dörries, Münster: „Die Britischen Inseln".

631. Allgemeine Sitzung. 14. Januar 1943.

Vortrag: Reg.-Rat Dr. Julius Büdel, Hamburg: „Die ukrainische Steppe als Lebens- und Kampfraum der Völker in Vergangenheit und Gegenwart".

632. Allgemeine Sitzung. 11. Februar 1943.

Vortrag: Prof. Dr. F. Termer, Hamburg: „Die anthropologischen Grundlagen zur politischen Geographie Mittelamerikas".

633. Allgemeine Sitzung. 4. März 1943.

Festsitzung zur Feier des 70jährigen Bestehens der Geographischen Gesellschaft.

Begrüßungsansprache des Geschäftsführenden Vorsitzenden Prof. Dr. Ludwig Mecking.

Festvortrag: Prof. Dr. H. Hassinger, Wien: „Die Tore des deutschen und mitteleuropäischen Lebensraumes".

(Auszug der beiden Reden siehe unter D. Festsitzung.)

634. Allgemeine Sitzung. 18. März 1943.

Vortrag: Prof. Dr. A. Kolb, Leipzig: „Die Philippinen und ihre Zukunftsmöglichkeiten für Japan".

635. Allgemeine Sitzung. 15. April 1943.

Vortrag: Prof. Dr. H. Gerth, Amsterdam: „Die Kordilleren Venezuelas und ihre Ölfelder".

B. Fachsitzungen.

137. Fachsitzung. 28. November 1940.

Vortrag: Prof. Dr. R. Hennig, Düsseldorf: „Wandlungen der Kenntnis vom vorcolumbischen Amerika und die Columbusfrage".

138. Fachsitzung. 23. Oktober 1941.

Vortrag: Dr. H. Rieche, Cuxhaven: „Reisen und Forschungen in Spitzbergen 1937/1938".

139. Fachsitzung. 19. Februar 1942.

Vortrag: Dr. W. Dege, z. Zt. Norwegen: „Wirtschaft und Siedlung im Innern Norwegens, am Beispiel des Dovre-Gebietes".

140. Fachsitzung. 26. Februar 1942.

Vortrag: Prof. Dr. A. Hoel, Oslo: „Erforschung des weißen Erdteils".

141. Fachsitzung. 12. März 1942.

Vortrag: Prof. Dr. P. Ledoux, Reinbek: „Pflanzengeographische Betrachtungen über die Vegetation von Südost-Brasilien, Küste, Regenwald und Hochgebirgsvegetation".

142. Fachsitzung. 19. November 1942.

Vortrag: Prof. Dr. O. Ledoux, Reinbek: „Die Entwicklung von Wohnung und Siedlung des Weißen in Zentral-Afrika".

143. Fachsitzung. 3. Dezember 1942.

Vortrag: Prof. Dr. L. Aario, Helsinki: „Die Waldentwicklung an den Waldgrenzen im Küstengebiet des Eismeeres".

144. Fachsitzung. 28. Januar 1943.

Vortrag: Dr. W. Großkopf, Reinbek: „Über die Fruchtbarkeit einheimischer und tropischer Waldböden".

145. Fachsitzung. 1. April 1943.

Vortrag: Prof. Dr. W. Brünger, Dortmund: „Wirtschafts- und siedlungsgeographische Wandlung in der Industrie-Landschaft zwischen Ruhr und Lippe.

C. Lehrwanderungen.

Als Ersatz für die vor dem Krieg in jedem Sommer durchgeführten Autobusfahrten wurden im Mai und Juni 1942 an je einem Sonntag zwei Lehrwanderungen zu Fuß in die nähere Umgebung Hamburgs ausgeführt zum Studium glazial-morphologischer Erscheinungen um das Alstertal, beide unter Führung von Dr. E. Todtmann, mit reger Beteiligung und Aussprache, ebenso im Mai 1943 eine wald- und bodenkundliche unter Führung von Dozent Dr. W. Großkopf.

L. Mecking.

D. Festsitzung zur Feier des 70jährigen Bestehens der Geographischen Gesellschaft Hamburg am 4. März 1943.

(633. Allg. Sitzung.)

Eröffnungsansprache des Geschäftsführenden Vorsitzenden Prof. Dr. L. Mecking.

Die Geographische Gesellschaft hat heute ihre Mitglieder, Freunde und Förderer sowie ihr nahestehende Behörden und Vereine eingeladen, mit ihr in einer festlicheren Allgemeinen Sitzung des Tages zu gedenken, da sie vor 70 Jahren ins Leben trat. Zu meinem lebhaften Bedauern ist der Erste Vorsitzende unserer Gesellschaft, Herr Staatssekretär Ahrens, durch plötzlich eingetretene Umstände verhindert worden, diese Festsitzung selbst zu eröffnen und zu leiten. So habe ich an seiner Stelle die Ehre, Sie alle, die unserer Einladung gefolgt sind, mit herzlichem Dank zu begrüßen. Zunächst gilt dieser Gruß und Dank dem Rektor der Universität, in deren größtem Hörsaal wir diese Feierstunde begehen dürfen, Herrn Professor Keeser, sowie dem Herrn Vertreter des Hochschulwesens. Sodann ist es mir eine besondere Freude, den uns im Dreierpakt und im Schicksalskampf verbundenen großen Mächten unsern Gruß entbieten zu können. Ich danke dem italienischen Generalkonsul Herrn Dr. A. Odenigo und dem japanischen Konsul Herrn Dr. O. Kuroda. Weiter begrüße ich den Präsidenten der Deutschen Seewarte, Herrn Admiral Spieß, den Syndikus der Gau-Wirtschaftskammer, Herrn Dr. Leuckfeldt sowie die Herren Vertreter vieler anderer Verwaltungszweige, Vereine und Firmen. Mit großer Freude sehe ich endlich, daß auswärtige wissenschaftliche Institutionen und Persönlichkeiten, deren Kreis wir naturgemäß nicht weit ziehen konnten, trotz der schwierigen Reiseverhältnisse unserer Einladung gefolgt sind. So begrüße ich vor allem Herrn Gesandten Dr. Asmis als Vizepräsidenten der Deutschen Geographischen Gesellschaft, der unsere Gesellschaft angehört, und zugleich als Vorsitzenden der Gesellschaft für Erdkunde zu Berlin, ferner Herrn Professor Dr. Hassinger aus Wien, der mit seinem Festvortrag in den Mittelpunkt unserer Feier treten wird, sowie die Herren Ehrengäste Professor Mortensen aus Göttingen, Professor Jessen aus Rostock und Professor Mühlhausen aus Berlin.

In der Versammlung dieser uns ehrenden Besucher und der zahlreichen übrigen Anwesenden sowie in dem bedeutsamen Festvortrag, dem wir lauschen dürfen, soll die Feier liegen, deren übriger Rahmen denkbar einfach bleiben mußte. Die Geographische Gesellschaft hat schon ihr 50jähriges Bestehen 1923 in schwerer Zeit, nämlich der stärksten Inflation, gefeiert, ihr 60jähriges 1933 in der überaus bewegten Zeit gerade bei der Machtübernahme, und sie begeht nunmehr diese Feier in der kritischen Phase dieses härtesten Kampfes um unsere Existenz. Einen großen Rückblick auf die glänzende Entwicklung von einst würde ich mir, auch wenn ich mich darauf hätte vorbereiten können, wohl versagt haben; bei der Feier des 25jährigen und des 50jährigen Bestehens ist er ausführlich und trefflich gegeben worden. Und fast darf man ja sagen: eine Gesellschaft, die auch die schweren Zeiten der letzten Jahrzehnte nicht nur überdauert, sondern in steter Anpassung an die Verhältnisse in zeitgemäßem und tatkräftigem Wirken durchlebt hat und nun auf 70 Jahre zurückblickt, spricht für sich selbst.

Die Zahl unserer Mitglieder war schon vor 10 Jahren infolge der Zeitverhältnisse zurückgegangen. Die damals ausgesprochene Hoffnung des Vorsitzenden, Herrn Senator de Chapeaurouge, daß die Zahl bei der nächsten Zehnjahresfeier wieder den Stand von Tausend erreichen möge, hat sich nicht entfernt erfüllen können; die Zeiten blieben zu ungünstig, die Zahlen sanken weiter ab. Aber jetzt ist nicht nur der Stillstand erreicht, sondern seit 1—2 Jahren ein langsamer Anstieg zu verzeichnen. Daran wollen wir nunmehr die Hoffnung knüpfen, daß die aufsteigende Entwicklung sich fortsetzt und daß wir das einschneidende 75jährige Jubiläum wieder mit einer wesentlich größeren Mitgliederzahl und im Zeichen des Friedens und allgemeinen Aufstiegs feiern können.

Trotz der angespannten Verhältnisse, auch in finanzieller Hinsicht, hat die Gesellschaft aber im letzten Jahrzehnt, wenn auch nicht große Expeditionen entsandt wie einst, so doch in bescheidenerem Rahmen wissenschaftliche Forschungen unterstützen können unter dem Vorsitz von Herrn Senator de Chapeaurouge, dem später Herr Senator Witt, der jetzt im Felde steht, und nun seit kurzem Herr Staatssekretär Ahrens gefolgt ist. Auch wurden die „Mitteilungen" aufrechterhalten, von denen jetzt der 48. Band als Festband erscheinen soll. Er wird eine Reihe wertvoller Abhandlungen über überseeische Räume nach unserer alten Tradition enthalten. Nur die in letzter Zeit ins Ungeahnte gestiegenen Schwierigkeiten des Druckes haben es verhindert, daß der Band schon zu dieser Feier überreicht werden kann, und es wird erst in einigen Monaten nachgeholt werden.

Die weitere Haupttätigkeit der Gesellschaft, die in der Veranstaltung ihrer Vorträge liegt, hat gerade in den letzten Jahren eine unverkennbar steigende Beachtung und Beliebtheit gefunden. Die Zahl der Besucher bewegt sich in den Allgemeinen Sitzungen stets in Hunderten, nicht selten sind es 300—400, manchmal wesentlich mehr. Vielleicht darf es zu einem Teil dem schon seit Beginn dieses Krieges befolgten Grundsatz zugeschrieben werden, abgesehen vom Wirtschaftlichen, das immer das Schwergewicht bei uns behält, möglichst die Schauplätze des großen Geschehens unserer Zeit in den Vortragsthemen zu bevorzugen. Die Kreise der Wissenschaft und die der Wirtschaft sind die tragenden Säulen unserer Gesellschaft. Beide bestimmten immer ihr Gesicht, und so bleibt es auch heute. Geographische Wissenschaft wie Wirtschaft werden aber immer, in friedlichen wie in kriegerischen Zeitläuften, auf das stärkste von den Zeitverhältnissen beeinflußt und durch sie zusammengeführt. So kann es nicht ausbleiben, daß gerade am deutschen Tor zur Welt eine Geographische Gesellschaft auch in schwersten Zeiten eine lebenerweckende Wirksamkeit entfaltet. Die Auffassung teilt erfreulicherweise auch die Staatsverwaltung, wie es in der kürzlich erfolgten wesentlichen Aufbesserung der finanziellen Lage unserer Gesellschaft zum Ausdruck kommt, wofür auch an dieser Stelle unserem Ersten Vorsitzenden, Herrn Staatssekretär Ahrens, gedankt sei.

Lassen Sie mich nun bitte kurz derer gedenken, die uns im letzten Jahrzehnt der Tod entrissen hat, und unter ihnen namentlich derer, die durch Ehrungen unserer Gesellschaft ausgezeichnet waren (die Versammlung erhebt sich zu Ehren der Toten).

So ist auch die Zahl der durch Ehrungen ausgezeichneten Mitglieder, die immer klein gehalten war, weiter zusammengeschmolzen. Die Geographische Gesellschaft will nun diesem Tag nach altem Brauch eine besondere Weihe dadurch geben, daß sie einige um die geographische Wissenschaft besonders verdiente Männer ehrt. Ich habe die Freude, die folgenden Ehrungen zu verkünden:

Die Geographische Gesellschaft verleiht die goldene Kirchenpauer-Medaille Herrn Dr. Gerhard Schott, Oberregierungsrat an der Deutschen Seewarte, Honorarprofessor an der Hansischen Universität, in Würdigung seiner hochbedeutsamen Lebensarbeit in der ozeanographischen Forschung.

Zu Ehrenmitgliedern werden ernannt die Herren:

Prof. Dr. Hugo Hassinger, Wien,
Prof. Dr. Adolf Hoel, Oslo,
Prof. Dr. Umberto Toschi, Bari,
Dr. Takematsu Okada, Direktor des Zentralmeteorologischen Observatoriums in Tokyo und des Marineobservatoriums in Kobe.

Zu Korrespondierenden Mitgliedern werden ernannt die Herren:

Prof. Dr. Otto Jessen, Rostock,
Prof. Dr. Hans Mortensen, Göttingen,
Prof. Dr. Ludwig Mühlhausen, Berlin (früher Bibliothekar der Geographischen Gesellschaft).

Die weitere Feier erhält ihren Gehalt durch Herrn Professor Hassinger, dem ich mit herzlichem Dank für seine freundliche Bereitwilligkeit und sein Kommen hiermit das Wort erteile zu seinem Festvortrag: „Die Tore des deutschen und mitteleuropäischen Lebensraumes".

Festrede: Prof. Dr. H. Hassinger, Wien:

„Die Tore des deutschen und mitteleuropäischen Lebensraumes".

Der Vortragende überbringt zunächst die Glückwünsche der Geographischen Gesellschaft Wien zum Fest der Hamburger Schwestergesellschaft und dankt für die hohe persönliche Auszeichnung der Ernennung zu deren Ehenmitglied. Er wertet seine Einladung zu diesem Vortrag als Ausdruck der Verbundenheit zwischen Hamburg und Wien, diesen Toren, die sich zwar an entgegengesetzten Polen des deutschen Lebensraumes öffnen, aber beide eine verantwortungsvolle Vermittlungsaufgabe zwischen deutschem und Fremdland zu erfüllen haben. Weltstellung und Funktionen beider Städte zu vergleichen im Rahmen einer Betrachtung der Tore des deutschen und mitteleuropäischen Lebensraumes, soll Aufgabe des heutigen Abends sein.

Im engeren Sinn bedeutet „deutscher Lebensraum" den vom Leben des geschlossenen deutschen Volkskörpers erfüllten und kulturell gestalteten Landschaftsblock. Scharf schneidet er im Norden an der Wasserkante ab, ziemlich geschlossen ist seine West- und Südfront, dagegen aufgelockert durch fremden Volksboden, der selbst wiederum von deutschen Volksinseln durchschwärmt wird, seine Ostgrenze. Politisch hat das römisch-deutsche Reich längs der meridionalen Erdteilachse südwärts in das Schicksal der Apenninenhalbinsel eingegriffen, ostwärts aber hat das Deutschtum auf breiter Front die ganze zwischen dem engeren deutschen Lebensraum und dem plumpen Körper Osteuropas gelegene Kleinvölkerwelt kulturell befruchtet, und darüber hinaus haben die deutschen Staaten Österreich und Preußen diesen Raum zeitweise politisch organisiert und mit dem Schicksal Deutschlands verbunden. In diesem weiteren deutschen Lebensraum lebt das Deutschtum heute nur inselhaft, denn viel deutsches Blut und Kulturgut ist hier in fremdes Volkstum übergegangen. Das deutsche Volk der europäischen Mitte aber erfüllt nicht völlig den mitteleuropäischen Landblock bis zu dessen adriatischem Südtor, noch weniger bis zu seiner unscharfen Ostgrenze. Sein Kerngebiet bleibt Westmitteleuropa. Hier wurzelt der deutsche Volksstaat.

Die deutsche Reichsidee als ordnendes mitteleuropäisches Prinzip umspannt aber auch die Kleinvölkerwelt des Ostens mit ihren eingekapselten deutschen Volksgruppen und stellt sie unter seinen Schutz.

Dieses Mitteleuropa ist physisch-geographisch gekennzeichnet durch die Lage zwischen dem ozeanerschlossenen Westeuropa und dem plumpen, osteuropäischen Kontinentalkörper, zwischen den deutschen Nebenmeeren des Atlantik im Nordwesten und den Nebenmeeren des Mittelländischen Meeres, der Adria und dem Pontus im Süden und Südosten. Sein Bild ist gekennzeichnet durch das Mosaik von Hoch- und Mittelgebirgen und Tiefländern, seine klimatische Lage durch den Kampf ozeanischer und kontinentaler, atmosphärischer Kräfte, daher auch sein Pflanzenbild durch die Verzahnung von eigenem Waldland mit kontinentalen Steppenvorposten der großen eurasiatischen Steppenzone. Daher ist aber auch sein kulturgeographisches Schicksal durch den Kampf des Abendlandes mit Ideen und Kräften des Ostens mitbestimmt.

Von der Wasserscheide von Nord- und Ostsee einerseits, Adria und Pontus anderseits laufen gegen Nordwesten parallel geschaltete Flüsse; gegenständig ist das Flußnetz auf der südöstlichen Abdachung ausgerichtet. Elb- und Donaulinie bilden die Hauptlebensachse dieses Mitteleuropa, das in dieser Richtung den Ausgleich seiner wirtschaftlichen Gegensätze sucht und findet. Hamburg sitzt endständig an jener Achse als das nordwestliche Haupttor des deutschen und mitteleuropäischen Lebensraumes, geöffnet gegen die atlantische, ja, ganze ozeanische Welt. Wien aber liegt an einer entgegengesetzten Pforte des deutschen Lebensraumes und am Schnittpunkt der die Ostsee und Adria verbindenden Nord-Süd- mit der erwähnten Nordwest-Südostachse, die sich im mittleren Donaubecken aufspaltet gegen die Donaumündung, gegen die kleinasiatische Landbrücke, gegen die Ägäis und somit auch gegen die Landenge von Suez. Rittlings sitzt das deutsche Volk auf jener Hauptwasserscheide und blickt über deren beide Abdachungen hinaus durch jene Tore in die Welt des Atlantik auf der einen, Südosteuropas und des vorderen Orients auf der anderen Seite und sieht sein Schicksal mit beiden verflochten. Namentlich hat das danubische, südöstliche Mitteleuropa die Verbindung seines Lageschicksales mit den Steppen Eurasiens erfahren und oft die zerstörenden Kräfte der östlichen Steppenweite, die gegen das Abendland anbrandeten, abzuwehren gehabt. Auch gegenwärtig steht das deutsche Kernland Mitteleuropas in Abwehrstellung gegen die fremde Gedankenwelt und die brutale Macht Osteuropas, die nicht nur die Kleinvölkerzone und den deutschen Lebensraum, sondern das ganze Abendland zu überwältigen droht.

Standen in der Frühzeit deutschen Lebens die Osttore seines Raumes auf der Linie Hamburg—Magdeburg—Regensburg, so sind sie nun hinausgerückt auf die Linie Königsberg—Posen—Breslau—Krakau—Wien, während Ostmitteleuropas Tore sich etwa auf der Linie Reval—Dünaburg—Brest-Litowsk — Lemberg — Tschernowitz — Jassy — Galatz — Konstanza öffnen. Bereits im mediterranen Lebensraum gelegen, dienen aber auch Istambul, Saloniki, Split, Fiume, Triest, Venedig und Genua Mitteleuropa als südöstliche und südliche Ausfallstore. Weiter zurückgesteckt sind die Südausgänge aus dem deutschen Lebensraum: Marburg — Villach — Innsbruck (früher Bozen) — Basel und Bern, letztere zwar auf Schweizer Staatsboden, aber nahe der deutschen Sprach- und Kulturgrenze gelegen. Verkehrstore Deutschlands gegen Westen aber sind Straßburg, Saarbrücken, Luxemburg, Köln und Emden, während die mitteleuropäische Torlinie nur wenig weiter westwärts über Nanzig, Metz und Antwerpen verläuft. Dieser Hafen teilt sich mit Rotterdam, Amsterdam, Emden, Bremen und Hamburg in die Rolle, am Nordwestfenster Mitteleuropas gegen die Nordsee die wichtigsten Verkehrsfunktionen zu versehen. Bilden in der Ostsee Rostock, Stettin, Danzig und Königsberg deutsche und mitteleuropäische Tore zugleich, so steht vor den deutschen Toren Kiel und Lübeck noch Kopenhagen als Tor des mitteleuropäischen Lebensraumes. Das Osteuropa fremde, allerdings Mitteleuropa nur lose verbundene Baltikum bedient sich der Seetore von Libau, Riga und Reval.

Die Heraushebung der Tore von Hamburg und Wien aus dieser langen Pfortenreihe ist aber nicht etwa bloß das Ergebnis ihrer gegenwärtigen Stellung im völkischen, politischen und wirtschaftlichen Gefüge Deutschlands, sie ist bereits erdgeschichtlich tief im Antlitz unseres Erdteiles vorgezeichnet. Im Elbtrichter, an dem Hamburg liegt, sammeln sich die Furchen der eiszeitlichen Urstromtäler, in die auch die Quellflüsse der Elbe, dieses wahren Stromes der deutschen Mitte, münden. Die Wurzeln dieses Gewässernetzes liegen in Böhmen, Schlesien und Polen und bezeichnen die Raumtiefe von Hamburgs natürlichem Hinterland. Hamburg nutzt aber auch die Lage am Knick der deutschen Nordseeküstenlinie (wie Lübeck an der Ostsee), wodurch die Küstenschiffahrt zwei Verkehrsrichtungen vorgezeichnet erhält. Bremen liegt zwar am gleichen Fenster gegen die Britischen Inseln und Amerika, ihm wurde aber nicht die gleiche Gunst der Küstenecklage, nicht die gleiche Wassertiefe seiner Flußmündung, nicht die gleiche Raumtiefe des Hinterlandes zuteil wie Hamburg.

Wien aber liegt in der Fuge zwischen Alpen, Karpaten und böhmischer Masse, deren Abdachungen und Pforten sich hier gegeneinander öffnen. Die den Außensaum der Alpen und Karpaten begleitende Großmulde des Vorlandes, der die Donau bzw. die March als Sammelrinne folgen, erfährt bei Wien eine Umbiegung aus der West-Ostrichtung in die Nord-Südrichtung und überdies eine Aufspaltung, indem sie sich durch die Pforten des einst geschlossenen, alpin-karpatischen Bogens in seine inneren Senkungsfelder, denen das Wiener Becken als Vorhof dient, fortsetzt. Die Donau tritt aus dem Alpenvorland durch das Wiener Becken in dieses innerkarpatische Doppelbecken ein und strebt durch die Pforte des Eisernen Tores und durch das walachische Tiefland zum Pontus. So zwieselt sich bei Wien die Furche der Niederungen, und es kreuzt sich hier der Nibelungenweg der Donau mit der vorgeschichtlichen Bernsteinstraße Ostsee — Oder — Mährische Pforte—March—Wiener Becken—Adria, die am östlichen Bruchrand der Alpen ebenso erreicht werden kann, wie durch eine Flucht von Tälern und Becken im schrägen, Südwest gerichteten Durchgang über den Semmering, das Mürz- und Murtal, das Klagenfurter Becken, den Tarvisersattel durch Friaul nach Venedig.

Ist der Raum von Hamburg von der Natur vorbestimmt als Umschlagplatz von einem, heute durch das große deutsche Wasserstraßennetz erschlossenen Binnenschiffahrtsgebiet zum Seeverkehr, so der von Wien als Knotenpunkt des Landhandels zwischen den Alpen-, Sudeten- und Karpatenländern und dem Donauweg. Darüber hinaus ist aber Wien veranlagt, politischer und wirtschaftlicher Kristallisationskern der sich um seinen Raum lagernden, hier gegeneinander aufgeschlossenen Länder zu werden. Seine Stellung im Grenzsaum des geschlossenen deutschen

Lebensraumes gegen die südöstliche Kleinvölkerzone schreibt ihm aber auch seine kulturelle deutsche Sendung im Südosten vor. Seine Lage macht es ebenso befähigt, deutsche Grenzstadt und kulturelles deutsches Strahlungszentrum zu sein, wie als Träger einer übervölkischen Reichsidee eine Klammer zwischen dem rein deutschen, westlichen und völkisch gemischten, südöstlichen Mitteleuropa abzugeben. Als Sitz des römisch-deutschen Kaisertums hat es seit Ausgang des Mittelalters beide beherrscht. Dieser imperialen Rolle Wiens steht das bürgerliche Hamburg gegensätzlich gegenüber. Der Tüchtigkeit seines Bürgertums hat es die Ausnützung seiner Weltstellung zu danken, die es zwar befähigte, Welthandelstadt zu werden, aber nicht in seiner Randständigkeit an der Wasserkante eines lange innerlich zersplitterten und zur See ohnmächtigen Staates zu einer politischen Geltung emporzusteigen, die über den Rahmen einer Stadtrepublik hinausgegangen wäre. Auch mit dem mächtig gewordenen deutschen Reich als Hinterland blieb Hamburg die politische Bedeutung versagt, doch um so mehr vermochte es seit 1870 im Schutz des Zweiten Reiches seine See- und Handelsgeltung in der Welt zum Ausdruck zu bringen, der erste Kontinentalhafen und vor dem 1. Weltkrieg Sitz der größten Reederei der Erde (Hapag) zu werden.

Es ist bezeichnend, daß es keiner der beiden Städte an ihrer Wiege gesungen wurde, wozu sie kraft ihrer natürlichen Lage berufen waren. Wiens Keimzelle war das an Stelle einer Keltensiedlung entstandene römische Lager Vindobona an der Nordgrenze des Römerreiches, doch war es nicht das bedeutendste am Donaulimes. Von wehrhafter, eiszeitlicher Hochterrasse hinausblickend über das Auland der Donau in das germanische Markomannenland, das drüben im Marchfeld begann, hatte es mit dem bedeutenderen, östlicher gelegenen Carnuntum die Bresche des Wiener Beckens zu decken. Carnuntum hatte den Vorzug, den Übergang der Bernsteinstraße über den Strom zu schützen und wurde daher auch der wichtigste Handelsplatz Oberpannoniens.

Mehr als sieben Jahrhunderte später entstand an Stelle einer niedersächsischen Siedlung im Wassergeflecht zwischen Elbe, Alster und Bille auf erhöhtem Geestrücken am Alsterübergang Hamburg auch als Bollwerk, jedoch an einem gefährdeten Eckpunkt des Karolingerreiches. Seine drei Burgen sind ein Symbol seiner dreifachen Wehrstellung gegen die Dänen im Norden, die slawischen Obodriten im Osten und gegen die Normannen am westlichen Wassertor des Elbtrichters. Seine weit gegen Norden vorgeschobene Stellung an der Kulturgrenze christlichen und heidnischen Landes ließ es zu einer Missionsstation für den Norden werden. Diese geistliche Aufgabe seines Erzbistums, an die sich die Namen Ansgar und Adalbert von Bremen knüpfen, konnte es in seiner gefährdeten Stellung, die ihm vom 9.—11. Jhdt. eine dreimalige Zerstörung eintrug, auf die Dauer nicht versehen. Sie ging an das besser gesicherte Bremen über.

Um diese Zeit, als Hamburg zur Leuchte für den skandinavischen Norden wurde, war Wien allerdings wieder in das Dunkel versunken. Der Zusammenbruch der römischen Nordgrenze im 5. Jhdt. entfesselte im Durchgangsraum von Wien eine der städtischen Weiterentwicklung abträgliche

Völkerbewegung, die bis Ende des 8. Jhdts. dauerte. Erst 881 wird es wieder urkundlich genannt und dann abermals 1030. Die Heere Karls des Großen zogen über den Boden von Wien, um die Avarenmacht zu zerschmettern und hier im Donauland eine Mark des fränkischen Reiches aufzurichten. Auch sie wurde zu Anfang des 10. Jhdts. ein Opfer des Magyarensturmes. Erst nach der Lechfeldschlacht 955 ergab sich die Möglichkeit zur Neubegründung einer deutschen Ostmark im Donauland östlich der Grenze des bayrischen Herzogstums, also stromabwärts der Enns. Daß der Boden Wiens, wenn auch städtischem Leben entfremdet, nicht aufgehört hatte, besiedelt zu sein, zeigt das Anknüpfen der Anfänge mittelalterlichen Stadtlebens an aus der Römerzeit vererbte Straßenzüge. Doch Wiens Grenzlage hatte sich geändert. Aus der politischen Nordgrenzlage der Römerzeit war es in die Ostgrenzlage umgeschwenkt. Jetzt übernahm es, Gebirges, die Aufgabe des in der offenen Ebene nicht mehr wiedererbauten Carnuntum auch als Handelsplatz am Schnittpunkt des Nord-Südweges mit der Donaustraße, die nun im Kreuzzugszeitalter zur weltgeschichtlichen Bedeutung aufsteigt. Die deutsche Ostbesiedlung — auf den Widerstand der seßhaft gewordenen Magyaren stoßend — drang mit ihrem Keil nicht über die Donaupforte zum innerkarpatischen Raum bei Preßburg wesentlich hinaus, während im Norden die deutsche Ostsiedlung, der Leitlinie der Ostseeküste folgend, Raum in großer Tiefe gewann. Schon Lübecks Begründung (1143, 1158) befreite Hamburg aus seiner gefährdeten Ostlage; die Eindeutschung der Ostseegestade machte es zu einer Stadt mit großem, deutschem Hinterland.

Da nun auch im Norden die deutsche Staats- und Volksgrenze an der Eider (1227) festgelegt und gesichert war, konnte das frühere Bollwerk Hamburg, aus seiner Grenzstellung befreit, nun seiner Handelsaufgabe am Elbtrichter und am Knick der deutschen Nordseeküste leben und auch die hanseatische Aufgabe, Lübecks Nordseehandel zu dienen, übernehmen, während es Wiens Schicksal noch durch Jahrhunderte blieb, Bollwerk an einem Haupttor des deutschen Lebensraumes zu sein. Der Umstand aber, daß seit dem 11. Jhdt. auch Böhmen und Ungarn sich kulturell unter deutschem Einfluß aufwärts entwickelten, verlieh auch Wien ein tiefes Kulturhinterland, zumal an dessen Ostflügel auch Byzanz bis 1453 eine starke westliche Strahlungswirkung entfaltete. So gewann nun die Donau als Handelsstraße mächtig an Bedeutung, seitdem das glänzende Kreuzheer Friedrich Barbarossas (1189) über Wien nach dem Osten gezogen war.

Es ist bezeichnend, daß der Name desselben Herrschers sich an jenen Freibrief Hamburgs knüpft, der durch Vermittlung des Grafen Adolf III. von Holstein erwirkt, Hamburgs Rolle als Elbhandelsplatz und Seestadt eröffnete (1189). Hamburgs Bürger waren von Anfang an Träger und Nutznießer eines sich zunächst im wesentlichen auf die Flandern-, Bergen-, Schonen- und Englandfahrt beschränkenden Handelsverkehres, der als eigenes Erzeugnis hauptsächlich Bier im Austausch gegen die fremden Waren brachte .

Auf der Donau aber hatten die Oberdeutschen, namentlich die Regensburger, den Handel bis nach Ungarn in der Hand. Erst das Stapelrecht von 1221 sicherte Wien das Privileg des Donauhandels abwärts von Wien und zwang dazu, alle oberdeutschen Waren in Wien auszulegen (bis 1517). Nun wurde das Wiener Bürgertum, das vornehmlich Wein und eigene Goldschmiedwaren in den Handel brachte, am Zwischenhandel reich, wenn auch die Kaufleute aus Regensburg, später aus Köln, bis ins 16. Jhdt. ihre Bedeutung für den Handel auf der Donau oberhalb von Wien behaupteten. Wiens kulturelle Bedeutung wurde aber in noch höherem Maße als durch den Handel dadurch bestimmt, daß es zur Residenz der Babenberger Markgrafen, die zu Herzögen von Österreich emporstiegen, erhoben wurde und — von kurzen Unterbrechungen abgesehen — bis 1918 nicht aufhörte, Residenz zu sein, und zwar seit 1438 der deutschen Könige und Kaiser aus dem Hause Habsburg, seit 1804 der Kaiser von Österreich. Es ist bezeichnend, daß diesen Angelpunkt Wien auch der Prschemyslide Ottokar II. und der ungarische König Mathias Corvinus vorübergehend als Residenz ausersehen hatten, als sie nach der Vereinigung ihrer Länder mit Österreich strebten, die dann den Habsburgern gelang.

Der Zusammenbruch von 1918 stürzte Wien von seiner Höhe herab. War ihm auch seit 1867 ein Nebenbuhler in Budapest erwachsen, so behauptete es doch als kaiserliche Residenz seinen historischen Glanz und als wirtschaftliche Hauptstadt eines 52 Millionen Einwohner zählenden Reiches seine Bedeutung als Geld- und Handelsplatz. Nun aber wurde es die Hauptstadt des entgüterten, kleinen Österreich mit 7 Millionen Einwohnern und, aus der Mittelpunktlage herausgerissen, zur Grenzstadt herabgedrückt. So schwere Krisen auch dieses kaiserliche Wien erlebt hatte, als es bald nach der Vereinigung Böhmens und Ungarns mit Österreich 1526 — sie war gleichbedeutend mit der Vereinigung der großen, habsburgischen Hausmacht mit der Kaiserkrone — die Türken hereinbrechen sah und es 1529 und 1683 die Hauptpforte des deutschen Lebensraumes gegen den Islam verteidigen mußte, war nichts mit jenem Schlag zu vergleichen. Hatte doch dieses Wien nach der Wiedereroberung Ungarns den Höhepunkt seiner Macht erreicht. Wie seine seit 1365 bestehende Universität nie aufgehört hatte, ein geistiger Strahlungspunkt für den Südosten zu sein, so war nun auch seine künstlerische Barockkultur, seine Musikpflege, sein Theaterwesen, seine Lebensformen für den ganzen Bereich der kaiserlichen Lande und darüber hinaus für den europäischen Südosten vorbildlich geworden. Hatte schon im 12. und 13. Jhdt. Wien den Strom der deutschen Ansiedler, die nach dem Südosten bis nach Siebenbürgen gingen, an sich vorbeiziehen sehen, so war der Donauweg im 18. Jhdt. zum zweitenmal der Träger einer deutschen, vornehmlich Rheinländer, Schwaben und Bayern umfassenden Wanderbewegung geworden. Diese zweite, deutsche Südostsiedlung, von der kaiserlichen Regierung organisiert, füllte die Lücken der Bevölkerung Ungarns in den Mittelgebirgen, in der Batschka, im Banat, in Slawonien, welche die Siege eines Eugen von Savoyen deutscher Ansiedlung eröffnet hatten. So hatten sich Zahl und Umfang der deutschen Vorpostenstellungen südlich von Wien gewaltig vermehrt. All dieses deutsche Blut und Kulturgut entglitt jedoch 1918 seinem Einflußbereich und entmachtet sah es seine Kulturwerke zerbröckeln.

Ganz anders als Wiens Entwicklung, dieser Stadt des kaiserlichen Hofes, eines vielsprachigen, aber kulturdeutsch gewordenen Adels, der Geistlichkeit, der Beamten und eines erst wieder in der Zeit nach den Napoleonischen Kriegen durch seinen Gewerbefleiß, namentlich auf dem Gebiete der Seidenweberei und Lederbearbeitung stärker hervortretenden Bürgertums, war jene des bürgerlichen Hamburg verlaufen. Im mittelalterlichen Hansabund hatte es Handelsvorteil und politische Sicherung gefunden. Noch stand es bis zum Zeitalter der Entdeckungen im Schatten Lübecks und der anderen Ostseestädte. Wenn Wien im 16. Jhdt. die politische Mittelpunktstellung gewinnt, so Hamburg zur gleichen Zeit durch die Entdeckung und Kolonisierung der neuweltlichen Gegenküsten die Anwartschaft auf die Entwicklung zum Überseehandelsplatz, zum Welthafen, zur vollen Entfaltung seiner Lagewerte, die es nun hoch über die Häfen am Binnengewässer der Ostsee heraushob. Freilich ging dieser Aufstieg, beengt durch die großen Seemächte Spanien, Holland und England und ohne Unterstützung des Reiches nur langsam und vorsichtig über die Entwicklung vom europäischen Küstenhandelsplatz zum Stapelplatz für überseeische Kolonialwaren und zum Auswandererhafen vor sich. Das in der Renaissancezeit durch wertvolle holländische Kaufmannskräfte verstärkte hamburgische Bürgertum wußte aber klug alle Schwächen der Wettbewerber, namentlich während des Dreißigjährigen Krieges, zu nutzen. Es sicherte sich allmählich einen selbständigen Westindienhandel und zog namentlich aus der Entstehung des nordamerikanischen Freistaates großen Nutzen. Dieses Hamburg des 18. Jhdts. spielte auch im geistigen Leben Deutschlands eine hervorragende Rolle. Die napoleonische Gewaltherrschaft, namentlich die Verhängung der Kontinentalsperre, knickte jedoch die Blüte des Hamburger Handels. Um so rascher vollzog sich das Wachstum der Stadt, ihres Handels und Seeverkehrs nach den Befreiungskriegen, begünstigt durch die Entstehung der südamerikanischen Republiken. Die Begründung der Hapag 1847, die Aufnahme des transatlantischen Dampferverkehrs, der Ausbau der Häfen in der zweiten Jahrhunderthälfte, der Beitritt zum Deutschen Zollverein, die Pionierarbeit der Hamburger Kaufleute und Reeder für des jungen Reiches Kolonialpolitik, die Steigerung des Ostseehandels durch den neuen Nord-Ostseekanal sind stolze Marksteine dieser von Hanseatengeist getragenen Entwicklung. Das Jahr 1918 bedeutete wie für Wien so auch für Hamburg einen furchtbaren Schlag. Nach vier Jahren der Seehandelssperre die Auslieferung seiner stolzen Flotte! Doch Wien hatte nicht nur seinen großstaatlichen Hauptstadtrang, sondern auch sein politisches und wirtschaftliches Hinterland im Südosten verloren, Hamburg blieb das seine gewahrt und damit auch dessen Bedürfnis nach Teilnahme am Welthandel und Wiederaufbau der deutschen Flotte, die ungebrochener Hanseatengeist in erstaunlich kurzer Zeit zur Ausführung brachte. Mit starker wirtschaftlicher Rüstung steht Hamburg im Dritten Reiche. Wien aber hat dieses neue Hoffnungen gebracht. Erfüllt mit den Kräften des Reiches, erwartet es, seine deutsche Südostsendung wieder aufnehmen zu können. Nun erst wird es auch die seine natürlichen Lagebeziehungen bekrönende Auswertung finden in der Einbindung der Rhein-, Elbe- und Oderstraße in das Donausystem, im Ausbau eines großen, die beiden Flügel des deutschen Lebensraumes in der Richtung des stärksten, wirtschaftlichen Ergänzungsbedürfnisses verbindenden, mitteleuropäischen Wasserstraßennetzes. Sein Hauptknoten wird sich in Wien schürzen, dessen Wasserverkehr, an dem Hamburgs gemessen, bisher bescheiden war. Die Hauptlebensachse Mitteleuropas wird in das Verkehrsbild des Kontinents gehoben und durch sie Hamburgs und Wiens Interessen noch enger verknüpft werden.

Mögen beide Städte als Bannerträger deutscher Sendung in der Welt in friedlichen Zeiten die Gunst ihrer Lage zur vollen Entfaltung bringen zum Heil unseres Volkes und Staates und ganz Europas.

Selbstreferate über die Vorträge des Winters 1942/1943.

A. Allgemeine Sitzungen.

626. Allgemeine Sitzung vom 8. Oktober 1942.

Vortrag: Prof. Dr. L. Mecking, Hamburg: „Die Wolga, ihre Bedeutung im Krieg und Frieden".

Die kontinentale Hälfte Europas zeigt strahlig nach allen Seiten in die Nebenmeere strebende Gewässer, zwischen denen sich in seiner großen Sonderstellung der Wolgastrom über die Tafel windet. Er bringt damit gleichsam den großen Zusammenhalt in die Divergenz und überwindet die Weite des Raumes, zieht ihn aber auch weit ab von den Meeren und hängt den ganzen russischen Raum an den kaspischen Binnensee und an Asiens Steppen und Wüsten. Wie in breiten Bändern die Kulturzonen von weithin gleicher Nutzungsart über den Strom ziehen, so auch die große Zweiheit russischer Naturlandschaft, Steppe und Wald, Steppe etwa in der unteren, Wald in der oberen Hälfte. In diesem Gegensatz liegt eins der Momente für die Verkehrsspannung der Wolga. Beiden Formationen ordnen sich auch verschiedene Bodenarten sowie besondere Formen zu, der Steppe vor allem die stark zerschluchteten Uferränder (Stalingrad). Die Eintönigkeit in Form und Farbe legt sich auf Geist und Gemüt des Menschen; geduldiges Ertragen von allem Ungemach und Trieb zum Wandern in die Weite, ins „ewige namenlose Rußland" treten hervor. Eine Fahrt auf dem Strom zeigt beides eindrucksvoll in den Bildern an Bord und am Ufer. Die Völkerverteilung in ihrem starken historischen Wechsel seit den Zeiten der Skythen und Sarmaten und in ihrem heutigen Mosaik entspricht dem. Wie einst das versprengte Deutschtum, so wird heute die höchst organisierte germanische Volkskraft hereingesogen. Dünn gesät und wegen der natürlichen Undifferenziertheit in fast mathematisch gleichen Abständen liegen am Strom die Brennpunkte des Verkehrs von Nischni Nowgorod bis Astrachan, und sie muten an wie ein verzweifeltes Aufbäumen des Menschen gegen die erdrückende Gewalt der Natur. Die Verkehrsbedeutung des Stromes ist, obgleich durch die bedeutenden Wasserstandsschwankungen und noch mehr durch die mehrmonatige Eissperre stark behindert, doch namentlich im letzten Jahrzehnt mit der allgemein gewaltsamen Entwicklung mächtig gestiegen. Wenige typische Massenfrachten wie Getreide, Holz, Eisenerzeugnisse, Erdöl und Melonen werden auf Dampfern und Schleppkähnen stereotyper Gestalt befördert.

Eingespannt ist dieses Verkehrs- und Siedlungsbild in einen gleichen großen Landschaftsrahmen, den der Gegensatz von Berg- und Wiesenufer bestimmt. Oben zwar schweift auf der Seite des Bergufers kaum weniger wie auf der des Wiesenufers der Blick über eine nur schwach bewegte, unendliche Fläche. Aber am Flusse erscheint vom Wiesenufer her das oft bis um 200 m den Wasserspiegel überragende Bergufergelände wie eine gewaltige Mauer, es stellt sogar die imponierendste gebirgsartige Erscheinung der ganzen osteuropäischen Tafel dar. Eine gewisse Gliederung erhält sie in horizontaler wie vertikaler Richtung. Mehrere Terrassen treten bald mehr bald weniger ausgeprägt hervor, und sie werden auch für die Anlage der Städte, wie im Falle von Saratow, von wesentlicher Bedeutung. Ferner werden durch den tafelartigen Schichtbau sowie in den unteren Partien der Uferwände durch Wasserstandslinien horizontale Elemente in das Bild gefügt. Noch mehr wird durch die vertikal wirkenden Kräfte der Atmosphärilien eine Gliederung in Gestalt von Schluchten, Rillen und Runsen, ja stellenweise eine Auflösung in eine bewegte Kleinhügelwelt erzielt; sie wurde bei Stalingrad auch in den Kämpfen bemerkbar, indem um jeden Höcker und jede Schlucht in Angriff und Verteidigung hart gerungen werden mußte.

Von großen Städten liegt die Mehrzahl am Bergufer. In ihrer Lage und Bedeutung, besonders ihrer Mittlerfunktion zwischen Osteuropa und dem eigentlichen Asien, zeigt jede einzelne ihre markanten Züge: von Nischni Nowgorod als altem Handelsvorposten und junger Messestadt über Kasan und Samara zu Saratow am Rand der Getreideüberschüsse und im Raum des Wolgadeutschtums, zu Stalingrad als junger Waffenschmiede, auf einer Reihe bedeutsamer Grundlagen erwachsen, und schließlich bis Astrachan, dem Zentralsitz der sehr spezifischen Kaspifischerei.

Mit dem Griff auf Stalingrad vom Sprungbrett des nicht mehr als 60 km entfernten Donknies her war die empfindlichste Stelle Südrußlands erfaßt, der südliche Nährraum vom Norden getrennt, die natürliche Ölleitung des Wolgastroms durchschnitten, die stärkste Waffenschmiede ausgeschaltet und eine Grenzlinie erreicht, die markanter selbst als der Ural ist. Ihre Scheidekraft prägt sich im Kartenbild der Wirtschaft, des Eisenbahnnetzes und der Bevölkerungsdichte gleichermaßen aus. Ihr endgültiger Besitz wäre für die deutschen Waffen entscheidungsvoller als alle vorher erreichten Marksteine und Phasen des Ostkrieges. Wie das Brechen des Rückgrates müßte es die Russen anmuten, nicht nur durch das, was wirtschaftlich alles daran hängt, sondern schon durch den Stimmungsgehalt von „Mütterchen Wolga“. Es bliebe ihnen nur der letzte große Wert, mit dem sich jeder Russe eins fühlt: Moskau und sein Kreml.

627. Allgemeine Sitzung vom 29. Oktober 1942.

Vortrag: Prof. Dr. Oskar Schmieder, Kiel: „Amerikas Stellung in der Neuordnung der Welt“.

Im Jahre 1823, als Texas, Neu-Mexiko, Arizona, Californien und Teile von Colorado noch zu Mexiko, Alaska noch zu Rußland gehörten, zu einer Zeit, als sich die Bevölkerung der USA. noch auf weniger als 10 Millionen belief, meldeten sie mit der Proklamation der Monroe-Doktrin ihren Führungsanspruch in der Neuen Welt an. Zum ersten Male in der Geschichte des modernen Völkerrechtes sprach diese Erklärung von einem Großraum selbständiger Staaten, für den Nichtintervention aller raumfremden Mächte gefordert wurde. Seither ist das Schlagwort „Amerika den Amerikanern“ immer mehr zum Leitgedanken der us.-amerikanischen Politik geworden. Da aber, wo sich in der Alten Welt Anläufe zu einer Großraumpolitik bemerkbar machten, stießen sie stets und sofort auf den entschiedenen Widerstand der USA. Als im Jahre 1934 Hirota eine „Ostasiatische Monroe-Doktrin“ formulierte, die sich zunächst auf Japan und China beschränkte, traten die USA. in diesem Raum weiterhin auf das schärfste für die Beibehaltung der „Politik der offenen Tür“ ein. Auch die Neuordnung Europas und des schon von Natur vorgelagerten afrikanischen Ergänzungsraumes unter Führung der Achsenmächte rief die Gegnerschaft der USA. hervor.

Für die auf engem Raum lebenden menschenreichen Völker des europäischen Festlandes ist die angestrebte Neuordnung ebenso eine Lebensfrage wie die ostasiatische Großraumbildung für das japanische Volk. Es erhebt sich jedoch die Frage, wie in einem amerikanischen Großraum nicht nur die USA., sondern außer ihnen auch die übrigen Völker, insbesondere diejenigen Lateinamerikas, fahren würden. Würde ein amerikanischer Großraum den amerikanischen Völkern außerhalb der USA. eine bessere Grundlage schaffen als die alte Ordnung, die sie kulturell und wirtschaftlich Europa eng verband?

Nach Form und geographischer Lage scheinen Nord- und Südamerika zur gegenseitigen Ergänzung in ähnlicher Weise vorausbestimmt wie Europa und Afrika. In Lateinamerika überwiegen die tropischen Landschaften, in Nordamerika dagegen diejenigen der gemäßigten Klimate. Den Nadelwäldern kommt in Nordamerika die gleiche Bedeutung zu wie den tropischen Regenwäldern in Mittel- und Südamerika. Der Untergrund Nordamerikas ist reich an Bodenschätzen, wie Kohle, Erdöl und Eisen, die zur Entwicklung der Industrien notwendig sind, während Lateinamerika ausgesprochen kohlearm ist. Als Siedlungsraum für weiße Menschen mag dem Nordteil des Kontinentes eine Tragfähigkeit von mehr als 600 Millionen Menschen eigen sein. Von Natur sind also die Vorbedingungen gegeben, um in Nordamerika eine führende Menschenzusammenballung von ähnlichem Ausmaß zur Entwicklung kommen zu lassen wie im Herzen Europas und Ostasiens. Vor hundert Jahren schien es auch, als ob die starke natürliche Vermehrung der US.-Amerikaner, verstärkt durch den Strom der Einwanderer, die Bevölkerung der USA. spätestens im Jahre 2000 an die 700-Millionen-Grenze heranbringen würde. Diese Wachstumsmöglichkeit wurde aber durch Drosselung der Einwanderung und Beschränkung der Geburten unterbunden. Wenn keine Änderung eintritt, wird die Bevölkerung der USA. schon zwischen 1955 und 1960 bei starker Überalterung ihren Höchststand erreicht haben. Der Rückgang der Bevölkerungszunahme und damit auch des Verbrauchs bringt aber heute schon die us.-amerikanische Wirtschaft in eine schwierige Lage. Dieselbe Nation, deren Politik auf Angliederung eines ganzen Kontinentes als Ergänzungsraum hinstrebt, mußte angesichts des Überflusses im eigenen Lande 1933 die Agricultural Adjustement Administration schaffen, um die eigene Agrarproduktion einzuschränken.

Lateinamerikas Stellung zur Großraumpolitik der USA. ergibt sich aus einer Überprüfung der natürlichen Ausstattung des mittleren und südlichen Teiles des Kontinentes und aus der Leistungsfähigkeit der Bewohner. **Westindien** fällt ganz in das Gebiet der Tropen. Die eingeborene Bevölkerung ist kaum noch in Resten erhalten. Die Neubesiedlung erfolgte insbesondere mit Negern. Den echt kolonialen Charakter der Wirtschaft, die in erster Linie auf die Versorgung fremder Länder mit Produkten wie Rohrzucker, Kaffee und Tabak ausgerichtet ist, hat keine der Inseln verloren. Auch politisch sind die meisten in kolonialer Abhängigkeit geblieben. Ihre Wirtschaft war stets von der Aufnahmefähigkeit fremder Mächte abhängig. Durch stärkere Ausrichtung auf Eigenversorgung kann diese Abhängigkeit nur gemildert werden. Für ganz Westindien ist aber die Verbrauchskraft der USA. viel zu gering. Sollten die europäischen Völker von den westindischen Märkten verdrängt werden, so würde sich bald die geographische Tatsache auswirken, daß bei der heutigen Zahl und Verteilung der Bevölkerung der Erde die Produktionsfähigkeit der feuchten Tropen überhaupt viel größer ist als die Absatzmöglichkeiten für tropische Produkte in Ländern gemäßigter Breite. Europa ist nicht auf Westindien angewiesen, Westindien aber kann nur darunter leiden, wenn es den europäischen Handel verliert.

Die andinen Staaten Mittel- und Südamerikas wurden einheitlich von der spanischen Kolonisation erfaßt. Plantagenbau spielte in ihrem Gebiet zur Kolonialzeit keine Rolle. Die Masse der indianischen Bevölkerung trieb auch unter europäischer Herrschaft die alte Landwirtschaft, bereichert durch eingeführte Haustiere und Kulturgewächse, weiter. Zur Ausfuhr kamen in der Hauptsache Erzeugnisse des Bergbaus. Die geringe Verbundenheit mit der Weltwirtschaft, die bei bescheidenen Lebensansprüchen durch Eigenproduktion gerichtete Versorgung läßt die andinen Völker von den Großraumbestrebungen der USA. weitgehend unberührt.

Für die **A-B-C-Staaten** wirkt sich die imperialistische us.-amerikanische Politik gefährlicher aus. Die blühende Landwirtschaft Süd- und

Mittelchiles versorgt die Bevölkerung der Städte und Bergwerke des wüstenhaften Nordens mit Nahrungsmitteln; die Produkte des Bergbaues aber suchen ihren Absatz auf allen Märkten der Welt. Bis zum ersten Weltkrieg war Deutschland der Hauptabnehmer für Chilesalpeter gewesen. Dann traten die USA. und gegenwärtig besonders auch Ägypten als Käufer auf. Chile, in dessen Volkswirtschaft die Einnahmen aus dem Export der Bergbauprodukte eine viel größere Rolle spielen als in den übrigen andinen Staaten, kann nur daran gelegen sein, daß ihm die Märkte der Welt offen bleiben, denn der Bedarf der USA. an Salpeter wird bald, wie der Deutschlands, durch das synthetische Produkt gedeckt werden.

Brasilien liegt mit dem größten Teil seiner Staatsfläche innerhalb der Tropen. Die 41 Millionen Einwohner haben erst 0.8 % der Fläche mit Pflug und Hacke genutzt. Die Ernährung der Bevölkerung macht keine Schwierigkeiten, wohl aber der Absatz der agrarischen Überschüsse ins Ausland. In der auf Ausfuhr gerichteten Wirtschaft des Landes spielt in der Gegenwart der Kaffee die Hauptrolle, dessen natürliche Anbaumöglichkeiten erst zu ca. $^{1}/_{12}$ genutzt sind. Zwar gestatten in der USA. die klimatischen Verhältnisse den Kaffeeanbau nicht, aber Brasilien, dessen Kaffeeangebot schon 1901 zum ersten Male die Nachfrage des gesamten Weltbedarfes überschritt, kann der us.-amerikanische Markt keineswegs genügen. In einem geschlossenen amerikanischen Wirtschaftsraum würde die brasilianische Nation zwar nicht hungern, aber doch auf wertvolle Kulturgüter verzichten müssen, die sie jetzt mit den Erträgnissen ihres Exportes erwerben kann.

Die Agrarproduktion der La Plata-Länder übersteigt bei weitem den eigenen Bedarf, hat dabei noch längst nicht ihre Grenzen erreicht, so daß die Bevölkerung bei gleichbleibendem Export noch auf ein Mehrfaches anwachsen könnte, ohne in Nahrungsschwierigkeiten zu geraten. Im Gegensatz zu Brasilien können Argentinien und Uruguay jedoch ihrer Natur nach nur solche Agrarprodukte erzeugen, über die die USA. selbst im Überfluß verfügen, ja deren Produktion durch die A. A. A. eingeschränkt wurde. Für die Überflußprodukte der La Plata-Länder besteht in der USA. keinerlei Bedarf. Argentinien und Uruguay werden auch in Zukunft auf die dichtbevölkerten Länder der Alten Welt als Abnehmer angewiesen sein.

Die USA. sind zwar das einzige Land Amerikas, das überhaupt die natürlichen Voraussetzungen für eine volle Industrialisierung besitzt. Hier könnte eine Nation von 600 Millionen Menschen heranwachsen, die sich immer noch aus dem eigenen Boden ernähren könnte. Erst nach Überschreitung der Tragfähigkeit des eigenen Staatsraumes wären sie auf Einfuhr aus angegliederten Ergänzungsräumen angewiesen. Von diesem Zustand sind die USA. jedoch weit entfernt. Die neuweltliche Großraumpolitik liegt damit nur im Interesse des us.-amerikanischen Imperialismus. Die alten kulturellen und wirtschaftlichen Beziehungen, die Lateinamerika mit der Alten Welt zum beiderseitigen Vorteil verbinden, wird auch der politische Druck der USA. auf die Dauer nicht sprengen.

628. Allgemeine Sitzung. 12. November 1942.

Vortrag: Prof. Dr. A. Scheibe, München: „Zwischen Afghanistan und Indien". Ergebnisse und Erlebnisse der Deutschen Hindukusch-Expedition 1935.

Es kann heute als hinlänglich erwiesen gelten, daß die Heimat- und Ursprungsgebiete unserer Kulturpflanzen nur an bestimmten Stellen unseres Erdballes zu finden sind. Merkwürdigerweise sind dies nicht, wie früher lange Zeit angenommen wurde, die fruchtbaren Niederungen uralter Kulturgebiete, wie beispielsweise die weiten Talebenen von Euphrat und Tigris, von Nil und Ganges, von Jangtsekiang und Hoangho, sondern im Gegenteil harte Klimate hoher Gebirgstäler und sonnendurchglühter Hochsteppen, die von jeher eine scharfe Auslese unter den Pflanzen hervorriefen. So liegt die Wiege z. B. für die wichtigsten, von uns heute kultivierten Formen von Weizen und Gerste in den Bergländern Mittelasiens; viele unserer Obstarten, Futter- und Ölpflanzen sind aus den Hochtälern und Hochsteppen Südwest- bzw. Vorderasiens zu uns gekommen.

Nun ist sicher, daß unsere heutigen Kulturpflanzen in Europa nur noch diejenigen Eigenschaften in sich tragen, die ihre zufällig zu uns gelangten Vorfahren einst mitbrachten. Auch haben sie unter dem Einfluß einer kulturellen Hochzüchtung und durch eine bewußte, ja häufig ausschließliche Betonung der Eigenschaften „Massenertrag" in den meisten Fällen ihre ursprüngliche Härte, ihre durch scharfe Naturauslese hervorgerufene Widerstandsfähigkeit gegen Unbilden der Witterung und gegen gefährliche Krankheiten eingebüßt. So kommt es, daß heute in vielen Gegenden unsere Obstsorten der Trockenheit und den Winterfrösten nicht mehr ausreichend standhalten, daß alljährlich zahlreiche Getreidesorten, Futterpflanzen und Gemüsearten von Krankheiten aller Art stark geschädigt werden — Werteinbußen, die nationalwirtschaftlich bekanntlich von großer Bedeutung sind. Es gilt daher, unseren Kultursorten wieder Eigenschaften einzukreuzen, die sie gegen äußere Einflüsse noch widerstandsfähiger, in qualitativer Hinsicht für die Nutzung noch wertvoller machen als bisher. Für diese Kreuzungsarbeiten aber sind entsprechend wertvolle Elternformen erforderlich. Daran fehlt es jedoch unseren deutschen Zuchtstationen bisher leider noch in ausreichendem Maße. Hier durch wertvolle Materialsammlungen in die Bresche zu springen, war Sinn und Aufgabe der Deutschen Hindukusch-Expedition.

Die Anregung zur Durchführung der Deutschen Hindukusch-Expedition wurde der „Deutschen Forschungsgemeinschaft" (früher „Notgemeinschaft der Deutschen Wissenschaft") von den Professoren Roemer und Troll der Universität Halle gegeben, und zwar im Zusammenhang mit einem großzügigen Arbeitsplan des „Forschungsdienstes der deutschen Landbauwissenschaften". In Anerkennung der wichtigen Ziele und dank des persönlichen Einsatzes ihres damaligen Präsidenten Prof. Dr. Stark, und ihres Vizepräsidenten, Professor Dr. Konrad Meyer, hatte die „Deutsche Forschungsgemeinschaft" die Durchführung der Expedition in die Hand genommen und Führung und Leitung der Expedition dem damaligen Dozenten Dr. A. S c h e i b e von der Universität Gießen übertragen. Die weiteren Expeditionsteilnehmer waren: Dr. A. H e r r l i c h (Univ. München), Dipl.-Landwirt Dr. v. R o s e n s t i e l (Kaiser-Wilhelm-Institut Müncheberg-Mark), Dr. G. K e r s t a n und Dipl.-Landwirt Dr. W. R o e m e r (beide Univ. Halle). Zu besonderen sprachwissenschaftlichen Studien schloß sich der Expedition in Afghanistan noch der wissenschaftliche Hilfsarbeiter der Preußischen Akademie der Wissenschaften Berlin Dr. W. L e n t z an.

In den letzten Märztagen 1935 wechselte das Unternehmen mit dem gesamten Expeditionsgepäck von der nordwestindischen Grenzstadt Peshawar über den berühmten Khaiber-Paß auf afghanisches Hoheitsgebiet hinüber. Wochen technischer Expeditions-Vorbereitungen in Kabul, aber auch Zeiten wichtiger Orientierungsfahrten in die Bergwelt Afghanistans schlossen sich an. Endlich, am 28. Mai, starteten wir zum großen Unternehmen im Bereich des Hindukusch.

Die Erforschung und Durchstreifung der Landschaften Nuristan und Britisch-Tschitral nahmen volle fünf Monate unsere ganzen Kräfte in Anspruch. Fast jeden dritten oder vierten Tag mußten Hochpässe in Höhenlagen von 4800 bis 5400 Meter von der gesamten Karawane und mit Sack und Pack überschritten werden. So vielförmig die Umwelt, so einförmig und nicht selten auch spärlich war unsere Verköstigung: als wertvolle Abwechslung Huhn und Hammel, sonst die üblichen Reis- und Nudelgerichte bildeten die fast immer gleichbleibende orientalische Speisefolge aus der Werkstatt unseres Kochs Gulam Haidar, nur ab und zu einmal ergänzt durch den Inhalt einer mühsam im Trägergepäck mitgeschleppten Konservenbüchse. Sehr nachteilig machte sich das Fehlen von Frischgemüse und Frischobst bemerkbar. Das in Europa zur Zeit so moderne Vitamin-Problem hatte für uns doch größere Bedeutung, als wir alle zuvor annahmen. Die auf langen Märschen unausbleiblichen Wunden, Risse und Insektenstiche wollten trotz allerlei Präparate (auch des „C-Bion") nicht heilen, sondern zeigten eine unverbesserliche Neigung zu Dauer-Eiterungen. Auch unser Darmtraktus wurde bei diesen starken Temperaturgegensätzen begreiflicherweise außerordentlich beansprucht. Im ganzen gesehen aber hielt die Expedition in diesen Zeiten stärkster Anstrengungen dennoch ausgezeichnet durch.

Mehr als wir erwarten konnten, häuften sich unsere wissenschaftlichen Ergebnisse. Auf breitester Basis wurde gearbeitet. Während die Botaniker und Landwirte in den Wild- und Kulturbeständen herumstöberten, gingen die Anthropologen, Volkskundler und unser Sprachforscher ihren Aufgaben nach. Die Ergebnisse dieser Forschung haben für uns außerordentlich wertvolle Ergänzungen für das Verständnis der Bevölkerungs- und Landbauverhältnisse dieser abgelegenen Primitivgebiete gebracht.

Interessantes „lebendes Material" begegnete nicht zuletzt auch unserem Sprachkundler, unserem Anthropologen und Volkskundler. Schon seit der Engländer R o b e r t s o n und später die Deutschen V o i g t und S e y d a k die Grenzgebiete des unbekannten Kafiristan besucht hatten, weiß man, daß die Bevölkerung in eine ganze Reihe verschiedener Stämme eigenartiger Rassezugehörigkeit zerfällt. Fast jeder Stamm, ja in dem afghanischen Nuristan fast jedes größere Tal spricht eine eigene „Sprache“, für unseren Dolmetscher und unseren Sprachforscher ein wirkliches Dorado!

Die Geschichte der Bevölkerung des alten Kafiristan war bis heute noch in völliges Dunkel gehüllt, die rassische Zugehörigkeit der Bewohner umstritten. In ihrer äußeren Erscheinung sind einzelne Stämme schon immer durch einen gewissen Prozentsatz blondhaariger, blauäugiger Typen mit stark entwickeltem Hinterhaupt aufgefallen, die sich vollständig von den umwohnenden Völkerschaften unterscheiden. Man hat in ihnen Reste der „Urarier“, auch wohl Reste zurückgebliebener Krieger Alexander des Großen gesehen; doch galt diese Frage bisher noch als völlig ungeklärt. Durch die Verarbeitung unserer anthropologischen Vermessungsergebnisse kann heute als erwiesen gelten, daß neben einem alteingesessenen rassischen Urelement mit ausgeprägten Verwandtschaftszügen zu Stämmen im Nepal- und Gharwal-Himalaya, neben einem zweiten Rassenelement Rassenkomponente mit ausgesprochen nordisch-dinarischem Einschlag vorkommt. Über den Zeitpunkt des Vordringens dieses europiden Bluteinschlages in den Bereich des Hindukusch lassen sich indessen heute nur Vermutungen anstellen. Wir dürfen aber annehmen, daß nach der auch in Asien überall nachweisbaren Glazialperiode sich im Gefolge eines ursprünglich breiten Steppengürtels, der sich von Ungarn über Südrußland und Turkestan bis weit nach China hin ausdehnte, ein lebhafter Austausch von Rassenelementen in ostwestlicher und westöstlicher Richtung vollzogen hat. Als anschließend weite asiatische Steppengebiete infolge zunehmender Trockenheit sich in wüstenähnliche Zonen verwandelten — die Karakum und Kisilkum Turans sind heute noch sprechende Beispiele dafür —, zogen sich die ursprünglich in den Steppen lebenden Völker in die südlichen Waldgebiete der Hochgebirge zurück und bezogen hier eine Rückzugsposition, die sie heute noch in abgelegenen Tälern des Hindukusch einnehmen.

Der afghanische Bevölkerungsanteil des alten Kafiristan zählt heute zu den Gläubigen Mohammeds. Bei der Eroberung durch die Afghanen bekehrte sie der Emir Abdul Rachman Khan zum Islam. Aus Kafiristan, dem „Land der Ungläubigen“, wurde N u r i s t a n, das „Land der Erleuchteten“. Aber jenseits der Grenze auf britisch-indischem Gebiet leben heute, als letzte Überreste alter Zeit, noch immer große Dorfgemeinschaften, die einem Sonnenkultus zuneigen. „Imra“, dem Göttervater, „Gischt“, dem Gott des Krieges, und „Sataram“, dem Wettergott, sind neben einer großen Zahl weiterer Nebengötter überall zwischen Feldern, an Wegkreuzungen und Waldrändern Idole errichtet. —

„Im äußersten Nordosten Afghanistans, an der Grenze gegen das indische Gebiet von Tschitral, steht wie ein Wächter ein gewaltiger Gipfel. Keines Europäers Auge hat je die Afghanistan zugewandten Hänge und Schluchten gesehen, keines Europäers Fuß je seine Gletscher betreten. Bis zu 7800 m ragt er mit seinen Schnee- und Eisspitzen in die blaue Luft und blickt auf eines der wildesten Gebiete der asiatischen Gebirgswelt herab“ — so schreibt in jugendlicher Begeisterung 1925 über den Tiritsch-Mir unser unvergeßlicher Emil T r i n k l e r, einer der ersten Deutschen, die mit dem

Geologenhammer in der Hand Afghanistans Bergwelt durchstreiften. Auf diesen König in der Hauptkette des Hindukusch mit seiner stolzen Höhe von 7800 m wagten wir unsern Angriff zu richten; auch uns packte sein Anblick mit unwiderstehlicher Macht! — Wir wurden abgeschlagen!! Ein plötzlicher Witterungsumschwung mit heftigem Schneetreiben und eine Lungenentzündung eines Kameraden zwangen uns, wollten wir schwerste Schläge verhüten, an der 6000-Meter-Grenze zu schneller Umkehr. Schweigend wurden die Hochlager geräumt. Wir grollten nicht dem Schicksal, das es anders gewollt hatte, wohl aber den sagenhaften Berggeistern des Tiritsch-Mir, die uns mit ihrer „weißen Wolle" beim Vormarsch umgarnt hatten. Doch ein Ergebnis brachte auch dies Unternehmen: die Klärung der Anstiegsmöglichkeiten zu dieser noch unbezwungenen Jungfrau. Die nächste Expedition wird zweifellos leichteres Spiel haben!

Wir zogen weiter, in nordöstlicher Richtung. Ein 17tägiger ununterbrochener Ritt führte uns hinauf in das große Niemandsland, wo sich Sowjetrußland, Chinesisch-Turkestan, das afghanische Wachan und Indien die Hand zu nicht immer friedlichem Nebeneinander ihrer Bevölkerungselemente reichen. Auf dem Sattel des Baroghil-Passes stehend, ließen wir unsere Blicke nach Norden zu den Grenzbergen des russischen Pamir, nach Osten zu dem grandiosen Gletschermeer des Karakorum schweifen. Neben unvergeßlichen persönlichen Eindrücken konnte hier im Austausch viel wertvolles Material an landwirtschaftlichen Sämereien aus weiter östlich gelegenen Gebieten eingesammelt werden.

In Kabul, wo wir begonnen hatten, schloß sich der Ring unserer Unternehmungen. Im Kreis der kleinen, aber festgefügten deutschen Kolonie feierten wir unser erstes Wiedersehen. Unser verehrter Gönner und Berater der Expedition, der damalige Gesandte des Reiches in Kabul, Minister Dr. Ziemcke, sorgte dafür, daß die Ergebnisse des Unternehmens — hier noch in rohen Umrissen — auch den afghanischen interessierten Stellen zugängig gemacht wurden. Dann ging es in zwei getrennten Gruppen heimwärts; die eine auf dem Landwege durch Afghanisch-Turkestan, Persien, Irak und die Türkei, die andere durch Indien auf Umwegen über Kaschmir, das Punjab und dann zu Schiff von Bombay, wie wir gekommen. Kurz vor dem Christfest 1935 erreichte die Expedition wieder deutschen Boden — ein jeder von uns ausgefüllt mit reichem Erleben, das Unternehmen im ganzen aber gesegnet mit einer Materialfülle, die mittlerweile nicht nur wissenschaftlich ausgewertet, sondern in Gestalt wertvoller Kreuzungsprodukte und auf dem Selektionswege gewonnener Zuchtstämme als landwirtschaftliche und gärtnerische Kulturformen der deutschen Nationalwirtschaft zugeführt werden konnte.

629. Allgemeine Sitzung vom 26. November 1942.

Vortrag: Prof. Dr. D. Jaranoff, Sofia: „Die Entwicklung des bulgarischen Lebensraumes".

Um die Mitte des sechsten Jahrhunderts hat sich in der ausgedehnten Niederung nördlich der unteren Donau ein Völkergemisch niedergelassen, dessen Hauptbestandteile ein gut differenzierter Teil der Südslaven und die Splitter der Hunen und hauptsächlich die Hunobulgaren gewesen sind. Dieses Völkergemisch hat sich im Anfang des Mittelalters von den Nordufern der unteren Donau frei nach Süden ausgegossen. Die neuen von dem nördlichen Teil der Niederung der unteren Donau gekommenen Einwanderer haben sich hauptsächlich in den Becken und Niederungen der östlichen, zentralen und südlichen Teile der Balkanhalbinsel niedergelassen. Die alte Gewohnheit in den Niederungen zu wohnen, ebenso wie der Umstand, daß gerade die Niederungen der Balkanhalbinsel menschenleer gewesen sind, haben dabei eine gleichwohl wichtige Rolle gespielt. Die Tatsache, daß in den niedrigeren Teilen der Balkanhalbinsel die Toponimie vollkommen erneuert worden ist, daß nur die stark befestigten Städte die alten thrakischen, illyrischen, griechischen und römischen Namen beibehalten haben, ist ein sicherer Beweis dafür, daß in den niedrigeren Teilen der Balkanhalbinsel kaum irgendwo eine Kontinuität in der Besiedlung zu verzeichnen war. In den Gebirgslandschaften haben dagegen die Einwanderer zahlenmäßig bedeutende Reste von der thrakischen Bevölkerung, darunter auch solche, die ihre thrakische Sprache behalten haben, vorgefunden.

Eine Völkerschichtung ist vorhanden gewesen: Bulgaren in den Niederungen, Rumänen und, in sehr geringen Zahlen, Albanesen in manchen Gebirgslandschaften. Diese Schichtung konnte aber nicht sehr lange bestehen, trotz sehr günstigen volkspsychologischen Bedingungen: eine eingeborene Gewohnheit bei den beiden Bestandteilen des bulgarischen Volkes, in der Ebene zu wohnen, im Gegensatz zu den an ein Leben im Gebirge gewöhnten Rumänen und Albanesen.

Mit der Verschiebung dieser Völkerschichtung und der Rückeroberung der südwestlichen Teile der Balkanhalbinsel seitens der Griechen beginnt die eigentliche Entwicklung des bulgarischen Lebensraumes auf der Balkanhalbinsel.

Das Eindringen der osmanischen Türken in der Balkanhalbinsel ist für die weitere Entwicklung des bulgarischen Lebensraumes von entscheidender Bedeutung gewesen. Die östlichen Teile der Halbinsel sind weitgehend verwüstet worden, von den anderen Niederungen ist ein Teil der Bevölkerung ausgerottet worden, ein anderer Teil gezwungen, in die Gebirge zu fliehen. Zu dieser Zeit geschah die bedeutendste Hebung der oberen Siedlungsgrenze des bulgarischen Lebensraumes. Auch später, nach der Verlegung der Grenzen des osmanischen Reiches nördlich und westlich des bulgarischen Lebensraumes blieben die Niederungen nur ein extensiv von den Bulgaren ausgenützter Raum.

Einige Jahrhunderte hindurch bestand der unnatürliche Zustand: entvölkerte Niederungen und übervölkerte Gebirge, und in der Balkanhalbinsel als Ganzes: flacher und doch menschenleerer östlicher Teil, gebirgiger und doch übervölkerter westlicher Teil.

Ein Ausgleich fand durch die allgemeine West-Ostwanderung des bulgarischen Volkes statt. Diese Wanderung und die damit verbundene Verlegung des bulgarischen Lebensraumes von Westen nach Osten ist möglich gewesen nur solange alle mittleren und zentralen Teile der Balkanhalbinsel sich unter türkischer Herrschaft befanden, d. h. bis zum Jahre 1877. Seitdem hängt die Entwicklung des bulgarischen Lebensraumes nicht soviel mit den spontan erfolgten Wanderungen zusammen, sondern mit den politischen Ereignissen und staatlichen Initiativen. Diese Entwicklung möchte ich als die neuzeitliche bezeichnen.

Als eine Erscheinung von entscheidender Bedeutung für die neuzeitliche Entwicklung des bulgarischen Lebensraumes muß man die Stabilisierung der östlichen Grenze dieses Raumes bezeichnen. Seitdem die Küste des Schwarzen Meeres von dem bulgarischen Volke in breiter Front erreicht wurde, entwickelte sich die Tendenz zu einer Wanderung nach Nordosten und Südosten.

Die Auswanderung nach Nordosten war aber nicht möglich, seitdem Nord- und Mitteldobrudža im Jahre 1878 Rumänien zugesprochen wurden. Eine feste Barriere wurde damit gelegt, die zu der allmählichen Isolierung und Aufsaugung der vorgeschobenen Teile des bulgarischen Lebensraumes geführt hätte. Um diesen Prozeß zu vermeiden, wurde vor zwei Jahren fast die ganze bulgarische Bevölkerung aus Dobrudža unter rumänischer Verwaltung nach Bulgarien übersiedelt, insgesamt 69 000 Seelen.

Im Südosten wurde dem bulgarischen sich in dieser Richtung immer weiter ausdehnenden Lebensraum eine feste Schranke gelegt, immerhin viel später, im Jahre 1913, als fast alle in den heutigen Grenzen der Türkei lebenden Bulgaren vertrieben und keine neue einzuwandern zugelassen wurden.

Zusammenfassend gesagt, hat die Entstehung zweier junger Nationalstaaten südöstlich und nordöstlich von Bulgarien der weiteren Verschiebung des bulgarischen Lebensraumes eine feste Schranke gesetzt, sogar ihn zum Zurückziehen gezwungen. Diese Beschränkung im Osten hat ihren Widerhall im Westen gehabt: hier ist die in ständigem Rückschreiten begriffene Westgrenze des bulgarischen Lebensraumes plötzlich sehr fest geblieben: seit dem Jahre 1878 haben die Albanesen sehr kleine Fortschritte gemacht, seit dem Jahre 1912 keine mehr.

Ganz Makedonien und der südliche Teil Thrakiens sind bis zum Jahre 1912 unter türkischer Verwaltung geblieben. Dieser Umstand hat den normalen Verlauf der Bevölkerungswanderungen ziemlich erleichtert. Diese haben zum Schluß auch hier zu der Bulgarisierung der Niederungen, die früher sehr dünn besiedelt waren, geführt. Das geschah hauptsächlich durch das Heruntersteigen der in den Rhodopen und anderen Gebirgslandschaften dicht gedrängten Bulgaren in die ägäischen Niederungen. Damit hat das bulgarische Volk den Zusammenhang mit dem Ägäischen Meer immer aufrecht erhalten. Dieser Vorgang ist auch seit dem Jahre 1941 im Gange. Der Völkeraustausch von den Jahren 1913 bis 1926 kann als eine der Geschichte angehörende Episode bezeichnet werden.

Im großen und ganzen erscheinen heute die Donau, das Schwarze Meer, das Ägäische Meer und die ostalbanischen Gebirge als Grenzen des bulgarischen Lebensraumes. Durch spontane und zwangsläufige Wanderungen, durch Assimilation und Dissimilation hat endlich das bulgarische Volk diesen Raum als seinen eigenen Lebensraum besetzt.

630. Allgemeine Sitzung vom 10. Dezember 1942.

Vortrag: Prof. Dr. Hans Dörries, Münster: „Die Britischen Inseln".

Der zweistündige Lichtbildervortrag (80 Bilder und Kartenausschnitte) setzte sich als Ziel, im Rahmen der möglichen Zeit einen landeskundlichen Abriß der Britischen Inseln zu geben unter Hervorhebung der natur- und kulturlandschaftlichen Unterschiede der Hauptteile Englands, Wales, Irland, Schottland, Orkneys und Shetlands einerseits sowie wehrgeographischer Zusammenhänge andererseits. In der Einleitung wurde die Inselgruppe als Ganzes an Hand von Karten übersichtlich dargestellt, um die Entwicklung seit dem Diluvium, die Gewässer und Tiefenverhältnisse, das Klima und Bodenrelief, die natürliche Vegetation und die heutige Pflanzendecke sowie die Wirkungen des extrem ozeanischen Klimas auf die verschiedenen Landesteile und Arten der Landesnatur zu verdeutlichen, besonders im Unterschied zu den Verhältnissen des Festlandes. Die weiteren Bilder versuchten eine Charakteristik Irlands als der am ausgesprochensten atlantisch beeinflußten Nebeninsel mit ihrem wintermilden Südwesten, der abgelegenen Westküste, dem anglisierten Osten und dem von Iren weitgehend evakuierten, von Schotten kolonisierten Ulster. Anders ist wieder Schottland, dessen 5 Millionen Einwohner zu 70 % sich im Bereiche von Glasgow und Edinburgh in den 11 Grafschaften des zentralen Tieflandes zusammendrängen, während die Hochlande und die vorgelagerten Inseln sich laufend entvölkern. Liegt die alte Hauptstadt, Edinburgh, bezeichnenderweise an der Europa zugewandten Ostküste, so hat sich Glasgow als weitaus größte Stadt bezeichnenderweise an der Amerika zugewandten Westküste entwickelt, deren zerrissener Fjordcharakter sonst keine nennenswerten Plätze kennt. Nach einem Abstecher zu den Orkneys und den Shetlands mit ihrer eindeutig nordischen Besiedlung und rückläufigen Bevölkerungsbewegung kam das innere Schottland zur Darstellung, das immer wieder den innigen Zusammenhang mit Skandinavien verdeutlicht. Eine Charakterlandschaft für sich ist auch das Bergland von Wales mit seinen stillen Tälern, kleinen Häfen, der riesigen Bergbaulandschaft im Süden und dem Welthafen Cardiff, dessen Betrieb kontrastiert mit dem kleinen Aberystwyth als dem kulturellen Mittelpunkt des Walisertums. Das Hauptland des Ganzen, England, vor anderthalb Jahrtausenden von niederdeutschen Sachsen besiedelt, gerodet und entwickelt, erfuhr dann die zeitlich umfangreichste Darstellung unter Gegenüberstellung der alten Industriestandorte, der neueren Industrien auf den Kohlenfeldern und der jüngsten Industriestandorte auf der einen Seite und der typischen Agrarlandschaft andererseits. Außerdem erfuhren die Großhäfen die nötigste Charakterisierung, und abschließend London als größter Hafen und größte Bevölkerungsanhäufung. Auf obigen Tatsachen aufbauend, wurde am Beispiel der zahlreichen Häfen, am Beispiel der Entwicklung Londons seit 1666 und der allgemeinen Bevölkerungsbewegung in Großbritannien seit 1700 die einmalige Wirtschafts- und Verkehrsentwicklung dieser wichtigsten Inselgruppe Europas aufgezeigt. Seit 1066 von jeder feindlichen Invasion verschont, hat Großbritannien ungestört sich kulturlandschaftlich aufwärtsbewegen können, indem anfänglich auch die Landwirtschaft bestens stand. Erst von England aus sind wichtigste Fortschritte der Landwirtschaft zum Festlande hinübergegangen, und die moderne, auf Kohle sich gründende Industrie ging ebenfalls von England nach Belgien, ins Aachener Wurmrevier und an die Ruhr. Indessen die Zeiten, in denen England vielbewundertes Vorbild für das Festland im 18. und 19. Jahrhundert war, sind vorbei. Gegen Ende des vorigen Jahrhunderts hat es den Höhepunkt seiner wirtschaftlichen Entwicklung und politischen Macht erreicht gehabt, weshalb man heute je länger desto mehr mit Sehnsucht an das goldene Zeitalter der Königin Viktoria zurückdenkt. Die ungewöhnlich starke Bevölkerungsbewegung des ganzen 19. Jahrhunderts, die den Aufschwung und die Expansion erst ermöglichte, ist im 20. Jahrhundert, besonders seit 1919, in eine rückläufige Bewegung umgeschlagen. Seit etwa einem Jahrzehnt hat Großbritannien eine ungünstigere Bevölkerungsentwicklung als Frankreich. Die gegenwärtig 50 Millionen Inselbewohner würden sich bis etwa 1944 auf etwa 52 Millionen vergrößern, um dann ständig zurückzugehen. Ferner ist die zunehmende Rückwanderung aus den überseeischen Besitzungen lehrreich: seit 1931 sind jährlich mehr Menschen ins Mutterland zurückgewandert als nach Übersee ausgewandert, so daß die Dominions biologisch auf sich selbst angewiesen sind. Das kleine Mutterland ist für das Weltreich biologisch zu schwach geworden. Hierin liegt die eigentliche Wurzel der zunehmenden politischen Zersetzung des Empire und die tiefgreifenden Wandlungen der letzten Jahre, die ein neues Weltbild vorbereiten. Die Geographie als wissenschaftliche Disziplin darf sich nicht mit der Naturlandschaft begnügen, sondern hat auch die Kulturlandschaft genetisch zu deuten und gerade die jüngsten Veränderungen ursächlich klarzulegen. Nur so erwächst uns ein klares Weltbild.

631. Allgemeine Sitzung vom 14. Januar 1943.

Vortrag: Reg.-Rat Dr. J. Büdel, Hamburg: „Die ukrainische Steppe als Lebens- und Kampfraum der Völker in Vergangenheit und Gegenwart".

Sinnfällig wie keine Generation vor uns erleben wir in diesem Kriege die Fremdheit, ja die wilde Ungeheuerlichkeit des russischen Raumes. Als formlose, ungeschlachte Masse tritt er dem in Grund- und Aufriß durchgegliederten Westen gegenüber. Seiner Verkehrsungunst (Entlegenheit vom Meere, lange Vereisung der wenigen Küsten und der Flüsse, Schwierigkeiten des Baus fester Straßen in einem so gewaltigen Flachland mit wenig festen Gesteinen) steht die gute Verbindung aller Teile des westlichen Europa untereinander und zum Meer gegenüber. Ebenso sind alle Teile Westeuropas durch die Vorzüge eines gemäßigten Klimas ausgezeichnet: von Lappland bis Kreta war diese Erdteilhälfte ursprünglich Waldland, überall ist Regenpflugbau ohne ernstliche Bedrohung durch Kälte, Nässe oder Dürre möglich. Dem entspricht eine gewisse kulturelle Ausgewogenheit, so daß hier trotz aller Mannigfaltigkeit im kleinen doch eine „Einheit in der Vielheit" im großen besteht. Sie wurde außerdem durch die Gemeinsamkeit der großen geschichtlichen Schicksale begründet. Gemeinsam ist diesem Raum die Grundlage der 5000jährigen indogermanischen Bauernkultur; niemals haben Nomaden das eigentliche Europa beherrscht. Gemeinsam ist ferner das von Rom übernommene Christentum, das in beiden Spielarten, der katholischen wie der evangelischen, den Menschen neben dem Gebet durch Predigt und Arbeit zu erziehen sucht. Demgegenüber empfing Osteuropa von Byzanz ein mystisch-beschauliches Christentum, dessen Ziel die passive Versenkung ins Übersinnliche, das weltabgewandte Einswerden mit Gott im Gebet ist. Gemeinsam erlebte ferner Westeuropa (i. w. S.) das germanische Ausgreifen zur Völkerwanderungszeit, die mittelalterliche Stellung des Kaisers, die Kreuzzüge, die Gotik, die Renaissance, Reformation und Gegenreformation, den aufgeklärten Absolutismus und das Aufkommen des Bürgertums sowie alle geistigen Bewegungen, die von diesen Ereignissen ausstrahlten. An alledem hat Rußland keinen Anteil. Gerade an der entscheidenden Wende vom Mittelalter zur Neuzeit geriet es (seit 1237) durch den Mongolensturm für 300 bis 400 Jahre unter die Herrschaft asiatischer Nomaden. Nicht in einem großen nationalen Befreiungskrieg, sondern in allmählicher Übernahme der Rolle der Großschane durch die Großfürsten von Moskau als Obervasallen wurde die „Tatarenzeit" abgelöst. Asiatische Herrschaftsformen blieben erhalten und erfuhren im Bolschewismus durch die Verbindung mit moderner Technik und Organisation eine furchtbare Wiedererweckung.

Die Landesnatur hat diese Enteuropäisierung Rußlands stark gefördert: in der Einheitlichkeit des Raumes fehlten die kulturellen Spannungen, die bei der Mannigfaltigkeit Westeuropas dort nicht nur zu blutigen Kriegen, sondern auch zu fördernder Konkurrenz und fruchtbarem Ausgleich führten; bei der schlechten Verkehrslage fehlte die Möglichkeit, mit anderen Kulturen in steter enger Fühlung zu bleiben. Sehr wesentlich waren endlich die kulturhemmenden Einflüsse des Binnenklimas mit seinen Extremen. Seine einschneidenden Wirkungen auf die Verkehrsverhältnisse stellen heute unsere Kriegführung vor schwerste Aufgaben. Stets haben Mißernten die Stetigkeit der Kulturentwicklung bedroht. Aus weiten Teilen Osteuropas schließt endlich das Klima den Wald aus. Längs der Küste des Nordpolarmeers ist dies in der Tundra wegen zu großer Länge des Winters; südlich einer Linie, die vom Buchenland etwa über Kiew, Kursk, Orel, Tula, Pensa und Samara an der Wolga nach Ufa am Uralrand führt, ist dies in der Steppe wegen zu großer Sommerdürre der Fall. Dazwischen liegt der im Westen 3000, im Osten wenig über 1000 km breite Waldgürtel. Von seiner Steppengrenze aus nimmt die Trockenheit nach Süden und Südosten weiter zu, bis endlich in der kaspischen Niederung und isoliert davon in einem kleinen, auch pedologisch (Salzböden!) benachteiligten Gebiet an der Wurzel der Halbinsel Krim die extreme Form der Wüstensteppe bzw. Halbwüste auftritt. Von da nimmt indessen die Feuchtigkeit mit der Annäherung an die Osteuropa im Süden begrenzenden Kettengebirge (Kaukasus und Jailagebirge) rasch zu, so daß man bei der Annäherung an diese innerhalb weniger Zehner, ja Einer von Kilometern z. T.

dieselben Vegetationszonen nun in umgekehrter Reihenfolge durchmißt, die sich im nördlichen Flachland über Hunderte, ja Tausende von Kilometern erstrecken. Das Jaila-Gebirge im besonderen trägt am Nordfuß Eichen-, in den höheren Teilen Buchenwald und ist längs der Südküste noch von dem berühmten, allerdings sehr schmalen Saum mittelmeerischer Vegetation umkränzt.

Das heutige Völkerbild ist im Bereich des Waldgürtels das Ergebnis eines einfachen Vorganges: der allmählichen Zurückdrängung der ursprünglichen meist finnisch-ugrischen Urbevölkerung (insbesondere des Nadelwaldgürtels) durch die seit dem Beginn der geschichtlichen Zeit aus ihrem ältesten Siedlungsraum im Westteil des Laubwaldgürtels vordringenden Russen. Im südlichen Steppenteil besteht heute eine noch schärfere Trennung zwischen den ackerbauenden Ukrainern und Großrussen (mit vielen deutschen Sprachinseln) im Westen und den heute in vollkommener Deckung auf das Gebiet der zum Ackerbau untauglichen Wüstensteppe in der kaspischen Senke beschränkten nomadischen Steppenvölkern (meist turkotatarischer Herkunft) im Osten. Im Gegensatz zum Waldgürtel ist dieses Bild nicht das Ergebnis einer einfachen Überschichtung, sondern eines mehrtausendjährigen, äußerst wechselvollen Kampfes zwischen europäischen Bauern- und asiatischen Nomadenvölkern um das als Ackerboden wie als Weidegrund gleich begehrte fruchtbare Steppenland. Slaven und Turkotataren sind dabei nur die letzten Kampfpartner nach einer langen Reihe von Vorgängern. Die Reste, die uns noch von diesen erhalten sind, finden wir freilich heute nicht mehr in der Steppe selbst, sondern in den südlich bewaldeten Randgebieten als typischen Rückzugsräumen. Insbesondere Kaukasus und Krim sind so zu den Zonen des buntesten Völkergemisches in Osteuropa geworden.

Im zweiten Teil des Vortrages folgte eine Darstellung dieses Kampfes, der in 4 Perioden gegliedert wurde. Auf Grund vieler auf einer Kriegsreise im Winter 1941/42 aufgenommener Lichtbilder wurden dabei die kulturgeographischen Erscheinungen dieses Raumes den einzelnen Perioden eingeordnet, von denen jede in einen Vorstoß europäischer und einen Rückstoß asiatischer Völker gegliedert wurde.

Den ersten Vorstoß von Westen bildet das Ausgreifen der indogermanischen Bauernvölker über Osteuropa (jüngere Steinzeit und Bronzezeit). Als erstes östliches Hirtenkriegervolk stoßen hierauf die (auf iranischer Grundlage mongolisierten) Skythen bis Mitteleuropa vor (7.—3. Jhdt. v. Chr.) Die meist skythischen Grabhügel („Kurgane") beherrschen noch heute das Landschaftsbild der Steppe, als letzten noch lebenden iranischen Volksrest finden wir hier heute die Osseten im Rückzugsgebiet des Kaukasus (auf der Krim sind solche erst im 15. Jhdt. erloschen). Reste des antiken Völkerbildes sind hier ferner die griechischen Stadtgründungen in Tauris und Kolchis (mit den heutigen Resten griechischer Bevölkerung), sowie die gegen Skythen und Sarmaten aufgeworfenen „Trajanswälle" der Römer, schließlich auch die Grundlage des heutigen rumänischen Volkstums als romanisierter Daker-Thraker. Der zweite Vorstoß Europas gipfelt nach dem Erscheinen der Frühgermanen und Kelten im Steppengebiet in der Gründung des ersten gotischen Reiches zwischen Ostsee und Schwarzem Meer (1.—4. Jhrdt. n. Chr.). Es erliegt 375 dem Ansturm der Hunnen, denen Avaren, Madjaren und viele Wellen weiterer Steppenvölker bis etwa 900 folgten. Reste der Goten blieben wiederum im Rückzugsgebiet der Krim bis ins 17. Jhrdt. erhalten, die Madjaren sind wie die ihnen verwandten Westfinnen längst ein wertvolles Glied der europäischen Völkerfamilie geworden. Der dritte Vorstoß von Westen wird erstmalig von einem slavischen Volk, den Ukrainern, getragen, allerdings unter Führung nordgermanischer Waräger, die um 950 das alte ukrainische Reich mit der Hauptstadt Kiew gründeten. Reich waren seine Beziehungen zum Westen und nach Byzanz (Christentum!). Es erlag dem Ansturm der Mongolen (seit 1237) und Tataren. Wie zur Zeit der Skythen griechische, so entstanden jetzt italienische Handelskolonien an den Ausfuhrstätten der getreidereichen Steppe zum Schwarzen Meer. Aus dieser Periode stammt die erste Grundlage ukrainischen Volkstums in der Steppe, stammen die ersten byzantinischen Kirchen des Landes und stammen später die wunderbaren Zeugnisse genuesischer Baukunst in Kertsch und Feodosia. Als letzter Rest der damals wiederum weit westwärts vorgedrungenen Steppenvölker leben noch heute im Rückzugsgebiet der Krim rd. 200 000 Tataren in geschlossenen, durchaus türkisch anmutenden Siedlungen weit entfernt von den nächsten verwandten Stämmen an der Wolga und im östlichen Kaukasus. Die vierte Vorstoßperiode von Westen leitet zum heutigen Bilde über: ihre Träger sind wieder Ostslaven, und zwar (da dem ukrainischen Kosakenstaat zwischen Polen, Türken, Tataren und Großrussen seine Vollendung versagt blieb) jetzt die Großrussen selbst. Auch ihnen gelingt aber die endgültige Einverleibung der Steppe in den Kreis des europäischen Ackerbaues nur durch die Pionierarbeit der seit 1770 hier planmäßig angesetzten südwestdeutschen Bauern, denen dann Ukrainer und Russen nachfolgten. Dieser jüngste Kolonisationsvorgang kann an Hand vieler älterer und neuerer deutscher und ukrainischer Siedlungs- und Haustypen viel eingehender als die früheren im Landschaftsbild verfolgt werden. Das 19. Jahrhundert bringt auch hier die Ansätze städtisch-industrieller Entwicklung; der Bolschewismus endlich, als gefährlichster Rückstoß asiatischer Herrschaftsformen, gepaart mit westlichem Materialismus, die völlige Auflösung aller bisherigen wirtschaftlichen und kulturellen Überlieferungen, insbesondere auch durch die restlose Sozialisierung der Landwirtschaft — gegen diese Gefahr hat sich heute wiederum Europa unter deutscher Führung zusammengefunden.

632. Allgemeine Sitzung vom 11. Februar 1943.

Vortrag: Prof. Dr. Franz Termer, Hamburg: „Die ethnischen Grundlagen der politischen Geographie von Mittelamerika".

Bis heute fehlt eine zusammenfassende Darstellung der politischen Geographie von Mittelamerika, das nach seiner interkontinentalen und interozeanischen Lage eine Schlüsselstellung innerhalb der Neuen Welt einnimmt. Sie hat sich durch die weltpolitischen Wandlungen des 20. Jahrhunderts zu einer wichtigen globalen politischen und strategischen Bedeutung erweitert, die sich durch den zweiten Weltkrieg in den Mittelpunkt des Interesses vereinsstaatlicher panamerikanischer Politik gerückt sieht. Eine politische Geographie der mittelamerikanischen Landbrücke muß neben den physisch-geographischen Elementen der Landschaften eines orographisch und klimatisch so stark differenzierten Gebietes auch den Völkern der mittelamerikanischen Republiken ihre Themenstellung widmen. Daher ist der Versuch zu unternehmen, die Wesenszüge der mittelamerikanischen Bevölkerung in ihrer Bedeutung für die politische Wirksamkeit in den drei Hauptepochen ihrer Geschichte, der vorkolumbischen, kolonialspanischen und staatlich-selbständigen zu beleuchten. Die rassischen Eigenheiten der Indianer bieten der anthropologischen und rassenbiologischen Forschung noch ein weites, kaum beackertes Arbeitsfeld, das bei den durcheinandergewürfelten Rassentypen und dem durch Wanderungen bedingten Gang der vorkolumbischen Geschichte um so dringender nach einer Klarstellung ruft. Rassenpsychologische Unterschiede zwischen den Stämmen Mittelamerikas treten im Verlauf der Kolonialgeschichte bei der Unterwerfung der Indianer hervor, und diese, wie die physischen Differenzen, müssen sich auch in dem Vermischungsprozeß des braunen mit dem weißen Element bemerkbar gemacht haben.

Sichtbar werden diese Wesenszüge bei Indianern und Mestizen als Hauptträgern des politischen Lebens in der geographischen und ethnisch-sozialen Umwelt. Solche Äußerungen sind in den Gemeinschaftsformen der Siedlungsweise, der Wirtschaft und des Verkehrs am deutlichsten zu verfolgen, weil sie politisch-geographisch gesehen im Landschaftsbild sich offenbaren. Dazu gesellt sich das Studium der staatlichen Verfassung, über die wir aus der vorspanischen Zeit nur mangelhaft unterrichtet sind, aus der kolonialen Epoche noch mehr Einzelheiten als bisher in Erfahrung bringen müssen. In ihr entwickelt das Mestizenelement erst spät seine politische Aktivität, die mit der Unabhängigkeitserklärung der mittelamerikanischen Freistaaten im 19. Jahrhundert voll wirksam wird und den Indio als politisch indifferent beiseite schiebt. Dafür bringt der Anschluß Mittelamerikas an die europäisch-nordamerikanische Wirtschaft und damit der Anschluß an die weltumspannende Politik der angelsächsischen und vereinsstaatlichen Mächte den fremden politischen Einfluß für Mittelamerika, der sich vornehmlich auf wirtschaftliche Interessen gründet. Er richtet sich seit dem 20. Jahrhundert immer mehr nach den Vereinigten Staaten aus und wird seit dem ersten Weltkrieg nach der kulturpolitischen Seite hin erweitert, wobei die wissenschaftliche Forschung ein wichtiges Bindeglied der kulturellen Neuorientierung der Mittelamerikaner wird. Sind die Mestizen das tonangebende Element der Gegenwart und Zukunft, so birgt das im nördlichen Mittelamerika zahlenmäßig noch starke indianische Volk das Problem einer Renaissance seines Volkstums in sich, die in dem „Indianismus" Mexikos ihr Vorbild findet und vielleicht von dort her einmal zu lösen versucht werden wird.

634. Allgemeine Sitzung. 18. März 1943.

Vortrag: Prof. Dr. A. Kolb, Leipzig: „Die Philippinen und ihre Zukunftsmöglichkeiten für Japan".

Man hat die Philippinen einmal mit einer Inselwolke verglichen. Diese Vorstellung ist durchaus richtig. Besteht doch dieser Archipel aus nicht weniger als 7083 Inseln, von denen allerdings nur 463 größer als eine Quadratmeile sind. Zusammengenommen haben sie eine Fläche von rund 300 000 qkm, sind also so groß wie die japanischen Hauptinseln oder Preußen. Die beiden wichtigsten Inseln, auf die allein mehr als zwei Drittel des Landraumes entfallen, sind Luzon und Mindanao.

Der Zusammenklang dreier Landschaftsformen gibt den Philippinen ihr charakteristisches Gepräge. Da sind zunächst einmal die fast auf 3000 m hinaufsteigenden Gebirge. Über viele Hunderte von Inseln hinweg lassen sich oft die einzelnen Bergketten verfolgen, deren Formen gelegentlich an unsere deutschen Mittelgebirge erinnern. Nur sind sie meist von dichten tropischen Wäldern bedeckt, die sie schwer passierbar machen. Große Teile sind noch völlig unerforscht. Das zweite Element im Dreiklang der Formenwelt sind die isoliert aufragenden Vulkane. Umrauscht von tropischer Vegetation und den Brandungswellen des Stillen Ozeans steigt z. B. der Mount Mayon in Südostluzon bis fast auf 2500 m hinauf. Er übertrifft an ebenmäßiger Schönheit noch sein großes Vorbild, den heiligen Fuji Japans. Der für die Wirtschaft wichtigste Landschaftsteil ist jedoch die Ebene. Als schmaler Gürtel säumt sie die gebirgigen Inseln und dringt nur in wenigen breiten Tälern weit ins Innere vor. Sie ist die Trägerin des Kulturlandes. Hier dehnen sich die nassen Reisfelder, die Kokospalmenwälder, die Zuckerrohrpflanzungen und die Hanfbananenhaine. Hier lebt der weitaus größte Teil der fast 16 Millionen Menschen umfassenden Bevölkerung, und hier ziehen auch Tausende von Kilometern Autostraßen durch das Land.

Die Philippinen sind ein tropisches Land. Regengeschwängerte Monsunwinde wehen im Sommer und Herbst über das Südchinesische Meer heran und überschütten sie mit gewaltigen Regenmengen. Alljährlich treten auch verheerend wirkende Taifune auf. Vom Dezember aber bis zum Mai herrscht im größten Teil der Inselwelt herrliches Sonnenwetter. Dürr und braun und abgeerntet liegen dann die Felder da. Das ist die Zeit des süßen Nichtstuns für die Filipinos. Es ist aber zugleich auch die Zeit, in der hier ein moderner Krieg geführt werden kann. Die Japaner kämpften dabei in einem Klima, das ihren heimatlichen Lebensbedingungen verwandt ist. Sie vermochten sich auch aus dem Lande selbst zu ernähren, das genügend Reis für die Selbstversorgung erzeugt. Die Hauptreiskammer, die den größten Teil des übrigen Archipels mitversorgt, ist die große Ebene von Mittel-Luzon, die sich von Manila aus bis zum Golf von Lingayen hinzieht.

Wer einmal auf den Philippinen gereist ist, dem wird nicht nur die tropische Pracht der philippinischen Landschaft unvergeßlich sein, sondern auch die Liebenswürdigkeit und Gastfreundschaft der Bewohner. Der

Durchschnittsfilipino ist intelligent, rasch aufnahmefähig und ein großartiger Imitator. Er besitzt ein angeborenes Rednertalent. Selbst der einfache Mann spricht gern und gewandt vor einer niemals zu großen Zuhörerschaft. Sein Geist ist phantasiebeflügelt und immer voll kühner Pläne. Vorsätze haben aber nicht den Charakter von Befehlen. Man empfindet deshalb auch ihre halbe Durchführung durchaus nicht als Mangel. Sie sind wichtig allein als Plan. Der Filipino lebt leicht und glücklich und kaum von Spannungen und Sorgen beschwert dahin, ohne viel an das Morgen zu denken. Helden und Genies, Gründlichkeit und Idealismus sind ihm fremd. Er lebt den Tag, der ist, träumt und plant beim Klang der Gitarre oder beim Spiel der Banda, die in keinem Dorfe fehlt.

Die Philippinen sind Bauernland. Größere Pflanzungen finden sich nur selten. Als die USAmerikaner 1898 in einem aus imperialistischen Gründen vom Zaune gebrochenen Krieg den Spaniern diesen Archipel wegnahmen, hatten die Inseln noch kaum eine größere Bedeutung für die Weltwirtschaft. Erst die Kaufkraft des nordamerikanischen Marktes hat dazu geführt, daß hier weite Landstrecken in den Dienst der Ausfuhr gestellt wurden. Mit jedem Jahr bauten die Vereinigten Staaten ihre wirtschaftliche Stellung auf den Inseln stärker aus, obgleich sie immer betonten, diese dereinst einmal wieder freigeben zu wollen. Bisher gingen 80 v. H. der Ausfuhr nach U. S. A. und 70 v. H. der Einfuhr kamen von dort. Diese einseitige Ausrichtung des Außenhandels auf das „Mutterland" wurde immer als große Gefahr empfunden, ebenso wie die Beschränkung der Ausfuhr auf im wesentlichen nur vier Güter, nämlich Rohrzucker, Kokosprodukte, Manilahanf und Tabak. Dabei sind Klima und Boden zur Produktion fast aller wichtigen tropischen Güter geeignet. Erst 12 v. H. des gesamten Landes sind in Kultur genommen. Riesige Landstrecken warten noch auf den Pflug. Statt der 16 Millionen Menschen könnten leicht 50 Millionen ernährt werden. Was bei einigem Fleiß aus dem Boden herausgeholt werden kann, haben die Japaner bei Davao auf der Insel Mindanao gezeigt, als sie dort eine lebensfähige Kolonie von etwa 20 000 Menschen gegründet haben.

Neben den landwirtschaftlichen Möglichkeiten, den riesigen kaum ausgebeuteten Wäldern und dem noch wenig genutzten Fischreichtum der Meere und Flüsse beherbergen die Inseln noch große Mineralschätze. Gegenwärtig ist die Goldgewinnung am wichtigsten. Aber daneben gibt es große Mangan- und Chromerzlager, und an der Ostküste finden sich über 500 Millionen Tonnen Eisenerz.

Geistiger und kultureller Mittelpunkt des Landes ist Manila, die Perle des Ostens. Alle übrigen Handelsplätze und alten Städte wie Cebu und Iloilo oder auch Vigan und Aparri fallen dagegen weit ab. Hier ist der größte Pier der Welt, eine internationale Geschäftsstadt mit Kaufleuten aus allen wichtigen Ländern, mit Hochhäusern und Börsen, Großbanken und Weltstadthotels, eine alte spanische und eine moderne amerikanische Wohnstadt; rings herum die allmählich im flachen Lande versickernden ewig gleichen Wohnviertel der Eingeborenen.

Schon seit Jahrhunderten strömen durch dieses Tor zur Welt Kulturgüter des Abendlandes und der Neuen Welt herein und werden, oft nur wenig verändert, von den Eingeborenen gedankenlos übernommen. Dadurch und durch das Wirken der Spanier und Amerikaner sind die Philippinen von heute innerlich unausgeglichen und auf allen Gebieten des Lebens ein Land der großen Gegensätze. Hier finden sich alle Übergänge von der fast autarken Wirtschaft des einsamen Reisbauern bis zu den für überseeische Märkte arbeitenden Großbetrieben, von der Bambushütte bis zum Wolkenkratzer, von der Holzkirche bis zur romanischen Kathedrale, vom primitiven Trägerpfad bis zur Allwetterstraße, vom Lendenschurz bis zum Frack und vom bodenverbundenen Bauern bis zum bodenentwurzelten Intellektuellen. Die Geschlossenheit der alten Eingeborenenkultur ist vielfach aufgerissen und zerstört und an ihre Stelle ein heterogenes Kulturgemenge getreten. [1]

636. Allgemeine Sitzung. 15. April 1943.

Vortrag: Prof. Dr. A. Gerth, Amsterdam: „Die Kordilleren Venezuelas und ihre Ölfelder".

Im Jahre 1938 konnte der Redner an einer der durch den geologischen Dienst dieses Landes alljährlich veranstalteten Tagungen von Ölgeologen teilnehmen. In diesem Jahre fand die Tagung in San Cristobal, im Westen des Landes, statt und war mit einer mehrtägigen Exkursion verbunden, die von Caracas nach dem Tagungsort durch einen großen Teil der venezuelanischen Kordillere führte. Sie folgte im wesentlichen der großen Andenstraße, die Caracas mit Bogotá verbindet und inzwischen nach Quito, in Ecuador, weitergeführt wurde.

Venezuela wird von einem in die West-Ost-Richtung umschwenkenden Ast des Kordillerengebirges, den Karibianden, durchzogen, der sich von den eigentlichen Kordilleren, die den Kontinent mit vorwiegend Nord-Süd-Richtung im Westen umsäumen, vor allem durch das Fehlen des jungen, auch jetzt noch tätigen Vulkanismus unterscheidet. Durch dieses Merkmal und das Hervortreten ausgedehnter paläozoischer Massive aus den mesozoischen tertiären Ablagerungen, die am Ende der letztgenannten Periode gefaltet wurden, entfernen sich die Karibianden von den eigentlichen Kordilleren und treten in Beziehung zu den ebenfalls überwiegend äquatorial gerichteten Gebirgen von alpinem Habitus im Mittelmeerraum Europas. Ein solches altes Massiv namentlich aus paläozoischen Gesteinen und ausgedehnten granitischen Intrusionen aufgebaut, ist die Sierra de Merida im Westen des Landes, deren über 5000 m hohen Gipfel von ewigem Schnee bedeckt sind. Nach Überquerung der Westkette auf dem 4077 m hohen

---

[1]) Interessenten seien auf das während der Drucklegung erschienene große Werk Prof. Kolbs „Die Philippinen" (K. F. Koehler Verlag, Leipzig) aufmerksam gemacht. Das vorzüglich ausgestattete Buch gibt neben einem anschaulichen allgemeinen Überblick der gesamten Inselgruppe insbesondere eine umfassende und tiefschürfende wirtschaftsgeographische Darstellung. D. H.

Paß von Mucuchie durchzieht die Andenstraße, einem großen Längstal folgend, das Gebirge in westlicher Richtung. Auf einer ausgedehnten Terrasse, hoch über dem Niveau des Flusses, ist hier die Universitätsstadt Merida gelegen. Diese Terrassen oder Mesas, die wir in allen größeren Tälern entwickelt finden, zeigen die junge Heraushebung des ganzen Gebirgskörpers an.

Die Exkursion über die Andenstraße gewährte nicht nur einen guten Einblick in den geologischen Bau des Gebirges, sondern ließ auch seine interessanten Vegetationsverhältnisse erkennen. Während der Fuß der Nordwesthänge vielfach noch von üppigem, tropischem Regenwald bedeckt wird, ist die Trockenvegetation des Maracaibo-Beckens mit Dornbusch und Kakteen stellenweise bis in die Täler der Kordillere vorgedrungen, wo sie aber auf den weiten Talböden bald durch Zuckerrohrfelder, eingefaßt von Bananenpflanzungen, abgelöst wird. Höher folgt die Zone des Getreidebaus und der Viehweiden, in der auch europäisches Gemüse gedeiht. Zwischen 3000 und 4000 m beginnt dann schließlich die eigentümliche Paramo-Vegetation, die man mit der unserer Hochalpen vergleichen kann.

Im zweiten Teil seines Vortrages kam der Redner auf die Erdölvorkommen zu sprechen, denen Venezuela seinen gewaltigen Aufschwung in den letzten 20 Jahren verdankt. Obwohl der Asphaltsee auf Trinidad schon seit uralter Zeit ausgebeutet wurde und ähnliche Vorkommen und Ölquellen aus verschiedenen Teilen Venezuelas bekannt waren, gewann die Erdölgewinnung in diesem Lande, im Gegensatz zu anderen Staaten Südamerikas, erst nach dem ersten Weltkrieg an Bedeutung. Sie erreichte dann aber schnell ein solches Ausmaß, daß Venezuela jetzt mit etwa $^1/_{10}$ der Weltproduktion an zweiter Stelle der ölproduzierenden Länder, hinter den Vereinigten Staaten, steht. Wie in der Regel, so sind auch in Venezuela die Erdölvorkommen auf die randlich angegliederten, jüngeren Falten des Kordillerengebirges beschränkt; treten hier aber sowohl in der nördlichen wie in der südlichen Randzone auf. Im Norden heben sich diese Randfalten erst im Westen, im Staate Falcon, aus der Karibischen See heraus, bieten aber dann am Ostufer der Lagune von Maracaibo, wo sie durch Verwerfungen erneut gegen dieses Becken versenkt sind, besonders günstige Verhältnisse für die Anhäufung des Erdöls. In der südlichen Zone bauen die erdölführenden Tertiärschichten die Zentral- und Südkette der Insel Trinidad auf. Sie setzen sich von dieser Insel nach Westen unter die Llanos fort, die großen Ebenen, die sich vom Südfuß der Kordillere bis zum Orinoco erstrecken. Hier sind die ölführenden Schichten zwar größtenteils von jungen, diluvialen Aufschüttungen bedeckt, aber durch die neuen physikalischen Untersuchungsmethoden hat man auch hier den Verlauf der Falten im Untergrund verfolgen und geeignete Punkte für den Ansatz von Bohrungen feststellen können. Die Bohrungen sind erst in den letzten Jahren in Produktion gekommen, versprechen aber auch für diese Zone, die sich entlang dem Innenrand der Kordillere bis nach Kolumbien erstreckt, sehr gute Resultate.

Inwieweit das „flüssige Gold", mit dem der Boden Venezuelas an vielen Stellen so reich durchtränkt ist, dem Lande wirklich zum Segen gereichen wird, muß die Zukunft lehren. Schon vor dem Kriege hatten die Plantagen infolge der aufkommenden Erdölindustrie große Schwierigkeiten durch Arbeitermangel und schnell steigende Löhne. Es wird alles davon abhängen, ob die Regierung es versteht, den Reichtum, den das Öl bringt, zum Wohle und zur Weiterentwicklung des Landes zu verwenden, anstatt ihn sich nur in den Taschen einiger Weniger anhäufen zu lassen. Schon seit Jahren ist in Venezuela der scherzhafte Gruß üblich: „salud y petroleo".

---

2. Fachsitzungen.

143. Fachsitzung vom 3. Dezember 1942.

Vortrag: Prof. Dr. L. Aario, Helsinki: „Waldregionen und Waldentwicklung an der lappischen Eismeerküste in Petsamo".

In Petsamo sind die Eismeerinseln, die Fischerhalbinsel zum größten Teil und ein schmaler Küstensaum von der Tundra beherrscht. Dann folgen nach Süden in der Reihenfolge die ca. 10 km breiten Gürtel der lückigen Birkengebüsche und der lichten Birkenwäldchen, Birkenwaldgürtel (ca. 20 km), birkenbeherrschter Mischwald und Nadelwald, welcher letztere den größten Teil von Petsamo und vom ganzen Lappland in Anspruch nimmt.

Für die pollenanalytische Erschließung der Waldgeschichte sind zuerst zahlreiche Oberflächenproben in bezug auf ihre Pollenzusammensetzung untersucht worden. Es erwies sich, daß die absolute Pollenfrequenz in den Tundraproben viel kleiner und der Pollenanteil der nicht-baumartigen Pflanzen viel größer sind als in den Torfproben von den Waldgebieten. Mit einem gewöhnlichen Baumpollenspektrum ist die Tundra nicht von den Wäldern zu unterscheiden.

Nach den stratigraphischen Pollendiagrammen ist die Waldentwicklung in jedem Vegetationsgürtel mehr oder minder verschieden vor sich gegangen. Um die gleichzeitigen Vorgänge in verschiedenen Gegenden zu zeigen, ist die ganze Entwicklungsgeschichte in 4 Perioden, I—IV, geteilt worden. Während der Periode I war anfangs das ganze Petsamo von Tundra beherrscht. Allmählich drängten die Birkengebüsche und -wälder sich immer mehr nordwärts, so daß am Ende der Periode nur die heutige Tundra und Teile von dem Birkengebüschgürtel noch baumlos waren. Mit der anfangenden Periode II nahm der Kiefernwald ungefähr das ganze Gebiet, wo am Ende der vorigen Periode die Birke wuchs, in Besitz. Die Birke zog sich weiter nordwärts, so daß nur die oberen Teile der Fjelden baumfrei blieben.

Während der Periode III fand keine Veränderung der Waldzusammensetzung in der heutigen Kiefernwaldregion statt. In Mischwald- und in Birkengürteln nahm anfangs die Kiefernmenge stark ab, und die Kiefernwaldgrenze ging ca. 20 km zurück. In den Gebieten, die von der Kiefer geräumt wurden, eroberte die Erle große Areale, so daß der Erlenanteil in Waldbeständen bald nach dem Anfang der III. Periode in manchen Gebieten 10—20% umfaßt. Später hat die Erle immer mehr abgenommen und war am Ende der Periode nur spärlich vorhanden. Ungefähr in der Mitte der III. Periode hörte der Rückgang der Kiefer auf. In der heutigen Mischwald- und Birkenregion nahm die Kiefernmenge später wieder zu, und die Grenze der Kiefernwälder kehrte dementsprechend etwas nördlicher zurück. In dem heutigen Birkengebüschgürtel konnte die Kiefer allerdings nicht mehr Fuß fassen. In dem heutigen Tundrengürtel verschwand die Birke gleichzeitig mit dem Kiefernrückgang zum größten Teil, und die Tundra verbreitete sich. Am Ende der Periode schob sich auch die Birkengrenze wieder etwas nördlicher vor.

Am Anfang der Periode IV kam die Fichte im südlichen Petsamo an. Auch während dieser Periode ist die Fichte in Petsamo allerdings nur relativ spärlich vorhanden. In höchsten Gebieten der Nadelwaldregion sind die Höhengrenzen des Waldes in den letzten Jahrhunderten etwas herabgegangen, die Nordgrenzen haben sich dagegen in der Küstennähe nordwärts vorgeschoben.

Mit Hilfe der „Pollentreppe" sind die wichtigsten Fixpunkte der Pollenchronologie mit der Landhebungschronologie zuerst in Petsamo, dann weiter in Südfinnland verknüpft worden. Weil das Alter der verschiedenen Uferbildungen in Südfinnland jetzt ziemlich gut bekannt ist, bekommen wir somit auch das Alter unserer pollenanalytischen Horizonte. Die Periode II beginnt demgemäß 5000 Jahre v. Chr. (Anfang der Litorina-Zeit), Periode III ca. 3000 v. Chr. (3. Litorina-Transgression, jüngere Frühkammkeramik) und Periode IV um die Zeit von Christi Geburt. Der Zeitpunkt des maximalen Rückgangs der Wälder liegt um 1200 v. Chr. (Ende der Steinzeit in Südfinnland).

Diese Altersbestimmungen bieten eine interessante Möglichkeit, die Wald- und Klimaentwicklung in Petsamo und in südlicheren Ländern zu vergleichen. Noch unmittelbar vor der Litorina-Zeit war die Waldgrenze in Petsamo viel südlicher als jetzt, und der Birkengürtel war mindestens 200 km breit (jetzt 20 km). Das Klima war ozeanisch und kühler als jetzt; die Hauptrichtung der Winde war nördlich. Gleichzeitig war das Klima in Südfinnland wärmer als jetzt, und in Mitteleuropa treffen wir die „borealen" Haselwälder. Dieser Unterschied ist m. E. nur möglich, wenn die klimatische Polarfront trotz der höheren solaren Temperatur viel südlicher als heute lag (wegen des noch sehr umfangreichen Polareises). 5000—3000 v. Chr. in der „atlantischen" Zeit finden wir in Petsamo die Wärmezeit, die hier ziemlich trocken war, wahrscheinlich weil die über die Wasserscheide kommenden südlichen und westlichen Winde vorherrschend waren. Die Polarfront lag nördlicher als gegenwärtig, sowie augenscheinlich der ganze Gürtel der SW- und W-Winde. Vom Jahre 3000 v. Chr. an wurde das Klima in Petsamo kühler und ozeanischer. Die Polarfront gewann allmählich ihre jetzige Lage. Um das Jahr 1200 v. Chr. war das Klima in Petsamo das ungünstigste. Diese „subboreale" Zeit gehörte hier also keineswegs zur Wärmezeit. Es ist auch schwierig, vorzustellen, daß diese Periode im ganzen in Südskandinavien und Mitteleuropa warm und trocken gewesen wäre. Nach 1200 v. Chr., also in „Spätsubboreal" und in „subatlantischer" Zeit, wurde das Klima für die Wälder wieder etwas günstiger. Vielleicht wurde die Mitteltemperatur nicht höher, aber das Klima wurde kontinentaler. Auf der verstärkten Kontinentalität des Klimas beruht die Ankunft der kontinentalen Holzart, der Fichte um die Zeit von Christi Geburt sowie auch das Vorwärtsdringen der nördlichen Waldgrenzen in den ozeanischen Küstengebieten und der gleichzeitige Rückgang der Höhengrenzen des Waldes in den kontinentalen Höhengebieten Lapplands.

144. Fachsitzung vom 28. Januar 1943.

Vortrag: Dozent Dr. W. Großkopf, Reinbek bei Hamburg: „Die Fruchtbarkeit einheimischer und tropischer Waldböden".

Als Träger der Landschaft und Standort menschlicher Nutzpflanzen bildet der Boden den wichtigsten Teil der festen Erdoberfläche. Seiner globalen Bedeutung werden wir erst gerecht, wenn wir den Boden als eine besondere Hülle der Erde auffassen, die sowohl durch Verwitterung aus der Gesteinshülle hervorgegangen, als auch durch Zersetzung der organischen Substanz entstanden ist. Diese wird als Humus bezeichnet und besitzt ihren Ursprung in Resten von Pflanzen und Tieren, die in und auf dem Boden leben.

Schon wegen der Vielartigkeit seines Ausgangsmaterials kann der Boden nicht einheitlich sein, sondern er wurde zunächst in Bodenarten, wie in Sand-, Lehm-, Ton-, Humus-, Kalkböden u. a. eingeteilt, später in klimatisch orientierte Bodentypen gegliedert, wie z. B. in Bleicherden, Braunerden und Schwarzerden der gemäßigten Klimate; sowie in Roterden, Rotlehme und Laterite der wärmeren Klimate. Bleicherden oder Podsole sind die Standorte nordischer Nadelwälder, sowie unserer Kiefernheiden und Gebirgsnadelwälder; Braunerden und podsolage Böden tragen unsere Laubwälder und gemischten Wälder; die Schwarzerden oder Tschernosjeme ursprünglicher Steppen und Waldsteppen bilden unsere ertragreichsten Weizen- und Rübenböden, und die subtropischen und tropischen Rotlehme, Roterden und Laterite sind je nach Feuchtigkeit bedeckt von Macchien oder von Regenwäldern, Monsunwäldern, Savannen und Steppen. Die geographische Verbreitung der Bodentypen in Europa und der Welt veranschaulichen die Karten von Stremme und von Glinka.

Die klimatische Bodentheorie hat man ohne weiteres auf tropische Verhältnisse übertragen, ohne dabei zu bedenken, daß diese Theorie zunächst auf Böden angewandt wurde, die im gemäßigten Klima Rußlands entstanden sind, und die dort weite und flache Ebenen bilden. Diese besitzen im allgemeinen eine geringe Abtragung, so daß sich dort klimatisch reife Bodentypen auch bilden können. In den Tropen aber ist der Abtrag durch heftige Winde und stärkere Niederschläge, die plötzlich oder lange andauernd auftreten können, viel größer und erfaßt auch weniger geneigte Lagen durch breitflächige Schichtfluten-Erosion. Trotz der rascheren Gesteinsverwitterung kommt es in den Tropen daher oft nicht zur Ausbildung reifer Bodentypen, da die entstehenden Böden bereits abgetragen wurden, ehe sie ihre Entwicklung beendet hatten.

Diesen Umständen wird eine neuere Bodenbildungstheorie eher gerecht, die alle Bodenbildungsfaktoren berücksichtigt, nämlich: Grundgestein, Relief, Vegetation und Klima, und sie je nach ihren örtlichen Einflüssen bewertet. Sie wird C a t e n a - T h e o r i e genannt, weil sie Böden, die aus demselben Grundgestein und unter dem gleichen Klima entstanden sind, als Glieder einer natürlichen Kette auffaßt, deren Altersstufen nach dem Gefälle des Bodenreliefs geordnet werden können. Ob es sich aber um junge oder gealterte Böden des gleichen Grundgesteins handelt, ist für die Beurteilung der Fruchtbarkeit der Böden von größter Bedeutung.

Mit Hilfe von farbigen Lichtbildern und der Vorweisung natürlicher Bodenprofile einheimischer und tropischer Waldböden, die nach einer neuen Lackfilmmethode hergestellt sind, wies der Vortragende auf Bodenbildung und Hauptunterschiede der Bodenfruchtbarkeit hin und betonte besonders, daß man in tropischen Regenwaldgebieten vor allem zwischen Böden mit Nachlieferung von Nährstoffen, die er als n a c h h a l t i g bezeichnete, und solchen ohne Nährstoffreserven zu unterscheiden habe. Die ersteren entsprechen der idealen Vorstellung von der Fruchtbarkeit tropischer Böden, die die üppigste Vegetationsform der Erde tragen. Sie bleiben auch nach Schlagung des Urwaldes unsere fruchtbarsten Plantagenböden, wie das unsere Bananenplantagen am Kamerunberg auch zeigen: Denn die Böden dort sind junge humusreiche Rotlehme, deren Nährstoffe immer wieder aus der raschen Verwitterung der kalkreichen Aschentuffe des vulkanischen Kamerunberges ergänzt werden.

Ist dagegen z. B. ein Waldboden Togos aus nährstoffarmen Quarzitschiefern hervorgegangen, so ist dieser humusarme und lateritische Quarzsandboden nur so lange fruchtbar, als der Wald durch Eigendüngung der abfallenden Blätter sich selbst versorgt und einen gewissen Humusgehalt im Boden anreichert. Nach Schlagung des Waldes jedoch hört die Humuserzeugung und die Nährstoffanreicherung durch die sich zersetzenden Blätter auf. Der schutzlose Boden wird bei der Heftigkeit tropischer Regenfälle rasch ausgewaschen und verarmt.

Diese Bodenunterschiede muß man aber vorher kennen, ehe man den Wald schlägt, und somit müssen besonders in den Tropen f o r s t o e k o l o g i s c h e u n d b o d e n k u n d l i c h e E r k e n n t n i s s e berücksichtigt werden, wenn die zukünftige L a n d e s p l a n u n g in unseren Kolonien sich für die Kolonie und Heimat segensreich auswirken soll.

145. Fachsitzung. 1. April 1943.

Vortrag: Prof. Dr. W. B r ü n g e r, Dortmund: „Wirtschafts- und siedlungsgeographische Wandlungen im westfälischen Industriegebiet zwischen Ruhr und Lippe“.

Dem Vortrag vom 1. April 1943 unterlagen folgende Grundgedanken: Das rheinisch-westfälische Industriegebiet ist infolge starker Eigenprägung als landschaftliche Individualität leicht zu erkennen und mit seinen Großanlagen konzentrierter Schwerindustrie, den großen Städten, weitläufigen

Verkehrsanlagen und siedlungsmäßigen Zusammenballungen gut gegen das ländliche Münsterland im Norden, die Getreidefelder des Hellwegs im Osten und die bewaldeten Täler des Sauerlandes im Süden abzugrenzen. — Weniger auffällige landschaftliche Unterschiede innerhalb dieses immer noch werdenden Industriegebietes spiegeln die stürmisch, z. T. unorganisch verlaufenden Entwicklungsperioden des letzten Jahrhunderts wider, die wieder auf die unterschiedlichen natürlichen Wirtschaftsgrundlagen der Einzelgebiete, die technischen Fortschrittsphasen der Förderungs- und Produktionsmethoden in Bergbau und Eisenindustrie und die stets wechselnden Aufgaben einer großen, sich fortschreitend differenzierenden Volkswirtschaft zurückgehen.

Als Ausgangs- und Vergleichsgrundlage wurde auf Grund alter Katasterkarten, der Le Coqueschen Karte von 1805 und zusammengestellter Lichtpausen der Urmeßtischblätter das agrarwirtschaftliche Landschaftsbild mit seinen ost-west verlaufenden geschlossenen Waldzonen (Ardeygebirge, Emscherniederung) und offenen Acker- und Siedlungsstreifen (Ruhrterrassen, Lößlehmzone des Hellwegs, Siedlungsinseln zwischen Emscher und Lippe) dargelegt, wie es bis 1800 fast unverändert bestand. Kulturgeographisch war es fast reines Bauernland mit eingestreuten Adelshäusern, bäuerlicher Streusiedlung im westlichen und mit lockeren Haufendörfern im östlichen Hellweg, deren Gewannfluren, Heiden und Markenwaldungen sich zum Ardeygebirge hinaufzogen. Doch entwickelte sich um 1800 besonders in Anlehnung an die Kleineisenindustrie des Sauerlandes neben der Köhlerei, die den Wald sehr schrumpfen ließ, die alte Kohlengräberei als Pingenbau. Holzmangel und erhöhter Brennstoffbedarf steigerten diesen Pingenbau zur nächst höheren Stufe des Kohleabbaues, zu dem Stollenbau, der sich nach der Schiffbarmachung der Ruhr um diesen Fluß konzentrierte und über Mülheim den Anschluß an den Rhein erhielt. (Siehe alte Bergwerkskarte von 1839.) Die Schiffsdurchgänge der Schleusen stiegen von 3490 (1820) auf 8633 (1840), und die Förderung von 200 000 t Kohle um 1800 stieg auf über 1 000 000 t im Jahre 1839. Bergbau, Fuhrverkehr auf den Straßen (Bergische Kohlenstraße), Schiffahrt, Zunahme der Siedlungsdichte mit all dem begleitenden Bedarfs-, Bekleidungs- und Nahrungsmittelgewerbe bildeten zur Blütezeit des Stollenbaues zum erstenmal das Landschaftsbild eines intensivierten, dichtbesiedelten Wirtschaftsraumes, der nach seiner Verkehrsachse mit Recht das Ruhrgebiet genannt wurde. Neben einzelnen angewachsenen Ruhrstädten blieb die in die Wälder vordringende Einzelsiedlung auf einzeln erworbenen Grundstücken weitständig und mit ihren Bergmannskotten und zwischengelagerten Nährflächen landverbunden (s M.-Bl. von 1840).

Kohlenmangel, Erfindung der Dampfmaschine und Bewältigung des Grundwassers durch Pumpen ermöglichten nach 1830 Tiefbauzechen, zunächst als tonnlägige Schächte mit Längen- und danach senkrechten Schachtbauten mit Geviertfeldern. (1843 gab es nach Spethmann 43 Tiefbauzechen.) Sie lösten sich in Anlehnung an die Kohlenmulden (Karte und Profil durch das Kohlengebirge nach Kukuk) und die aufkommenden Eisenbahnen (Zechenkarte von 1856) von der Ruhr.

Mit der Durchteufung der Kreidedecke nach 1850 setzte in der Hellwegzone gemeinsam mit der gewaltig aufstrebenden Eisenindustrie (Verhüttung durch Koks in Hochöfen, Gußstahl) die gigantische Entwicklungsphase des Industriegebietes ein, die mit den Großanlagen von Zechen, Hütten, Stahl- und Eisenwerken, Verkehrseinrichtungen usw. das Bild der Städte und Naturlandschaft völlig änderte. Die besonders aus dem Osten heranströmenden Arbeitermassen konnten nur noch in großen Mietskasernen, geschlossenen Baublöcken der Werks- und Zechensiedlungen und breiten Bauringen untergebracht werden, die in regelmäßigem, schachbrettartigem Grundriß und unschönem wilhelminischen Baustil die Städte umgeben. Auch die Stockwerkhöhen der unrhythmischen Stadtbilder mit modernsten Hochhäusern neben niedrigen Fachwerkhäusern der alten Stadtkerne, dem ringförmigen Wulst öffentlicher Großbauten um die Stadtkerne und den 4- bis 5stöckigen Wohnblöcken, die die erst weiter abgelegenen Industriewerke bald umschlossen, spiegeln diese sprunghafte Entwicklung wider (Wachstumskarte und Karte der Stockwerke von Dortmund). Da die nördlich der Hellwegzone liegenden, meist ländlichen Orte die Großindustrie überhaupt nicht mehr an sich zu ziehen vermochten, entwickelten sich diese hier ganz losgelöst davon nach eigener Zwecksetzung ohne Beziehung der Einzelteile, wie die Stadtpläne von Castrop-Rauxel, Herne, Wanne-Eickel deutlich veranschaulichen. Es wird viel Arbeit, Geld und Zeit kosten, diese unorganischen Fehlentwicklungen verkehrsmäßig, wirtschaftlich, verwaltungsmäßig und kulturell zu organisch funktionierenden Stadteinheiten umzubilden, wie es sich der Ruhrsiedlungsverband zur Aufgabe gesetzt hat. Andere Aufgaben (Regulierung der Emscher, Gas-, Wasser- und Kraftversorgung usw.) führten bereits zu übergreifenden Großorganisationen der gesamten „Ruhrstadt", die mit ihren Kanalzechen bereits den Rhein-Herne-Kanal wie eine neue Verkehrsachse einschloß und die ersten Fühler bis an die Lippe vorschob (siehe mehrere Diss. v. Münster).

Das Ende des Weltkrieges brach diese gewaltige Entwicklung schockartig ab. Ein gewaltiges Massensterben legte fast alle Zechen der Ruhr und des Magerkohlengebietes still und führte überall zur Schrumpfung und Konzentration. Diese Zechen hat auch die neueste Entwicklung infolge Rationalisierung moderner Großanlagen und Verschiebung der Nachfrage zugunsten gasreicher Kohlen nicht zu beleben vermocht. Der neue Abbau mit den Zentralkokereien, Riesengasometern der Ferngasversorgung und den vielseitigen Veredelungsindustrien entwickelt nördlich der Hellwegzone mit der Vereinigung von Kohle und Eisen die frühere reine Zechenlandschaft zu einer neuen Zone vielseitiger Folgeindustrien, die aber auf Grund der Lehren der Vergangenheit, Kenntnis der Naturgrundlagen, Beherrschung der technischen und verwaltungsmäßigen Aufgaben planvoll erfolgt (Beispiel von Marl).

Am Schluß gaben Lichtbildreihen von den Zeugen der ursprünglichen Agrarlandschaft, den Haus- und Siedlungsformen, den unterschiedlichen Zechen- und Industrieanlagen und Stadtbildern einen Rückblick über die verschiedenen Entwicklungsphasen, die sich wellenartig von Süden nach Norden folgten und sich heute im Landschaftsbild durchdringen.

Geographische Gesellschaft in Hamburg

gegründet am 6. März 1873.

Präsident: Staatssekretär G. Ahrens.

Geschäftsstelle: L. Friederichsen & Co., Hamburg 1, Alsterdamm 10/11. Fernsprecher 33 3919.
Kasse: Dr. R. Schlubach (Kasse der Geogr. Ges.), Hamburg 1, Lange Mühren 9/V.
Bankkonto: Deutsche Bank Fil. Hamburg.
Postscheckkonto: A. Helm, Hamburg 601 64.

Die Aufnahmebedingungen für die Geographische Gesellschaft sind nach § 4 der Satzungen:

Zur Aufnahme als ordentliches Mitglied ist der Vorschlag durch zwei Mitglieder der Geographischen Gesellschaft erforderlich, die dem Vorstande Namen, Stand und Wohnung des Aufzunehmenden angeben. Die Namen der Vorgeschlagenen werden in der Einladung zur nächsten Sitzung mitgeteilt. Gesuche um Aufnahme als Mitglied der Geogr. Ges. sind an ein Mitglied des Vorstandes oder die Geschäftsstelle zu richten.

Jedes Mitglied hat das Recht, unter Angabe von Gründen gegen die Aufnahme eines Vorgeschlagenen Einspruch zu erheben. Erfolgt innerhalb 14 Tagen nach der Sitzung kein Widerspruch gegen die Aufnahme, so wird der Vorgeschlagene in die Mitgliederliste aufgenommen. Erfolgt ein Einspruch, so entscheidet der Vorstand ohne Angabe von Gründen.

Der Mitgliedsbeitrag beträgt z. Zt. für hiesige und auch für auswärtige Mitglieder RM. 10.— jährlich. Hierfür haben die Mitglieder u. a. freien Zutritt zu den Vortragsabenden und erhalten ohne weitere Kosten die Veröffentlichungen der Gesellschaft.

Die Bibliothek der Geographischen Gesellschaft ist in der Commerzbibliothek aufgestellt und dort zu den Öffnungszeiten der Commerzbibliothek allgemein kostenlos zugänglich, sie umfaßt z. Zt. über 20000 Bände. Ein Verzeichnis der Gesellschaften, mit denen Schriftenaustausch besteht, ist in den „Mitteilungen der Geographischen Gesellschaft in Hamburg", Bd. XL, S. 288—302, gegeben.

Alle für die Bibliothek bestimmten Sendungen sind zu richten an: Die Bibliothek der Geographischen Gesellschaft in Hamburg, p. Adr.: Commerz-Bibliothek, Hamburg 1.

Die „Mitteilungen der Geographischen Gesellschaft" erscheinen in zwangloser Folge. Beiträge für die Mitteilungen sind an deren Herausgeber zu richten. Anschrift: Prof. Dr. R. Lütgens, Hamburg 13, Rotenbaumchaussee 21/23, Kol. u. Wirtsch. Geogr. Inst.

Bisherige Veröffentlichungen der Geographischen Gesellschaft in Hamburg.

Auskunft über die Preise der einzelnen Bände und etwaiger noch vorhandener Sonderabzüge erteilt der

Kommissions-Verlag Friederichsen, de Gruyter & Co. m. b. H., Hamburg

1. Jahresbericht	1873/74	Hbg. 1874	2. Jahresbericht	1874/75	Hbg.	1875
Mitteilungen	1876/77	„ 1878	Mitteilungen	1878/79	„	1880
Dr. Ludwig Leichhardt's Briefe an seine Angehörigen					„	1881
Mitteilungen	1880/81	Hbg. 1883	Mitteilungen	1882/83	„	1884/85
„	1884	„ 1885	„	1885—86	„	1887
„	1887—88	„ 1889	„	1889—90	„	1890
Katalog der Bibliothek der Geographischen Gesellschaft					„	1893
Mitteilungen	1891—92	Hbg. 1895				

Mitteilungen:

Band XI	Hamburg	1896	Band XII	Hamburg	1896
„ XIII	„	1897	„ XIV	„	1898
„ XV	„	1899	„ XVI	„	1900
„ XVII	„	1901	„ XVIII	„	1902
„ XIX	„	1903	„ XX	„	1904
„ XXI	„	1906	„ XXII	„	1907
„ XXIII	„	1908	„ XXIV	„	1909
„ XXV	„	1911	„ XXVI	„	1912
„ XXVII	„	1913	„ XXVIII	„	1914
„ XXIX	„	1915			

Joh. A. Repsold. Ludwig Friederichsen, Ein Bild seines Lebens. „ 1916

Band XXX Hamburg 1917

Inhaltsverzeichnis Band I—XXX/1873—1917

Band XXXI	Hamburg	1918	Band XXXII	„	1919
„ XXXIII	„	1921	„ XXXIV	„	1922

Band XXXV Hamburg 1923

Band XXXVI Hamburg 1925

Schlee, Paul: Rückblick auf die Entwicklung von 1898—1923. — **Sapper, Karl:** Bericht über eine 1923/24 unternommene Reise nach Mittel- u. Südamerika. — **Helfferich, E.:** Kapital und Arbeit in Niederländisch-Indien. — **Gripp, K.:** Die Grenze der letzten Vereisung in Nordwestdeutschland. — **Großmann, Rud.:** Die Entwicklung des Verkehrs in Argentinien und Wirkung auf die Volksbildung.

Band XXXVII Hamburg 1926

Passarge, Siegfried: Nachruf auf Georg Schweinfurth. — **Koch, E.:** Geographische Lehrausflüge in Hamburgs Umgebung. — **Gripp, K. u. Todtmann, E.:** Die Endmoräne des Green Bay Gletschers auf Spitzbergen, eine Studie zum Verständnis norddeutscher Diluvialgebilde. — **Haefke, Fr.:** Karsterscheinungen am Südharz. — **Rudolph, M.:** Der norwegische Walfang. — **Mohr, F. W.:** Eindrücke aus Ost- und Südostasien. — **Georgii, W.:** Das Flugzeug im Dienste von Verkehr und Wissenschaft. — **Castens, G.:** Der Deutsche Kolonialmeteorologe.

Band XXXVIII Hamburg 1927

Termer, Franz: Reisen in Mittelamerika I u. II. — **Passarge, Siegfried:** Das Problem landschaftskundlicher Forschung und Darstellung. — **Stoltenberg, J.:** Landschaftskundliche Gliederung von Paraguay. — **Niemeyer, G.:** Die südostspanische Steppe. — **Frenzel, K.:** Beiträge zur Landschaftskunde der westlichen

Fortsetzung auf der 4. Umschlagseite.

Lombardei. — **Lütgens, R.:** Grundzüge der wirtschaftsgeographischen Entwicklung und Gliederung Haitis. — **Termer, Franz:** Die wirtschaftlichen und sozialen Zustände in den mexikanischen Staaten Chiapas und Tabasco.

Band XXXIX Hamburg 1928

Termer, Franz: Reisen in Mittelamerika III und IV. — **Drascher, Wahrhold:** Südamerikanische Städte. — **Sverdrup, H. U.:** Die Renntier-Tschuktschen. — **Geisler, Walter:** Die wirtschaftlichen Verhältnisse Australiens. — **Dörries, Hans:** Zur Entwicklung der Kulturlandschaft im nordostschweizerischen Alpenvorlande. —

Band XL Hamburg 1929

Stuhlmann, Fr.: Nachruf auf M. Schramm. — **Chapeaurouge, de:** Nachruf auf Fr. Stuhlmann. — **Termer, Franz:** In Mittelamerika V und VI. — **Schewior, G.:** Neuere Hilfsmittel für kartographische Aufnahmen. — **Helfferich, E.:** Wirtschaft und Ethik in Niederländisch-Indien. — **Gürich, G.:** Der Ätnaausbruch im Nov. 1928. — **Semmelhack, W.:** Der Ausbruch des Kamerungebirges 1922. — **Mortensen, Hans:** Über Vorzeitbildungen in der nordchilenischen Wüste. — **Dörries, Hans:** Stand und Aufgaben wissenschaftl. Landeskunde in Nordwestdeutschland.

Band XLI Hamburg 1930

Termer, Franz: Reisen in Mittelamerika VII—X. — **Dietrich, Bruno:** New Orleans und das Mississippi-Delta. — **Passarge, Siegfried:** Studienreise nach Südtunesien im Jahre 1928. — **Jessen, O.:** La Mancha. — **Seilkopf, H.:** Eindrücke und meteorologische Erfahrungen auf der Weltfahrt des „Graf Zeppelin". — **Börner, O.:** Das Meßtischblatt Ratzeburg in landschaftskundl. Darstellung.

Band XLII Hamburg 1931

Mecking, L.: Japans Häfen, ihre Beziehungen zur Landesnatur und Wirtschaft.

Band XLIII Hamburg 1933

v. Drygalski, Erich: Die Entwicklung der Geographie seit Gründung des Reiches. — **Waibel, Leo:** Die Sierra Madre de Chiapas. — **Passarge, Siegfried:** Landeskundliche Charakteristik der Rhön sowie ihre Bedeutung für die geologische Landesaufnahme. — **Heinz, Rud.:** Ein vorzeitlicher Tränkplatz in der Namibwüste. Mit Bemerkungen zum Problem des Atlantischen Ozeans.

Band XLIV Hamburg 1936

Helfferich, E., Staatsrat: Weltwirtschaftskrise und Seeschiffahrt. — **Schlee, P.:** Landschaftsbilder von vorderindischen Rumpfebenen und Inselbergen. — **Termer, Fr.:** Republik Guatemala. I. Teil: Beiträge zur physischen Geographie.

Band XLV Hamburg 1937

Helm, R.: Afrikaforscher Dr. A. Roscher. — **Jessen, O.:** Heckenlandschaften in NW-Europa. — **Schultze, A.:** Flammen in der Sierra Nevada de Sante Marta.

Band XLVI Hamburg 1939

Passarge, Siegfried: Das Geographische Seminar des Kolonial-Instituts und der Hansischen Universität. — **Weinert, Hermann:** Grundzüge der Geographie der Pelztierzucht und Pelztierhege. — **Pfeifer, Gottfried:** Sinaloa und Sonora.

Band XLVII Hamburg 1941

Termer, Franz: Republik Guatemala (II. Teil), Kultur- und Wirtschaftsgeographie. — **Gicklhorn, Josef und Renée:** Th. Haenkes Bedeutung für die Erforschung Südamerikas. — **Maaß, Edgar:** Reise durch Südabessinien. — **Helbig, Karl:** Nusa Penida, eine tropische Karstinsel.

Druck von Hammerich & Lesser, Hamburg-Altona

FSC
www.fsc.org
MIX
Papier | Fördert gute Waldnutzung
FSC® C083411

Kolibri 360 GmbH
Ferdinand-Jühlke-Straße 7
99095 Erfurt, Deutschland
produktsicherheit@kolibri360.de